全国高职高专机械设计制造类工学结合“十二五”规划系列教材
丛书顾问　陈吉红

UG NX 8.0 三维造型设计

主　编　鲍自林　林宗良
副主编　张宏兵　宫　丽　吴丽霞　佛新岗

华中科技大学出版社
中国·武汉

内 容 简 介

本书采用 UG NX 8.0(SIEMENS NX8)软件设计平台，详细阐述了产品三维造型设计过程，其中包括：软件概述、软件基本操作、二维草图、曲线功能、三维实体建模、曲面建模、装配体、工程图、常用件与标准件及相应的应用实例。

本书注重理论与实践相结合，重难点突出，详略得当，实例丰富。其中第 9 章是为满足高等(高职)院校学生顺利完成毕业设计、课程设计之需要所编写的。书中实例基本根据建模命令量身打造，具有鲜明的个性特征，以及针对性强、实用性强、涵盖知识点多等特点。每个实例零件都配有零件图、详细的操作流程和相关的建模技巧，能够帮助读者快速提高建模水平。

本书可作为高等(高职)院校机制、模具、数控和汽车等相关专业的教材，也可作为机械行业工程技术人员必备的参考用书。

图书在版编目(CIP)数据

UG NX 8.0 三维造型设计/鲍自林　林宗良　主编. —武汉：华中科技大学出版社，2013.8(2023.8 重印)

ISBN 978-7-5609-8901-3

Ⅰ. U…　Ⅱ. ①鲍…　②林…　Ⅲ. 工业产品-产品设计-计算机辅助设计-应用软件-高等职业教育-教材　Ⅳ. TB472-39

中国版本图书馆 CIP 数据核字(2013)第 092652 号

UG NX 8.0 三维造型设计　　鲍自林　林宗良　主编

策划编辑：万亚军
责任编辑：刘　飞
封面设计：范翠璇
责任校对：刘　竣
责任监印：张正林
出版发行：华中科技大学出版社(中国·武汉)　　电话：(027)81321913
武汉市东湖新技术开发区华工科技园　　邮编：430223
录　　排：武汉市洪山区佳年华文印部
印　　刷：广东虎彩云印刷有限公司
开　　本：787mm×1092mm　1/16
印　　张：21.5
字　　数：529 千字
版　　次：2023 年 8 月第 1 版第 7 次印刷
定　　价：65.00 元

全国高职高专机械设计制造类工学结合“十二五”规划系列教材

编委会

全国高职高专机械设计制造类工学结合“十二五”规划系列教材

序

目前我国正处在改革发展的关键阶段，深入贯彻落实科学发展观，全面建设小康社会，实现中华民族伟大复兴，必须大力提高国民素质，在继续发挥我国人力资源优势的同时，加快形成我国人才竞争比较优势，逐步实现由人力资源大国向人才强国的转变。

《国家中长期教育改革和发展规划纲要(2010—2020年)》提出:“发展职业教育是推动经济发展、促进就业、改善民生、解决‘三农’问题的重要途径，是缓解劳动力供求结构矛盾的关键环节，必须摆在更加突出的位置。职业教育要面向人人、面向社会，着力培养学生的职业道德、职业技能和就业创业能力。”

高等职业教育是我国高等教育和职业教育的重要组成部分，在建设人力资源强国和高等教育强国的伟大进程中肩负着重要使命并具有不可替代的作用。自从1999年党中央、国务院提出大力发展高等职业教育以来，培养了1300多万高素质技能型专门人才，为加快我国工业化进程提供了重要的人力资源保障，为加快发展先进制造业、现代服务业和现代农业作出了积极贡献;高等职业教育紧密联系经济社会，积极推进校企合作、工学结合人才培养模式改革，办学水平不断提高。

“十一五”期间，在教育部的指导下，教育部高职高专机械设计制造类专业教学指导委员会根据《高职高专机械设计制造类专业教学指导委员会章程》，积极开展国家级精品课程评审推荐、机械设计与制造类专业规范(草案)和专业教学基本要求的制定等工作，积极参与了教育部全国职业技能大赛工作，先后承担了“产品部件的数控编程、加工与装配”、“数控机床装配、调试与维修”、“复杂部件造型、多轴联动编程与加工”、“机械部件创新设计与制造”等赛项的策划和组织工作，推进了双师队伍建设和课程改革，同时为工学结合的人才培养模式的探索和教学改革积累了经验。2010年，教育部高职高专机械设计制造类专业教学指导委员会数控分委会起草了《高等职业教育数控专业核心课程设置及教学计划指导书(草案)》，并面向部分高职高专院校进行了调研。根据各院校反馈的意见，教育部高职高专机械设计制造类专业教学指导委员会委托华中科技大学出版社联合国家示范(骨干)高职院校、部分重点高职院校、武汉华中数控股份有限公司和部分国家精品课程负责人、一批层次较高的高职院校教师组成编委会，组织编写全国高职高专机械设计制造类工学结合“十二五”规划系列教材。

本套教材是各参与院校“十一五”期间国家级示范院校的建设经验以及校企结合的办学模式、工学结合的人才培养模式改革成果的总结，也是各院校任务驱动、项目导向等教学做一体的教学模式改革的探索成果。因此，在本套教材的编写中，着力构建具有机械类高等职业教育特点的课程体系，以职业技能的培养为根本，紧密结合企业对人才的需求，力求满足知识、技能和教学三方面的需求;在结构上和内容上体现思想性、科学性、先进性和实用性，把握行业岗位要求，突出职业教育特色。

具体来说，力图达到以下几点。

(1) 反映教改成果，接轨职业岗位要求。紧跟任务驱动、项目导向等教学做一体的教学改革步伐，反映高职高专机械设计制造类专业教改成果，引领职业教育教材发展趋势，注意满足企业岗位任职知识、技能要求，提升学生的就业竞争力。

(2) 创新模式，理念先进。创新教材编写体例和内容编写模式，针对高职高专学生的特点，体现工学结合特色。教材的编写以纵向深入和横向宽广为原则，突出课程的综合性，淡化学科界限，对课程采取精简、融合、重组、增设等方式进行优化。

(3) 突出技能，引导就业。注重实用性，以就业为导向，专业课围绕高素质技能型专门人才的培养目标，强调促进学生知识运用能力，突出实践能力培养原则，构建以现代数控技术、模具技术应用能力为主线的实践教学体系，充分体现理论与实践的结合，知识传授与能力、素质培养的结合。

当前，工学结合的人才培养模式和项目导向的教学模式改革还需要继续深化，体现工学结合特色的项目化教材的建设还是一个新生事物，处于探索之中。随着这套教材投入教学使用和经过教学实践的检验，它将不断得到改进、完善和提高，为我国现代职业教育体系的建设和高素质技能型人才的培养作出积极贡献。

谨为之序。

教育部高职高专机械设计制造类专业教学指导委员会主任委员
国家数控系统技术工程研究中心主任 陈吉红
华中科技大学教授、博士生导师

2012年1月于武汉

前　言

随着计算机技术在现代制造业的普及和发展，三维造型技术已经从一种高端、稀缺的技术变为制造业工程师的必备技能。当今，由于市场竞争的加剧，用户对产品的要求越来越高，为了适应瞬息万变的市场要求，提高产品质量，缩短生产周期，实现产品创新，减少开发成本，设计理念与实现手段均已发生了很大变革，逐步从使用二维工程图转变为使用三维造型技术来完成产品设计。

UG NX 原是美国 Unigraphics Solutions 公司推出的参数化设计软件，后被 EDS 公司兼并，如今成为德国 SIEMENS PLM Software 公司的产品。经过几十年的发展，该软件现已成为世界一流的 CAD/CAM/CAE 参数化设计软件，它拥有强大的三维造型功能，广泛应用于航空、航天、汽车、通用机械、模具和家用电器等行业。

本书介绍的软件版本涵盖了一般工程设计的常用功能和产品设计的全过程。全书按照模块功能来划分，共分为 9 章，包括：软件概述、软件基本操作、二维草图、曲线功能、三维实体建模、曲面建模、装配体、工程图、常用件与标准件。本书通俗易懂，图例丰富，大部分章节配有实例和课后作业，读者通过这些实例与课后作业，可以更进一步掌握产品建模设计过程。

本书可以作为高职高专的产品设计、模具设计与制造、机械设计与制造、数控加工等专业的计算机辅助设计课程教材，而且也适于作为社会上各种 CAD 培训班以及相关工程技术人员自学 UG NX 的参考书。

全书由鲍自林、林宗良担任主编，其中第 5 章由鲍自林编写，第 2、6 章由宫丽编写，第 3、4 章由林宗良编写，第 1、9 章由张宏兵编写，第 8 章由吴丽霞编写，第 7 章由佛新岗编写。鲍自林担任本书的统稿与协调工作。

限于编写时间及编者的水平，书中难免出现一些错误及需要进一步改进、提高的地方。我们恳请读者及专业人士提出宝贵意见与建议，以便今后逐步改进与完善。

编　者

2012 年 12 月

目　　录

第1章　概　　述

1.1　软件概述

本书所介绍的软件(以下简称 NX 8.0)原先是美国 Unigraphics Solutions 公司(以下简称 UGS 公司)推出的产品,1976 年麦道公司收购了 UGS 公司,并致力于对其产品的不断完善,UG 软件雏形问世。

2001 年,UGS 公司并入美国 EDS 公司,并于 2001 年 6 月推出 UG NX 1.0;2003 年,推出了 UG NX 2.0;2004 年,推出了 UG NX 3.0;2005 年,推出了具有里程碑式的 UG NX 4.0;2007 年 4 月,又推出了 UG NX 5.0。

2006 年,德国 SIEMENS 公司收购了 UGS 公司,并于 2008 年 6 月推出 NX 6.0;2009 年 10 月,推出 NX 7.0;2010 年 10 月,推出 NX 7.5;2011 年 4 月推出版本 NX 8.0。

NX 8.0 软件集 CAD/CAM/CAE 于一体,模块多、功能强,可以轻松实现工业设计、虚拟装配、辅助制造与工业分析等方面的工业设计。广泛应用在航空航天、汽车制造等领域,是目前国内外公认为世界一流、应用最为广泛的大型多功能的软件之一。

1.2　软件特点

NX 8.0 软件的特点,归纳起来,主要有如下六点。

1. 产品开发过程是无缝集成的完整解决方案

由于 NX 8.0 通过高性能的数字化产品开发解决方案,把从设计到制造流程的各个方面集成到一起,可以完成自产品概念设计→外观造型设计→详细结构设计→数字仿真→工装设计→零件加工的全过程,因此,产品开发的全过程是无缝集成的完整解决方案。

2. 可控制的管理开发环境

NX 8.0 不是简单地将 CAD、CAE 和 CAM 的应用程序集成到一起,以 UGS Teamcenter 软件的工程流程管理功能为动力,NX 8.0 形成了一个产品开发解决方案。所有产品开发应用程序都在一个可控制的管理开发环境中相互衔接。产品数据和工程流程管理工具提供了单一的信息源,从而可以协调开发工作的各个阶段,改善协同作业,实现对设计、工程和制造流程的持续改进。

3. 全局相关性

在整个产品开发流程中,NX 8.0 应用装配建模和部件间的链接技术,建立零件之间的相互参照关系,实现各个部件之间的相关性。

在整个产品开发流程中,NX 8.0 应用主模型方法,在集成环境中实现各个应用模块之间的完全相关性。

4. 集成的仿真、验证和优化

NX 8.0 中全面的仿真和验证工具，可在开发流程的每一步自动检查产品性能和可加工性，以便实现闭环、连续、可重复的验证。这些工具提高了产品质量，同时减少了错误和实际样板的制作费用。

5. 知识驱动型自动化

NX 8.0 可以帮助用户收集和重用企业特有的产品和流程知识，使产品开发流程实现自动化，减少重复性工作，同时减少错误的发生。

6. 满足软件二次开发需要的开放式用户接口

NX 8.0 提供了多种二次开发接口。应用 Open UIStyle 开发接口，用户可以开发自己的对话框；应用 Open GRIP 语言用户也可以进行二次开发；应用 Open API 和 Open＋＋工具，用户可以通过 VB、C＋＋和 Java 语言进行二次开发，而且支持面向对象程序设计的全部技术。

1.3 软件功能模块

NX 8.0 软件的模块非常多，这里只能列举部分主要的功能模块。为了能让读者更加清晰地了解各功能模块以及各功能模块之间的内在联系，下面从主要功能角度对 NX 8.0 模块进行归类，详述如下。

1.3.1 计算机辅助建模(CAD)

计算机辅助建模主要包括以下几方面的模块。

1. UG 实体建模(UG/Solid Modeling)

UG 实体建模提供了草图设计、各种曲线生成、编辑、布尔运算、扫掠实体、旋转实体、沿导轨扫掠、尺寸驱动、定义、编辑变量及其表达式、非参数化模型后的参数化等工具。

2. UG 特征建模(UG/Features Modeling)

UG 特征建模模块提供了各种标准设计特征的生成和编辑，包括各种孔、键槽、凹腔——方形、圆形、异形、方形凸台、圆形凸台、异形凸台、圆柱、方块、圆锥、球体、管道、杆、倒圆、倒角、模型抽空产生薄壁实体、模型简化(Simplify)，用于压铸模设计等、实体线和面提取，用于砂型设计等、拔锥、特征编辑(包括删除、压缩、复制、粘贴等)、特征引用、阵列、特征顺序调整、特征树等工具。

3. UG 外观造型设计(UG/Free Form Modeling)

UG 外观造型设计即自由曲面建模。UG 具有丰富的曲面建模工具，包括直纹面、扫描面、通过一组曲线的自由曲面、通过两组类正交曲线的自由曲面、曲线广义扫掠、标准二次曲线方法放样、等半径和变半径倒圆、广义二次曲线倒圆、两张及多张曲面间的光顺桥接、动态拉动调整曲面、等距或不等距偏置、曲面裁剪、编辑、点云生成、曲面编辑。

4. UG 用户自定义特征(UG/User Defined Feature)

UG 用户自定义特征模块提供交互式方法来定义和存储基于用户自定义特征(UDF)概念，便于调用和编辑零件族，形成用户专用的 UDF 库，提高用户设计建模效率。该模块包括从已生成的 UG 参数化实体模型中提取参数、定义特征变量、建立参数间的相关关系、设置变量缺省值、定义代表该 UDF 的图标菜单的全部工具。在 UDF 生成之后，UDF 即变成可通过图标菜单被所有用户调用的用户专有特征，当把该特征添加到设计模型中时，其所有预设变量参数均可编辑并将按 UDF 建立时的设计意图而变化。

5. UG 制图(UG/Drafting)

UG 制图模块提供了自动视图布置、剖视图、各向视图、局部放大图、局部剖视图、自动及手工尺寸标注、形位公差及粗糙度符合标注、支持 GB 和标准汉字输入、视图手工编辑、装配图剖视、爆炸图、明细表自动生成等工具。

6. UG 装配(UG/Advanced Assemblies)

UG 高级装配模块提供了如下功能：增加产品级大装配设计的特殊功能；允许用户灵活过滤装配结构的数据调用控制；高速大装配着色；大装配干涉检查功能；管理、共享和检查用于确定复杂产品布局的数字模型，完成全数字化的电子样机装配；对整个产品、指定的子系统或子部件进行可视化和装配分析的效率；定义各种干涉检查工况储存起来多次使用，并可选择以批处理方式运行；软、硬干涉的精确报告；对于大型产品，设计组可定义、共享产品区段和子系统，以提高从大型产品结构中选取进行设计更改的部件时软件运行的响应速度；并行计算能力，支持多 CPU 硬件平台，可充分利用硬件资源。

1.3.2 计算机辅助制造(CAM)

1. UG 加工基础(UG/CAM BASE)

UG 加工基础模块提供如下功能：在图形方式下观测刀具沿轨迹运动的情况，进行图形化修改(如对刀具轨迹进行延伸、缩短或修改等)，点位加工编程功能，用于钻孔、攻丝和镗孔等，按用户需求进行灵活的用户化修改和剪裁，定义标准化刀具库，加工工艺参数样板库使初加工、半精加工、精加工等操作常用参数标准化，以减少使用培训时间并优化加工工艺。

2. UG 后处理(UG/Post Execute)**和 UG 加工后置处理**(UG/Post Builder)

UG 后处理和 UG 加工后置处理共同组成了 UG 加工模块的后置处理。其中，UG 加工后置处理模块使用户可方便地建立自己的加工后置处理程序，该模块适用于目前世界上几乎所有主流 NC 机床和加工中心，该模块在多年的应用实践中已被证明适用于 2～5 轴或更多轴的铣削加工、2～4 轴的车削加工和电火花线切割。

3. UG 车削(UG/Lathe)

UG 车削模块提供粗车、多次走刀精车、车退刀槽、车螺纹和钻中心孔、控制进给量、主轴转速和加工余量等参数、在屏幕模拟显示刀具路径，可检测参数设置是否正确、生成刀位原文件(CLS)等功能。

4. UG 型芯、型腔铣削(UG/Core & Cavity Milling)

UG 型芯、型腔铣削可完成粗加工单个或多个型腔，沿任意类似型芯的形状进行粗加工大余量去除，对非常复杂的形状产生刀具运动轨迹，确定走刀方式，通过容差型腔铣削可加工设计精度低、曲面之间有间隙和重叠的形状，而构成型腔的曲面可达数百个、发现型面异常时，它可以或自行更正，或者在用户规定的公差范围内加工出型腔等功能。

5. UG 线切割(UG/Wire EDM)

UG 线切割支持如下功能:UG 线框模型或实体模型,进行 2 轴和 4 轴线切割加工、多种线切割加工方式(如多次走刀轮廓加工、电极丝反转和区域切割、支持定程切割),使用不同直径的电极丝和功率大小的设置、可以用 UG/Postprocessing 通用后置处理器来开发专用的后处理程序,生成适用于某个机床的机床数据文件。

6. UG 切削仿真(UG/Vericut)

UG 切削仿真模块是集成在 UG 软件中的第三方模块,它采用人机交互方式模拟、检验和显示 NC 加工程序,是一种方便的验证数控程序的方法。由于省去了试切样件,可节省机床调试时间,减少刀具磨损和机床清理工作。通过定义被切零件的毛坯形状,调用 NC 刀位文件数据,就可检验由 NC 生成的刀具路径的正确性。UG 切削仿真模块可以显示出加工后并着色的零件模型,用户可以容易地检查出不正确的加工情况。作为检验的另一部分,该模块还能计算出加工后零件的体积和毛坯的切除量,因此就容易确定原材料的损失。切削仿真提供了许多功能,其中有对毛坯尺寸、位置和方位的完全图形显示,可模拟 2～5 轴联动的铣削和钻削加工。

1.3.3 计算机辅助工程(CAE)

1. UG 有限元前后置处理(UG/Senario for FEA)

UG 有限元前后处理模块可完成如下操作:全自动网格划分,交互式网格划分,材料特性定义,载荷定义和约束条件定义,NASTRAN 接口,有限元分析结果图形化显示,结果动画模拟,输出等值线图、云图,进行动态仿真和数据输出。

2. UG 有限元解算器(UG/FEA)

UG 有限元可进行线性结构静力分析、线性结构动力分析、模态分析等操作。

3. UG/ANSYS 软件接口(UG/ANSYS Interface)

UG/ANSYS 软件接口完成全自动网格划分、交互式网格划分、材料特性定义、载荷定义和约束条件定义、ANSYS 接口、有限元分析结果图形化显示、结果动画模拟、输出等值线图、云图。

4. UG/Nurbs 样条轨迹生成器(UG/Nurbs Path Generator)

UG 样条轨迹生成器模块允许在 UG 软件中直接生成基于 Nurbs 样条的刀具轨迹数据,使得生成的轨迹拥有更高的精度和光洁度,而加工程序量比标准格式减少 30%～50%,实际加工时间则因为避免了机床控制器的等待时间而大幅度缩短。该模块是希望使用具有样条插值功能的高速铣床(FANUC 或 SIEMENS)用户必备工具。

1.3.4 UG 的其他模块

1. UG 入口(UG/Gateway)

这个模块是 UG 的基本模块,包括以下几个方面功能:

- 打开、创建、存储等文件操作;
- 着色、消隐、缩放等视图操作,视图布局,图层管理;
- 绘图及绘图机队列管理;空间漫游,可以定义漫游路径,生成电影文件;

- 表达式查询；
- 特征查询；
- 模型信息查询，坐标查询，距离测量；
- 曲线曲率分析；
- 曲面光顺分析；
- 零部件的装配；
- 用于定义标准化零件族的电子表格功能。

2. UG 管理器(UG/Manager)

UG 管理器模块是 UG 软件项目组级的数据管理模块，提供数据管理功能和并行工程能力。

UG/Manager 可在网络上浮动运行，在安装 UG/Manager 之后，原 UG 软件在操作系统下存取设计模型的文件操作被换为针对产品数据库的存取功能，而 UG 软件的其他运行功能和未安装 UG/Manager 前的完全一样。在 UG/Manager 中，系统管理员可分配项目组成成员角色、定义每个成员的权限、提供数据版本管理、安全管理、广义查询、存取保护等功能，同时，进入 UG/Manager 数据库中的产品数据可通过 Netscape 或 IE 等浏览器访问，提高了设计数据的利用率，改进了用户组织对设计信息的发布和访问能力。UG/Manager 是 UG 企业级数据管理方案 iMAN 的子集，可在需要时无缝升级为企业级数据管理系统。

3. UG 二次开发(UG/Open)

UG 二次开发模块为 UG 软件的二次开发工具集，便于用户进行二次开发工作。利用该模块可对 UG 系统进行用户化剪裁和开发，满足用户的开发需求。

UG/Open 包括以下几个部分：

- UG/Open Menuscript 开发工具　对 UG 软件操作界面进行用户化开发，无须编程即可对 UG 标准菜单进行添加、重组、剪裁或在 UG 软件中集成用户自己开发的软件功能；
- UG/Open UIStyle 开发工具　它是一个可视化编辑器，用于创建类似 UG 的交互界面，利用该工具，用户可为 UG/Open 应用程序开发独立于硬件平台的交互界面；
- UG/Open API 开发工具　提供 UG 软件直接编程接口，支持 C、C＋＋、Fortran 和 Java 等主要高级语言；
- UG/Open GRIP 开发工具　它是一个类似 APT 的 UG 内部开发语言，利用该工具用户可生成 NC 自动化或自动建模等用户的特殊应用。

4. UG 数据交换(UG/Data Exchange)

UG 数据交换模块提供基于 STEP、IGES 和 DXF 标准的双向数据接口功能。

5. UG 运动机构(UG/Scenario for Motion)

UG 运动机构模块提供机构设计、分析、仿真和文档生成功能，可在 UG 实体模型或装配环境中定义机构，包括铰链、连杆、弹簧、阻尼、初始运动条件等机构定义要素，定义好的机构可直接在 UG 中进行分析，可进行各种研究，包括最小距离、干涉检查和轨迹包络线等选项，同时可实际仿真机构运动。用户可以分析反作用力，图解合成位移、速度、加速度曲线。反作用力可输入有限元分析，并可提供一个综合的机构运动连接元素库。

UG/Mechanisms 与 MDI/ADAMS 无缝连接，可将前处理结果直接传递到 MDI/AD-

AMS 进行分析。

6. UG 管路设计(UG/Routing)

UG 管路设计模块提供管路中心线定义、管路标准件、设计准则定义和检查功能,在UG 装配环境中进行管路布置和设计,包括硬、软管路、暗埋线槽、接头、紧固件设计。该模块可自动生成管路明细表、管路长度等关键数据,可进行干涉检查。系统本身包括 200 多种系列管路标准零件库,并可由用户根据需要添加或更改,用户还可以制定设计或修改准则,系统将按定义的规则进行自动检查(如最小弯曲半径等)。

7. UG 钣金设计(UG/Sheet Metal Design)

UG 钣金设计模块可实现如下功能:复杂钣金零件生成,参数化编辑,定义和仿真钣金零件的制造过程,展开和折叠的模拟操作,生成精确的二维展开图样数据,展开功能可考虑可展和不可展曲面情况,并根据材料中性层特性进行补偿。

8. UG 注塑模具设计(UG/Mold Wizard Design)

UG 注塑模具设计模块支持典型的塑料模具设计的全过程,即从读取产品模型开始,到如何确定和构造拔模方向、收缩率、分型面、模芯、型腔、滑块、顶块、模架及其标准零部件、模腔布置、浇注系统、冷却系统、模具零部件清单(BOM)等。同时可运用 UG WAVE 技术编辑模具的装配结构、建立几何联结、进行零件间的相关设计。UG 注塑模具设计模块是一个独立的应用模块。

9. UG 冲压模具工程(UG/Die engineering)

UG 冲压模具工程,是 UG 面向汽车钣金件冲压模具设计而推出的一个模块,其功能包括冲压工艺过程定义,冲压工序件的设计,如工艺补充面的设计、拉伸压料面的设计等,以帮助用户完成冲压模具的设计。

10. UG 逆向工程(UG/in-Shape)

UG/in-Shape 是 UG 公司推出的面向逆向工程的软件模块,其理论基础是 Paraform 公司的技术基础,使用的是一种叫“rapid surfacing”(快速构面)的方法,提供一套方便的工具集,接收各种数据结构曲面模型,这一技术目前正被许多知名公司如 GM、Ford、Lear、Boeing、Trim System Inc. 等公司采用。

1.4 软件的新增功能

软件的新增功能主要体现在以下几个方面。

1. 支持中文路径和中文名称

设置环境变量 UHII_UTF8_MODE=1,NX 8.0 支持中文路径和中文名,如图 1-1 所示。一般在安装 NX 8.0 之后,系统已经加载了此选项,不需要人工设置。

曲线文字编辑时,可以定制字体风格及字体的大小,文字库较以前有所增加(见图1-2)。

2. 增加了便捷操作指令

(1) 选择对象:当你选择某一对象时,在鼠标的旁边显示该特征的名称或类型,以前只能出现在状态栏里。

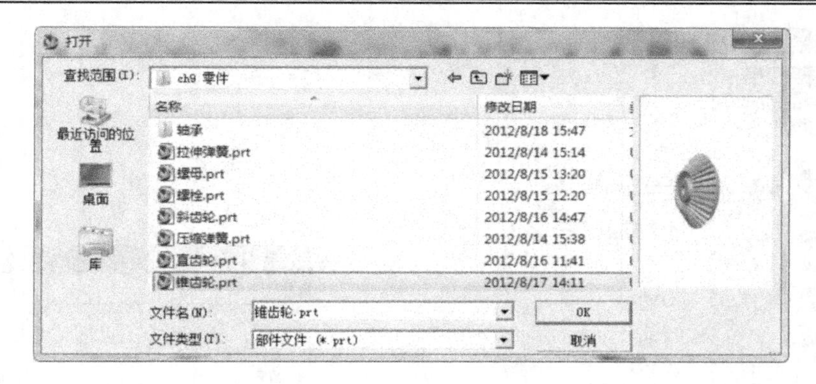

图 1-1

(2) 重复命令：相当于历史记录，可以重复使用以前用过的功能指令，快捷键是 F4。当改变应用模式，关掉 Part 文件，进入或退出任务环境时会自动清空。

3. 草绘功能增强

(1) 直接草图功能增强，在选择外形造型设计和钣金模块时可以使用，在“直接草图”工具栏中可以使用投影曲线、相交曲线、相交点、修剪配方曲线等指令，如图 1-3所示。

(2) 在基本图样曲线中新增了多边形、椭圆、二次曲线等。

(3) 在直接草图中，可以进行模型的延迟更新，即对直接草图进行编辑的时候模型不更新，等直接草图编辑完成再使用草图更新模型的命令进行更新。

(4) 草图尺寸增强，选择尺寸是有方向了，即尺寸可以使用负值。

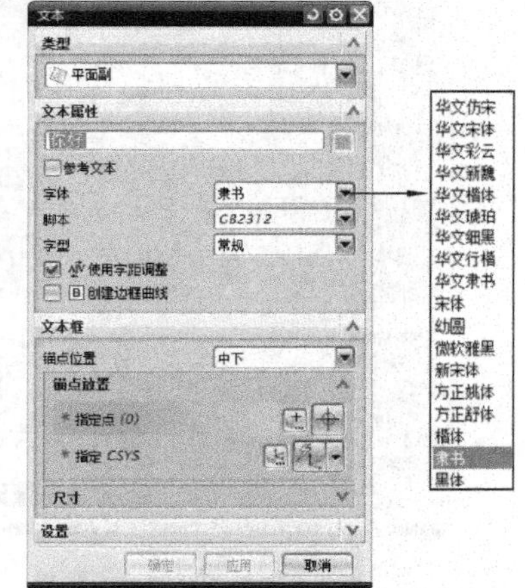

图 1-2

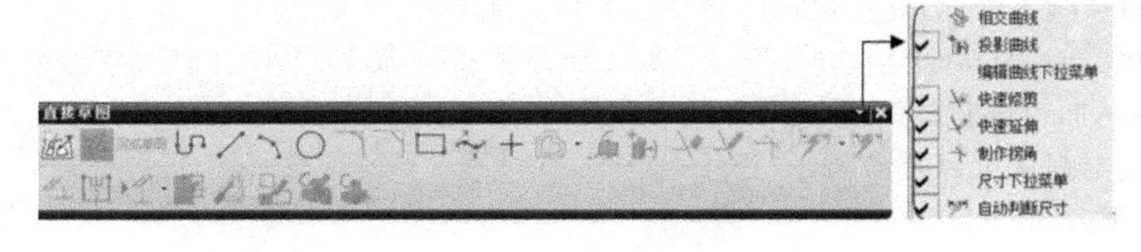

图 1-3

4. 建模方向功能增强

(1) 孔命令增强。在编辑孔的时候可以改变类型，定位方式可以采用草图定位，当然也可以采用“NX 5 版本之前的孔”，即用老的办法创建小孔。

(2) 阵列功能更强大。详见图 1-4 所示。此外“实例几何体”工具也增加了新的功能，如图 1-5 所示。

(3) 表达式功能增强。它支持包括中文在内的多国语言，可以引用其他部件的属性和其他对象属性。

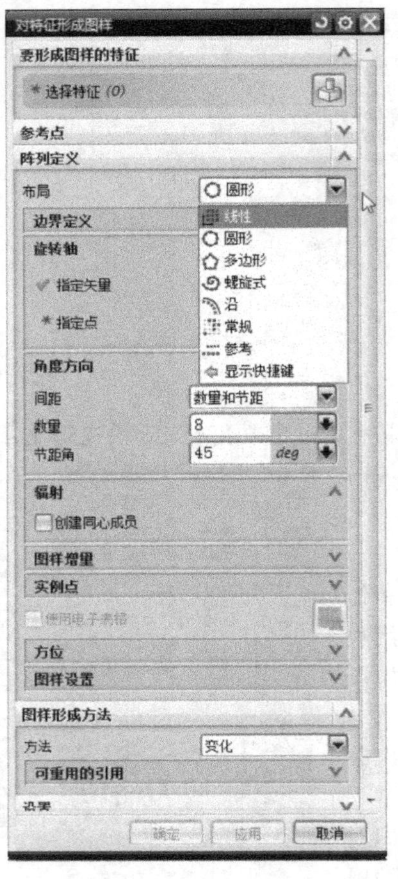

图 1-4

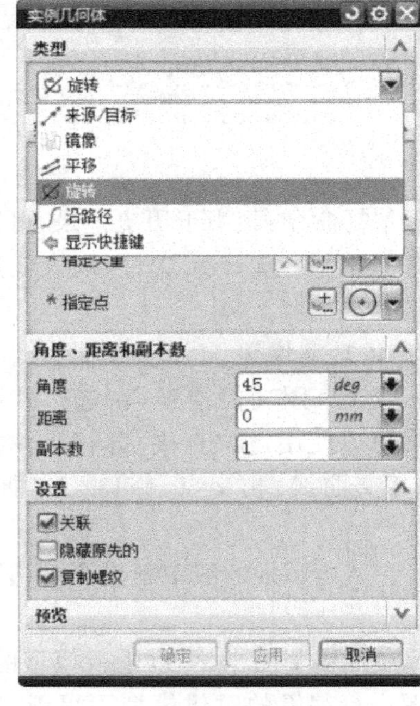

图 1-5

（4）增加了标准件“弹簧”快捷建模功能。

4. 装配方面

（1）新增约束导航器，可以对约束进行分析与组织。

（2）新增的“Make Unique”命令，也就是重命名组件命令，可以任意更改打开装配中的组件名字，从而得到新的组件。

（3）装配组件可以重命名。

5. 制图方面

（1）增加了齿轮、弹簧直接制图功能。齿轮、弹簧的建模不但较以前更方便了，而且它们绘制工程图也更快捷了。

图 1-6 所示是弹簧的工程图，完全是系统自动创建，齿轮的工程图也可如此创建。

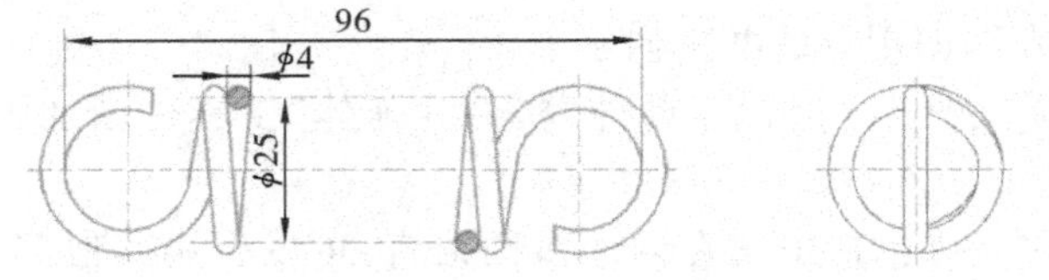

图 1-6

(2) 工程图的文字编辑功能及字库都增强了。

6. NC 加工

NC 加工增加了刀柄选项的定制功能，如图 1-7 所示。同时增加了“拔模分析”相关工具，如图 1-8 所示。

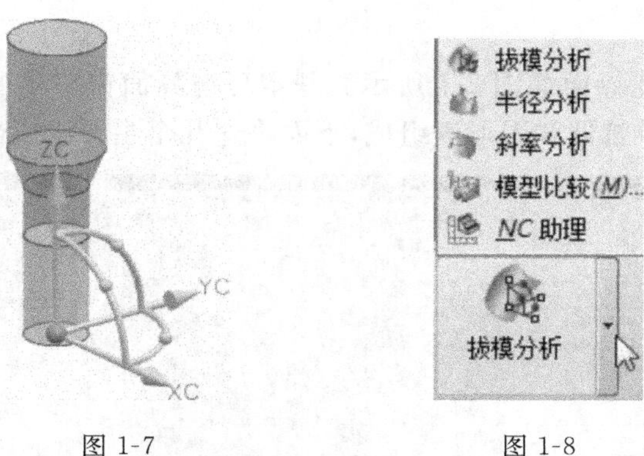

图 1-7　　　　图 1-8

1.5　本章小结

本章主要介绍了 NX 8.0 软件的历史发展过程、软件的主要模块及其功能，同时对 NX 8.0的新增功能作了较为详细的阐述，希望读者在训练的时候进行参照。

1.6　习　　题

1. 了解 NX 8.0 软件的发展过程及其功能模块。
2. 熟练掌握 NX 8.0 软件的新增功能指令。

第 2 章　软件基本操作

NX 8.0 的基本环境界面如图 2-1 所示。基本环境界面窗口主要由菜单栏、工具栏、选择条、信息栏、资源条、导航器和图形区组成，下面将这几个主要组成部分作简要介绍。

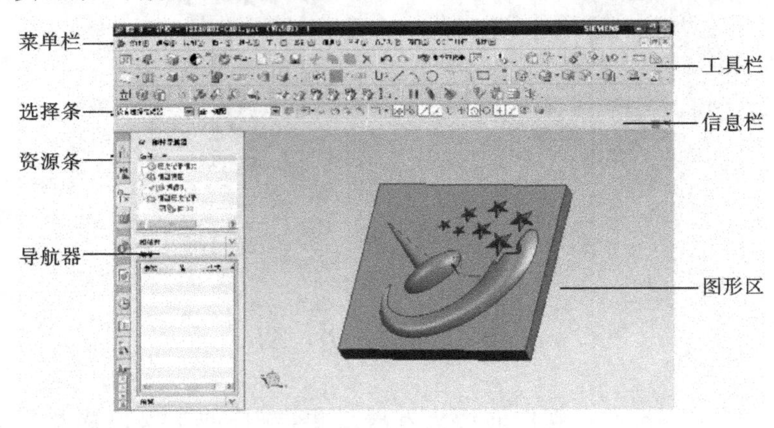

图 2-1

1. 菜单栏

菜单栏中包含了 NX 8.0 所有的菜单操作命令。在调出功能模块后，模块里的功能命令被自动加载到菜单条中，否则菜单条中仅有基本环境中简单的菜单命令。菜单栏上的各个功能菜单条如图 2-1 所示。

2. 工具栏

NX 8.0 工具栏中放置了各个模块的功能命令工具条，除了能在工具条中找到相应的功能命令外，还可通过程序的"定制"命令任意地放置功能命令。工具条上的按钮图标下方有功能命令的名称，在不熟悉图标按钮的情况下，可通过按钮名称快速地找出功能命令。命令按钮右侧带有下三角按钮，可通过此按钮将其余命令按钮显示于工具条上。

用户可通过在工具栏空白处单击鼠标右键，然后在弹出的快捷菜单中将工具条调出来。

3. 选择条

选择条中包含了用以控制图形区中特征的选择的类型过滤器、选择约束、常规选择过滤器等工具。选择条上的选择工具如图 2-1 所示。

4. 信息栏

信息栏主要显示用户即将进行操作的文字提示，它极大地方便了初学者，能使其快速掌握软件的应用技巧。

5. 资源条

资源条中包含了 NX 8.0 的部件导航器、装配导航器、重用库、历史记录、角色等工具，体现了 NX 8.0 部件操作的强大功能，如图 2-1 所示。

6. 导航器

导航器用于控制工作部件当前状态下的模型显示、图纸内容及装配结构等，导航器位于图形窗口一侧的资源条上，在如图 2-1 所示的资源条中。

7. 图形区

图形区是用户进行 3D、2D 设计的图形创建、编辑区域。

2.1　鼠标和键盘操作

键盘用于输入参数或使用组合键执行 NX 8.0 的某个命令，鼠标则用来选择命令或对象。NX 8.0 中鼠标的操作使用代码表示，“MB1”指按下鼠标左键，“MB2”指按下鼠标中键(即滚轮，后同)，“MB3”指按下鼠标右键。如使用“Ctrl＋MB1”组合键表示按住“Ctrl”键的同时单击鼠标左键。

NX 8.0 系统支持 2D 和 3D 鼠标(建议采用 3D 鼠标，以充分发挥系统的易用和快捷性能)。

(1) 左键(MB1)　鼠标左键用于选择菜单、选择几何体、拖动几何体、选择对话框中的各个设定选项等，是用得最多的按键。

(2) 中键(MB2)　在对话框中单击中键相当于单击对话框中的默认按钮，通常为“确定”按钮，这可以提高操作的速度。

在绘图区中按住鼠标中键并拖动可以旋转视角，同时按住鼠标中键和左键并拖动可以缩放视图，同时按住鼠标中键和右键并拖动可以平移视图。

(3) 右键(MB3)　单击鼠标右键会弹出快捷菜单，菜单内容依鼠标单击位置的不同而不同。

① 若在绘图区域的空白处右击则会弹出快捷菜单，如图 2-2 所示，用于定义显示窗口、视角等最常用的操作。这是在 NX 8.0 操作中最常用的功能。

② 若在绘图区的图素上右击则会弹出属性按钮，如图 2-3 所示。

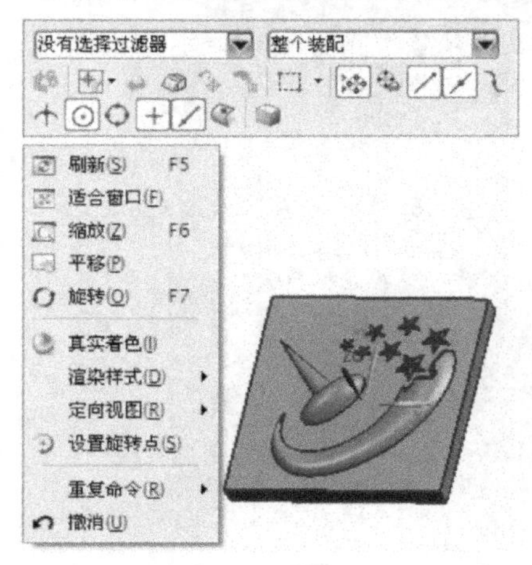

图 2-2

图 2-3

在进行各个命令操作时则会弹出与命令相对应的内容，图 2-4 所示为绘制直线时的快捷菜单，如图 2-4 所示。

图 2-4

③ 在工具条上右击则会弹出工具条定义的快捷菜单，从中可以选择显示或隐藏工具条。

2.2 文件管理

模型文件管理包括新建、打开、导入、保存、关闭和退出模型文件等，在 NX 8.0 中，模型文件的管理功能是通过"文件"下拉菜单来实现的。

2.2.1 新建文件

该功能用于创建新的模型文件，用户进行下述操作之一即可激活新建模型文件功能。

(1) 工具条："标准"→"新建"。

(2) 下拉菜单："文件"→"新建"。

(3) 快捷键："Ctrl＋N"。

用户进行上述操作后会弹出"新建"对话框，如图 2-5 所示。

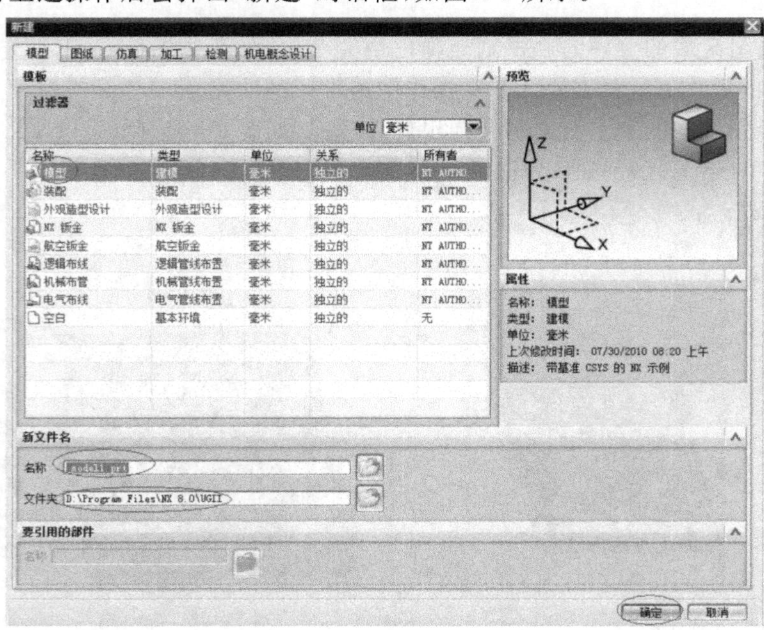

图 2-5

(1) 在“模型”选项卡中根据实际需要选择相应的模板。

(2) 单击“单位”下拉按钮，从弹出的下拉列表中选择模型尺寸的测量单位，这里选择“毫米”。

(3) 在“新文件名”区域的“名称”文本框中输入要新建的文件名称，在“文件夹”文本框中输入要新建模型文件的创建路径。也可单击其后相应的按钮，从弹出的对话框中选择相应的文件名称或路径。

(4) 单击“确定”按钮，这时显示模型文件和工作模型文件会自动地转换成当前新建的模型文件。

2.2.2 打开文件

该功能用于打开已存在的模型文件，并将其模型在模型显示窗口中显示出来。用户进行下述操作之一即可激活该功能。

(1) 工具条：“标准”→“打开”。

(2) 下拉菜单：“文件”→“打开”。

(3) 快捷键：“Ctrl+O”。

用户进行上述操作后会弹出“打开”对话框，如图 2-6 所示。

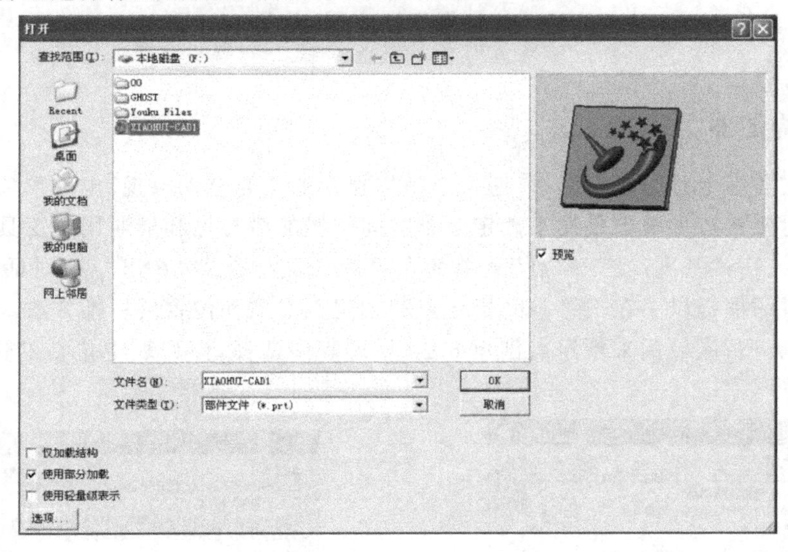

图 2-6

① 在“查找范围”选项中指定要打开的模型文件存放路径。

② 在“文件类型”选项中指定要打开的文件类型，该路径下指定文件类型的所有文件名将显示在文件列表框中。

③ 在“文件名”文本框中输入要打开的文件名称，或在选择路径后的“查找范围”下方的列表中选择，“文件名”中不要包含此文件类型的扩展名部分。

④ 单击“OK”按钮，这时显示模型文件和工作模型文件会自动地转换成当前打开的模型文件，模型显示窗口则显示打开的模型。

2.2.3 保存文件

保存功能主要由以下5项组成，如图2-7所示。

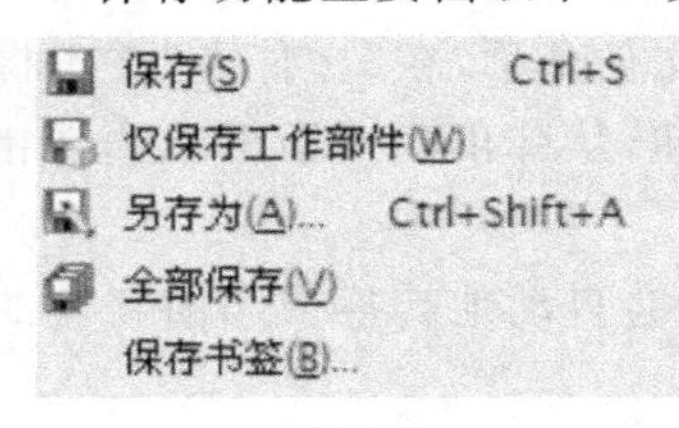

图 2-7

（1）保存　保存工作部件和任何已修改的组件，并将当前工作模型中所有的数据保存到磁盘文件中。

（2）仅保存工作部件　仅保存工作部件。

（3）另存为　用其他名称保存此工作部件，或保存到其他的指定路径的磁盘文件中。

（4）全部保存　保存所有已修改的部件和所有的顶级装配部件，并将当前打开的所有的工作模型中所有的数据保存到各自的模型文件中。

（5）保存书签　在书签文件中保存装配关联，包括组件可见性、加载选项和组件组。

保存模型文件的方法有以下3种。

（1）工具条："标准"→"保存"。

（2）下拉菜单："文件"→"保存"（或者"另存为"、"全部保存"等）。

（3）快捷键："Ctrl＋S"（或"Ctrl＋Shift＋A"）。

2.3 常用工具操作

2.3.1 点构造器

点构造器实际上是"点"对话框，通常会根据建模的需要自动出现，也可单独使用创建一些独立的点对象。点构造器是用来确定三维空间位置的最常见和最通用的工具。

选择"插入"→"基准/点"→"点"菜单命令可激活点构造器，弹出"点"对话框，如图2-8所示。"点"对话框提供了在三维空间指定点和创建点对象和位置的标准方法。

其中的"类型"区域用来指定点创建方法，从列表中选择，该列表中包括的选项如图2-9所示。

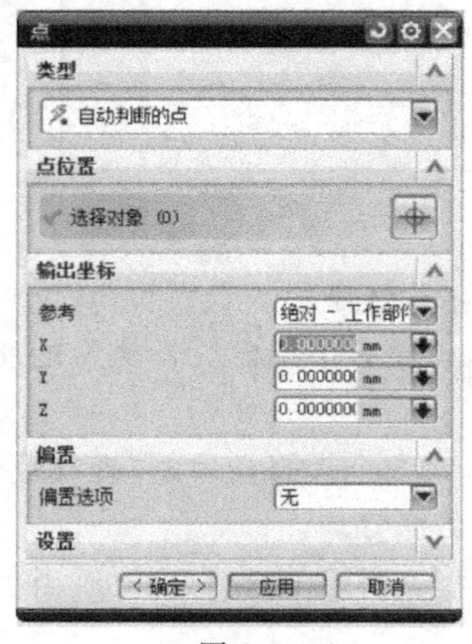

图 2-8

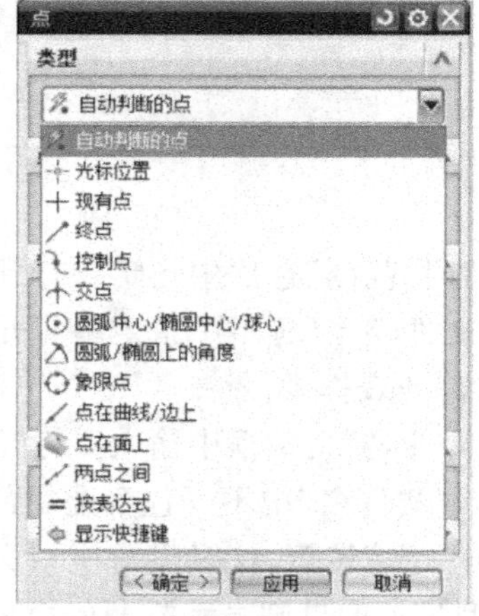

图 2-9

1. 自动判断的点

从下拉列表中,选择"自动判断的点"选项,如图 2-8 所示,就可以根据选择指定要使用的点选项,该选项的功能为根据模型选择的位置不同,自动推测出以下方法进行定点:光标位置、现有点、端点、控制点或者中心点位置。

2. 光标位置

该选项功能是由"光标位置"指定一个点位置,如图 2-10 所示,位置位于 WCS 的平面中。

3. 现有点

该选项的功能是在已存在的点对象位置指定一个点位置。如图 2-11 所示,通过选择一个现有点,使用该选项在现有点的顶部创建一个点或指定一个位置。在现有点的顶部创建一个点可能引起迷惑,因为用户将看不到新点,但这是从一个工作图层得到另一个工作图层的点的拷贝的最快方法。

图 2-10

图 2-11

4. 终点

该选项的功能是在已存在的直线、圆弧、二次曲线或者其他曲线的端点位置确定一个点位置,如图 2-12 所示。利用该方法定点时,根据选择的曲线或者实体边缘线位置的不同,所选取的端点位置也不同,通常选取最靠近选择位置端的端点。

图 2-12

图 2-13

5. 控制点

该选项的功能是在已存在的几何对象的控制点位置指定一个位置,如图 2-13 所示。采用该方法时,根据选择曲线或实体边缘线的不同,将取得几何对象上不同的控制点。

6. 交点

该选项的功能是在已存在的两条曲线的交点位置，或在已存在的曲线与另一个已存在的平面或表面的交点位置指定一个点位置，如图 2-14 所示。

7. 圆弧中心/椭圆中心/球心

该选项的功能是在已存在的圆弧、圆、椭圆、椭圆弧或球的中心位置指定一个点位置，如图 2-15 所示。用该方法定点时，选择上述对象的圆周或球体上的任一位置，就可以确定其中心点位置。当光标选择球放在选取对象的圆周上时，系统在亮显曲线的同时将自动显示中心点标记。

图 2-14

图 2-15

8. 圆弧/椭圆上的角度

该选项的功能是沿已存在的圆弧或椭圆上的指定圆心角位置指定一个点位置，如图 2-16所示。利用该方法定点时，当选择圆弧或椭圆（椭圆弧）对象，“点”对话框将自动显示“角度”文本框，在该文本框中输入指定的方位角，即可在选择曲线上确定一个指定角度的点位置。

图 2-16

图 2-17

9. 象限点

该选项的功能是已存在的圆弧或者椭圆的象限点位置指定一个点位置，如图 2-17 所示。使用该方法时，选择位置在圆弧或者椭圆(椭圆弧)曲线上，取最靠近该位置的曲线上的象限点为定点位置。

10. 点在曲线/边上

该选项的功能为在已存在的曲线或实体边的指定位置建立一个点，如图2-18所示。使用该方法时，选择位置需要在“U向参数”文本框中输入参数，该参数是一个比例系数，相当于指定点位置与端点(曲线或直线左边的端点)的长度占曲线长度的比值，设置完成即可确定点的位置。

11. 点在面上

该选项的功能是在已存在的曲面或实体边的指定位置建立一个点，如图2-19所示。使用该方法时，选择位置需要在“U向参数”文本框和“V向参数”(矢量参数)文本框中输入参数，参数为一个比例系数。设置完成即可确定点的位置。

图2-18

图2-19

12. 两点之间

选用该选项后，“点”对话框中新增“点”区域和“点之间的位置”区域，如图2-20所示。其中在“点之间的位置”区域下的“位置百分比”文本框中输入数值后，将新点的位置指定为两点之间的距离的百分比，从第一个点开始测量。

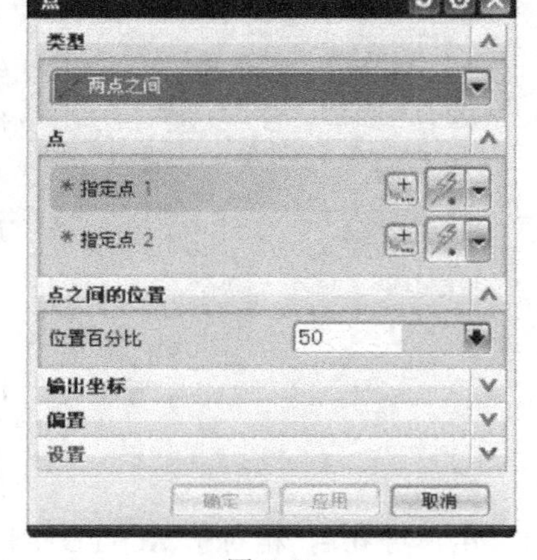

图2-20

2.3.2 矢量构造器

矢量用来确定特征或者对象的方位，如圆柱体的轴线方向、拉伸特征的拉伸方向、旋转扫描特征的旋转轴线等。

矢量构造器用于构造一个单位方向矢量。矢量构造器实际上是一个“矢量”对话框，所有的功能都是在对话框中完成的。

弹出“矢量”对话框的方式很多，如图2-21所示，选择“插入”→“设计特征”→“拉伸”菜单命令，弹出“拉伸”对话框。单击“拉伸”对话框中的“矢量构造器”按钮，也可弹出“矢量”对话框。

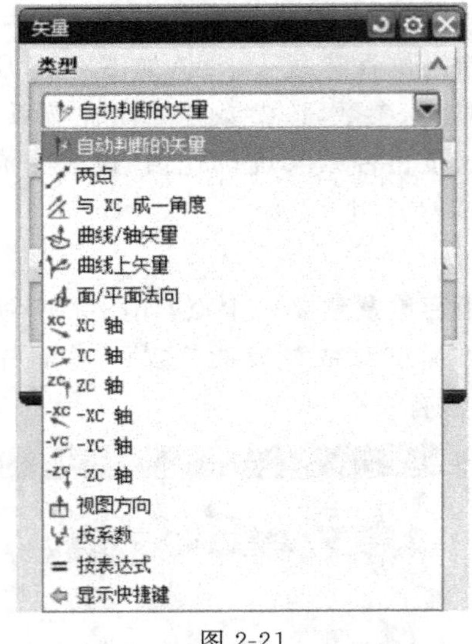

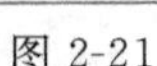
图 2-21

图 2-22

其中“类型”区域是用来指定定义矢量的方法，可从列表中选择。

1. 自动判断的矢量方法定义矢量

自动判断的矢量方法是指系统根据用户选择对象的不同，自动地判断出一种矢量方法来定义一个矢量。自动判断出的方法可能是两点、边缘、曲线矢量、面的法向、平面法向、基准轴，也可以在坐标值或直接输入矢量坐标分量来确定一个矢量。

从下拉列表中选择“自动判断的矢量”选项，可以指定相对于选定几何体的矢量，如图 2-22 所示。

图 2-23

2. 两点方法定义矢量

两点方法定义矢量是指利用指定的空间两点的连线来定义一个矢量，矢量的方向是从第一个指定点指向第二个指定点。

从下拉列表中选择“两点”选项，可以选择两点方法定义矢量，如图 2-23 所示。

3. 与 XC 成一角度方法定义矢量

与 XC 成一角度方法定义矢量是指在 XC-YC 平面内指定与 XC 轴之间的夹角来定义一个矢量。

从“类型”下拉列表中选择“与 XC 成一角度”选项，可以选择与 XC 成一角度的方法定义矢量，如图 2-24 所示。用户可利用“相对于 XC-YC 平面中 XC 的角度”区域的“角度”文本框或其后的下拉列表来指定方位角。

① 选择与 XC 成一角度的方法定义矢量。

② 指定方位角或从“角度”下拉列表中选择相应操作，最后单击“确定”按钮完成矢量

定义。

4. 曲线/轴矢量方法定义矢量

曲线/轴矢量方法定义矢量指的是在曲线（或实体轴）的起始点（或终止点）上沿切线方向定义一个矢量。矢量的端点由选择曲线时的选择端决定，定义的矢量总是最靠近选择端的端点处的切线，且远离另一端。

从下拉列表中选择“曲线/轴矢量”选项，可以在曲线、轴或圆弧起始处指定一个与该曲线或边缘相切的矢量，如图 2-25 所示。如果是完整的圆，软件将在圆心并垂直于圆面的位置处定义矢量。如果是圆弧，软件将在垂直于圆弧面并通过圆弧中心的位置处定义矢量。

图 2-24

图 2-25

5. 曲线上矢量方法定义矢量

曲线上矢量方法定义矢量是指在指定曲线任意位置上沿曲线切线方向定义一个矢量。

从下拉列表中选择“曲线上矢量”选项，可以在曲线上的任一点指定一个与曲线相切的矢量，如图 2-26 所示。可按照圆弧长或百分比圆弧长指定位置。用户选择一条曲线后，需要在“曲线上的位置”区域的“位置”文本框中输入或从下拉列表中选择参数指定如何定义矢量位置，可以选择是按“弧长”还是按“圆弧长”。如果“位置”选择的是“圆弧长”，则在“圆弧长”文本框中指定长度。

图 2-26

6. 面/平面法向方法定义矢量

面的法向方法定义矢量是指在与指定平面形表面法线或者圆柱形表面轴线相平行的方向定义一个矢量。平面的法向方法定义矢量是指在与指定的平面对象或基准面的法线相平行的方向定义一个矢量。

从下拉列表中选择“面/平面法向”选项，可以选择表面法线或平面法线方法定义矢量，如图 2-27 所示。用户需要选择一个平面形表面或者圆柱形表面，另外还可以选择一个平面对象或基准面对象。

7. 坐标轴方法定义矢量

坐标轴方法定义矢量是指在与工作坐标系或指定的已存在的坐标系的某一个坐标轴相

平行的方向定义一个矢量。

可以从下拉列表中选择"XC 轴"、"YC 轴"、"ZC 轴"、"－XC 轴"、"－YC 轴"或"－ZC 轴"的方法来定义矢量。

8. 视图方向定义矢量

视图方向定义矢量是指与指定的视图方向相平行的方向定义一个矢量。

从下拉列表中，如图 2-28 所示，选择"视图方向"选项，可以选择视图方向定义矢量，而且用户需要选择一个视图对象。

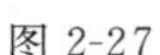

图 2-27

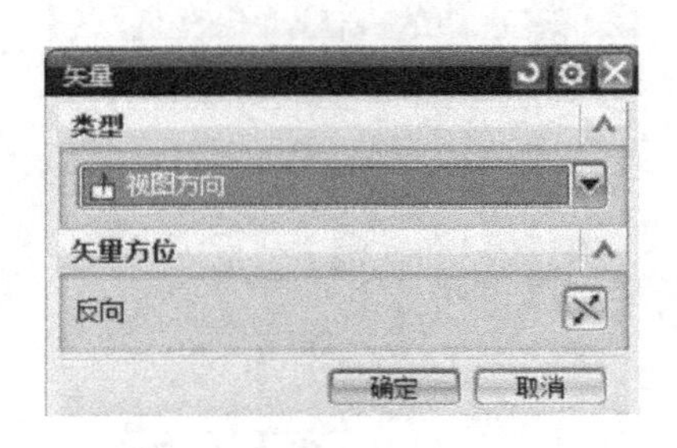

图 2-28

9. 按系数方法定义矢量

从下拉列表中选择"按系数"选项，可以按系数指定一个矢量，如图 2-29 所示。

10. 按表达式方法定义矢量

从下拉列表中选择"按表达式"选项，可以按照设置的表达式指定一个矢量，如图 2-30 所示。

图 2-29

图 2-30

2.3.3 CSYS 构造器

进行下述操作之一即可激活 CSYS 构造器。

(1) 下拉菜单："格式"→"WCS"→定向"。

（2）工具条："实用工具"→"WCS 方向"。

进行上述操作后会弹出"CSYS"对话框。

其中"类型"区域是用来指定定义坐标系的，可从列表中选择，该列表中包括的选项如图 2-31 所示。

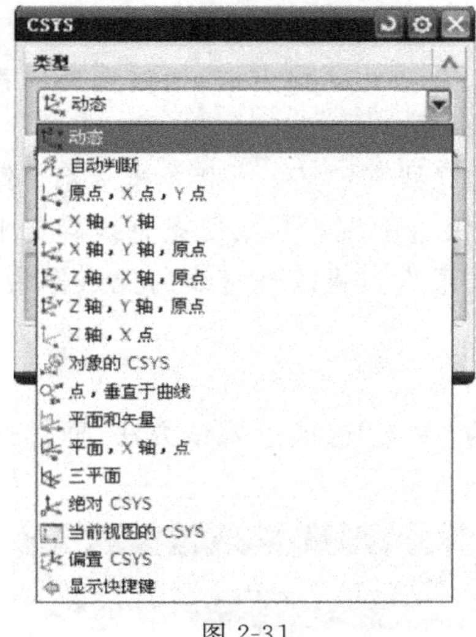

图 2-31

图 2-32

1. 动态方法

如图 2-32 所示，从下拉列表中选择"动态"选项进入该方法。此时工作区显示坐标文本框，且"CSYS"对话框中显示"参考 CSYS"区域，在"参考"下拉列表中选择"WCS"、"绝对"或"选定的 CSYS "选项进行相应的操作。

2. 自动判断方法

如图 2-33 所示，从下拉列表中选择"自动判断"选项进入该方法。该方法根据选择的几何对象的不同，自动地推测一种方法（即其他的 12 种方法之一）来定义坐标系。

图 2-33

图 2-34

3. 原点，X 点，Y 点方法

如图 2-34 所示，从下拉列表中选择"原点，X 点，Y 点"选项进入该方法，通过依次选择或定义三点作为坐标系的原点、X 轴、Y 轴定义一个相关坐标系。

指定的第一点作为坐标系原点，从第一点到第二点矢量作为坐标系的 X 轴，第三点确定 Y 轴(通过第一个点向第三点所在方向做一个矢量，该矢量和 X 轴相垂直，因此 Y 轴不一定通过第三点)，通过右手定则确定 Z 轴。

4. X 轴，Y 轴方法

如图 2-35 所示，从下拉列表中选择“X 轴，Y 轴”选项进入该方法，通过选择或者定义的两个矢量作为坐标系的 X 轴和 Y 轴来定义一个坐标系。

该方法通常指定两条直线(必须相交)或实体边缘线来定义一个相关坐标系。第一条直线作为坐标系的 X 轴(方向由选取点指向离选取点最近的端点)，第二条直线确定坐标系的 Y 轴(在两条直线确定的平面内 Y 轴与第一条直线垂直)，将两条直线的交点作为原点，根据右手定则来确定 Z 轴。

5. X 轴，Y 轴，原点方法

如图 2-36 所示，从下拉列表中选择“X 轴，Y 轴，原点”选项进入该方法，通过选择两条相交直线和设定一个点来定义工作坐标系。

图 2-35

图 2-36

所选的第一条直线方向为 X 轴正向，第二条直线决定 Y 轴方向(在两条直线确定的平面内 Y 轴与第一条直线垂直)，Z 轴正向由第一条直线方向到第二条直线方向按右手定则来确定。坐标原点为设定点。

6. Z 轴，X 轴，原点方法

如图 2-37 所示，从下拉列表中选择“Z 轴，X 轴，原点”选项进入该方法，通过选择两条相交直线和设定一个点来定义工作坐标系。

所选的第一条直线方向为 Z 轴正向，第二条直线决定 X 轴方向(在两条直线确定的平面内 X 轴与第一条直线垂直)，Y 轴正向由第一条直线方向到第二条直线方向按右手定则来确定。坐标原点为设定点。

7. Z 轴，Y 轴，原点方法

如图 2-38 所示，从下拉列表中选择“Z 轴，Y 轴，原点”选项进入该方法，通过选择两条相交直线和设定一个点来定义工作坐标系。

图 2-37

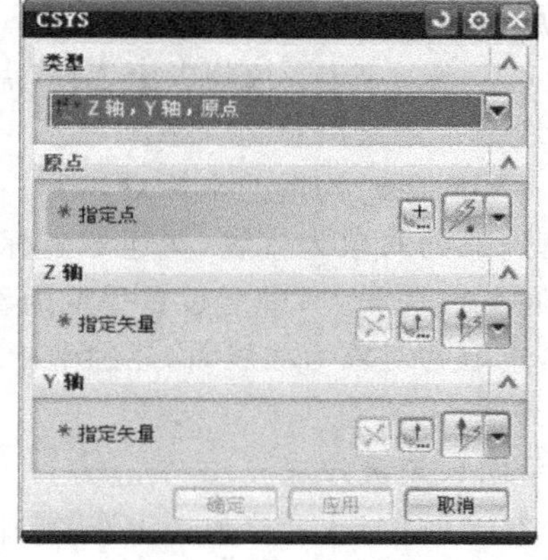

图 2-38

所选的第一条直线方向为Z轴正向，第二条直线决定Y轴方向（在两条直线确定的平面内Y轴与第一条直线垂直），X轴正向由第一条直线方向到第二条直线方向按右手定则来确定。坐标原点为设定点。

8. Z轴，X点方法

如图2-39所示，从下拉列表中选择"Z轴，X点"选项进入该方法，通过选择一条直线和设定一个点来定义工作坐标系。

新坐标系的Z轴为所选直线的方向，通过指定点并与指定直线相垂直的假想直线作为坐标系的X轴（正方向由指定直线指向指定点），坐标原点为所选直线上与设定点距离最近（即两条垂直直线的交点）的点，Y轴通过右手定则确定。

9. 对象的CSYS方法

如图2-40所示，从下拉列表中选择"对象的CSYS"选项进入该方法，通过用已存在的实体的绝对坐标系来定义用户坐标系。

图 2-39

图 2-40

该方法从选择的曲线、平面或平面工程图对象的坐标系定义用户坐标系。若选择的对象为平面对象如圆或圆弧、椭圆（弧）、二次曲线等，坐标系的原点为圆（弧）、椭圆（弧）的中心点或者二次曲线的顶点或平面的起始点，坐标轴及方位由不同的对象决定。若选择的对象为平面工程图对象，则对象的原点作为坐标原点，X轴平行于图形平面水平向右，Y轴平行于图形平面垂直向上，Z轴垂直于图形平面指向屏幕外。

10. 点,垂直于曲线方法

如图 2-41 所示,从下拉列表中选择“点,垂直于曲线”选项进入该方法,通过指定的点与指定的曲线垂直定义用户坐标系。

选取不同对象时构造的坐标系如下。

① 若选取的对象为直线,构建的坐标系 X 轴为选定直线指向指定点的垂直矢量,Z 轴为该垂足的切线矢量,Y 轴通过右手定则确定。

② 若选取的对象为曲线,构建的坐标系 X 轴为不指向指定点的任意方位,其他与直线操作时一致。

11. 平面和矢量方法

如图 2-42 所示,从下拉列表中选择“平面和矢量”选项进入该方法,根据指定或定义的一个平面和一个矢量来定义一个工作坐标系。

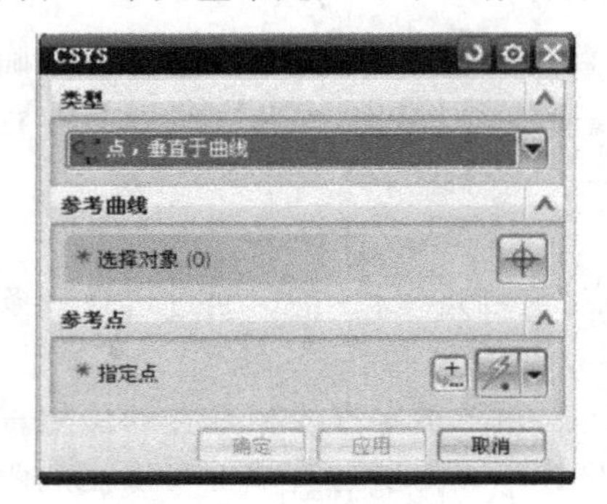

图 2-41

图 2-42

指定一个平面和一个矢量定义工作坐标系,即 X 轴为指定平面的法线方向,指定矢量在指定平面上投影后的矢量为 Y 轴,指定平面和指定矢量的交点为坐标系的原点,由右手定则确定 Z 轴。

图 2-43

12. 三平面方法

如图 2-43 所示,从下拉列表中选择“三平面”选项进入该方法,根据选择或定义三个平面定义用户坐标系。

新建工作坐标系方法:三个平面的交点作为原点,第一个平面的法线矢量作为 X 轴,第二个平面的法线矢量作为 Y 轴,通过右手定则确定 Z 轴。

13. 绝对 CSYS 方法

如图 2-44 所示,从下拉列表中选择“绝对 CSYS”选项进入该方法,以与绝对坐标系完全相同的原点和方位来定义一个工作坐标系。定义的坐标与模型空间的绝对坐标系完全一致。

14. 当前视图的 CSYS 方法

如图 2-45 所示,从下拉列表中选择“当前视图的 CSYS”选项,或单击图标进入该方法,以当前视图方位定义一个坐标系。以视图中心为原点,坐标系的 X 轴为图形屏幕水平向

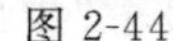
图 2-44

图 2-45

右，Y 轴为图形屏幕铅直向上，Z 轴方向由右手定则确定。

15. 偏置 CSYS 方法

如图 2-46 所示，从下拉列表中选择“偏置 CSYS”选项，或单击图标进入该方法，通过对指定的坐标系设置偏置量来定义一个工作坐标系。

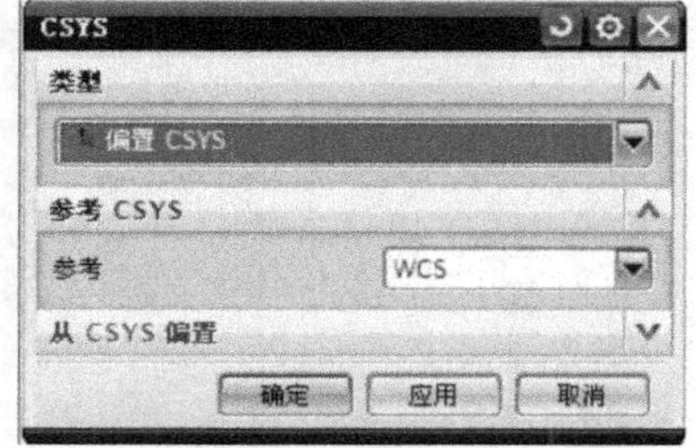

图 2-46

偏置量的设定可以通过设置平移的坐标值和旋转的角度值确定。单击按钮弹出偏置量类型菜单，其中偏置量类型的设置有测量、公式、函数、参考、0 以及设为常量等 6 种设定方法。设置完参数量后单击“确定”或“应用”按钮即可完成新工作坐标系的设置。

运用 CSYS 构造器重定位 WCS 到新的坐标系的具体操作步骤如下所述。

(1) 选择“格式”→“WCS”→“定位”菜单命令，激活定位工作坐标系功能，并弹出“CSYS”对话框，在类型下拉列表框中选择任意一个类型，这里选择“原点，X 点，Y 点”。

(2) 单击原点区域中的“点构造器”按钮，弹出“点”对话框，并在绘图区域中指点工作坐标系的原点。

(3) 单击“确定”按钮，返回到“CSYS”对话框之中，参照指定原点的方法，指定 X 轴点和 Y 轴点。

(4) 当指定完 X 轴点和 Y 轴点之后，再次打开“CSYS”对话框，单击“确定”按钮，即可重定位工作坐标系。

2.4　图 层 操 作

图层操作包括设置工作图层、图层管理器、图层类别管理器、图层的视图可见性、移动对象到图层和复制对象到图层等的操作。

一个 NX 8.0 部件可以含有 1～256 个图层，每一个图层上可以含有任意数量的对象。NX 8.0 的图层用图层号来表示和区别，图层号不能改变，分别用 1～256 表示。

一般在一个部件的所有图层中，只有一个图层是工作图层(当前图层)。当前的操作也只能在工作图层上进行，只有工作图层上的对象可以修改，对图层的操作可以用“格式”菜单下的各项命令来完成，如图 2-47 所示。

2.4.1　图层设置

设置工作图层可以通过以下操作步骤实现。

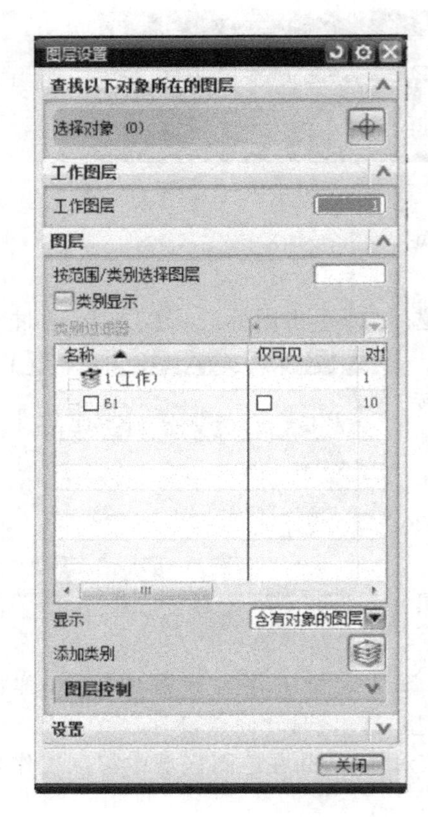

图 2-47

(1) 在“图层设置”对话框中的“工作图层”文本框中直接输入工作图层号，或在“图层列表框”中选择某一个图层。

(2) 按“Enter”键完成操作。

1. 改变“图层列表框”中显示的图层项数

要改变其图层项数，可以通过下述操作之一实现该功能。

(1) 在“Select Layer By Range/Category”(图层的范围或类别)文本框中输入图层范围或者图层类别名，然后按“Enter”键完成操作。

(2) 在“图层列表框”中选择一个或多个图层。

(3) 设置图层过滤选项。

2. 设置图层属性

设置图层属性实际上为设置图层中对象的显示属性，设置步骤如下。

(1) 在“图层列表框”中选择一个或多个图层。

(2) 单击“显示”下拉按钮，在弹出的下拉列表中选“所有图层”、“所有对象的图层”、“所有可选图层”或“所有可见图层”选项，可以设置选中的图层属性。对于单个图层可以通过在单个图层上双击来改变属性。双击后的属性与该图层原来的属性有关。

2.4.2 图层可见性

可通过下述操作之一激活图层的视图可见性。

(1) 下拉菜单：“格式”→“在视图中的可见…”。

(2) 快捷键：“Ctrl+Shift+V”。

设置图层的视图可见性的具体操作步骤如下。

① 进行上述操作弹出“视图中的可见图层” 对话框。

② 双击选中视图模式或单击“确定”按钮，系统会弹出“视图中的可见图层”对话框。

③ 在“图层”列表框中选中一个或多个图层，即可激活“可见”和“不可见”两个按钮。

单击“可见”按钮可以将选中图层设置为可见属性，单击“不可见”按钮可以将选中图层设置为不可见属性。单击“确定”或“应用”按钮，完成图层的视图可见性属性设置。

2.4.3 图层类别

图层类别管理器的功能是建立图层类别，修改已存在图层类别的名称，修改图层类别中包含的图层及其描述信息，删除已有的图层类别等。

通过“格式”→“图层类别”菜单命令，如图 2-48 所示，可以激活该功能。

1. 图层类别管理器参数

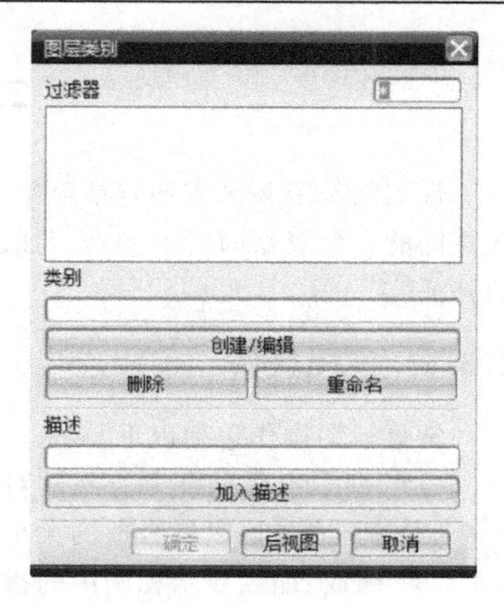

图 2-48

进行上述操作可弹出“图层类别”对话框，其主要参数如下。

(1)“过滤器”文本框　图层类别过滤器，用于设置“图层类别列表框”中显示的图层类别条目数，可使用通配符。

(2)“图层类别列表框”　显示满足过滤器件的所有图层类条目和描述信息，若无描述信息则只显示图层类名。

(3)“类别”文本框　在该文本框中可输入要建立的层组的名称。

(4)“创建/编辑”按钮　建立或编辑图丢类别。用于创建新的图层类别并设置该图层类别包含的图层，或编辑选定图层类别中包含的图层。

(5)“删除”按钮　删除选定的已有图丢类别。

(6)“重命名”按钮　改变选定的图层类别名称。

(7)“描述”文本框　显示图层类别描述信息或输入图层类别描述信息。

(8)“加入描述”按钮　在“描述”文本框中输入描述信息后，必须单击此按钮才能使描述信息生效。

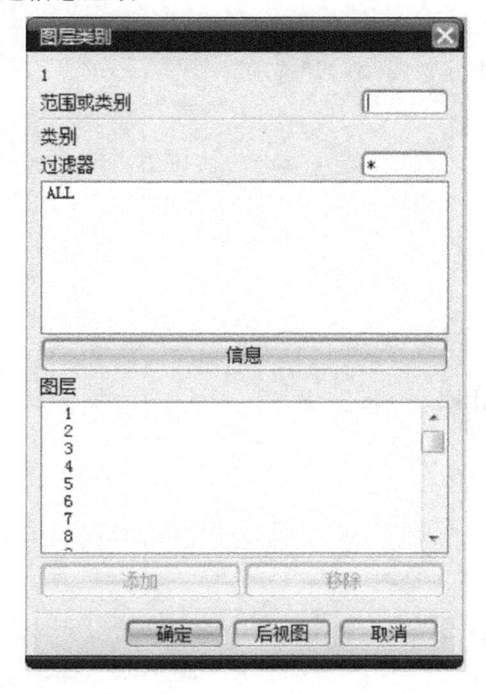

图 2-49

2. 创建图层类别

(1) 在“类别”文本框中输入要创建的图层类别名称，如图 2-49 所示。

(2) 单击“创建/编辑”按钮。

(3) 系统弹出“图层类别”对话框。在图层显示栏中选中需要的图层，单击“添加”按钮可添加选中图层；单击“移除”按钮可删除选中图层。其他选项的操作和前面的图层管理器类似。

(4) 单击“确定”按钮后，返回到之前的“图层类别”对话框，在“描述”文本框中输入描述信息，然后单击“加入描述”按钮添加描述信息。

3. 编辑图层类别

(1) 在“图层类别列表框”中选择要编辑的图层类别。

(2) 单击“创建/编辑”按钮，进入“图层类别”对话框进行相应的设置后单击“确定”按钮。

(3) 在“类别”文本框中输入新的图层名，单击“重命名”按钮改变图层类别名称。

(4) 在“描述”文本框中输入描述信息，单击“加入描述”按钮添加描述信息。

2.5 视图布局

视图就是沿某个方向观察对象，得到一幅平行投影的平面图像。不同的视图显示模型在不同的方位观察时有不同的特征。只有对对象的不同视图全面了解后才能得到对象全面的特征。

2.5.1 视图操作

常见视图操作包括以下几种。

(1) 视图刷新：将实际存在的对象重新显示，而将辅助对象消除。

(2) 适合窗口：以最合适的大小显示视图中所有的对象。

(3) 缩放：缩放显示视图中的指定矩形区域。

(4) 放大/缩小：用于实现动态缩放。

(5) 旋转：实现视图的旋转。

(6) 平移：利用鼠标将视图平移一定的方位。

(7) 视图中心(原点)：设置视图显示的中心位置。

(8) 恢复视图位置和方位：恢复到原来视图的显示状态。

1. 视图刷新

可通过下述操作之一激活该功能。

(1) 下拉菜单："视图"→"刷新"。

(2) 快捷菜单(通过在工作区域空白位置处右击)：选择"刷新"选项。

(3) 快捷键："F5"。

2. 适合窗口

可通过下述操作之一激活该功能。

(1) 工具条："视图"→"适合窗口"。

(2) 下拉菜单："视图"→"操作"→"适合窗口"。

(3) 快捷菜单：选择"适合窗口"选项。

(4) 快捷键："Ctrl+F"。

(5) 下拉菜单："视图"→"布局"→"适合所有视图"。

3. 缩放

可通过下述操作之一激活该功能。

(1) 工具条："视图"→"缩放"。

(2) 快捷菜单：选择"缩放"选项。

(3) 快捷键："F6"。

(4) 下拉菜单："视图"→"操作"→"缩放"。

(5) 快捷键："Ctrl+Shift+Z"。

4. 放大/缩小

可通过下述操作激活该功能。

（1）工具条："视图"→"放大/缩小"。

（2）下拉菜单："视图"→"操作"→"非比例缩放"。

5. 旋转

可通过下述操作之一激活该功能。

（1）工具条："视图"→"旋转"。

（2）快捷菜单：选择"旋转"选项。

（3）快捷键："F7"。

（4）下拉菜单："视图"→"操作"→"旋转"。

（5）快捷键："Ctrl＋R"。

进行该操作会弹出"旋转视图"对话框，从中可以设置其旋转轴、旋转角度、旋转方式等。

6. 平移

可通过下述操作之一激活该功能。

（1）工具条："视图"→"平移"。

（2）快捷菜单：选择"平移"选项。

7. 视图中心(原点)

可以通过选择"视图"→"操作"→"原点"菜单命令激活该功能。

8. 恢复视图位置和方位

可通过下述操作之一激活该功能。

（1）下拉菜单："视图"→"操作"→"恢复"。

（2）快捷菜单：选择"恢复"选项。

2.5.2　视图渲染样式

NX 8.0 中视图渲染样式的操作方法有 2 种。

（1）工具条："视图"→"渲染样式"。

（2）快捷菜单：屏幕空白处点击鼠标右键→"渲染样式"。

渲染样式有 8 种，分别是带边着色、着色、带有淡化边的线框、带有隐藏边的线框、静态线框、艺术外观、面分析、局部着色等，如图 2-50 所示。

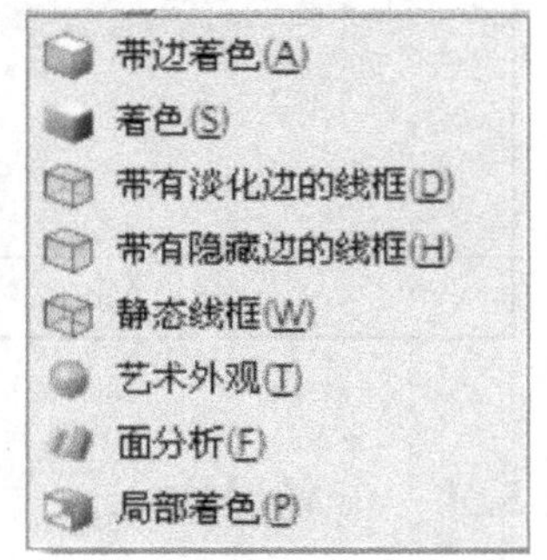

图 2-50

2.5.3　视图方向

NX 8.0 中视图定向有 3 种方法。

（1）工具条："视图"→"定向视图"。

（2）快捷菜单：在屏幕空白处点击鼠标右键。

（3）快捷键："home"为显示正二测视图。

"end"为显示正等测视图。

"Ctrl＋Alt＋B"为显示仰视图。

"Ctrl＋Alt＋T"为显示俯视图。

“Ctrl＋Alt＋L”为显示左视图。

“Ctrl＋Alt＋R”为显示右视图。

图 2-51 所示为用快捷键显示的各视图。

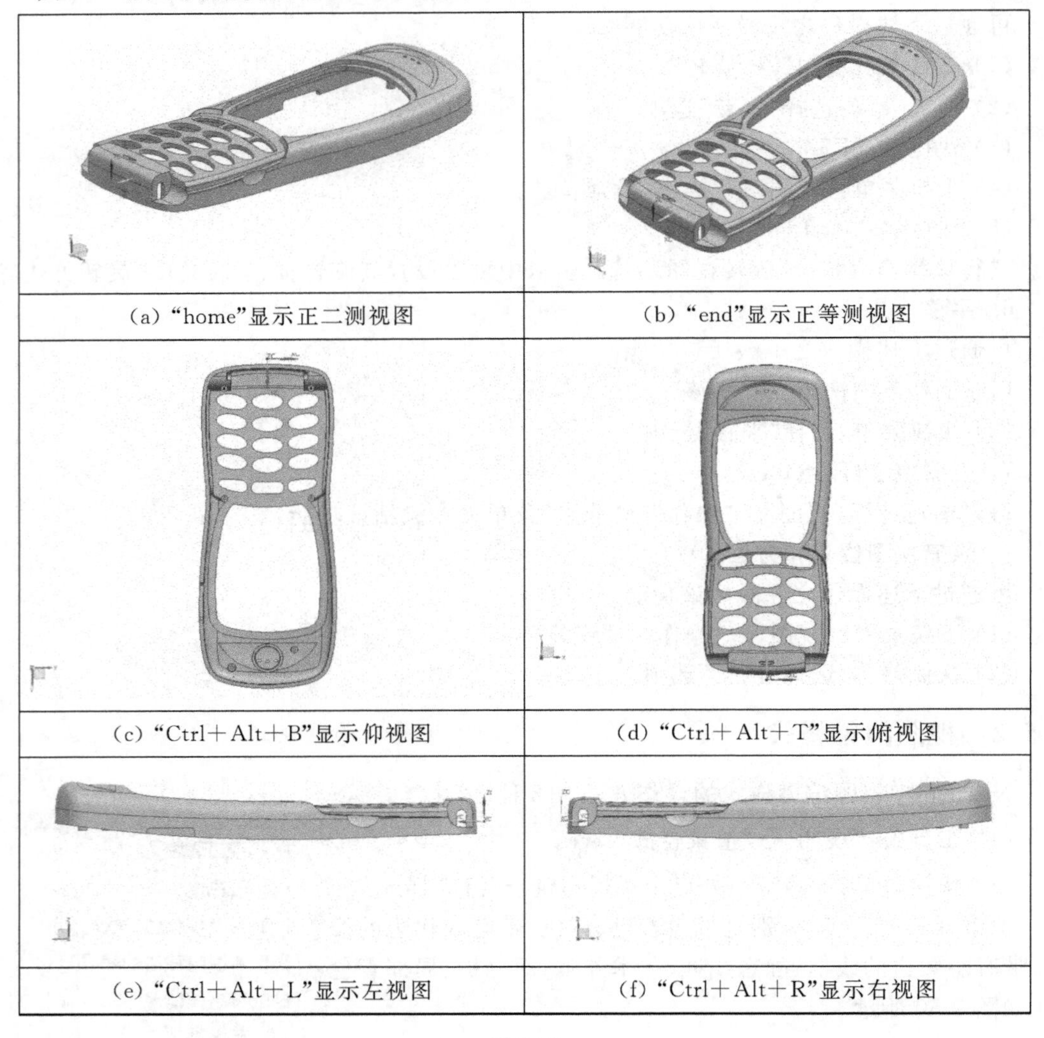

(a)“home”显示正二测视图　(b)“end”显示正等测视图

(c)“Ctrl＋Alt＋B”显示仰视图　(d)“Ctrl＋Alt＋T”显示俯视图

(e)“Ctrl＋Alt＋L”显示左视图　(f)“Ctrl＋Alt＋R”显示右视图

图 2-51

2.5.4　布局操作

在图形窗口中将多个视图按照一定的顺序显示出来，如图 2-52 所示，每个布局都有自己的名称。NX 8.0 中定义了 5 种默认布局，称为标准布局。

布局设置方法包括新建布局、打开布局、删除布局、保存当前布局和替换布局中的视图等。

1. 新建布局

可通过下述操作之一激活该功能。

(1) 下拉菜单:“视图”→“布局”→“新建”。

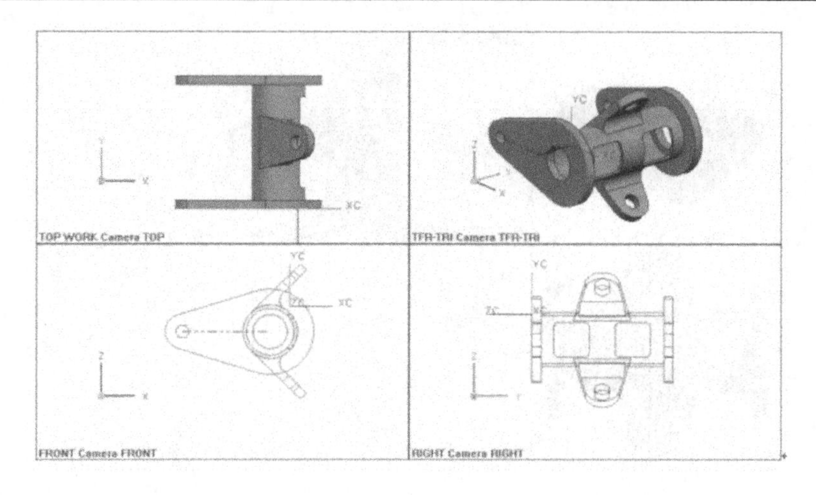

图 2-52

（2）快捷键："Ctrl＋Shift＋N"。

新建布局的操作步骤如下所述。

① 进行上述操作弹出"新建布局"对话框，如图 2-53 所示，在"名称"文本框中指定新建布局名（最多不超过 30 个字符）。

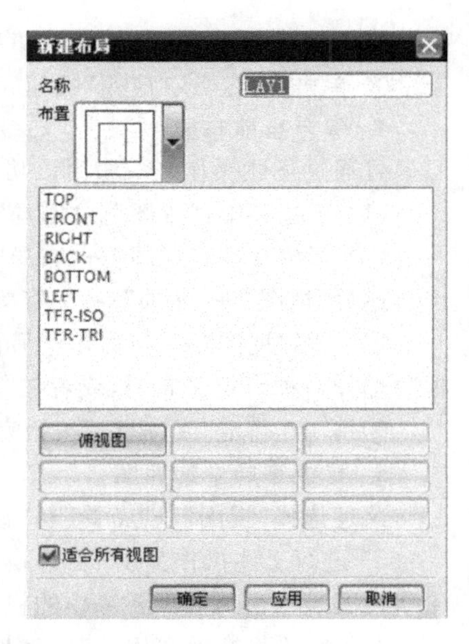

图 2-53

② 从"布局"选项菜单中选择一种视图布局，其对应的视图名将显示在选项按钮上。

③ 修改布局。用鼠标单击选择需要改变的视图按钮，从列表框中选择新的视图名，重复该过程，直到满意为止。

④ 选择"适合所有视图"复选框。

⑤ 单击"确定"或"应用"按钮完成操作。

2. 打开布局

可通过下述操作之一激活该功能。

（1）下拉菜单："视图"→"布局"→"打开"。

（2）快捷键："Ctrl＋Shift＋O"。

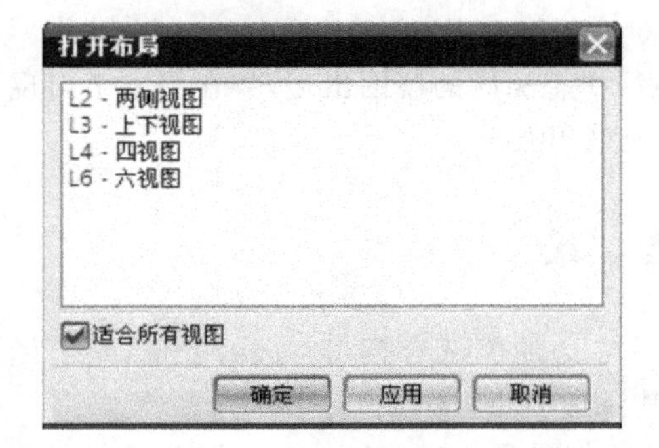

图 2-54

打开布局的操作步骤如下所述。

① 进行上述操作弹出"打开布局"对话框，如图 2-54 和图 2-55 所示，在已存布局列表框中选择一种布局。

② 选择"适合所有视图"复选框。

③ 单击"确定"或"应用"按钮完成操作。

3. 删除布局

可以通过选择"视图"→"布局"→"删除"菜单命令激活该功能。

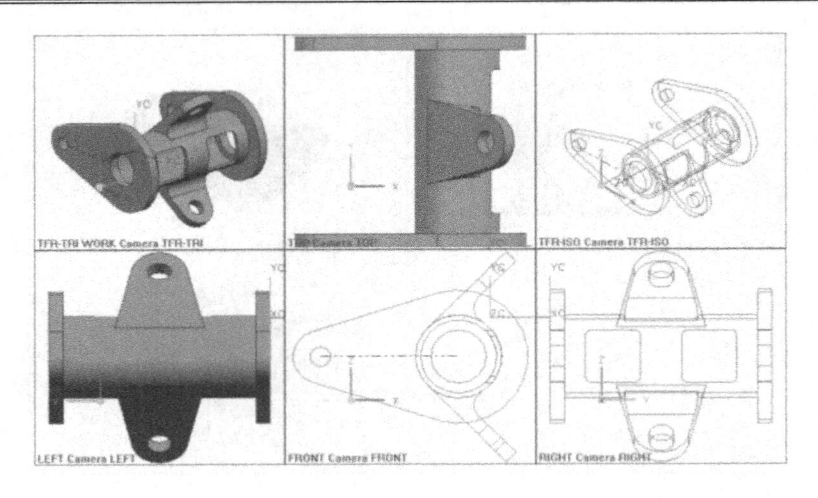

图 2-55

① 进行上述操作弹出“删除布局”对话框，在已存布局列表框中选择一种自定义布局。

② 单击“确定”或“应用”按钮完成操作。

4. 保存当前布局

可通过下述操作之一激活该功能。

(1) 下拉菜单：“视图”→“布局”→“保存”。

(2) 下拉菜单：“视图”→“布局”→“另存为”。

通过“视图”→“布局”→“另存为”菜单命令进行操作的步骤如下。

① 选择“视图”→“布局”→“另存为”菜单命令，弹出“保存布局为”对话框，在布局列表框中选择一种自定义布局，或者在“名称”文本框中输入名称。

② 单击“确定”或“应用”按钮完成操作。

5. 替换布局中的视图

通过选择“视图”→“布局”→“替换视图”菜单命令可以激活该功能。

① 进行上述操作弹出“要替换的视图”对话框，从中选择要被替换的视图。也可以直接从视图显示窗口选择要替换的视图，然后单击“确定”按钮。

② 弹出“替换视图用…”对话框，在其中选择新的视图名，或者从图形显示窗口中选择另一个视图。

③ 单击“确定”或“应用”按钮完成操作。

替换视图后，布局中的视图名应该唯一。若布局中有相同的视图出现，将在第二个出现的视图名的后面添加“#”并在其后加上数字序号(从1开始)。

2.6 表达式

表达式是NX 8.0编程的一种赋值语句，将等式右边的值赋给等式左边的变量，它由函数、变量、运算符、数字、字母、字符串、常数以及为其添加的注释组成。

在NX 8.0中，通过“表达式”对话框可以使对象与对象之间、特征与特征之间存在关联，修改一个特征或对象，将引起其他对象或特征按照表达式进行相应的改变。可以利用参数之间的表达式，实现对建模过程中特征与特征之间、对象与对象之间、特征与对象之间的尺寸与位置关系的控制，以及对装配过程中部件与部件之间的尺寸与位置关系进行控制。

在创建表达式时，如图 2-56 所示，必须注意以下几点。

① 表达式左侧必须是一个简单变量，等式右侧是一个数学语句或一条件语句。

② 所有表达式均有一个值（实数或整数），该值被赋给表达式的左侧变量。

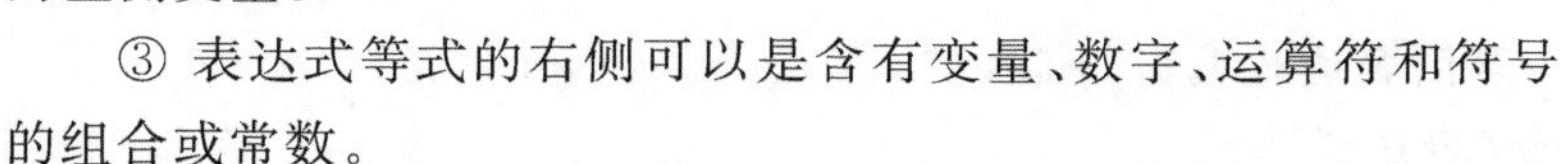

③ 表达式等式的右侧可以是含有变量、数字、运算符和符号的组合或常数。

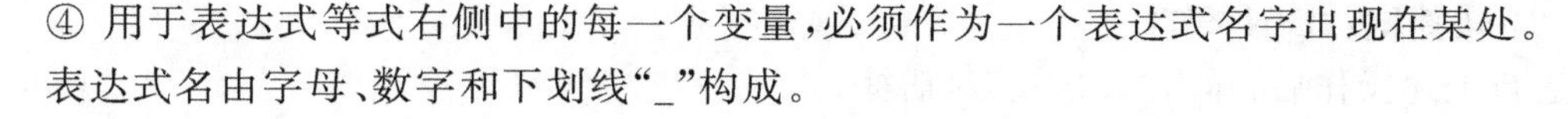

④ 用于表达式等式右侧中的每一个变量，必须作为一个表达式名字出现在某处。

左侧
表达式变量
右侧
数学表达式
a = b + c
将值赋予
左侧

图 2-56

表达式名由字母、数字和下划线“_”构成。

2.6.1　表达式类型

NX 8.0 中的 3 种表达式形式如下。

1）算术表达式

其表达式串主要由数值运算符和变量组成。

如表 2-1 所示列出了一些算术表达式。

表 2-1　算术表达式

数学含义		例　子
+	加法	p2=p5+p3
−	减法	p2=p5−p3
*	乘法	p2=p5 * p3
/	除法	p2=p5/p3
%	系数	p2=p5%p3
^	指数	p2=p5^2
=	相等	p2=p5

2）条件表达式

条件表达式通过对表达式指定不同的条件来定义变量。利用 if/else 结构建立表达式，其句法为：

VAR=if (exp1) (exp2) else (exp3)

例如：width=if (length<8) (2) else(3)

其含义为：如果 length 小于 8，则 width 为 2，否则为 3。

3）几何表达式

几何表达式是通过定义几何约束特性来实现对特征参数的控制。几何表达式有以下 3 种类型。

(1) 距离:指定两物体之间、一点到一个物体之间或两点之间的最小距离。

(2) 长度:指定一条曲线或一条边的长度。

(3) 角度:指定两条线、平面、直边、基准面之间的角度。

几何表达式如下:p2=length(20)

p3=distance(22)

p4=angle(25)

2.6.2 表达式编辑

可以通过以下操作之一激活表达式编辑功能。

(1) 下拉菜单:“工具”→“表达式”。

(2) 快捷键:“Ctrl+E”。

进行上述操作后,弹出“表达式”对话框。

“表达式”对话框中的主要参数如图 2-57 所示。

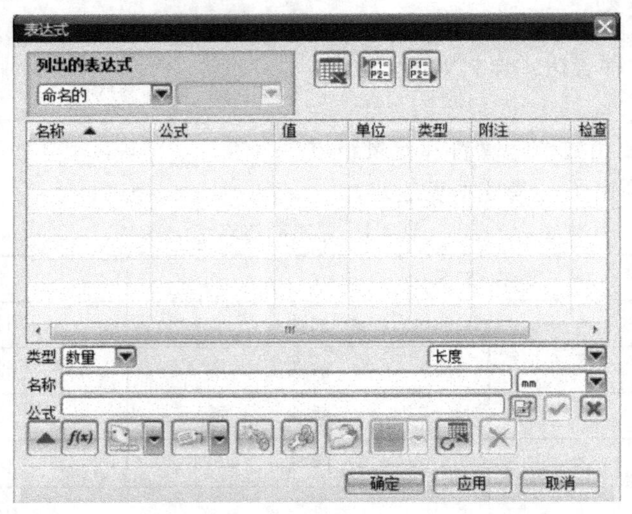

图 2-57

1. 表达式类型

“表达式类型”的下拉列表中包括的内容如图 2-58 所示。

(1)“用户定义” 在表达式列表框中显示用户自定义的表达式。

(2)“ 命名的” 在表达式列表框中显示已经命名的表达式。

(3)“按名称过滤” 选择“按名称过滤”选项,显示出“表达式过滤”文本框,在该文本框中输入名称后按“Enter”键,在表达式列表框中显示过滤后的结果。

(4)“按值过滤” 选择“按值过滤”选项,显示出“表达式过滤”文本框,在该文本框中输入值后单击“Enter”键,在表达式列表框中显示过滤后的结果。

(5)“按公式过滤” 选择“按公式过滤”选项,显示出“表达式过滤”文本框,在该文本框中输入公式参数后单击“Enter”键,在表达式列表框中显示过滤后的结果。

(6)“按字符串过滤”。

图 2-58

(7)“按类型过滤” 选择“按类型过滤”选项，显示出“数值”下拉列表框，如图 2-59 所示，在该下拉列表中选择相应的类型，在表达式列表框中显示过滤后的结果。

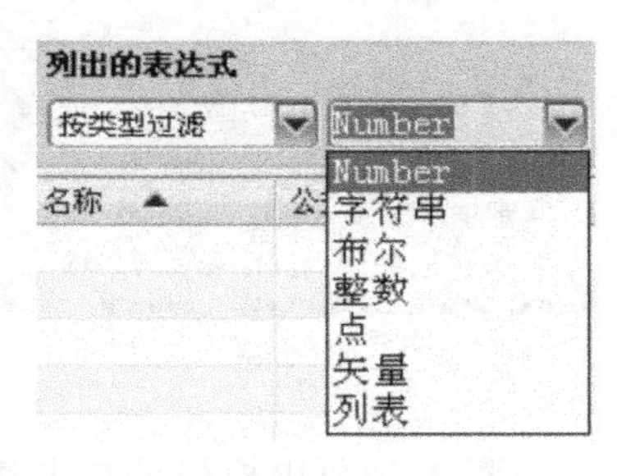

图 2-59

(8)“不使用的表达式” 在表达式列表框中显示当前对象中没有使用的已自定义的表达式。

(9)“对象参数” 在表达式列表框中显示关于对象参数的表达式。

(10)“测量” 在表达式列表框中显示关于测量的表达式。

(11)“属性表达式”。

(12)“全部” 在表达式列表框中显示所有的表达式。

2. 表达式编辑参数

(1)“类型” 显示表达式名类型，类型有多种，如长度、面积等。

(2)“名称”文本框 输入表达式名称。在“单位”下拉列表中选择表达式单位，主要有m、mm、in、ft、cm 等。

(3)“公式”编辑框 输入表达式字符串。

编辑表达式步骤如下。

① 在表达式“名称”文本框中直接输入表达式名，然后选择单位。

② 在“公式”编辑框中输入表达式字符串。

③ 单击“接受编辑”按钮接受编辑，单击“拒绝编辑”按钮取消编辑。

3. 对话框中图标参数

(1)“电子表格编辑” 利用电子表格工具标记表达式。

(2)“从文件导入表达式” 从已存的文件中导入表达式。

(3)“导出表达式到文件” 将指定表达式导入到文件中。

(4)“更少选项” 可使“表达式”对话框变为简约模式,此时“更少选项”按钮变为“更多按钮”。

(5)“函数” 插入函数。单击该按钮将弹出“插入函数”对话框,从中可以选择需要插入的函数。

2.7 对象编辑

2.7.1 对象的选择

对对象进行选择,如图 2-60 所示,可以通过类选择器及“类选择”对话框进行操作。用类选择器选取需要的对象的具体步骤如下。

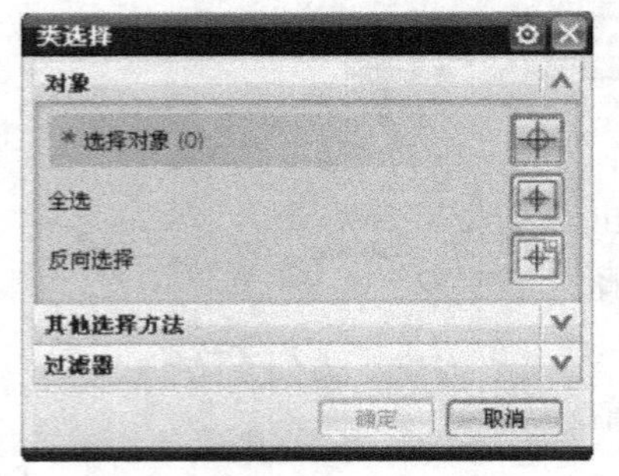

图 2-60

① 打开模型文件。

② 用一种或多种方法选择需要的对象,如这里在球体上单击即可选中该球体。然后单击工具栏中的“显示”按钮 。

步骤 1:单击工具栏中的“隐藏”按钮,弹出“类选择”对话框。

步骤 2:单击“类选择”对话框之中的“全选”按钮,可以将视图中的所有对象选中。

步骤 3:还可以根据对象的属性选择过滤方法,包括“类型过滤器”、“图层过滤器”、“颜色过滤器”、“属性过滤器”和“重置过滤器”等 5 种。如这里单击“类型过滤器”按钮,打开“根据类型选择”对话框,在其中选择需要的类型,这里选择“曲线”选项。

步骤 4:单击“确定”按钮,接受选择对象,完成对象的选取。

2.7.2 显示与隐藏

选择“编辑”→“显示和隐藏”菜单命令后,如图 2-61 所示,从其子菜单中选择不同的选项进行对象的隐藏与显示。

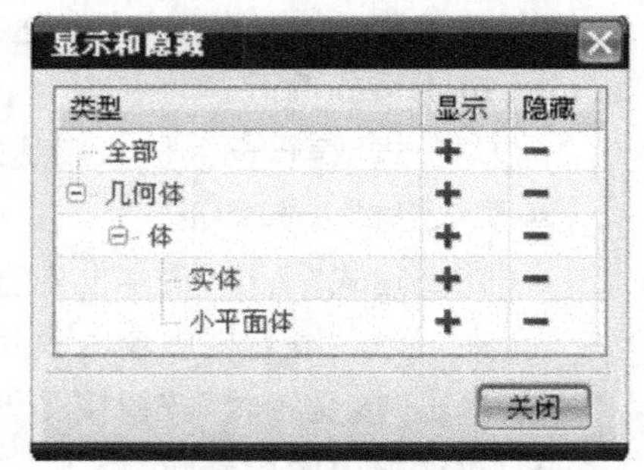

图 2-61

1. 根据类型显示和隐藏对象

根据类型显示和隐藏指定的是一个或多个对象,用户进行下述操作即可激活该功能。

(1) 工具条:“实用工具”→“显示和隐藏”按钮。

(2) 下拉菜单:“编辑”→“显示和隐藏”→“显示”。

(3) 快捷键:“Ctrl+W”。

执行以上操作后,弹出“显示和隐藏”对话框,在其中选择要显示或隐藏的类型即可。

2. 隐藏指定对象

该功能用于隐藏指定的一个或多个对象，用户进行下述操作即可激活该功能。

(1) 工具条："实用工具"→"隐藏"。

(2) 下拉菜单："编辑"→"显示和隐藏"→"隐藏"。

(3) 快捷键："Ctrl+B"。

3. 恢复显示功能

该功能用于将已经隐藏的对象中的一个或多个指定对象恢复显示。用户进行下述操作即可激活该功能。

(1) 工具条："实用工具"→"显示"。

(2) 下拉菜单："编辑"→"显示和隐藏"→"显示"。

(3) 快捷键："Ctrl+Shift+K"。

4. 互换显示与隐藏

该功能用于将当前文件中隐藏的对象显示，将显示的对象隐藏。用户进行下述操作即可激活该功能。

(1) 下拉菜单："编辑"→"显示和隐藏"→"颠倒显示和隐藏"。

(2) 快捷键："Ctrl+Shift+B"。

5. 不隐藏所选类型

该功能用于将已经隐藏的对象中符合指定属性要求的所有对象全部恢复显示。

选择"编辑"→"显示和隐藏"→"显示所有此类型的"菜单命令，弹出"选择方法"对话框，从中可以通过对参数类型的设置来指定对象的参数类型。

6. 恢复显示所有对象

该功能用于将当前隐藏的所有对象全部恢复显示。用户进行下述操作即可激活该功能。

(1) 下拉菜单："编辑"→"显示和隐藏"→"全部显示"。

(2) 快捷键："Ctrl+Shift + U"。

7. 立即隐藏

该功能用于将指定的对象隐藏。

选择"编辑"→"显示和隐藏"→"立即隐藏"菜单命令，弹出"立即隐藏"对话框，用于指定隐藏的对象。

2.7.3 对象颜色设置

NX 8.0 提供了针对对象的显示效果控制和观察的操作功能，用于编辑或修改特征对象的属性(包括颜色、线型、透明度等)。如图 2-62 和图 2-63 所示，用户进行下述操作即可激活该功能。

(1) 下拉菜单："编辑"→"对象显示"。

(2) 快捷键："Ctrl+J"。

该对话框中显示当前选择对象的显示参数设置，用户可以在此对话框中编辑所选对象的图层、颜色、线型、网格数、透明度与着色度等参数，修改后系统即可按新的参数改变选中对象的显示参数。

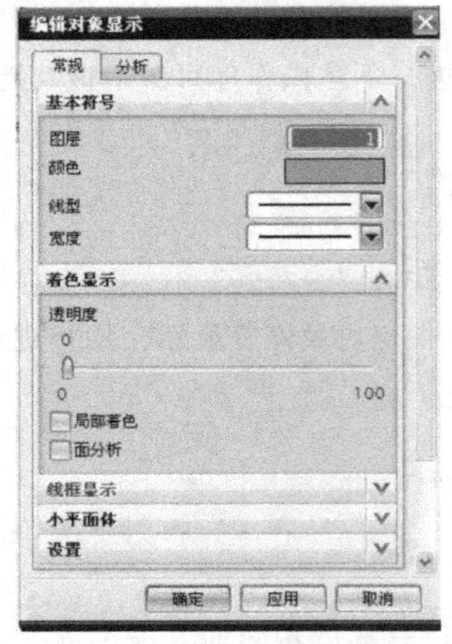

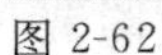
图 2-62

图 2-63

2.8 本章小结

本章主要介绍 NX 8.0 的基本操作，具体包括鼠标和键盘操作、文件管理、系统基本参数设置、常用工具操作、图层操作、视图布局、表达式和对象编辑。本章介绍的知识是学习后续 NX 8.0 设计的基础，理解和熟悉其中的概念（如系统基本参数设置、视图布局和工作图层设置）对后续内容的学习有很大帮助。

2.9 习题

1. NX 8.0 文件的操作包括哪些内容？
2. 一个图层的状态有哪 4 种？
3. 如何创建表达式？
4. 如何设置对象的颜色？
5. 在什么情况下使用视图布局？如何创建布局视图？
6. 如何替换布局中的某个视图？
7. 使用鼠标如何快捷地进行视图平移、旋转、缩放操作？
8. 如何设置图层？

第3章 二维草图

二维草图曲线是可以进行参数化控制的平面特征曲线，用于定义特征的截面形状和位置。NX 8.0 为绘制二维草图提供了一个专门的二维草图模块，用于草图的绘制和编辑。应用系统提供的草图曲线工具，我们可以先绘制近似的曲线轮廓，再添加精确的草图约束定义，就可完整地表达设计意图。建立的草图曲线还可用实体造型工具进行拉伸、旋转等操作，生成与草图相关联的实体模型。当需要对实体模型的二维草图进行修改时，可以直接双击特征的二维轮廓线进行编辑，所关联的实体模型也会自动更新。

3.1 二维草图模块界面

选择菜单命令“插入”→“任务环境中的草图”，弹出“创建草图”对话框，单击“确定”按钮，进入二维草图模块界面，如图 3-1 所示。

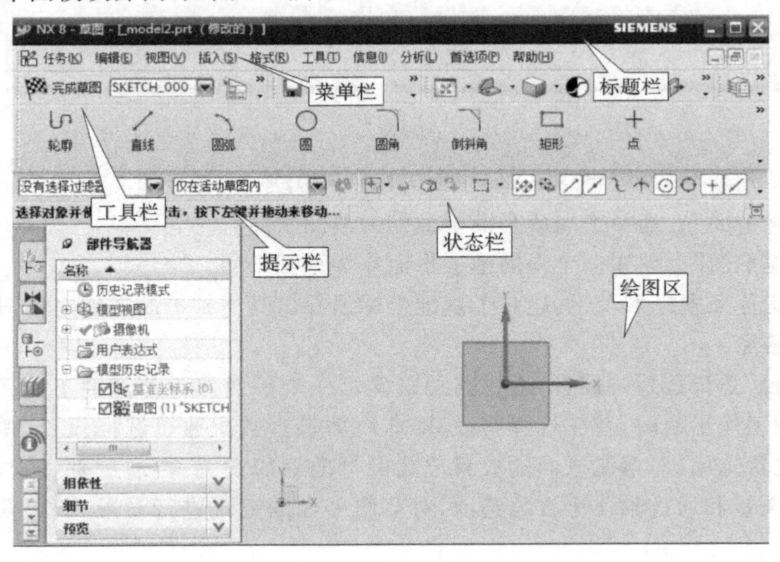

图 3-1

3.2 草图平面与捕捉点

3.2.1 草图平面

进入二维草图模块界面时，系统总是弹出“创建草图”对话框，如图 3-2 所示。

创建草图的工作平面是绘制草图的前提，草图中的所有几何元素的创建都将在这个平面内完成，NX 8.0 提供了以下两种创建草图工作平面的类型。

1. 在平面上

“在平面上”是指选择一平面作为草图的工作平面。平面方法下拉列表中提供了自动判断、现有平面、创建平面和创建基准坐标系 4 种指定草图工作平面的方式。

图 3-2

(1)“自动判断” 系统将 XC-YC 平面为默认草图平面。

(2)“现有平面” 选择平面或基准平面作为草图平面。

(3)“创建平面” 创建一个新的基准平面作为草图平面。

(4)“创建基准坐标系” 创建一个基准坐标系并以其 XY 平面来确定草图平面。

2. 基于路径

“基于路径”是指选择一路径，通过路径来确定一个平面作为草图的工作平面。利用该方式创建草图工作平面时，首先选择路径(即曲线轨迹)，其次通过选择弧长、弧长百分比和通过点 3 个位置选项，对草图平面的放置位置进行准确的设置，再通过垂直于轨迹、垂直于矢量、平行于矢量和通过轴 4 个方位选项，对草图平面的方位进行设置，即可获得草图工作平面。

3.2.2 捕捉点

在绘制草图过程中，需要经常捕捉特征点，而快速地捕捉到需要的点，则可保证绘图的正确性并提高绘图速度。二维草图模块界面列出了捕捉点选项，如图 3-3 所示。

图 3-3

（1）“启用捕捉点” 启用捕捉点从而可以捕捉对象上的点。

（2）“清除捕捉点” 清除所有捕捉点设置。

（3）“端点” 捕捉曲线的端点。

（4）“中点” 根据直线或圆弧的长度，捕捉直线或圆弧的中点。

（5）“控制点” 根据曲线捕捉控制点，同时也包括端点和中点的功能。

（6）“交点” 捕捉所有相交曲线的交点。

（7）“圆弧中心” 捕捉圆、圆弧或椭圆的圆心。

3.2.3 直接草图

NX 8.0 在建模环境中提供了“直接草图”工具条。使用此工具条上的命令可以在平面上创建草图，而无须进入草图任务环境，这使得创建和编辑草图变得更快且更容易。使用此工具条上的命令创建点或曲线时，会创建一个草图并使其处于活动状态。新建立的草图仍然在部件导航器中显示为一个独立的特征。指定的第一个点可定义草图平面、方位及原点。这个点的位置可以在屏幕的任意位置，也可以在点、曲线、平面、曲面、边、指定的基准 CSYS 上。

3.3 “草图”工具条

“草图”工具条主要包括完成草图、草图名、定向视图到草图、重新附着和更新模型等，如图 3-4 所示。

图 3-4

（1）“完成草图” 单击“完成草图”按钮，系统自动退出草图模块，并回到三维建模界面。

（2）“草图名” 创建草图时的名称，每创建一个草图，系统自动增加一个草图名称。

（3）“定向视图到草图” 单击该按钮，系统将自动转换到初期草绘视图模式。

（4）“重新附着” 将当前草图平面重新附着到新的草图平面上。

（5）“更新模型” 相当于刷新功能，更新过期参数。

3.4 草图环境预设置

草图环境预设置可以更改草图样式（包括尺寸数值的表达式、文本高度、连续自动标注尺寸等）、部件设置（草图图素的颜色设置）。通过更改草图预设置可以简化草图，并能提高视图效果。在菜单栏中依次选择“首选项”→“草图” 命令，弹出“草图首选项”对话框进行设置，如图 3-5 所示。如果不想在草图中显示连续自动标注尺寸，可将“连续自动标注尺寸”前的“√”去掉，或在菜单栏中选择“任务”→“草图样式”，在“草图样式”对话框中进行设置。

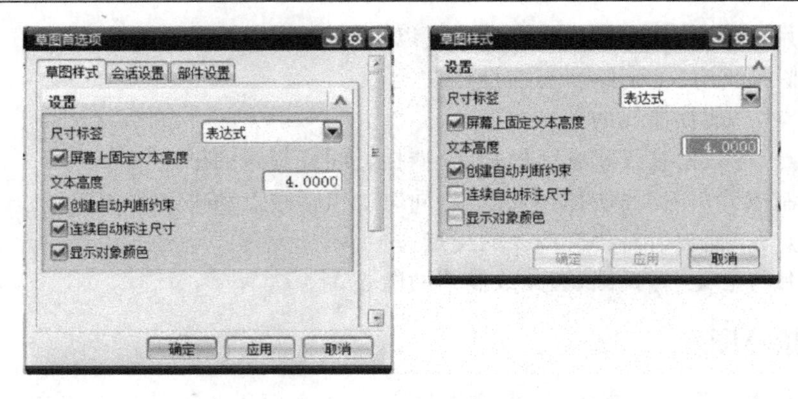

图 3-5

3.5 绘制基本几何图素

如图 3-6 所示为“草图工具”工具条，主要包括轮廓、直线、圆弧、圆、圆角、倒斜角、矩形、艺术样条、椭圆、二次曲线、点等命令。

图 3-6

3.5.1 轮廓

轮廓用来创建由直线和圆弧组成的连续曲线，其对话框和动态输入栏如图 3-7 所示。轮廓的缺省绘制方式为直线。可以从轮廓选项中，直接选择图标来切换作图方式，也可以通过“按住-拖动-释放”鼠标左键的操作方式来执行。

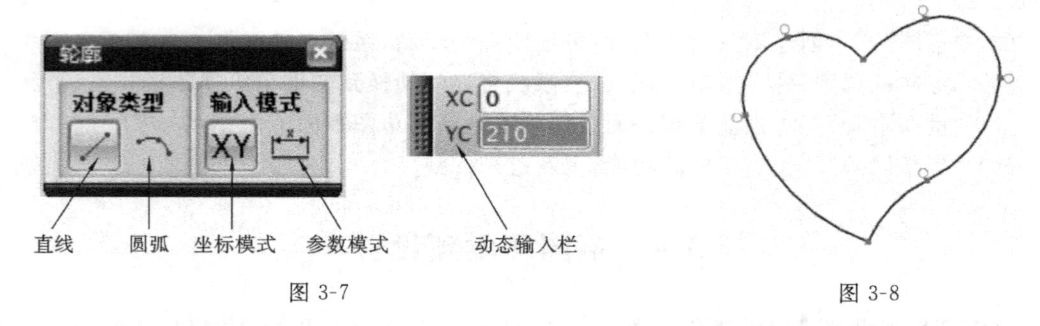

图 3-7

图 3-8

“实例练习”使用轮廓命令徒手绘制如图 3-8 所示的草图。选择圆弧图标，通过“按住-拖动-释放”鼠标左键的操作方式来绘制。

3.5.2 直线

“直线”工具可以绘制任意角度的线段，与轮廓中的直线区别在于只能构建单一的直线，而“轮廓线”中的“直线”功能可以连续绘制直线和圆弧。

3.5.3　圆弧

“圆弧”工具采用单一方式绘制圆弧。有两种绘制方法：“三点”定圆弧 和“圆心、端点”定圆弧 ，各自的示例如图 3-9 所示。

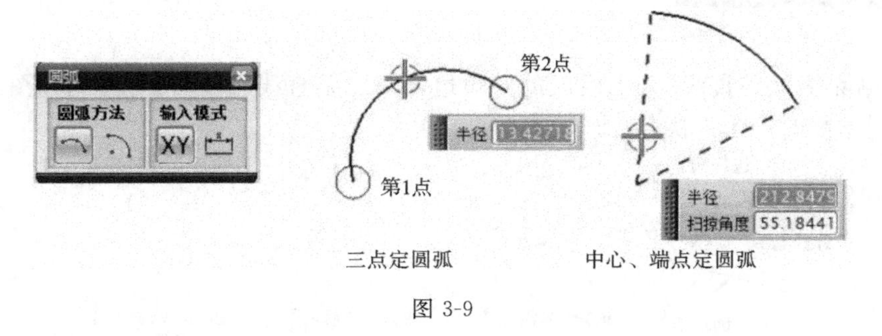

图 3-9

3.5.4　圆

在“草图工具”工具条中单击“圆”按钮，弹出“圆”悬浮工具条，如图 3-10 所示。

圆的绘制包括两种方式：“圆心和直径定圆”和“三点定圆”。

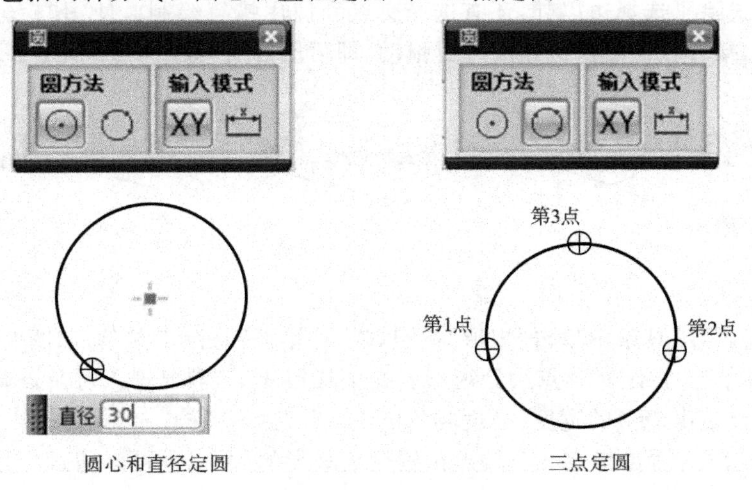

图 3-10

(1) 圆心和直径定圆　选择该种方式时，首先确定圆心位置，其次在文本框中输入直径。要注意的是：绘制多个不同直径的圆时，必须先输入直径再确定圆心位置，否则将绘制相同直径的圆。

(2) 三点定圆　通过指定三点绘制圆，也可以采用两点和直径画圆。

3.5.5　圆角

圆角命令是在两条或三条曲线之间创建一个圆角，最常用的是两曲线倒圆角。曲线倒圆角后自动创建相切和重合约束。在“草图工具”工具条中单击“圆角”按钮，弹出“圆角”悬浮工具条，按如图 3-11 所示操作。该工具条包括“圆角方法”(包括修剪和不修剪)和“选项”(包括删除第三条直线和创建备选圆角)。

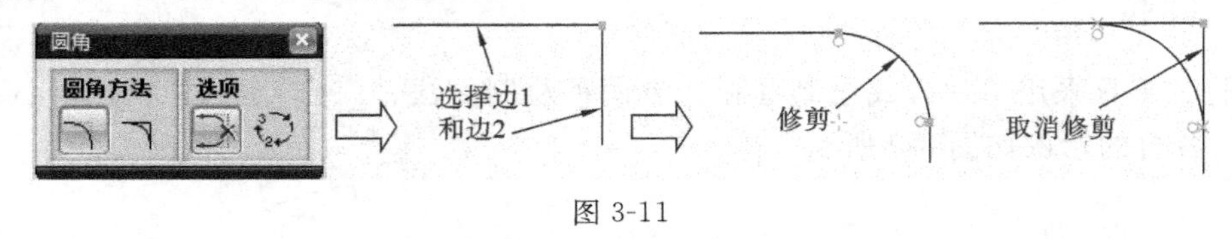

图 3-11

(1)“删除第三条直线” 当生成的圆角边与第三条直线相切时，可得到如图 3-12 所示为选择不同功能时产生的圆角。

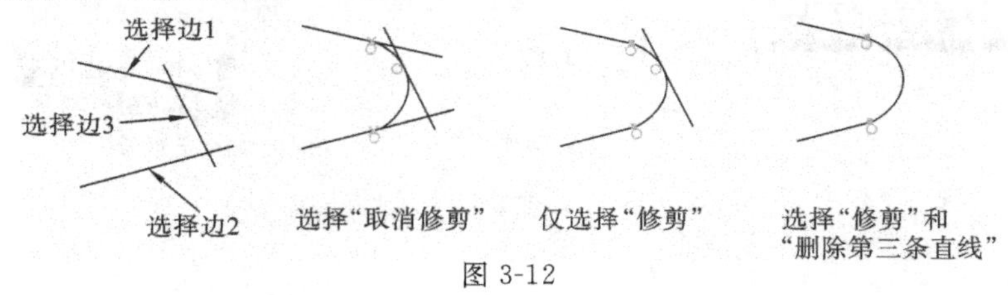

图 3-12

(2)“创建备选圆角” 在两条倒圆角边还没有确定的情况下，单击该按钮，可以在产生圆角的位置之间进行切换，如图 3-13 所示。

倒圆角方式除了选择边以外，还有选择交点和使用蜡笔绘制。使用“蜡笔”是通过按住鼠标左键不放，接着在需要倒圆角的位置拖动，即可倒圆角，如图 3-14 所示。

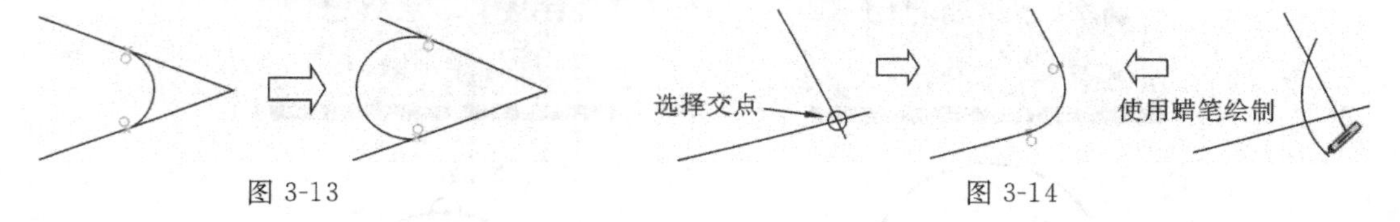

图 3-13　　　　图 3-14

3.5.6 矩形

在“草图工具”工具条中单击“矩形”按钮，弹出“矩形”悬浮工具条，如图 3-15 所示。

(1)“按两点” 指定对角点绘制矩形。在坐标模式下，需要输入对角点端点的坐标；在参数模式下则要给出矩形的宽度、高度和角度。

(2)“按三点” 通过指定三个端点位置确定矩形的大小，也可以通过指定一点及宽度、高度和角度确定矩形的大小。

(3)“从中心” 通过指定中心点及宽度、高度和角度确定矩形的大小。在指定第一点(中心点)后，光标向外延伸，分别指定第二点和第三点，或在悬浮的文本框中输入参数值。

三种绘制方法如图 3-16 所示。

图 3-15

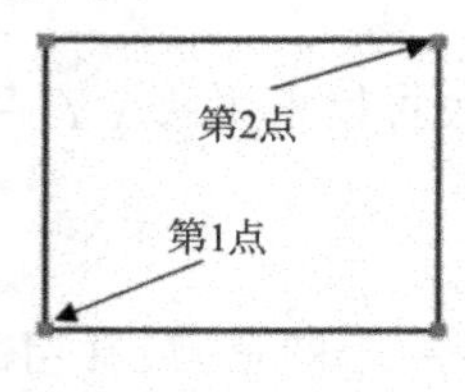

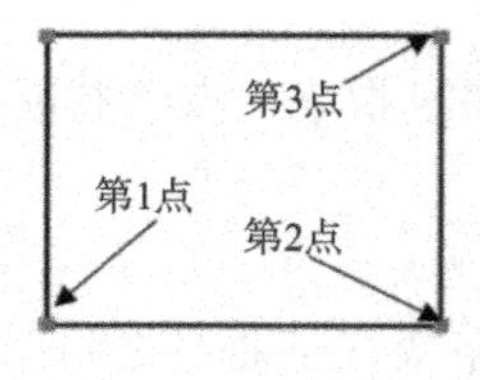

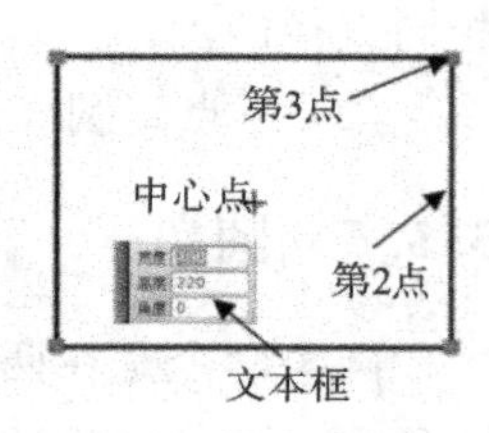

图 3-16

3.5.7 艺术样条

艺术样条曲线是指通过给出的特定的点来绘制有规律的曲线。在“草图工具”工具条中单击“艺术样条”按钮，弹出“艺术样条”对话框，然后按如图 3-17 所示进行操作。

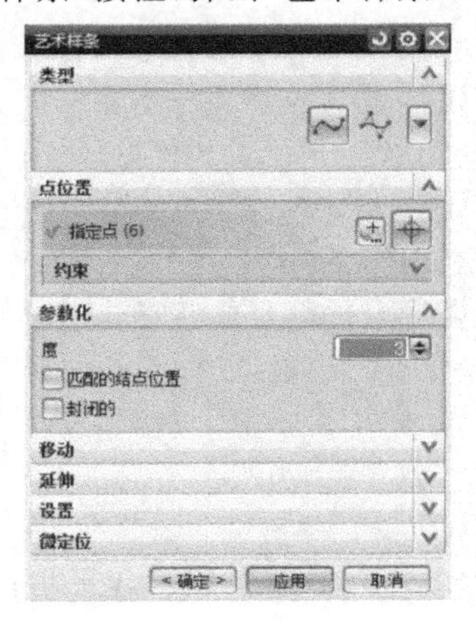

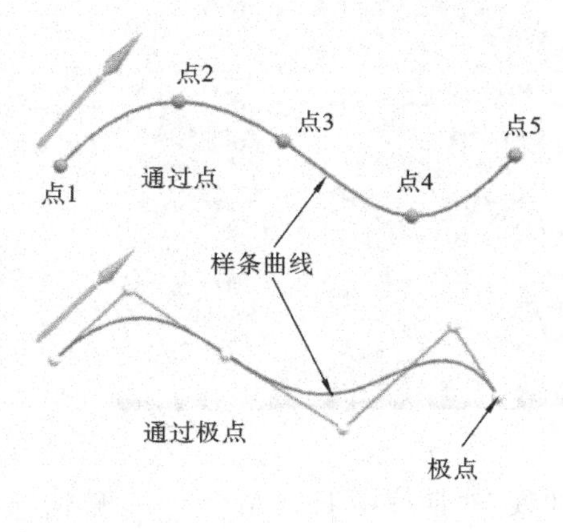

图 3-17

有关“艺术样条”对话框中的参数含义，参见第 4 章的相关内容。

3.5.8 椭圆

椭圆的生成是通过确定椭圆的中心点位置，然后以逆时针方向创建椭圆轮廓线。创建椭圆的要素为中心点、长半轴和短半轴。在“草图工具”工具条中单击“椭圆”按钮，弹出“椭圆”对话框，如图 3-18 所示。

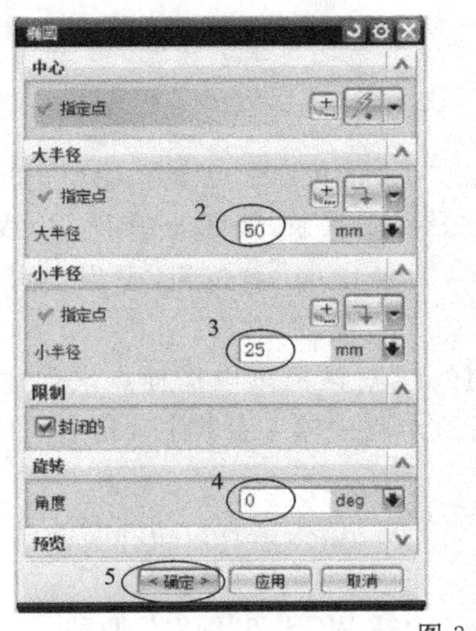

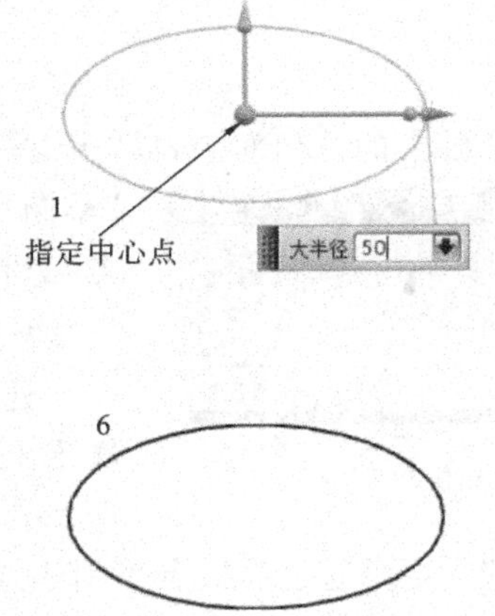

图 3-18

3.5.9 二次曲线

一般二次曲线是通过不在同一直线上的三个点和曲线饱满值(Rho)来确定的。在“草图工具”工具条中单击“二次曲线”按钮，弹出“二次曲线”对话框，按如图 3-19 所示进行操作。

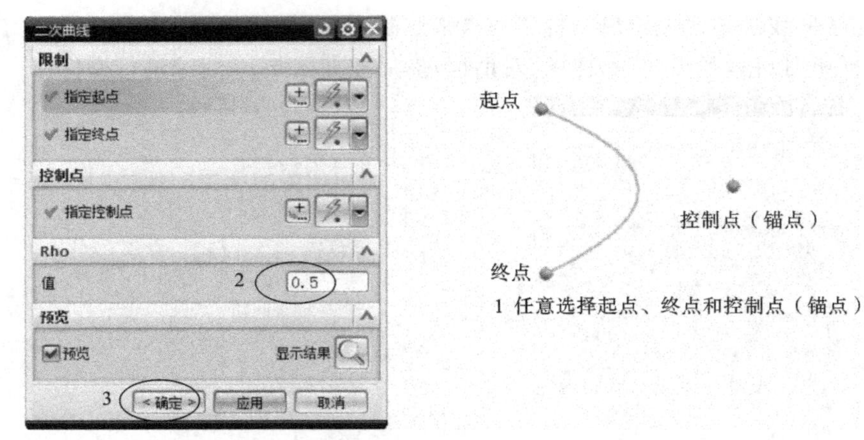

图 3-19

“二次曲线”对话框中 Rho 值含义：一般情况下 Rho 值越小，曲线就越平坦；反之，曲线就越饱满，如图 3-20 所示。

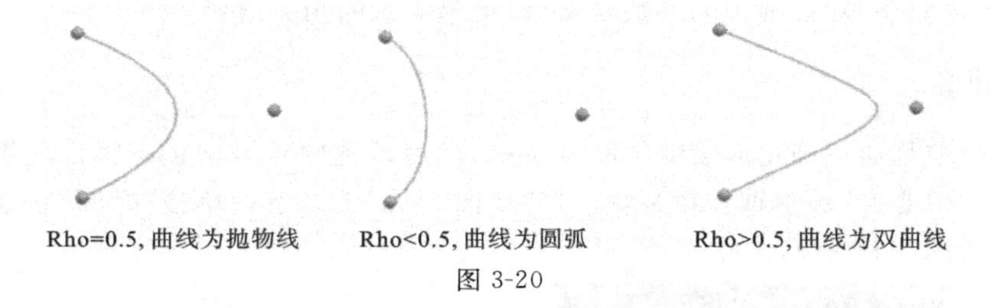

图 3-20

3.5.10 点

点作为一个独立的几何对象，以“＋”标识。在“草图工具”工具条中单击“点”按钮，弹出“草图点”悬浮工具条，如图 3-21 所示，然后单击“草图点”悬浮工具条中的按钮，弹出“点”对话框，如图 3-22所示。

图 3-21

通过“点”对话框可以捕捉点来创建点，也可以在输出坐标文本框中输入参数来确定点的位置，如图3-22 所示。

(1)“类型” 主要通过捕捉点来创建点。捕捉点的类型有自动判断的点、光标位置、现有的点、终点等。

(2)“输出坐标” 指定创建点的坐标方式，包括 WCS 和“绝对” 两种。

(3)“偏置选项” 通过输入点或捕捉点作为参考进行偏置点的创建。包括无、直角坐标系、圆柱坐标系、球坐标系、沿矢量和沿曲线 6 种类型，如图 3-23 所示。

①“无” 指以默认状态创建点。

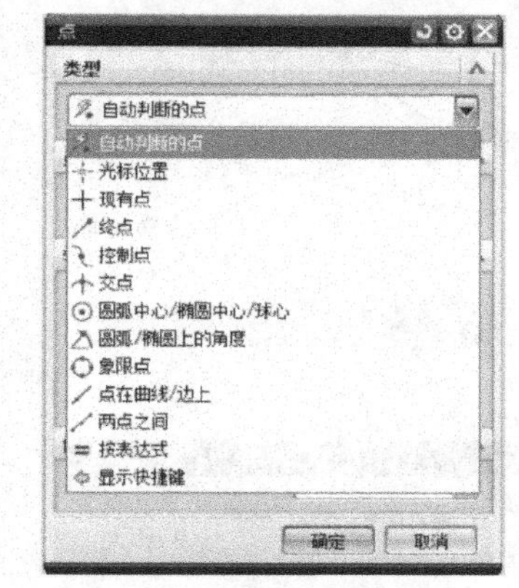

图 3-22

②“直角坐标系”　指以直角坐标系创建点。创建点之前必须确定参考点的位置，然后输入坐标值来确定偏置点的位置。

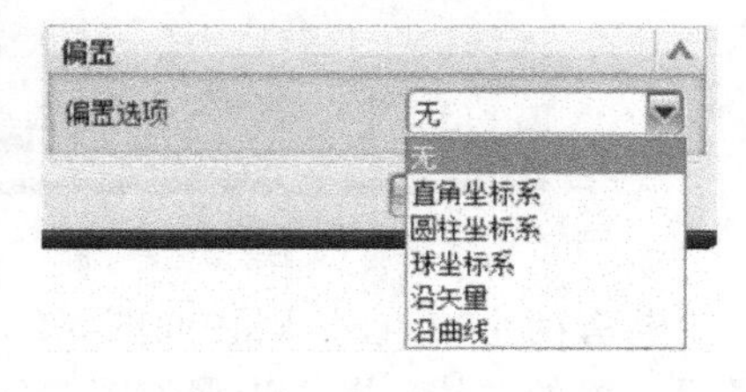

图 3-23

③“圆柱坐标系”　指以圆柱坐标系创建点。创建点之前必须确定参考点的位置，然后输入半径、角度、ZC-增量值来确定偏置点的位置。

④“球坐标系”　指以球坐标系创建点。创建点之前必须确定参考点的位置，然后输入半径、角度 1、角度 2 的值来确定偏置点的位置。

⑤“沿矢量”　通过指定参考点、矢量和距离值创建点。指定的矢量必须是直线，而选择直线时光标靠近的端点位置就作为矢量方向，然后输入距离值来确定点的位置。

⑥“沿曲线”　通过指定参考点、曲线、弧长或百分比创建点。指定的曲线可以是直线、圆弧或曲线，然后根据所选曲线确定创建点的方向，最后根据弧长或百分比来确定点的位置。

3.6　编辑几何图素

编辑几何图素是对基本几何图素进行偏移、修剪或延长等操作，熟练运用可以提高绘制草图速度。

3.6.1　派生直线

派生直线实际上是以已存在的直线为参考线进行平行偏移或产生平分线。

在“草图工具”工具条中单击“派生曲线”按钮，然后根据如图 3-24 所示进行操作。

3.6.2　快速修剪

使用“快速修剪”功能进行修剪时，若草图中有相交图素，则系统自动默认交点为断点。在“草图工具”工具条中单击“快速修剪”按钮，弹出“快速修剪”对话框，然后根据如图 3-25 所示进行操作。

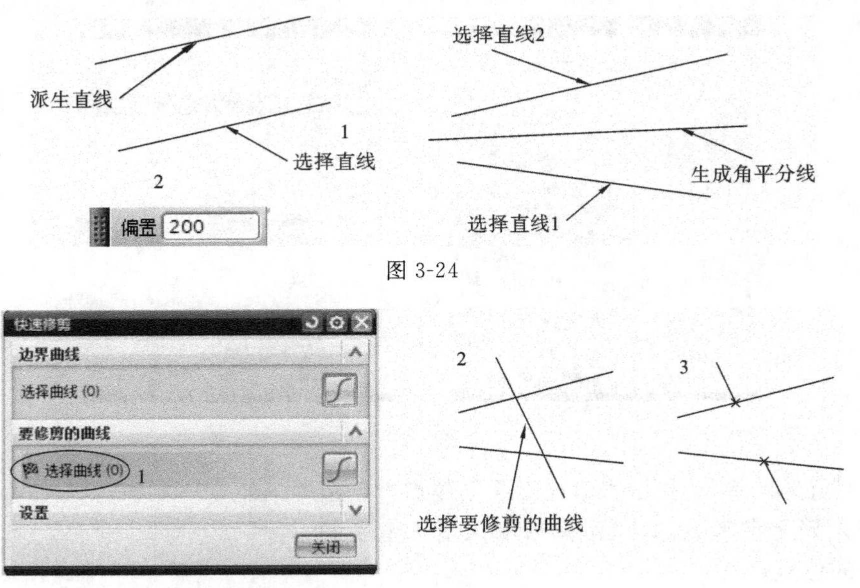

图 3-24

图 3-25

若有两个交点时，则在如图 3-26 所示“快速修剪”对话框中，首先选择边界曲线，其次选择要修剪的曲线，操作步骤如图 3-26 所示。

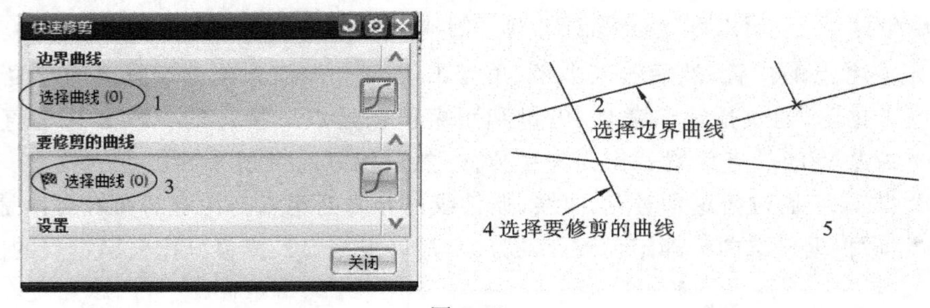

图 3-26

3.6.3 快速延伸

快速延伸是对已存在的曲线进行延伸，延伸时需要有已知图素与延伸曲线相交，否则不能对图素进行延伸。在“草图工具”工具条中单击“快速延伸”按钮，弹出“快速延伸”对话框，然后根据如图 3-27 所示进行操作。

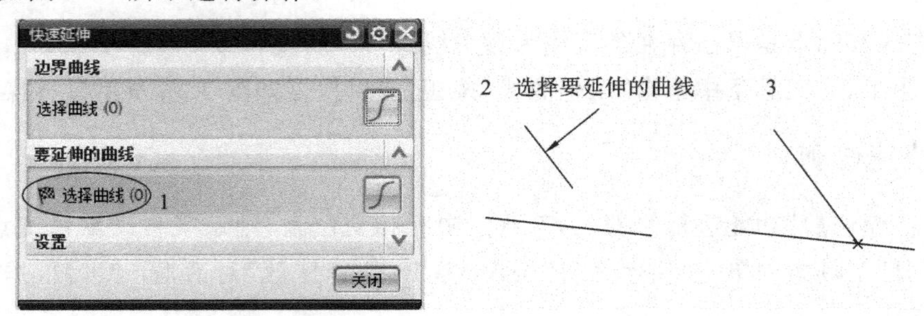

图 3-27

3.7　草图约束

草图在绘制过程中会自动创建某些约束，这是通过“自动判断约束设置”和是否“创建自动判断的约束”两个命令来决定的，在菜单栏上单击“工具”按钮，在下拉菜单中，光标移到“约束”即可显示各种草图约束命令。也可在“草图工具”工具条中选择草图约束命令。当草图曲线建立之后，利用草图约束工具管理草图约束和添加缺少的约束，直至草图完全约束。

3.7.1　约束约定

1. 自由度箭头与约束

当激活草图约束命令之后(几何约束或尺寸约束)，未约束或未完全约束的草图曲线会在它们的草图点上显示红色自由度箭头，如图 3-28 所示。此自由度意味着该草图点可以沿该箭头方向移动，添加约束将消除自由度。草图约束的过程实际上是将草图点完全定位的过程。

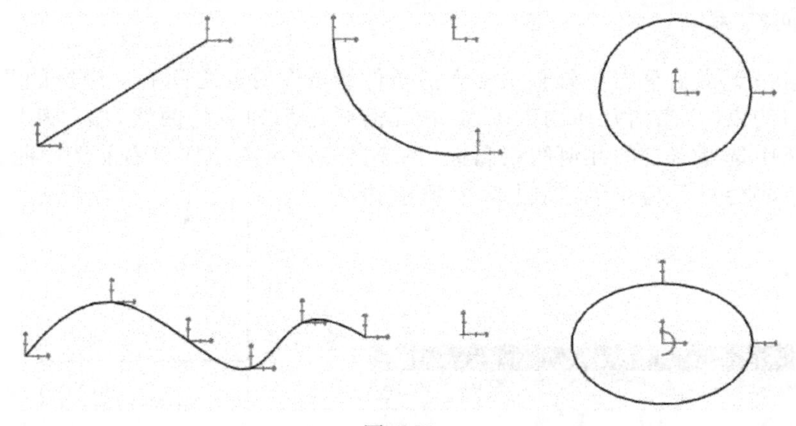

图 3-28

2. 草图颜色与约束状态

1）草图颜色

为了能够更好地检查和管理草图的约束状态，特别为不同类型的草图对象以及在不同的约束状态下的显示设置了不同的颜色。选择菜单“首选项”→“草图”，系统打开“草图首选项”对话框，打开“部件设置”选项卡，查看草图颜色的设置，如图 3-29 所示。

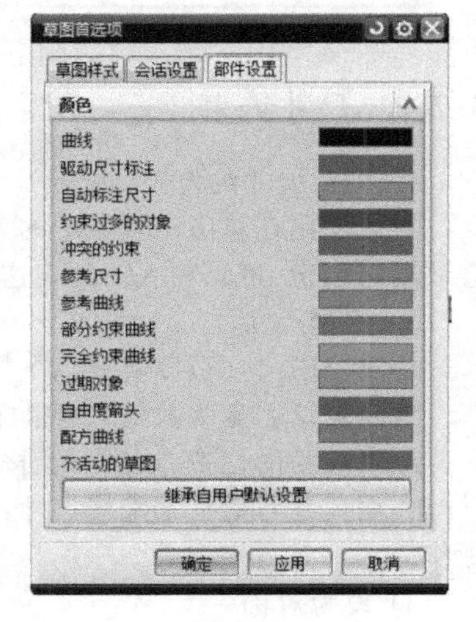

图 3-29

2）约束状态

当选择尺寸约束或几何约束命令时，NX 8.0 的状态栏列出激活草图的约束状态，草图可能完全约束、欠约束、过约束或冲突约束。

(1)“完全约束草图”　草图点上无自由度箭头，草图曲线颜色全部变为草绿色(“完全约束曲线”的颜色)。

(2)“欠约束草图” 草图中尚有自由度箭头存在，状态栏提示：草图需要 N 个约束。

(3)“过约束草图” 在草图中添加了多余的约束，过约束的草图曲线和约束变为红色。

(4)“冲突约束草图” 尺寸约束和几何体发生冲突，冲突的草图曲线和尺寸显示为粉红色(“冲突的曲线和尺寸”的颜色)。发生这种情况的原因，可能是当前添加尺寸导致草图无法更新或无解。

3. 拖动草图

拖动草图对象在草图绘制和约束过程中是一个非常重要的操作，它可以动态调整欠约束草图对象的位置和尺寸，也可以检查草图的约束状态和未被约束的几何图素。拖动欠约束的草图几何图素在它未被约束的方向上进行动态移动，与其相关联的曲线会作相应改变。完全约束后，不能拖动草图。

将光标移到要拖动的草图对象，按住鼠标左键不放，即可拖动草图。拖动草图的对象可以是一条曲线、一个草图点和多条草图曲线以及参与的尺寸约束，而基于约束的不同，一般会有不同的操作结果。

3.7.2 几何约束

几何约束用于指定草图对象必须遵守的条件或草图对象之间必须维持的几何关系。当需要建立几何约束时，激活几何约束图标，选择需要施加约束的曲线，然后从图形窗口左上角图标选项条中选择需要的几何约束图标，系统仅显示可能添加到当前选中曲线的约束，已经存在的约束将会显示为灰色，如图 3-30 所示。

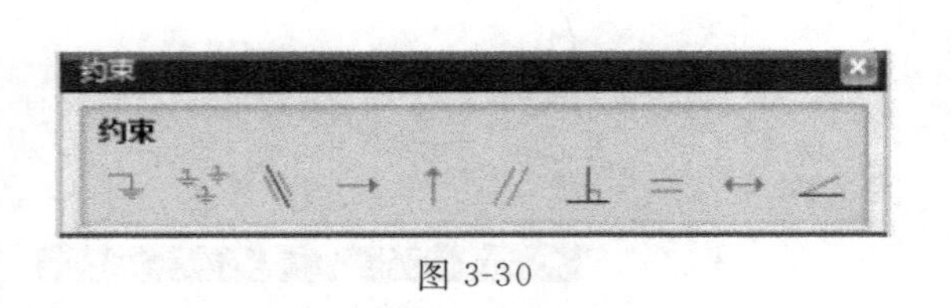

图 3-30

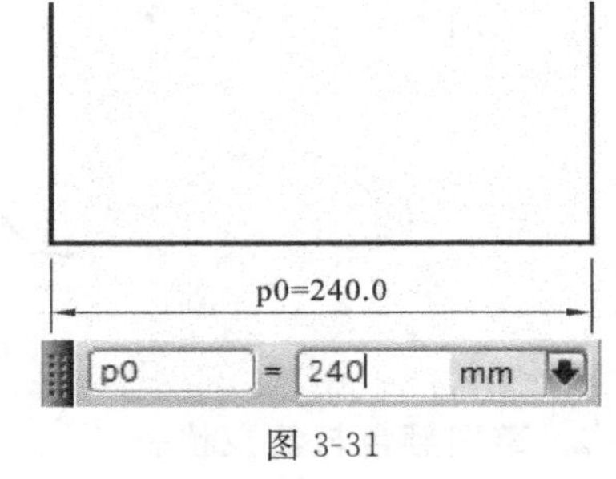

图 3-31

3.7.3 尺寸约束

1) 创建尺寸约束

可以使用在草图工具条中的尺寸菜单来创建尺寸约束。创建一个尺寸后，一个表达式会被同时创建，可以输入新的表达式名称和数值，如图 3-31 所示。

2) 编辑尺寸

编辑草图尺寸可以实现以下操作。

编辑尺寸名称和数值：用鼠标左键双击一个尺寸进行编辑。

编辑尺寸的位置：在尺寸上按住鼠标左键并拖动尺寸到合适的位置。

使用尺寸对话框来编辑尺寸：使用尺寸对话框，可以同时编辑所有尺寸和进行其他编辑操作。

3) 设为对称

使用“设为对称”命令，可以在草图中约束两个点或曲线相对于中心线对称。可以在同一类型的两个对象之间施加对称约束，比如两个圆、两个圆弧或者两条直线等；也可以使不同类型的点对称。例如，使直线的端点和圆弧的中心相对于某条直线对称，如图 3-32 所示。

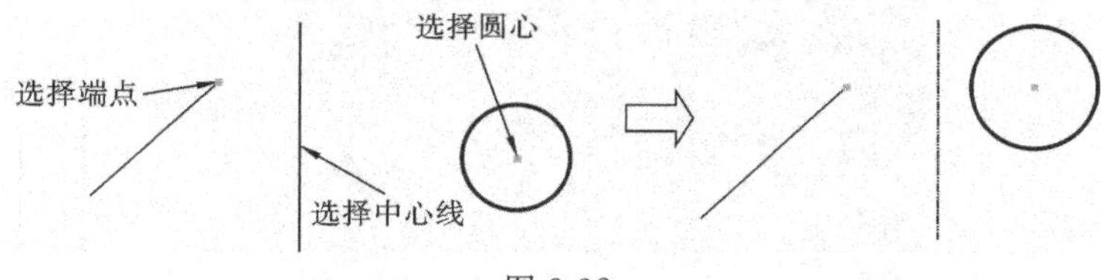

图 3-32

3.7.4　显示所有约束

显示所有约束是指在草图中显示当前所有曲线的约束状态。单击“草图工具”→“显示所有约束”，显示结果如图 3-33 所示。

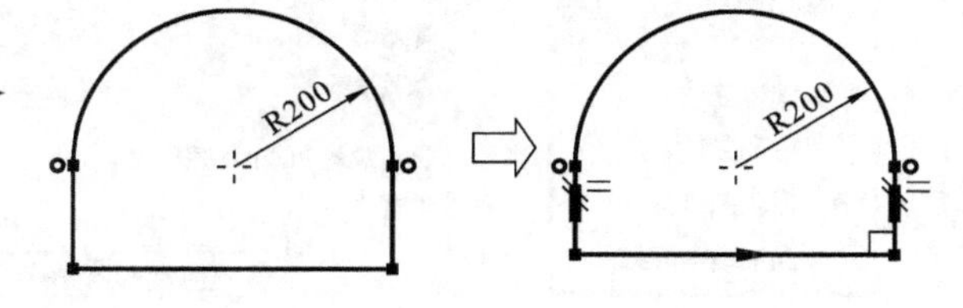

图 3-33

3.7.5　显示/移除约束

显示/移除约束是指查看几何对象施加了哪些约束，并可删除约束。单击“草图工具”→“显示/移除约束” 按钮，弹出“显示/移除约束”对话框，如图 3-34 所示。要移除约束，可在“显示/移除约束”对话框的“显示约束”列表中选择约束类型，然后单击“移除高亮显示的”按钮即可移除约束。

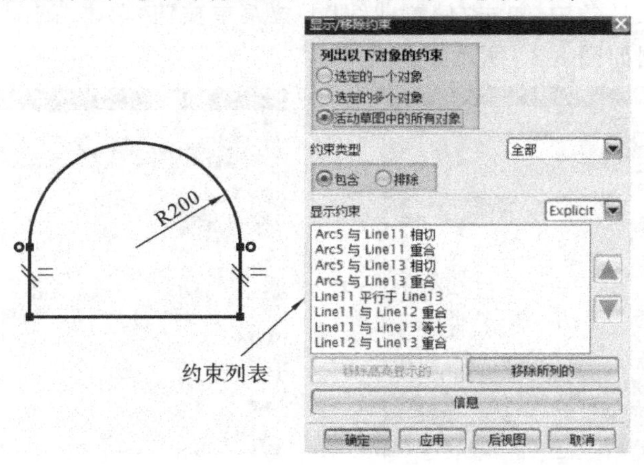

图 3-34

3.8　草图操作

草图操作主要是对已创建的草图进行编辑，或在已有建模特征的基础上快速创建新草图。在“草图工具”工具条中，单击“偏置曲线”下拉菜单箭头，显示草图操作命令，如图 3-35 所示。

3.8.1　偏置曲线

单击“偏置曲线”按钮，弹出“偏置曲线”对话框，然后根据如图 3-36 所示进行操作。

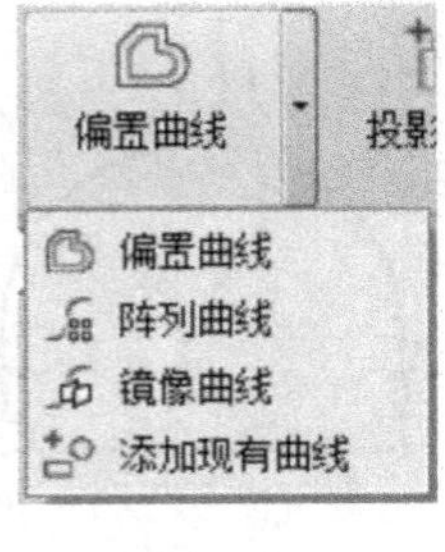

图 3-35

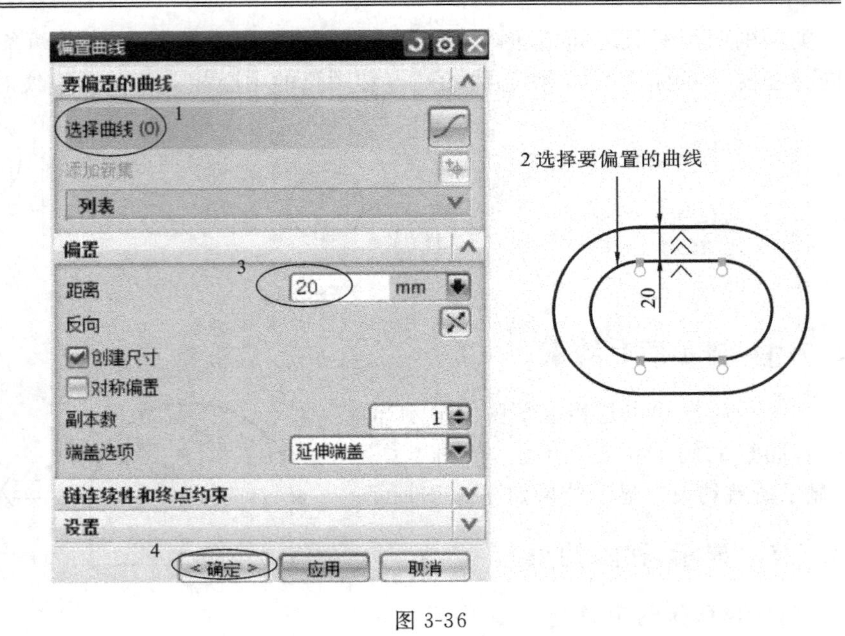

图 3-36

3.8.2 阵列曲线

在“草图工具”工具条中，单击“偏置曲线”下拉菜单按钮，单击“阵列曲线”，弹出“阵列曲线”对话框，然后根据如图 3-37 所示进行操作。

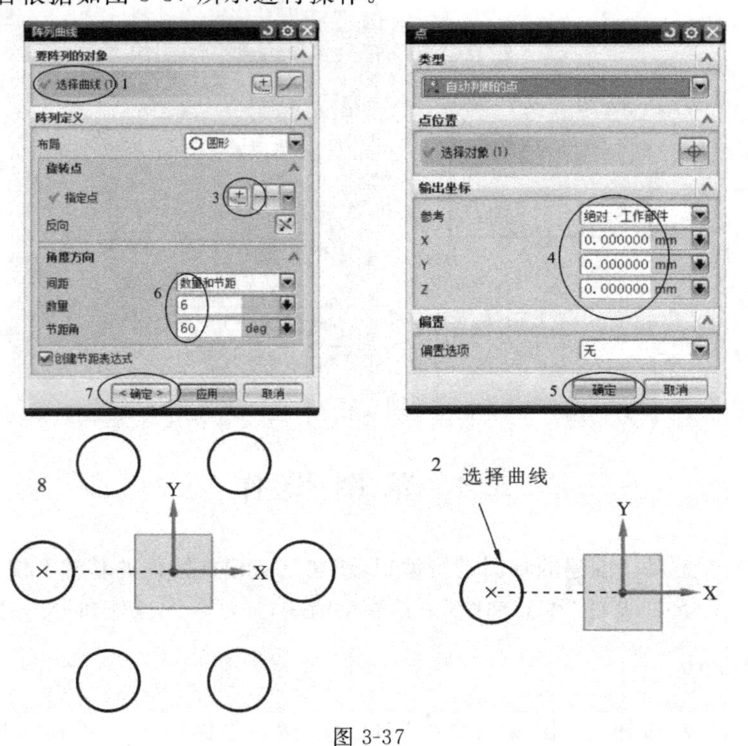

图 3-37

3.8.3 镜像曲线

在“草图工具”工具条中，单击“偏置曲线”下拉菜单按钮，单击“镜像曲线”，弹出“镜像曲线”对话框，然后根据如图 3-38 所示进行操作。

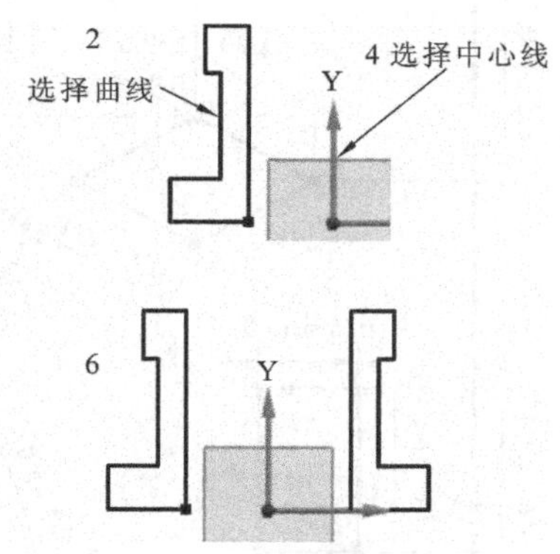

图 3-38

3.8.4 添加现有曲线

添加现有曲线是指在建模界面中添加曲线后，对原实体的截面进行编辑。应注意只有在建模界面中创建的曲线，才能在草图界面中使用“添加现有曲线”进行修改。在“草图工具”工具条中，单击“偏置曲线”下拉菜单按钮，单击“添加现有曲线”，弹出“添加曲线”对话框，然后进行操作。

3.8.5 投影曲线

投影是将原有的曲线投影到当前绘图平面中，也可以捕捉实体的边缘作为当前草图的轮廓。在“草图工具”工具条中，单击“投影曲线”按钮，弹出“投影曲线”对话框，然后选择要投影的对象，单击“确定”按钮，就可完成投影曲线操作。

3.9 综合实例

3.9.1 综合实例 1

如图 3-39 所示，该图形都是由直线构成的草图。可以用“轮廓”和“直线”功能来绘制。

(1) 创建草图。打开 NX 8.0 软件，在“标准”工具条中单击“新建”按钮，弹出“新建”对话框，接着在“名称”文本框中输入“zhsl-1”，然后单击“确定”按钮，出现标准界面。

在菜单条中单击“插入”按钮，在下拉菜单中单击“任务环境中的草图”，弹出“创建草图”对话框，单击“确定”按钮，进入草图界面。若要关掉“连续自动标注尺寸”功能，则在菜单条中单击“任务”按钮，在下拉菜单中单击“草图样式”，弹出“草图样式”对话框，将“连续自动标注尺寸”选项前面的“√”去掉，然后单击“确定”按钮。

(2) 绘制草图。在“草图工具”工具条中，单击“轮廓”按钮，弹出“轮廓”悬浮工具条，选

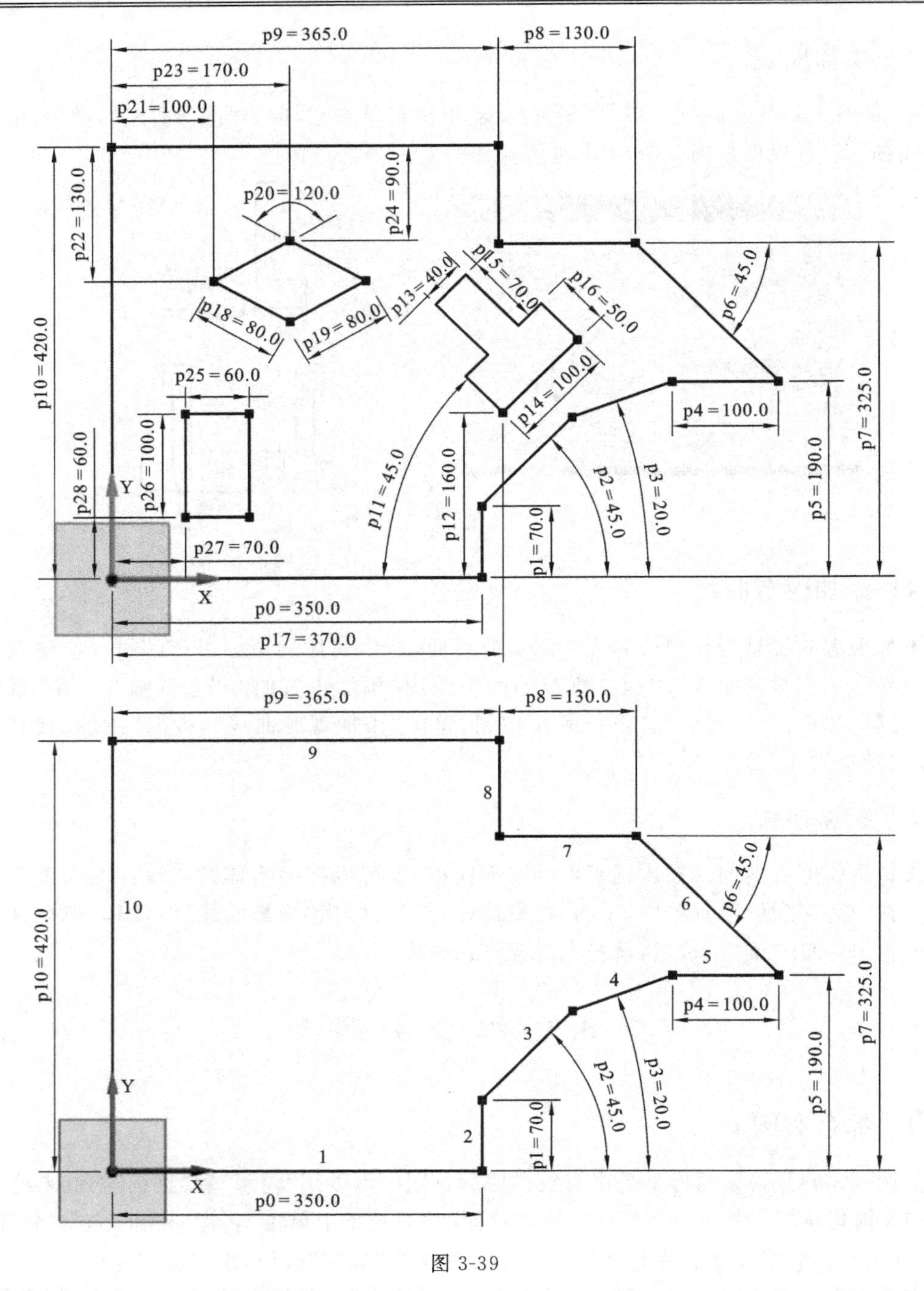

图 3-39

择“直线”和“参数模式”。选择坐标系的原点为直线的起点，沿水平方向绘制直线 1，继续沿竖直方向绘制直线 2，再完成直线 3、直线 4 一直到直线 10 的绘制，直线 10 的端点和直线 1 的起点重合。其中在草绘时，直线 5、直线 7、直线 9 的自动约束为水平；直线 8 和直线 10 的自动约束为竖直。

(3) 草图约束。在“菜单条”中单击“工具”按钮，在下拉菜单中，将光标移到“更新”处，出现“更新”子菜单，选择“延迟草图评估”选项。

在“草图工具”工具条中，单击“自动判断尺寸”来添加尺寸约束，检查添加几何约束，直到草图完全约束。草图完全约束时的草图曲线显示草绿色。

在“菜单条”中单击“工具”按钮，在下拉菜单中，将光标移到“更新”，出现“更新”子菜单，选择“更新模型”选项。

(4) 继续完成该图形内部三个图形的草图。单击“轮廓”按钮，分别绘制三个草图；单击“自动判断尺寸”来添加尺寸约束，并检查添加几何约束，直到草图完全约束。

(5) 完成草图。在“草图”工具条中单击“完成草图”按钮，单击“保存”按钮保存草图。

3.9.2 综合实例2

如图 3-40 所示，该图形是主要由圆和圆弧构成的草图。可以用“圆”和“圆弧”功能来绘制。

(1) 创建草图。打开 NX 8.0 软件，在“标准”工具条中单击“新建”按钮，弹出“新建”对话框，接着在“名称”文本框中输入“zhsl-2”，然后单击“确定”按钮，出现标准界面。

在菜单条中单击“插入”按钮，在下拉菜单中单击“任务环境中的草图”，弹出“创建草图”对话框，单击“确定”按钮，进入草图界面。若要关掉“连续自动标注尺寸”功能，则在菜单条中单击“任务”按钮，在下拉菜单中单击“草图样式”，弹出“草图样式”对话框，将“连续自动标注尺寸”选项前面的“√”去掉，然后单击“确定”按钮。

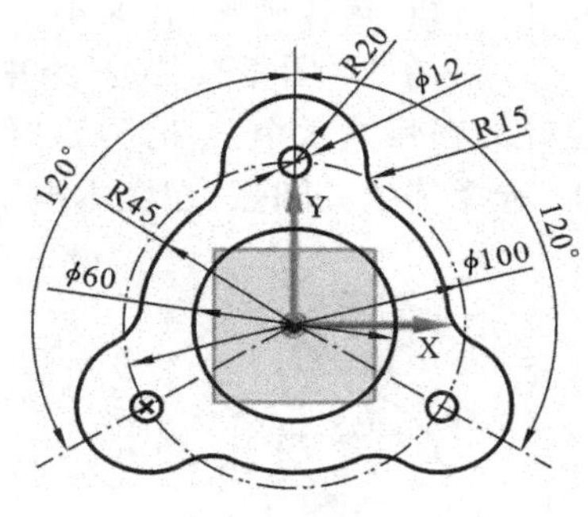

图 3-40

(2) 在“草图工具”工具条中，单击“直线”按钮，弹出“直线”悬浮工具条，选择“参数模式”。选择坐标系的原点为直线的起点，分别绘制两条直线，在“草图工具”工具条中，单击“自动判断尺寸”来添加尺寸约束，依次选择 Y 轴和直线，在弹出的文本框内输入 120，单击鼠标中键(滚轮，后同)，使得两直线分别与 Y 轴夹角为 120°。

在“草图工具”工具条中，单击“圆”按钮，弹出“圆”悬浮工具条，选择“圆心和直径定圆”和“参数模式”。选择坐标系的原点为圆心，绘制直径为 100 的圆，在“草图工具”工具条中，单击“自动判断尺寸”来添加尺寸约束，单击该圆，在弹出的文本框内输入直径 100，单击鼠标中键。

分别选中前面创建的圆和直线，接着在“草图工具”工具条中，单击“转换至/自参考对象”按钮，将两直线和圆转换为参考线，如图 3-41 所示。

(3) 在“草图工具”工具条中，单击“圆”按钮，弹出“圆”悬浮工具条，选择“圆心和直径定圆”和“参数模式”。选择参考直线和直径为 100 的参考圆的交点为圆心，绘制直径为 12 的圆；单击“圆弧”按钮，弹出“圆弧”悬浮工具条，选择“中心和端点定圆弧”和“参数模式”。选择直线 1 与直径为 100 的圆的交点 2 为圆心，绘制圆弧，如图 3-42 所示。

在“草图工具”工具条中，单击“阵列曲线”按钮，弹出“阵列曲线”对话框，分别选择圆和圆弧进行阵列，结果如图 3-43 所示。

(4) 单击“自动判断尺寸”按钮，选择圆，在文本框中输入 12；选择圆弧，在文本框中输入

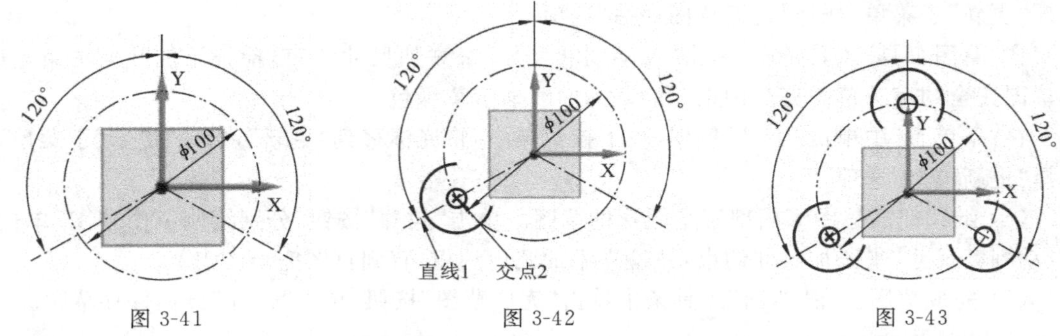

图 3-41　　图 3-42　　图 3-43

20，然后单击鼠标中键，结束圆和圆弧标注约束。单击“圆”按钮，弹出“圆”悬浮工具条，选择“圆心和直径定圆”和“参数模式”。选择参考圆的圆心，绘制一个圆，如图 3-44 所示。

(5) 在“草图工具”工具条中，单击“快速修剪”按钮，选择裁剪图素；然后单击“自动判断尺寸”按钮，选择圆弧，在文本框中输入 45，然后单击鼠标中键，如图 3-45 所示。

(6) 在“草图工具”工具条中，单击“圆角”按钮，来创建圆角；单击“约束”按钮，选择刚创建好的圆弧共六个，这时弹出“约束”悬浮工具条，单击“等半径”。单击“自动判断尺寸”按钮，选择其中一圆弧，在文本框中输入 15，然后单击鼠标中键，如图 3-46 所示。

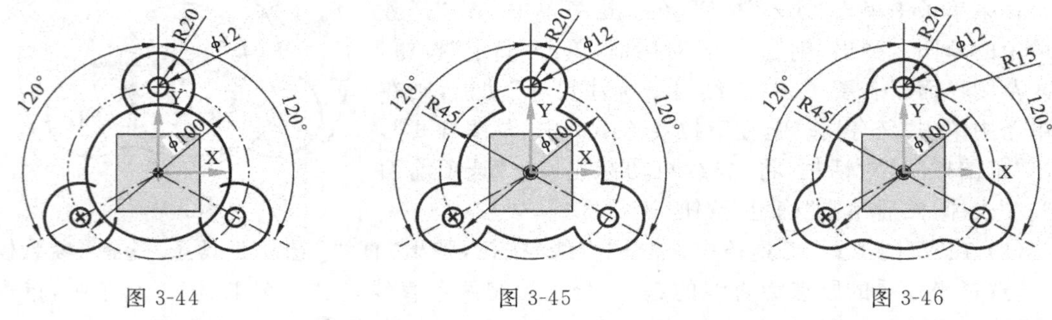

图 3-44　　图 3-45　　图 3-46

(7) 在“草图工具”工具条中，单击“圆”按钮，弹出“圆”悬浮工具条，选择“圆心和直径定圆”和“参数模式”。选择参考圆的圆心或坐标系的原点为圆心，绘制一个圆，单击“自动判断尺寸”按钮，选择该圆，在文本框中输入 60。此时，所绘草图如图 3-40 所示。

(8) 草图完全约束时草图曲线显示草绿色。在“草图”工具条中单击“完成草图”按钮，单击“保存”按钮保存草图。

3.10 本章小结

本章详细介绍了 NX 8.0 软件的二维草图界面、草图平面与捕捉点应用、草图曲线、草图约束和草图操作等。学完本章内容之后，应熟悉 NX 8.0 软件的二维草图界面和各基本功能的使用。在本章实例中，对各基本功能均作了比较详细的介绍。

3.11 习　题

请使用草图功能绘制下列图形(图 3-47 至图 3-54)。

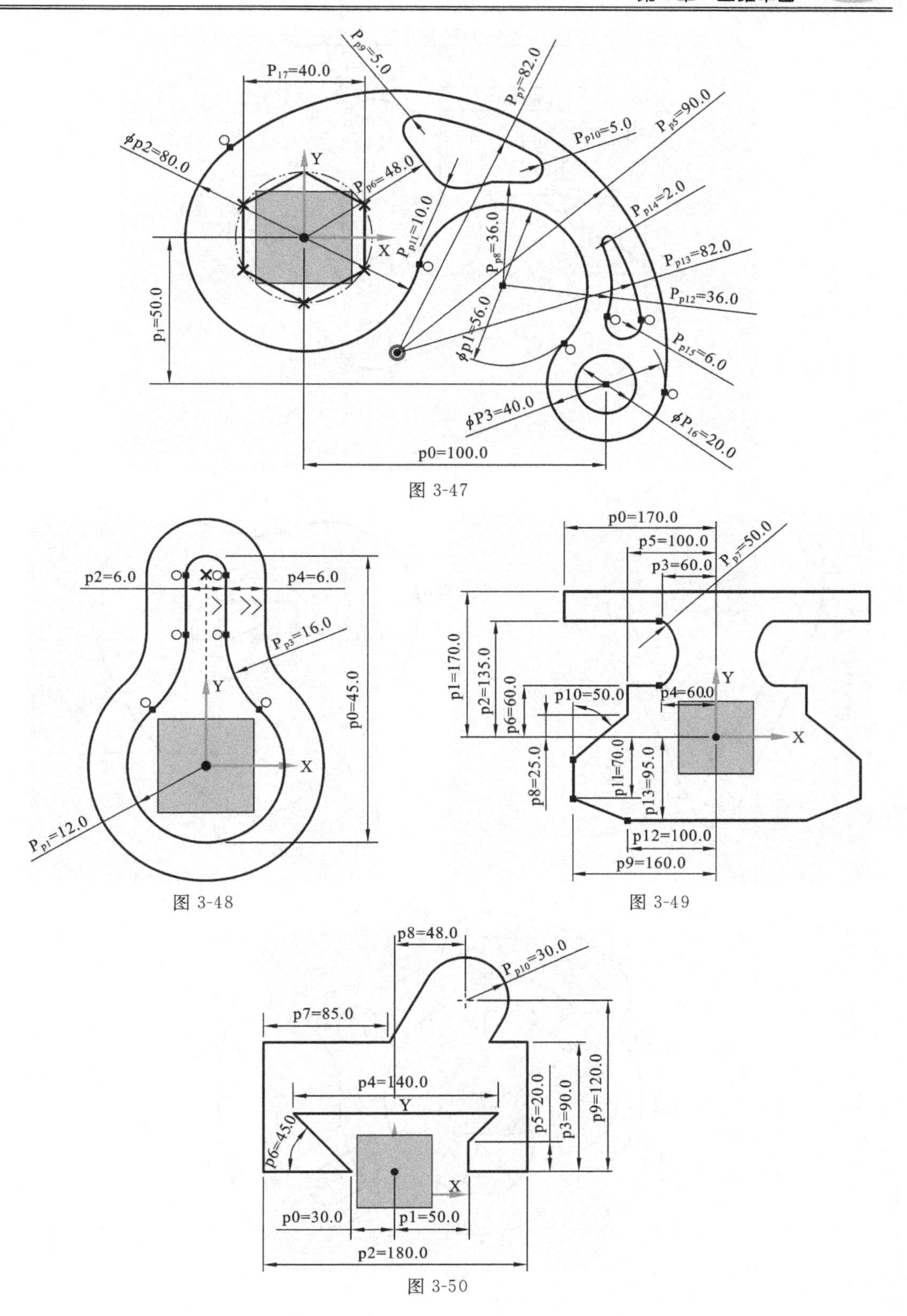

图 3-47

图 3-48

图 3-49

图 3-50

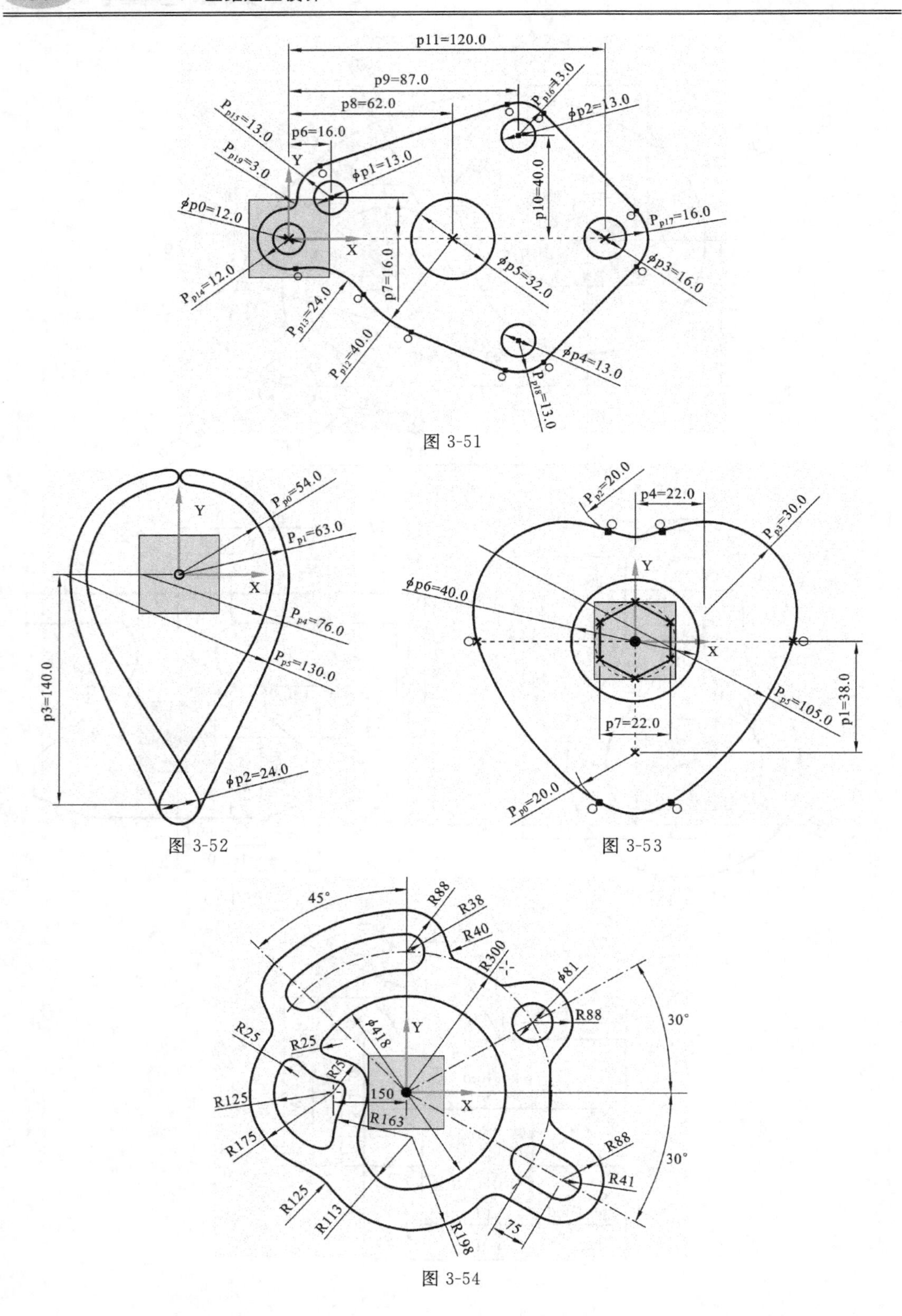

图 3-51

图 3-52

图 3-53

图 3-54

第4章　曲线功能

NX 8.0 软件中的曲线功能应用非常广泛。应用曲线功能可以在建模模块中创建任意复杂的三维曲线，可以通过曲线的拉伸、旋转等操作创建特征，也可以用曲线创建曲面进行复杂特征建模。在特征建模过程中，曲线也常用做建模的辅助线(如定位线、中心线等)，另外，创建的曲线还可添加到草图中进行参数化设计。曲线功能包括曲线绘制、曲线操作和曲线编辑功能。下面分别介绍其功能。

4.1　曲线绘制

4.1.1　点和点集

点是构成线的必备条件，也就是说，在构造线之前，必须先要定义点。所以，点和点集是为我们后面学习基本曲线及其他曲线作基础的。下面介绍点和点集及其创建方法。

1. 点

点作为一个独立的几何图素，可以通过“点”对话框创建，也可以在绘图区内任意点创建，并且以“+”表示存在位置。

在“菜单条”中单击“插入”，在其下拉菜单中将光标移至“基准/点(D)”出现子菜单，接着选择“点”按钮单击，弹出“点”对话框，如图 4-1 所示。可以用捕捉点的方式捕捉已存在的图素上的一点，可以在图形窗口中直接指定一点来确定点的位置，也可以在对话框的文本框中输入坐标值，从而确定点的位置。

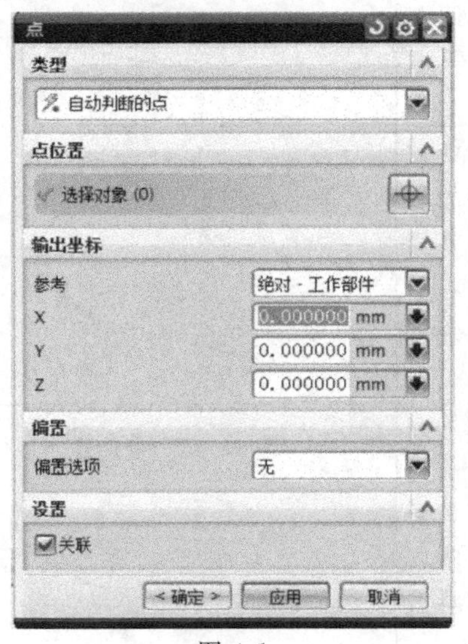

图 4-1

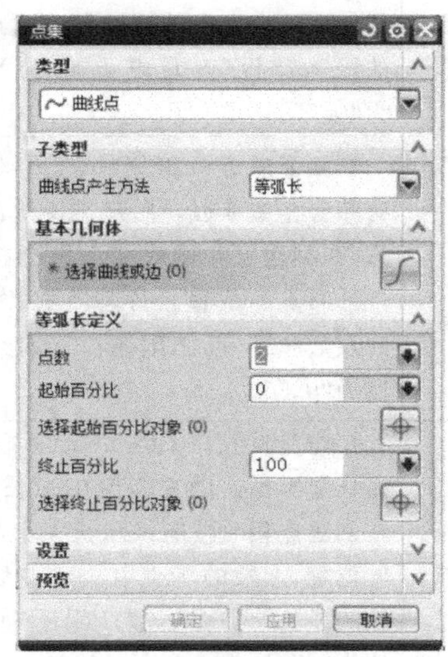

图 4-2

在“点”对话框中设置一栏，勾选“关联”表示所创建的点在被选中图素中一次可生成符合条件的点，该功能需要依赖于已存在的曲线或曲面，而产生的点与图素相关联。若把“关联”前面的钩去掉，则表示产生的点是独立的，与其他图素不相关。

2. 点集

点集是通过一次操作生成的一组点，这些点从已存在的曲线或曲面上获得。

在“菜单条”中单击“插入”→“基准/点(D)”→“点集”，弹出如图 4-2 所示的“点集”对话框。选择一种创建点集的方式，然后在弹出的对话框中设置相应的参数，再在绘图区单击选择参考曲线，最后单击“确定”按钮即可生成点集。表 4-1 列出了各种点集创建说明及图解。

表 4-1　各种点集创建说明及图解

类型	子类型	说　明	图　解
曲线点	等弧长	在点集的起始段和终止段之间按照点之间的等弧长来创建指定数目的点集。选择曲线，在文本框输入点数为“5”输入起始百分比为“0”(表示起始点是曲线的起点)，输入结束百分比为“100”(表示终止点是曲线的终点)，然后单击“确定”按钮创建点集	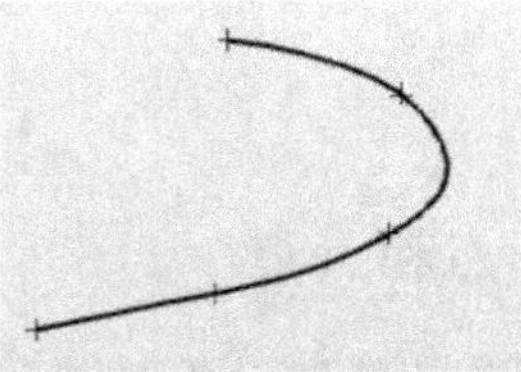
	等参数	等参数方式是在创建点集时，按照曲线的曲率大小来分布点集的位置，曲率越大，则生成点的距离越大，反之则生成点的距离越小。在“点集”对话框中将点数设为“10”，则点集变化为不等距分布的点	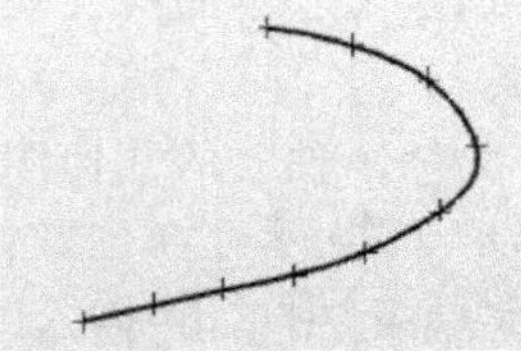
	几何级数	在几何级数方式工作状态下，对话框会多一个“比率”文本框，它是在设置完其他参数后，指定一个比率值，用来确定点集中彼此相邻的后两点之间的距离和前两点之间的距离的倍数。设定生成点数为“7”，比率值为“0.5”	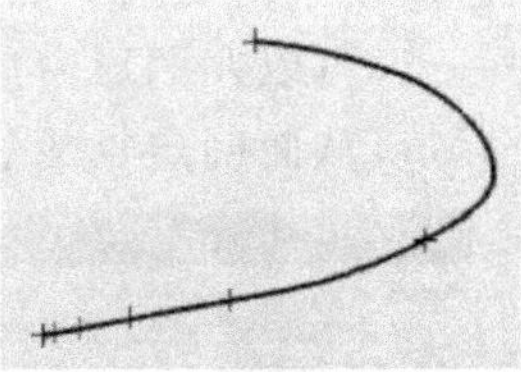
	弦公差	在弦公差方式工作状态下，对话框选项只有弦公差文本框。用户需要给出弦公差的数值，在创建点集的时候系统会按照该公差值来分布点的位置。弦公差的数值越小，产生的点数越多，反之则越少。如给出的弦公差值为“0.5”	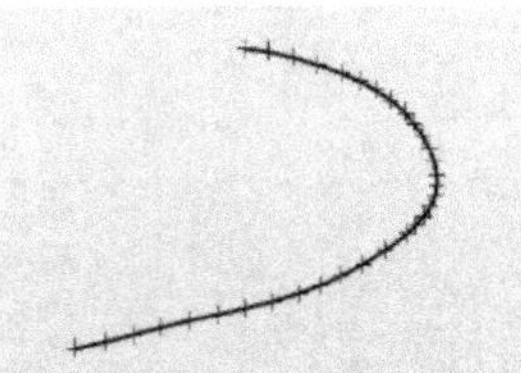
	增量弧长	在增量弧长方式工作状态下，对话框只有弧长文本框。用户需给出弧长的数值，系统在创建点集时按照该弧长大小的值分布点集的位置，点数的多少取决于曲线总长和两点间的弧长。如在“点集”对话框中给出的弧长值为“6”	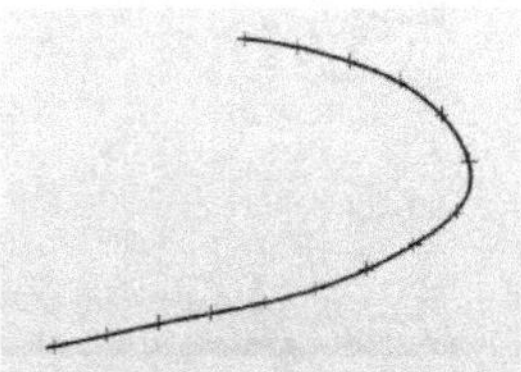

续表

类型	子类型	说　　明	图　　解
曲线点	投影点	利用一个或多个放置点向选择的曲线垂直投影,在曲线上生成点集。在投影点状态下,选择曲线后,再选择要放置点的位置(在绘图区任意指定、点对话框、捕捉点三种方式),单击“确定”按钮完成点向曲线的投影	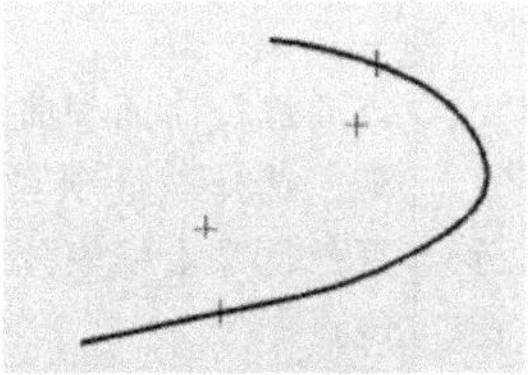
	曲线百分比	通过曲线上的百分比位置来确定点。在曲线百分比状态下,选择曲线,输入曲线百分比值为“50”,单击“确定”按钮,完成创建	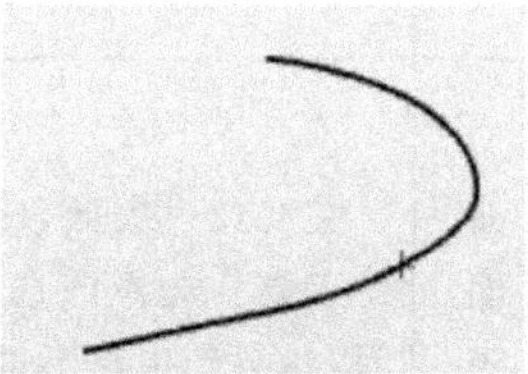
样条点	定义点	利用绘制样条曲线时的定义点来创建点集。在定义点状态下,选择曲线后,来创建点集	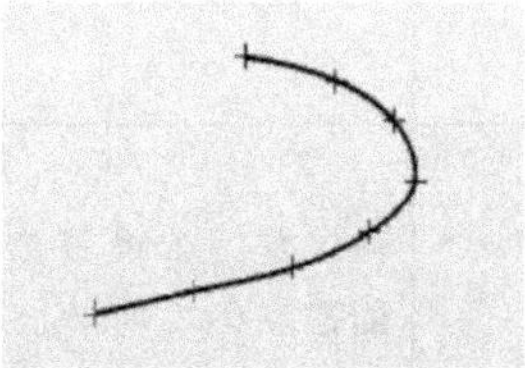
	结点	利用样条曲线的结点来创建点集。在结点状态下,选择曲线后,来创建点集	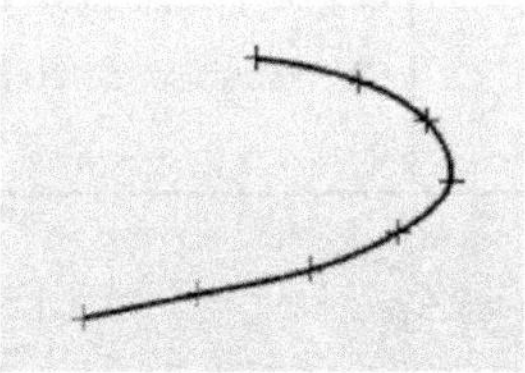
	极点	利用样条曲线的极点来创建点集。在极点状态下,选择曲线后,来创建点集	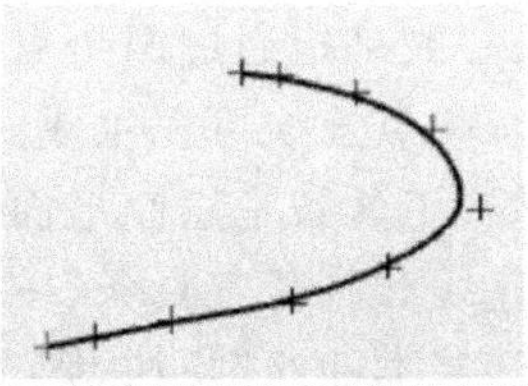
面的点	模式	选择对角点的模式来限制点集的分布范围。选择该选项,接着选择曲面,然后指定起点作为对角的第一点,指定终点作为对角点的第二点,这两个对角点就设置了点集范围	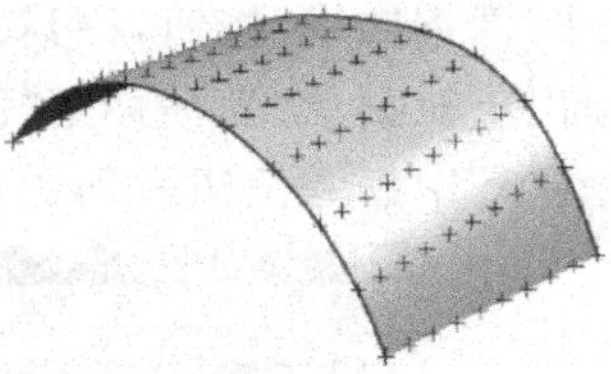
		选择百分比的模式来限制点集的分布范围。选择该选项,接着选择曲面,然后在“终止U值”和“终止V值”文本框内分别输入数值“60”来设定点集的分布范围	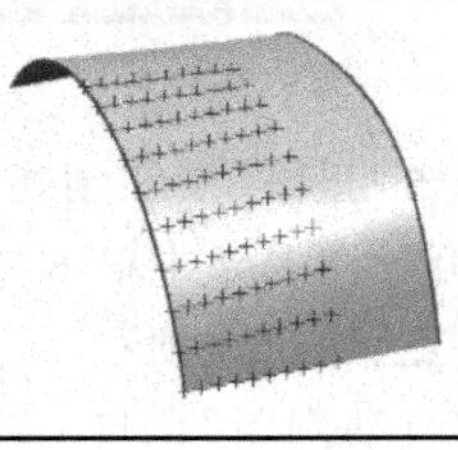

续表

类型	子类型	说　　明	图　　解
面的点	面百分比	通过一曲面和曲面上百分比的位置创建点集。选择该选项，接着选择曲面，在 U、V 向百分比文本框中分别输入数值“50”来创建指定点	
	B 曲面极点	主要通过表面（B 曲面）控制点的方式来创建点集。选择该选项，接着选择相应的 B 曲面，就会产生与 B 曲面控制点相应的点集	
关联		主要用于设置产生的点集是否成组关联。创建点集之前，勾选该选项，则产生的点集具有相关性，即如果删除了具有成组属性点集中一个点，就会删除全部的点集	设置 关联 距离公差

4.1.2　直线

直线一般是指通过两个点构造的线段。其作为一个基本的图素，在实际建模中无处不在。例如，两点连线可以生成一条直线，两个平面相交可以生成一条直线等。

“曲线”工具条是绘制平面图形的主要途径，其中有三个按钮：“直线”按钮、“基本曲线”按钮和“直线和圆弧工具条”按钮，分别对应三种直线绘制方法，如图 4-3 所示。若“曲线”工具条中无“基本曲线”按钮，则选择“定制”→“命令”→“插入”→“曲线”→“基本曲线”，用鼠标左键按住“基本曲线”按钮，将其拖拽到“曲线”工具条中。也可通过在菜单条中单击“插入”按钮，弹出下拉菜单，光标移至“曲线”按钮，弹出子菜单，单击“直线”、“基本曲线”、“直线和圆弧工具条”中任一按钮来创建直线。

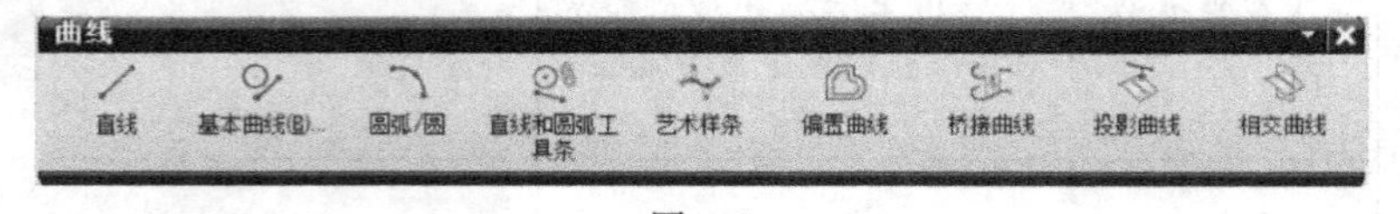

图 4-3

1. 单击“直线”按钮创建直线

在“曲线”工具条中单击“直线”按钮，弹出“直线”对话框，如图 4-4 所示。主要功能如下。

1）起点、终点选项

（1）“自动判断”　自动判断直线的起点、终点。选择“自动判断”选项，将光标移到模型

图 4-4

上，系统将自动捕捉模型的位置点作为直线的起点或终点。

(2)“十点” 通过参考点确定直线的起点或终点。点的位置可通过单击“选择点”，弹出“点”对话框，输入坐标数值来确定。

(3)“相切” 通过选择圆、圆弧和曲线确定直线与其相切的起点或终点位置。

(4)“成一角度” 确定直线第一点后，选择曲线作为直线第二点的参考线，然后在文本框中输入角度值，来创建直线。

(5)“沿 XC” 通过 XC 方向和长度数值确定直线。

(6)“沿 YC” 通过 YC 方向和长度数值确定直线。

(7)“沿 ZC” 通过 ZC 方向和长度数值确定直线。

(8)“法向” 确定直线第一点后，选择曲线或曲面法向作为直线参考方向，然后在文本框中输入角度值，来创建直线。

2) 平面选项

(1)“自动平面” 通过自动平面确定创建直线的平面，一般为默认状态。

(2)“锁定平面” 通过锁定某一平面确定创建直线的平面。

(3)“选择平面” 通过选择现有的平面确定创建直线的平面。

指定直线起点后，在“直线”对话框平面选项中，单击“选择平面”选项，接着选择现有平面，或通过平面对话框指定创建直线的参考平面，然后确定直线终点，最后单击“确定”完成创建直线。

3) 限制

用来确定直线长度，分别有“值”、“在点上”和“直至选定对象”3 种。

(1)“值” 通过数值来限制直线长度。

(2)“在点上” 通过参考点确定直线长度。

(3)“直至选定对象” 通过指定参考对象确定直线长度。

4) 延伸至视图边界

将创建的直线延伸到屏幕边界。

2. 单击“基本曲线”按钮创建直线

在“曲线”工具条中单击“基本曲线”按钮，弹出“基本曲线”对话框，如图 4-5 所示。主要功能如下。

1) 无界和增量

(1)“无界”为“√”时，绘制一条充满屏幕的直线，但不能用于“线串模式”。

(2)“增量”为“√”时，以增量形式绘制直线，在“跟踪条”中或“点”对话框中点的坐标值相对于前一点的偏移量。

图 4-5

2) 点方法

点方法提供了选点的辅助功能，包括自动判断点、光标位置、现有点、端点、控制点、交点、圆弧中心/椭圆中心/球心、象限点、选择面和点构造器。

3) 线串模式和打断线串

“线串模式”为“√”时，连续画直线、圆弧，直到按下“打断线串”按钮，“线串模式”无“√”时，一次只画一条线。

4) 锁定模式

当需要两个条件对所画的直线进行约束时，必须锁定第一个条件，才能施加第二个条件。

5) 平行于坐标轴

指定起点后，只要在“平行于”对话框下面选择其中一个坐标轴(XC、YC、ZC)，即可画出平行于该坐标轴的直线。

6）按给定距离平行于

此种方法用来画多条平行线，控制平行距离。

7）角度增量

光标在屏幕上移动按照角度增量定位。

8）生成直线的跟踪条

生成直线还可通过跟踪条输入数据，如图 4-6 所示。指出直线的起点，在跟踪条中“XC”文本框里输入 200，按 Tab 键光标移动到“YC”文本框里输入 300，同理输入 400，当需要的数据全部输完后，按“Enter”键，再以相同的方法指出直线的终点。

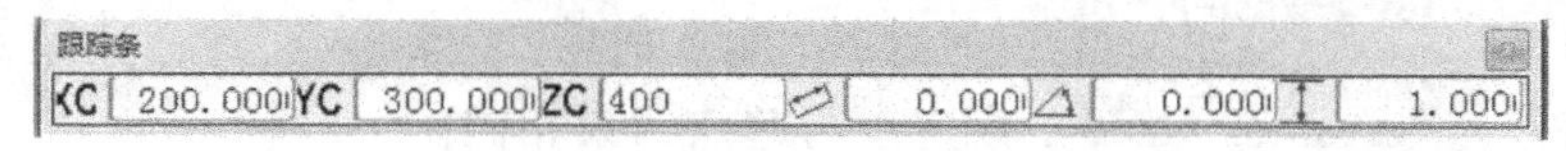

图 4-6

由于跟踪条反映当前光标位置，在输入数据时光标的移动会影响数据的输入，可以设置跟踪条内容不跟踪光标。选择“首选项”→“用户界面”，取消“在跟踪条中跟踪光标位置”前面的“√”。

3. 单击“直线和圆弧工具条”按钮创建直线

“直线和圆弧工具条”是“直线”、“圆弧”和“圆”功能的扩展，其中包括多种创建直线、圆弧和圆的方法，单击“曲线”工具条中的“直线和圆弧工具条”按钮，弹出“直线和圆弧”工具条，如图 4-7 所示。

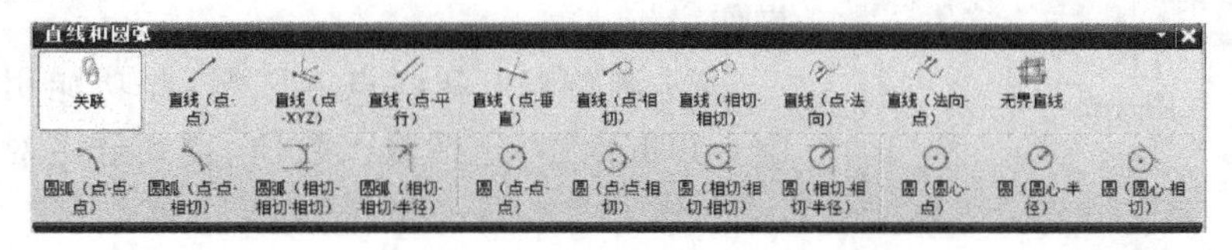

图 4-7

4.1.3　圆弧/圆

圆弧/圆是构建曲线的基础功能。在“曲线”工具条中有三个按钮：“圆弧/圆”按钮、“直线和圆弧工具条”按钮和“基本曲线”按钮，分别对应三种圆弧/圆绘制方法，如图 4-8 所示。也可通过在菜单条中单击“插入”按钮，弹出下拉菜单，光标移至“曲线”按钮，弹出子菜单，单击“圆弧/圆”按钮、“直线和圆弧工具条”按钮和“基本曲线”按钮中的任一按钮来创建圆弧/圆。

图 4-8

1. 单击“圆弧/圆”按钮创建圆弧/圆

在“曲线”工具条中单击“圆弧/圆”按钮，弹出“圆弧/圆”对话框，通过该对话框可以对圆

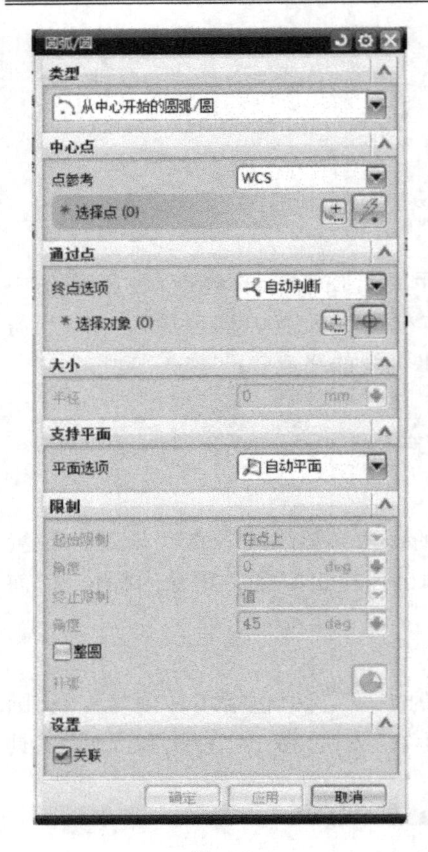

图 4-9

弧进行类型选择、约束、限制和整圆等操作，如图 4-9 所示。

创建圆弧的类型，分别有“三点画圆弧”和“从中心开始的圆弧/圆”，以下分别介绍两种圆弧的创建方法。

1）三点画圆弧

通过起点、端点和中点三个点或者两个点和一个半径等方式创建圆弧，其主要功能如下。

（1）“起点选项” 包括自动判断、点、相切三种约束选项。

（2）“端点选项” 除半径、直径选项之外，其他约束选项与起点约束相同。

（3）“中点选项” 与圆弧的端点约束选项相同。

只要在起点选项、端点选项和中点选项中各选其中之一约束选项，就能创建圆弧/圆。

（4）“平面选项” 一般所创建的圆弧都在默认的 XC—YC 平面上，如果在指定的平面上创建圆弧，就先通过平面选项来指定平面，然后通过三点创建圆弧。

（5）“圆弧编辑模式” 当指定圆弧所需要的所有约束后，系统进入圆弧编辑模式，可以进行如下编辑操作。

① 调整起点和终点的限制：此功能用于控制圆弧圆心角的大小，包括输入数值、直到选定对象和在点上三种方式。

② 修改圆弧的约束。

③ 补弧（作当前预览圆弧的互补圆弧）。

④ 整圆（在整圆和圆弧之间进行切换）。

2）从中心开始的圆弧/圆

通过指定圆弧中心点以及圆弧上一点的约束来创建圆弧，其主要功能如下。

（1）“中心点” 通过“捕捉点”工具指定圆弧中心点，也可通过“点”对话框来确定点。

（2）“通过点” 指定圆弧上的一个约束，包括自动判断、点、相切、半径约束选项。

（3）“平面选项” 和圆弧编辑模式同三点画圆弧方法一样。

2. 单击“直线和圆弧工具条”按钮创建圆弧/圆

该工具条在上一节已经介绍过，且和上述创建圆弧方法类似，这里不再赘述。

3. 单击“基本曲线”按钮创建圆弧/圆

在“曲线”工具条中单击“基本曲线”按钮，弹出“基本曲线”对话框，如图 4-10 所示。主要功能如下所述。

1）圆弧

（1）“整圆”为“√”时，绘制一个整圆。但“线串模式”不能用；无“√”时，画圆弧。

(2)“点方法”提供了选点的辅助功能，包括自动判断点、光标位置、现有点、端点、控制点、交点、圆弧中心/椭圆中心/球心、象限点、选择面和点构造器。

(3)“线串模式”为“√”时，连续圆弧，直到按下“打断线串”按钮，“线串模式”无“√”时，一次只画一个圆弧。

(4)“备选解”即在画圆弧的过程中确定结果为大圆弧还是小圆弧，即补弧。

(5)“创建方法”有两种创建圆弧的方法，即“起点，终点，圆弧上的点”，“中心点，起点，终点”，如图 4-10 所示。

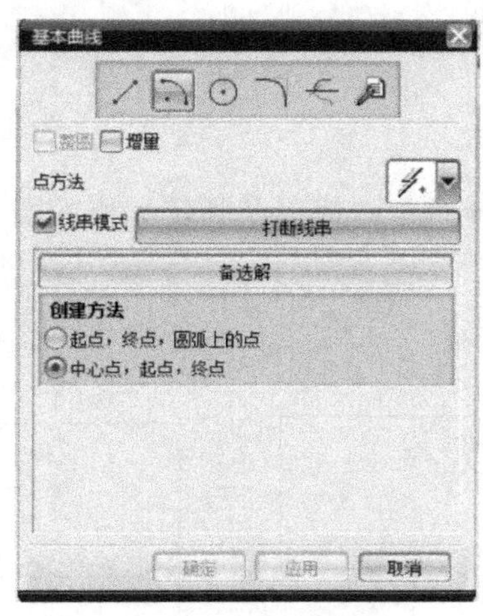

图 4-10

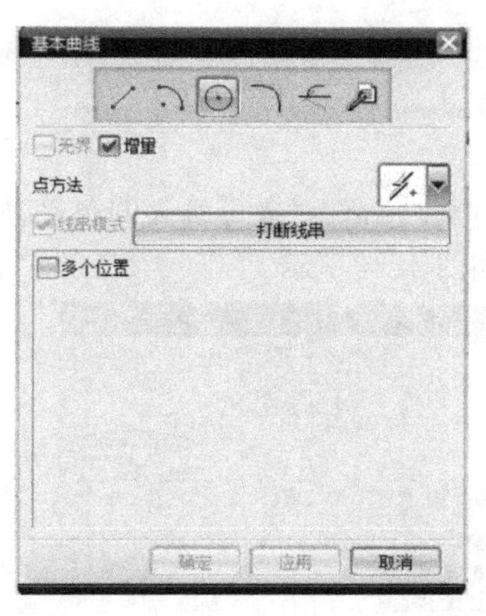

图 4-11

2) 圆

创建圆的方法较简单，指出圆心和指出圆弧上的点就能确定一个圆。“点方法”和圆弧的一样，如果生成多个相同的圆，在生成第一个圆后，将对话框中的“多个位置”设为“√”，只要给定一个位置，就将第一个圆复制到这个位置，如图 4-11 所示。

4.1.4　基本曲线

基本曲线提供了一些最常用的曲线设计方法，其功能包括直线、圆弧、圆、圆角、修剪和编辑曲线参数，其中直线、圆弧和圆功能在前面章节已介绍，下面介绍圆角、修剪和编辑曲线参数功能的应用。

1. 圆角

在“曲线”工具条中单击“基本曲线”按钮，弹出“基本曲线”对话框，接着单击圆角按钮，弹出“曲线倒圆” 对话框，如图 4-12 所示。

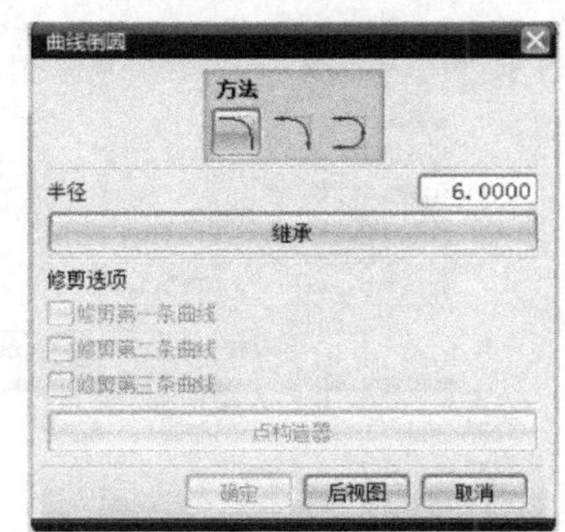

图 4-12

1) 选择曲线倒圆的方法

选择曲线倒圆的方法分别有“简单圆角”、“2 曲线圆角”和“3 曲线圆角”。

(1)“简单圆角”　通过输入圆角半径和选择曲线创建圆角，如图 4-13 所示。

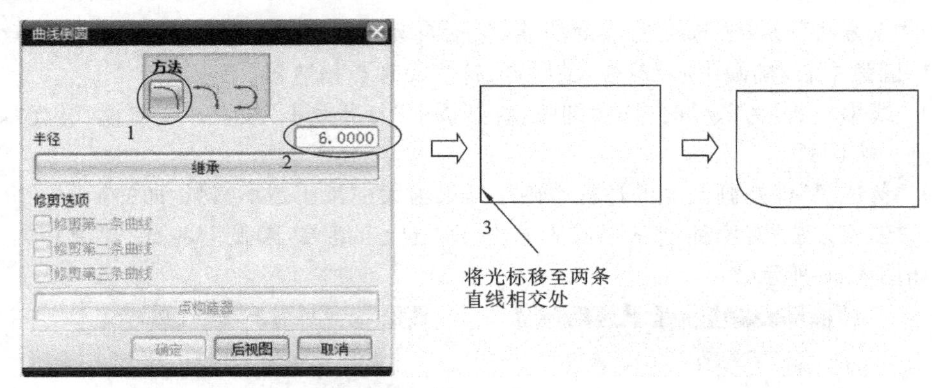

图 4-13

（2）“2 曲线圆角” 通过输入圆角半径和选择两条曲线以及指定大概的圆角中心位置创建圆角，如图 4-14 所示。

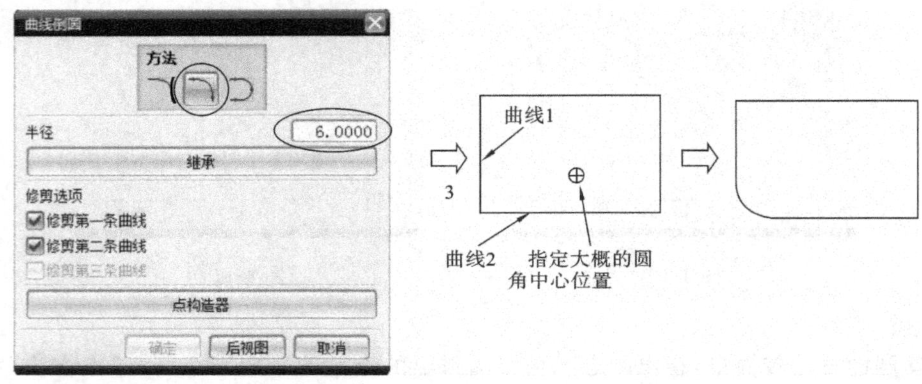

图 4-14

（3）“3 曲线圆角” 通过选择三条曲线并指定大概的圆角中心位置创建圆角，如图4-15所示。

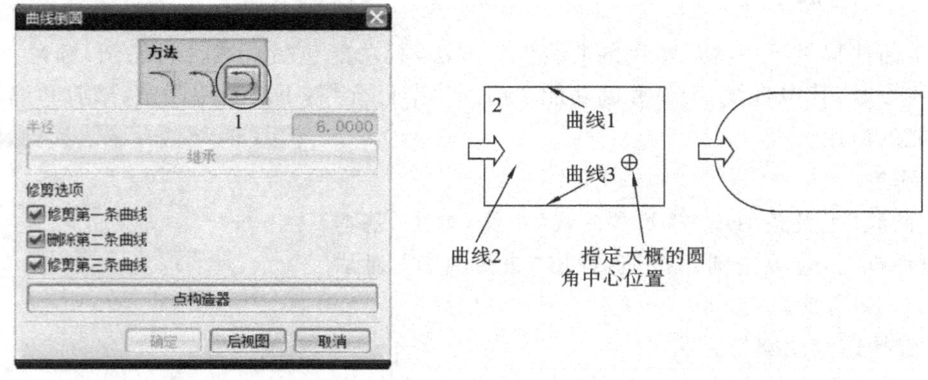

图 4-15

2）修剪选项

选择曲线倒圆角后的曲线状态，分别有“修剪第一条曲线”，结果如图 4-16 所示；“删除

第二条曲线”，结果如图 4-17 所示；“修剪第三条曲线”，结果如图 4-18 所示。

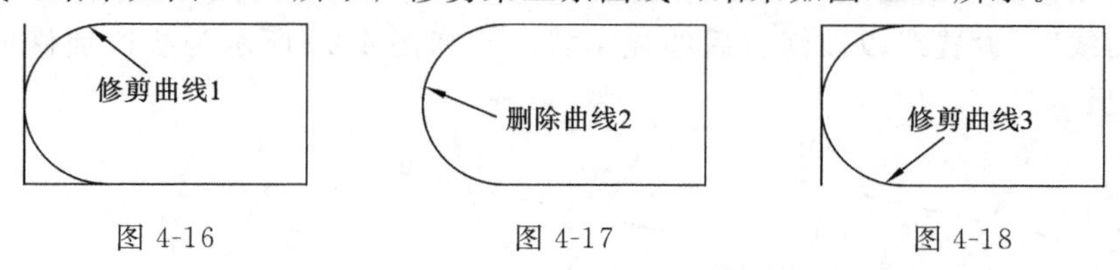

图 4-16　　图 4-17　　图 4-18

2. 修剪

修剪是指快速修剪相交曲线。在“曲线”工具条中单击“基本曲线”按钮，弹出“基本曲线”对话框，接着单击“修剪”按钮，弹出“修剪曲线”对话框，根据如图 4-19 所示进行操作。

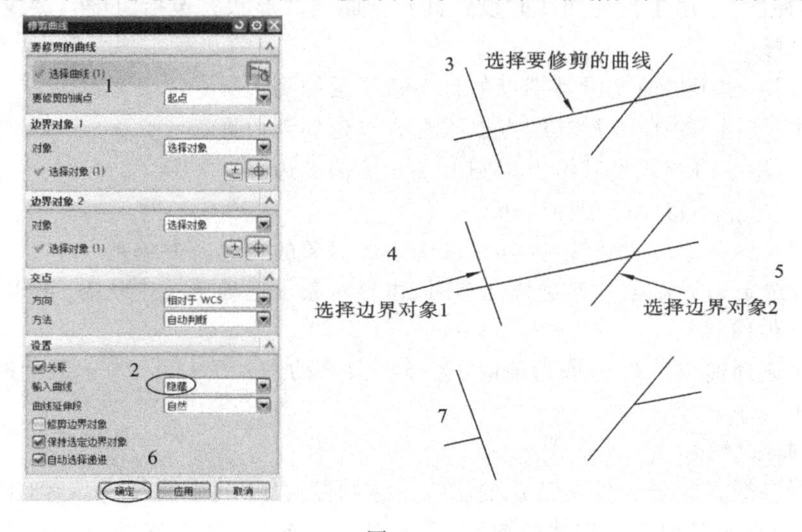

图 4-19

主要功能如下所述。

(1) 要修剪的曲线　指定要修剪的曲线对象，而修剪位置根据选择位置确定。

(2) 边界对象 1　指定第一条曲线确定修剪边界对象。

(3) 边界对象 2　指定第二条曲线确定修剪边界对象。

(4) 交点　包括“最短的 3D 距离”、“相对于 WCS”、“沿一矢量方向”、“沿屏幕垂直方向”4 种。

①“最短的 3D 距离”　若选择该选项，则系统按照边界对象与待修剪曲线之间的三维最短距离判断两者的交点，再根据该交点来修剪曲线。

②“相对于 WCS”　若选择该选项，则系统按照边界对象与待修剪曲线之间沿 ZC 方向判断两者的交点，再根据该交点来修剪曲线(即只能在 XC-YC 平面完成)。

③“沿一矢量方向”　若选择该选项，则系统按照在设定的矢量方向上边界对象与待修剪曲线之间的最短距离判断两者的交点，再根据该交点来修剪曲线。

④“沿屏幕垂直方向”　若选择该选项，则系统按照当前屏幕视图的法线方向上边界对象与待修剪曲线之间的最短距离判断两者的交点，再根据该交点来修剪曲线。

(5) 关联　选择“关联”选项以后，修剪后的曲线与原曲线具有相关性。当改变原有曲线的参数后，则修剪后的曲线与边界之间的关系会自动更新到修剪后的曲线。

"输入曲线" 设置线段被修剪后的显示状态。如图 4-20 所示为线段被修剪后以保留和隐藏状态显示。

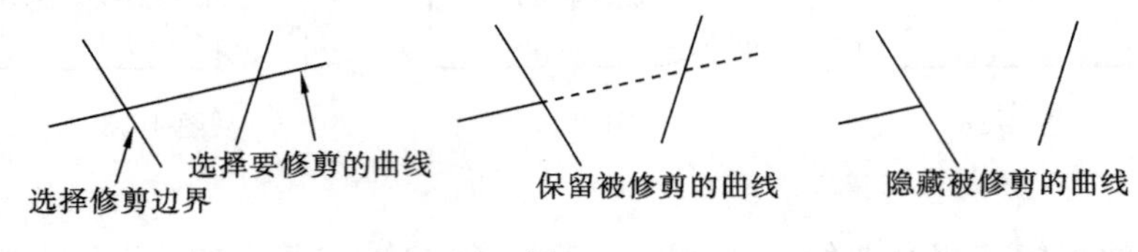

图 4-20

"曲线延伸段" 用于延伸曲线时设置其延伸曲线的形状。包括"自然"、"线性"、"圆"和"无"四个单选按钮。

①"自然" 用于将曲线沿其端点的自然路径延伸到边界。

②"线性" 用于将曲线沿其端点以线性方式延伸到边界。

③"圆" 用于将曲线沿其端点以圆形方式延伸到边界。

④"无" 用于不将曲线延伸到边界。

(6) 修剪边界对象 勾选该选项时，可将边界对象的边界一并修剪。

(7) 保持选定边界对象 勾选该选项时，边界对象永远处于选中状态，可以使用边界对象多次修剪其他曲线。

(8) 自动选择递进 勾选该选项时，选择步骤自动进入下一步，勾选取消时，需要单击确认键才能进入下一步。

3. 编辑曲线参数

编辑曲线参数是指重新编辑选定的图素。该功能对于"基本曲线"功能创建的图素实行参数式编辑，而对于其他功能创建的图素，系统将自动弹出创建图素的原始对话框。例如使用"圆弧/圆"功能创建的圆弧，系统将自动弹出"圆弧/圆"的对话框，进行曲线参数编辑。

在"曲线"工具条中单击"基本曲线"按钮，弹出"基本曲线"对话框，接着单击"编辑曲线参数"按钮，然后按如图 4-21 所示进行操作。

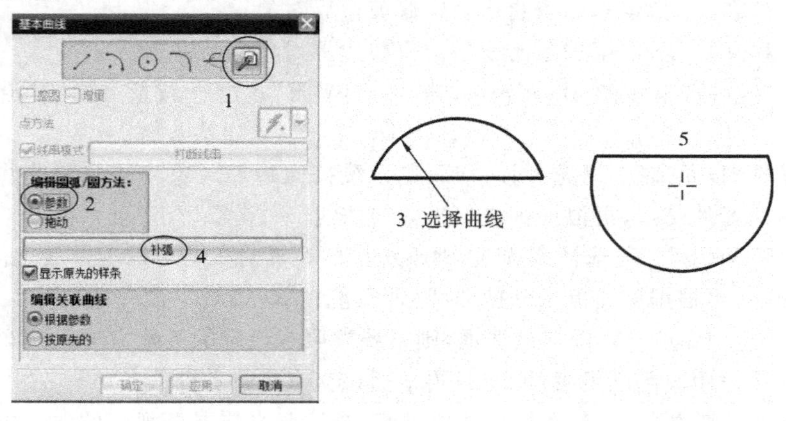

图 4-21

(1) 编辑圆弧/圆方法 选择编辑曲线的方式，分别有"参数"和"拖动"两种。

①“参数”　通过参数模式编辑选择的图素。

②“拖动”　通过鼠标拖动选择的图素。

(2) 补弧　进行圆弧切换。

(3) 编辑关联曲线　用于设置曲线的关联性是否存在，有以下两个选项。

①“根据参数”　选中该选项，可在编辑关联曲线的同时保持其相关性。

②“按原先的”　选中该选项，会中断关联曲线与原始曲线的关联性。

4.1.5　规律曲线

规律曲线是通过 X、Y、Z 三个分量来定义样条曲线，它可以是二维的、也可以是三维的。

在菜单条中单击“插入”按钮，弹出下拉菜单，光标移至“曲线”按钮，弹出子菜单，单击“规律曲线”按钮，弹出“规律曲线”对话框，如图 4-22 所示。

“规律类型”包括“恒定的”、“线性”、“三次”、“沿脊线的线性”、“沿脊线的三次”、“根据方程”、“根据规律曲线”。

(1)“恒定的”　定义一个常数值。

(2)“线性”　对某个分量指定起点值和终点值，使曲线从起点到终点按线性变化。

(3)“三次”　曲线从起点到终点按三次多项式变化。

(4)“沿脊线的线性”　利用两个以上的点沿脊线按线性变化。

(5)“沿脊线的三次”　利用两个以上的点沿脊线呈三次变化。

(6)“根据方程”　利用表达式或表达式变量来定义曲线。

(7)“根据规律曲线”　由一条光滑的曲线定义规律函数。

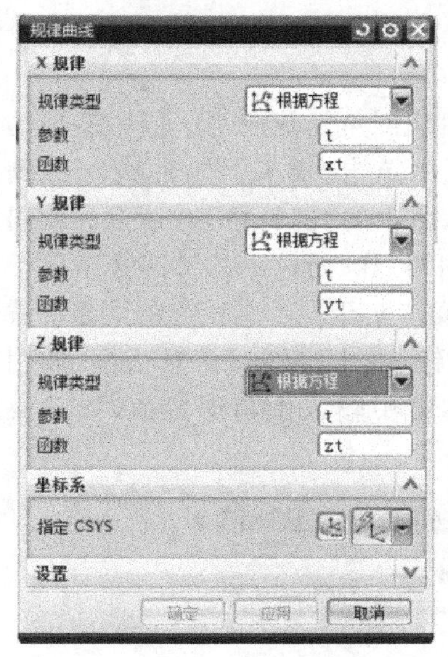

图 4-22

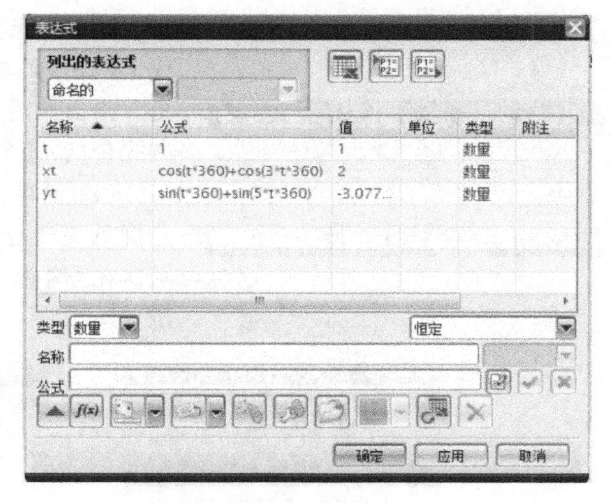

图 4-23

用“规律曲线”功能中的表达式创建如图 4-24 所示的曲线。

(1) 新建文件。单击“新建”按钮，在弹出的“新建”对话框中设置单位为“毫米”，并输入文件名“glqx”，然后单击“确定”按钮，进入建模模块。

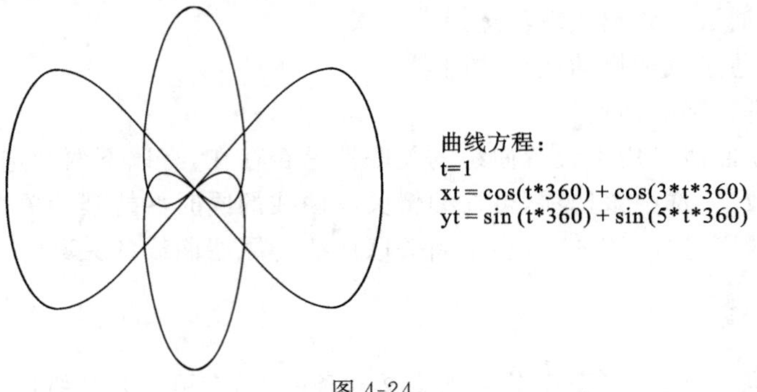

图 4-24

(2) 创建表达式。在“菜单条”中单击“工具”→“表达式”按钮，弹出“表达式”对话框，如图 4-23 所示。在对话框中的单位设置为“恒定”，在“名称”文本框中输入表达式名称“t”，在“公式”文本框中输入“1”，单击图标 ；然后依次输入“xt ＝cos(t ＊ 360)＋cos(3 ＊ t ＊ 360)”和“yt ＝sin(t ＊ 360)＋sin(5 ＊ t ＊ 360)”。结果如图 4-24 所示，创建好表达式后，单击“确定”按钮。

(3) 改变视图。在“视图”工具条中单击 ，选择俯视图。

(4) 创建曲线。在菜单条中单击“插入”按钮，弹出下拉菜单，光标移至“曲线”按钮，弹出子菜单，单击“规律曲线”按钮，弹出“规律曲线”对话框，如图所示。在对话框中 X 规律、Y 规律中的规律类型均选择“根据方程”。Z 规律中的规律类型选择“恒定”，值取“0”，单击“确定”按钮，完成该曲线的创建。

4.1.6 倒斜角

曲线倒角常用于二维曲线中的多边形生成功能，但曲线倒角只能应用于同一平面的曲线上。在“菜单条”中单击“插入”→“曲线”→“倒斜角”，弹出如图 4-25 所示的“倒斜角”对话框。倒斜角方式包括“简单倒斜角”和“用户定义倒斜角”两种。

图 4-25

(1) 简单倒斜角　对于同一平面上的两条曲线创建倒角。单击该按钮，弹出“倒斜角”对话框，如图所示。在“偏置”文本框中输入倒角偏置值，如图 4-26 所示。

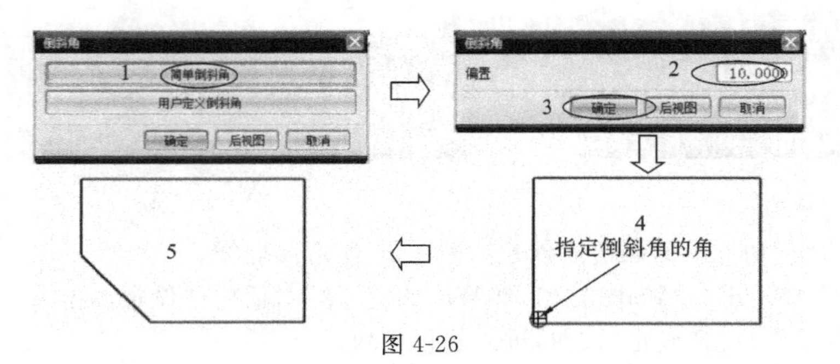

图 4-26

(2) 用户定义倒斜角 自定义倒角的曲线是否修剪。单击该按钮，弹出“倒斜角”对话框，如图 4-27 所示。

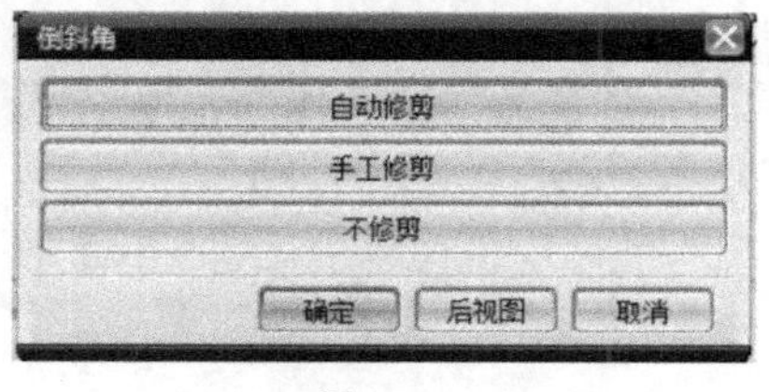

图 4-27

①“自动修剪” 系统根据倒斜角参数自动修剪边界。

②“手工修剪” 根据需要修剪倒角后的边界。

③“不修剪” 不进行边界修剪。

4.1.7 矩形

在“菜单条”中单击“插入”→“曲线”→“矩形”，弹出“点”对话框，提示指定矩形的第一个角点的位置，拖动鼠标构造第二个角点的位置。单击“确定”按钮，得到矩形。具体创建方法可参见第 3 章的相关内容。

4.1.8 多边形

通过多边形功能可以快速方便地创建正多边形，正多边形在工程设计中应用广泛。该功能提供了三种创建多边形的方法，分别为内切圆半径、多边形边数和外接圆半径。如图 4-28 所示。

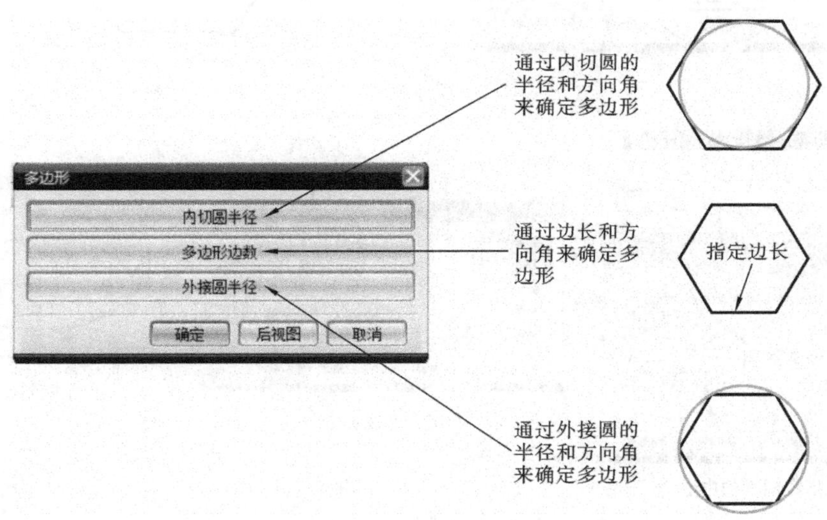

图 4-28

在“菜单条”中单击“插入”→“曲线”→“多边形”，弹出“多边形”对话框。然后按如图 4-29所示进行操作。

4.1.9 椭圆

在“菜单条”中单击“插入”→“曲线”→“椭圆”，弹出“点”对话框，系统提示定义椭圆中心。单击“确定”按钮后，会弹出“椭圆”对话框，如图 4-30 所示。在相应的文本框中输入数值，即完成椭圆的创建。

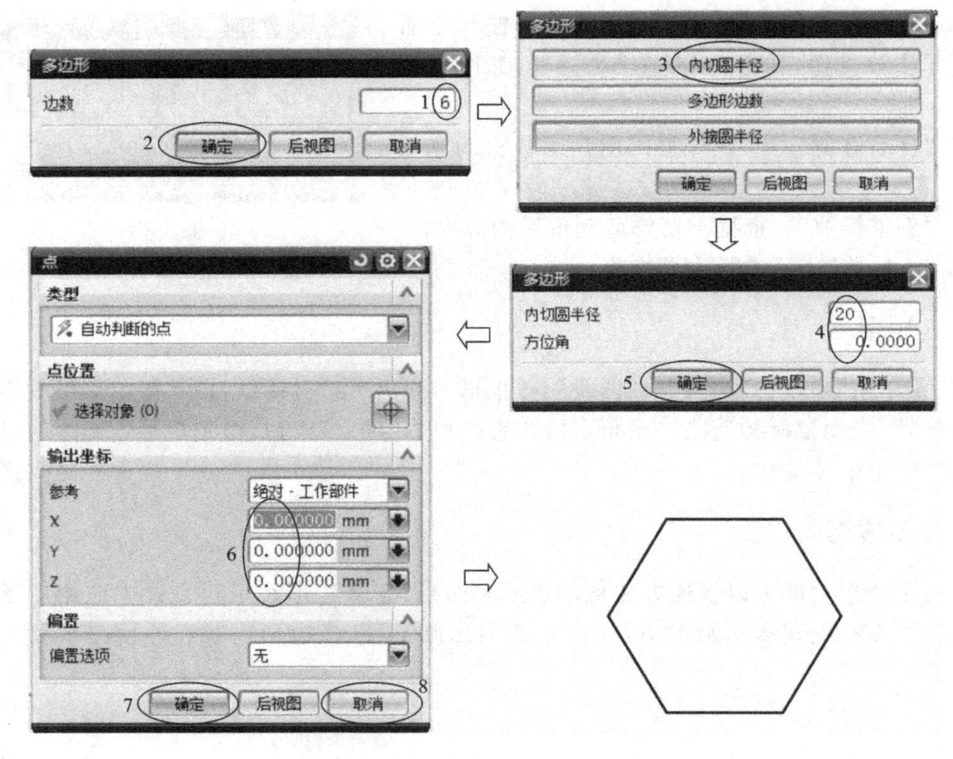

图 4-29

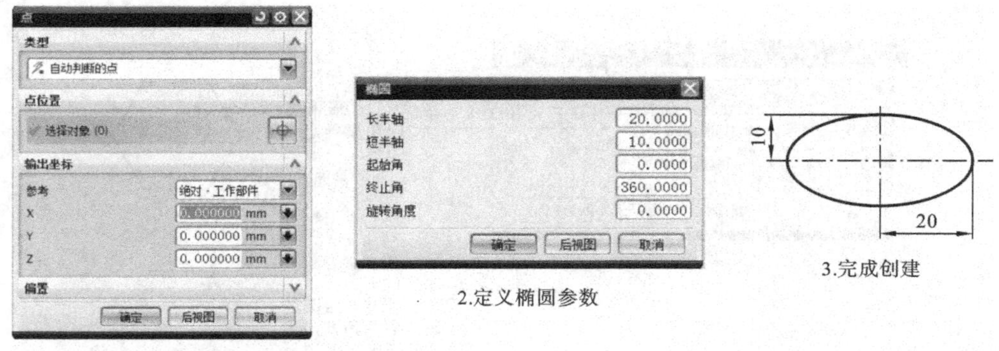

图 4-30

4.1.10 抛物线

在“菜单条”中单击“插入”→“曲线”→“抛物线”，弹出“点”对话框，系统提示定义抛物线位置。单击“确定”按钮后，会弹出“抛物线”对话框，如图 4-31 所示。在相应的文本框中输入数值，即完成抛物线的创建。

4.1.11 双曲线

在“菜单条”中单击“插入”→“曲线”→“双曲线”，弹出“点”对话框，系统提示定义双曲线

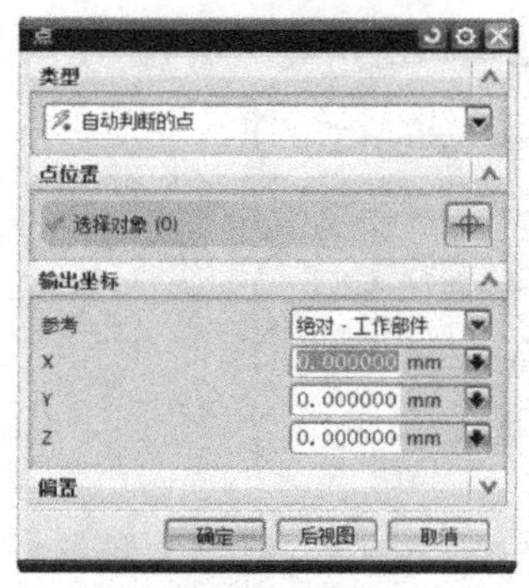

1.指定抛物线的顶点

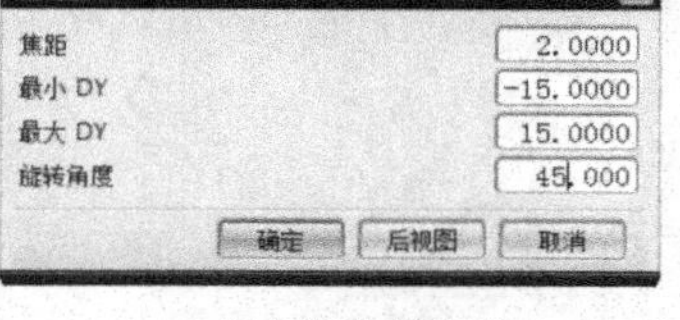

2.定义抛物线参数

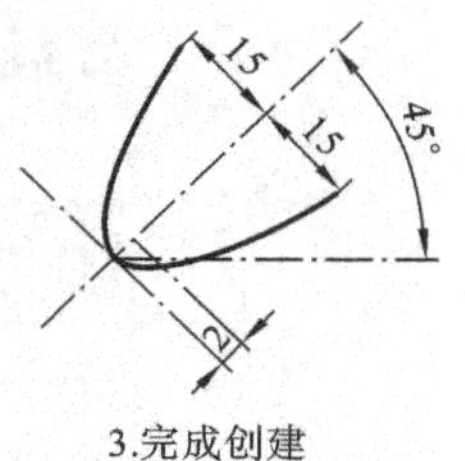

3.完成创建

图 4-31

中心点位置。单击“确定”按钮后，会弹出“双曲线”对话框，如图 4-32 所示。在相应的文本框中输入参数，即完成双曲线的创建。

1.指定双曲线的中心点

2.定义双曲线参数

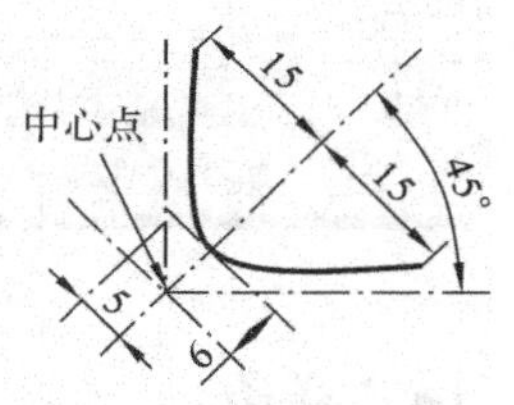

3.完成创建

图 4-32

4.1.12　一般二次曲线

在“菜单条”中单击“插入”→“曲线”→“一般二次曲线”，弹出“一般二次曲线”对话框，系统提供了 7 种生成二次曲线的方法。其应用前面已经叙述，这里不再赘述。

4.1.13　螺旋线

在“菜单条”中单击“插入”→“曲线”→“螺旋线”，弹出“螺旋线”对话框，按如图 4-33 所示进行操作。

(1)“半径方法”　设置螺旋线半径方法。

“使用规律曲线”　通过规律曲线来确定螺旋线的半径，如图 4-34 所示。

“输入半径”　直接输入螺旋线的半径。

(2)“旋转方向”　设置螺旋线的旋向，包括“右旋”、“左旋”。

(3)“定义方向”和“点构造器”　指定螺旋线的方向和起始点。

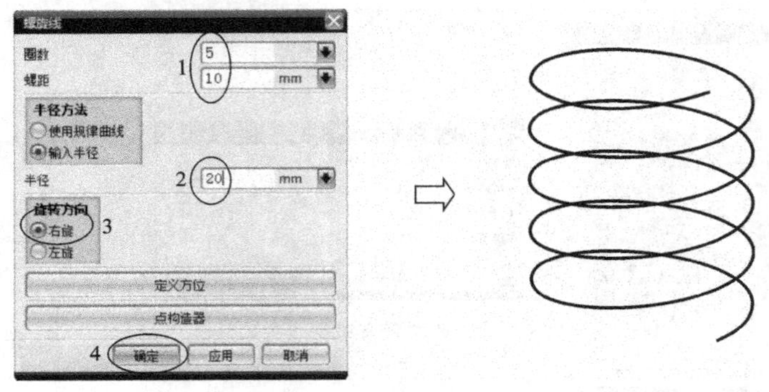

图 4-33

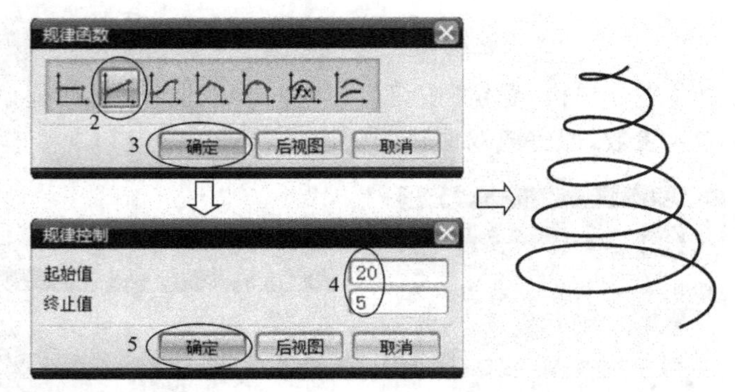

图 4-34

4.1.14 样条

样条是构造曲面的重要曲线，它可以是二维平面样条，也可以是三维空间样条。样条的种类很多，NX 8.0 采用 NURBS(非均匀有理 B 样条)样条。在本节中，术语“B 样条”和“样条”可互换使用。B 样条使用广泛，拟合逼真，形状控制方便，能够满足绝大部分实际产品设计要求。NURBS 已经成为当前 CAD/CAM 领域描述曲线和曲面的标准。

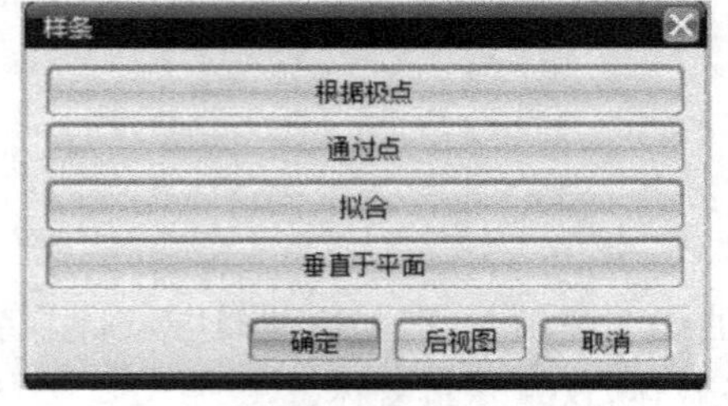

图 4-35

在菜单条中单击“插入”→“曲线”→“样条”，弹出“样条”对话框，如图 4-35 所示。样条曲线有四种创建方法。

1. 根据极点

使样条向各个数据点(即极点)移动，但并不通过该点，端点处除外，如图 4-36 所示。

(1)“多段” 选择该项产生的样条，必须与对话框中的曲线阶次相关。假如曲线阶次为 3，则必须产生 4 个控制点，才可建立一个样条曲线。

(2)“单段” 选择该项，对话框中的曲线阶次和封闭曲线关闭，只能产生一个节段的样条。

(3)“曲线阶次” 该选项用于设置曲线次数，设置的控制点数必须大于曲线的次数。

(4)“封闭曲线” 选择该项，所建立的样条的起点和终点会在同一位置，从而生成一条封闭的曲线。

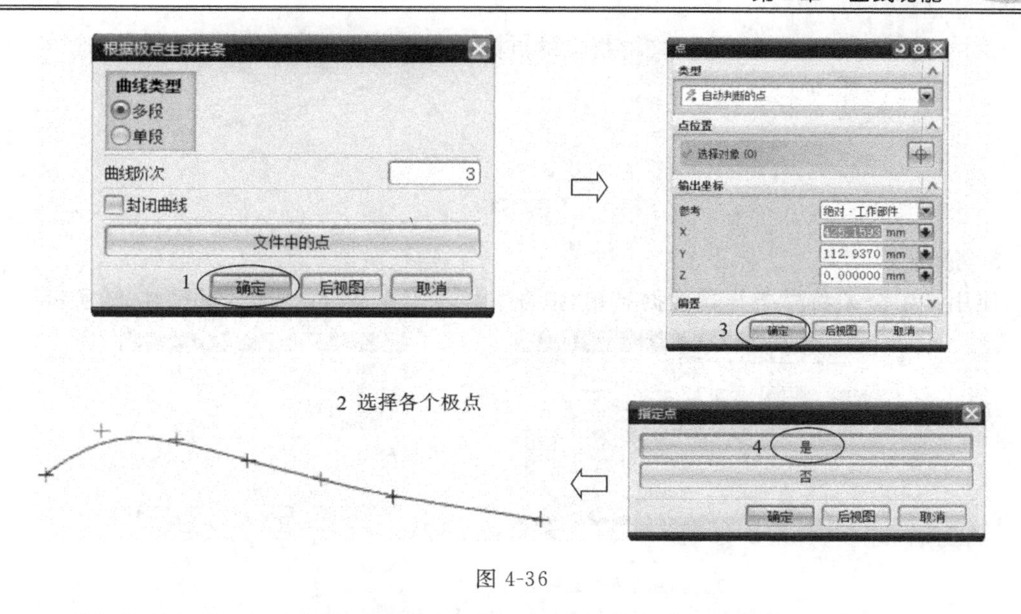

图 4-36

(5)“文件中的点”　选择该选项可以从已有的文件中读取控制点的数据。

2. 通过点

样条通过一组数据点，如图 4-37 所示。

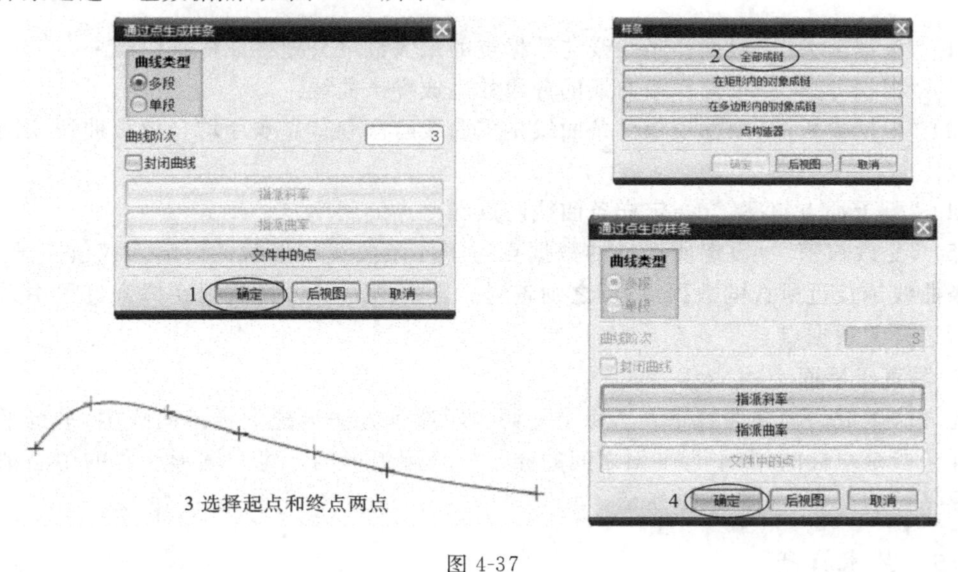

图 4-37

(1)“全部成链”　通过选择起点和终点之间的点集作为定义点来生成样条曲线。

(2)“在矩形内的对象成链”　利用矩形框来选择样条曲线的点集作为定义点生成样条曲线。

(3)“在多边形内的对象成链”　利用多边形来选择样条曲线的点集作为定义点生成样条曲线。

(4)“点构造器”　利用点构造器定义样条曲线各定义点，并以此生成样条曲线。

(5)“指派斜率”和“指派曲率” 指定端点处的斜率和曲率，如图 4-38 所示。

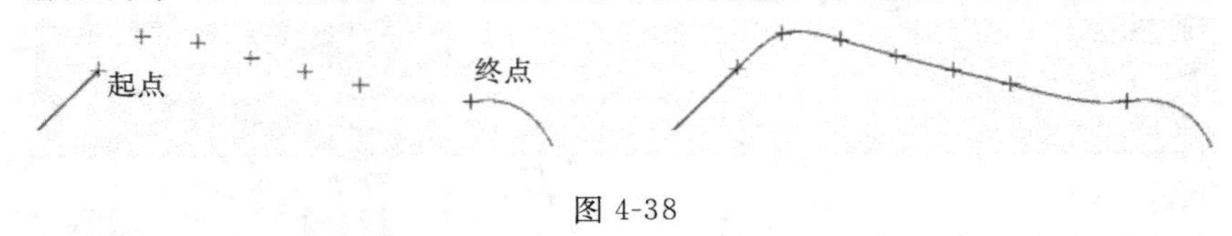

图 4-38

3. 拟合

使用指定公差将样条与其数据点相“拟合”；样条不必通过这些点，如图 4-39 所示。

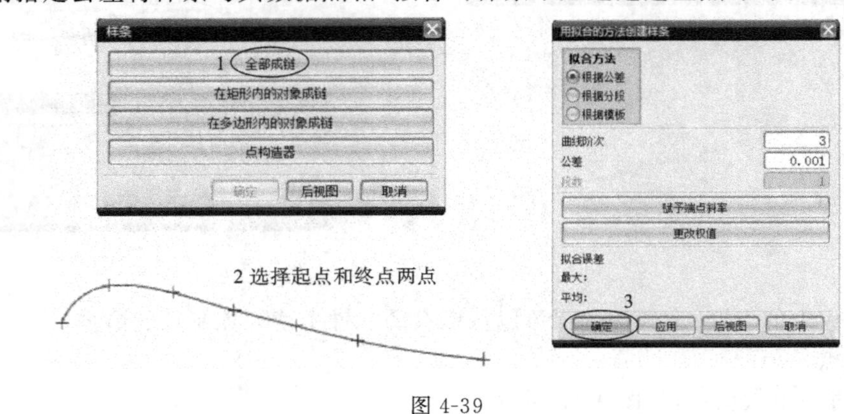

图 4-39

(1)“根据公差” 根据样条曲线与数据点的最大许可公差生成样条曲线。

(2)“根据分段” 根据样条曲线的分段数生成样条曲线。

(3)“根据模板” 根据模板样条曲线生成曲线阶次和节点顺序均与模板曲线相同的样条曲线。

(4)“赋予端点斜率” 指定样条曲线起点和终点的斜率。

(5)“更改权值” 设定所选择的数据点对于样条曲线的形状的影响。权值因子越大，则样条曲线越接近所选的数据点；反之则越远。若权值因子为“0”，则在拟合过程中系统会忽略所选择的数据点。

4. 垂直于平面

此方法生成的样条曲线垂直于每个平面。用这种方法创建的样条曲线中，平行平面之间的样条段是线性的，非平行平面之间的样条段是圆弧形的。每个圆形线段的中心都是它的有界平面的交点，如图 4-40 所示。

4.1.15 艺术样条

艺术样条是指通过拖动定义点和极点，并在给定的点处指定斜率或曲率约束的曲线。该样条曲线多用于数字化绘图或动画设计，与“样条”曲线相比，艺术样条一般可以由很多点生成。

在菜单条中单击“插入”→“曲线”→“艺术样条”，弹出“艺术样条”对话框，如图 4-41 所示。

“类型” 指定创建艺术样条曲线的类型。有两种类型，分别是“通过点”和“根据极点”。

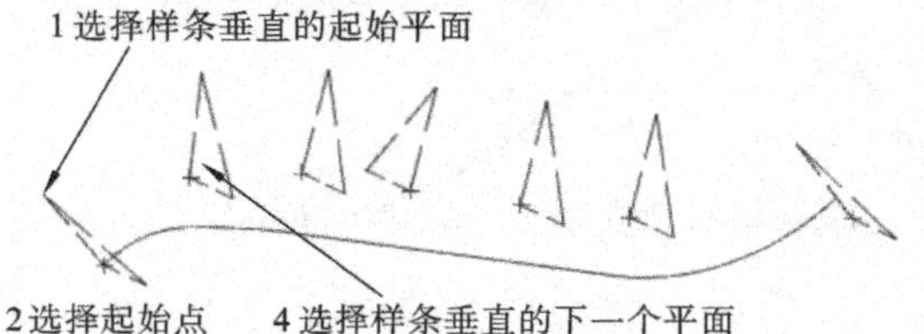

图 4-40

(1)“通过点”　指艺术样条曲线通过所有指定的点,如图 4-42 所示。

“度”　控制曲线曲率变化程度,但最大数不能超过 24。

“匹配的结点位置”　该选项将结点位置限制在定义点处。如有必要,系统可能会插入附加的结点。

“封闭的”　使样条从起点到终点自动封闭。

(2)“根据极点”　指根据所指定的点自动计算出与点相切的曲线,如图 4-43 所示。

“单段”　该选项将样条强制为单一线段,此时度数比结点数小 1。

“约束”　如果从曲线或者曲面上的现有点开始创建样条,将显示 G1、G2 和 G3 自动判断约束选项。可以选择其中一个选项对点或极点采用自动判断约束,也可以忽略这些选项,如图 4-44 所示。

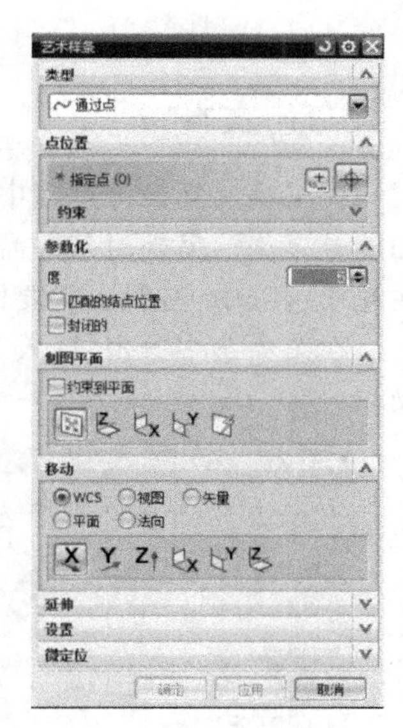

图 4-41

图 4-42

图 4-43

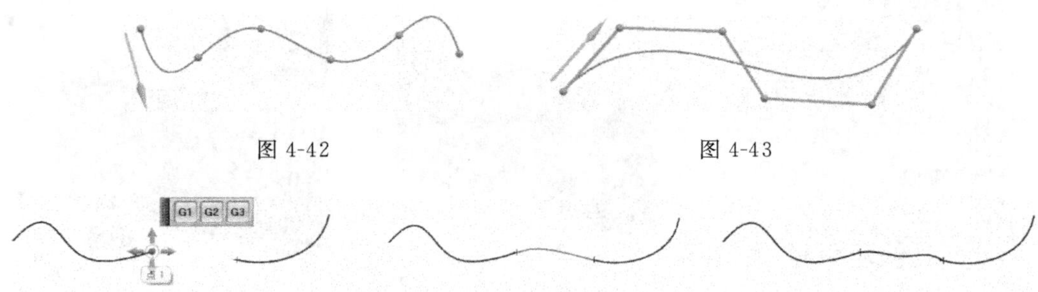

图 4-44

4.1.16 拟合样条

拟合样条功能的重要作用是可以根据一条样条曲线创建出另外一条样条曲线。

在菜单条中单击“插入”→“曲线”→“拟合样条”，弹出“拟合样条”对话框，然后单击选取操作区中绘制好的曲线，再在曲线的不同位置上连续单击生成样条曲线的定义点，如图4-45所示，最后拖动定义点即可生成新的样条曲线。

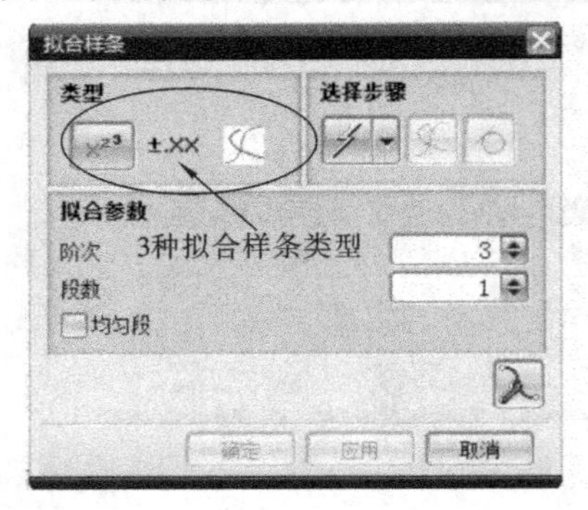

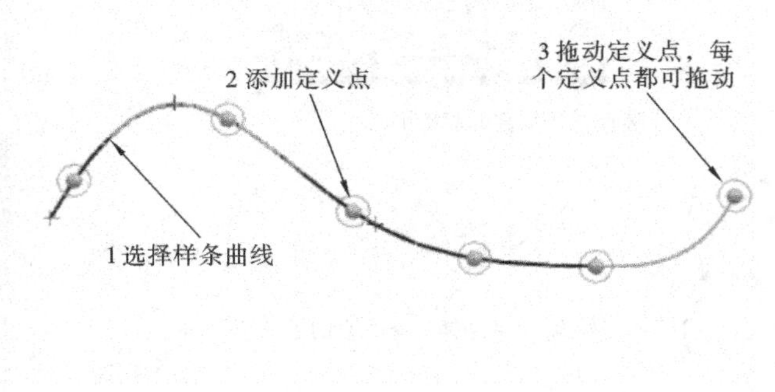

图 4-45

4.1.17 文本

在工程实际设计过程中，为了便于区分多个不同零件，通常采取对其进行刻印零件文字和编号方法。另外对某些需要特殊处理的地方，一般添加文字附加说明。处于相同的原因，在建模过程中，有时也需要使用“文本”命令对模型上添加文字说明。

在菜单条中单击“插入”→“曲线”→“文本”，弹出“文本”对话框，按如图 4-46 所示进行操作。

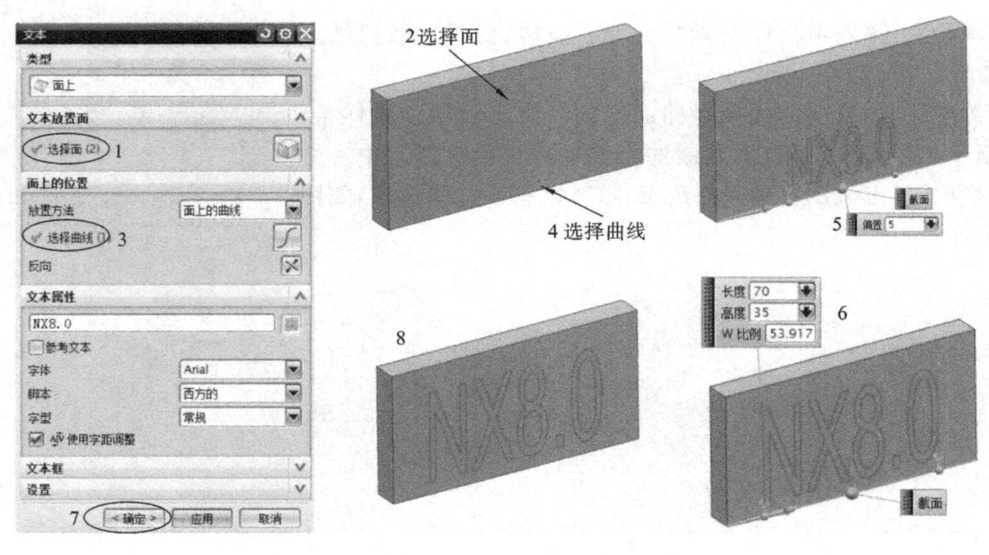

图 4-46

文本曲线包括以下三种定位类型。

(1) 平面副　创建 XC-YC 平面的文本曲线，如图 4-47 所示。

(2) 曲线上　沿选中的线串创建文本曲线，如图 4-48 所示。

(3) 面上　在选定的平面内，沿指定的曲线生成文本曲线，如图 4-49 所示。

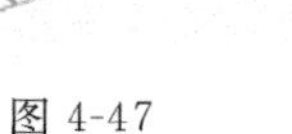

图 4-47

图 4-48

图 4-49

在创建文本时，可以通过按住鼠标左键拖动箭头和文本框的 8 个调整点进行调整，也可以在尺寸文本框中设置文本的尺寸，如图 4-50 所示。若在“文本”对话框的“字体”文本框中，选择前面带有“@”的字体，如“@宋体”，则创建的文本是竖排的，如图 4-51 所示。

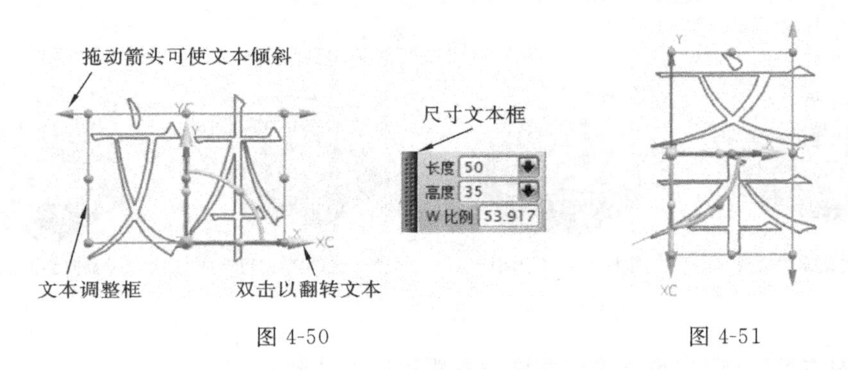

图 4-50　　图 4-51

4.2　曲线操作

4.2.1　偏置

偏置是将原曲线沿指定的方向的偏置一个距离，从而得到新的曲线。原曲线可以是直线、圆弧、二次曲线或实体边缘。

在“曲线”工具条中单击“偏置曲线”按钮，弹出“偏置曲线”对话框，按如图 4-52 所示进行操作。

(1) 类型　设置偏置曲线的类型，分别有“距离”、“拔模”、“规律控制”和“3D 轴向”4 种。如图 4-53 所示为创建的不同类型的偏置曲线。

“距离”　通过输入一个距离值，在同一个平面上产生一个等距曲线。

“拔模”　通过一个拔模参数值，在偏置方向上产生相对的曲线。

“规律控制”　通过规律曲线控制偏置曲线。

“3D 轴向”　通过输入一个 3D 参数值，在偏置方向上产生相对的曲线。

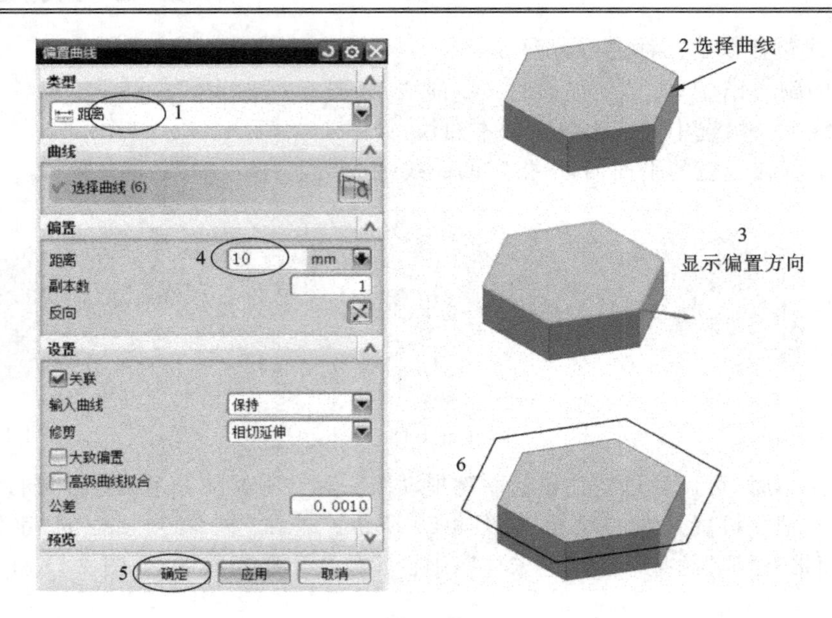

图 4-52

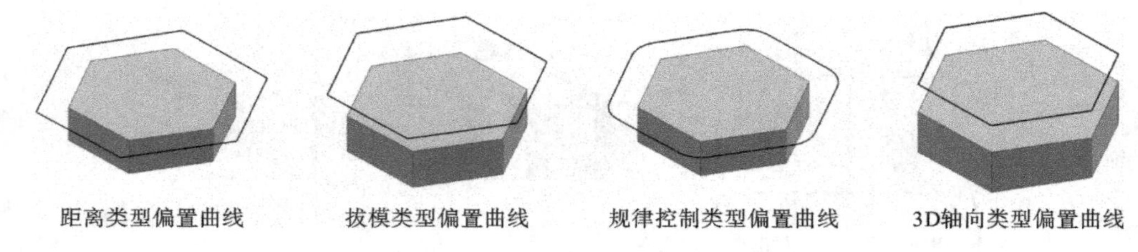

图 4-53

(2) “副本数” 通过数值确定相同偏置距离的曲线数目。

(3) “关联” 偏置曲线与输入曲线相关，当输入曲线被修改时偏置曲线同时自动修改。

(4) 输入曲线 生成偏置曲线后，输入曲线(即原曲线)可以选择保留、隐藏、删除或替换。

(5) 修剪 设置偏置的曲线是否被修剪，分别有“无”、“延伸相切”和“圆角”3 种。

“无” 不对偏置后的曲线进行延伸相切。

“延伸相切” 对偏置后的曲线进行延伸相切。

“圆角” 对偏置后的曲线进行延伸相切并倒圆角。

(6) 公差 用于偏置二次曲线或样条曲线时的近似公差。

4.2.2 在面上偏置

在面上偏置是指在曲面上偏置曲线，与偏置曲线功能相类似，但偏置后的曲线与原曲线在同一平面上。在菜单条中单击“插入”→“来自曲线集的曲线”→“在面上偏置”，弹出“在面上偏置”对话框。或在“曲线”工具条中单击“面中的偏置曲线”按钮，按如图 4-54 所示进行操作。

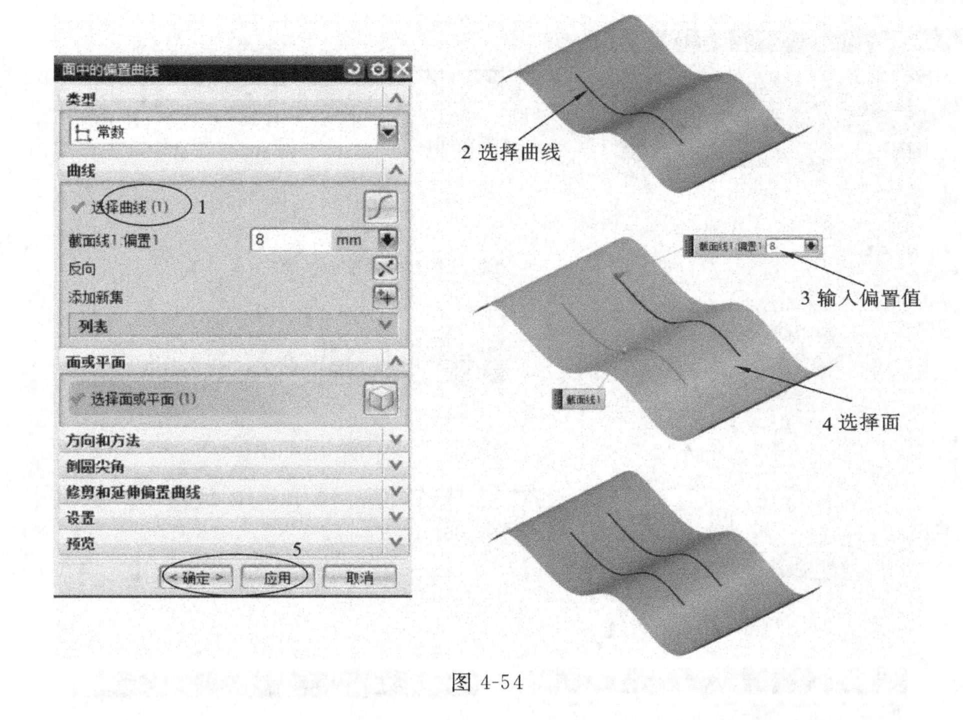

图 4-54

4.2.3　桥接

桥接曲线是指在两条曲线之间连接一条曲线，可以对生成曲线与两条曲线之间的连接条件、位置以及方向等参数进行设置。

在“曲线”工具条中单击“桥接曲线”按钮，弹出“桥接曲线”对话框，再按如图 4-55 所示进行操作。

4.2.4　简化

简化曲线是将所选择的曲线分解成若干条直线段或圆弧段。

在菜单条中单击“插入”→“来自曲线集的曲线”→“简化”，弹出“简化曲线”对话框，然后按如图 4-56 所示进行操作。

通过“简化曲线”对话框可以将简化后的曲线“保持”、“删除”和“隐藏”。

“保持”　在创建直线和圆弧之后保留原始曲线。在选中曲线的上面创建曲线。

“删除”　简化之后移除选中曲线。移除选中曲线之后，不能再恢复。

“隐藏”　创建简化曲线之后，将选中的原始曲线从屏幕上移除，但并未被删除。

4.2.5　连结

连结曲线是指将若干线段连接成单一的曲线。

在菜单条中单击“插入”→“来自曲线集的曲线”→“连结”，弹出“连结曲线”对话框，然后按如图 4-57 所示进行操作。

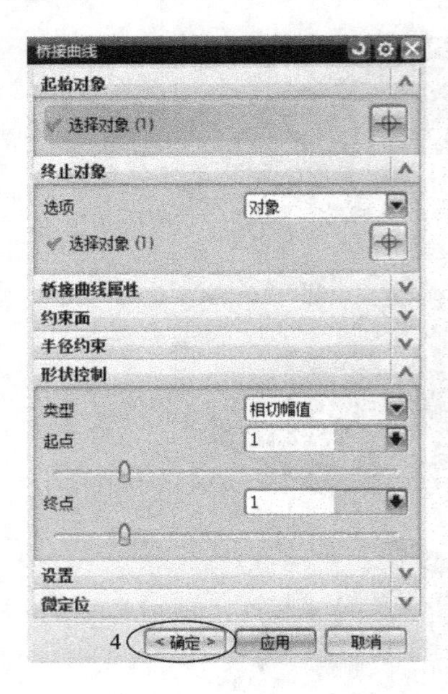

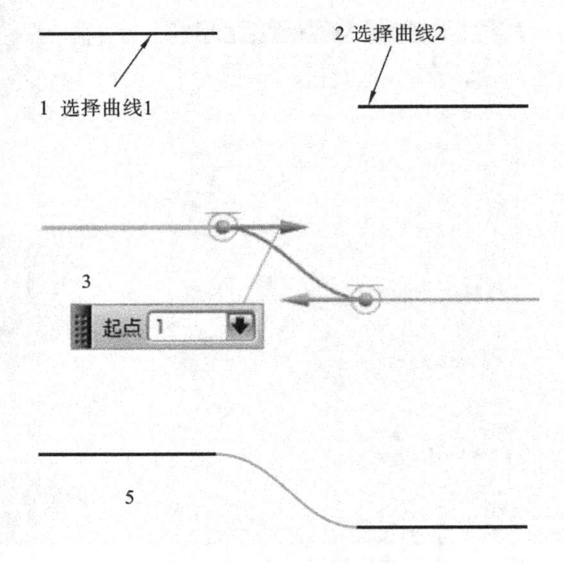

图 4-55

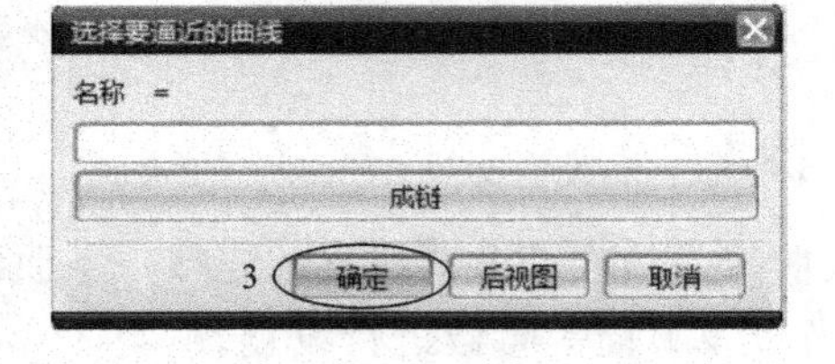

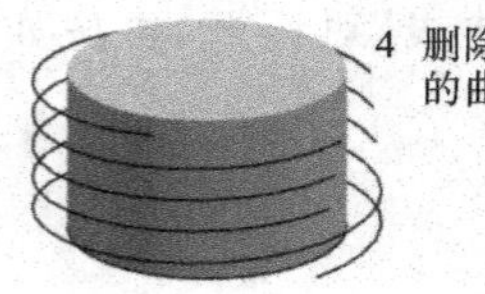

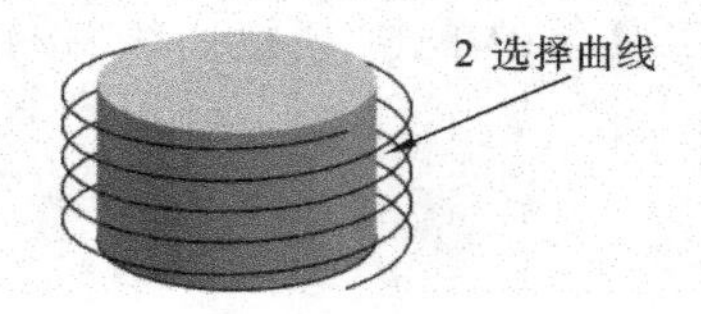

图 4-56

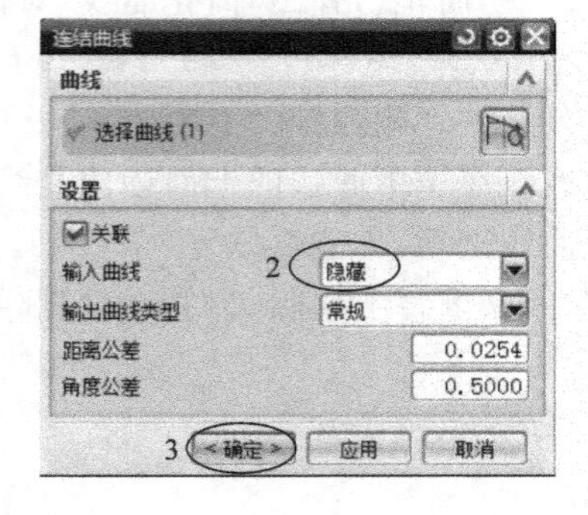

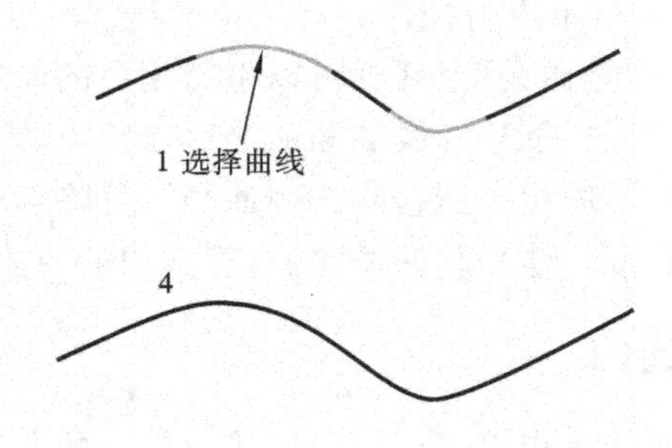

图 4-57

4.2.6　投影

投影曲线是指将曲线投影到指定的面上，包括曲面、平面和基准面等。在菜单条中单击"插入"→"来自曲线集的曲线"→"投影"，弹出"投影曲线"对话框，然后按如图4-58所示进行操作。

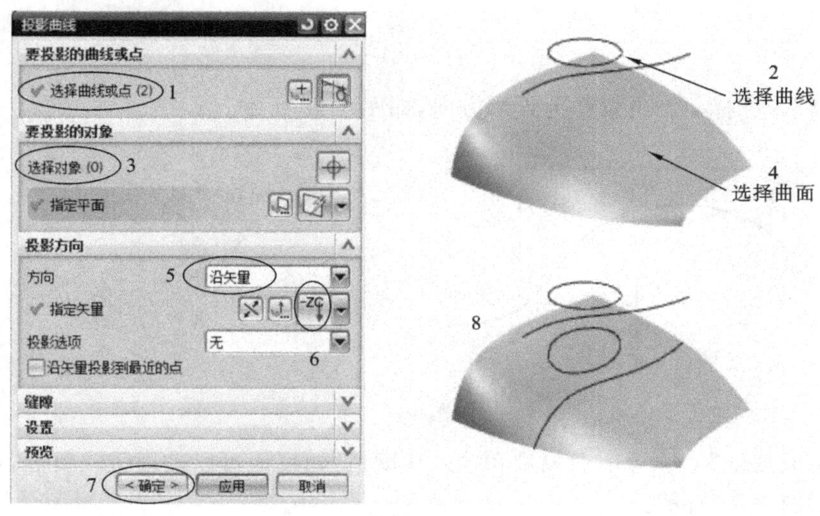

图4-58

设置投影曲线的方向，一共有5种方式，分别为"沿面的法向"、"朝向点"、"朝向直线"、"沿矢量"和"与矢量成角度"。

"沿面的法向"　选择投影面的法向作为投影方向，如图4-59所示。

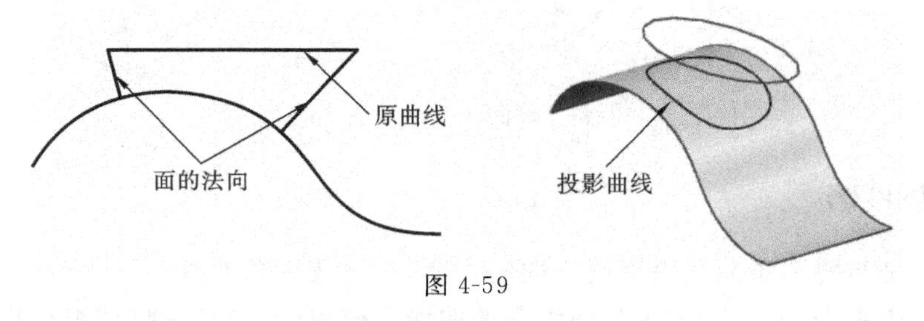

图4-59

"朝向点"　选择一个参考点作为投影方向，如图4-60所示。

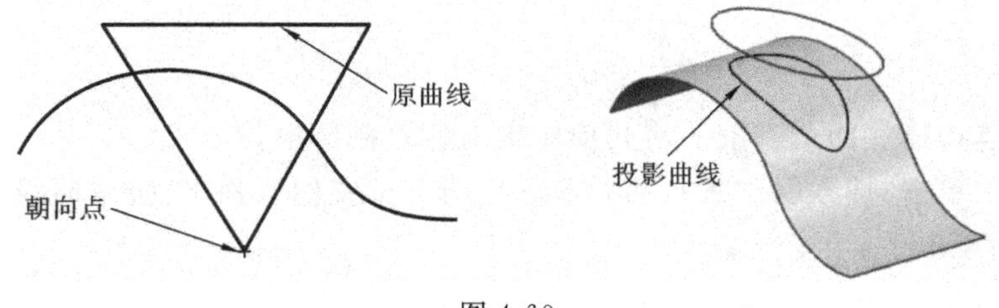

图4-60

"朝向直线"　选择一条参考直线作为投影方向，如图4-61所示。

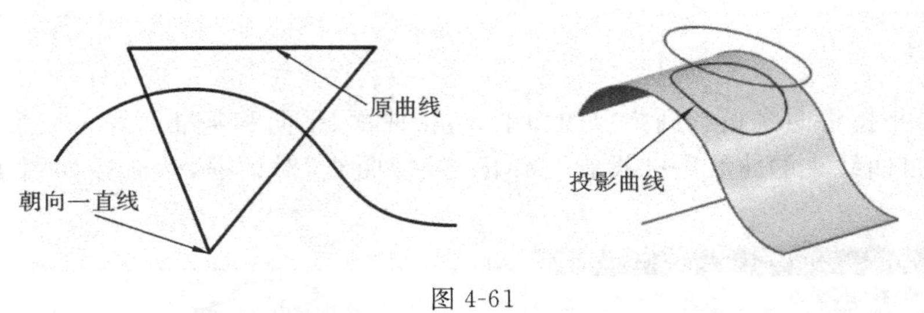

图 4-61

“沿矢量” 选择一个矢量作为投影方向，如图 4-62 所示。

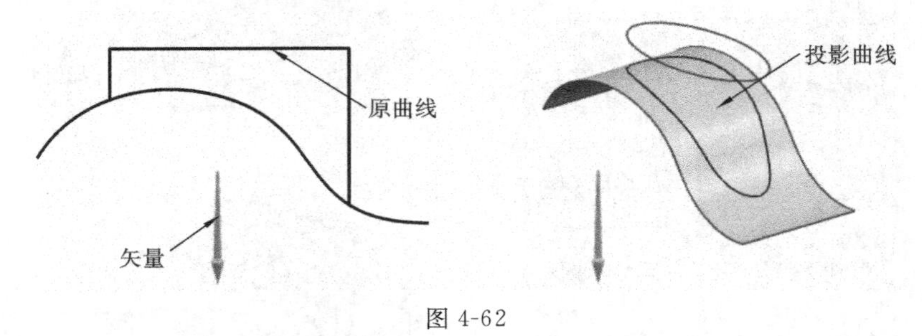

图 4-62

“与矢量成角度” 选择一个矢量和输入角度值，角度值可以是正值或负值，角度方向为投影方向，如图 4-63 所示。

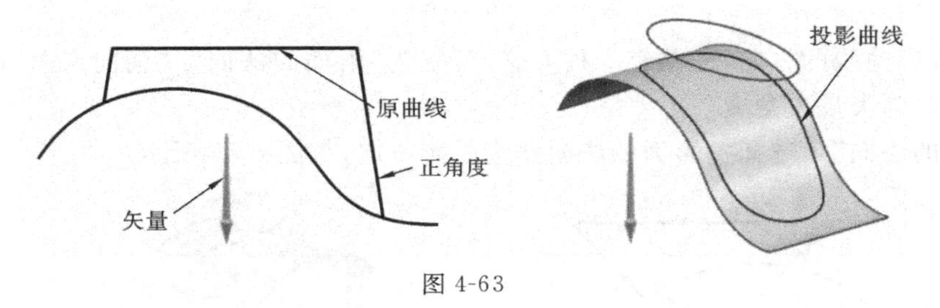

图 4-63

4.2.7 组合投影

组合投影是指将两条曲线沿不同方向的投影，相交成一条曲线。

在菜单条中单击“插入”→“来自曲线集的曲线”→“组合投影”，弹出“组合投影”对话框，然后按如图 4-64 所示进行操作。

4.2.8 镜像

镜像曲线是指通过面或基准面将几何图素对称复制的操作。

在菜单条中单击“插入”→“来自曲线集的曲线”→“镜像”，弹出“镜像曲线”对话框，然后按如图 4-65 所示进行操作。

4.2.9 缠绕/展开曲线

缠绕/展开曲线是将平面曲线缠绕在一个圆柱面上，或将圆柱面上的曲线展开在一个平

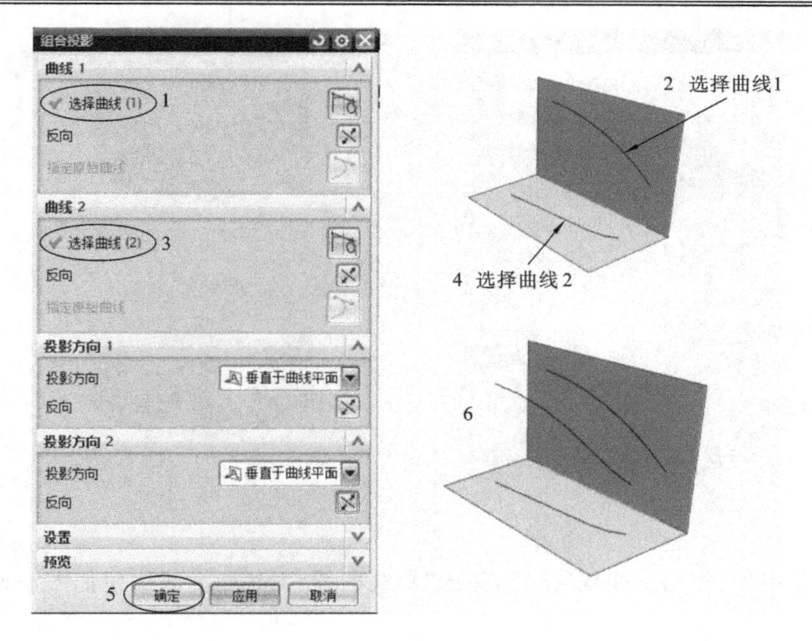

图 4-64

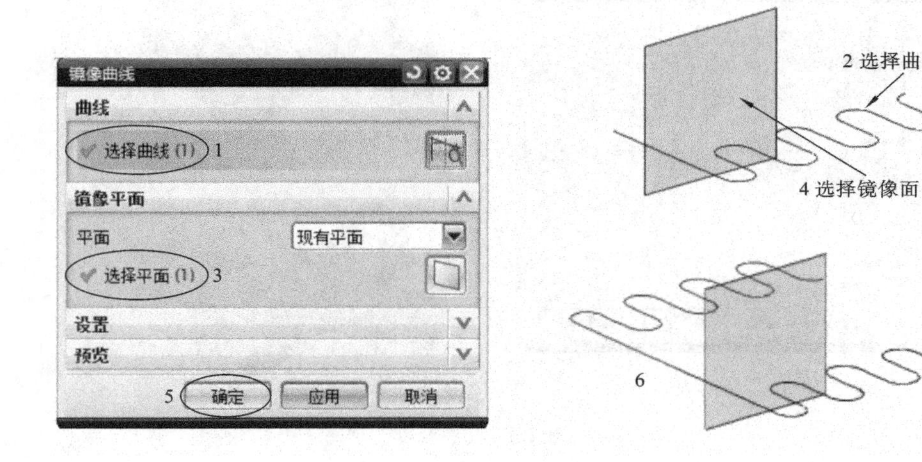

图 4-65

面上。缠绕的条件是展开面与圆锥面、圆柱面、圆台相切。

在菜单条中单击"插入"→"来自曲线集的曲线"→"缠绕/展开曲线",弹出"缠绕/展开曲线"对话框,然后按如图 4-66 所示进行操作。

4.2.10　求交

求交是指求取两个面(包括平面和曲面)之间的相交曲线。它用于生成两组对象的交线,各组对象可分别为一个表面、一个参数、一个片体或者一个实体。

在菜单条中单击"插入"→"来自体的曲线"→"求交",弹出"相交曲线"对话框,或者在

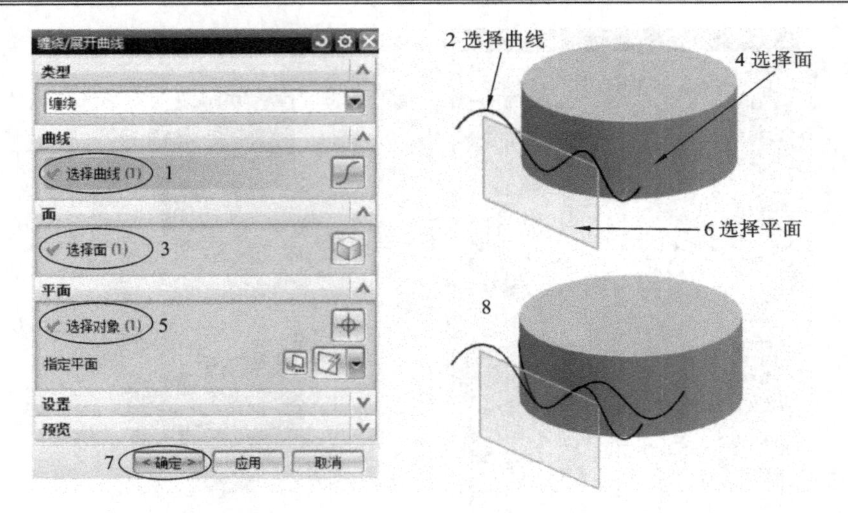

图 4-66

“曲线”工具条中单击“相交曲线”按钮，弹出“相交曲线”对话框，然后按如图 4-67 所示进行操作。

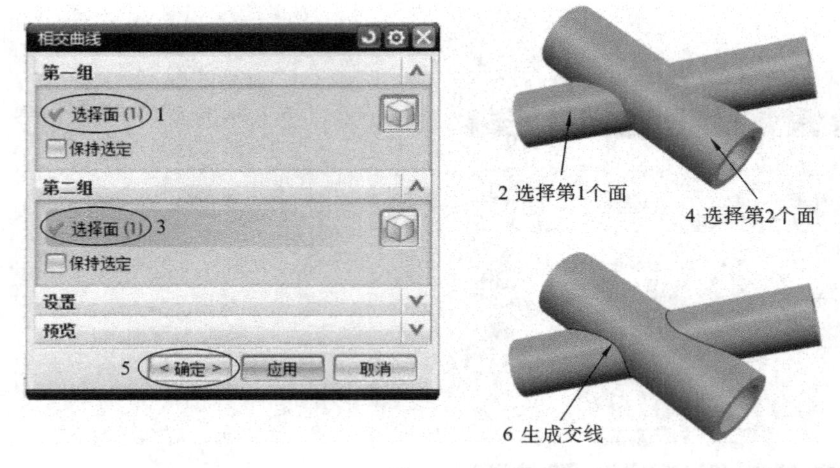

图 4-67

4.2.11 等参数曲线

等参数曲线指在选定的曲面上创建等参数分布的曲线。若选定的面是平面，则在曲面 U/V 方向上产生等距离分布曲线，若选定的面是曲面，则在曲面 U/V 方向上产生等弧长分布曲线。等参数线是无参数的。在菜单条中单击“插入”→“来自体的曲线”→“等参数曲线”，弹出“等参数曲线”对话框，如图 4-68 所示。

4.2.12 截面

截面曲线是指用设定的截面与选定的表面、平面等相交，从而得到的曲线。一个平面与曲线相交会建立一个点；一个平面与一表面相交会建立一截面曲线。截面曲线的创建方法

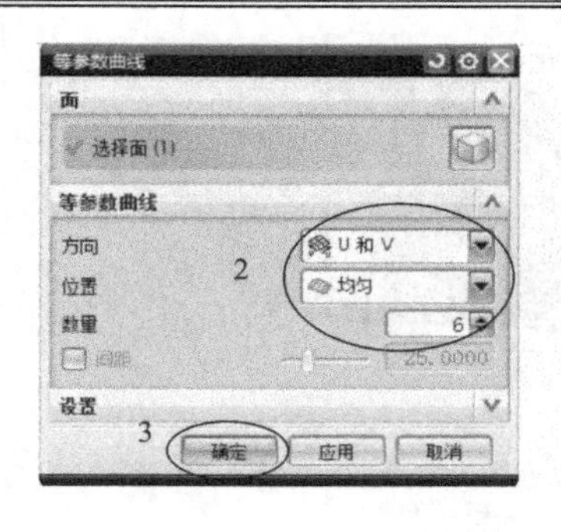

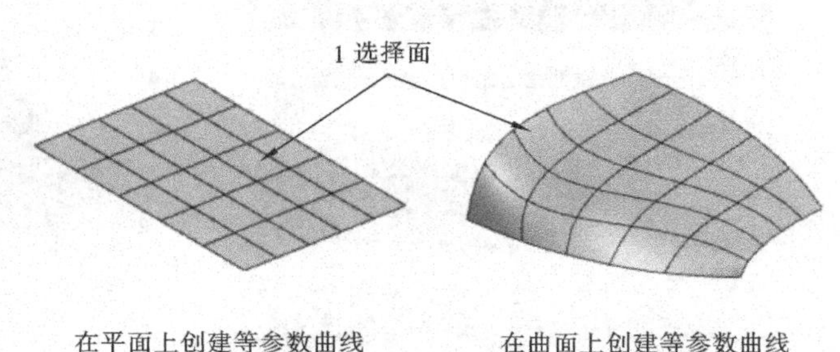

在平面上创建等参数曲线　　在曲面上创建等参数曲线

图 4-68

有 4 种，分别是"选定的平面"、"平行平面"、"径向平面"和"垂直于曲线的平面"。

在菜单条中单击"插入"→"来自体的曲线"→"截面"，弹出"截面曲线"对话框，如图 4-69 所示。

图 4-69

(1)"选定的平面"　通过选取某参考平面作为截面，如图 4-70 所示。

(2)"平行平面"　通过设置一组等间距的平行平面作为截面，如图 4-71 所示。

(3)"径向平面"　该选项是指通过一个间距角，所有参考面绕一个轴旋转得到的一系列平面作为截面，这些平面呈辐射状，如图 4-72 所示。

(4)"垂直于曲线的平面"　该选项是指沿曲线指定若干点，该点的法平面为截面，如图 4-73 所示。

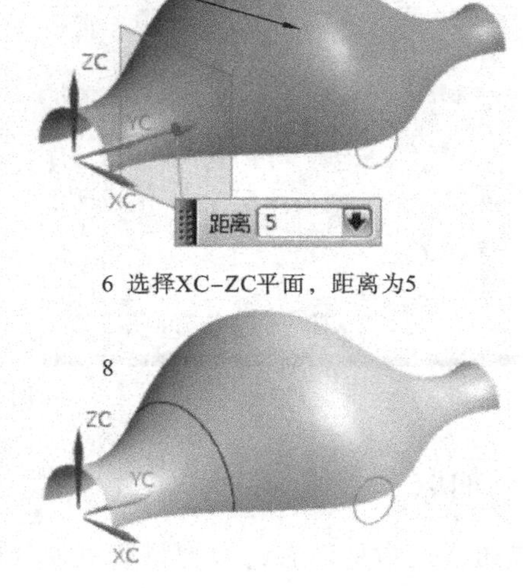

图 4-70

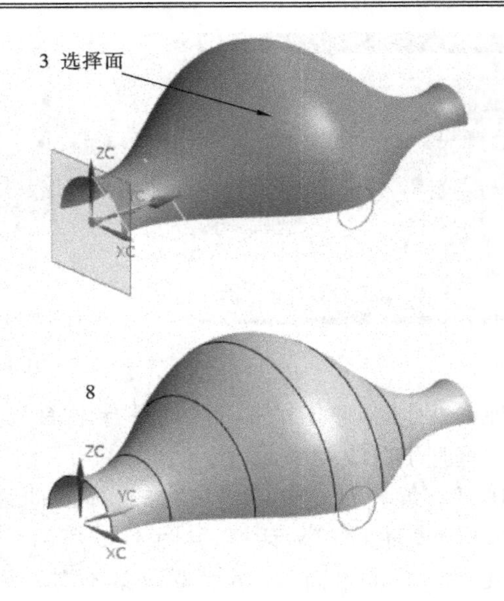

图 4-71

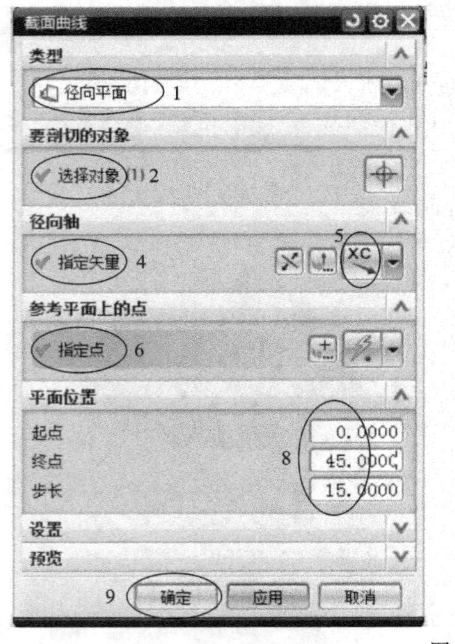

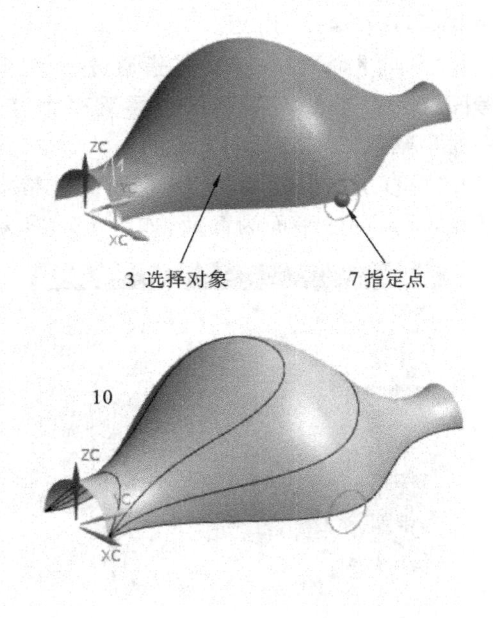

图 4-72

4.2.13 抽取

抽取曲线是指从已有的模型特征上抽取曲线，得到的这些曲线一般不具有相关性。其创建的方法有 5 种，分别是“边曲线”、“轮廓线”、“完全在工作视图中”、“等斜度线”和“阴影轮廓”。在菜单条中单击“插入”→“来自体的曲线”→“抽取”，弹出“抽取曲线”对话框。

（1）“边曲线”　该选项是指抽取一个面的边界曲线，包括孔的内边界，如图 4-74 所示。

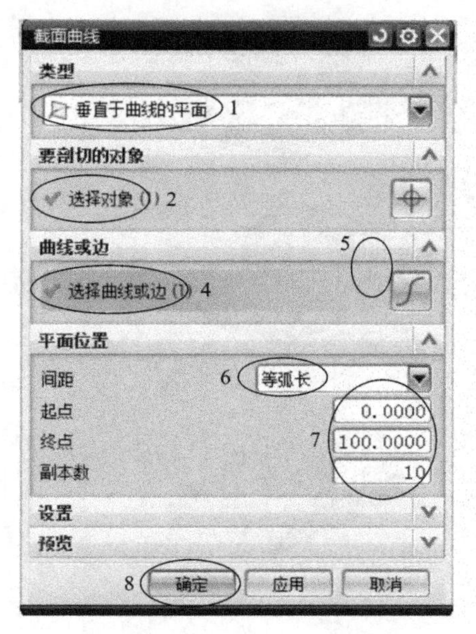

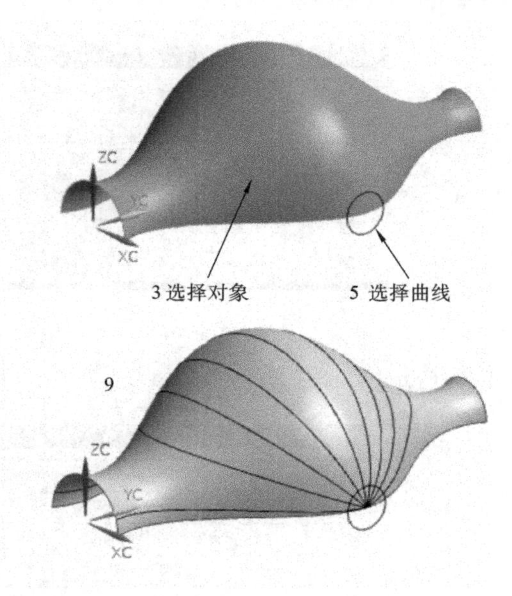

图 4-73

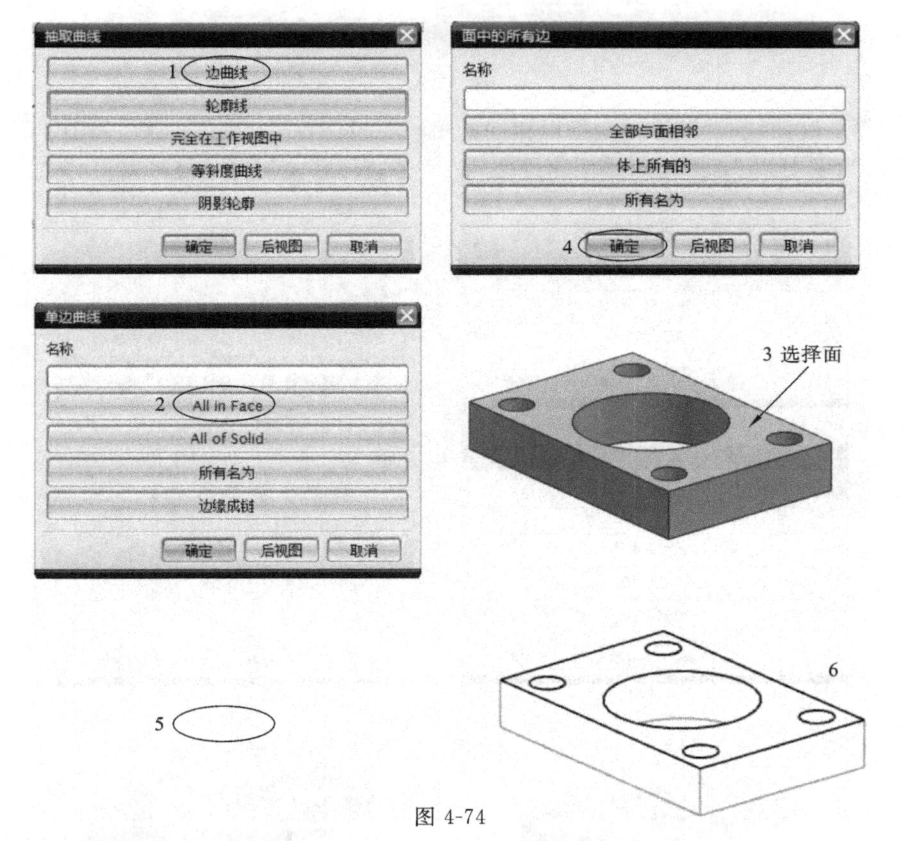

图 4-74

(2)“轮廓线”　从轮廓边缘创建曲线，如图 4-75 所示。

(3)“完全在工作视图中”　由工作视图中体的所有可见边(包括轮廓边缘)创建曲线，

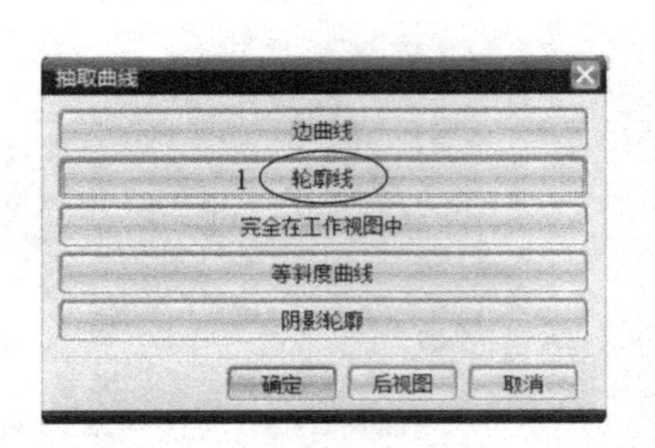

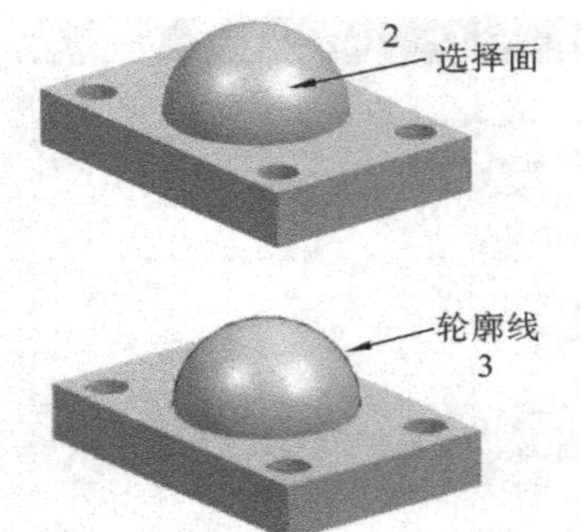

图 4-75

如图 4-76 所示。

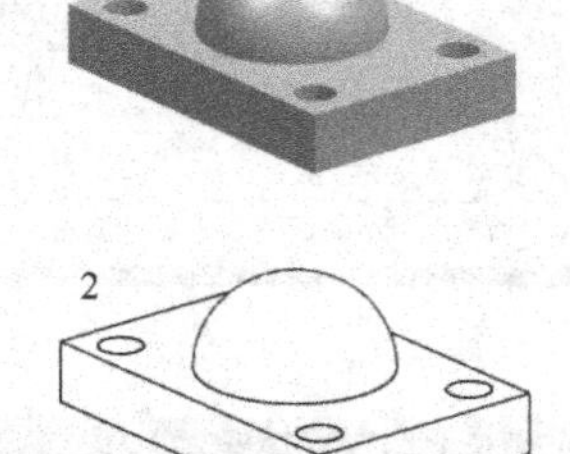

图 4-76

（4）“等斜度曲线” 该选项是指以相同的角度在模型特征上抽取曲线，如图 4-77 所示。

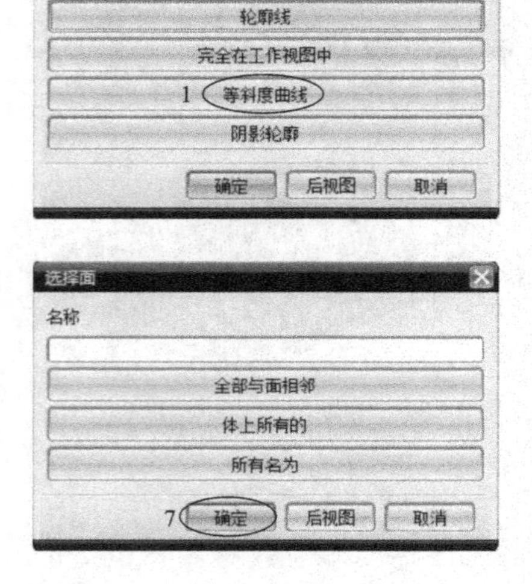

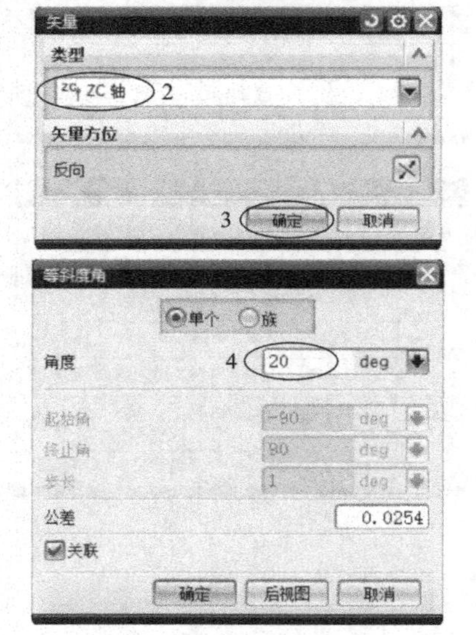

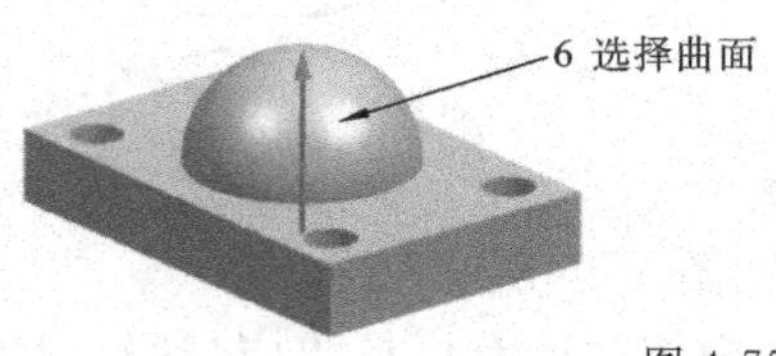

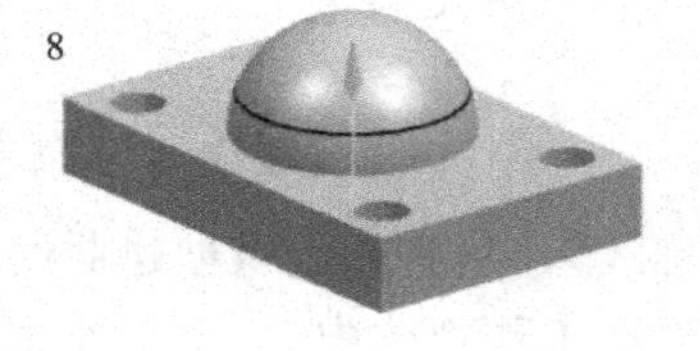

图 4-77

(5)"阴影轮廓" 只抽取模型特征的外轮廓,不包含内部细节。必须先设置"隐藏边不可见",才能使用,如图4-78所示。

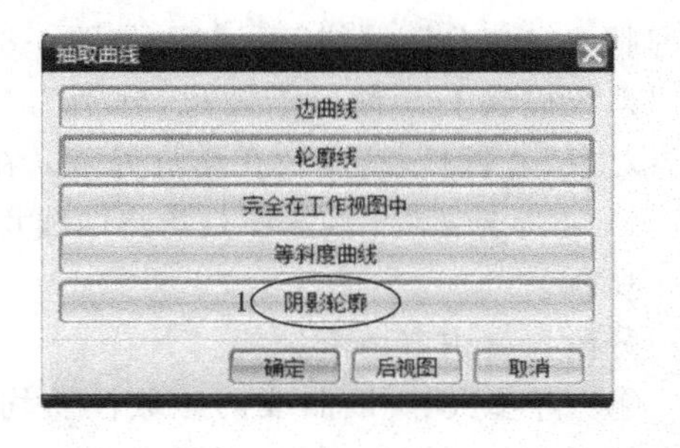

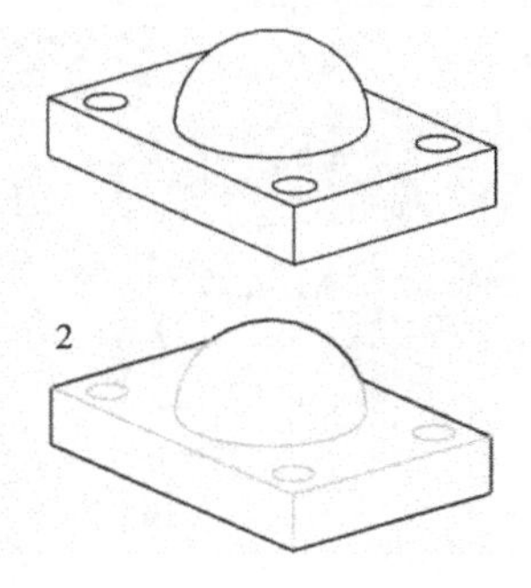

图4-78

"隐藏边不可见"的设置 在"首选项"中的"可视化"里面,找到"可视"选项卡。在"常规显示设置"里面,将"着色"改成"静态线框"。在"边显示设置"里面,将"隐藏边"设置为"不可见"。

4.3 曲线编辑

本节主要介绍系统提供的一些进行曲线编辑的操作,如修剪角、分割曲线、编辑圆角、拉长曲线和曲线长度功能。通过点击菜单条中的"编辑"→"曲线"下的命令选项,可以进入相应的曲线编辑功能。

4.3.1 修剪角

修剪角能修剪两不平行曲线在其交点而形成的拐角。

在菜单条中单击"编辑"→"曲线"→"修剪角",弹出"修剪拐角"对话框,系统就会进入修剪拐角的功能。

修剪拐角时,移动鼠标,使光标同时接近欲修剪的两曲线,且光标中心位于欲修剪的角部位,单击鼠标左键,光标位置附近会弹出"修剪拐角"对话框,单击"是",则两曲线的选中拐角部分会被修剪,如图4-79所示修剪角的操作。

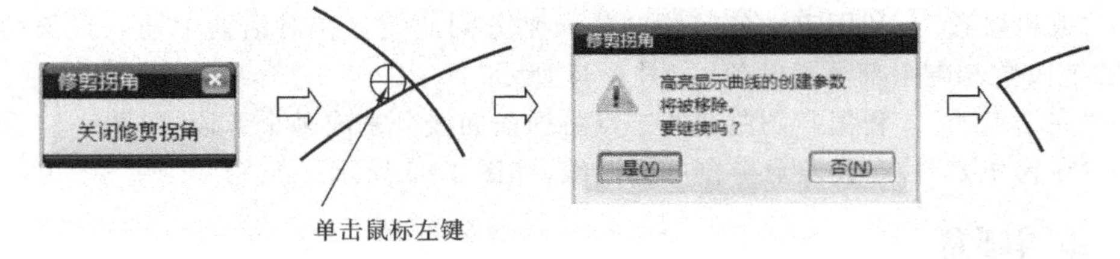

图4-79

4.3.2 分割曲线

分割曲线是指将一条曲线分割成多段。能分割曲线的类型几乎不受限制,除草图以外

图 4-80

的线条都可以完成。单击“编辑曲线”工具条中的“分割曲线”按钮,或者在菜单条中单击“编辑”→“曲线”→“分割”,弹出“分割曲线”对话框,如图 4-80 所示。

系统提供了 5 种分割方式,分别为“等分段”、“按边界对象”、“弧长段数”、“在结点处”和“在拐角处”。

(1)“等分段” 该选项是指将曲线均匀分段,如图 4-81 所示。

分段长度中有两个选项。

①“等参数” 以曲线的参数性质均匀等分曲线。在直线上为等分线段,在圆弧及椭圆上为等分角度,在样条曲线上以其极点为中心等分角度。

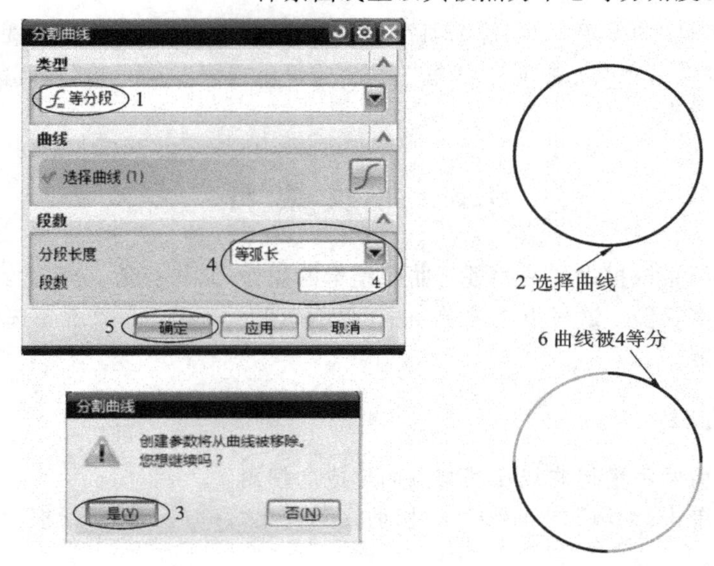

图 4-81

②“等弧长” 根据曲线的弧长均匀等分曲线。

(2)“按边界对象” 利用边界对象将曲线分割,如图 4-82 所示。

(3)“弧长段数” 利用定义各节段的弧长来分割曲线。在对话框中输入弧长后,显示能分割的节段数和剩余部分长度值,如图 4-83 所示。

(4)“在结点处” 利用样条曲线的结点将样条曲线分割成多个节段,如图 4-84 所示。

(5)“在拐角处” 在拐角点分割样条曲线,如图 4-85 所示。

4.3.3 编辑圆角

由于曲线倒圆角是非参数的命令,完成倒圆角后无法再使用原命令编辑圆角参数。圆角命令可以将圆角的大小改变,完成其编辑。单击“编辑曲线”工具条中的“编辑圆角”按钮,或者在菜单条中单击“编辑”→“曲线”→“圆角”,弹出“编辑圆角”对话框,如图 4-86 所示。

在该对话框中选择圆角两连接曲线的修剪方式,再依次选择存在圆角的第一条连接曲

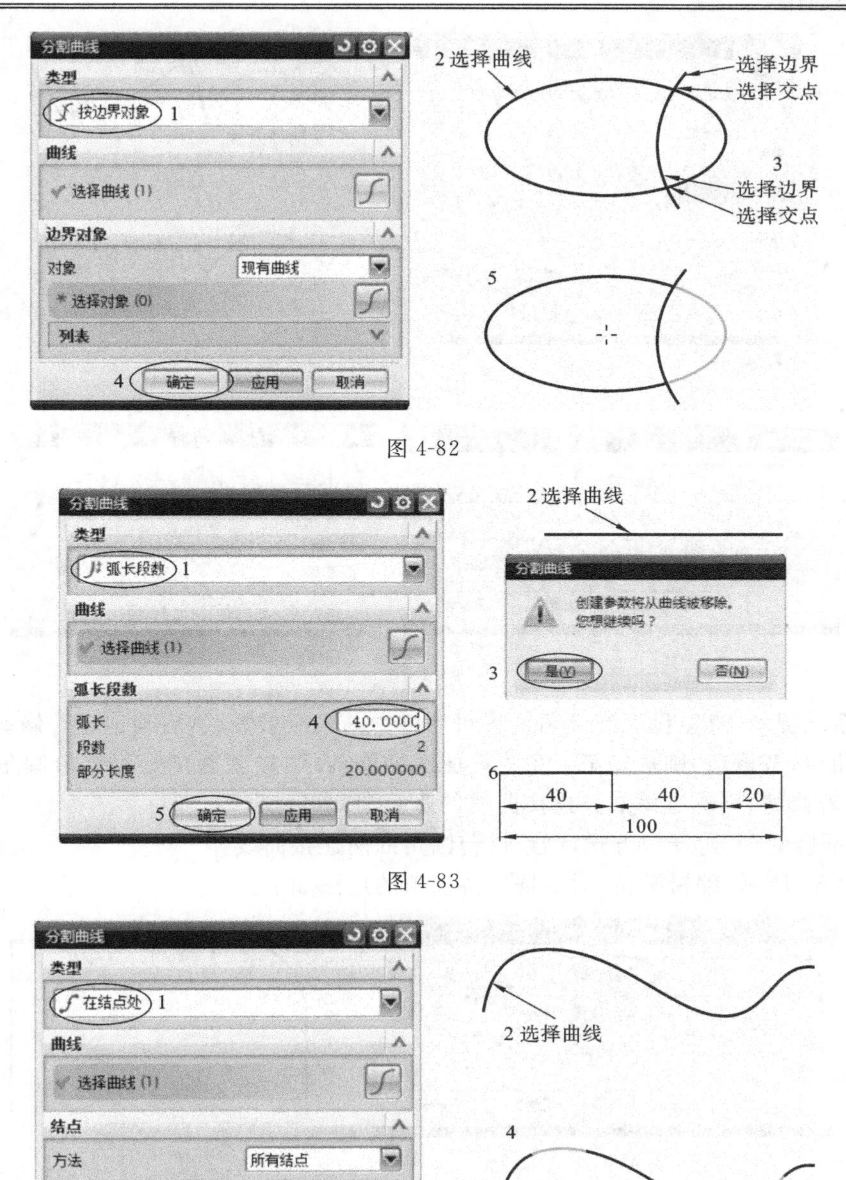

图 4-82

图 4-83

图 4-84

线、圆角和圆角的第二条连接曲线，然后在随后弹出的如图 4-87 所示的圆角设置对话框中设定相应参数即可。

在如图 4-87 所示"编辑圆角"对话框中包含了三个修剪方式选项："自动修剪"、"手工修剪"和"不修剪"。

(1)"自动修剪"　选择该方式，系统自动根据圆角来修剪其两连接曲线。

(2)"手工修剪"　该方式用于在用户干预下修剪圆角的两连接曲线。选择该方式后，

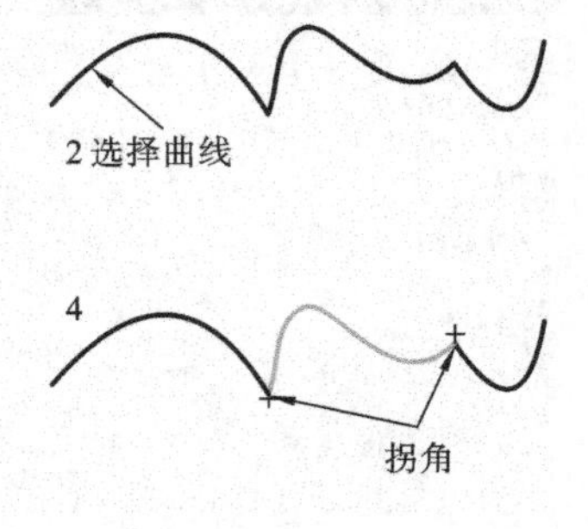

图 4-85

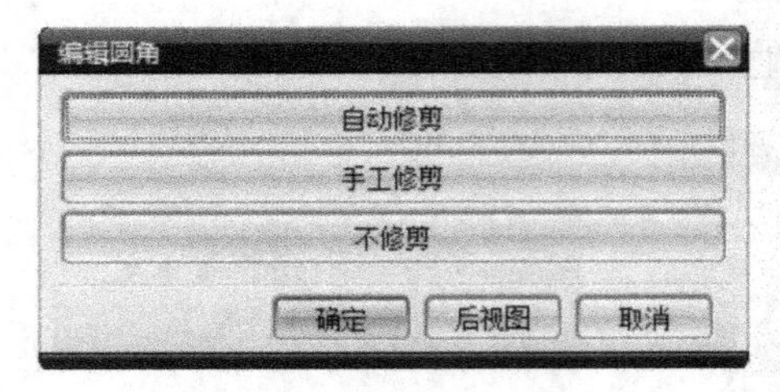

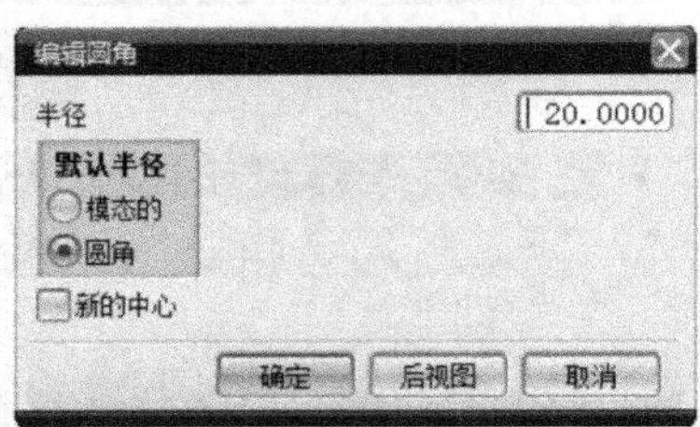

图 4-86

随后响应系统提示，直至设置好圆角设置对话框中的相应参数，然后确定是否修剪圆角的第一条连接曲线，若修剪，则选定第一条连接曲线的修剪端，接着确定是否修剪圆角的第二条连接曲线，若修剪，则选定第二条连接曲线的修剪端即可。

(3)"不修剪"　选择该方式，则不修剪圆角的两连接曲线。

如图 4-87 所示"编辑圆角"对话框中各选项的用法如下。

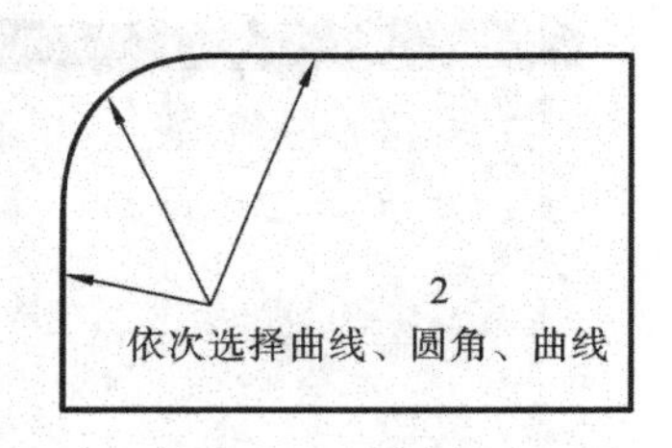

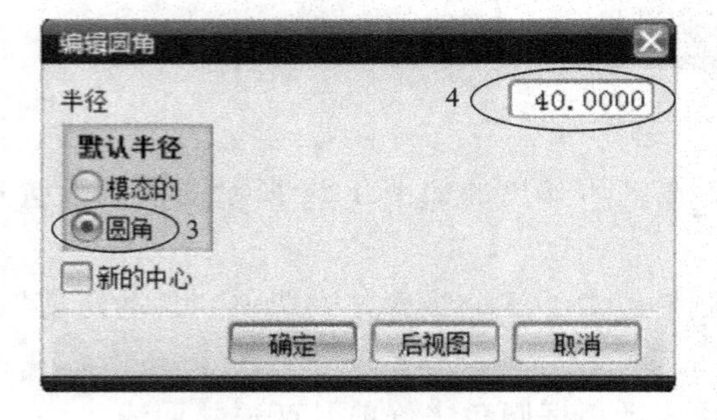

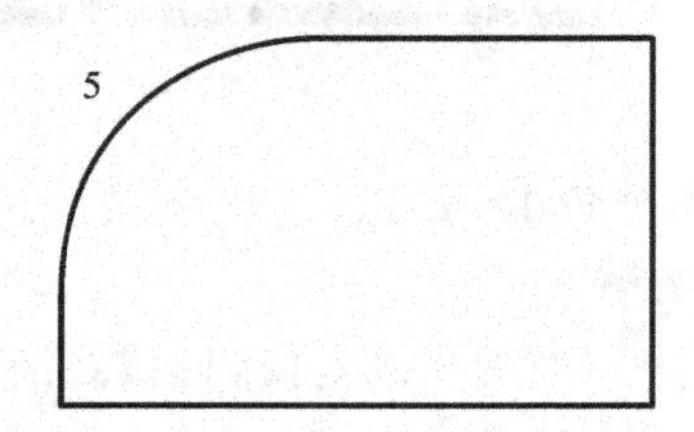

图 4-87

（1）“半径” 该选项用于设定圆角的新半径值。

（2）“默认半径” 该选项用于设置上面半径值文本框中的默认值。该选项包含如下两个单选项。

①“模态的” 选择该单选项，则半径值文本框中的默认值保持不变，直到在半径值文本框中输入了新的半径值或选择了圆角单选项。

②“圆角” 选择该单选项，则半径值文本框中的默认值为所编辑圆角的半径值。

（3）“新的中心” 该选项用来设置新的中心点。选择该复选项，通过设定新的一点改变圆角的大致圆心位置。否则，仍以当前圆心位置来对圆角进行编辑。

4.3.4 拉长曲线

拉长曲线能用来移动几何对象，并可拉伸对象，如果选取的是对象的端点，其功能是拉伸该对象，如果选取的是对象端点以外的位置，其功能是移动该对象。

在菜单条中单击“编辑”→“曲线”→“拉长”，弹出“拉长曲线”对话框。进入“拉长曲线”对话框后，可在绘图工作区中直接选择欲编辑的对象，再利用其中的选项设定移动或拉伸的方向和距离。移动或拉伸的方向和距离可在拉长曲线对话框中，通过以下两种方式来设定。

（1）分别在XC增量、YC增量、ZC增量文本框中输入对象沿XC、YC、ZC坐标轴方向移动或拉伸的位移即可，如图4-88所示。

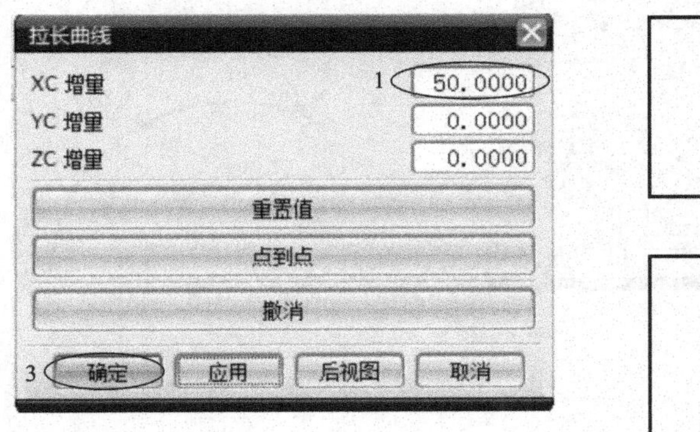

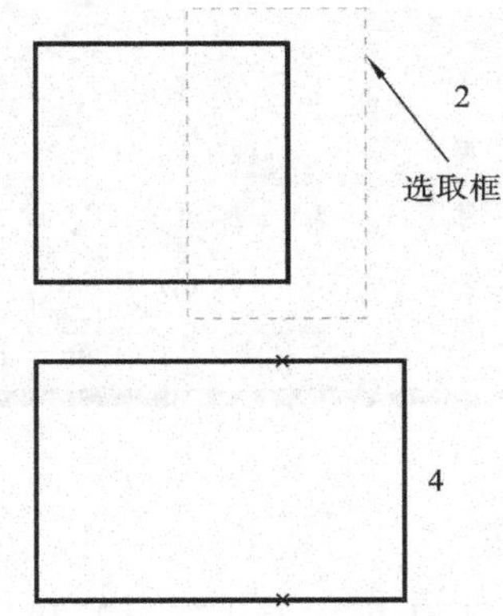

图 4-88

（2）单击“点到点”选项，先设定一个参考点，然后设定一个目标点，则系统以该参考点至目标点的方向和距离来移动或拉伸对象，如图4-89所示。

4.3.5 曲线长度

曲线长度命令可以编辑原曲线的长度，包含延伸与缩短。类似于这样的命令还有编辑曲线参数、修剪曲线，但是以曲线长度命令最快捷。在菜单条中单击“编辑”→“曲线”→“长度”，或者在“曲线”工具条中单击“曲线长度”按钮，弹出“曲线长度”对话框，然后按如图4-90所示进行操作。

“曲线长度”对话框主要选项的用法如下。

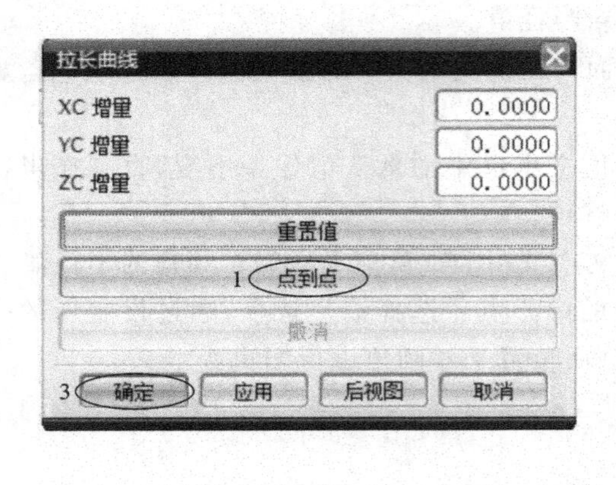

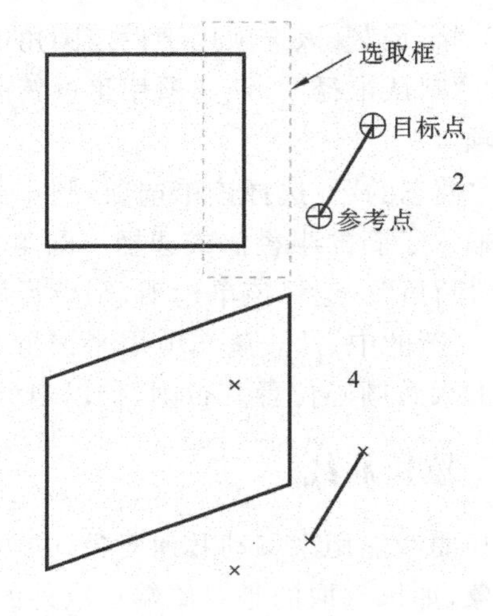

图 4-89

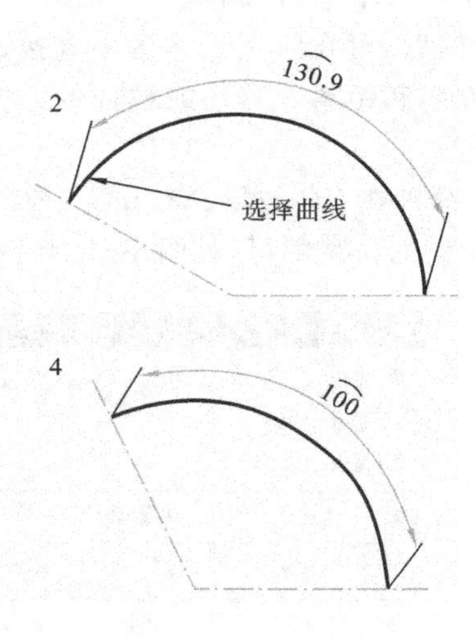

图 4-90

1. 延伸

“延伸”选项包括“长度”、“侧”和“方法”。

(1) “长度”分为“增量”和“全部”。

① “增量” 以增量方式改变曲线一端的长度。

② “全部” 以曲线总长显示曲线的改变。

(2)“侧”分为“开始”、“结束”和“对称”。

① “开始” 从选定曲线的开始点修剪或延伸。

② “结束” 从选定曲线的结束点修剪或延伸。

③ “对称” 同时从选定曲线的开始点及结束点修剪或延伸。

(3)“方法”分为“自然”、“线性”和“圆的”。

① “自然” 沿曲线的自然路径改变曲线长度。

② “线性” 沿曲线端点的切线方向改变曲线长度。

③“圆的”　以曲线端点的曲率半径方向改变曲线长度。

4.4　综合实例

利用曲线功能完成如图 4-91 所示图形。

操作步骤

(1) 创建长方体,250 mm×250 mm×250 mm。单击菜单条中的“插入”→“设计特征”→“长方体”,在弹出的“块”对话框中,输入长度、宽度、高度的数值,然后单击“确认”按钮,完成长方体的创建,如图 4-92 所示。

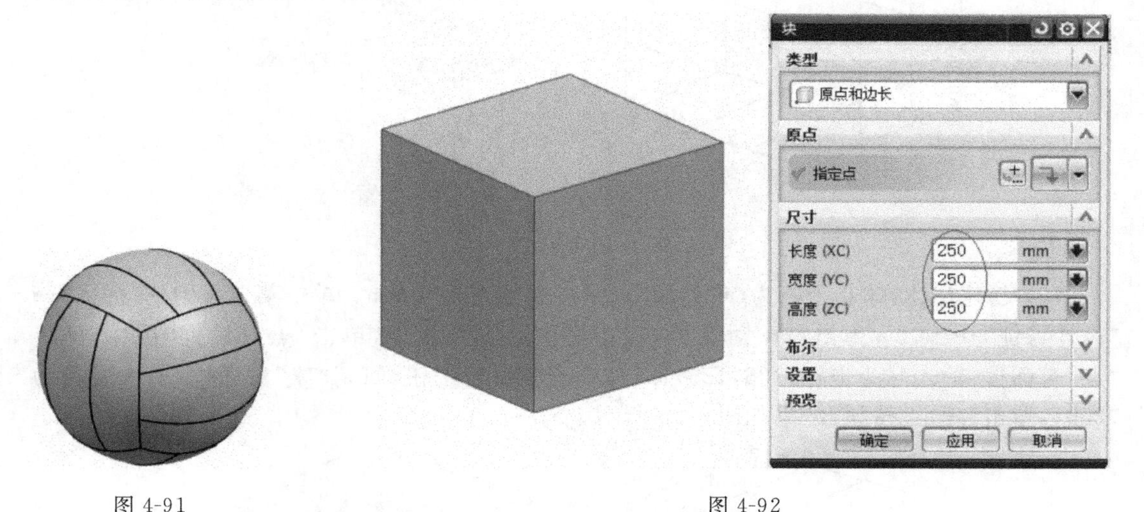

图 4-91　　图 4-92

(2) 抽取曲线,将长方体移动至第 2 图层。单击菜单条中的“插入”→“来自体的曲线”→“抽取”,弹出“抽取曲线”对话框,在“抽取曲线”对话框中选择“边曲线”,弹出“单边曲线”对话框,单击“All of Solid”,选择长方体后,单击“确定”按钮。将长方体移动至第 2 图层,并设置为不可见(取消图层前面的“√”),结果如图 4-93 所示。

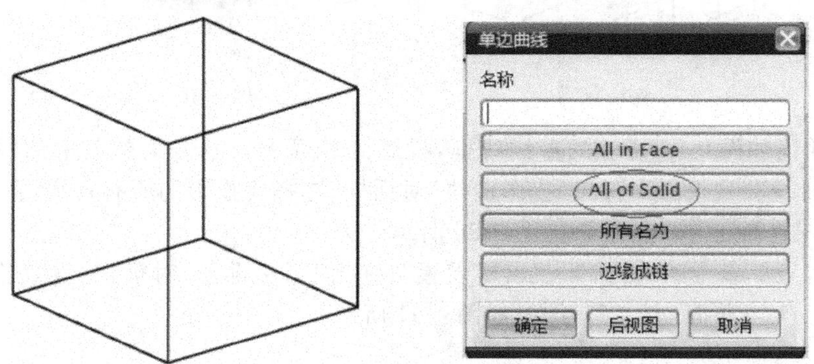

图 4-93

(3) 分割曲线,对 12 个棱边进行等分,等分段数为 3。单击菜单条中的“曲线”→“分割”,弹出“分割曲线”对话框,选择其中的“等分段”、段数为“3”,对如图 4-93 所示的 12 条棱边进行等分。

(4) 创建直线。创建如图 4-94 所示的直线,然后将所有曲线移动至第 41 层,并设置为可见(在“图层设置”对话框中的图层前面打上“√”)。

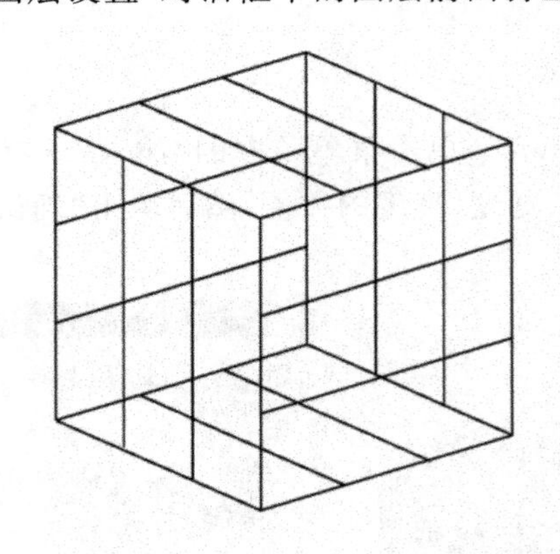

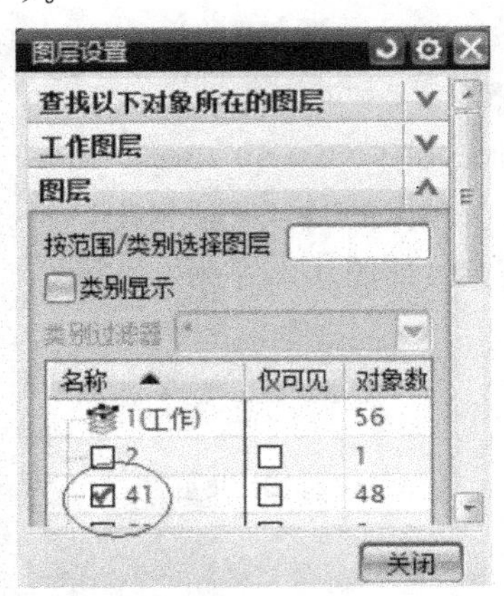

图 4-94

(5) 创建球体,球心坐标为(125,125,125),半径为 125 mm。单击菜单条中的“插入”→“设计特征”→“球”,弹出“球”对话框,在指定中心点一栏中,单击“点对话框”图标,弹出“点”对话框,输入球心坐标(125,125,125),单击“确定”按钮,回到“球”对话框,输入直径为“250”,单击“确定”按钮,结果如图 4-95 所示。

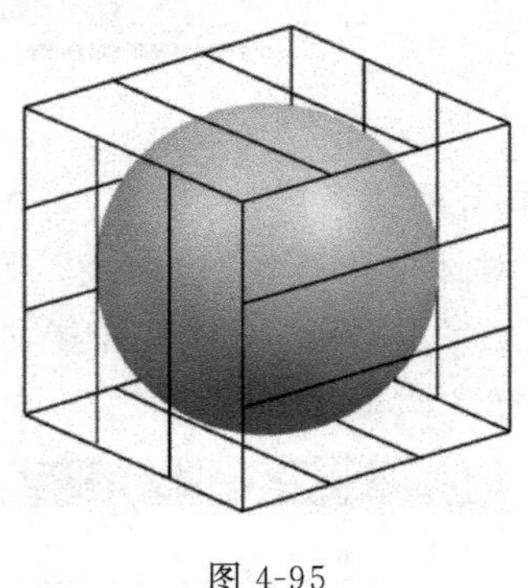

图 4-95

图 4-96

(6) 将前面如图 4-94 所示的直线线框,投影到球面上。单击菜单条中的“插入”→“来自曲线集的曲线”→“投影”,弹出“投影曲线”对话框,选择要投影的所有直线,再选择要投影到的球面,单击“确定”按钮,结果如图 4-96 所示。

(7) 单击菜单条中的“格式”→“图层设置”,弹出“图层设置”对话框,设置第 41 图层不可见(即去掉 41 层前面的“√”),结果如图 4-91 所示。

4.5 本章小结

本章主要介绍了曲线的创建、操作和编辑方法。结合本章中的操作实例,反复练习,来掌握各种曲线的创建、操作和编辑方法。

4.6 习题

请使用曲线功能绘制下列曲线(图 4-97 至图 4-102)。

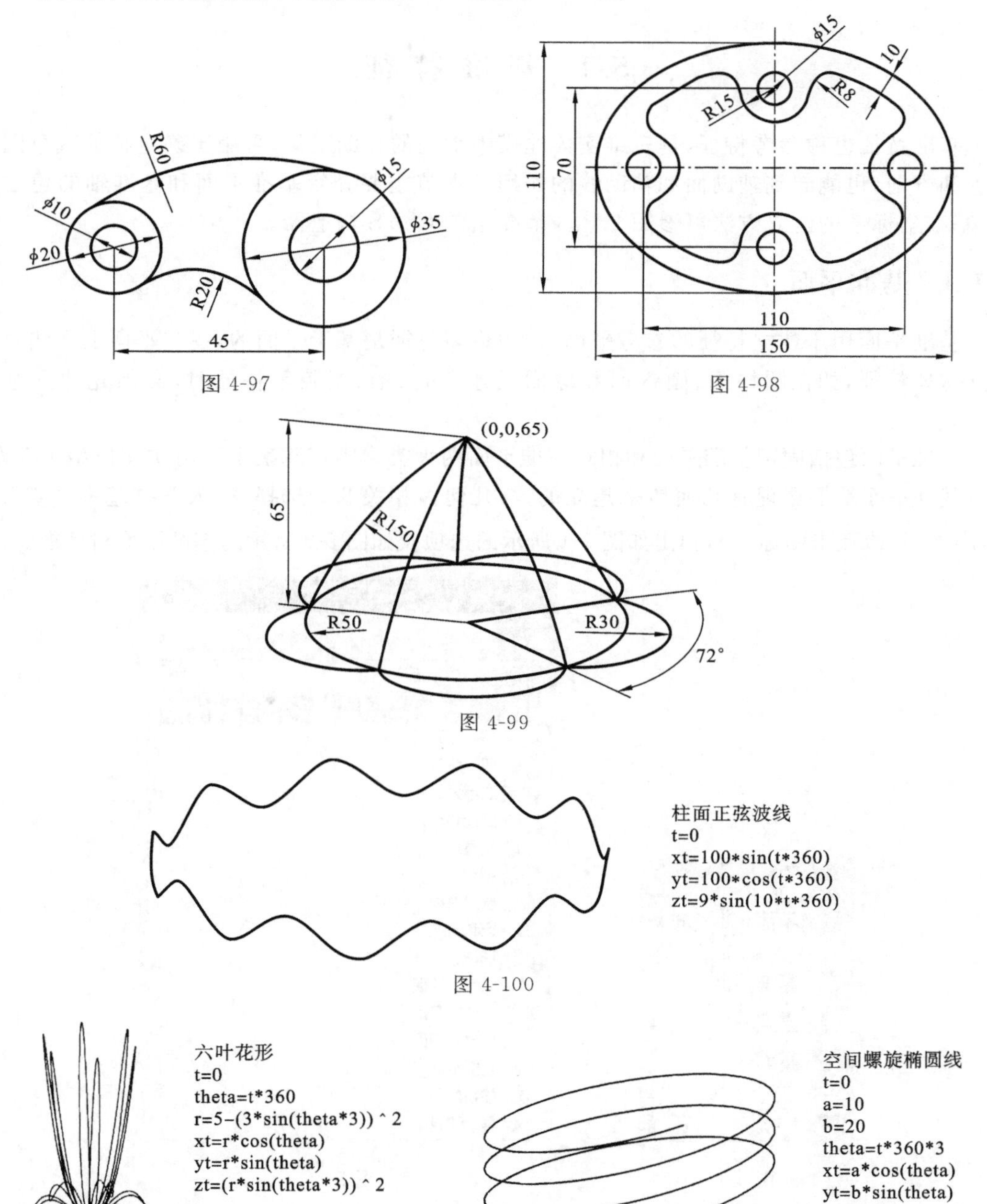

第 5 章　三维实体建模

5.1　基 准 特 征

基准特征也称参考特征，是三维实体建模中常用的辅助工具，可用于确定特征或草图的位置和方向，也能起到辅助面和辅助线的作用。本节主要介绍基准平面和基准轴的建立方法，基准坐标系的建立方法可参阅 2.3.3 节介绍的 CSYS 构造器。

5.1.1　基准平面

基准平面用于建立特征的参考平面，因为许多特征是基于平面的，在非平面上无法直接建立这些特征，如在圆柱面、圆锥面和球面上建立孔、槽、型腔等特征时，必须先建立基准平面。

基准平面包括固定基准平面和相对基准平面两大类。固定基准平面与实体模型不关联。相对基准平面是根据现有几何体来建立的，与几何体相关联。选择“插入”→“基准／点”→“基准平面”或点击图标，弹出如图 5-1 所示的选项及如图 5-2 所示的基准平面对话框。

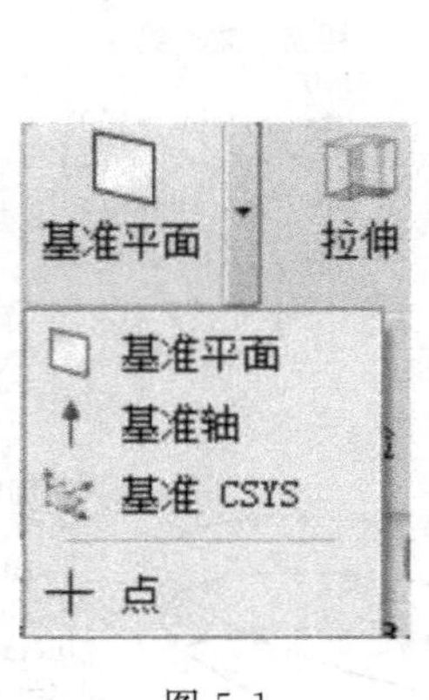

图 5-1

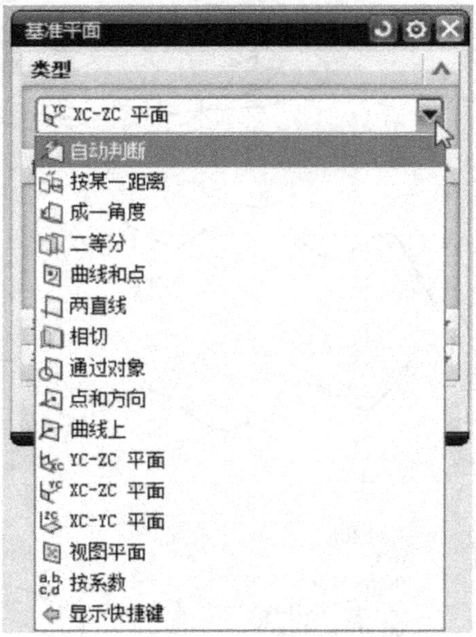

图 5-2

1. 建立固定基准平面

在如图 5-2 所示的基准平面对话框中，点击“类型”，有 14 种建立基准平面的方法。其中下方的“XC-YC 平面”等三项是用于建立相对于 WCS 的 3 个固定基准平面，不需要任何几何体。固定基准平面的 3 个选项如下。

（1）XC-YC 平面：在相对于当前 WCS 坐标的 XC-YC 平面建立基准平面。

（2）YC-ZC 平面：在相对于当前 WCS 坐标的 YC-ZC 平面建立基准平面。

（3）XC-ZC 平面：在相对于当前 WCS 坐标的 XC-ZC 平面建立基准平面，其结果如图 5-3 所示。

2. 建立相对基准平面

建立相对基准平面的方法较多，主要可以分为三大类型：单约束基准平面、双约束基准平面和三约束基准平面，基准平面与所选择的几何体相关联。

1）单约束基准平面

根据一个约束几何体建立的基准平面即为单约束基准平面（选择一次），有如下几种常见的单约束基准平面。

（1）按某一距离　基准平面与所选择的面保持一定的偏置距离，需要选择一个平面或基准平面，输入偏置距离即可，如图 5-4 所示。

（2）通过对象　建立通过圆柱、圆锥和其他旋转特征轴线的基准平面，需要选择一个圆柱、圆锥和其他旋转体的轴线，如图 5-5 所示。

（3）通过选择圆柱、圆锥和其他旋转特征的表面，可以得到与法向垂直的基准平面，即相切基准平面，如图 5-6 所示。

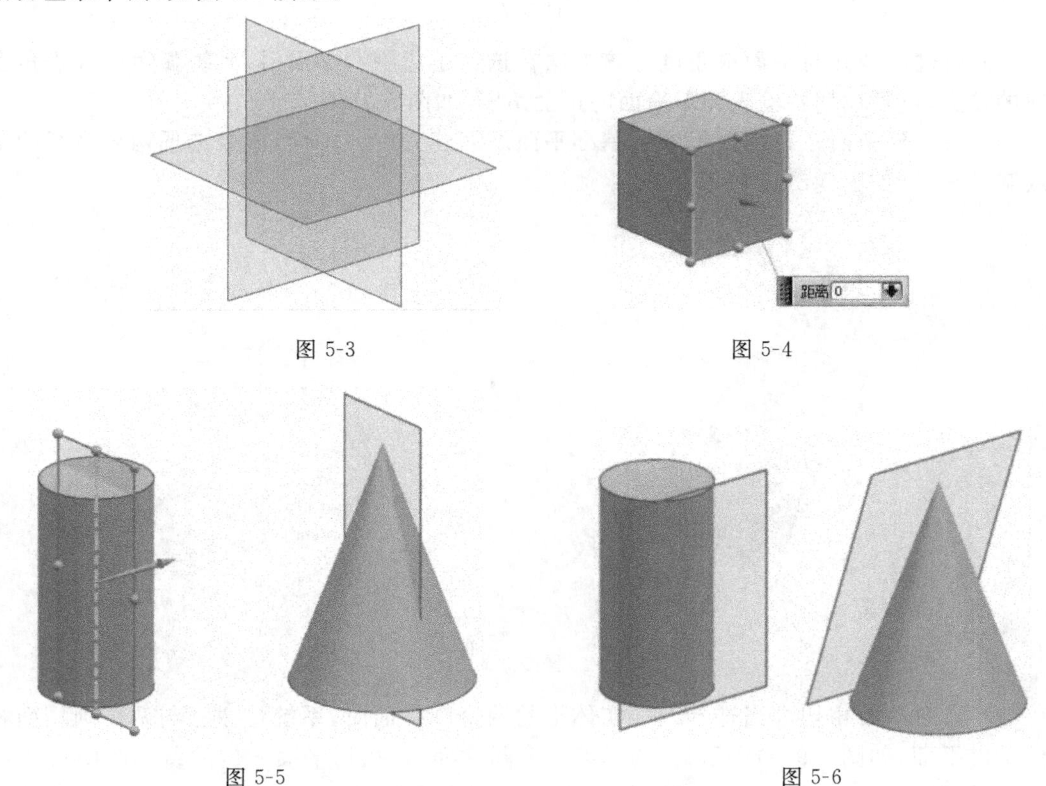

图 5-3　　图 5-4

图 5-5　　图 5-6

2）双约束基准平面

根据两个约束来建立的基准平面为双约束基准平面。双约束需要选择两个约束对象（选择两次），约束组合类型较多，组合方式需要满足一定条件，下面是几种常用的双约束基准平面。

（1）通过两条边缘　使用两条边缘定义基准平面，选择边缘时要避开控制点，如图 5-7(a)所示。

（2）通过一条边缘和一个点　使用一条边缘和一个点定义基准平面，如图 5-7(b)所示。

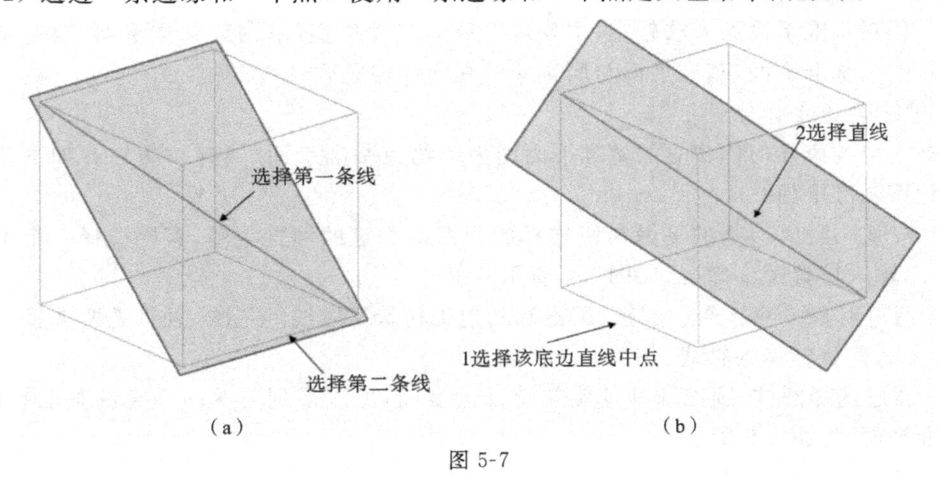

图 5-7

（3）通过边缘并与平面成角度　该方法在选择了边缘和平面后，系统显示一代表角度方向的箭头，以帮助用户输入相对平面的正确角度，如图 5-8(a)所示。

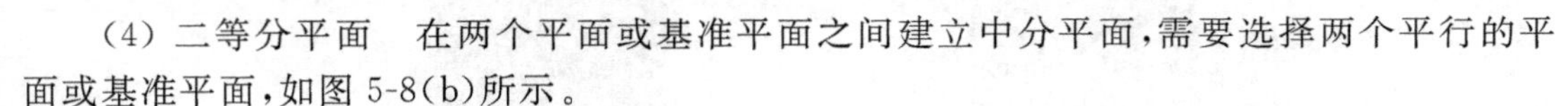

（4）二等分平面　在两个平面或基准平面之间建立中分平面，需要选择两个平行的平面或基准平面，如图 5-8(b)所示。

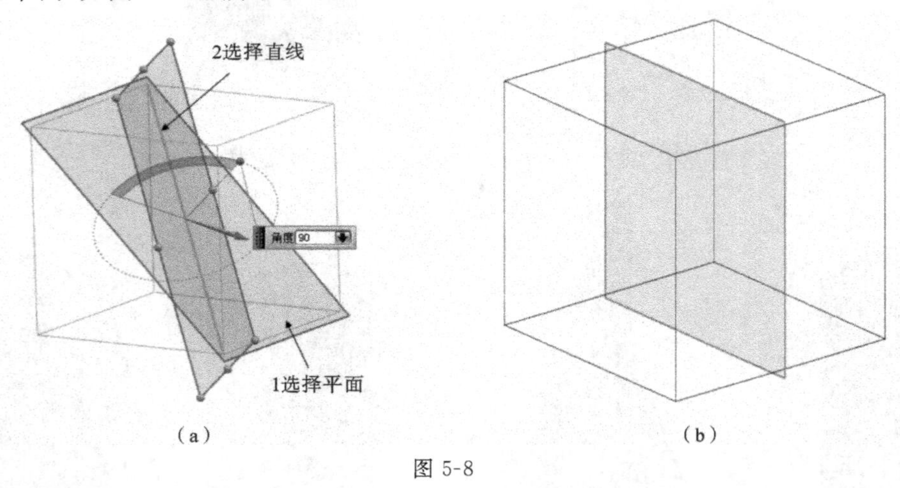

图 5-8

（5）与两个面相切　当选择同一实体上的两个圆柱面时，系统将建立与两个圆柱面相切的基准平面，如图 5-9(a)所示；在选择第二个圆柱面后，相切平面方位的备选解中有 4 种可能，此时需要进一步确定基准平面与圆柱面的相切位置，单击如图 5-9(b)所示的多选择

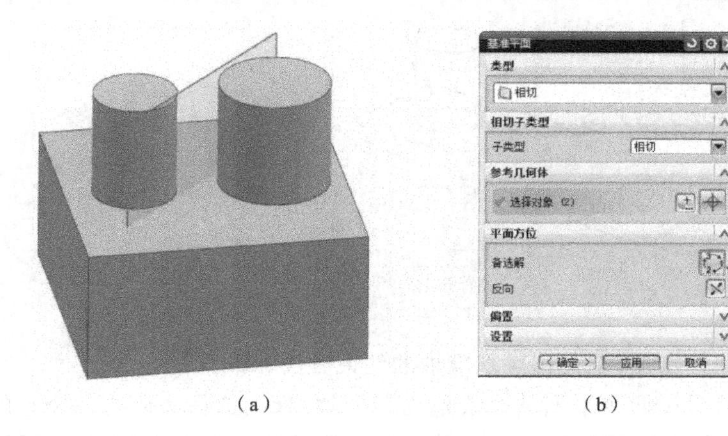

（a）　　　　（b）

图 5-9

开关，满意后单击确定即可。

3）三约束基准平面

三约束基准平面(选择三次)只有一种类型，即过三点方式，如图 5-10 所示。

而以上各方式均可通过"自动判断"完成。

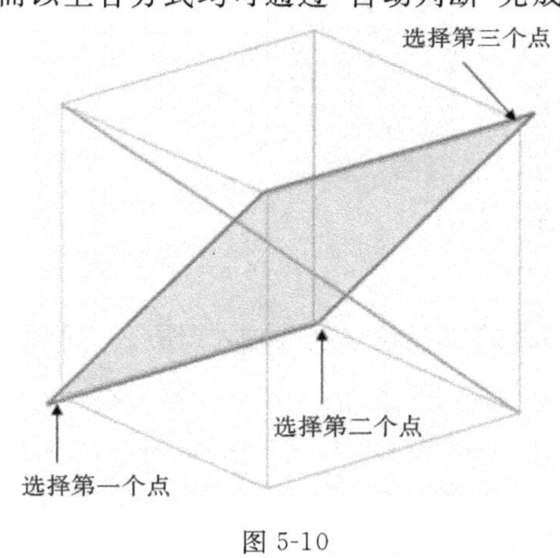

图 5-10

图 5-11

5.1.2　基准轴

基准轴主要用于建立特征的辅助轴线、参考方向等。基准轴包括固定基准轴和相对基准轴两类，相对基准轴依赖于其他几何体，并且与定义基准轴的几何体相关联。

基准轴对话框与基准平面相似。选择"插入"→"基准/点"→"基准轴"或点击图标，弹出如图 5-1 所示的选项及如图 5-11 所示的基准轴对话框。

1. 建立固定基准轴

(1) XC 轴　建立相对于当前 WCS，通过 X 轴的基准轴。

(2) YC 轴　建立相对于当前 WCS，通过 Y 轴的基准轴。

(3) ZC 轴　建立相对于当前 WCS，通过 Z 轴的基准轴，其结果如图 5-12 所示。

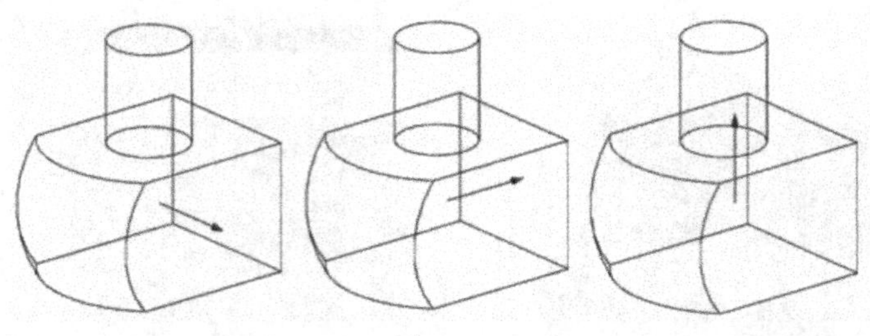

图 5-12

2. 建立相对基准轴

相对基准轴是关联性特征，定义相对基准轴的约束方法如下。

(1) 交点　实际是通过两个平面的交线建立基准轴，分别选择实体的一个平的面或基准面，再选择另一个平的面或基准面建立基准轴，两个平面不能平行，如图 5-13 所示。

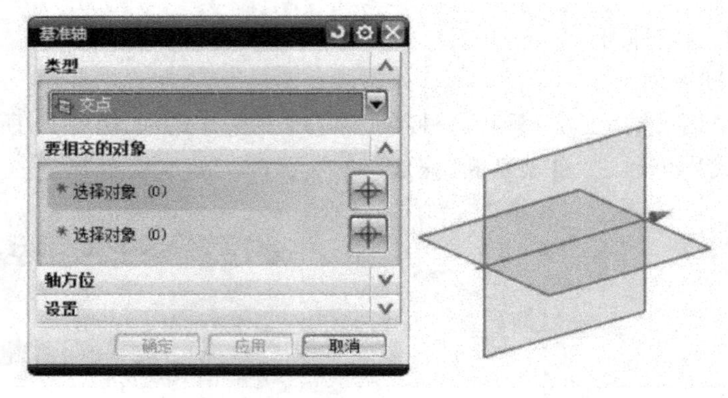

图 5-13

(2) 曲线/面轴　通过圆柱体、圆锥体或旋转体的轴线建立基准轴，如图 5-14 所示。

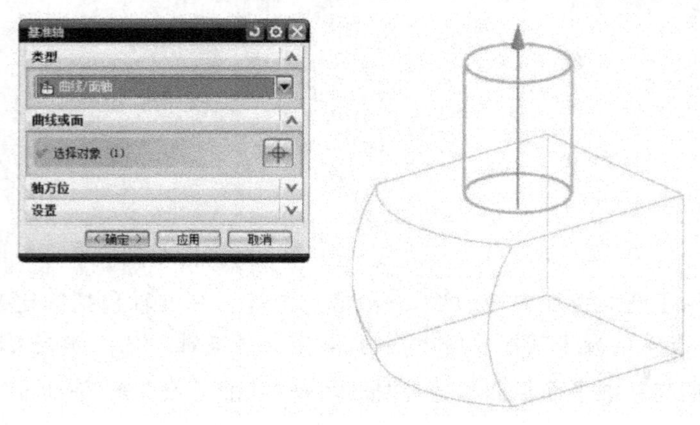

图 5-14

(3) 曲线上矢量　通过指定的曲线建立基准轴，该方法可以通过弧长文本框输入数值来确定基准轴的位置。此方法建立的基准轴的方向有 5 种可能，可以使用方位按钮选择某个方向，如图 5-15 所示。

(4) 点和方向　通过实体边的控制点（端点和中点）和方向建立基准轴，选择位置点后，

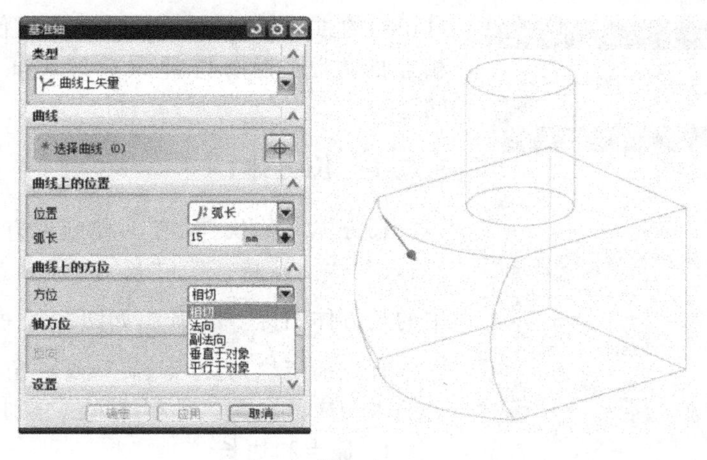

图 5-15

接着需选择 XC、YC、ZC 的其中之一来确定某方向，如图 5-16 所示。

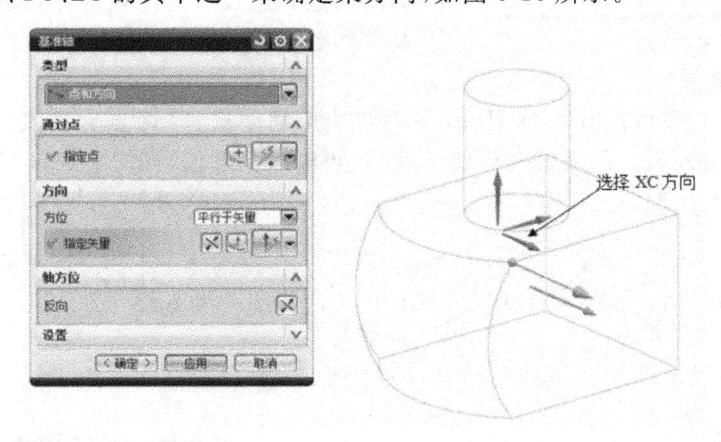

图 5-16

(5) 两点　通过指定两个点建立基准轴，以第一个点到第二个点的方向为基准轴的方向。

5.1.3　CSYS 坐标系

基准 CSYS 是指基准坐标系，它与定义它的几何图素相关联。基准 CSYS 包括基准轴和基准面，其具体应用方法和说明在 2.3.3 节已详细介绍。

5.2　体素特征

体素特征包括长方体、圆柱体、圆锥体和球体 4 种简单的实体特征。体素是参数化的，因为体素特征是相对于模型空间建立的，体素特征间无关联，从建模合理性和参数化要求出发，在一个部件中体素特征一般作为第一个根特征出现，并避免使用两个以上的体素特征。例如，一个四通圆柱接头，不要用两圆柱体相加的方法。在实体上打孔应该使用孔命令，不要使用减去(Subtract)圆柱体方法。一根阶梯轴应该采用在一个圆柱体上建立多个凸台

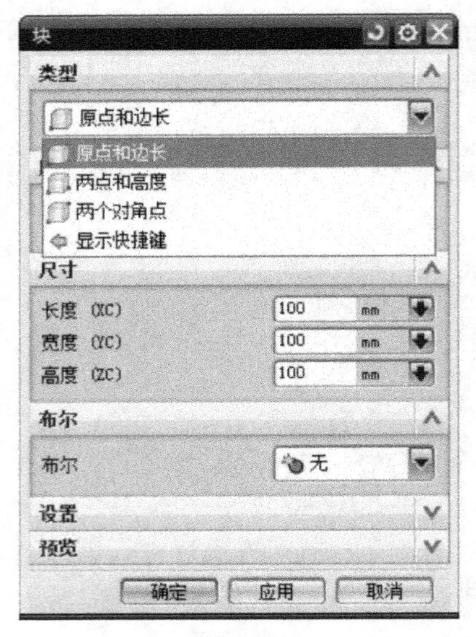

图 5-17

(Boss)的方法或割槽的方法，而不要使用多个圆柱体相加的方法，否则将导致后续编辑修改的故障和问题。

5.2.1 长方体

长方体又称块体，有三种创建方法。操作步骤："插入"→"设计特征"→"长方体"或点击特征工具条中的长方体图标，弹出如图 5-17 所示的对话框。

首先指定块的原点、点 1 或对角点 1 的位置，然后输入相应值。其三种创建方法分别如下。

1. 原点和边长

点击特征工具条中的长方体图标，在类型选择框中选择"原点和边长"，指定块的原点后，输入长度、宽度、高度参数，结果如图 5-18(a)所示。

2. 两点和高度

点击特征工具条中的长方体图标，在类型选择框中选择"两点和高度"，指定块的点 1 后，用点对话框输入另一点 2 的坐标值(Z=0)，再输入高度值，如图 5-18(b)所示。

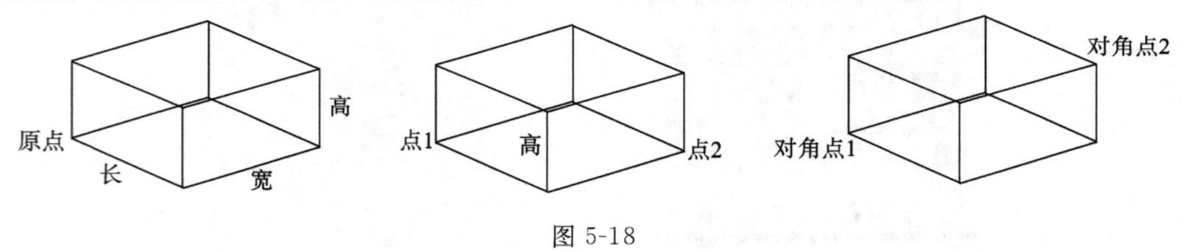

图 5-18

3. 两个对角点

点击特征工具条中的长方体图标，在类型选择框中选择"两个对角点"，指定块的对角点 1 后，用点对话框输入另一对角点 2 的坐标值(Z≠0)，如图 5-18(c)所示。

5.2.2 圆柱

创建圆柱有两种方法，分别是"轴、直径和高度"及"圆弧和高度"。操作步骤："插入"→"设计特征"→"圆柱"或点击特征工具条中的圆柱图标，弹出的对话框如图 5-19 所示。

1. 轴、直径和高度

点击特征工具条中的圆柱图标，在类型选择框中选择"轴、直径和高度"后，出现如图 5-20(a)所示可供

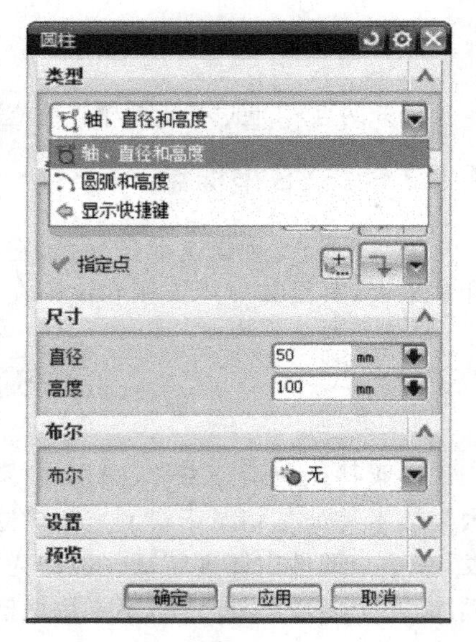

图 5-19

轴的三个方向选择的方向选择指示(默认是Z轴方向),根据建模需要,任选某方向后,输入直径、高度值。

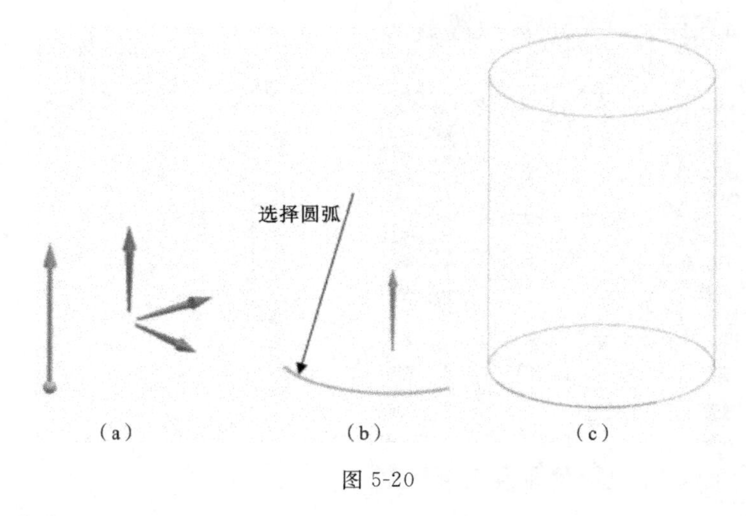

(a)　　(b)　　(c)

图 5-20

2. 圆弧和高度

点击特征工具条中的圆柱图标,在类型选择框中选择"圆弧和高度"。此项选择的应用,必须要有原先的圆弧或圆的要素,首先为圆柱体直径选择圆弧或圆,然后输入高度值,点击"确定"后,如图5-20(b)、(c)所示。

5.2.3 圆锥

创建圆锥有五种方法,分别是"直径和高度"、"直径和半角"、"底部直径,高度和半角"、"顶部直径,高度和半角"、"两个共轴的圆弧"。前4种方法是通过输入相应参数创建圆锥,而第5种方法,必须要有原先的两个共轴的圆弧要素,通过选择该两个共轴的圆弧创建圆锥。操作步骤:"插入"→"设计特征"→"圆锥"或点击特征工具条中的圆锥图标,弹出的对话框如图5-21所示。

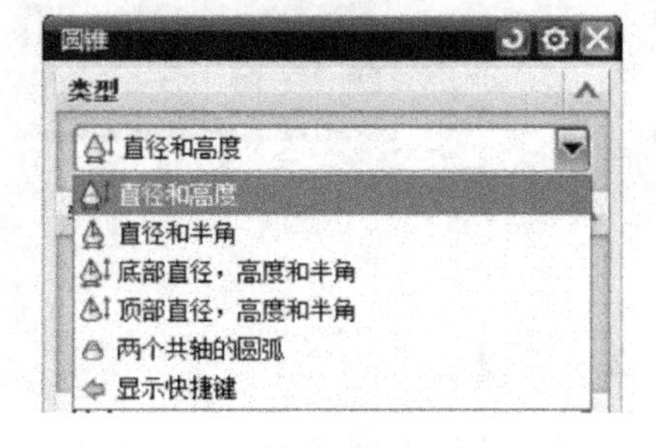

图 5-21

1. 直径和高度

点击特征工具条中的圆锥图标,在类型选择框中选择"直径和高度"后,出现如图5-20(a)所示的可供选择的轴的三个方向的选择指示(默认是Z轴方向),根据建模需要,任选某方向后,输入顶部直径、底部直径和高度值,点击"确定"后,如图5-22所示。其余三种方法与此基本相同,这里不重复介绍。

2. 两个共轴的圆弧

点击特征工具条中的圆锥图标,在类型选择框中选择"两个共轴的圆弧"。此项选择的应用,必须原先要有两共轴的圆弧要素,如图5-23(a)所示。首先选择底部圆弧,然后选择顶部圆弧,点击"确定"按钮后,如图5-23(b)所示。

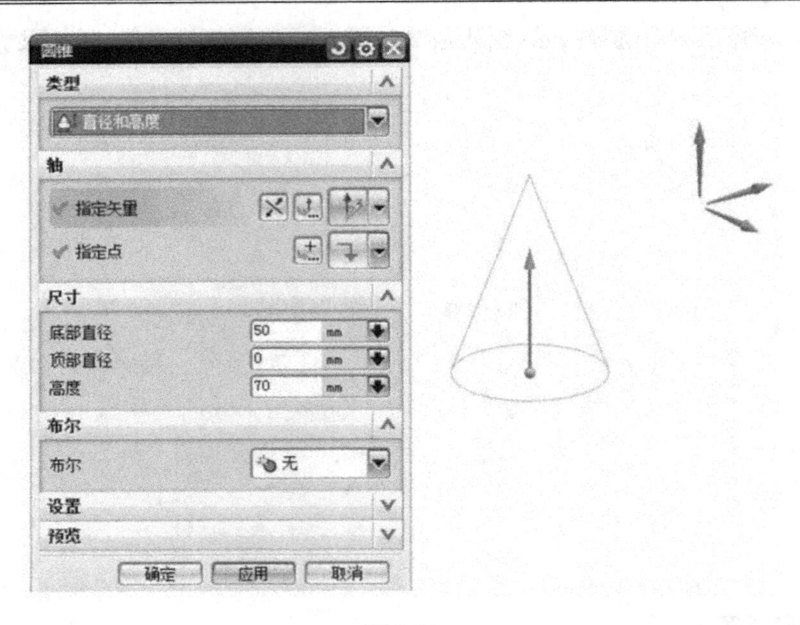

图 5-22

(a)

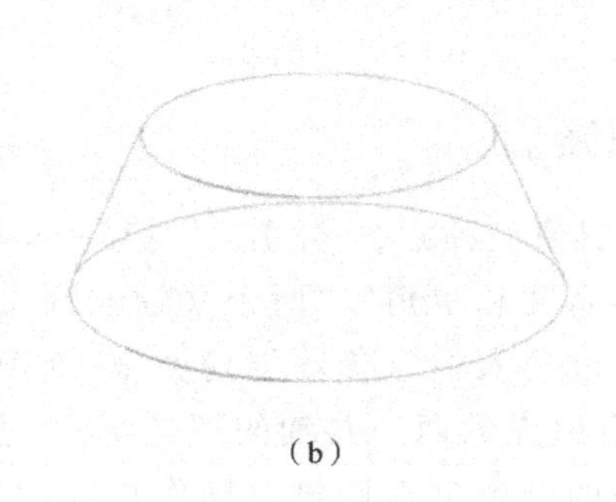

(b)

图 5-23

5.2.4　球

创建球体有两种方法，分别是“中心点和直径”及“圆弧”。操作步骤：“插入”→“设计特征”→“球”或点击特征工具条中的球图标，弹出的对话框如图 5-24 所示。

1. 中心点和直径

点击特征工具条中的球图标，在类型选择框中选择“中心点和直径”后，可以点击“点”对话框确定球体中心点的位置，然后输入球的直径值，点击“确定”按钮后，如图 5-24 所示。

2. 圆弧

点击特征工具条中的球图标，在类型选择框中选择“圆弧”。同理，要选择此项应用，原先必须要有一圆弧的要素，选择该圆弧后，点击“确定”按钮，如图 5-25 所示。

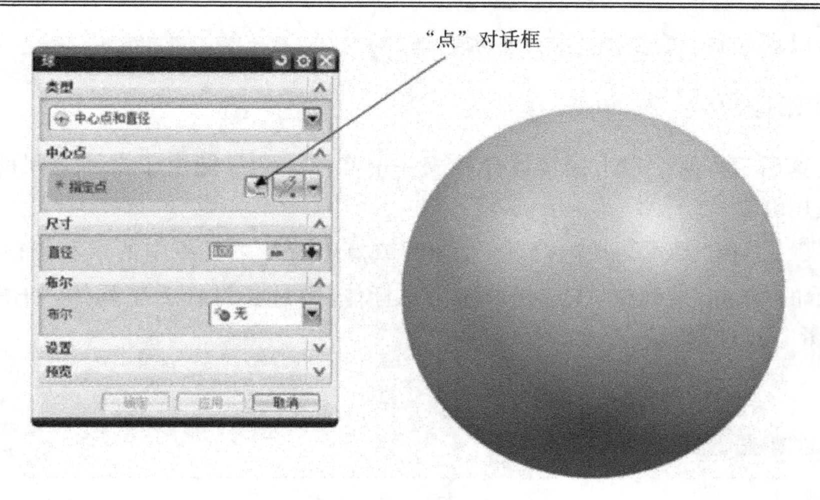

图 5-24

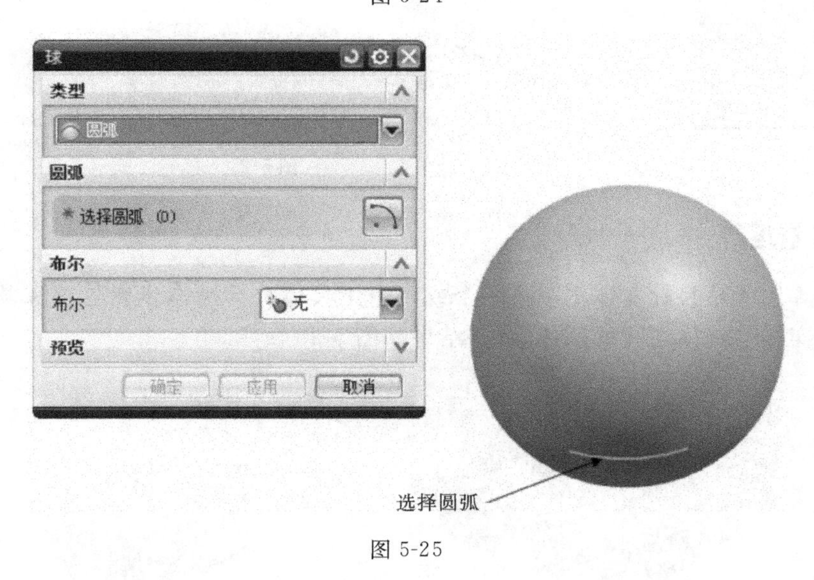

图 5-25

5.3　布尔运算

布尔运算功能一般用于实体的联合操作，将两个或多个实体（或片体）组合成一个体，包括求和、求差和求交三种方式，执行布尔运算时，要求至少存在两个实体或片体，而这些原始实体之间必须存在重叠部分（至少一个面重合）。操作时需要选择一个目标体和多个工具体，组合后所在的层由目标体决定。

布尔运算功能选项也会隐含在某些设计特征中，如建立孔、凸台和腔体等特征均包括布尔，另外，一些特征在建立的最后需要指定布尔运算方式，这时会多一个"新建"选项，用户可以选择是否进行布尔运算，如拉伸、旋转等。但需要注意的是，集成在某个命令中的布尔运算选项在很多情况下不能被编辑（只有在拉伸命令中可以在三种布尔运算中进行切换）。所以为了方便以后编辑，可以单独进行布尔运算。

5.3.1 求和运算

求和运算用于将两个以上的实体合并成一个实体。它只能用于实体之间的合并，片体合并应该使用缝合。

操作步骤：选择“插入”→“组合”→“求和”或点击特征工具条中的求和图标，弹出如图 5-26 所示的“求和”对话框，先选择块体为目标体，再选择口杯为工具体，如图 5-27(a)所示，结果如图 5-27(b)所示。

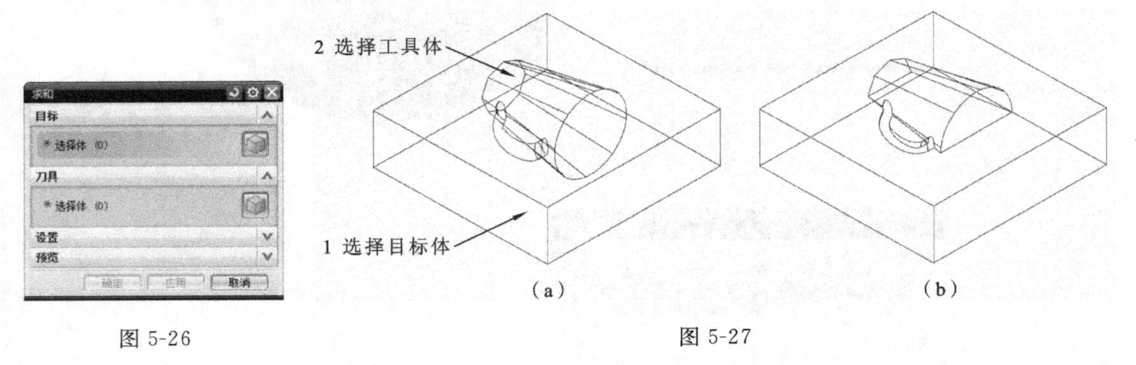

图 5-26　　图 5-27

5.3.2 求差运算

求差运算用于从目标实体中减去一个或多个工具体。其操作步骤与求和基本一致，只是它能用于实体与片体之间的操作，求差结果如图 5-28 所示。

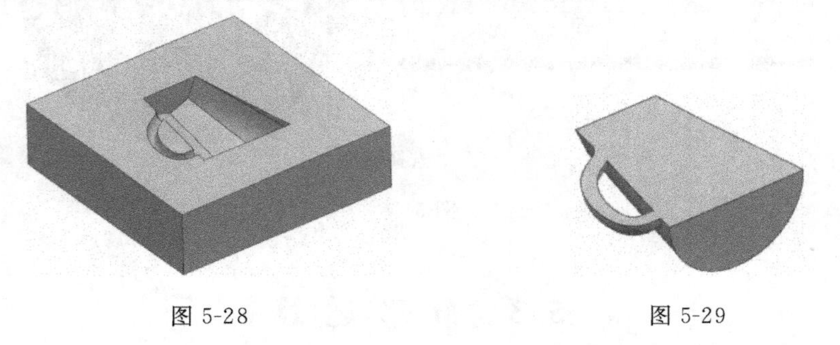

图 5-28　　图 5-29

5.3.3 求交运算

求交运算用于求取工具体和目标体的相交部分，其操作步骤与求和一致，求交结果如图 5-29 所示。

5.4 设计特征

UG 软件的设计特征提供了许多人性化的设置，用于添加结构细节到模型上，它仿真零件的粗加工过程。这些特征包括：增加材料到目标实体（凸台、凸垫）；从目标实体减去材料(孔、键槽、腔和沟槽)。熟练应用这些设计特征,可以快速简捷地进行模型设计。

建立设计特征的通用步骤是:“插入”→“设计特征”…或选择设计特征工具。

由于 NX 8.0 版软件中,已将拉伸、回转从扫掠特征中分出,图标默认在特征工具条中,故将此两个由 2D 轮廓生成的特征,置于设计特征中介绍。另外根据以往习惯,将现已置于“扫掠”中的另两个由 2D 轮廓生成的特征:“沿引导线扫掠”、“管道”,也一并在此介绍。

5.4.1 拉伸

拉伸是截面线或实体的边、面、片体沿线性的方向扫掠而成的实体或片体特征,并可对实体或片体间进行布尔运算的操作。

选择“插入”→“设计特征”→“拉伸”或点击特征工具条中的拉伸图标,弹出如图 5-30 所示的对话框。基本步骤是:① 选择截面(草图或曲线),又称选择拉伸对象;② 确定拉伸方向,即指定矢量;③ 输入拉伸参数,拉伸参数包括:极限、拔模和偏置。下面分别介绍这三种参数。

图 5-30

1. 极限

极限用于限制特征的拉伸距离,亦可理解为拉伸方式,其包括以下 6 项:值、对称值、直至下一个、直至选定对象、直至延伸部分和贯通。

在 6 项限制中,值与对称值可直接输入参数;直至选定对象和直至延伸部分,在选定截面后,需要再选定对象或选定延伸的部分;直至下一个和贯通,在选定截面后,确定好拉伸方向,即可完成拉伸。直至下一个可直接拉伸到拉伸方向上的最近一个目标,而贯通可在拉伸方向上,贯穿所有目标。如图 5-31所示为这 6 种方式的结果。

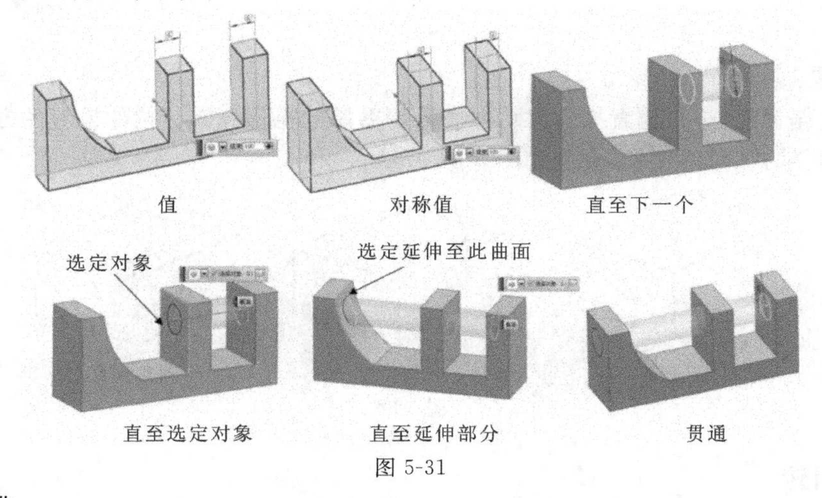

图 5-31

2. 拔模

拔模为拉伸体的侧面指定拔模斜度。当拉伸的起始位置和截面不重合时,需要指定拔模的固定基准位置，这基准位置有两种：从起始限制和从截面。例如拉伸的极限开始为－120，结束为100，拔模斜度为10°时，其结果如图5-32(a)、(b)所示。当截面的上下（或前后）允许不同的角度（上角10°，下角5°）和允许相同的角度拉伸时，其结果如图5-33(a)、(b)所示。当拉伸为非对称值（截面上下拉伸高度不等）时，上下的拔模斜度可匹配为拉伸的终止端面形状相等，即匹配端面，结果如图5-33(c)所示。

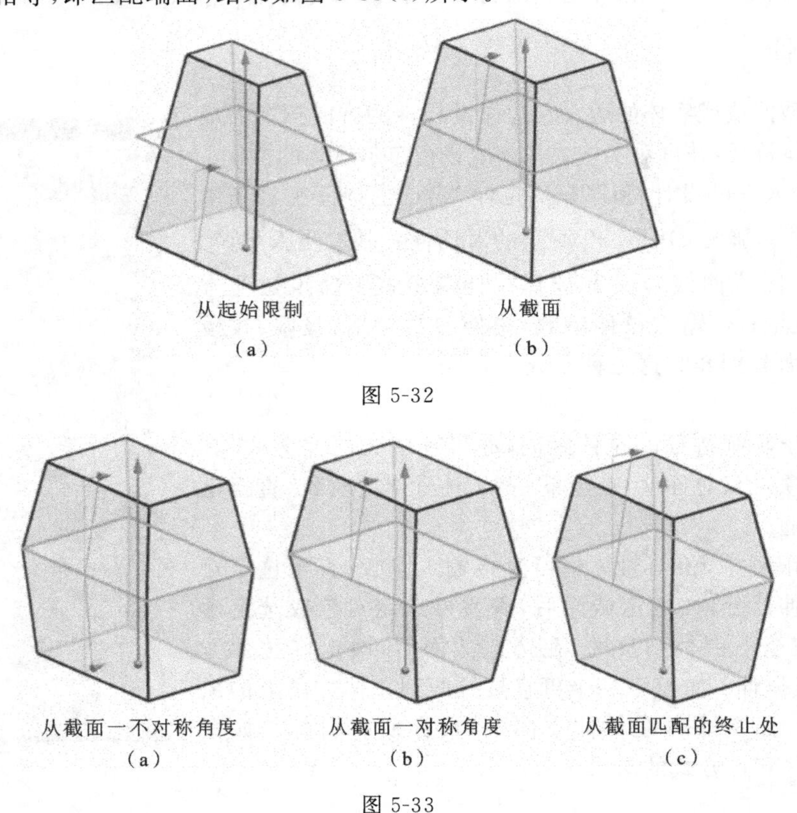

从起始限制
(a)

从截面
(b)

图5-32

从截面一不对称角度
(a)

从截面一对称角度
(b)

从截面匹配的终止处
(c)

图5-33

3. 偏置

除单侧偏置外，进行偏置操作时均能获得等壁厚的拉伸壳体。拉伸偏置的方式包括：单侧偏置、双侧偏置、对称偏置，分别如图5-34所示。

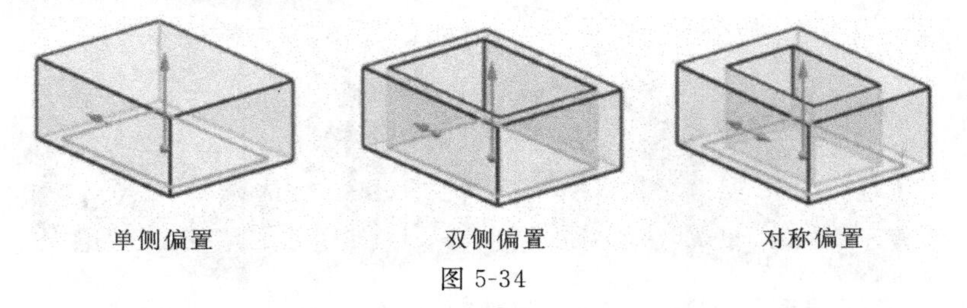

单侧偏置　　双侧偏置　　对称偏置

图5-34

5.4.2 回转

回转是通过绕一给定轴线以非零角度旋转截面曲线建立一旋转体特征。生成全圆形或部分圆形实体，亦可为片体。而且可以对实体或片体间进行布尔运算的操作。

选择“插入”→“设计特征”→“回转”或点击特征工具条中的回转图标，弹出如图5-35所示的对话框。基本步骤是：① 选择截面（草图或曲线）；② 指定回转轴线，即指定矢量；③ 输入回转参数。回转参数包括：极限和偏置。如图5-36所示为回转成实体与片体的两种情况，其极限参数的选择均为：开始角度为0°，结束角度为270°，无偏置。只是在设置中的体类型选项有所变化，图(a)选择为“实体”，图(b)选择为“图纸页”（片体）。

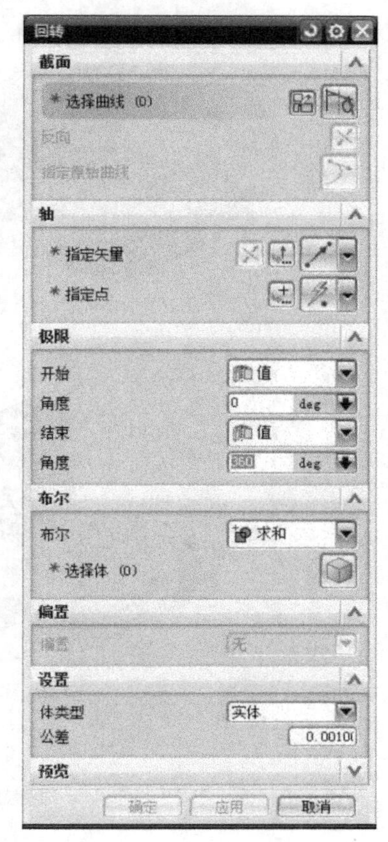

图 5-35

回转极限参数的选择为：开始角度为0°，结束为“直至选定对象”的应用如图5-37(a)、(b)、(c)、(d)所示。其步骤为：打开如图5-35所示的对话框后，极限参数暂时保持不变，即开始、结束角度均以“值”的形式；图(a)：用过滤器曲线规则中的“区域边界曲线”选择横线以外的短区域；图(b)：先修改极限参数，将对话框极限参数中的开始角度为0°，结束选为“直至选定对象”，再在模型中选择横线以外的长区域；图(c)：将对话框中轴的指定矢量选为“两点”，在模型中选择第一个中点；图(d)：在模型中选择另一个中点，将布尔运算选为“求和”，完成。

回转偏置参数的应用步骤：① 打开如图5-35所示的对话框后，用过滤器曲线规则中的“单条曲线”选择如图5-38(a)中的曲线，确定（按中键）；② 将对话框中轴的指定矢量选为“两点”，在模型中选择第一个点和第二个点，回转极限参数的选择：开始角度为0°，结束角度为−180°，如图5-38(b)所示，亦可改变方向；③ 将对话框中轴的偏置参数选为“两侧”，输入偏置的开始值为0，结束值为3，完成如图5-38(c)所示。也可根据需要，将偏置的开始值不设为0，但偏置体总宽不能为零，即第一偏置值与第二偏置值不能相等，如：开始值为3，则结束值不可以为3。

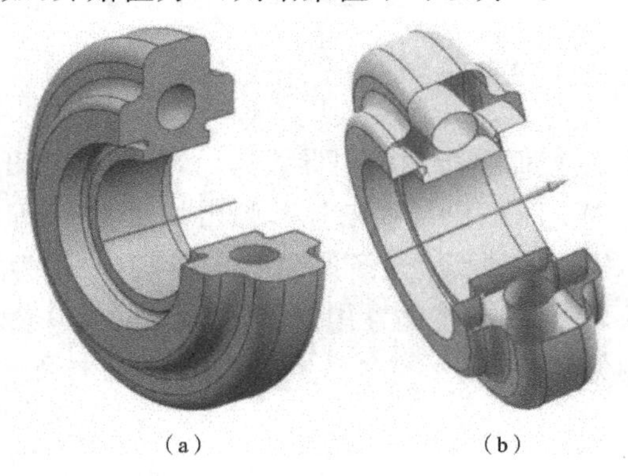

图 5-36

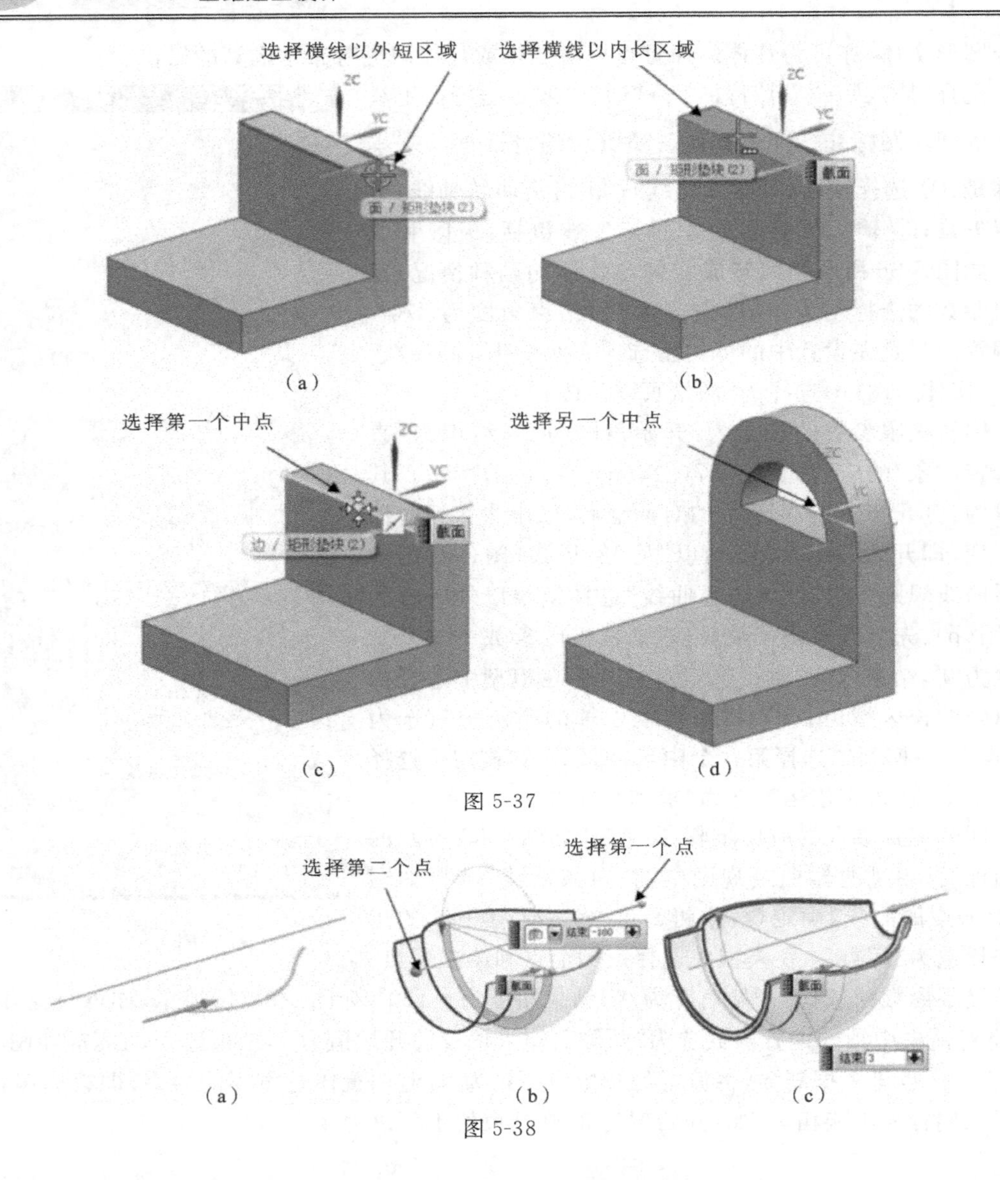

图 5-37

图 5-38

5.4.3 沿引导线扫掠

通过此命令可以将指定截面沿指定的引导线运动，从而扫掠出实体或片体。

选择“插入”→“扫掠(W)”→“沿导线扫掠”，弹出如图 5-39 所示的对话框。其步骤为：① 用过滤器曲线规则中的“单条曲线”选择如图 5-40(a)中的圆为截面曲线，按中键；② 选择如图 5-40(b)中的曲线为引导线，将偏置中的第一偏置设为 0，第二偏置设为 −2(向外偏置)，如果设为 +2 则向内偏置。

5.4.4 管道

此命令通过沿着一个或多个相切连续的曲线或边，扫掠一个圆形横截面来创建单个实

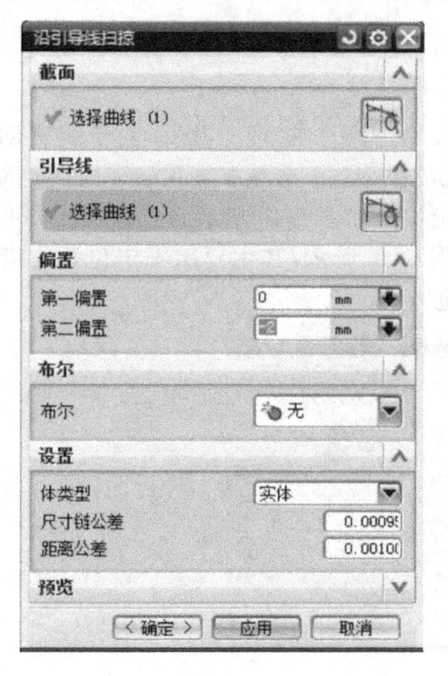

图 5-39

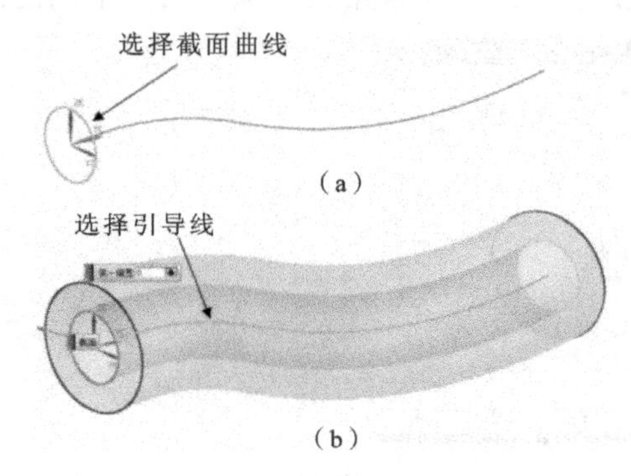

图 5-40

体，圆形横截面由外径和内径值组成。通过此选项可以创建导线线束、管道或电缆。

选择“插入”→“扫掠(W)”→“管道”，弹出如图 5-41(a)所示的对话框。其步骤较为简单，只要选择管道中心线路径的曲线，如图 5-41(b)中的曲线，输入横截面中外径、内径参数，即可完成。注意外径参数必须大于内径参数，在设置的输出中有两种情况，多段如图 5-41(c)所示，单段如图 5-41(d)所示。

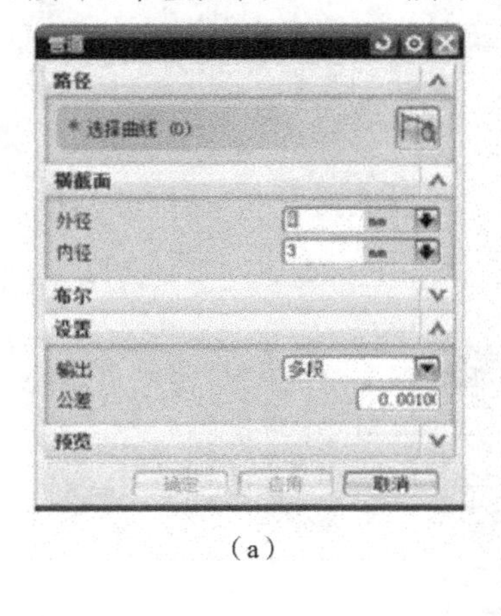

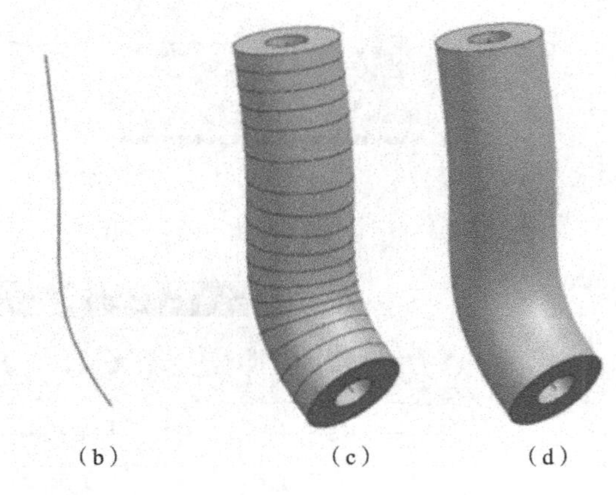

(a) (b) (c) (d)

图 5-41

5.4.5 孔

孔是最常用的特征之一，在 NX 8.0 版本中，孔特征有两种：“NX 5.0 版本之前的孔”和“孔”。选择“插入”→“设计特征”→“NX 5.0 版本之前的孔”或“孔”，亦可点击特征工具条中

的孔图标 或 。

1. NX 5.0 版本之前的孔

通过此命令可以在实体上创建一个“简单孔”、“沉头孔”或“埋头孔”。对于所有创建孔的选项，深度值必须是正的。基本步骤：① 选择孔的类型；② 选择放置孔的平面；③ 选择通孔平面(如果是通孔)；④ 输入孔的参数；⑤ 将孔定位。如图 5-42 所示为三种孔的类型及特征参数。在操作过程中出现的“定位”对话框，如图 5-43 所示，其主要用于定位孔与模型特征的相对位置，对话框中的各项说明了不同的定位方式。

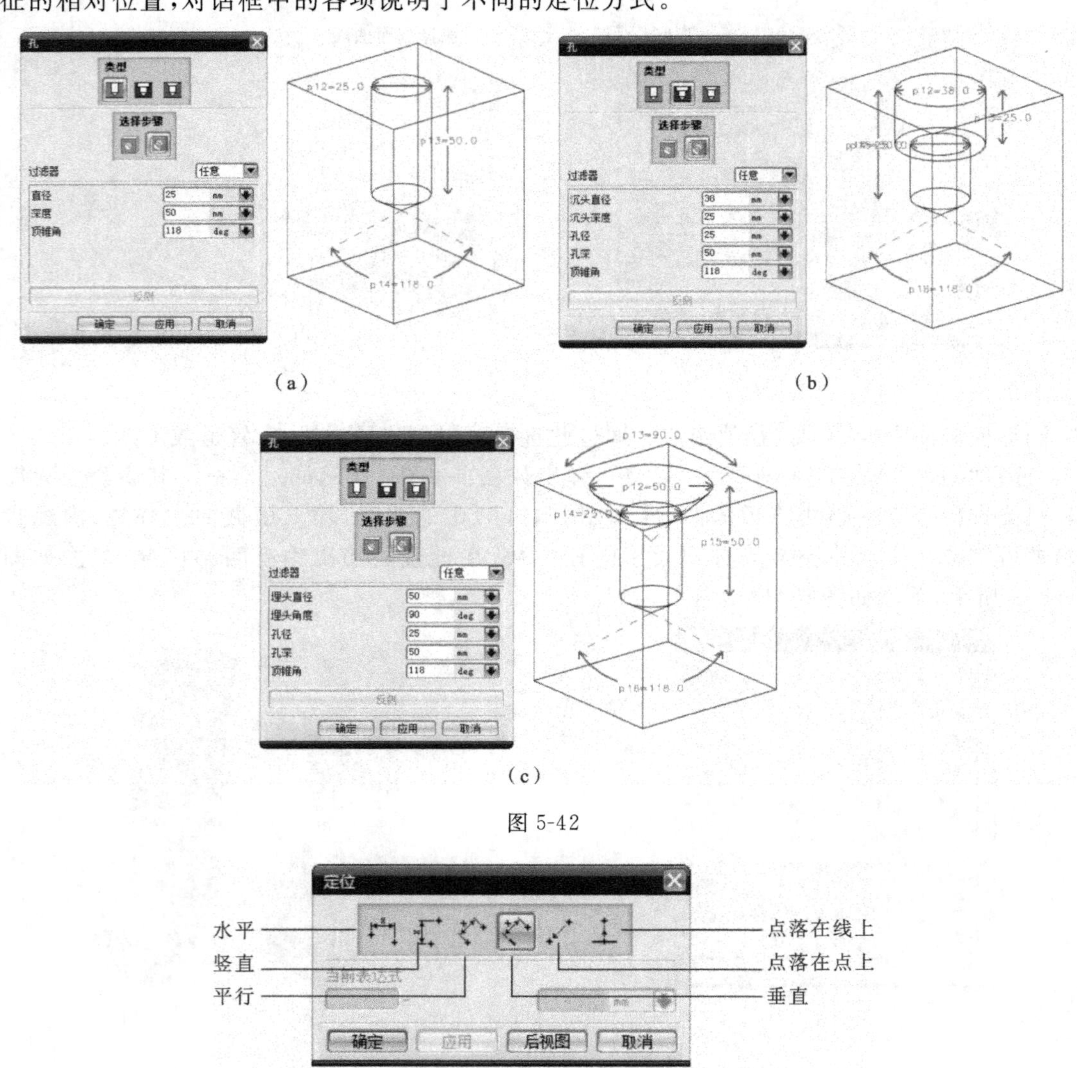

(a)

(b)

(c)

图 5-42

图 5-43

2. 孔

通过此命令可以在部件或装配中添加“常规孔”、“钻形孔”、“螺钉间隙孔”、“螺纹孔”及“孔系列”。此命令与“NX 5.0 版本之前的孔”的区别主要有以下几点。

（1）通过指定多个放置点，在单个特征中创建多个孔，方法是进入草绘空间后，用光标在大致位置点击，然后修改尺寸，如图 5-44(a)所示。

（2）通过“指定点”对孔进行定位，而不是利用“定位方式”对孔进行定位，方法是双击已有草图点的尺寸，修改为所需值，如图 5-44(b)所示。

（3）可以在非平面上创建孔（沿矢量），可以不指定孔的放置面，方法是将孔对话框中的

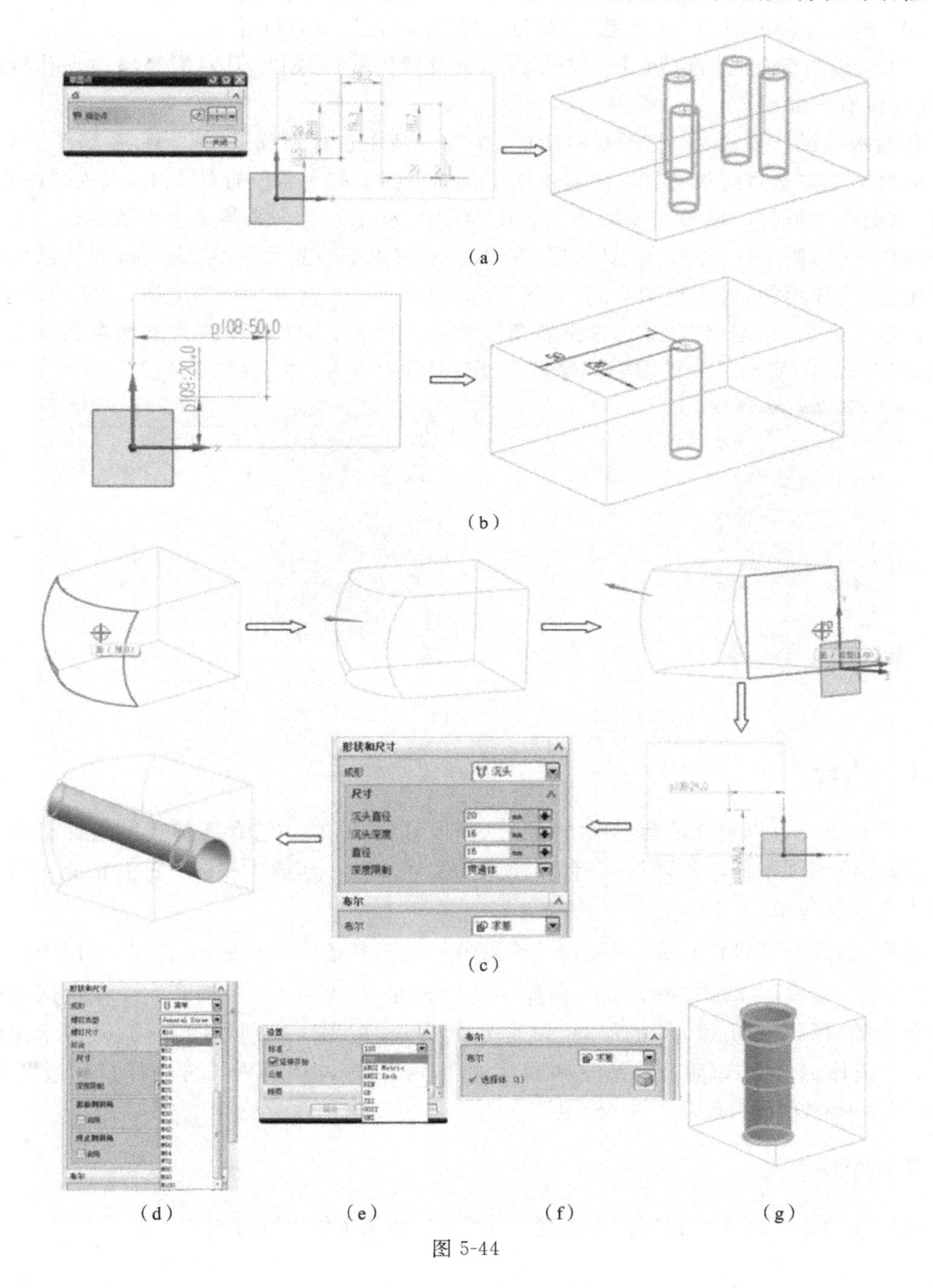

（a）　（b）　（c）　（d）　（e）　（f）　（g）

图 5-44

孔方向设置为“沿矢量”，选择曲面以获取法向矢量，然后选择与矢量相反要草绘的平的面，在进入草绘空间后，可用草图点确定孔位置，最后输入孔结构参数，如图 5-44(c)所示。

(4) 通过使用系列化数据表为“钻形孔”、“螺钉间隙孔”、“螺纹孔”和“孔系列”创建孔特征，如图 5-44(d)所示。

(5) 设置中使用了如 ISO、ANSI、DIN、GB、JIS 等标准，如图 5-44(e)所示。

(6) 创建孔特征时，可以使用“求差”布尔运算，如图 5-44(f)所示。

(7) 可以将起始、颈部(沉孔)、结束倒斜角及埋头孔的缺口、退刀槽等添加到孔特征上(常规孔没有)，如图 5-44(g)所示。

孔的基本操作步骤：① 打开孔对话框，在“类型”中选择所需孔的类型，在如图 5-45(a)所示的对话框中选择螺纹孔；② 在需要创建孔的平面上的大致位置处点击，进入草图空间，出现“草图点”对话框，如果需要创建多个孔，可用光标继续点击来指定多个放置点。如果只需创建单个孔，则关闭“草图点”对话框；③ 双击草图点的位置尺寸值，将其修改为需要值以实现定位，完成草图，进入模型空间，如图 5-45(a)所示；④ 点击“确定”按钮，完成孔的创建，在对话框中启用“止裂口”、“让位槽倒斜角”、“终止倒斜角”，使这些结构添加在螺纹孔特征中，如图 5-45(b)所示。如果需要创建通孔，则在“深度限制”中选择“贯通体”。

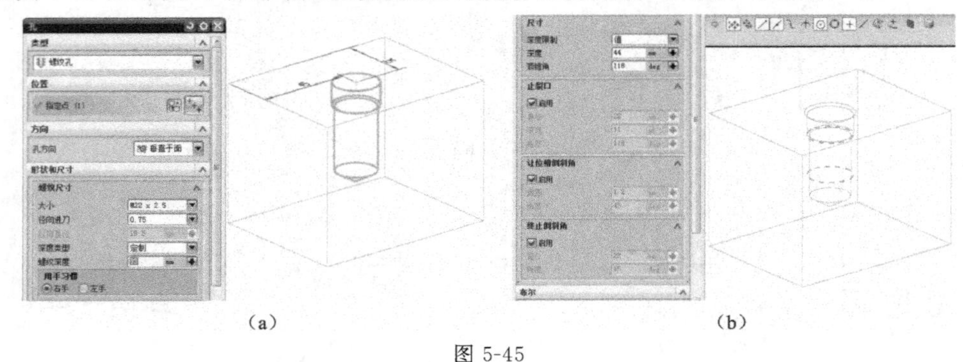

(a) (b)

图 5-45

5.4.6 凸台

通过此命令可以定义凸台的尺寸：直径、高度和锥角，在一已存实体平的表面上创建一凸台：圆柱体或圆锥体。创建后，凸台与原来的实体加在一起成为一体。凸台的锥角可以是正值也可以是负值。

选择“插入”→“设计特征”→“凸台”或点击特征工具条中的凸台图标，弹出如图 5-46(a)所示的对话框。基本步骤是：① 选择平的放置面，如图 5-46(b)所示；② 在对话框中输入凸台参数，即直径为 40，高度为 30，拔角为 5，点击“应用”，出现如图 5-46(c)所示定位对话框；③ 选择定位方式(垂直)后，选择目标边 1，输入 40，点“应用”，再选择目标边 2，输入 25，如图 5-46(d)所示，最后点击“确定”。

5.4.7 腔体

通过此命令可以在已存实体中创建一个型腔，即从实体上移除材料。

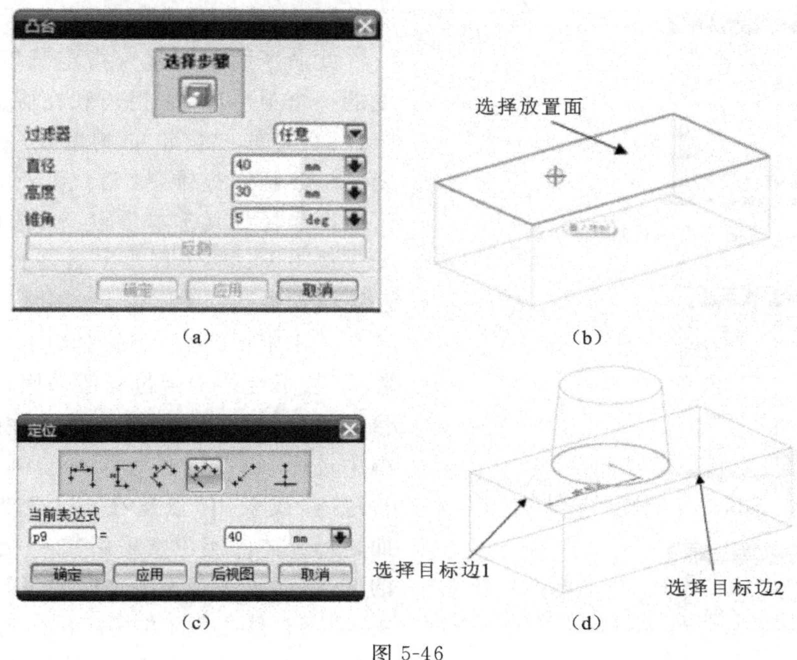

(a)　(b)

(c)　(d)

图 5-46

选择"插入"→"设计特征"→"腔体"或点击特征工具条中的腔体图标，弹出如图 5-47 所示的对话框。有 3 种类型的腔体，分别是"柱"、"矩形"、"常规"。

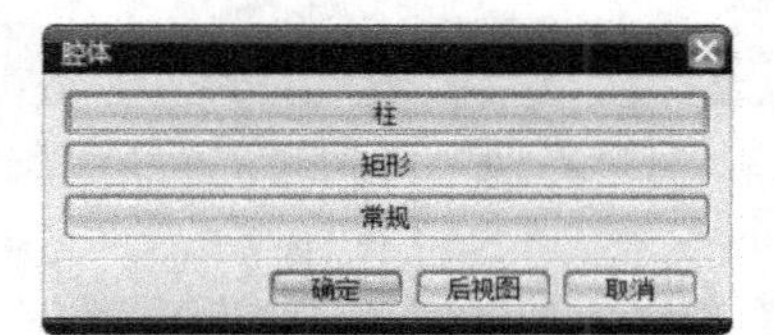

图 5-47

1. 柱腔体

柱腔体有点类似简单孔的特征，均为从实体中去除一圆柱形，但柱腔体可以控制底面半径；注意底面半径应小于柱腔体的深度。其基本步骤：① 选择柱腔体的放置平面；② 输入腔体结构尺寸；③ 定位。创建一指定深度的一个柱腔体，有或没有一倒圆的底面，有直的或拔锥的侧壁，分别如图 5-48 所示。

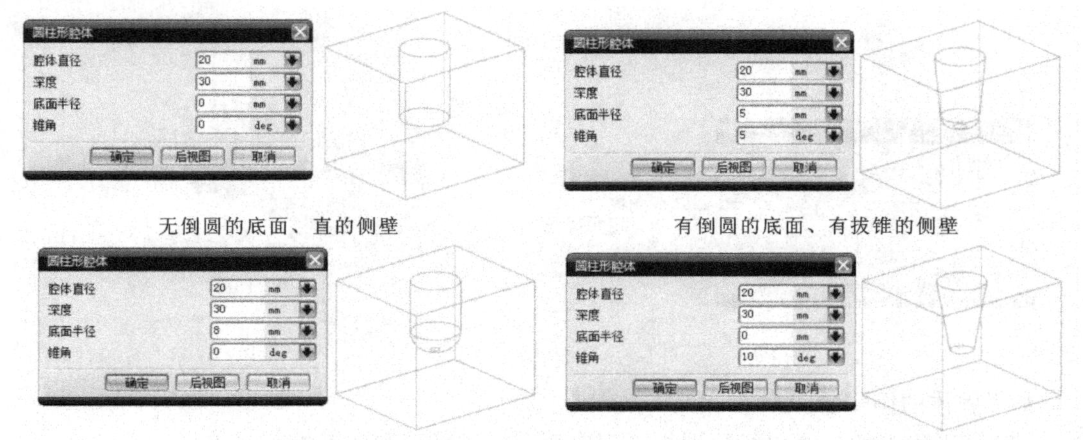

无倒圆的底面、直的侧壁　有倒圆的底面、有拔锥的侧壁

有倒圆的底面、直的侧壁　无倒圆的底面、有拔锥的侧壁

图 5-48

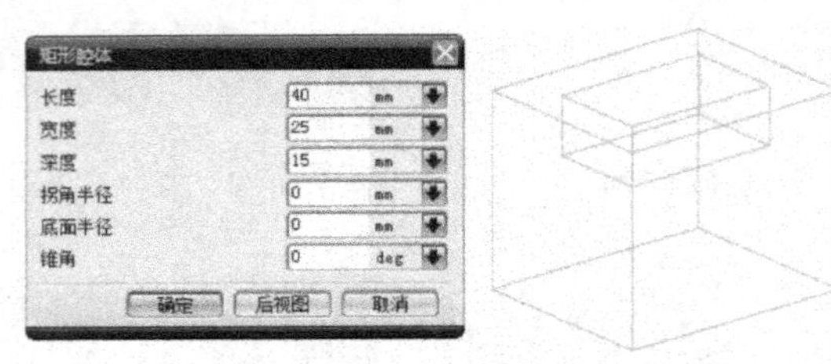

无拐角、底面半径，无拔锥的侧壁

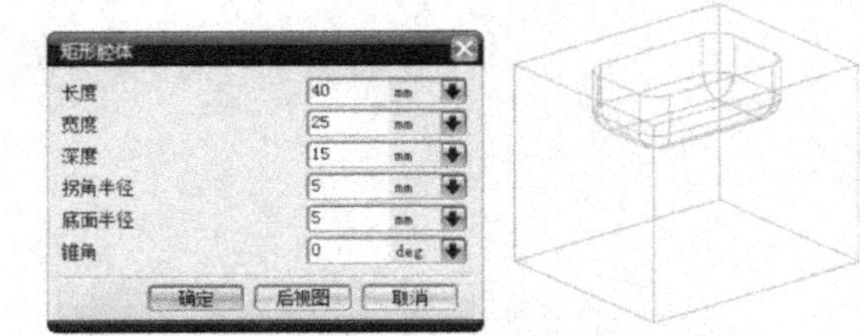

有拐角、底面半径，无拔锥的侧壁

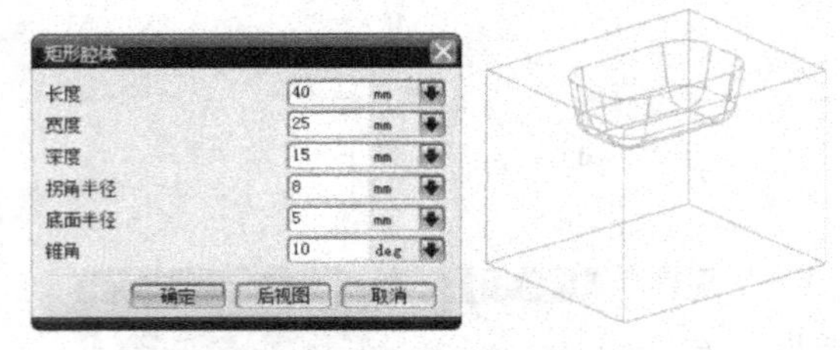

有拐角、底面半径，有拔锥的侧壁

图 5-49

2. 矩形腔体

此命令用于创建一指定长度、宽度和深度的一个矩形腔，在拐角和在底面有指定的半径，有直的或拔锥的侧壁，分别如图 5-49 所示。注意加拔锥(锥角)后，拐角半径应大于底面半径。其基本步骤：① 选择矩形腔体的安放平面；② 选择水平参考；③ 输入矩形腔体结构参数；④ 定位。

关于定位，矩形腔体的定位不同于柱形腔体，柱形腔体的定位一般采用“垂直”，选择目标边后，再选择圆形工具边，在弹出的对话框中选择“圆弧中心”，即一点到一直线的垂直距离，或采用“点落在点上”的方式定位。而矩形腔体的定位常采用“按一定距离平行”的方式，即直线与直线之间的平行距离，或采用“线落在线上”的方式定位。对圆形/锥形工具体，其定位对话框如图 5-43 所示；对矩形工具体，其定位对话框如图 5-50 所示。

3. 常规腔体

此命令用于创建一个比柱腔体和矩形腔体有更大灵活性的腔体。其主要表现在，常规腔体可以选择曲面为放置面，而柱腔体和矩形腔体只能选择平面作为放置面。常规腔体的放置面与底面的两个封闭的曲线可以不同，如图 5-51 所示的放置面(曲面)上的曲线是椭圆，而底面曲线是圆的复杂腔体。另外，常规腔体的位置是由轮廓线的投影决定的，所以不需要采用柱腔体和矩形腔体的定位方式定位，即不采用图 5-43 和图 5-50 所示的定位对话框。

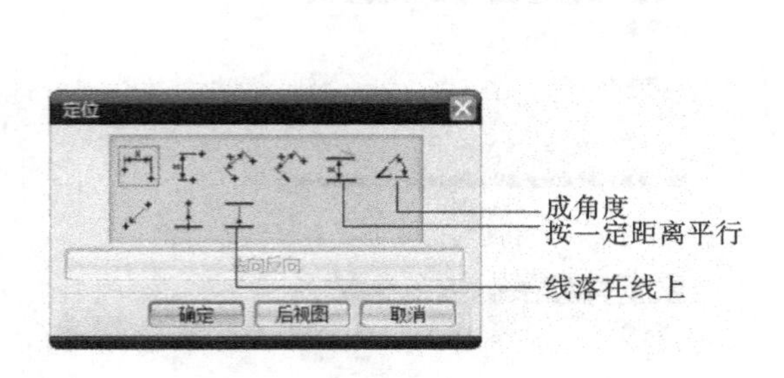

图 5-50

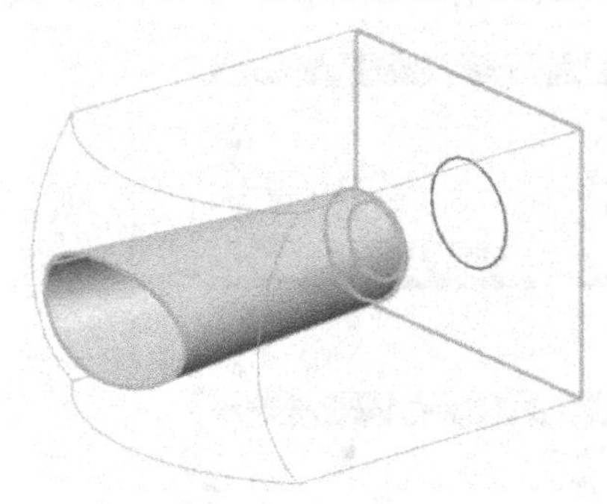

图 5-51

常规腔体的操作步骤如下。

(1) 将平面上的封闭曲线分别投影到曲面上(放置面)和底面上。

(2) 点击腔体图标，选择“常规”，弹出常规腔体对话框。

(3) 选择曲面作为放置面,确定(按鼠标中键)。以上 3 步如图 5-52(a)所示。

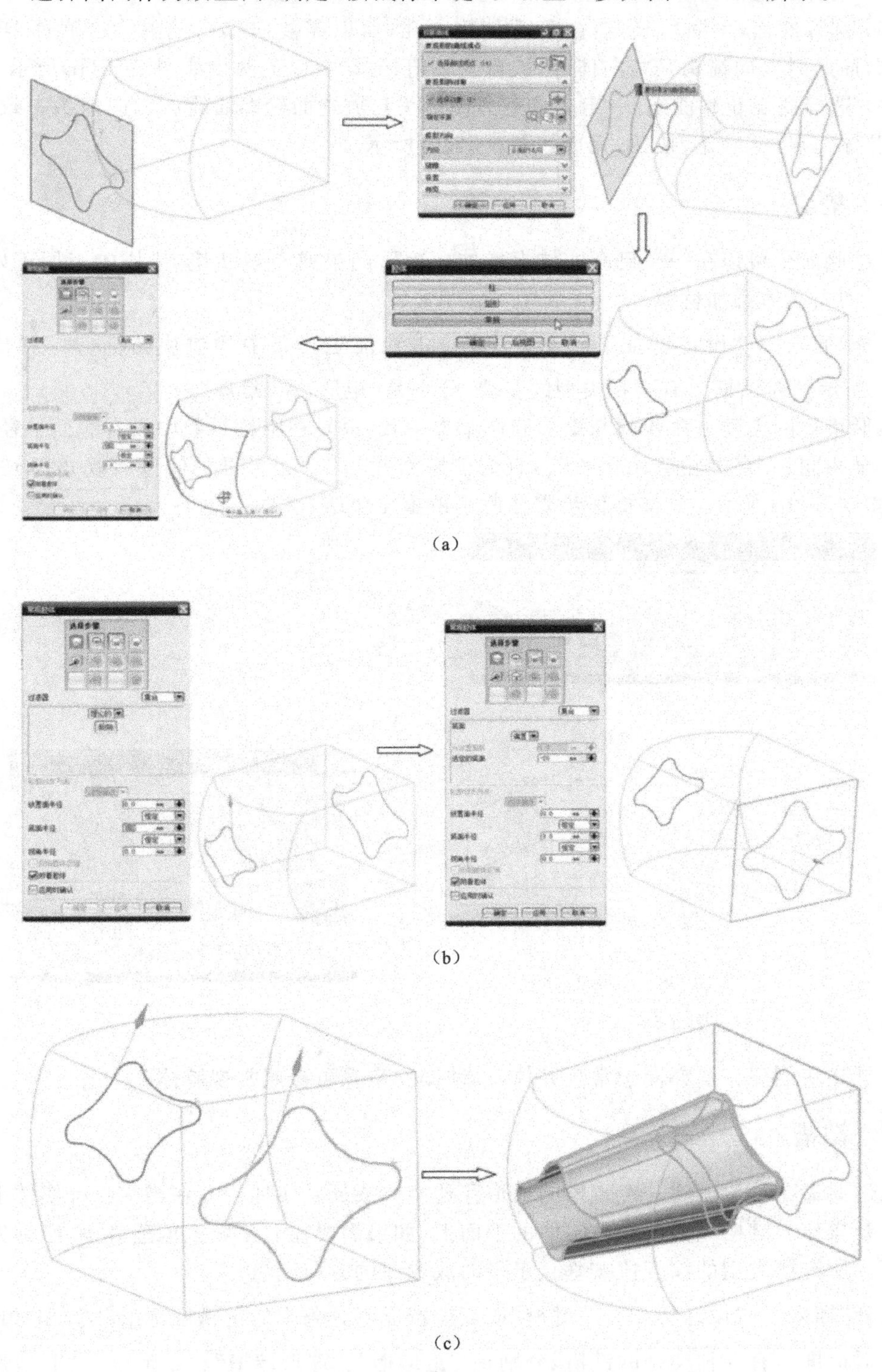
(a)

(b)

(c)

图 5-52

(4) 选择放置面轮廓(曲面上的曲线),注意选择方向,确定。

(5) 选择底面(平面),确定,由于不创建通孔,所以需要向体内偏置,在“底面”项选择“偏置”,而此时法向箭头又指向体外,故输入负值(－20);以上两步如图 5-52(b)所示。

(6) 选择底面轮廓曲线,一定要注意方向箭头与放置面轮廓曲线的方向箭头一致,勾选“附着腔体”,点击“确定”按钮,完成如图 5-52(c)所示。

5.4.8 垫块

通过此命令可以在一个已存实体上增加一矩形凸垫或常规凸垫,垫块的应用正好与腔体相反,即向实体添加材料。

选择“插入”→“设计特征”→“垫块”或点击特征工具条中的垫块图标,弹出如图 5-53(a)所示的对话框。有两种类型的垫块,分别是“矩形”和“常规”。

矩形垫块的创建方法步骤与矩形腔体基本一致,只是在结构参数中没有底面半径,其他参数完全相同。“直的侧壁无拐角”、“直的侧壁有拐角”、“有拔锥的侧壁有拐角”的三种垫块,如图 5-53(b)所示。具体操作步骤在此不再重复介绍。

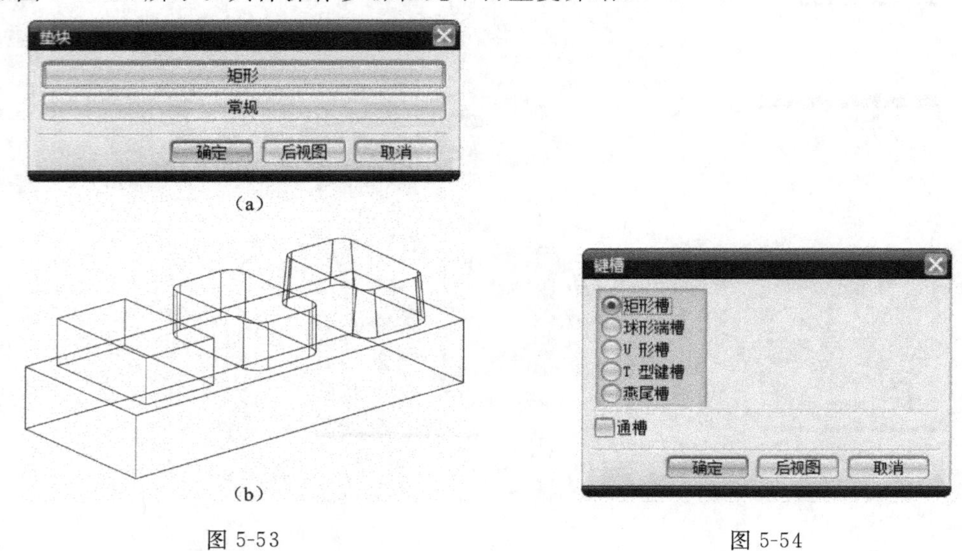

(a)

(b)

图 5-53

图 5-54

常规垫块创建方法亦同于常规腔体,具体操作步骤可参照常规腔体。

5.4.9 键槽

通过此命令可以创建一个直槽的通道穿透实体或通到实体内。在当前目标实体上自动执行求差操作。键槽只能建立在实体的平面上,如果需要在非平面上创建键槽,必须先建立基准面。所有槽类型的深度值按垂直于平面放置面的方向测量。

选择“插入”→“设计特征”→“键槽”或点击特征工具条中的键槽图标,弹出如图5-54所示的对话框。有 5 种类型的键槽,分别是 “矩形槽”、“球形端槽”、“U 形槽”、“T 型键槽”、“燕尾槽”,它们只是截面形状与相应的结构参数不同,操作步骤基本一致,如果不是通槽,槽沿长度方向的两端均为半圆形。其基本步骤：① 选择键槽类型；② 选择放置平面或基准面；③ 选择水平参考，如果是通槽，还要选择起始贯通面；④ 输入键槽的结构参数；⑤ 定位（属矩形工具体类）。以矩形通槽为例，具体操作步骤如图 5-55 所示。这 5 种类型键槽截面及对应结构参数如图 5-56 所示。

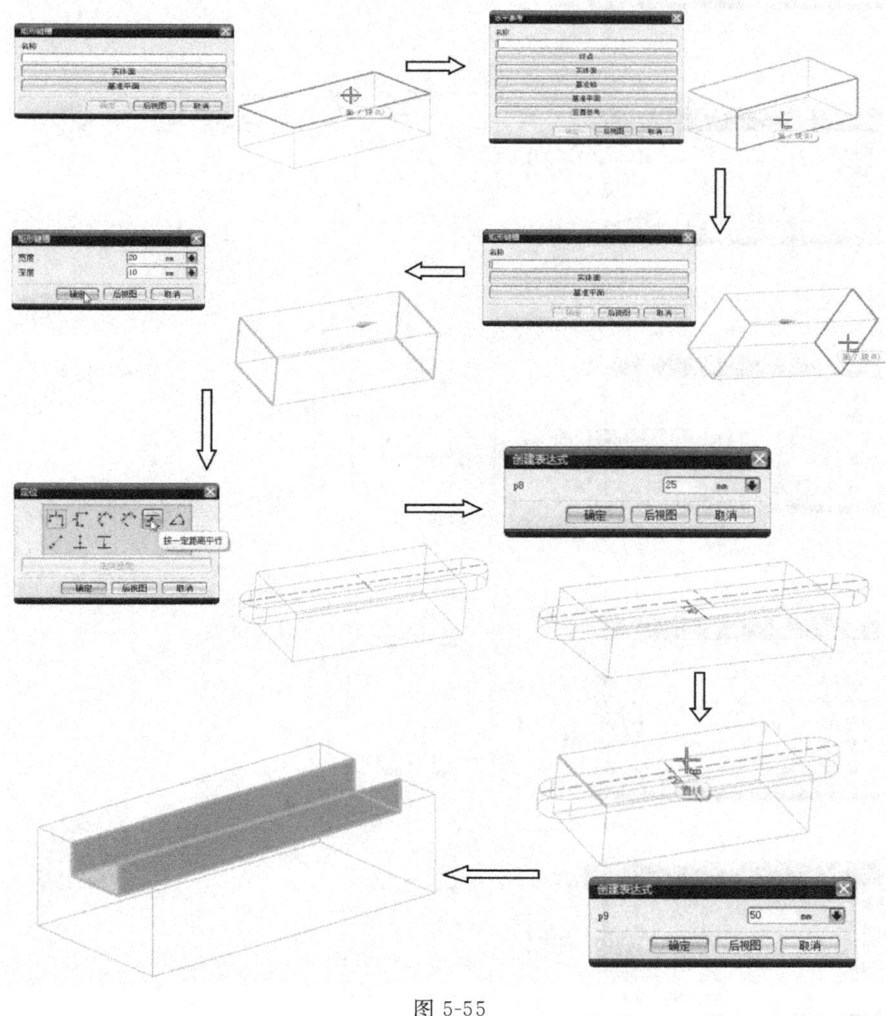

图 5-55

5.4.10　开槽

通过此命令可以在圆柱体或圆锥体上创建一个外沟槽或内沟槽，就好像一个成形刀具在旋转部件上向内（从外部定位面）或向外（从内部定位面）移动，如同车削加工。

选择“插入”→“设计特征”→“槽”或点击特征工具条中的槽图标，弹出如图 5-57(a)所示的对话框。有 3 种类型的槽：“矩形”、“球形端槽”、“U 形槽”。它们只是截面形状与相应的结构参数不同，操作步骤基本一致。基本步骤：① 选择槽的类型；② 选择放置槽的圆柱面或锥面；③ 输入槽的结构参数；④ 定位。这三种类型的内、外槽结构如图 5-57(b)所示。

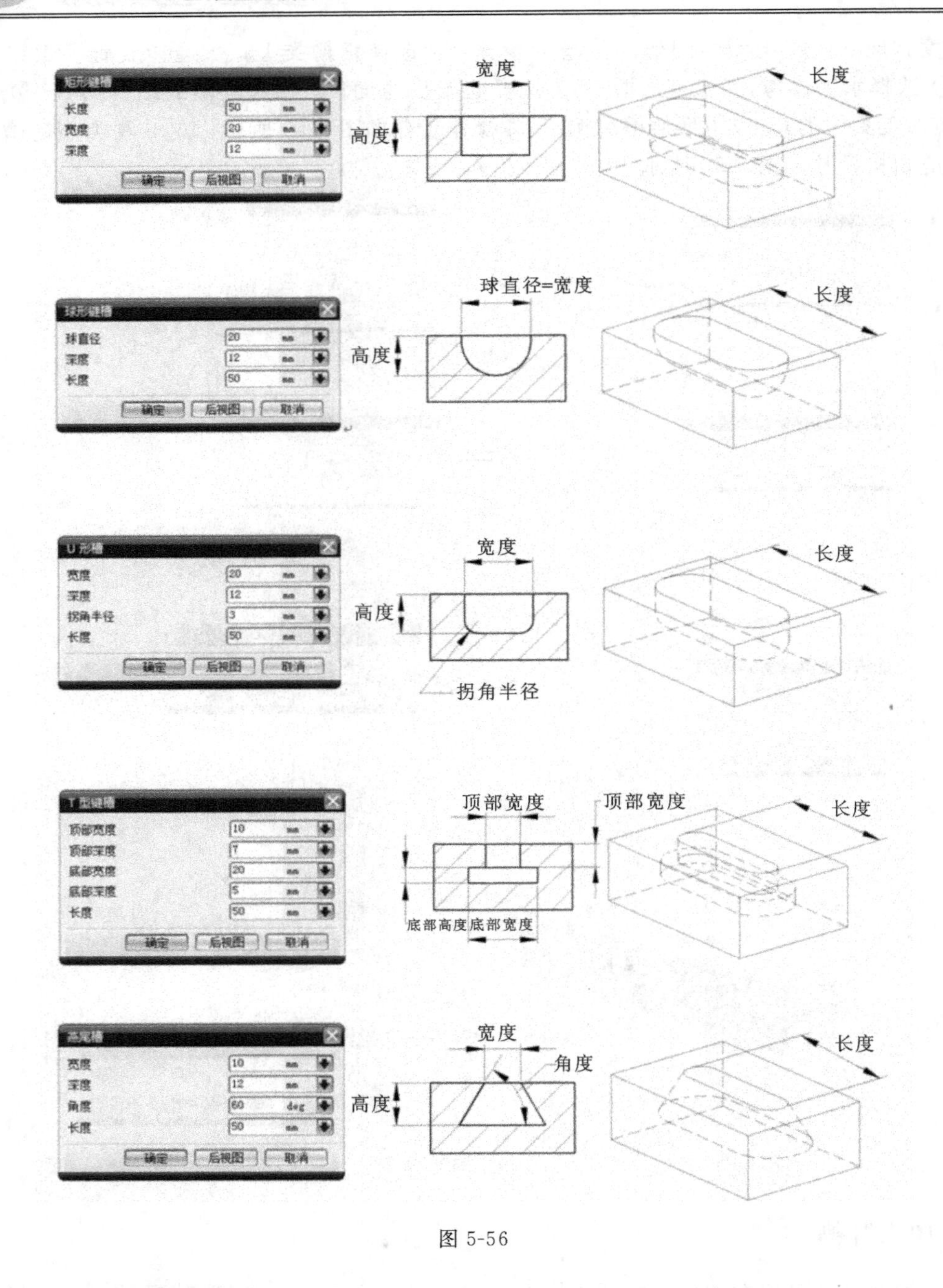

图 5-56

5.4.11 三角形加强筋

通过此命令可以沿着两个面与面的相交曲线处创建三角形加强筋特征。

选择“插入”→“设计特征”→“三角形加强筋”或点击特征工具条中的三角形加强筋图标，弹出如图 5-58 中所示的对话框。其操作步骤：① 选择第一组面；② 选择第二组面；③ 输入角度、深度、半径值，选择“方法”中的“沿曲线”，即通过曲线的方向来确定三角形加

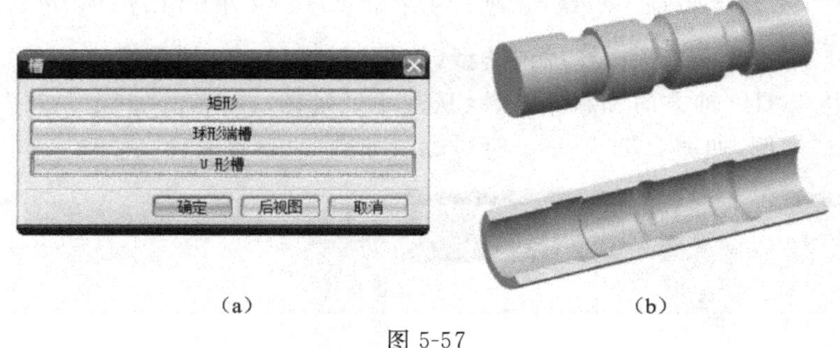

(a) (b)

图 5-57

强筋的位置，另一“方法”中的“位置”可以通过 XC、YC 和 ZC 方向的数值来确定三角形加强筋的位置。

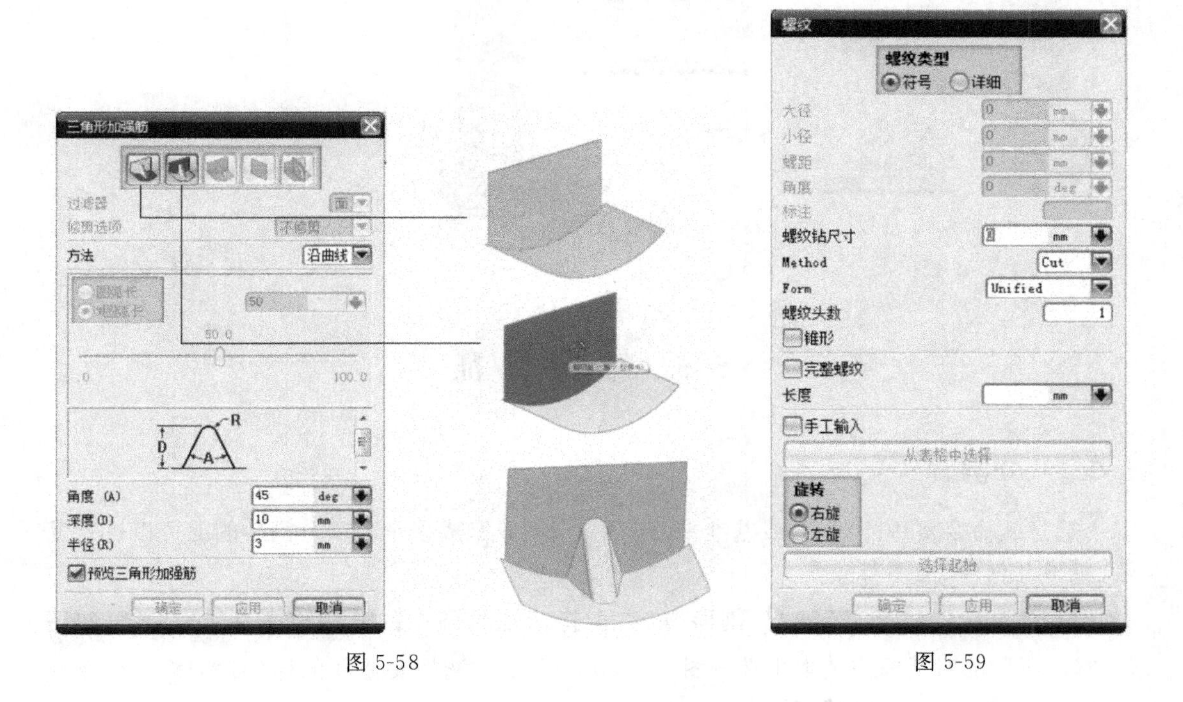

图 5-58　　　　图 5-59

5.4.12 螺纹

通过此命令可以在具有圆柱形表面的特征上创建符号螺纹或详细螺纹，这些特征包括孔、圆柱体、圆台以及圆周曲线扫掠产生的减去或增添部分。

符号螺纹：以虚线圆的形式显示在要攻螺纹的表面上，不创建螺纹的实体，创建此类螺纹的目的是在工程制图中转化为标准的简易画法。

详细螺纹：创建真实形状的螺纹，看起来更逼真，但由于其几何形状及显示的复杂性，创建和更新都需要相当长的时间，在复杂零件或装配中将影响系统的操作和显示速度，且此类螺纹在转为工程制图时不可用，因此一般不采用详细螺纹。

选择“插入”→“设计特征”→“螺纹”或点击特征工具条中的螺纹图标，弹出如图 5-59 所示的对话框。基本步骤：① 选择螺纹类型(符号或详细)；② 选择要攻螺纹的表面；③ 选择起始面；④ 检查螺纹轴方向和起始条件：从起始处延伸；⑤ 点击“确定”按钮，完成。具体步骤以详细螺纹为例，如图 5-60 所示。符号螺纹如图 5-61 所示。

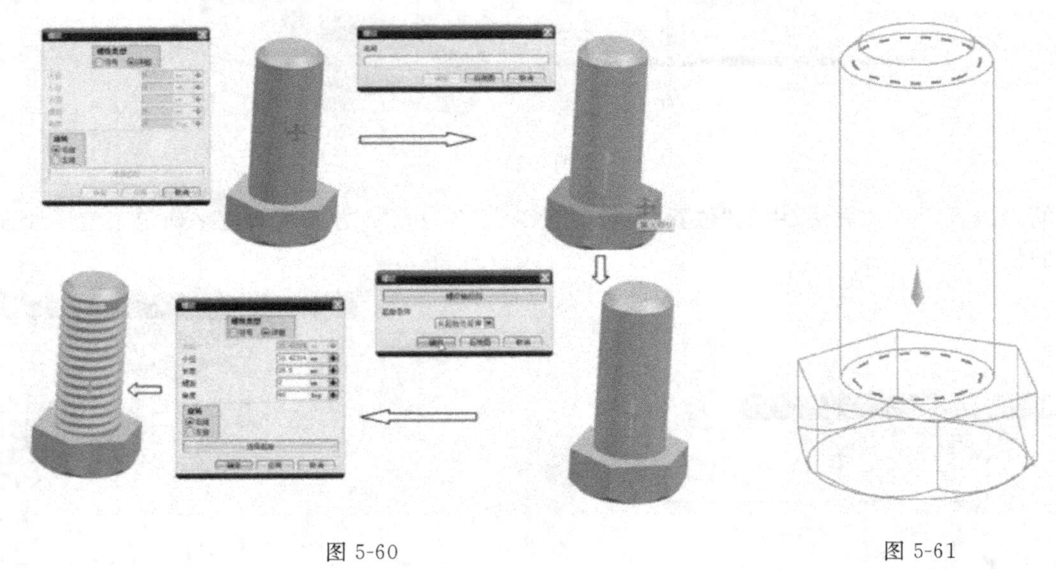

图 5-60　　图 5-61

5.5 修剪特征

5.5.1 分割面

通过此命令可用曲线、面或基准平面，将一个面分割成多个面。分割后的面可以进行复制、抽取几何体、加厚等操作。

选择“插入”→“修剪”→“分割面”或点击特征工具条中的分割面图标，弹出如图 5-62(a)所示的对话框。基本步骤如图 5-62(b)所示：① 选择要修剪的体(目标体)；② 选择片体(刀具体)；③ 点击“确定”按钮。

5.5.2 修剪体

通过此命令可以使用一个表面、基准平面、片体或其他几何体修剪一个或多个目标体。

选择要保留的体的一部分，并且被修剪的实体取得了修剪几何体的形状。一旦选择或定义了修剪几何体，显示一个法向矢量的方向，该矢量指向将被删除的实体部分。

选择“插入”→“修剪”→“修剪体”或点击特征工具条中的修剪体图标，弹出如图 5-63(a)所示的对话框。基本步骤如图 5-63(b)所示：① 选择要分割的面；② 选择边界对象(基准面)；③ 点击“确定”按钮。

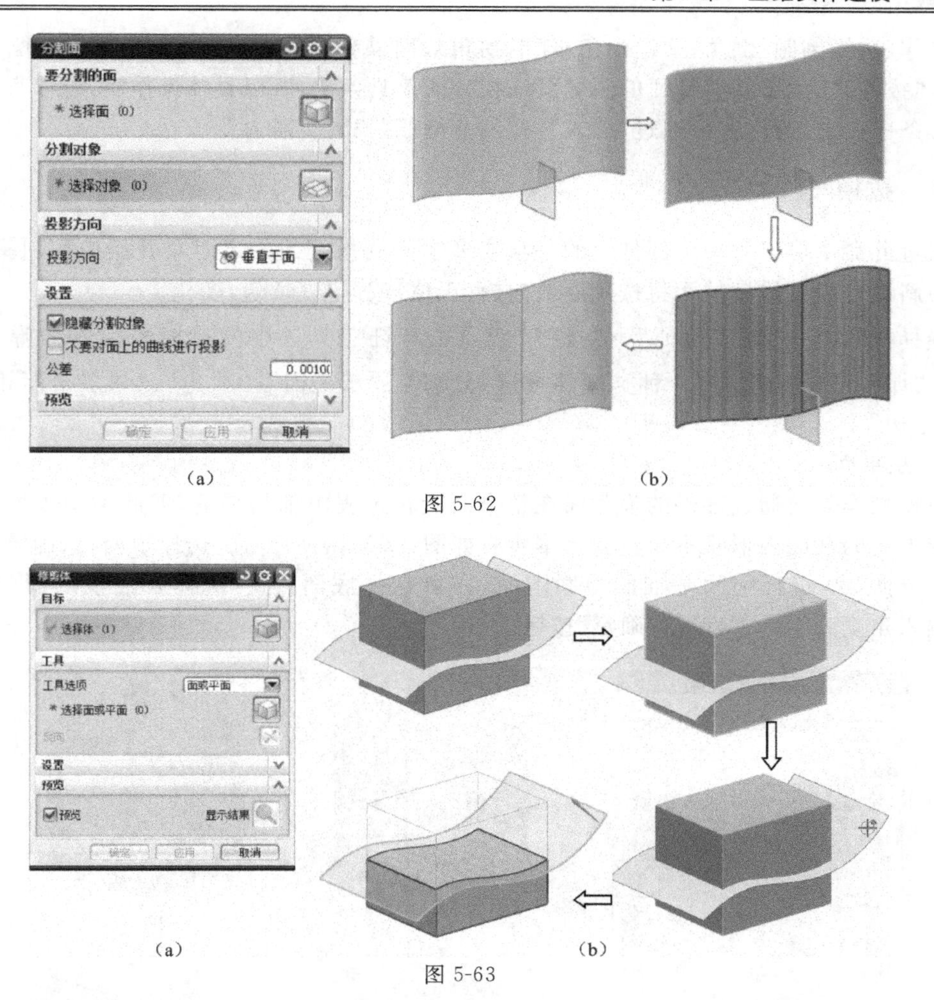

(a)　　　　　　　　(b)

图 5-62

(a)　　　　　　　　(b)

图 5-63

5.5.3　拆分体

通过此命令可用面、基准平面、片体或其他几何体将目标实体分割(拆分)成多个体。拆分后的体可进行复制、偏置等操作。

选择"插入"→"修剪"→"拆分体"或点击特征工具条中的拆分体图标。拆分体操作与修剪体操作完全一样,只是没有被删除的实体部分均保留。操作步骤在此不重复介绍。如图 5-64 所示为拆分前后的对比,拆分后体内隐藏了分割面。

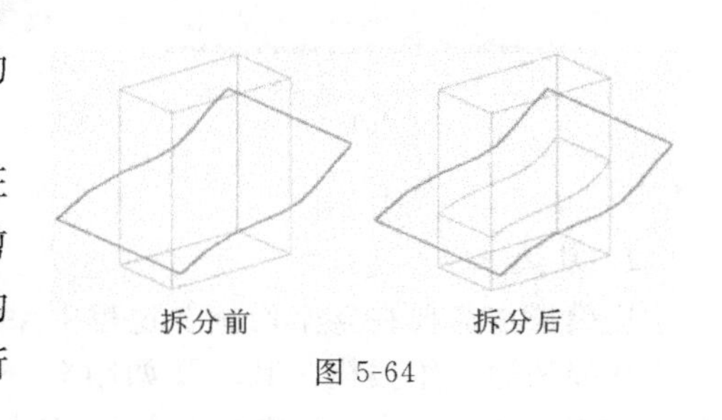

图 5-64

5.6　细节特征

细节特征是对已建好的模型进一步完善和细化,它仿真零件的精加工,这些特征包括:

边缘操作（边缘倒圆，倒角，式样拐角，球形拐角）；面操作（面倒圆，软倒圆，式样倒圆，圆角，拔锥，体拔锥）。由于细节特征的图标默认在特征工具条上，所以具体操作时，可以直接在特征工具条中点击图标，亦可通过“插入”→“细节特征”找到所需命令。

5.6.1 拔模

通过此命令可以对一个部件上的一组或多组面从指定的固定对象开始应用斜率，以产生拔模斜面。需要拔模的面将按角度值向内（正值）或向外（负值）变化。

选择“插入”→“细节特征”→“拔模”或点击特征工具条中的拔模图标，弹出如图5-65(a)所示的对话框。有4种类型的拔模，分别是“从平面”、“从边”、“与多个面相切”和“至分型边”。

1. 从平面

拔模操作需要通过部件的横截面在整个面旋转过程中都是平的，即此类型拔模在垂直于拔锥方向的截面内形状不变。其基本步骤如图5-65(b)所示：① 选择顶面，以确定该方向为拔模方向；② 选择中间基准面为固定面（亦可选择底面）；③ 选择要拔模的面（四周壁面），输入角度为10°；④ 点击“确定”按钮。

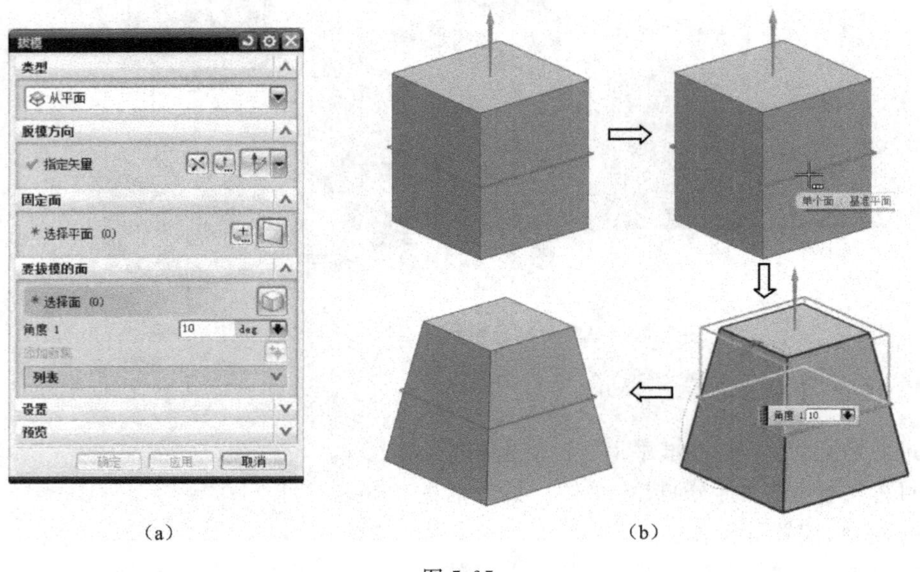

(a) (b)

图 5-65

2. 从边

拔模操作需要在整个面旋转过程中保留目标面的边缘，即此类型拔模用一指定的角度，沿一选择的边缘组拔模。其步骤如图5-66所示：① 选择顶面，以确定该方向为拔模方向；② 选择固定边缘，输入角度为10°；③ 点击“确定”按钮。

3. 与多个面相切

此类型拔模需要在拔模操作后保持要拔模的面与邻近面相切，此处，固定边缘未被固定，而是移动的，以保持选定面之间的相切约束，即此类型拔模通过给定的拔模斜度，拔锥相切于所选择表面的所有面。其步骤如图5-67所示：① 选择顶面，以确定该方向为拔模方向；② 用

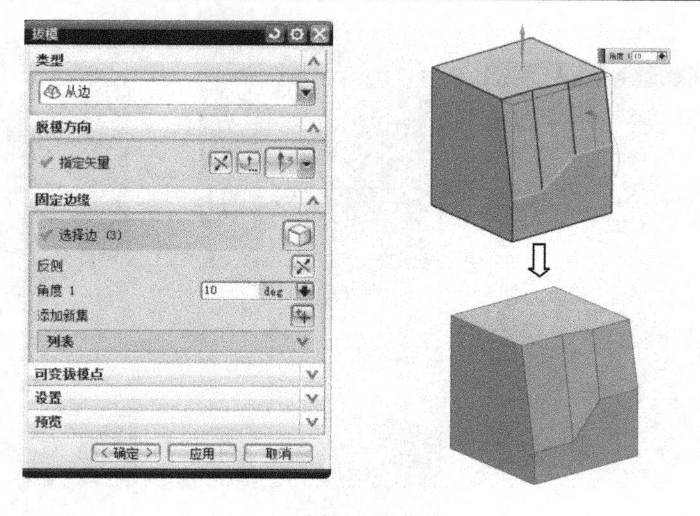

图 5-66

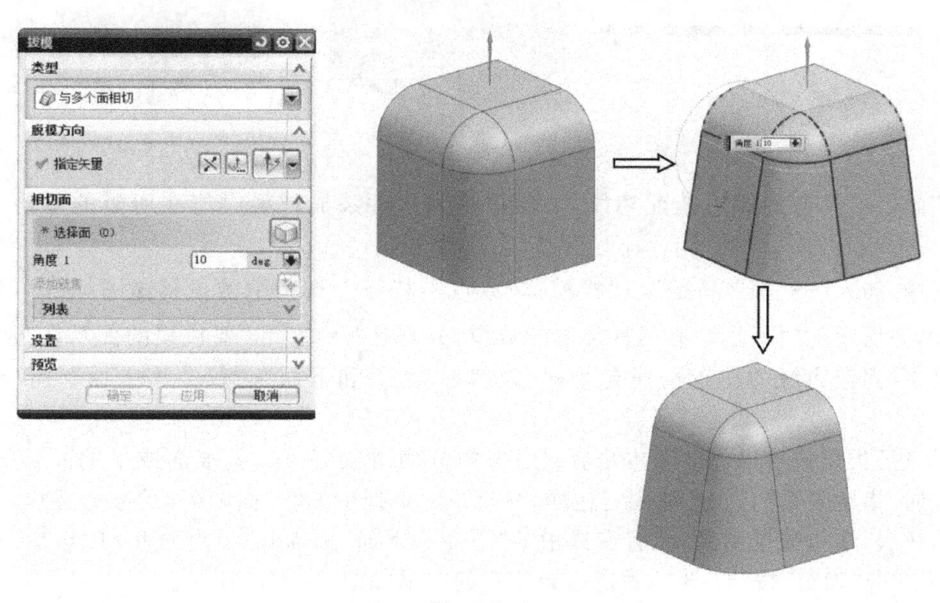

图 5-67

过滤器曲线规则中的“相切面”选择任一相切平面，输入角度为 10°；③ 点击“确定”按钮。

4. 至分型边

此种拔模操作使用指定的角度和一参考点，沿一选择的分模线拔锥。即此类型拔模主要用于分型线在一张面内的情况，对分型线的单边进行拔模，其步骤如图 5-68 所示：① 选择顶面，以确定该方向为拔模方向；② 选择分型线最低处端点所决定的平面为固定平面；③ 选择分型线；④ 点击“确定”按钮。

5.6.2　拔模体

通过此命令可以在分型曲面或基准平面的两侧对模型进行拔模。“拔模体”命令提供了

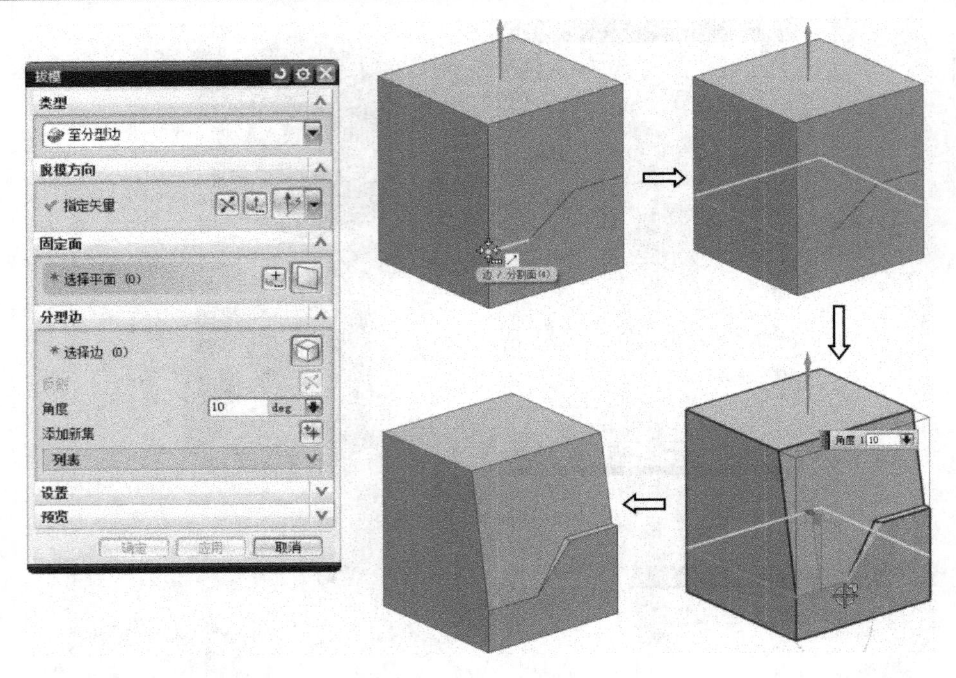

图 5-68

“拔模”命令不具备的拔模匹配功能，以便拔模为部件添加材料时能在所需的分型边缘处相交。

选择“插入”→“细节特征”→“拔模体”或点击特征工具条中的拔模体图标，弹出如图 5-69(a)所示的对话框。有两种类型的拔模，分别是“从边”和“要拔模的面”，在“从边”类型拔模中，固定边缘的位置选择有 3 种，分别是“上面和下面”、“仅分型上面”、“仅分型下面”。

“从边”类型拔模操作的基本步骤：① 选择分型对象（片体、基准面或平的面）；② 选择拔模方向（指定矢量）；③ 选择固定边缘，只有位置选择中的“上面和下面”需要选择两次，其余选择一次，输入拔模斜度，位置选择中的“上面和下面”还需在“匹配选项”中选择“完全匹配”；④ 点击“确定”按钮。3 种固定边缘位置的结果如图 5-69(b)所示。

“要拔模的面”类型拔模操作的基本步骤：① 选择分型对象（片体、基准面或平的面）；② 选择脱模方向（指定矢量）；③ 选择要拔模的面，输入拔模斜度，选择匹配选项；④ 点击“确定”按钮。“匹配选项”中“无匹配”与“完全匹配”分别如图 5-70(a)、(b)所示。

5.6.3 边倒圆

通过此命令可以按指定的半径对选定的实体棱边进行倒圆，使至少由两个面共享的边缘变光顺。其半径可以是常数或变量。倒圆时就如同沿着被倒圆角的边缘滚动一个球，同时使球始终与在此边缘处相交的各个面接触。

选择“插入”→“细节特征”→“边倒圆”或点击特征工具条中的边倒圆图标，弹出如图 5-71(a)所示的对话框。

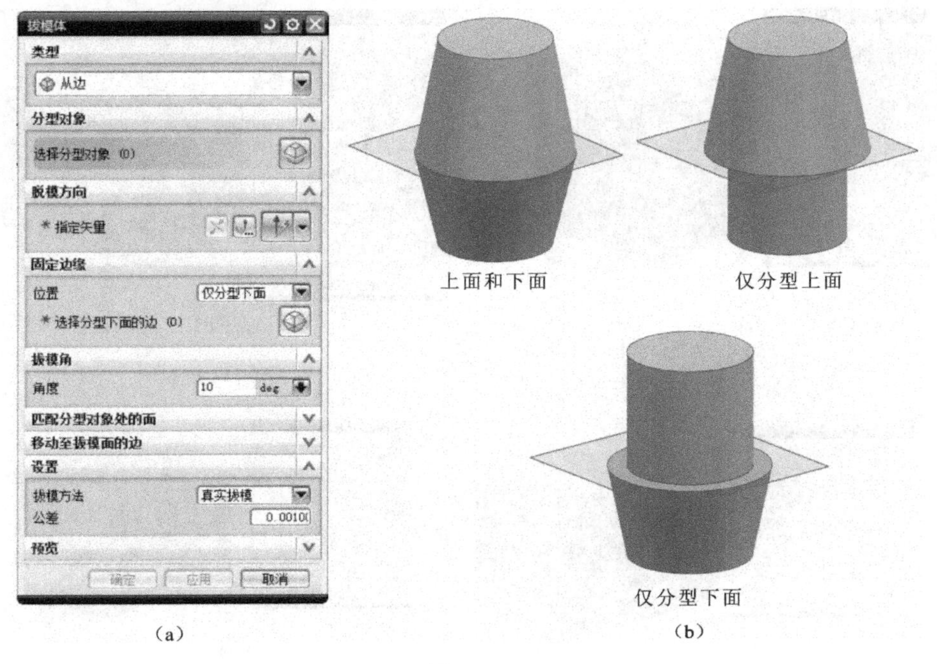

(a)　　　　(b)

图 5-69

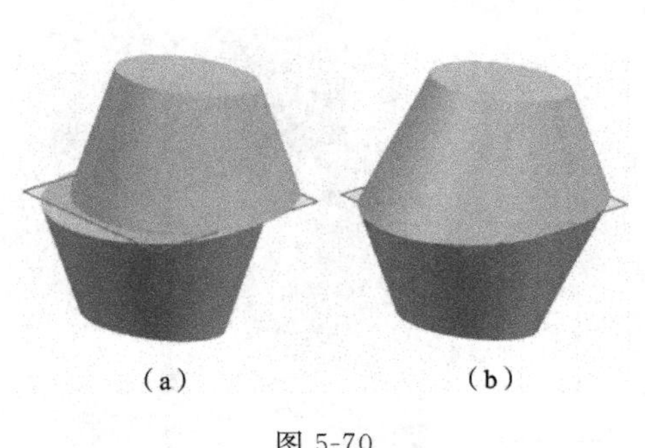

(a)　　　　(b)

图 5-70

图 5-71

1. 要倒圆的边

操作步骤：① 选择要进行边倒圆的边；② 输入圆角半径；③ 确定。如图 5-72(a)所示。

选择要进行边倒圆的边时可以选择多条边并对其设置不同的半径值同时倒圆。其操作步骤：① 选择要进行边倒圆的边，输入圆角半径；② 点击“添加新集”，在列表中出现相应半径值；③ 重复步骤②，完成多个不同半径的倒圆；④ 确定。如图 5-72(b)所示。

2. 可变半径点

此选项通过向边倒圆添加半径值唯一的点来创建可变半径圆角。操作步骤如图 5-73 所示：① 选择要进行边倒圆的边；② 将“指定新的位置”中的“自动判断的点”选择为端点；③ 点击“点对话框”，选择已选倒圆边的一个端点，输入半径值；④ 重复步骤③选择已选倒圆边的另一端点，输入半径值(两次输入不同值)；⑤ 确定。

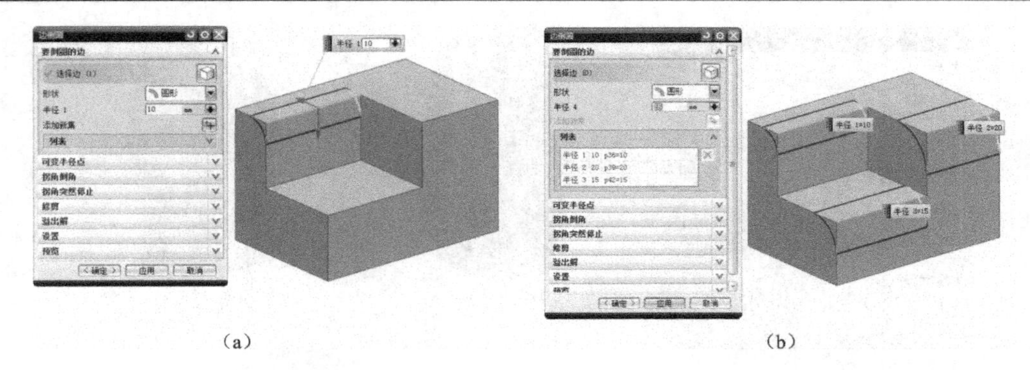

(a) (b)

图 5-72

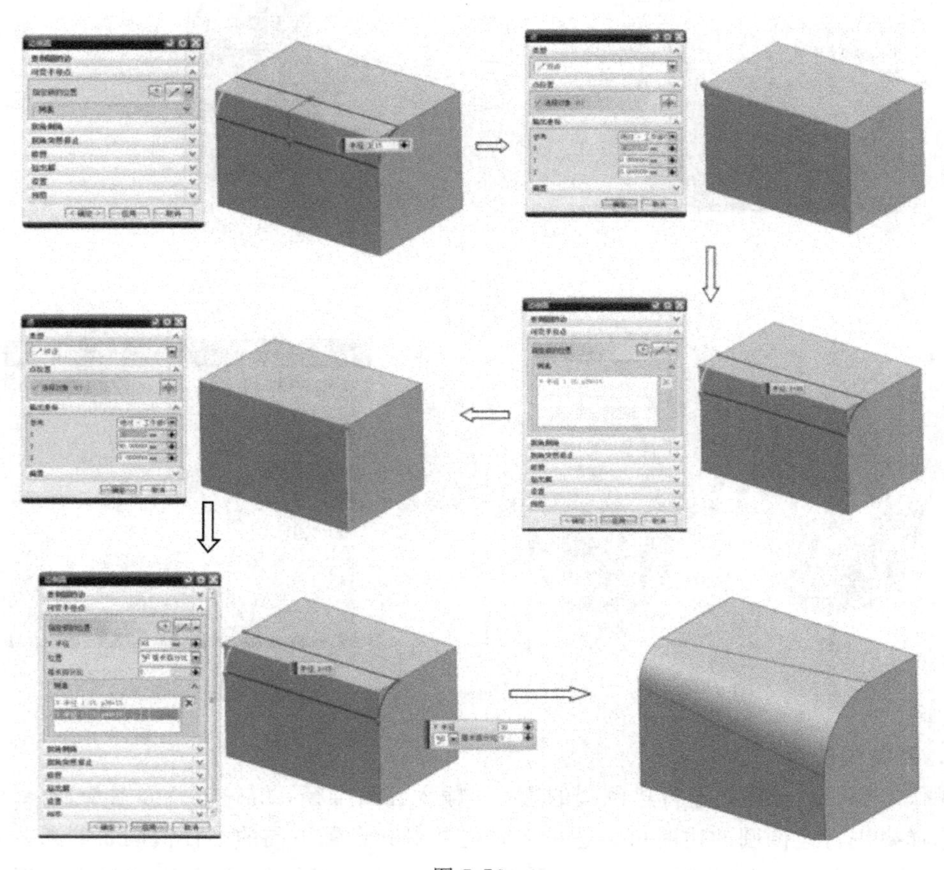

图 5-73

3. 拐角倒角

在三条线相交的拐角处进行拐角处理。基本步骤：① 选择三条边线后，切换至拐角倒角栏；② 选择端点，点击“自动判断的点”，选择三条线的交点；③ 改变三个位置的参数值来改变拐角的形状，以进行拐角处理，具体步骤如图 5-74 所示。

4. 拐角突然停止

通过输入倒圆边端点至边倒圆突然停止末端的长度，可以使某点处的边倒圆在边的末

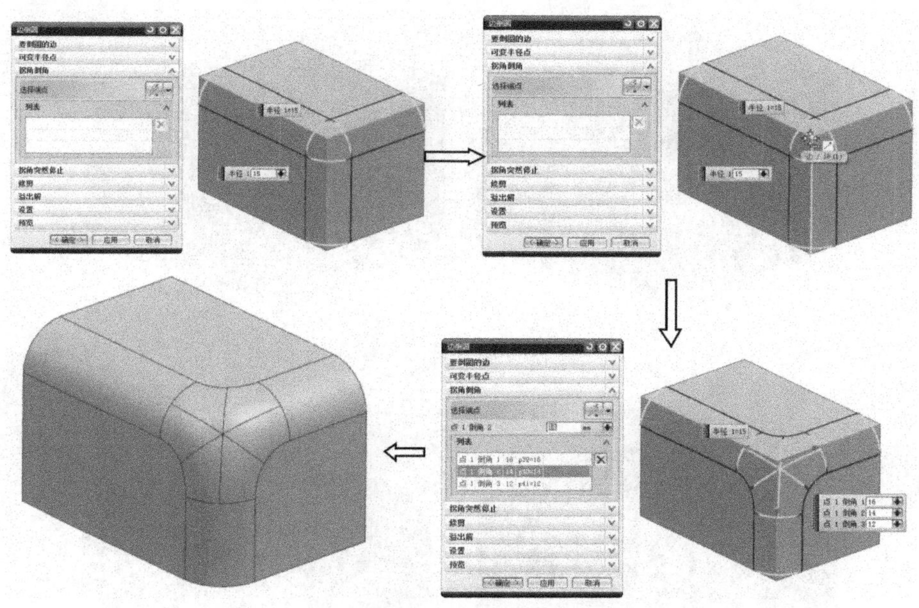

图 5-74

端突然停止，如图 5-75 所示。

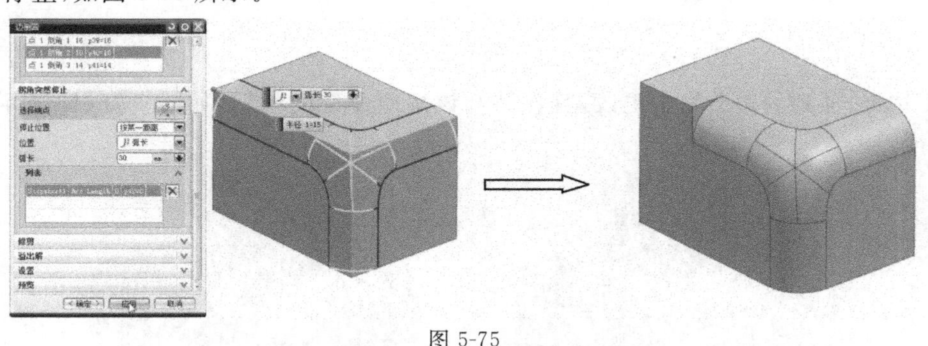

图 5-75

5. 修剪

通过修剪，可以将边倒圆修剪成明确选定的面或平面，而不是依赖软件通常使用的默认修剪面。其操作步骤：① 选择要进行边倒圆的边后，切换到修剪栏；② 勾选“用户选定的对象”选择“面”；③ 选择圆平面，注意反向；④ 点击“确定”按钮。修剪前和修剪后分别如图 5-76(a)、(b)所示。

6. 溢出解——允许的溢出解

1) 在光顺边上滚动

该操作允许圆角延伸到其遇到的光顺连接(相切)面上。选择该复选框时，会在圆角相交处生成光顺的共享边，两个圆角光滑过渡，如图 5-77(a)所示；若不选择，结果不为光顺的共享边，上面圆角不变，如图 5-77(b)所示。

2) 在边上滚动(光顺或尖锐)

该操作允许倒圆先于定义面相切前，并滚动到它遇到的任一边缘。选择该复选框时，遇到的边不更改，而与该边所在面的相切会被超前，如图 5-78(a)所示，圆柱底面不变，圆角改

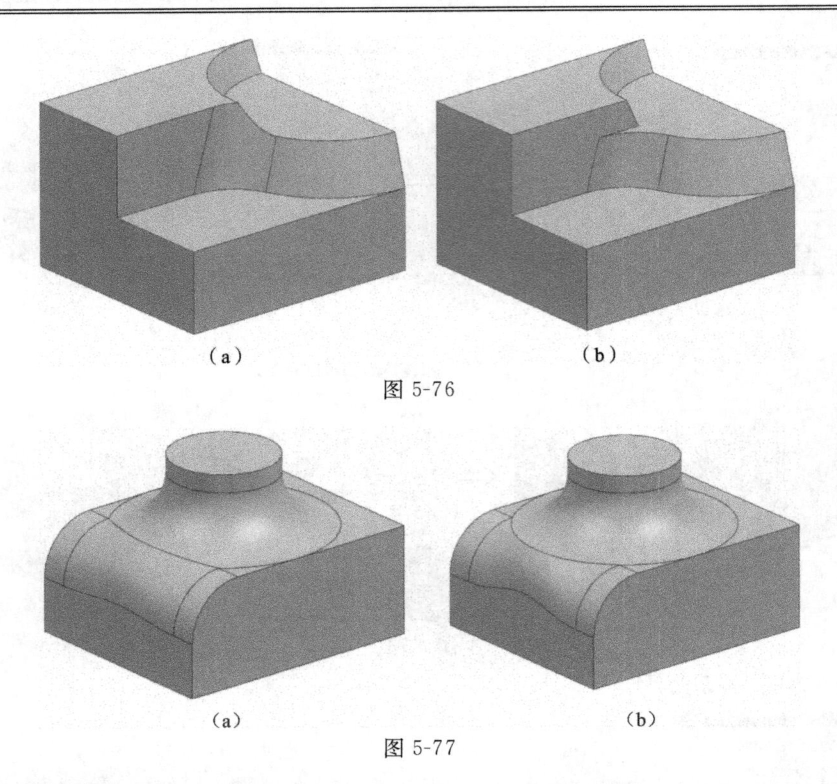

（a）（b）

图 5-76

（a）（b）

图 5-77

变；若不选择，遇到的边会发生更改，且保持与该边所属面的相切，如图 5-78(b)所示，圆角形状不变。

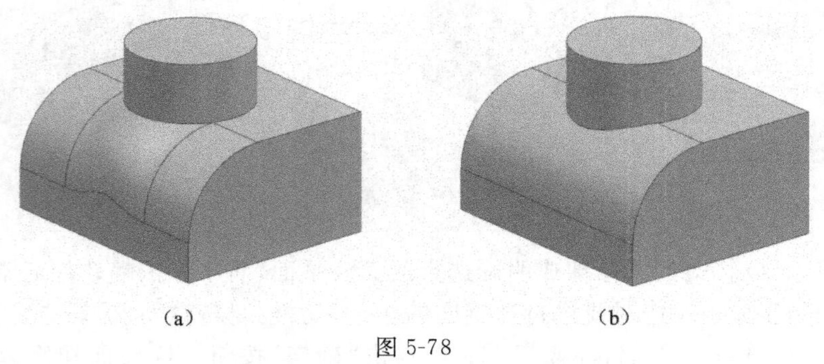

（a）（b）

图 5-78

3）保持圆角并移动锐边

该操作允许圆角保持与定义面的相切，并将任何遇到的面移动到圆角面上。如图 5-79(a)所示为选择该复选框时，倒圆过程中遇到的边缘，即圆角与缺口相遇，缺口移动到圆角面上；如图 5-79(b)所示为生成的边倒圆，保持了圆角的相切形状不变，结果相当于先倒圆角，后开缺口。

7. 设置拐角倒角

在产生拐角特征时，可以对拐角的样子进行改变。“从拐角分离”如图 5-80(a)所示，“包含拐角” 如图 5-80(b)所示。

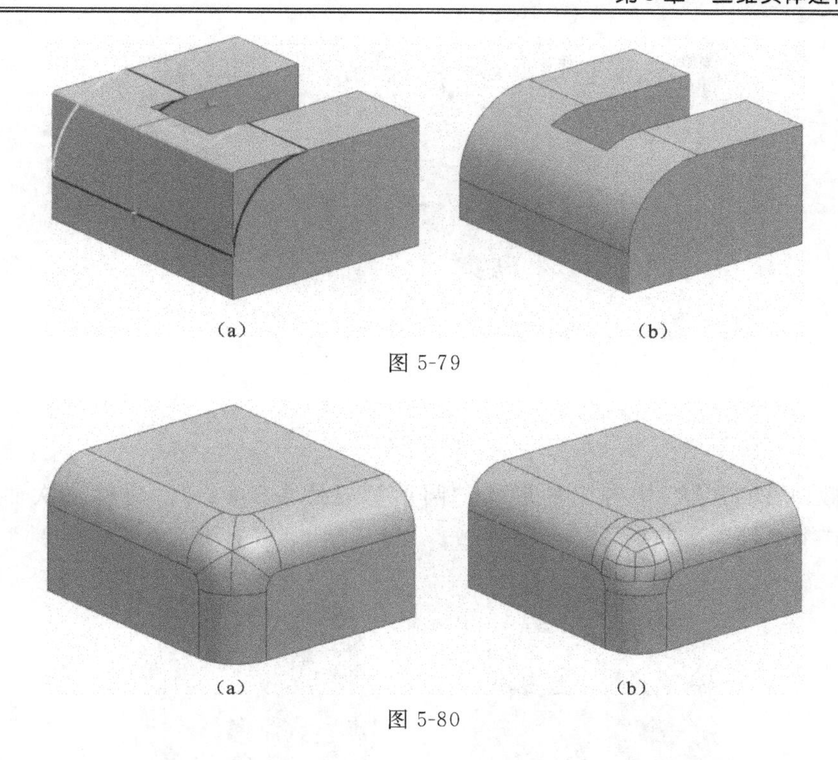

（a）　（b）

图 5-79

（a）　（b）

图 5-80

5.6.4　面倒圆

通过此命令可以创建与两组输入面集相切的复杂圆角面，用选项来修剪并附着圆角面。面倒圆可以在片体上倒圆角，也可在实体上倒圆角，其功能比边倒圆要强。

选择“插入”→“细节特征”→“面倒圆”或点击特征工具条中的面倒圆图标，弹出如图 5-81 所示的对话框。面倒圆的类型有两种：“两个定义面链”和“三个定义面链”。基本操作步骤：① 选择面链 1，注意反向，点击鼠标中键（确定）；② 选择面链 2，注意反向，点击鼠标中键（确定）；③ 选择“横截面”栏中的“截面方位”、“形状”、“半径方法”、“半径”，截面方位选择“扫掠截面”或“半径方法”选择“规律控制”时，还需选择脊线；④ 点击“确定”按钮。

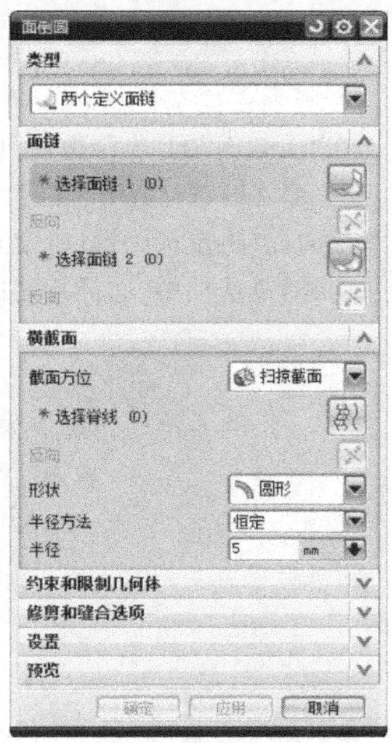

图 5-81

在“横截面”的“截面方位”中有两种截面方位：“滚球”和“扫掠截面”。

滚球：创建面倒圆，就好像与两组输入面恒定接触时滚动的球对着它一样，倒圆横截面平面由两个接触点和球心定义，如图 5-82(a)所示。

扫掠截面：沿着脊线扫掠横截面，倒圆横截面的平面始终垂直于脊线，如图 5-82(b)所示。

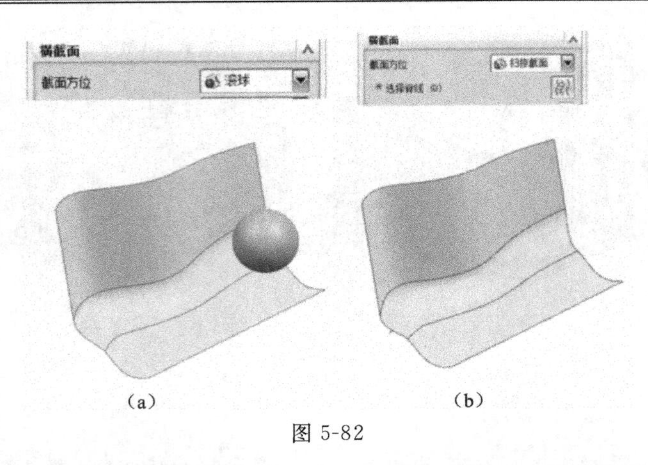

图 5-82

在“横截面”的“形状”中有三种形状：“圆形”(见图 5-83(a))、“对称二次曲线”(见图 5-83(b))和“不对称二次曲线”。

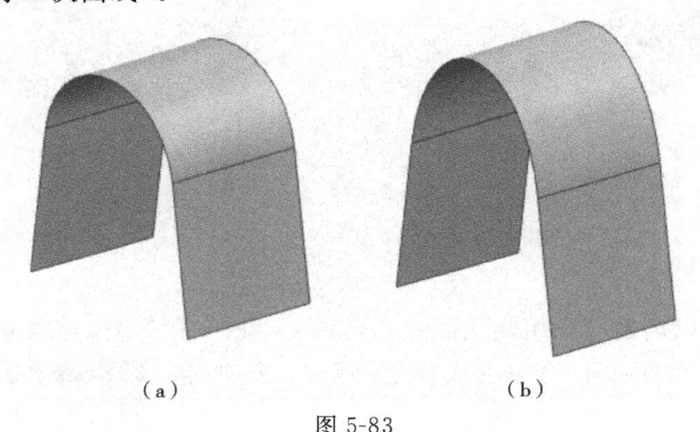

图 5-83

在“横截面”的“半径方法”中有三种半径方法：“恒定”、“规律控制”和“相切约束”，分别如图 5-84(a)、(b)、(c)所示。注意“相切约束”的操作与以上稍有不同，其步骤为：① 选择面链 1，注意反向，点击鼠标中键(确定)；② 选择面链 2，注意反向，不按鼠标中键，而是点选“约束和限制几何体”复选框中“选择相切曲线”；③ 点选面链 1 上的曲线；④ 点击“确定”按钮。

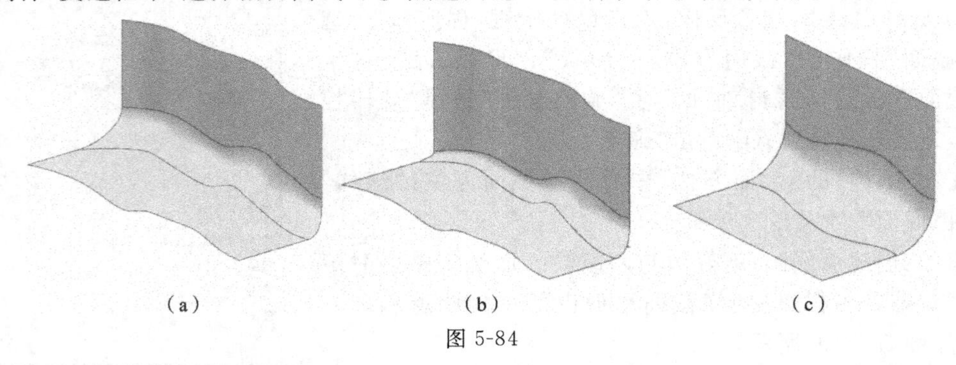

图 5-84

如果要倒圆通过一边缘代替相切到定义面组，可以选择“约束与限制几何体”复选框中的“选择重合曲线”。如图 5-85 所示，圆角半径大于台阶的高度，就需要利用重合边倒圆角。

其操作步骤与“相切约束”相似，即在第②步选择完面链2后，不按鼠标中键，而选择“约束与限制几何体”复选框中的“选择重合曲线”。

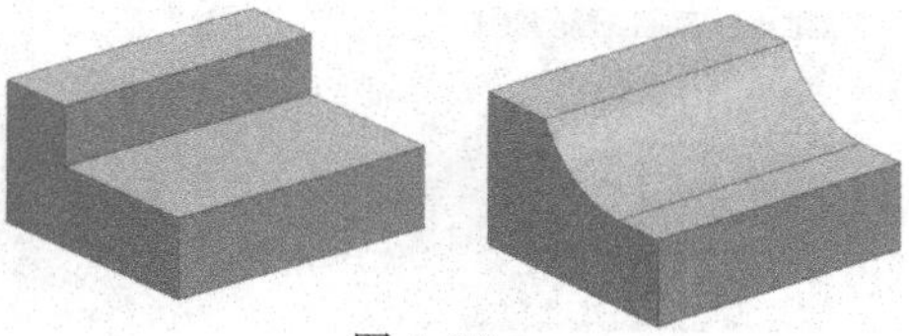

图 5-85

5.6.5　软倒圆

通过此命令可以创建非圆横截面形状的圆角，它可以避免出现有时与圆形倒圆相关的生硬的外观。该功能可以对横截面形状有更多的控制，并允许创建比其他常规类型圆角更具“审美感”和少些“呆板”的设计。软倒圆具有更好的艺术效果，能更好地满足工业造型设计的要求。调整圆角的外形还可以产生具有更低重量或更好应力属性的设计。

选择“插入”→“细节特征”→“软倒圆”或点击特征工具条中的软倒圆图标，弹出如图5-86(a)所示的对话框。基本步骤：① 选择第一组面，注意反向，确定；② 选择第二组面，注意反向，确定；③ 在第一组面上选择第一条相切曲线，确定；④ 在第二组面上选择第二条相切曲线，确定；⑤ 点击对话框中“定义脊线串”按钮；⑥ 选择模型中的脊线，确定；⑦ 勾选“应用时确认”，点击“确定”按钮。结果如图 5-86(b)所示。

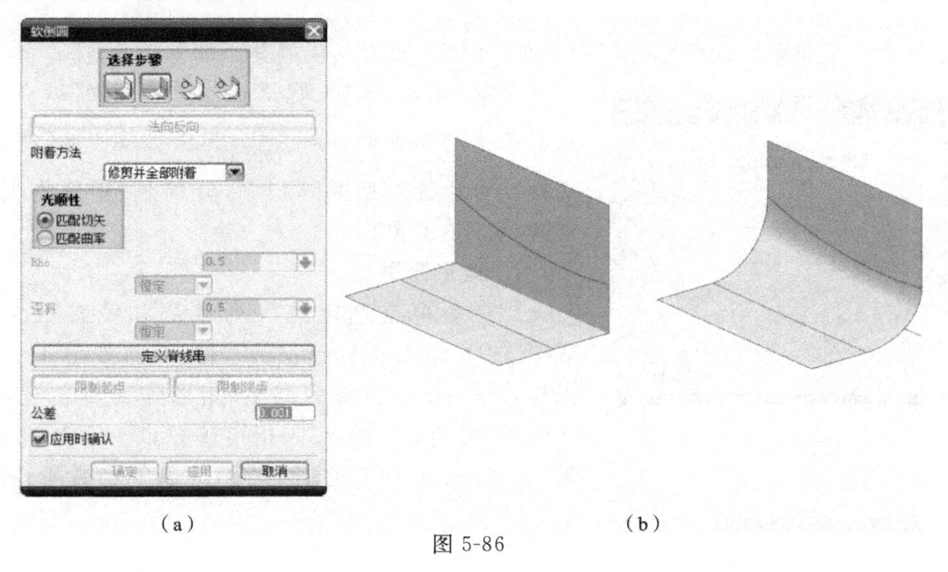

(a)　(b)

图 5-86

5.6.6　倒斜角

通过此命令可以在实体上创建简单的斜边。即在两个面之间，沿其共同的边创建“斜角”特征。

选择“插入”→“细节特征”→“倒斜角”或点击特征工具条中的倒斜角图标，弹出如图5-87(a)所示的对话框。对话框“偏置”栏中的“横截面”有三种形式，分别是“对称”、“非对称”和“偏置和角度”。倒斜角操作比较简单，在“偏置”栏的“横截面” 中选择所需形式，选择模型中的两个面之间的共同边，输入相关参数即可完成。三种方式的对比如图 5-87(b)所示。

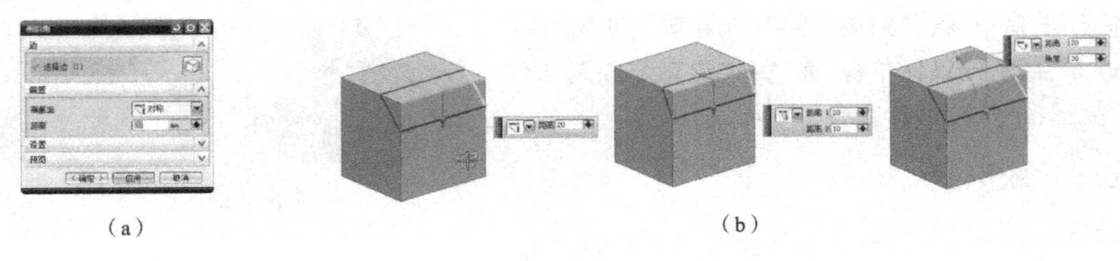

(a) (b)

图 5-87

5.7 关联复制特征

关联复制特征是指对已有特征进行的操作，是以存在的特征为依据，建立一个引用阵列，类似于拷贝，即复制特征，从而创建与原特征相同或相关联的特征。编辑特征参数后，那些改变将反映在该特征的每个引用中。注意有些特征是不能引用阵列的，如：倒圆、倒角、挖空、基准面、基准轴、拔锥等。

5.7.1 阵列面（实例特征）

此命令用于在矩形或圆形阵列中复制一组面，或将其镜像并添加到体上。

图 5-88

选择“插入”→“关联复制”→“阵列面”或点击特征工具条中的阵列面图标，弹出如图 5-88 所示的对话框。有 3 种类型的阵列面，分别是“矩形阵列”、“圆形阵列”和“镜像”。

1. 矩形阵列

该命令根据选定的阵列数量和偏置距离，沿着 WCS 的 X 向和 Y 向建立的线性阵列，如图 5-89 所示。操作步骤：① 选择阵列类型（矩形阵列）；② 选择要复制的面，确定；③ 给 X 向指定矢量；④ 给 Y 向指定矢量；⑤ 输入 X 向、Y 向行间距值及复制数量；⑥ 点击

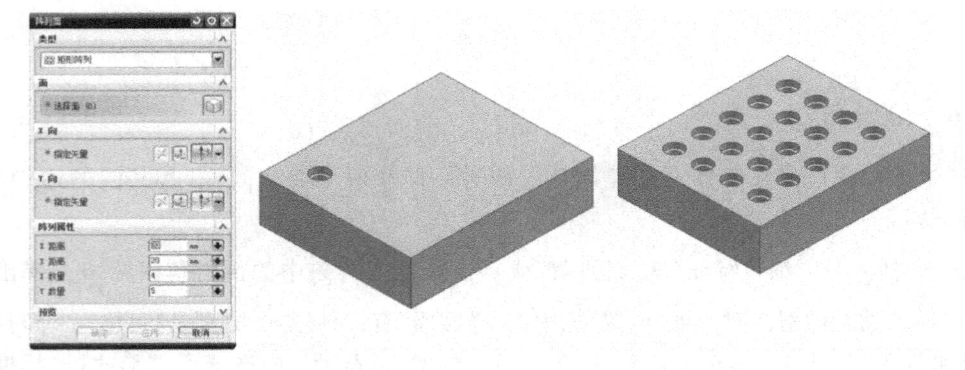

图 5-89

“确定”。

2. 圆形阵列

该命令根据选定的阵列数量和角度，绕选定的轴线，环形一周阵列所选择的特征，如图5-90所示。操作步骤：① 选择阵列类型（圆形阵列）；② 选择要复制的面，确定；③ 指定矢量（与阵列面垂直）；④ 指定圆形阵列的中心；⑤ 输入两两之间的角度值及复制数量；⑥ 点击“确定”。

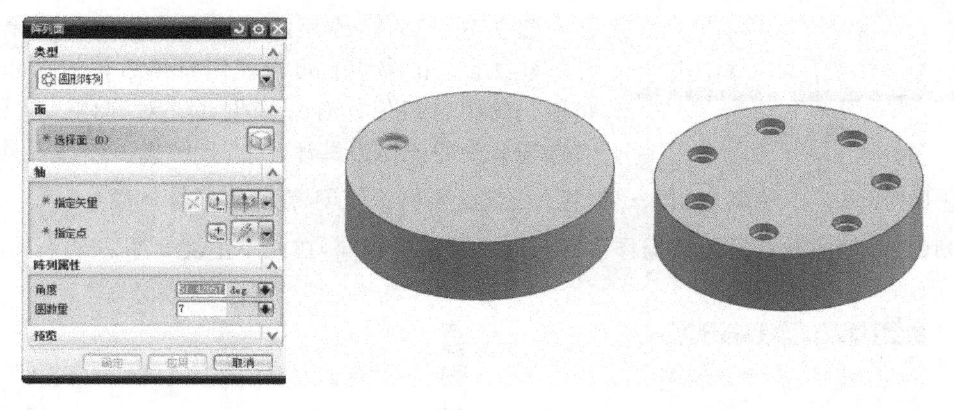

图 5-90

3. 镜像

该命令通过选定需要镜像的特征与基准面建立对称体，镜像实体与原实体和镜像基准面相关联，即如果编辑原实体和镜像基准面，镜像实体随之更新，如果删除镜像基准面，镜像实体同时删除。操作步骤：① 选择阵列类型（镜像）；② 选择要复制的面，确定；③ 选择镜像对称面或基准平面；④ 点击“确定”。结果如图5-91所示。

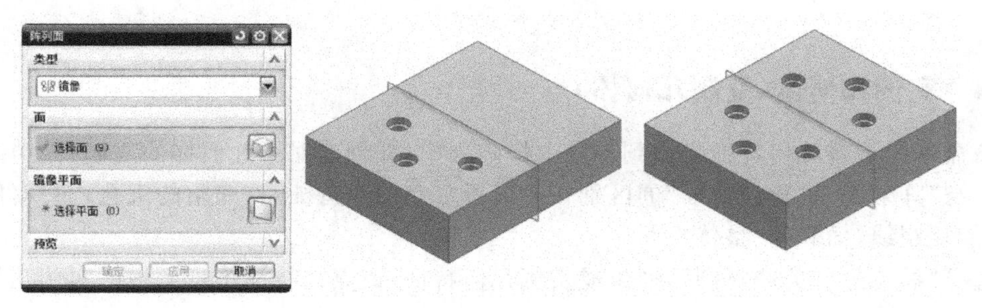

图 5-91

5.7.2 镜像特征

通过一基准面或平表面镜像选择模型上的部分特征去建立对称的模型。这个选项与以上“镜像”相似，是在一个实体内进行的。

选择“插入”→“关联复制”→“镜像特征”或点击特征工具条中的镜像特征图标，弹出如图5-92所示的对话框。其操作步骤与“镜像”基本相同，只是在选择需要镜像的特征时有所不同，“镜像”需要一个面一个面地选，因为是选择需要复制的面，如沉孔，需选择沉头柱

图 5-92

面、沉头底面和孔柱面三个面，而“镜像特征”是选择一个完整特征，一次选中整个沉孔特征。就镜像某特征而言，该命令比使用“镜像”更快捷、方便。

5.7.3 镜像体

该命令通过一基准面镜像整个体。利用这个功能从左建立右手部件，或反之。镜像特征相关到原物体，它不建立自己的参数。可以使用布尔运算的求和运算，将原先的体与镜像体合并来创建一对称体。求和运算时选择原先的体作为目标体，选择镜像体作为工具体。

选择“插入”→“关联复制”→“镜像体”或点击特征工具条中的镜像体图标，弹出如图 5-93(a)所示的对话框。其操作步骤与“镜像”基本相同，在此不重复介绍。结果如图5-93(b)所示。

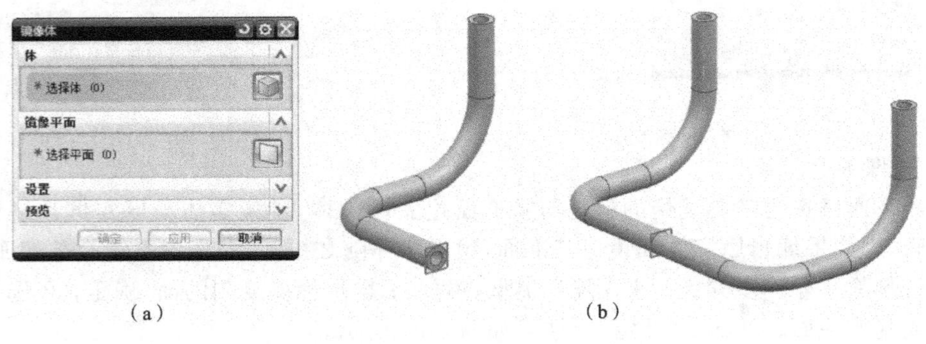

(a)　　　　　　　　　　(b)

图 5-93

5.7.4 实例几何体(复制几何体)

该命令用于将几何特征复制到各种图样阵列中，即创建对象几何体的复制，其结果是相关的。与“阵列面”、“镜像特征”的区别在于前者复制的是特征，如完整的沉孔，而“实例几何体”只能复制线、面和体(整体)。

选择“插入”→“关联复制”→“生成实例几何特征”或点击特征工具条中的实例几何体图标，弹出如图 5-94(a)所示的对话框。生成实例几何体特征的类型有 5 种，分别是：“来源/目标”、“镜像”、“平移”、“ 旋转”和“沿路径”。

1. 来源/目标

该命令用于复制一个对象从一个点(坐标系)到另一个点(坐标系)。其操作步骤：① 选择要生成实例的对象，本例选择圆台柱面；② 以点或坐标系来选择该对象的来源位置；③ 选择目标位置，即该对象复制后，未来放置的位置，仍然以点或坐标系来选择；④ 点击“确定”。过程与结果如图 5-94(b)所示。

2. 平移

该命令用于沿指定方向复制对象。操作步骤：① 选择要生成实例的对象，本例选择沉

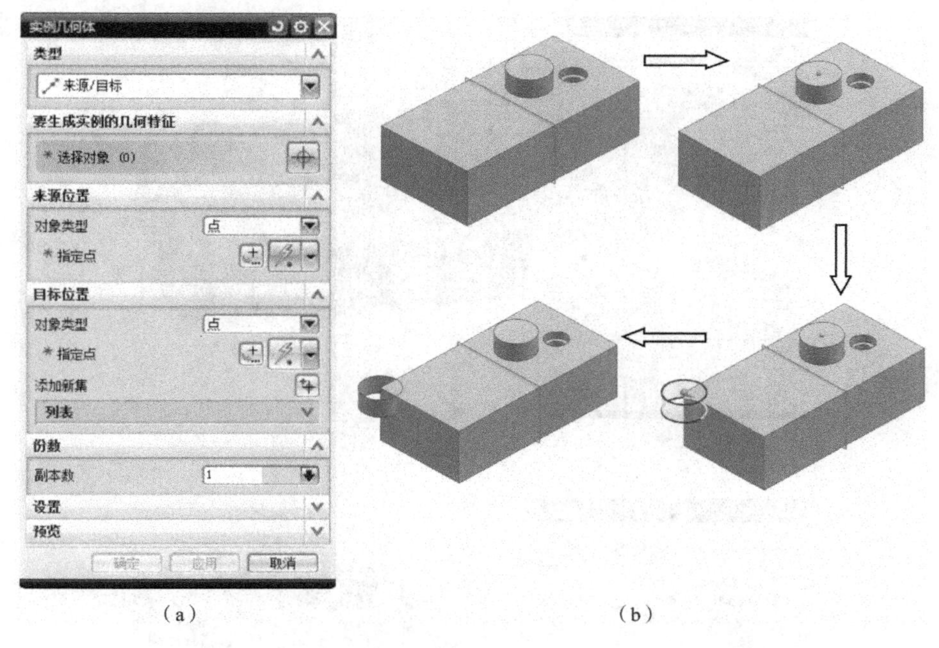

(a)　　　　(b)

图 5-94

孔的沉头柱面；② 指定方向，沿着－YC方向；③ 距离值输入20，副本数输入3(不包括原来对象)；④ 点击“确定”。结果如图5-95所示。

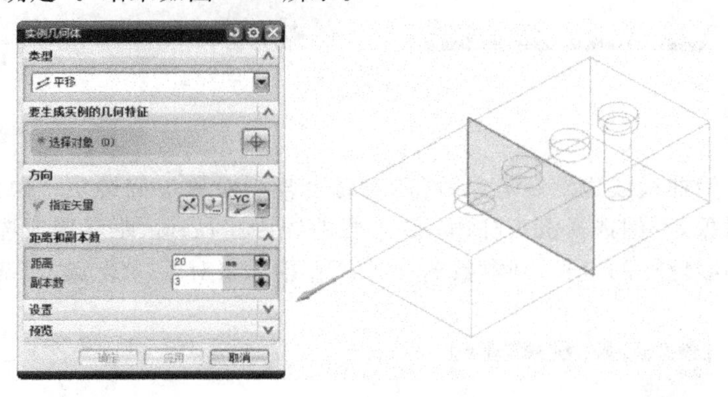

图 5-95

3. 旋转

该命令用于绕一个点旋转对象来创建实例。操作步骤：① 选择要生成实例的对象，本例选择沉孔的沉头柱面；② 指定旋转轴方向，沿着ZC方向，矢量指定点在柱形凸台中心；③ 角度值输入45°，距离值输入10(如果距离值输入0，则在垂直ZC方向的同一平面上)，副本数输入3(不包括原来对象)；④ 点击“确定”。结果如图5-96所示。

4. 镜像

基于平面镜像的一个对象。操作步骤：① 选择要生成实例的对象，本例选择凸台圆柱面；② 选定镜像平面(基准面)；③ 点击“确定”按钮。结果如图5-97所示。

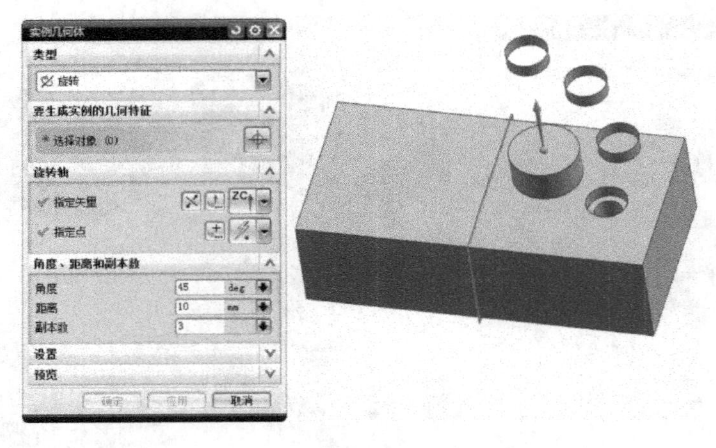

图 5-96

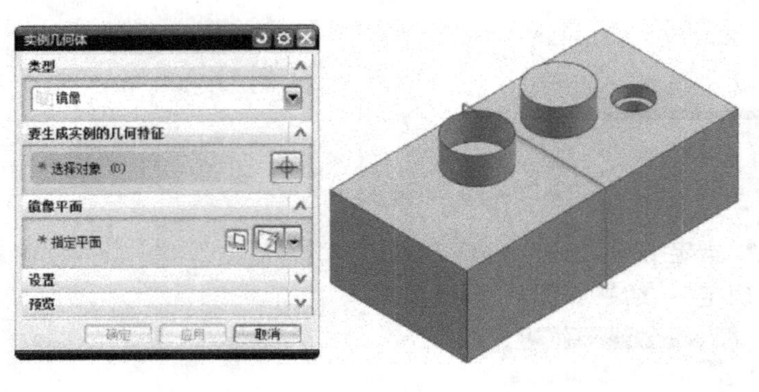

图 5-97

5. 沿路径

该命令用于沿曲线或边复制对象，可以对每个复制对象加旋转角。操作步骤：① 选择要生成实例的对象，本例选择沉头柱面；② 选择曲线为路径；③ 距离选项选择“填充路径长度”，即复制在曲线路径的全长，副本数输入 3（不包括原来对象）；④ 点击“确定”按钮。结果如图 5-98 所示。

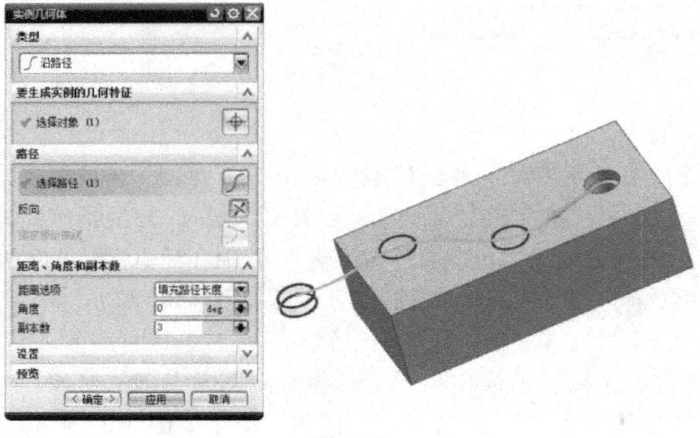

图 5-98

5.8　偏置/缩放特征

5.8.1　抽壳

通过此命令可以根据指定的壁厚值抽空实体或在其四周创建壳体。在此操作中，薄壁实体各处的厚度既可以完全相等，也可以不完全相等。

选择“插入”→“偏置/缩放”→“抽壳”或点击特征工具条中的抽壳图标，弹出如图 5-99(a)所示的对话框。操作步骤：① 选择要移除的面；② 输入厚度值；③ 点击“确定”。过程结果如图 5-99(b)所示。

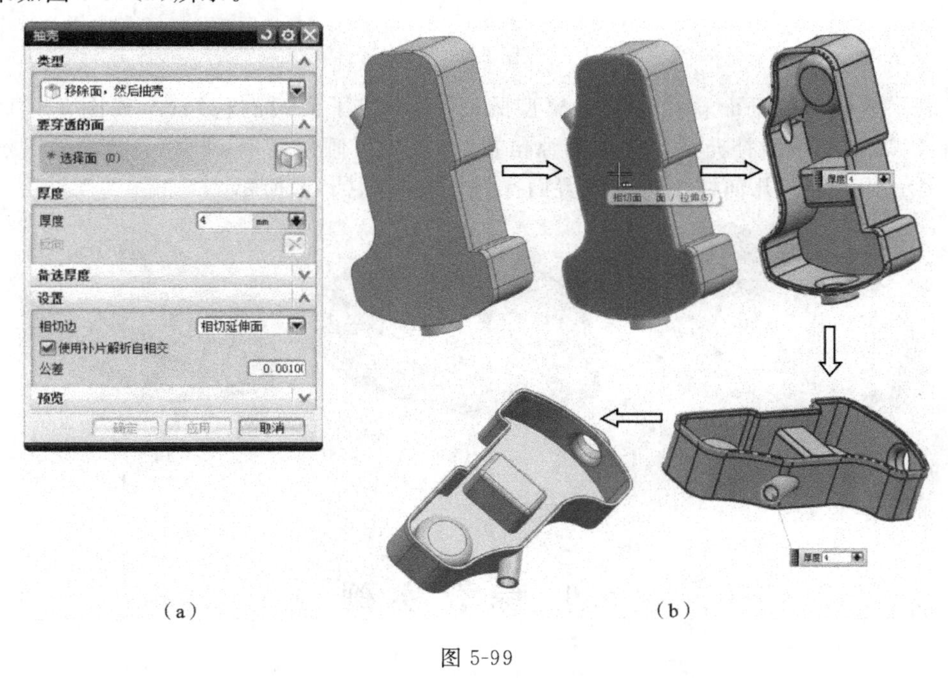

(a)　　　　　　　　　　(b)

图 5-99

5.8.2　包裹几何体

通过此命令可以利用多面体将选定的实体模型包容起来，用平面的凸多面体有效地“收缩包裹”，从而简化了详细模型，该功能常用于分析模型的包装尺寸和安装时所需占用的空间大小。

选择“插入”→“偏置/缩放”→“包裹几何体”或点击特征工具条中的包裹几何体图标，弹出如图 5-100(a)所示的对话框。操作步骤：① 选择要包裹的几何体；② 若无须分割平面，直接点击“确定”完成；若需要分割平面，则点击复选框中的“指定平面”，然后选择要分割平面，输入偏置值，点击“确定”。无分割平面的结果如图 5-100(b)所示，有分割平面，且偏置 30 mm 的结果如图 5-100(c)所示。

在“设置”复选框的“封闭间隙”中，有 3 种封闭间隙，分别是“尖锐”、“斜接”和“无偏置”。

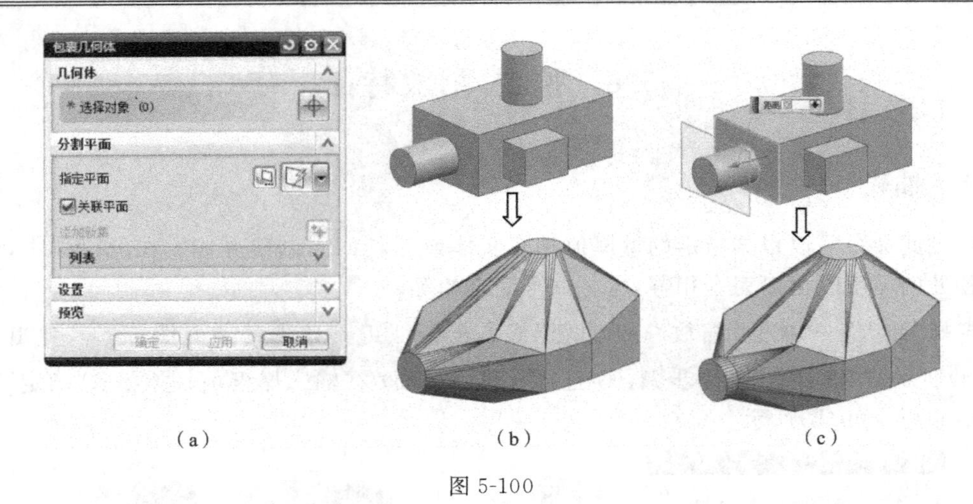

（a） （b） （c）

图 5-100

“尖锐”表示多面体的平面直接连接到模型的面，而形成了尖锐的包络面，如图 5-101(a)所示；“斜接”表示用平面补充几何体的间隙位置，而形成了倾斜的面，如图 5-101(b)所示；“无偏置” 表示对选定的几何体不进行偏置面操作，如图 5-101(c)所示。

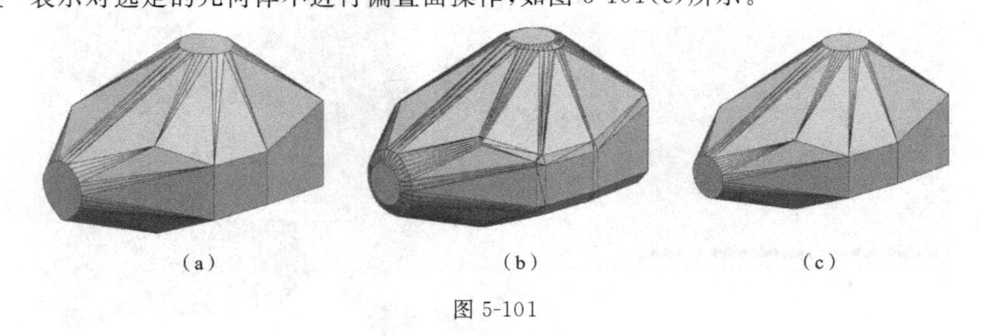

（a） （b） （c）

图 5-101

5.9 综合实例

5.9.1 实例一

1. 组合体图样

组合体图样如图 5-102 所示。

2. 模型分析

该模型以块体为主体，结构对称，其他特征有半圆孔、台阶和斜面。建模过程涉及体素特征、基准特征、镜像特征、腔体及拔模等知识点的应用。

3. 操作步骤

第一步 创建模型基础特征

1）创建长方体

选择图标 或选择“插入”→“设计特征”→“长方体”，使用“原点和边长”方法创建，输

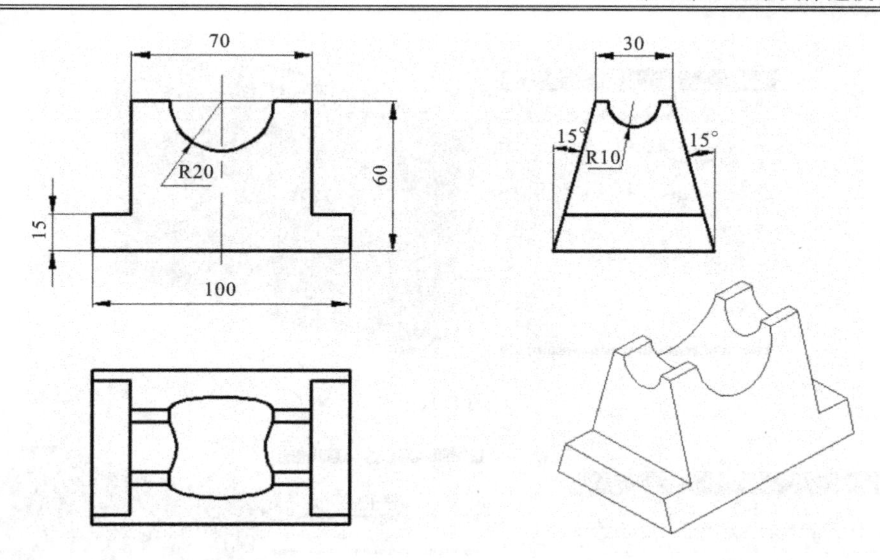

图 5-102

入尺寸参数:长度(XC)=30、宽度(YC)=100、高度(ZC)=60,如图 5-103 所示。

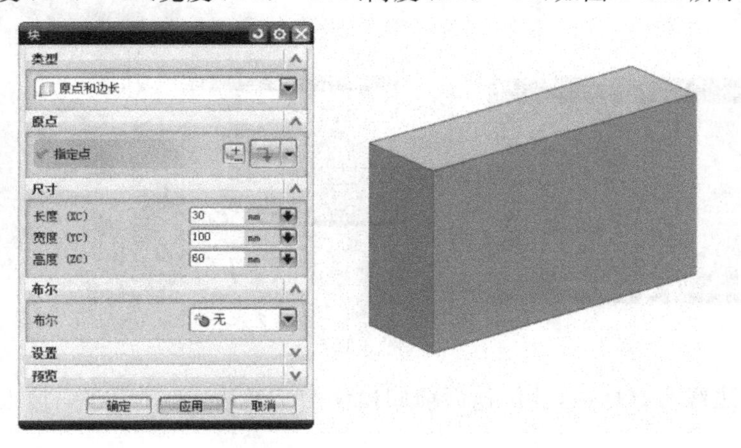

图 5-103

2) 建立相对基准面

选择图标 或选择"插入"→"基准/点"→"基准平面",使用"自动判断"类型,分别选择长方体前后和左右两个平面,建立两个二等分平面。如图 5-104 所示。

第二步　创建台阶、半圆孔特征

1) 创建台阶

(1) 创建腔体特征　选择图标 或选择"插入"→"设计特征"→"腔体",弹出对话框后,选择"矩形"。选择块体顶面为放置面,选择块体左侧面为水平参考。弹出"矩形腔体"对话框,输入参数:长度=30、宽度=15、深度=45,如图 5-105 所示。

(2) 定位　在弹出的"定位"对话框,选择"按一定距离平行" 方式定位,选择块体顶面左侧边缘为目标边,腔体顶面左侧边缘为工具边,在对话框中输入 0;用同样方式定位,选择

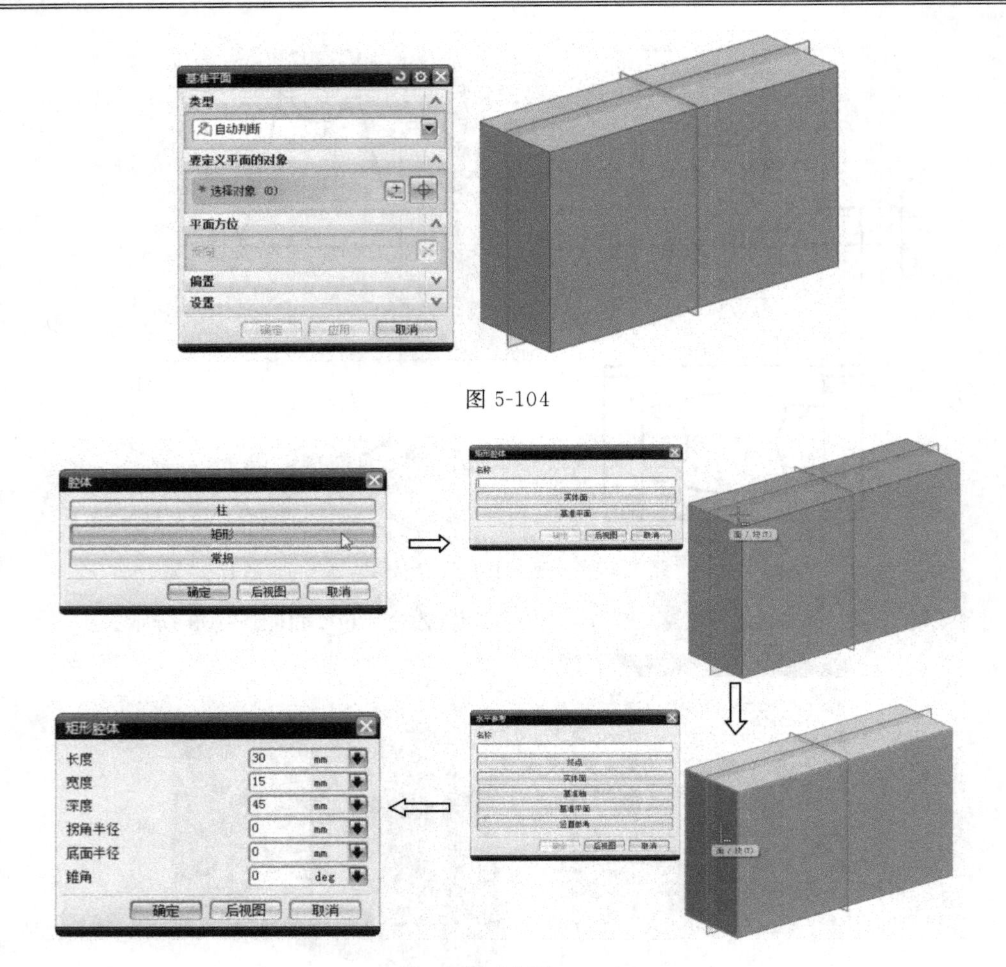

图 5-104

图 5-105

块体顶面前侧边缘为目标边，腔体顶面前侧边缘为工具边，在对话框中输入 0。如图 5-106 所示。

(3) 镜像特征　选择图标或选择“插入”→“关联复制”→“镜像特征”，弹出对话框后，选择块体的左边腔体，按鼠标中键确定，再选择基准面，按鼠标中键确定，如图 5-107 所示。

2) 创建半圆孔

(1) 创建腔体特征　选择图标或选择“插入”→“设计特征”→“腔体”，弹出对话框后，选择“柱”。选择块体前面为放置面，在弹出的“圆柱形腔体”对话框中，输入参数：直径＝40、长度＝30，如图 5-108 所示。

(2) 定位　在弹出的“定位”对话框中选择“垂直”方式定位，选择块体顶面前侧边为目标边，选择圆柱形腔体边缘为工具边，在弹出的“设置圆弧的位置”对话框中选择“圆弧中心”后，在对话框中输入 0；采用同样方式定位，选择块体前面基准面为目标边，选择圆柱形腔体外圆边为工具边，在弹出的“设置圆弧的位置”对话框中选择“圆弧中心”后，在对话框中输入

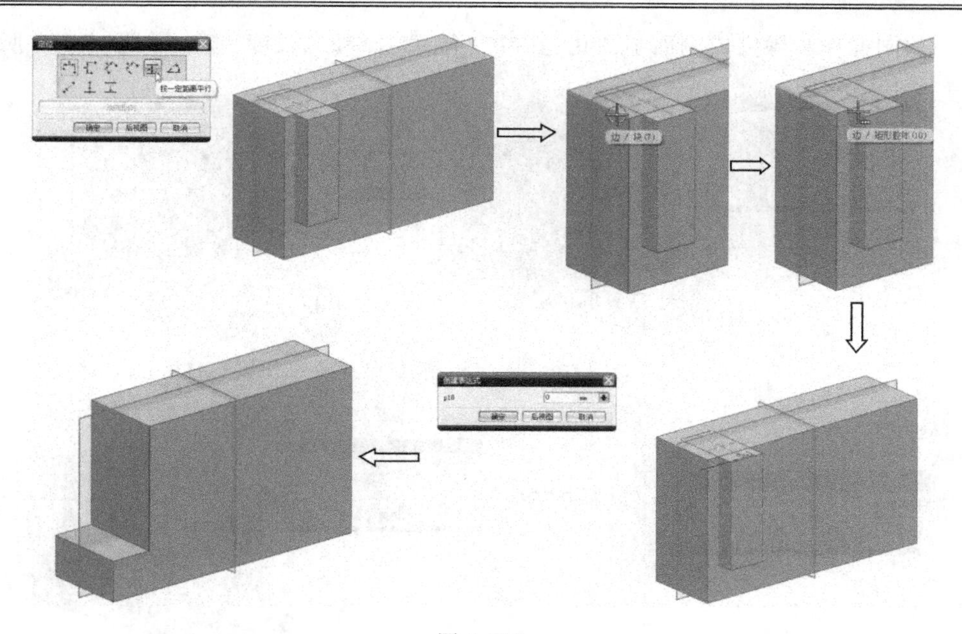

图 5-106

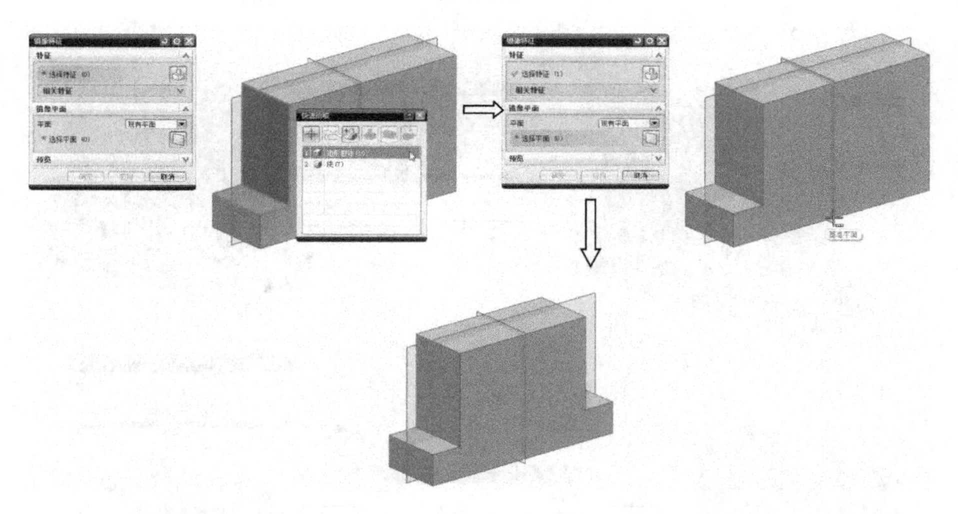

图 5-107

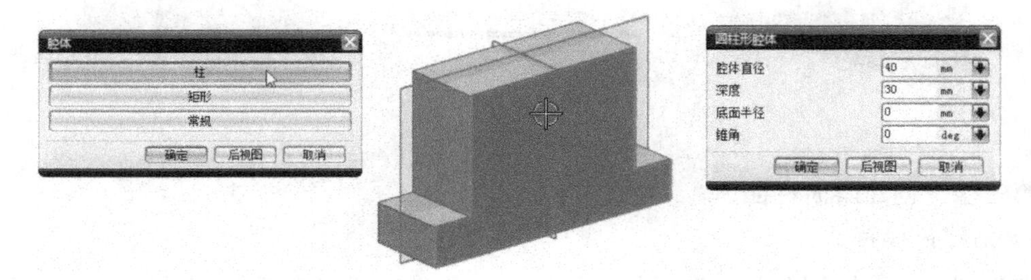

图 5-108

0。采用相同操作步骤完成侧面半圆孔，其参数为：直径＝20、长度＝70。如图 5-109 所示。

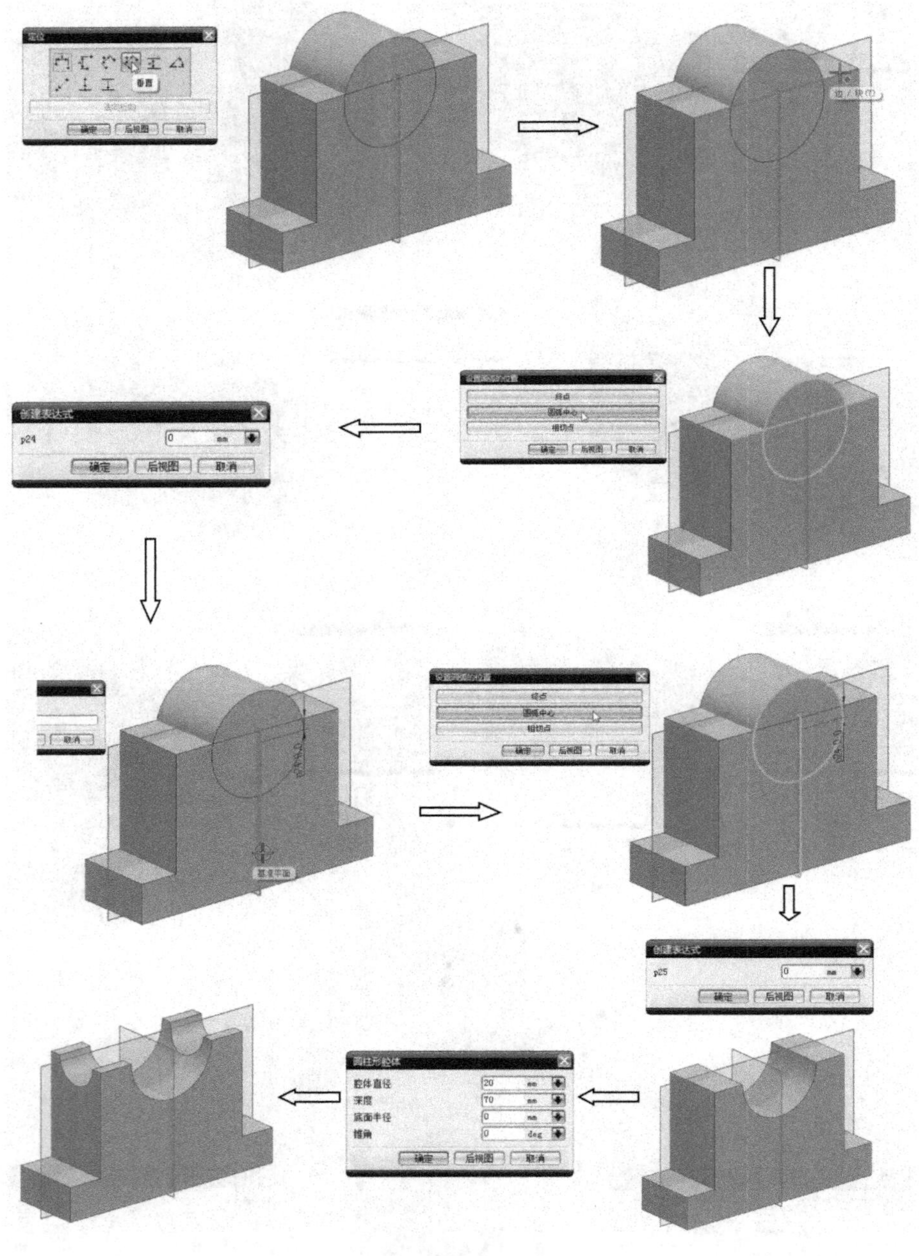

图 5-109

第三步　创建斜面特征

1）创建拔模特征

选择图标 或选择“插入”→“细节特征”→“拔模”，弹出对话框，选择 ZC 方向为拔模方向，选择模型顶面为固定面，选择前面模型为要拔模的面，输入角度＝15°，点击“确定”完

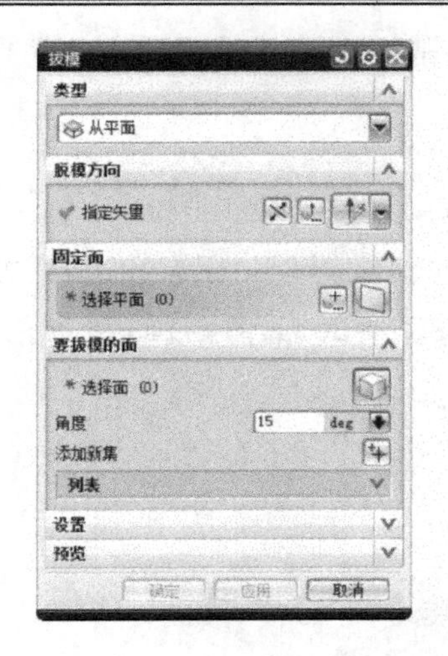

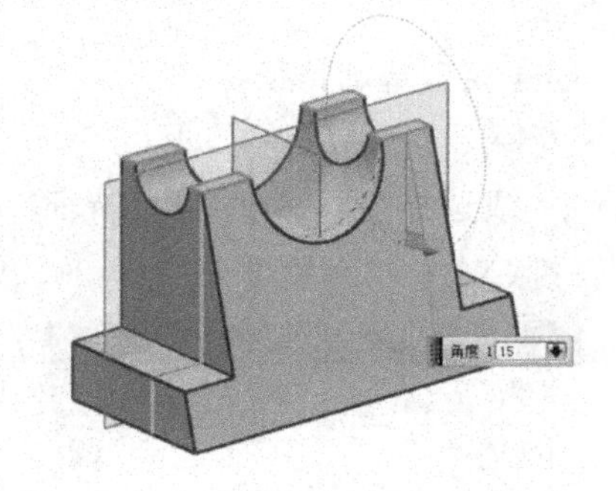

图 5-110

成。如图 5-110 所示。

2）创建镜像特征

选择图标 或选择“插入”→“关联复制”→“镜像特征”，弹出对话框后，选择块体的前倾斜面，按鼠标中键确定，再选择基准面，按鼠标中键确定，如图 5-111 所示。

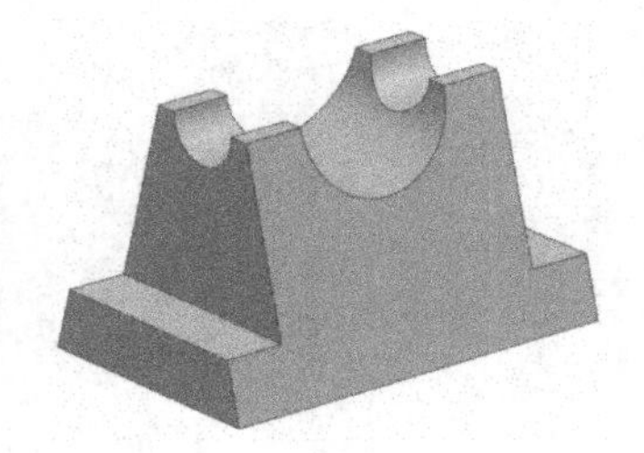

图 5-111

5.9.2　实例二

1. 模型图样

模型图样如图 5-112 所示。

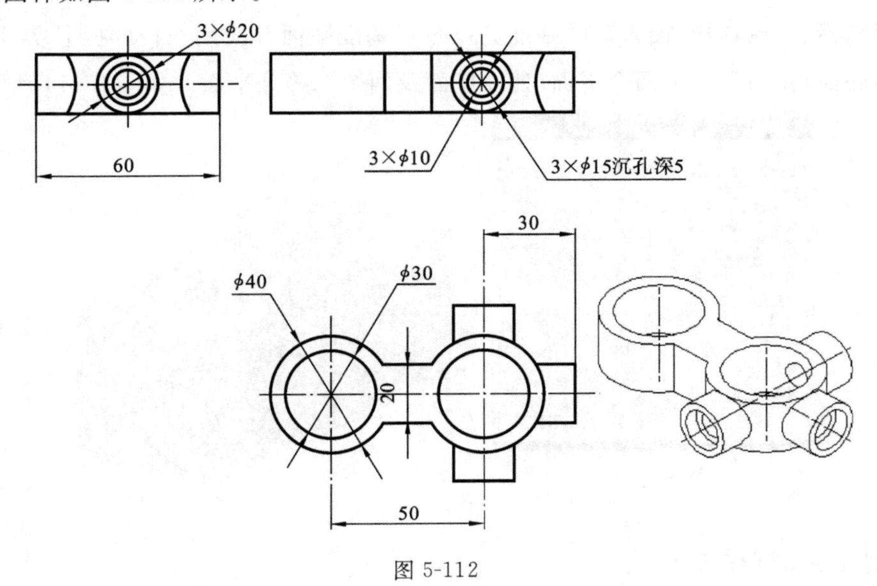

图 5-112

2. 模型分析

该模型以两个具有一定壁厚的空心圆柱为主体，中间以一块体相连接，其他还有三个圆柱形凸台及沉孔特征，建模过程主要涉及体素特征、基准特征、凸台及孔等知识点的应用。

3. 操作步骤

第一步 创建模型基础特征

1）创建长方体

选择图标 或选择“插入”→“设计特征”→“长方体”，使用“原点和边长”方法创建，输入尺寸参数：长度（XC）＝50、宽度（YC）＝20、高度（ZC）＝20，如图 5-113 所示。

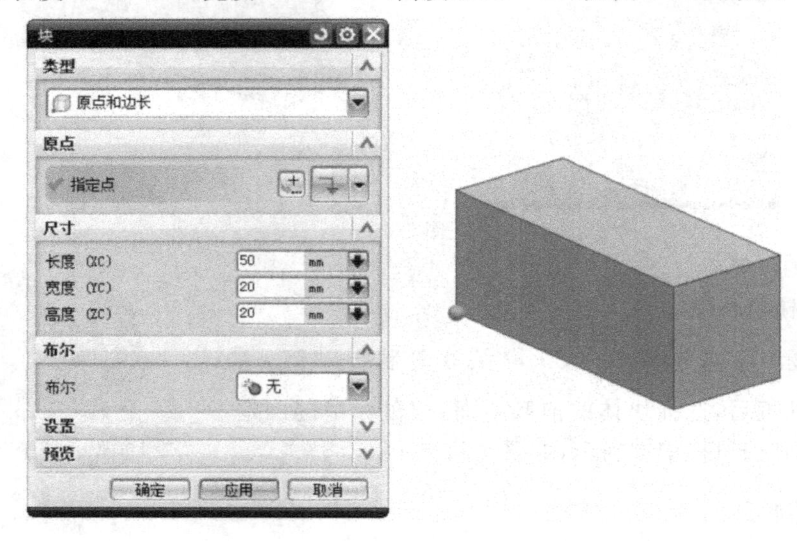

图 5-113

2）建立相对基准面

选择图标 或选择“插入”→“基准／点”→“基准平面”，使用“自动判断”类型，分别选择长方体底面、左右和上下两个平面，建立底面及两个二等分平面。如图 5-114 所示。

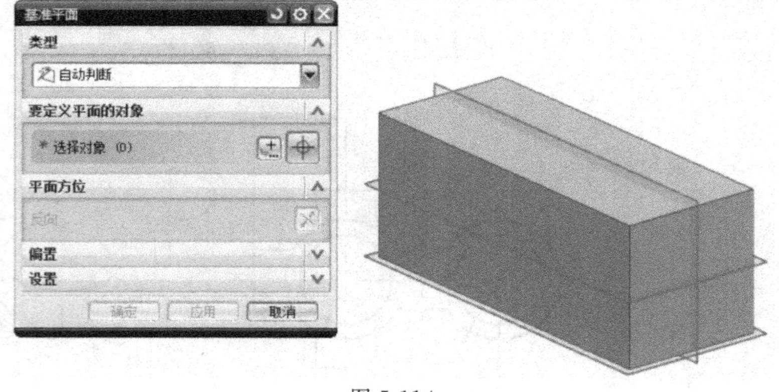

图 5-114

3）创建空心圆柱特征

（1）创建凸台 选择图标 或选择“插入”→“设计特征”→“凸台”，弹出对话框后，选择“柱”。选择块体底面的基准面为放置面。弹出“凸台”对话框，输入参数：直径＝40、高度

＝20,注意反向(反侧),如图 5-115 所示。

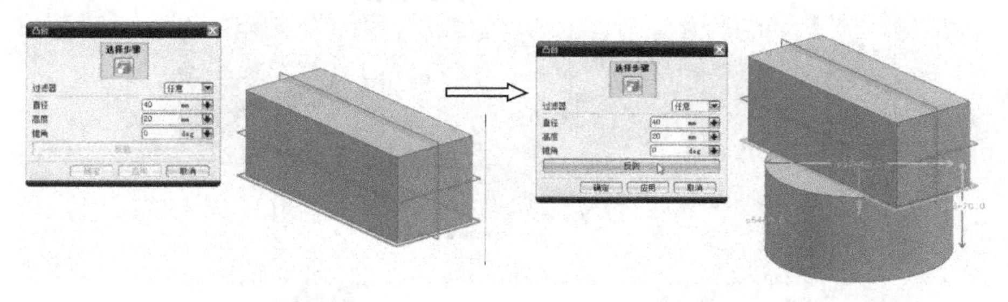

图 5-115

(2) 定位　选择“应用”后,进入“定位”对话框。选择“垂直”方式定位,选择块体前面的底边为目标边,选择圆柱形凸台的边缘为工具边,在弹出的对话框中输入 0;采用同样方式定位,选择块体垂直的中基准面为目标边,选择圆柱形凸台的边缘为工具边,在弹出的对话框中输入 0,步骤如图 5-116 所示。

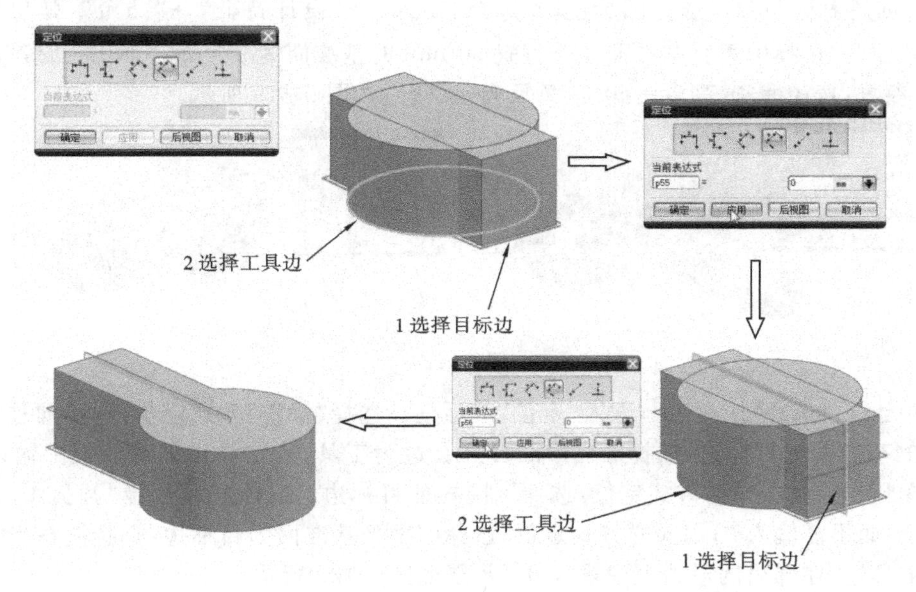

图 5-116

同以上步骤(1)、(2),完成另一空心圆柱特征的创建,如图 5-117 所示。

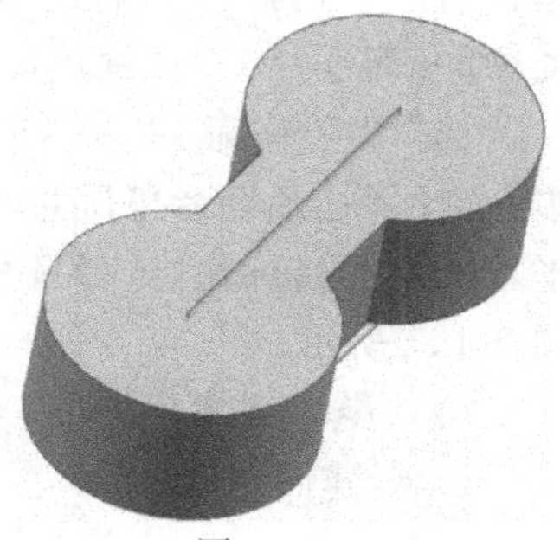

图 5-117

4) 创建三个圆柱形凸台特征

(1) 创建基准平面　选择图标 □ 或选择“插入”→“基准/点”→“基准平面”,使用“自动判断”类型,选择凸台柱面,完成与中水平基准面垂直的且与柱面相切的基准面建立;继续使用“自动判断”类型,选择刚建立的基准面,向柱内偏置 20 mm,同样方法,再向柱外偏置 10 mm;同样方法,选择中垂直基准面向外偏置 30 mm,如图 5-118 所示。

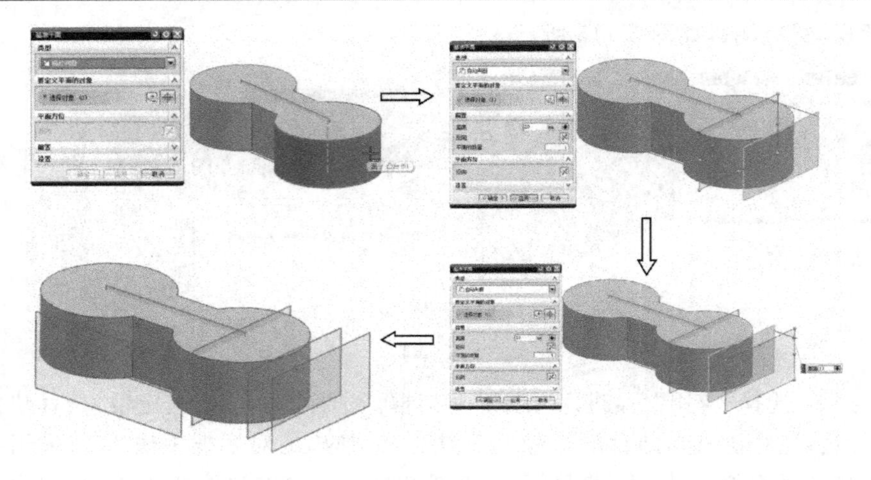

图 5-118

(2) 创建对称凸台　选择图标或选择“插入”→“设计特征”→“凸台”，弹出对话框后，选择“柱”。选择中垂直基准面向外偏置 30 mm 的基准面为放置面。弹出“凸台”的对话框，输入参数：直径＝20、高度＝60，注意反向（反侧），如图 5-119 所示。

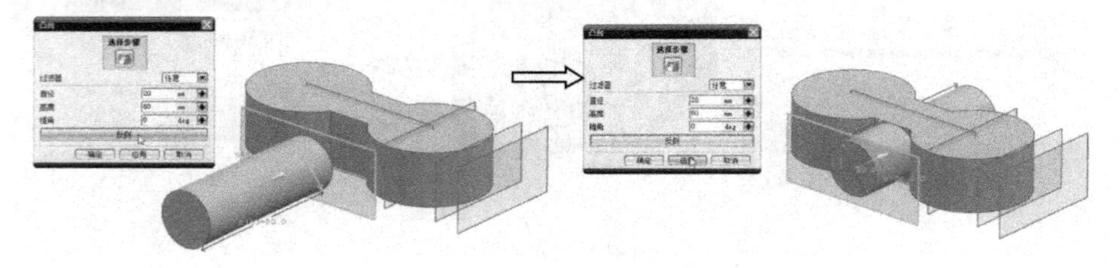

图 5-119

(3) 定位　选择“应用”后，进入“定位”对话框。选择“垂直”方式定位，选择向柱内偏置 20 mm 的基准面为目标边，选择圆柱形凸台外圆边为工具边，在弹出的对话框中输入 0；也可以选择“点落在线上”的方式定位，选择了同样的目标边、工具边后，选择“圆弧中心”即可完成定位，而不需输入 0；用同样方式定位，选择中水平基准面为目标边，选择圆柱形凸台外圆边为工具边，在弹出的对话框中输入 0。步骤如图 5-120 所示。

(4) 创建单凸台　选择图标或选择“插入”→“设计特征”→“凸台”，弹出对话框后，选择“柱”。选择柱外偏置 10 mm 的基准面为放置面。弹出“凸台”的对话框，输入参数：直径＝20、高度＝30，注意反向（反侧）。

选择“应用”后，进入“定位”对话框。选择“垂直”方式定位，选择中垂直基准面为目标边，选择圆柱形凸台外圆边为工具边，在弹出的对话框中输入 0；用相同方式定位，选择中水平基准面为目标边，选择圆柱形凸台外圆边为工具边，在弹出的对话框中输入 0。其步骤如图 5-121 所示。

第二步　创建孔特征

1) 创建简单孔

(1) 简单孔　选择图标或选择“插入”→“设计特征”→“NX 5.0 版本之前的孔”，弹

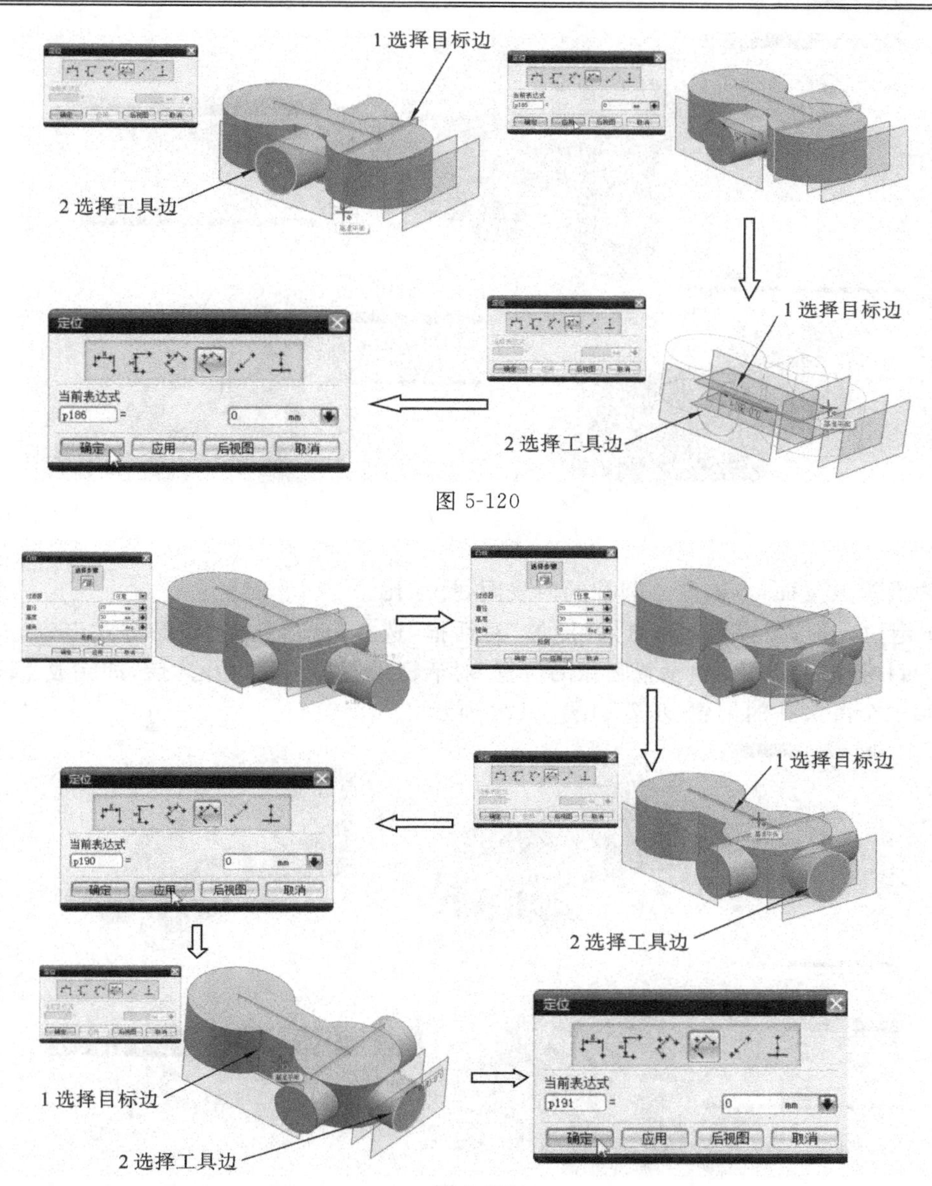

图 5-120

图 5-121

出对话框后，选择简单孔，输入简单孔尺寸参数：直径＝30，因该孔为通孔，深度可以不定。选择顶面为放置面，反过来，点击底面，打穿孔。

（2）定位　选择“应用”后，进入“定位”对话框，选择“点落在点上”的方式定位，选择凸台边为目标边，在弹出的“设置圆弧的位置”对话框中选择“圆弧中心”后，即完成。用同样方法完成第二个简单孔的创建。步骤如图 5-122 所示。

2）创建沉孔

（1）沉头孔　选择图标 或选择“插入”→“设计特征”→“NX 5.0 版本之前的孔”，弹出对话框后，选择沉头孔，输入沉头孔尺寸参数：沉头直径＝15、深度＝5、孔径＝10。选择小

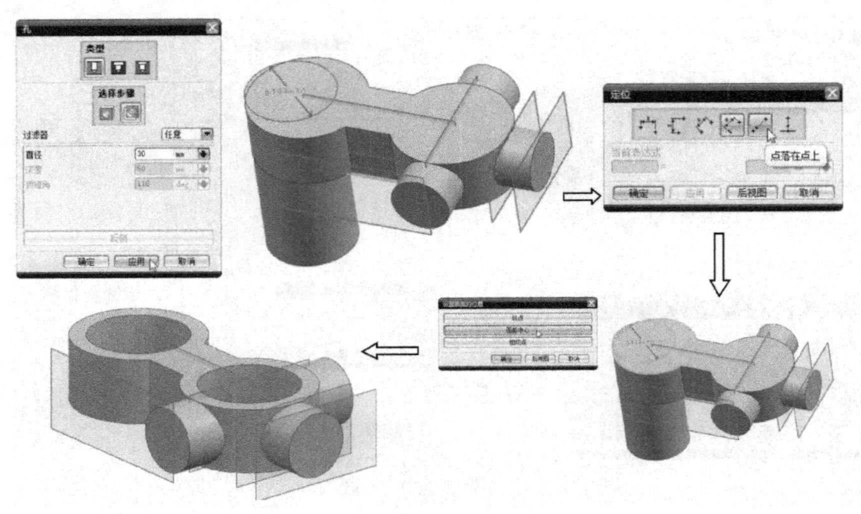

图 5-122

凸台平表面为放置面，点击空心圆柱的内表面，打穿孔。

（2）定位　选择“应用”后，进入“定位”对话框，选择“点落在点上”的方式定位，选择小凸台边为目标边，在弹出的“设置圆弧的位置”对话框中选择“圆弧中心”后，即完成。同样方法完成第二个沉头孔的创建，步骤如图 5-123 所示。

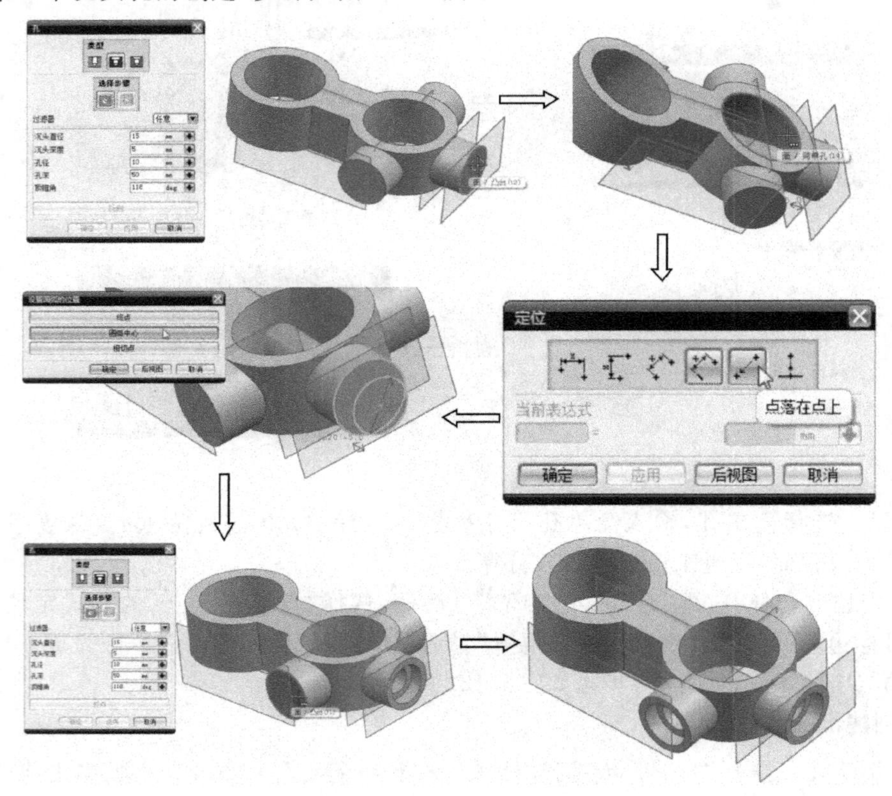

图 5-123

（3）镜像特征　选择图标或选择“插入”→“关联复制”→“镜像特征”，弹出对话框后，选择第二个沉头孔为镜像特征，按中键确定，再选择中垂直基准面为镜像平面，按鼠标中键确定，其步骤如图 5-124 所示。

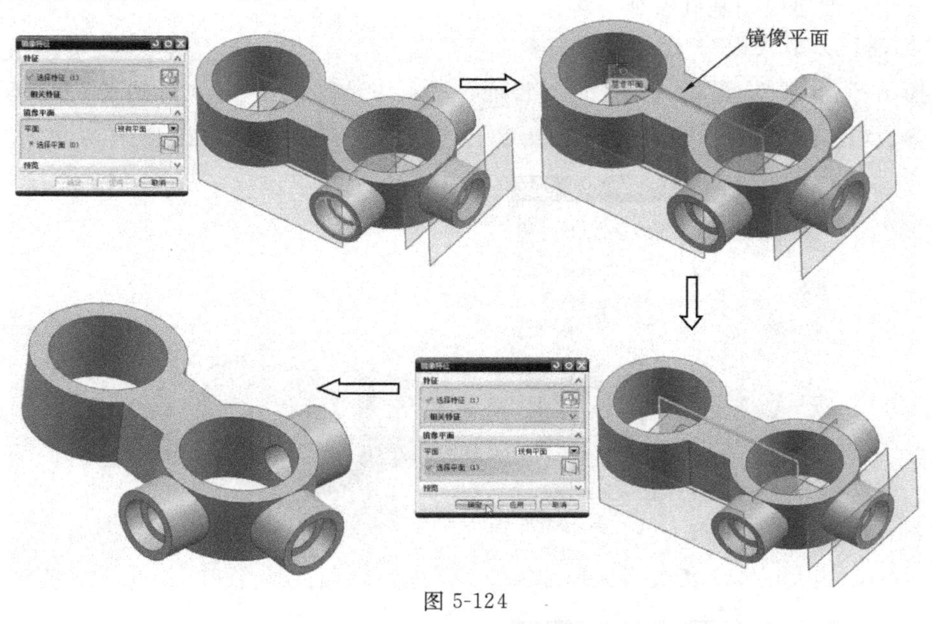

图 5-124

5.9.3　实例三

1. 模型图样

模型图样如图 5-125 所示。

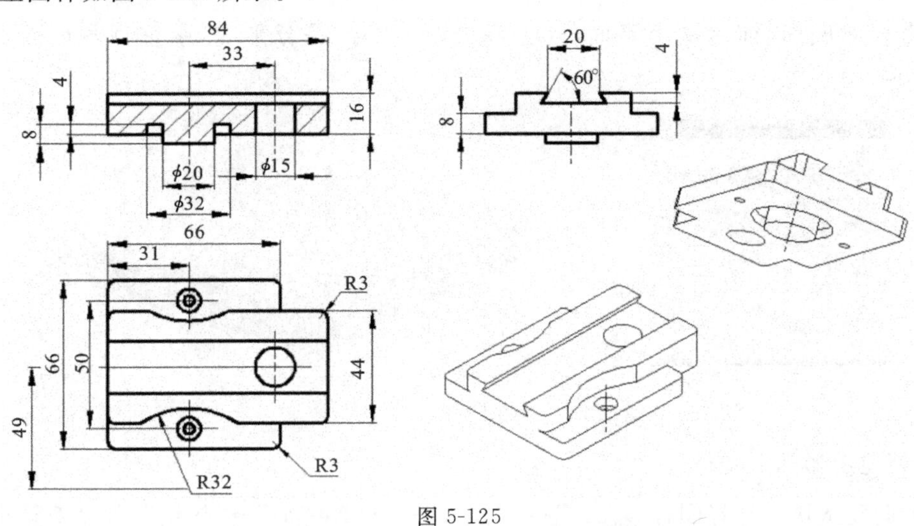

图 5-125

2. 模型分析

该模型以块体为主体，结构对称，其他特征有矩形凸台、圆孔、沉孔、圆柱形凹坑、圆柱形凸台、燕尾槽等。建模过程涉及体素特征、基准特征、镜像特征、腔体、垫块、凸台、键槽等知识点的应用。

3. 操作步骤

第一步　创建模型基础特征

1）创建正方形底板

选择图标 或选择“插入”→“设计特征”→“长方体”，使用“原点和边长”方法创建，输入尺寸参数：长度(XC)＝66、宽度(YC)＝66、高度(ZC)＝8，如图 5-126 所示。

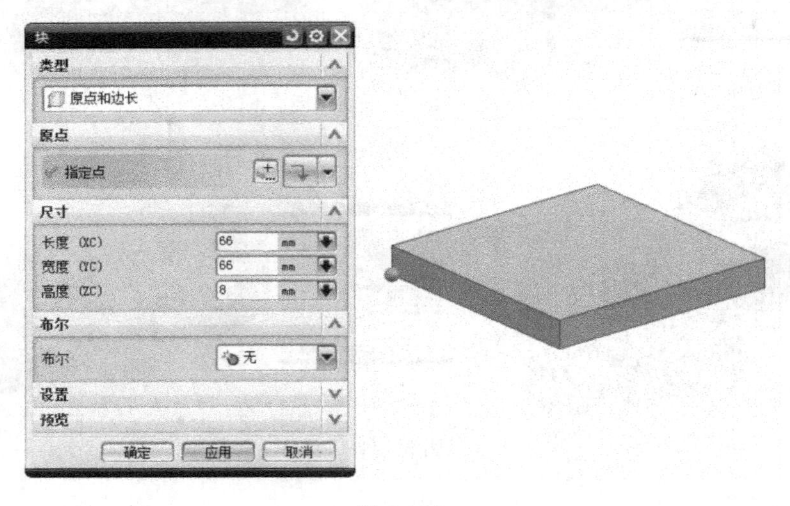

图 5-126

2）建立相对基准面

选择图标 或选择“插入”→“基准／点”→“基准平面”，使用“自动判断”类型，分别选择正方形块体底面、前后两个平面，建立底面及一个二等分平面(中垂直基准面)。如图 5-127所示。

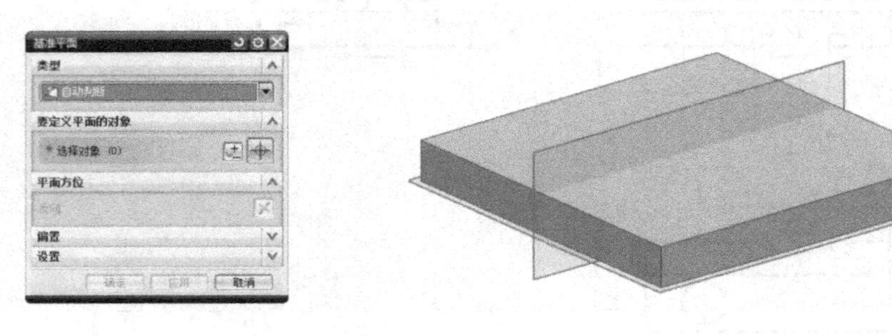

图 5-127

3）创建矩形凸台特征

(1) 创建垫块　选择图标 或选择“插入”→“设计特征”→“垫块”，弹出对话框后，选择“矩形”。选择正方形块体底面的基准面为放置面，注意反向，选择正方形块体前面为水平参考。在弹出的“矩形垫块”对话框，输入参数：长度＝86、宽度＝44、高度＝16。步骤如图

5-128 所示。

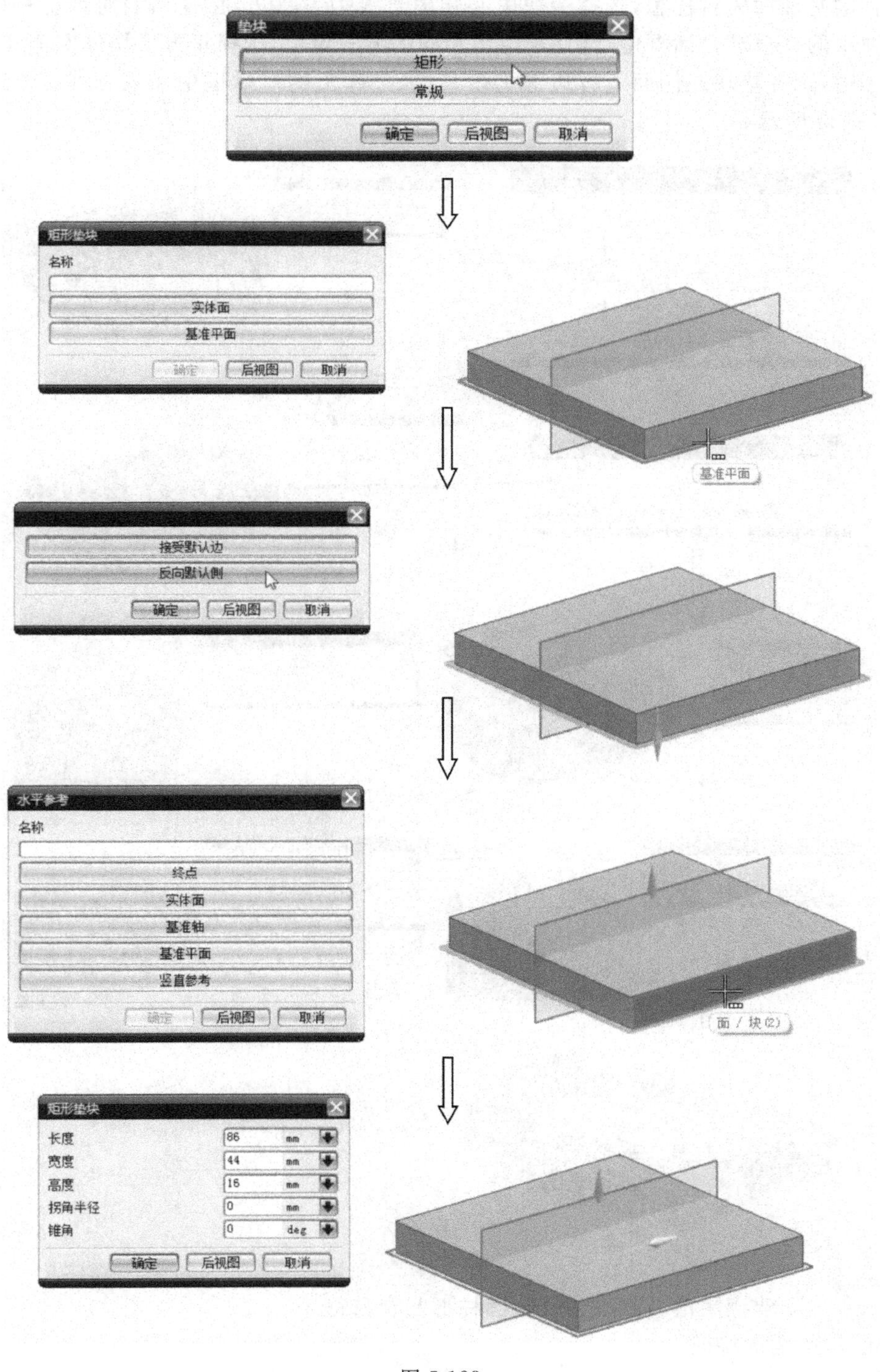

图 5-128

(2) 定位　选择“确定”后，进入“定位”对话框。选择“按一定距离平行”的方式定位，选择中垂直的基准面为目标边，选择垫块中心长虚直线为工具边，在弹出的对话框中输入 0。在重新弹出的“定位”对话框中，选择与以上相同的方式定位，选择正方形块体左侧面上方边缘为目标边，选择垫块左侧面下方边缘为工具边，在弹出的对话框中输入 0，完成定位。步骤如图 5-129 所示。

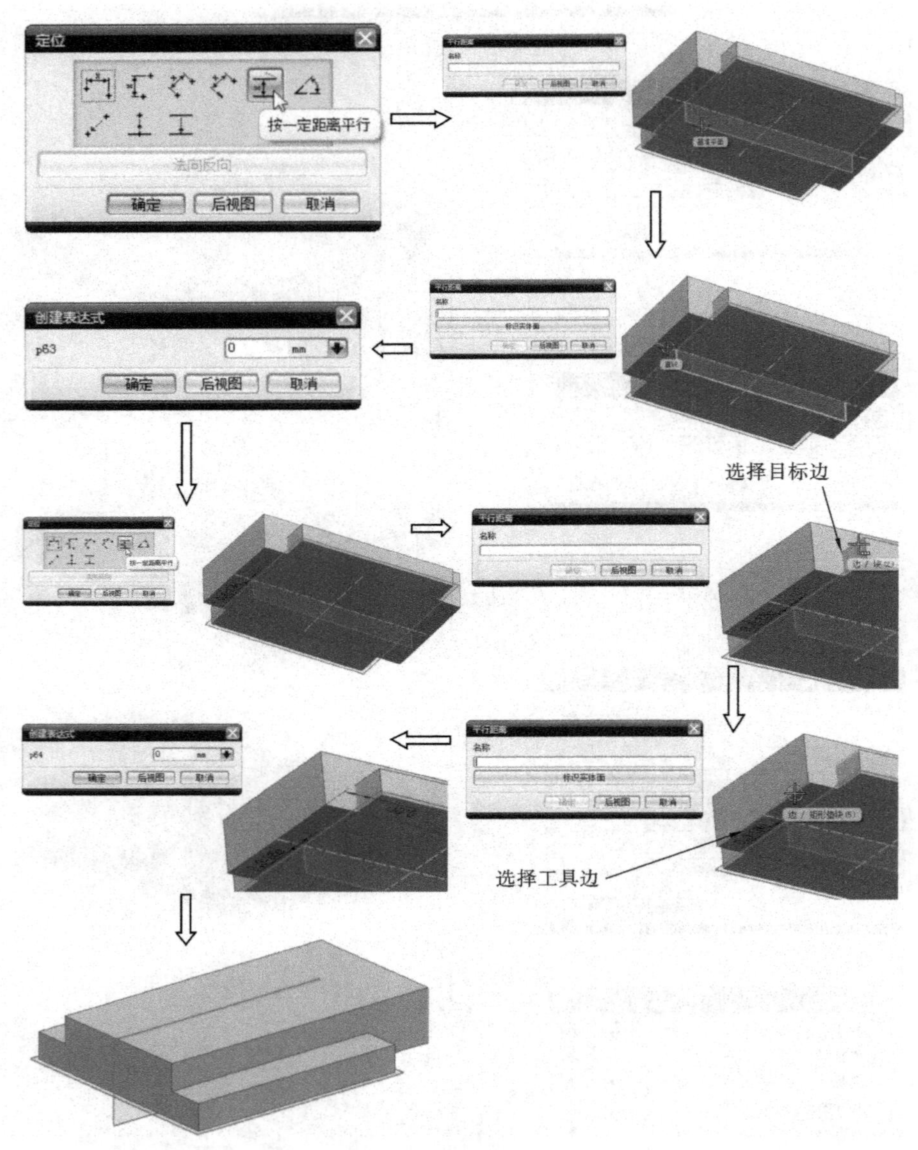

图 5-129

第二步　创建燕尾槽、圆柱形凹坑、圆柱形凸台特征

1) 创建燕尾槽特征

(1) 创建键槽　选择图标 或选择“插入”→“设计特征”→“键槽”，弹出对话框后，选

择燕尾槽、通槽，然后将放置面选择在长方形垫块的顶面，前侧面选为水平参考，左、右两个侧面选为通槽的起始与终止面，最后在弹出的对话框中输入参数：宽度＝20、深度＝4、角度＝60，步骤如图 5-130 所示。

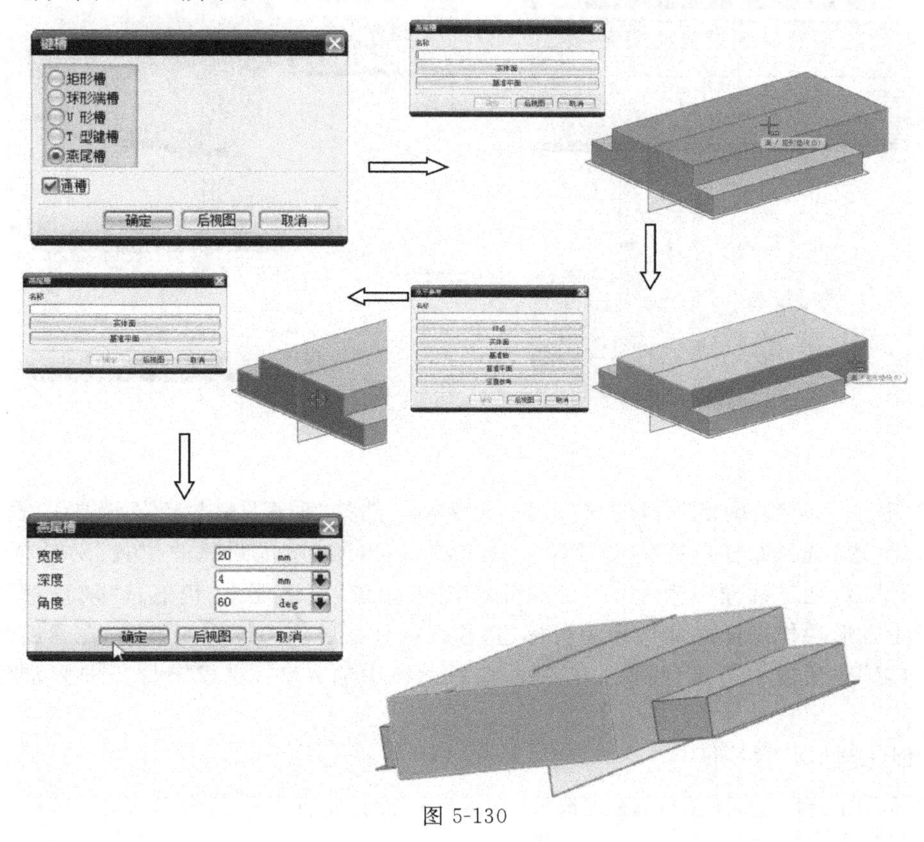

图 5-130

(2) 定位　选择“确定”后，进入“定位”对话框。选择“按一定距离平行”的方式定位，也可选择“线落在线上”的方式定位，读者可自己一试，选择中垂直的基准面为目标边，选择燕尾槽中心长虚直线为工具边，在弹出的对话框中输入 0，因为是通槽，所以定位一次便完成定位，如图 5-131 所示。

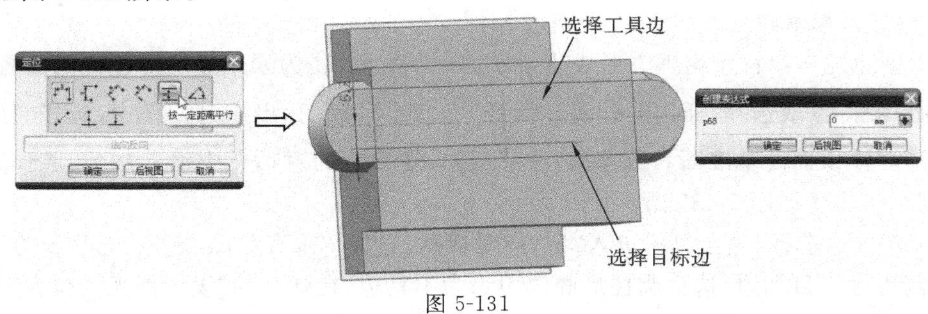

图 5-131

2) 创建圆柱形凹坑特征

(1) 创建腔体　选择图标 或“插入”→“设计特征”→“腔体”，弹出对话框中，选择

"柱"。选择正方形块体底面为放置面,在弹出的对话框中输入参数:腔体直径=32、深度=4,步骤如图 5-132 所示。

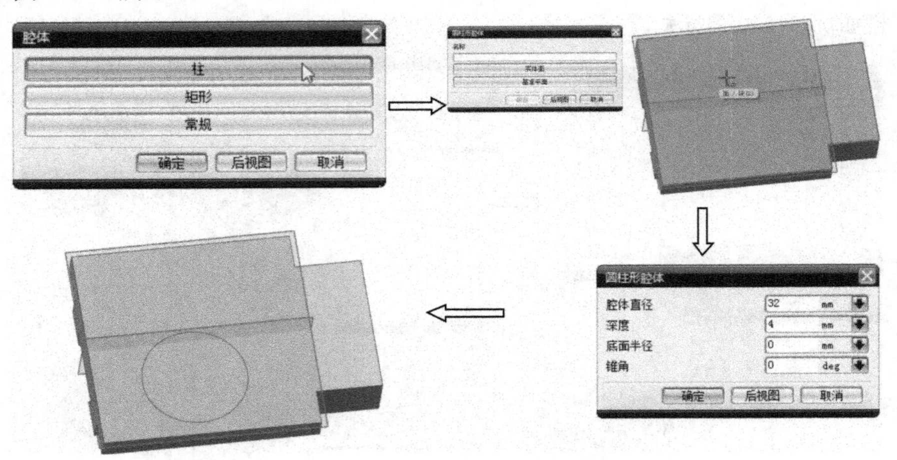

图 5-132

(2) 定位　选择"确定"后,进入"定位"对话框。选择"垂直"方式定位,选择中垂直的基准面为目标边,选择圆柱形腔体边缘为工具边,在弹出的"设置圆弧的位置"对话框中选择"圆弧中心"后,在对话框中输入 0。在重新弹出的"定位"对话框中,仍然选择"垂直"方式定位,选择正方形块体底面左侧边缘为目标边,选择圆柱形腔体边缘为工具边,在弹出的"设置圆弧的位置"对话框中选择"圆弧中心"后,在对话框中输入 33,完成定位。步骤如图 5-133 所示。

3) 创建圆形凸台特征

(1) 创建凸台　选择图标或选择"插入"→"设计特征"→"凸台",弹出"凸台"对话框后,输入参数:直径=20、高度=8,选择圆形腔体底面为放置面。

(2) 定位 选择"应用"后,进入"定位"对话框。选择"点落在点上"的方式定位,选择圆柱形腔体边缘为目标边,在弹出的"设置圆弧的位置"对话框中选择"圆弧中心"后,完成定位,如图 5-134 所示。

4) 创建弧形缺口

(1) 创建腔体　首先在正方形块体顶面加一基准面,作为未来圆柱形腔体的放置平面,然后选择图标或选择"插入"→"设计特征"→"腔体",在弹出的对话框中,选择"柱"。选择正方形块体顶面的基准面为放置面,注意反向,在弹出的对话框中输入参数:腔体直径=64、深度=8,步骤如图 5-135 所示。

(2) 定位　选择"确定"后,进入"定位"对话框。选择"垂直"方式定位,选择长方形垫块顶面左侧边缘为目标边,选择圆柱形腔体边缘为工具边,在弹出的"设置圆弧的位置"对话框中选择"圆弧中心"后,在对话框中输入 31。在重新弹出的"定位"对话框中,仍然选择"垂直"方式定位,选择中垂直的基准面为目标边,选择圆柱形腔体的边缘为工具边,在弹出的"设置圆弧的位置"对话框中选择"圆弧中心"后,在对话框中输入 49,完成定位。

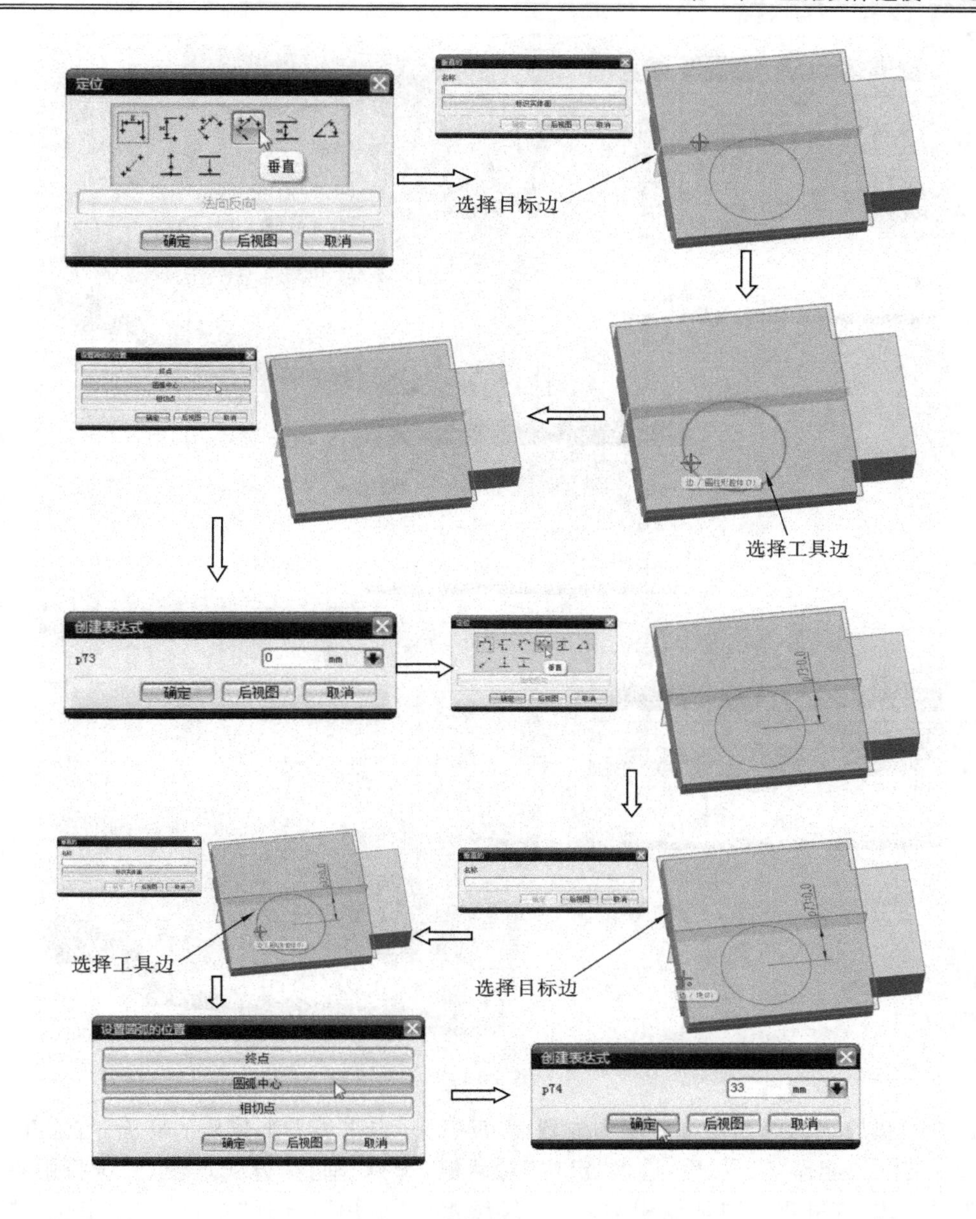

图 5-133

(3) 创建镜像特征　选择图标 或选择“插入”→“关联复制”→“镜像特征”，弹出对话框后，选择圆柱形腔体为镜像特征，按鼠标中键确定，再选择中垂直基准面为镜像平面，按鼠标中键确定，步骤如图 5-136 所示。

第三步　创建孔特征

1) 创建简单孔

(1) 简单孔　选择图标 或选择“插入”→“设计特征”→“NX 5.0 版本之前的孔”，弹出对话框后，选择简单孔，输入简单孔尺寸参数：直径=15，因该孔为通孔，深度可不作要求，

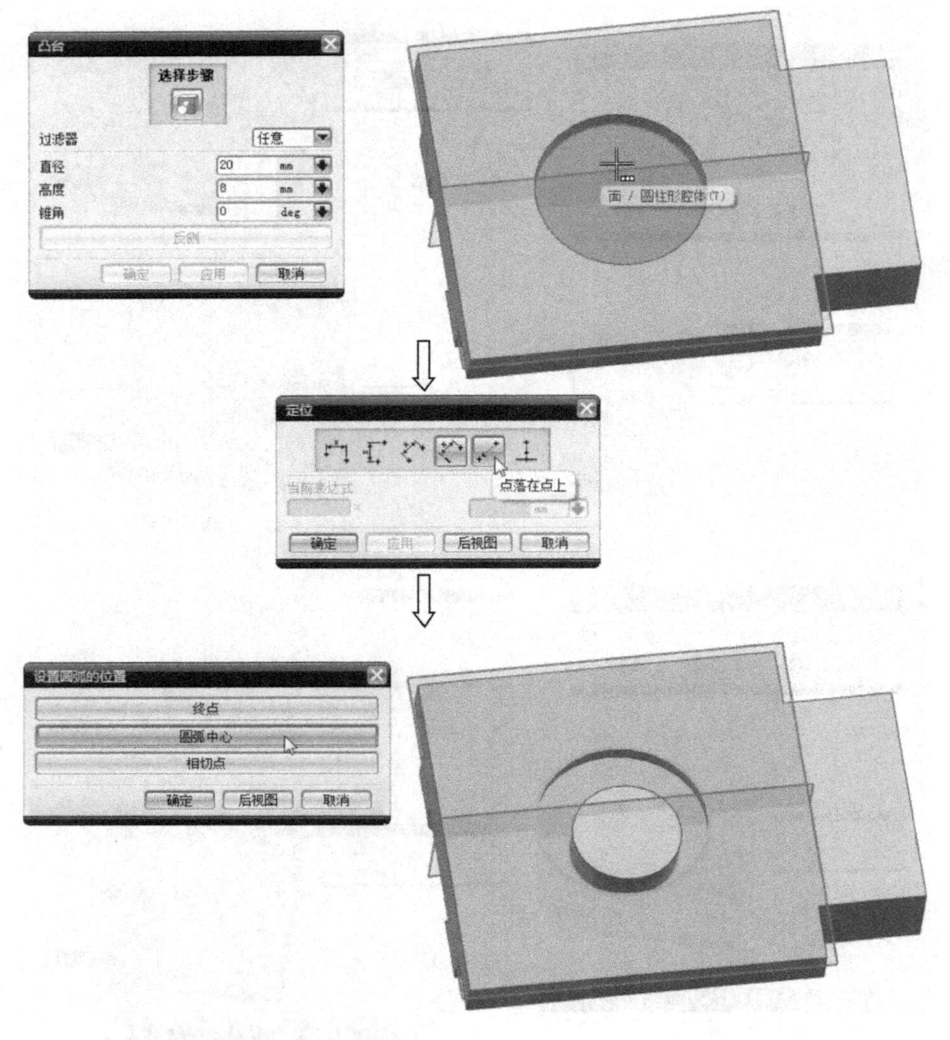

图 5-134

选择长方形垫块顶面的燕尾槽底面为放置面，反过来，点击长方形垫块的底面，打穿孔。

(2) 定位　选择“应用”后，进入“定位”对话框，选择“垂直”方式定位，并选择中垂直基准面为目标边，在弹出的对话框中输入 0。继续点击“应用”，选择“平行”方式定位，选择圆形腔体边缘为目标边，在弹出的“设置圆弧的位置”对话框中选择“圆弧中心”后，在弹出的“定位”对话框中输入 33，点击“确定”，完成。步骤如图 5-137 所示。

2) 创建沉头孔

(1) 沉头孔　选择图标 或选择“插入”→“设计特征”→“NX 5.0 版本之前的孔”，弹出对话框后，选择沉头孔，输入沉头孔尺寸参数：沉头直径=9、深度=4、孔径=4。选择正方形块体的顶面为放置面，点击正方形块体的底面，打穿孔。

(2) 定位　选择“应用”后，进入“定位”对话框，选择“垂直”方式定位，并选择中垂直基准面为目标边，在弹出的对话框中输入 25。继续点击“应用”，选择同样的方式定位，选择正

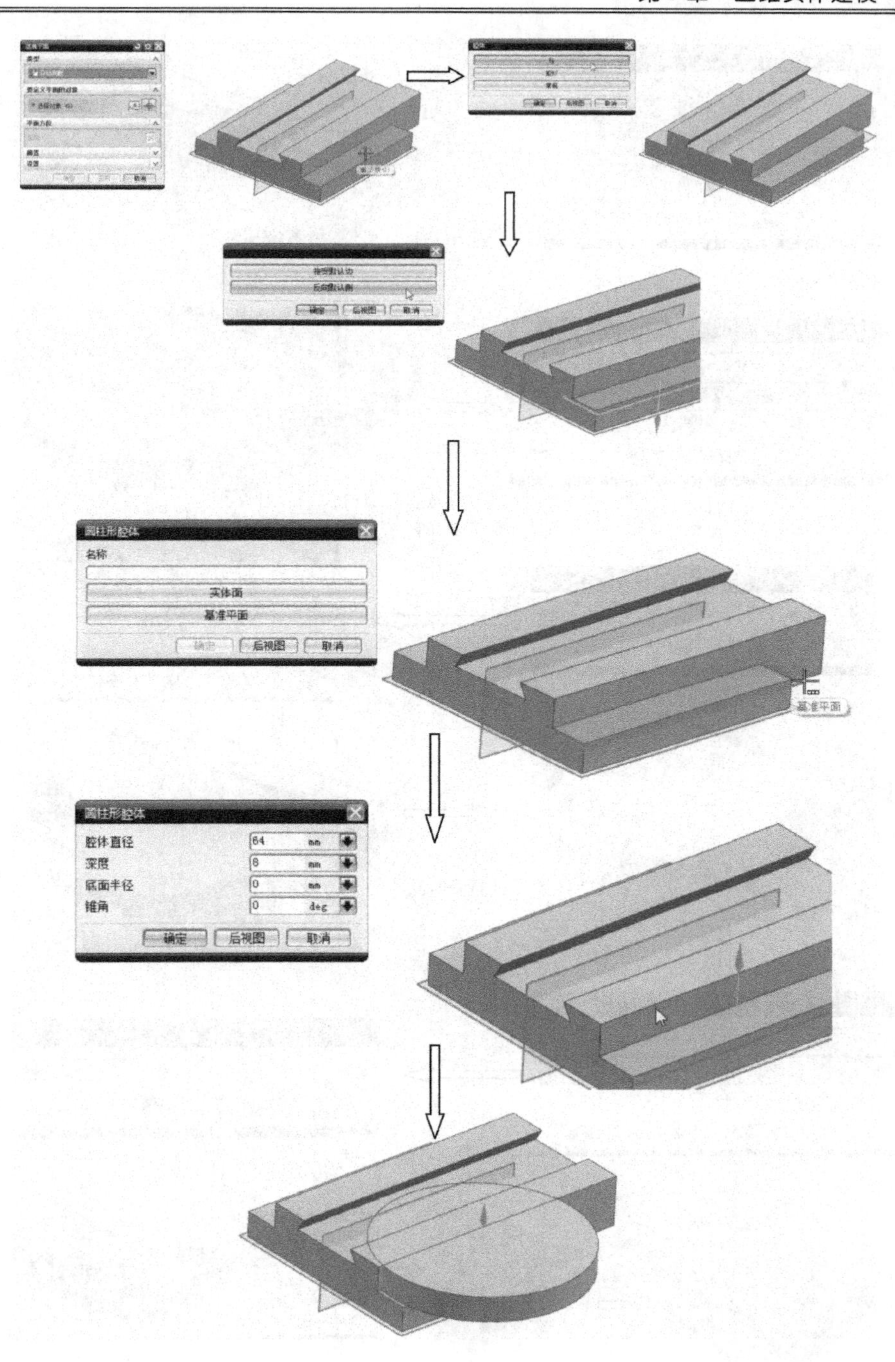

图 5-135

方形块体底面的左侧边缘为目标边，在弹出的对话框中输入 31。点击“确定”，完成。

（3）创建镜像特征　选择图标 或选择“插入”→“关联复制”→“镜像特征”，弹出对话框后，选择沉头孔为镜像特征，按鼠标中键确定，再选择中垂直基准面为镜像平面，按鼠标

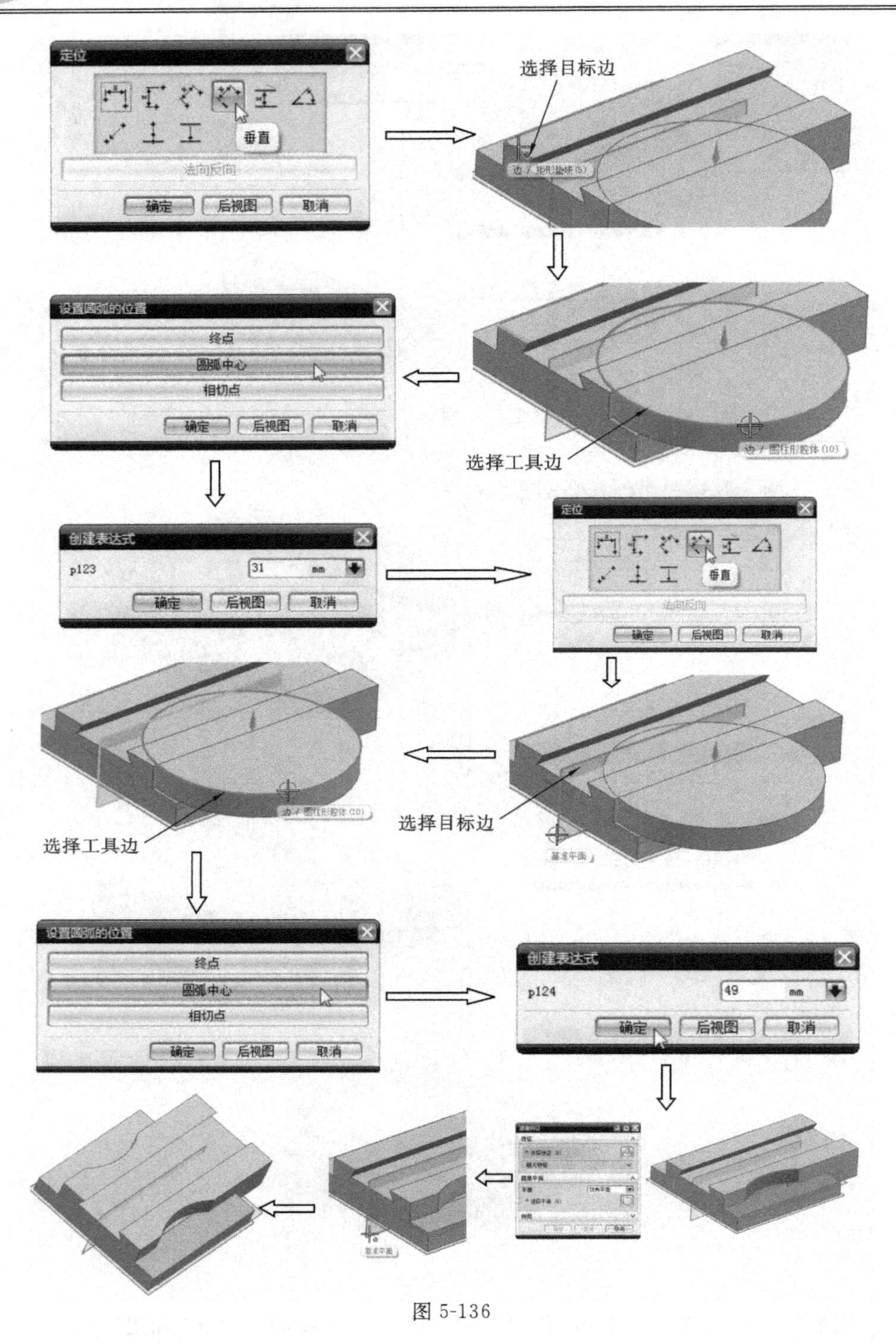

图 5-136

中键确定,步骤如图 5-138 所示。

第四步　创建模型细节特征

创建圆角特征——边倒圆　选择图标 或选择“插入”→“细节特征”→“边倒圆”,弹

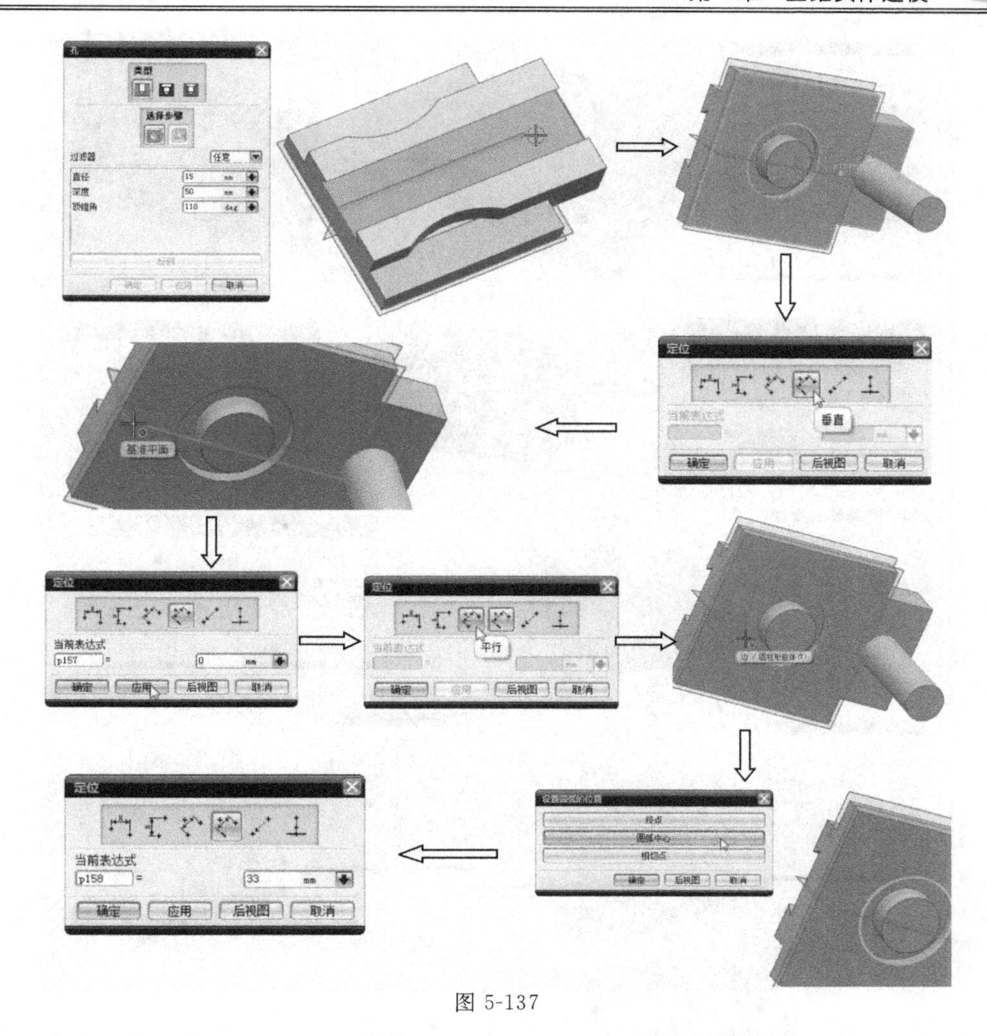

图 5-137

出对话框后，输入参数：半径＝3，选择模型所有直立的棱边为要倒圆的边，点击“确定”，完成。整个过程如图 5-139 所示。

5.9.4　实例四

1. 斜弯支板图样

模型图样如图 5-140 所示。

2. 模型分析

该模型是一斜弯支板零件，其主体为块体，建模过程涉及体素、基准、WCS、草图、拉伸、修剪、孔、阵列等特征的知识点应用。

3. 操作步骤

第一步　创建模型基础特征

1）创建长方形底板

选择图标 或选择“插入”→“设计特征”→“长方体”，使用“原点和边长”方法创建，输

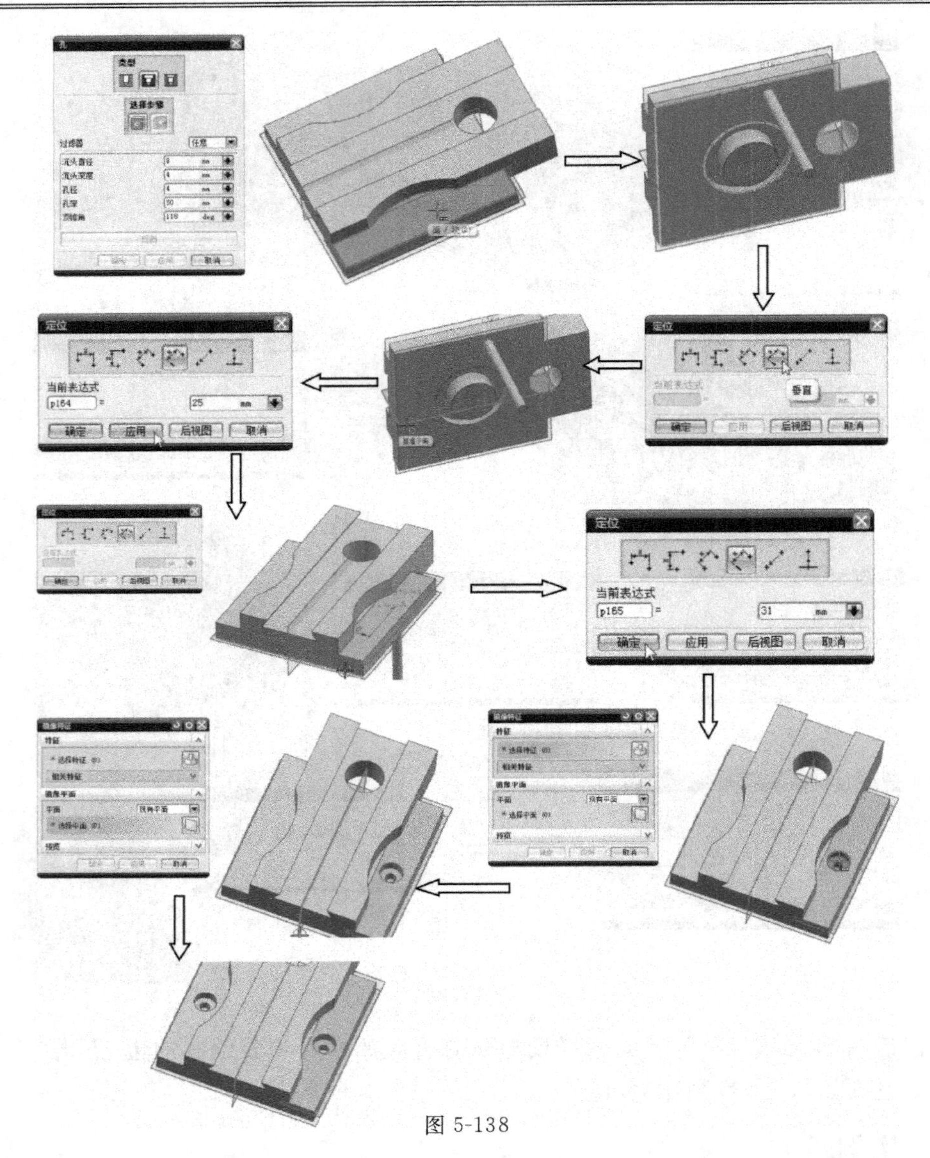

图 5-138

入尺寸参数:长度(XC)=132、宽度(YC)=70、高度(ZC)=20,如图 5-141 所示。

2) 旋转工作坐标系

选择“格式”→“WCS”→“动态”或选择图标,在 CSYS 对话框的类型复选框中选择“动态”,在“选择条”中点击端点图标,设置端点捕捉,光标移至长方形底板顶面后侧边缘右端点,当端点捕捉光标闪现后,点击,将动态坐标系移至该点。

按住 XC、YC 之间的小球,向左旋转－60°,点击“应用”后,按住 YC 、ZC 之间的小球,向后旋转 45°,点击“确定”,完成坐标系的移动,如图 5-142 所示。

3) 创建相对基准面

选择图标 或选择“插入”→“基准 / 点”→“基准平面”,使用“XC-ZC 平面”类型,点击

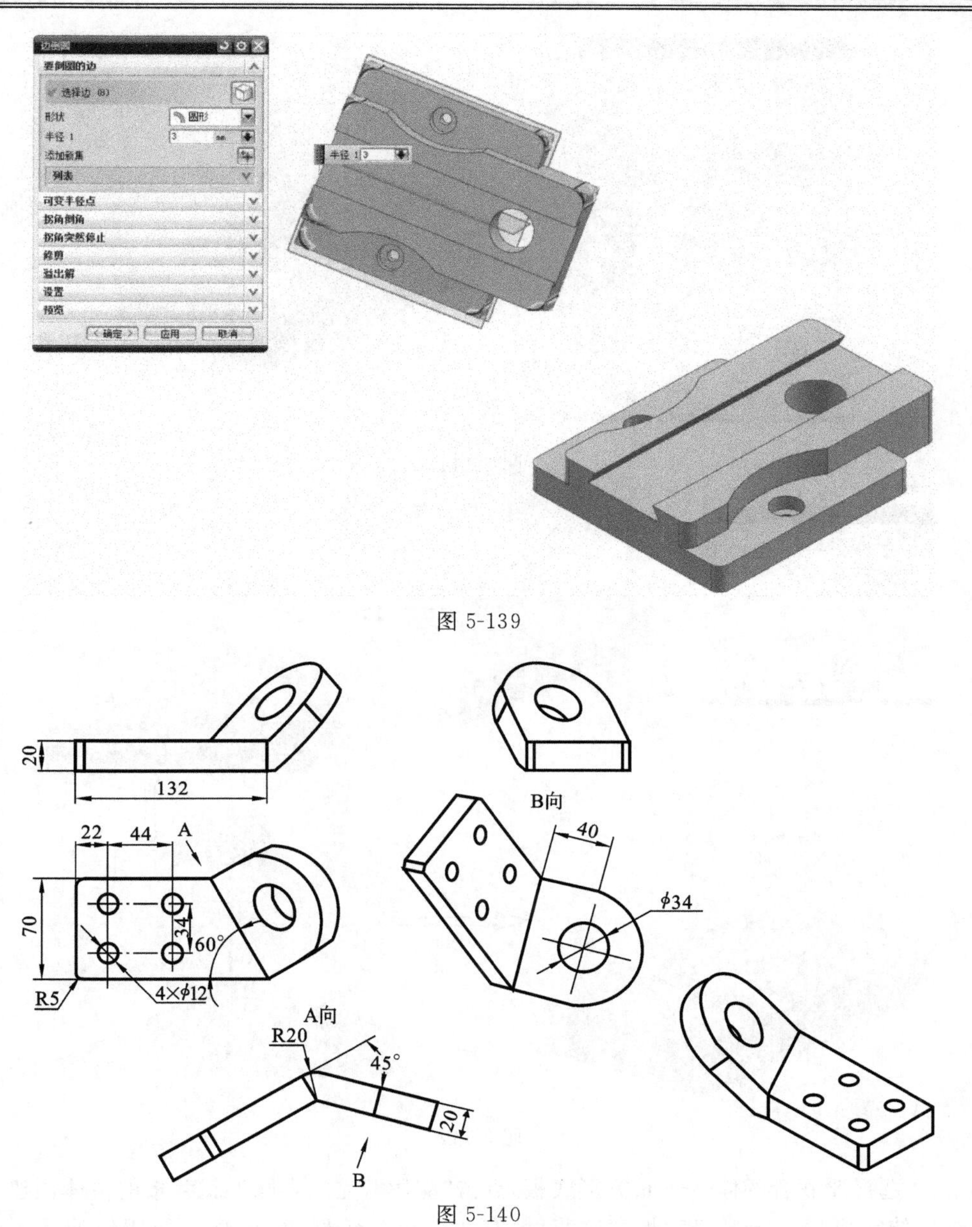

图 5-139

图 5-140

"确定",完成。

4) 创建草图特征

点击 XC-ZC 平面(选择为草绘平面),选择"任务环境中草图"的图标，进入草绘空间,完成半圆形斜背板外形草图。如图 5-143 所示。

5) 创建拉伸特征

选择图标或选择"插入"→"设计特征"→"拉伸",弹出对话框后,选择草绘曲线为拉伸截面线,指定－YC 方向为拉伸方向,选择拉伸"极限"的开始值为 0,结束值为 20,布尔运算选

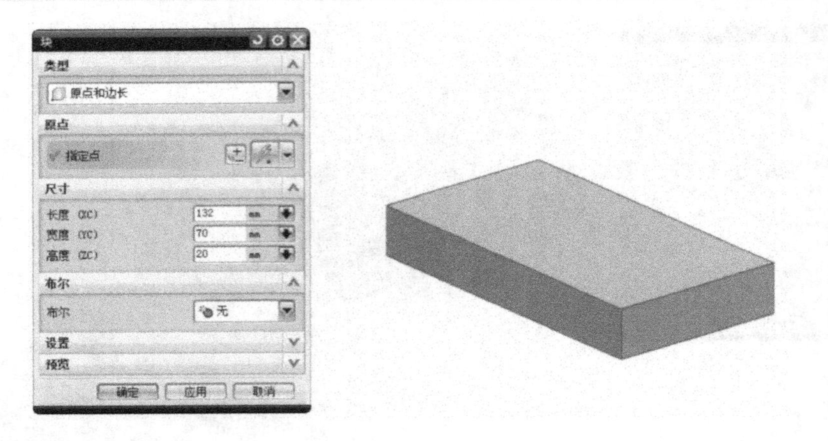

图 5-141

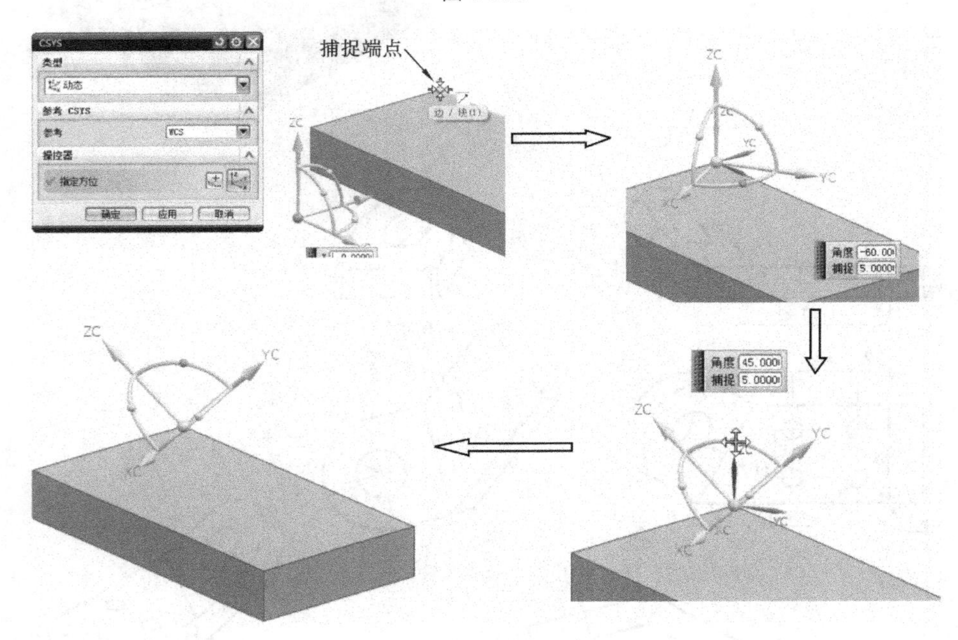

图 5-142

择“求和”,选择要联合的体——长方形底板,点击“应用”,完成半圆形斜背板的主体创建。

在拉伸完成的半圆形斜背板主体背后,有两个小三角形缺口,继续使用拉伸命令,使其与底板成一整体。选择图标后,点击小三角形平面,进入草绘空间,沿三角形轮廓,画出草图,自动全约束,完成草图,进入建模空间拉伸,指定－ZC 方向为拉伸方向,选择拉伸“极限”的开始值为 0,结束选为“直至延伸部分”,布尔运算选择“求和”,选择长方形底板为“延伸部分”,再选择要联合的体——整体,点击“应用”,完成。同样的方法,完成另一小三角形缺口的拉伸。整个过程如图 5-144 所示。

6）创建修剪特征

(1) 创建基准面　选择图标或选择“插入”→“基准 / 点”→“基准平面”,使用“自动

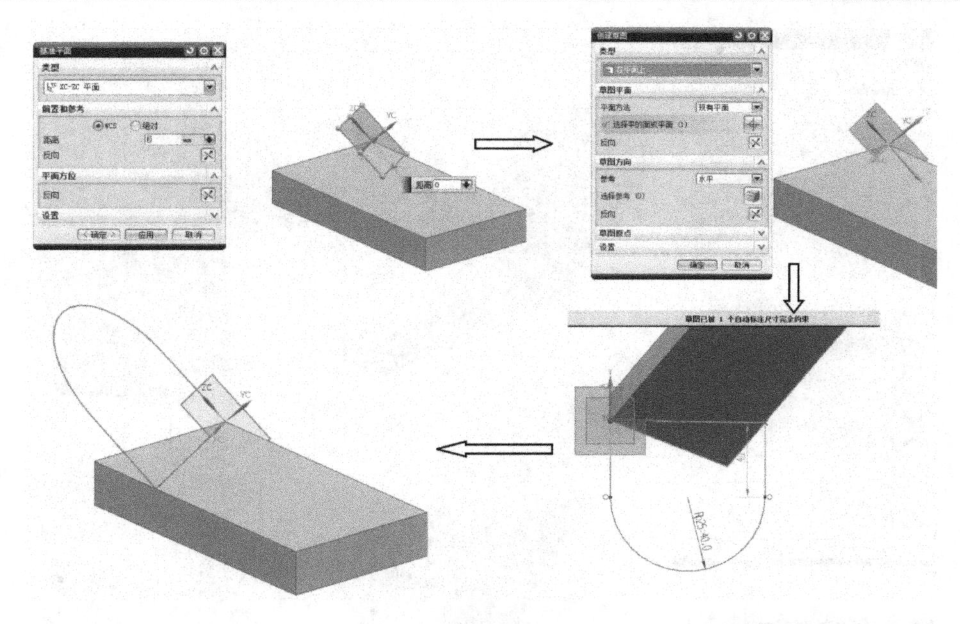

图 5-143

判断”类型，选择模型的半圆形斜背板背后平面及长方形底板右侧平面，建立两个基准面。

(2) 创建修剪体　选择图标 或选择“插入”→“修剪”→“修剪体”，弹出对话框后，选择体，按鼠标中键确定，选择半圆形斜背板背后基准面为工具平面，注意矢量方向，点击“应用”。用同样方法，完成底板右侧的修剪。整个过程如图 5-145 所示。

第二步　创建孔特征

1) 半圆形斜背板简单孔

选择图标 或选择“插入”→“设计特征”→“NX 5.0 版本之前的孔”，弹出对话框后，选择简单孔，输入简单孔尺寸参数：直径＝34，因该孔为通孔，深度可不作要求，选择半圆形斜背板前面为放置面，反过来，点击半圆形斜背板的背面，打通孔。

2) 半圆形斜背板简单孔的定位

选择“应用”后，进入“定位”对话框，选择“点落在点上”方式定位，选择半圆形斜背板的圆弧边为目标边，在弹出的“设置圆弧的位置”对话框中选择“圆弧中心”后，即完成。

3) 长方形底板简单孔

选择图标 或选择“插入”→“设计特征”→“NX 5.0 版本之前的孔”，弹出对话框后，选择简单孔，输入简单孔尺寸参数：直径＝12，因该孔为通孔，深度可不作要求，选择长方形底板顶面为放置面，反过来，点击长方形底板的背面，打通孔。

4) 长方形底板简单孔的定位

选择“应用”后，进入“定位”对话框，选择“垂直”方式定位，并选择长方底板顶面前侧边缘(宽度边)为目标边，在弹出的对话框中输入 22。继续点击“应用”，选择同样方式定位，选择长方形底板顶面右侧边缘(长度边)为目标边，在弹出的对话框中输入 18，点击“确定”，完成。整个过程如图 5-146 所示。

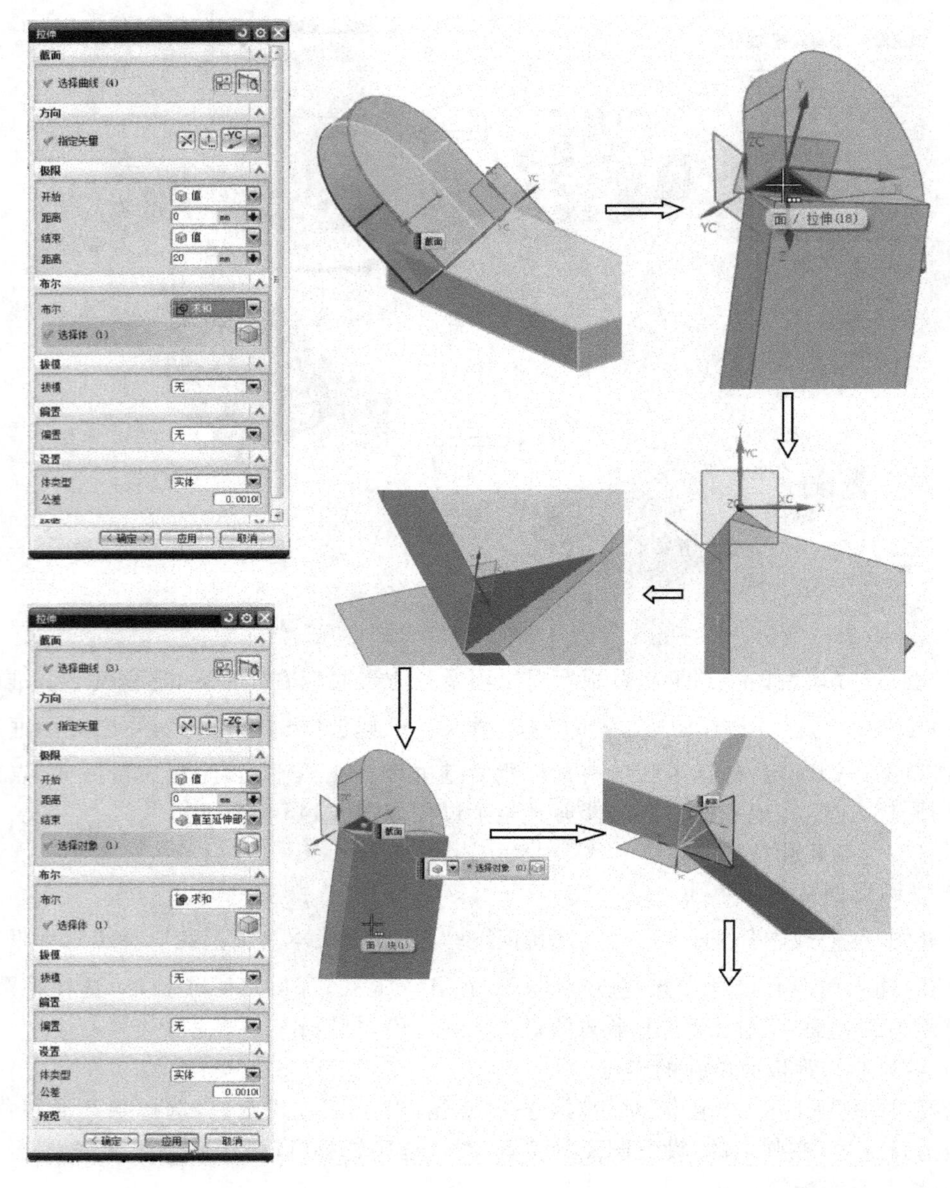

图 5-144

5）阵列特征

在操作此命令之前，首先需要将现有坐标系恢复为绝对坐标系，选择“格式”→“WCS”→“WCS 设置为绝对”或选择图标 ，在 CSYS 对话框的类型复选框中选择“绝对 CSYS”。

选择图标 或“插入”→“关联复制”→“阵列面”，弹出的对话框中选择“矩形阵列”，选择长方形底板上的孔特征，在对话框中的“X 向”复选框中选为－XC，在“Y 向”复选框中选为－YC，在“阵列属性”复选框输入：X 距离＝44，Y 距离＝34，X 数量＝2，Y 数量＝2。点击“确定”按钮，完成。整个过程如图 5-147 所示。

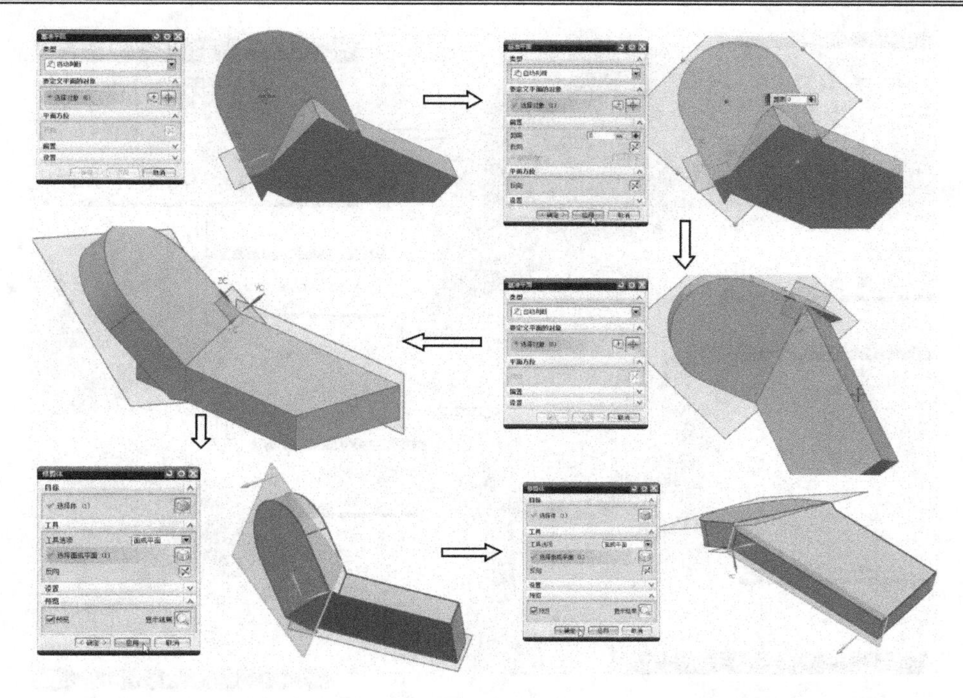

图 5-145

第三步　创建细节特征

创建圆角特征——边倒圆　选择图标 或选择“插入”→“细节特征”→“边倒圆”，弹出对话框后，输入参数：半径＝20，选择模型背面的半圆形斜背板与长方形底板的相交棱线为要倒圆的边，点击“应用”，完成。在对话框中，输入参数：半径＝5，选择长方形底板前面的直立棱边，点击“确定”，完成。整个过程如图 5-148 所示。

5.9.5　实例五

1. 手柄体图样

模型图样如图 5-149 所示。

2. 模型分析

该模型以块体为主体，结构对称，建模过程涉及体素、基准、修剪、孔、边倒圆等特征的知识点应用。

3. 操作步骤

第一步　创建模型基础特征

1）创建长方体

选择图标 或选择“插入”→“设计特征”→“长方体”，使用“原点和边长”方法创建，输入尺寸参数：长度(XC)＝40、宽度(YC)＝104、高度(ZC)＝34，如图 5-150 所示。

2）创建圆角特征

选择图标 或选择“插入”→“细节特征”→“边倒圆”，弹出对话框后，输入参数：半径

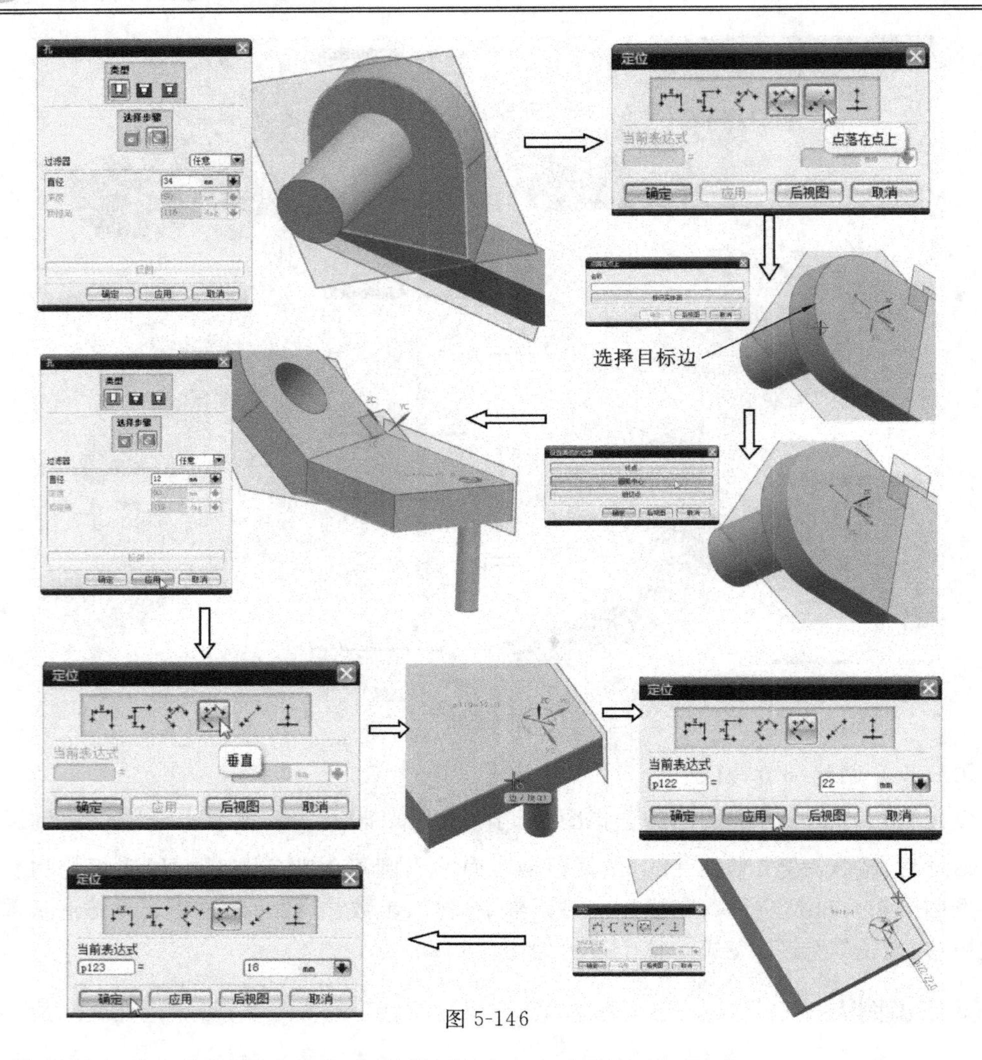

图 5-146

=20，选择长方体右侧两直立棱边为要倒圆的边，点击“应用”，完成。

3）建立相对基准面

选择图标 ▢ 或选择“插入”→“基准/点”→“基准平面”，使用“自动判断”类型，分别选择长方形块体前后两个平面，建立一个二等分平面（中垂直基准面）。沿半圆柱轴线加一基准轴，选择图标 ▢ 或选择“插入”→“基准/点”→“基准平面”，使用“自动判断”类型，选择长方形块体的中垂直基准面，再点选基准轴，使新基准面绕基准轴旋转，输入 3°。选择图标 ▢，使用“自动判断”类型，点选与中基准面偏转 3°的新基准面，输入偏置值 20，点击“确定”。整个过程如图 5-151 所示。

4）创建修剪体（两侧斜面）

选择图标 ▢ 或选择“插入”→“修剪”→“修剪体”，弹出对话框后，选择长方体，按鼠标中键确定，选择偏置 20 mm 的基准面为工具平面，注意矢量方向，点击“应用”，完成。

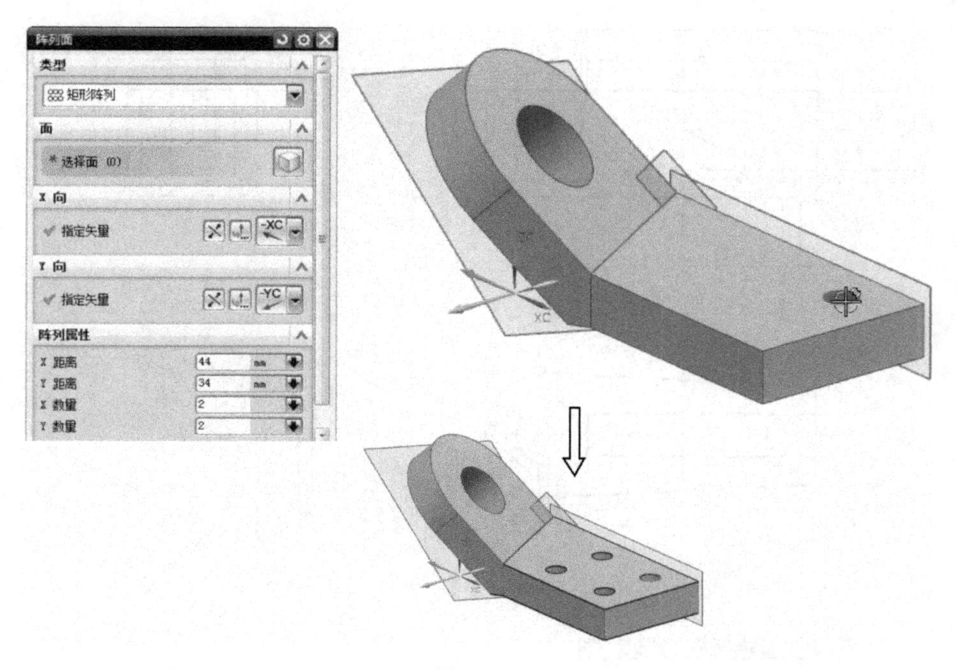
阵列面
类型
矩形阵列
面
选择面 (0)
X 向
指定矢量
-XC
Y 向
指定矢量
-YC
阵列属性
X 距离 44 mm
Y 距离 34 mm
X 数量 2
Y 数量 2
XC

图 5-147

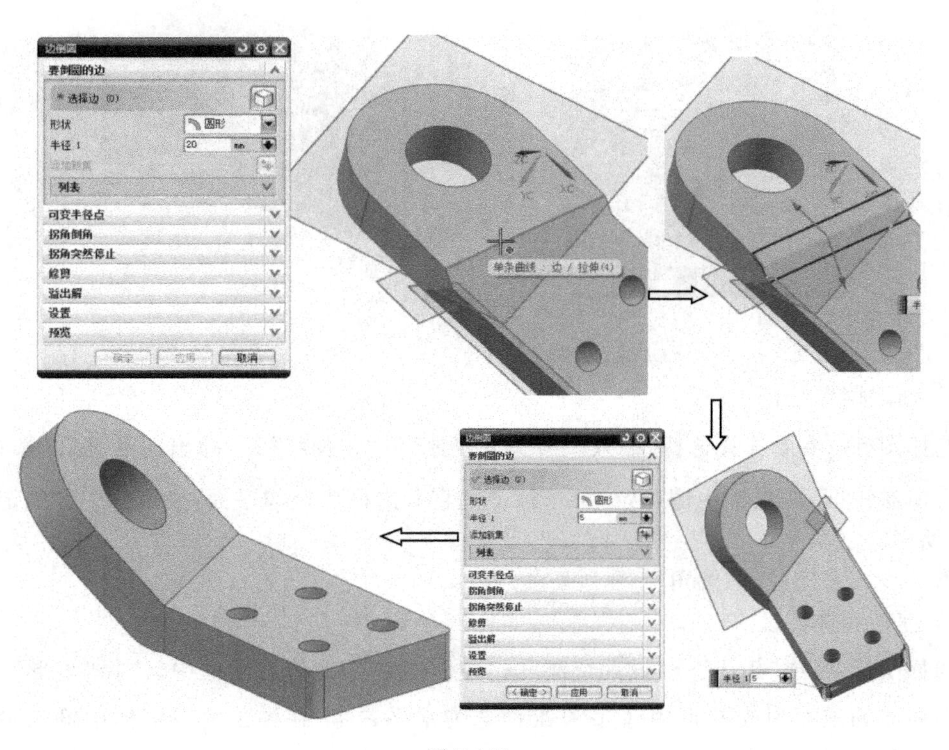
边倒圆
要倒圆的边
选择边 (0)
形状 圆形
半径 1 20 mm
添加新集
列表
可变半径点
拐角倒角
拐角突然停止
修剪
溢出解
设置
预览
确定 应用 取消
单条曲线：边 / 拉伸(4)
边倒圆
要倒圆的边
选择边 (2)
形状 圆形
半径 1 5 mm
添加新集
列表
可变半径点
拐角倒角
拐角突然停止
修剪
溢出解
设置
预览
<确定> 应用 取消
半径 1 5

图 5-148

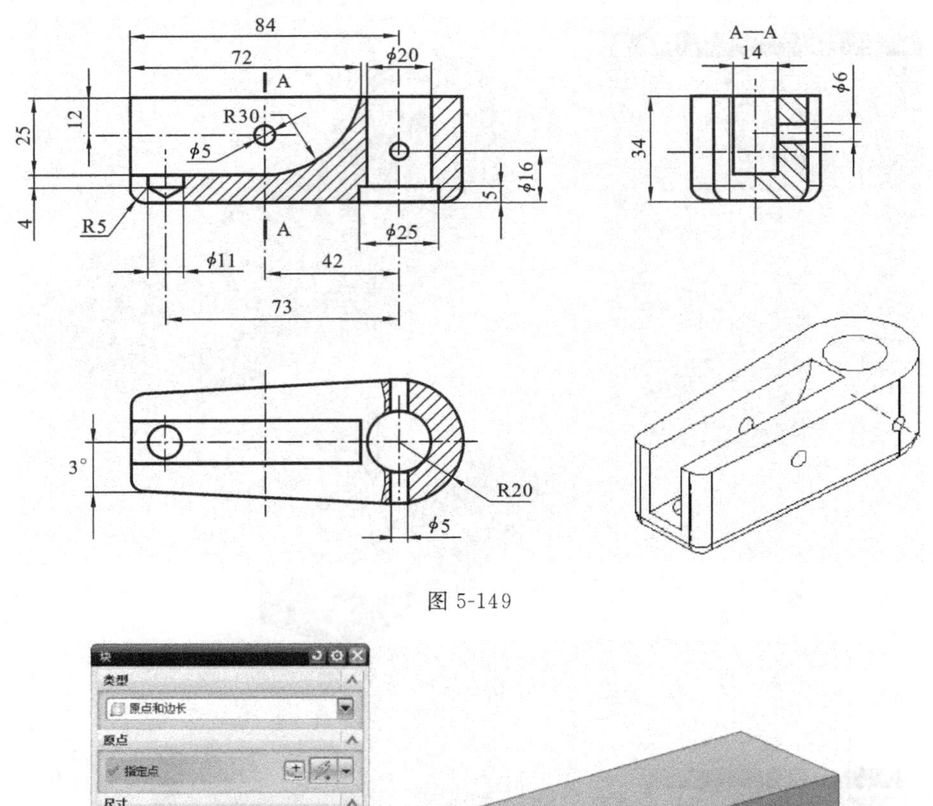

图 5-149

图 5-150

5）创建镜像特征

选择图标 或选择选择“插入”→“关联复制”→“镜像特征”，弹出对话框后，选择修剪平面为镜像特征，按鼠标中键确定，再选择中垂直基准面为镜像平面，按鼠标中键确定，如图 5-152 所示。

第二步　创建腔体、圆角特征

1）创建腔体特征

选择图标 或“插入”→“设计特征”→“腔体”，在弹出的对话框中，选择“矩形”。选择长方形块体的顶面为放置面，中垂直基准面选为水平参考，在弹出的对话框中输入参数：长度＝72、宽度＝14、深度＝25。

点击“确定”后，进入“定位”对话框，选择“线落在线上”的方式定位，选择长方体顶面左

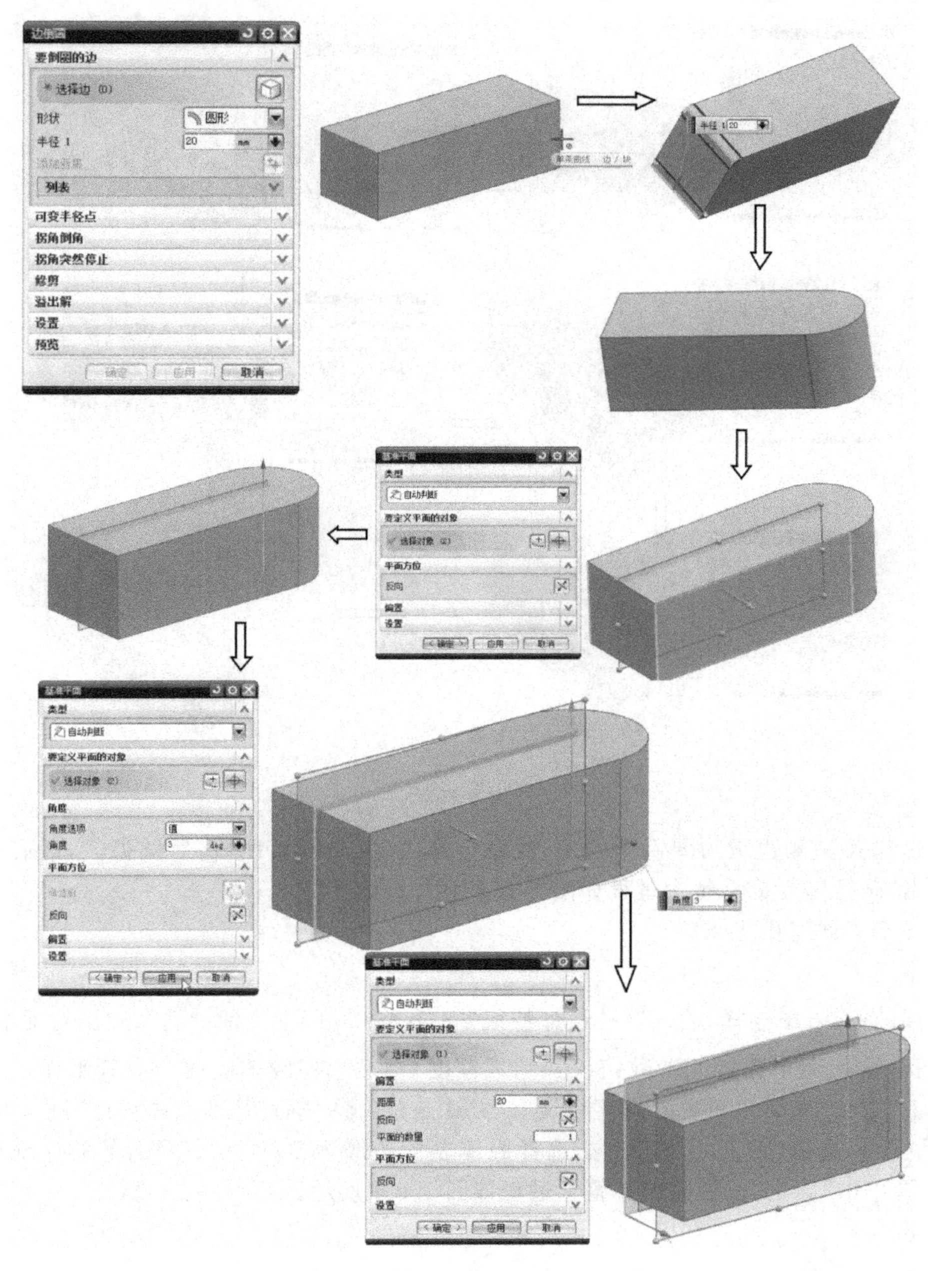

图 5-151

侧边缘为目标边，腔体顶面左侧边缘为工具边，点击“确定”后，继续选择同样的方式定位，选择中垂直基准面为目标边，腔体顶面长虚线为工具边，点击“确定”，完成。

2）创建圆角特征

选择图标 或选择“插入”→“细节特征”→“边倒圆”，弹出对话框后，输入参数：半径＝30，选择矩形空腔底面内侧棱线为要倒圆的边，点击“应用”，完成。修改参数：半径＝5，选

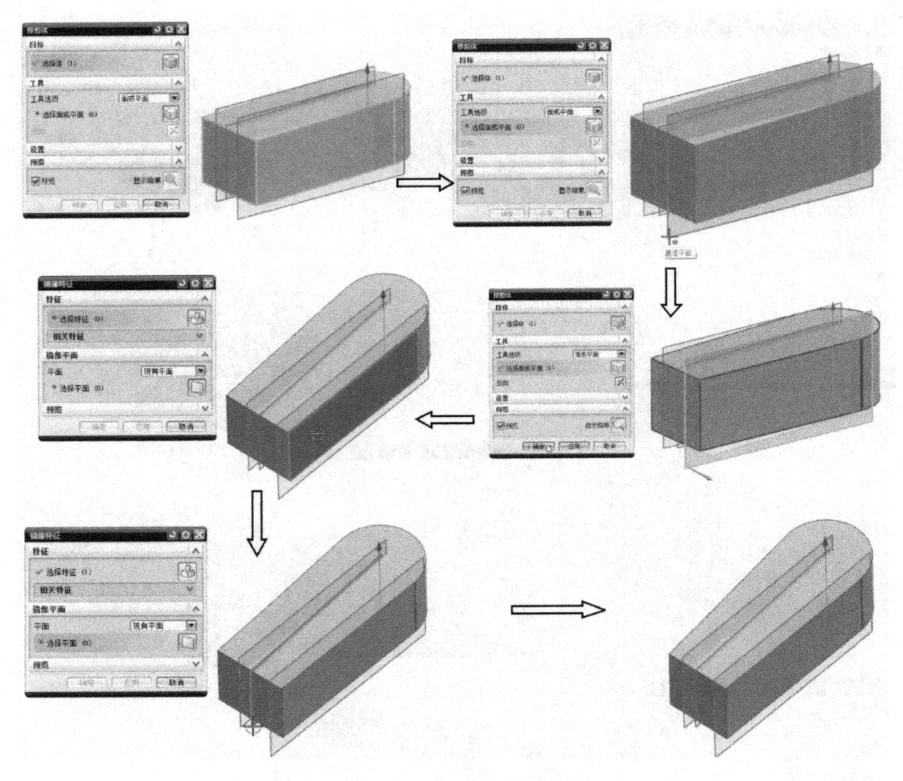

图 5-152

择底面边缘及左侧边缘为要倒圆的边，注意选择顺序，先长直线段，后圆弧段，最后短直线段。点击“确定”，完成。整个过程如图 5-153 所示。

第三步　创建孔特征

1）简单孔

选择图标 或选择“插入”→“设计特征”→“NX 5.0 版本之前的孔”，弹出对话框后，选择简单孔，输入简单孔尺寸参数：直径＝11、深度＝4。选择腔体底面为放置平面，点击“应用”，进入“定位”对话框，选择“点落在线上”方式定位，将中垂直基准面选为目标边，返回“定位”对话框后，选择“垂直”方式定位，选择腔体左侧边缘为目标边，在弹出的对话框中输入“104-93”，单击“确定”按钮完成。整个过程如图 5-154 所示。

2）沉头孔

选择图标 或选择“插入”→“设计特征”→“NX 5.0 版本之前的孔”，弹出对话框后，选择沉头孔，输入沉头孔尺寸参数：沉头直径＝25、深度＝5、孔径＝20。选择模型底面为放置平面，点击顶面，打穿孔。点击“应用”后，进入“定位”对话框，选择“点落在线上”的方式定位，将中垂直基准面选为目标边，返回“定位”对话框后，选择“垂直” 方式定位，选择腔体左侧上方边缘为目标边，在弹出的对话框中输入“84”，完成。整个过程如图 5-155 所示。

3）简单孔（小水平孔）

在创建水平孔之前，首先将中垂直基准面向前偏置 20，另在模型顶面加一基准面，方便

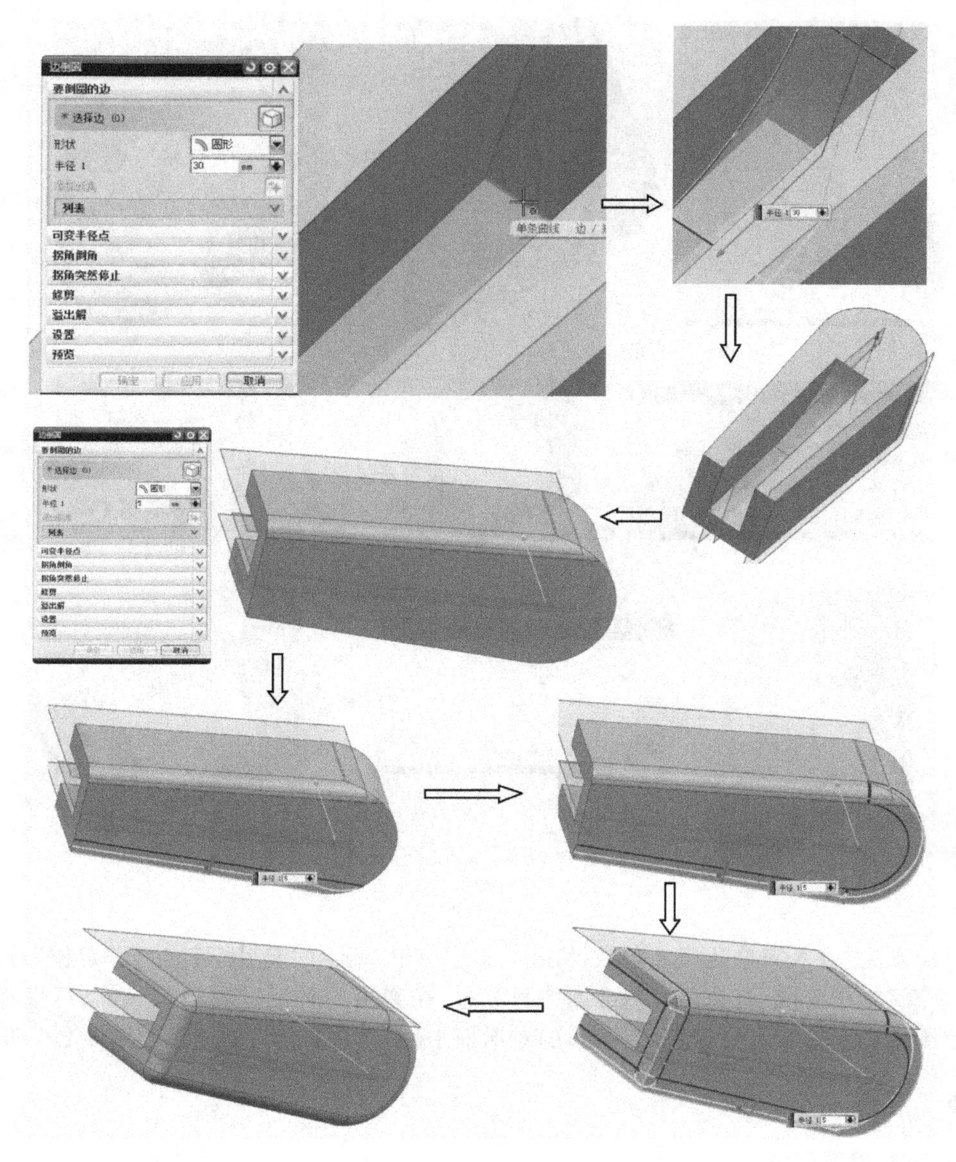

图 5-153

定位。选择图标，使用“自动判断”类型，再点选中基准面，输入偏置值 20，点击“确定”。同样方法，点选模型顶面，在顶面加一基准面。整个过程如图 5-156 所示。

选择图标或选择“插入”→“设计特征”→“NX 5.0 版本之前的孔”，弹出对话框后，选择简单孔，输入简单孔尺寸参数：直径＝5，深度不限，选择外侧偏置 20 mm 的基准面为放置面，点选里侧平面，打穿孔。点击“应用”后，进入“定位”对话框，选择“垂直”方式定位，点选顶面基准面为目标边，在弹出的对话框中输入“19”，再选择模型左侧腔体的竖直边缘为目标边，在弹出的对话框中输入“84”，完成。

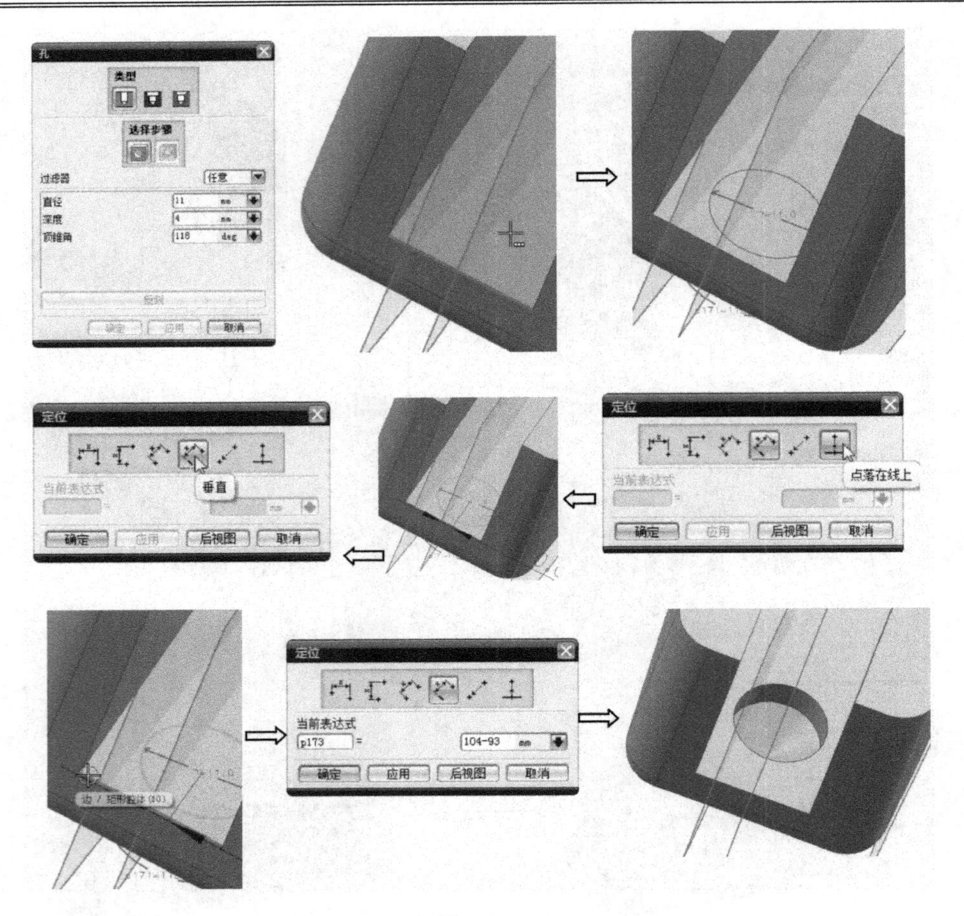

图 5-154

同样方法，输入简单孔尺寸参数：直径＝6，打穿孔。点击“应用”后，进入“定位”对话框，选择“垂直”方式定位，点选顶面基准面为目标边，在弹出的对话框中输入“12”，再选择模型左侧腔体的竖直边缘为目标边，在弹出的对话框中输入“104-62”，完成。如图 5-157 所示。

5.9.6 实例六

1. 弯头模型图样

模型图样如图 5-158 所示。

2. 模型分析

该模型以相交柱体为主体，建模过程涉及体素、基准、凸台、孔、阵列等特征的知识点应用。

3. 操作步骤

第一步 创建模型基础特征

1）创建球体

在创建球体之前，首先建立三固定基准面，选择图标 ，使用“XC-YC 平面”、“XC-ZC

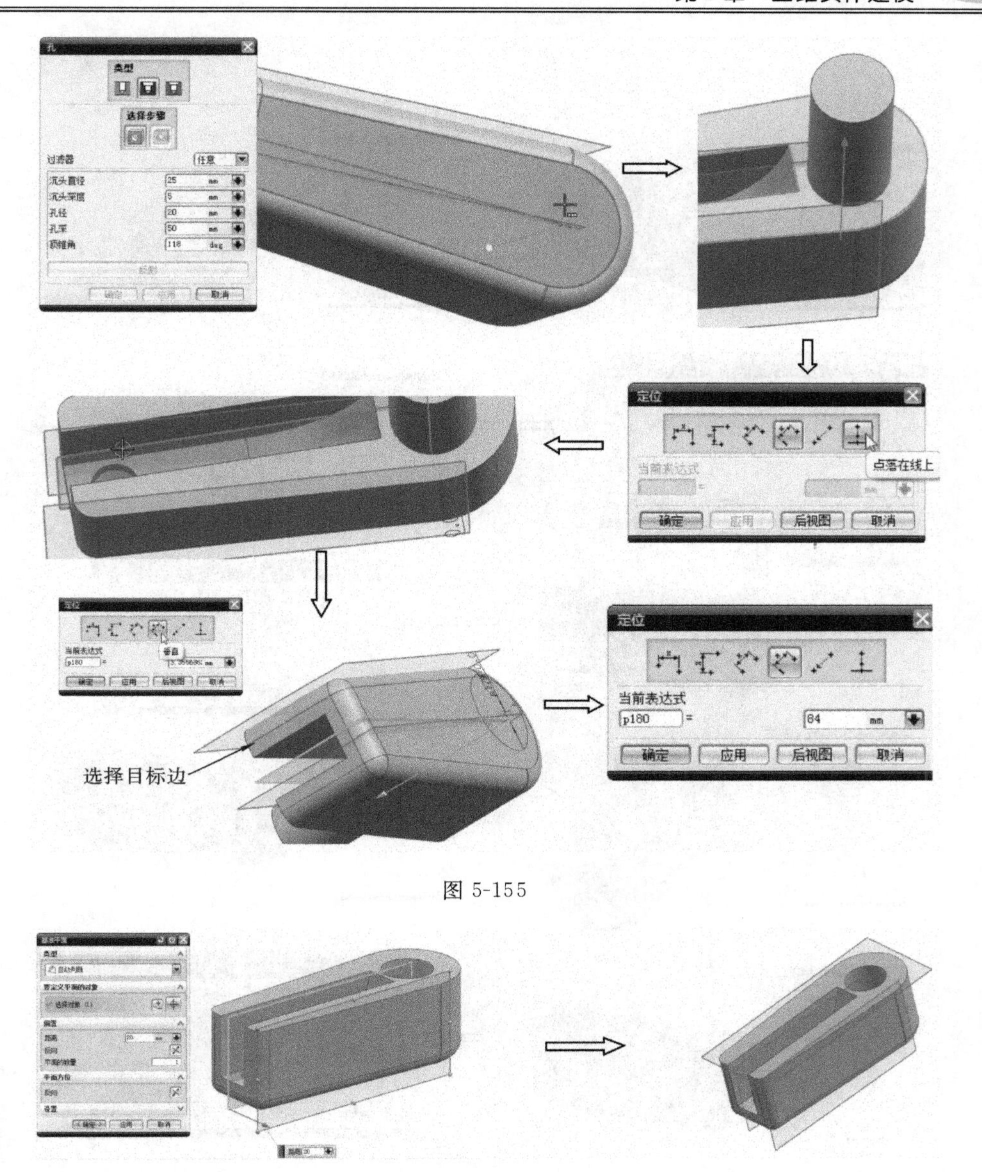

图 5-155

图 5-156

平面”、“ YC-ZC 平面”类型。建立如图 5-159 所示的基准面。

选择图标 或“插入”→“设计特征”→“球”，在弹出的对话框中选择“点对话框”，以指定球心，在弹出的“点对话框”中输入 XC＝0、YC＝0、ZC＝0，返回“球”对话框，输入半径＝47，确定。

2）创建凸台

创建水平凸台，选择图标 或选择“插入”→“设计特征”→“凸台”，弹出对话框后，输入参数：直径＝47、深度＝40，选择基准面“YC-ZC 平面”为放置面。

点击“应用”后，进入“定位”对话框，选择“点落在线上”方式定位，将 XC-ZC 平面选为目

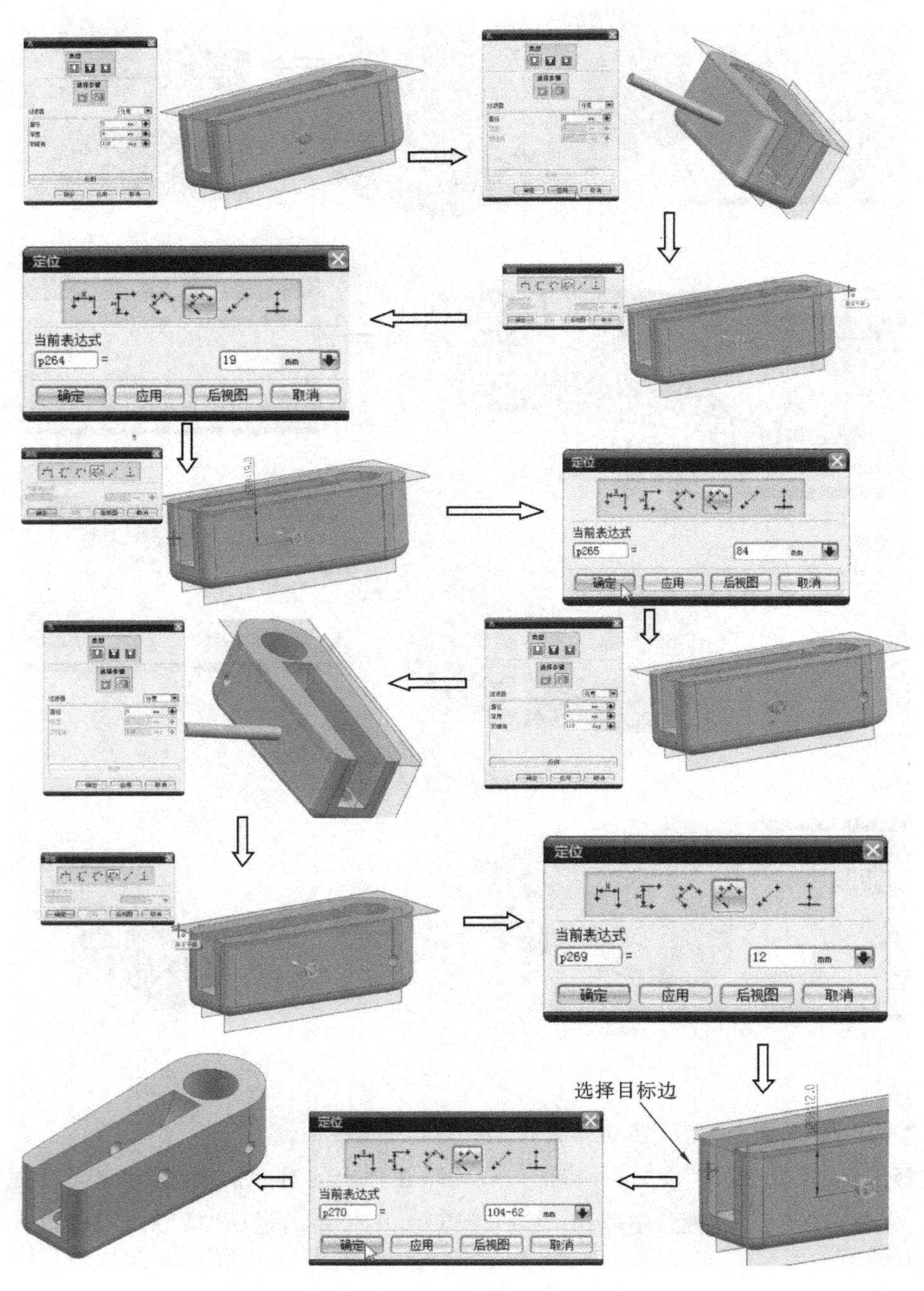
定位
当前表达式
p264
19
mm
确定
应用
后视图
取消
定位
当前表达式
p265
84
mm
确定
应用
后视图
取消
定位
当前表达式
p269
12
mm
确定
应用
后视图
取消
选择目标边
定位
当前表达式
p270
104-62
mm
确定
应用
后视图
取消

图 5-157

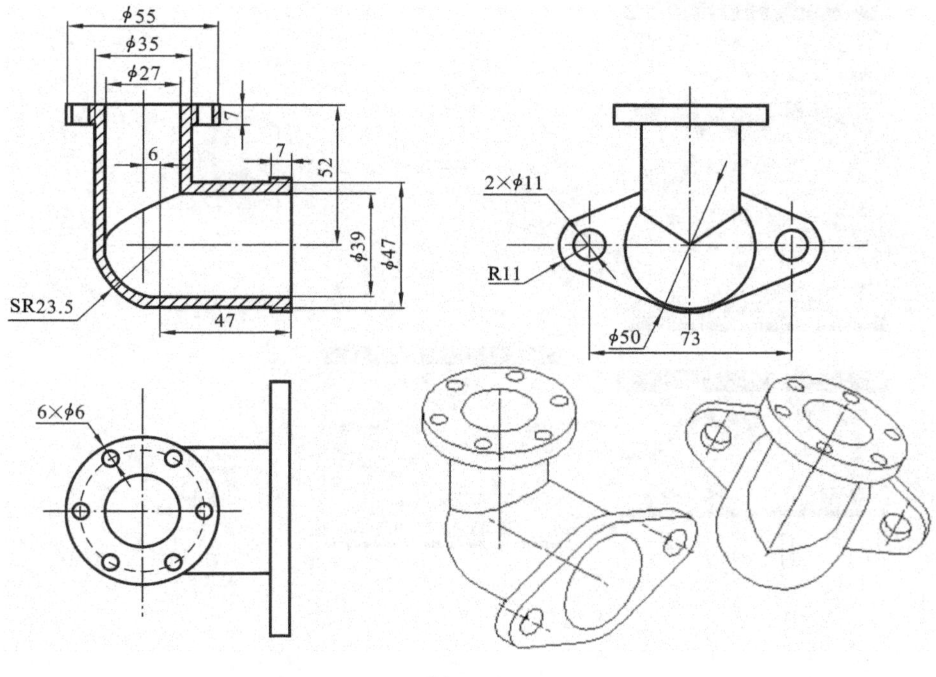

图 5-158

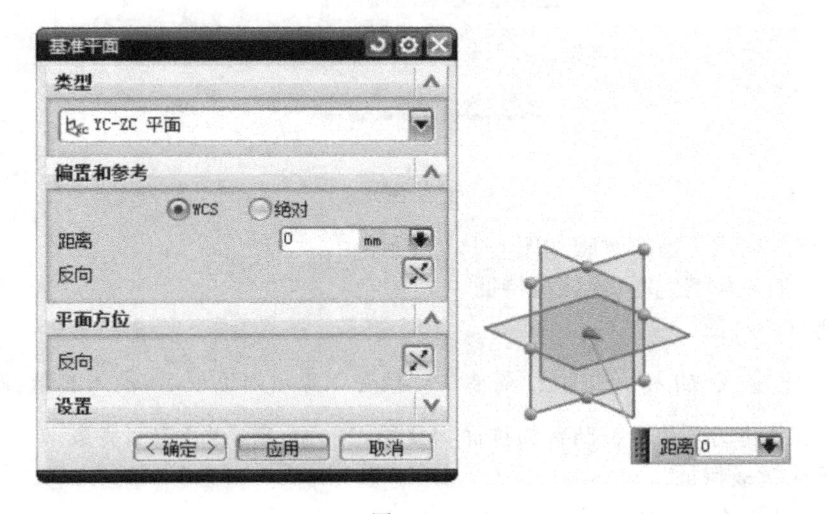

图 5-159

标边，返回“定位”对话框后，继续选择相同方式定位，选 XC-YC 平面为目标边，完成。整个过程如图 5-160 所示。

创建垂直凸台，选择图标或选择“插入”→“设计特征”→“凸台”，弹出对话框后，输入参数：直径＝35、高度＝45，选择基准面“XC-YC 平面”为放置面。

点击“应用”后，进入“定位”对话框，选择“点落在线上”方式定位，将 XC-ZC 平面选为目标边，返回“定位”对话框后，选择“垂直”方式定位，选 YC-ZC 平面为目标边，在弹出的对话

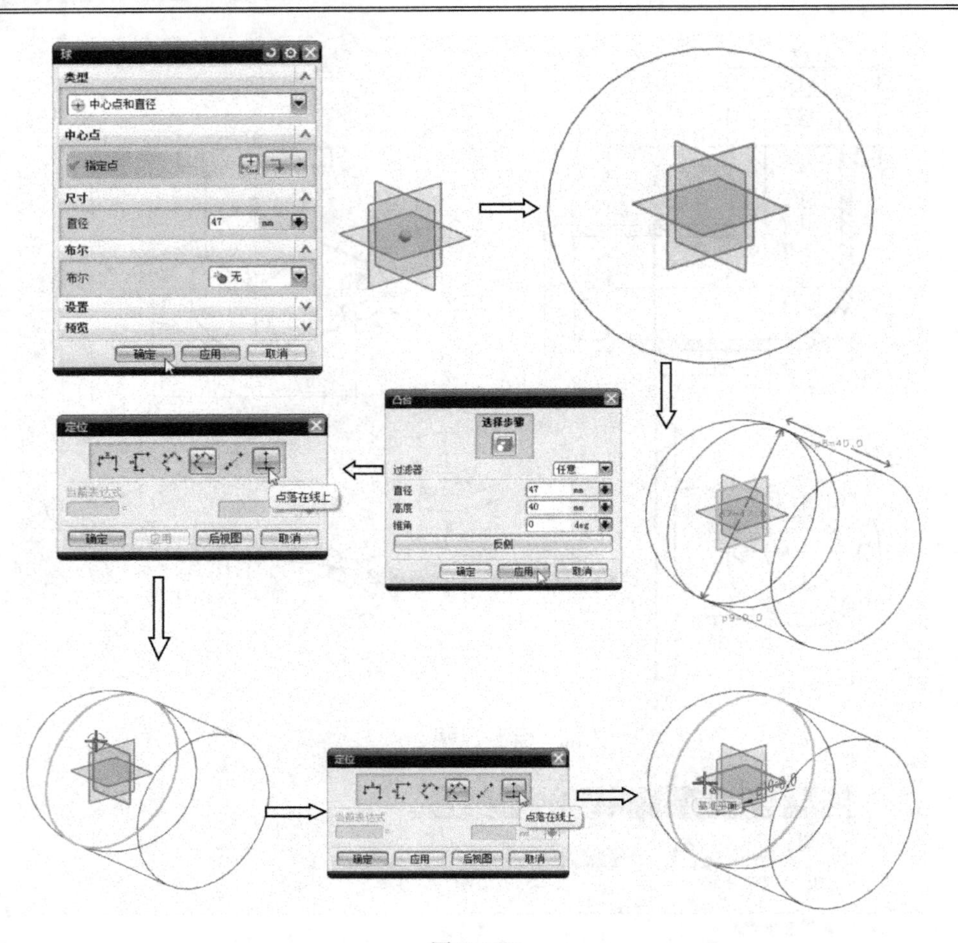

图 5-160

框中输入“－6”，完成。整个过程如图 5-161 所示。

第二步　创建模型空心、连接板特征

1）创建空心特征

选择图标 或“插入”→“偏置/缩放”→“抽壳”，弹出对话框后，输入参数：厚度＝4，分别选择水平凸台的端面和竖直凸台的顶面为要移除的面，点击“确定”，完成。

2）创建连接板特征

选择图标 或选择“插入”→“设计特征”→“凸台”，弹出对话框后，输入参数：直径＝55、高度＝7，选择竖直凸台的顶面为放置面。

点击“应用”后，进入“定位”对话框，选择“点落在点上”方式定位，选择竖直凸台的外圆边缘为目标边，在弹出的“设置圆弧的位置”对话框中选择“圆弧中心”后，完成定位。如图 5-162 所示。

选择水平凸台的端面为草绘平面，进入草绘空间，绘制如图 5-159 所示草图，完全约束后，完成草图，回到建模空间。选择图标 或选择“插入”→“设计特征”→“拉伸”，弹出对

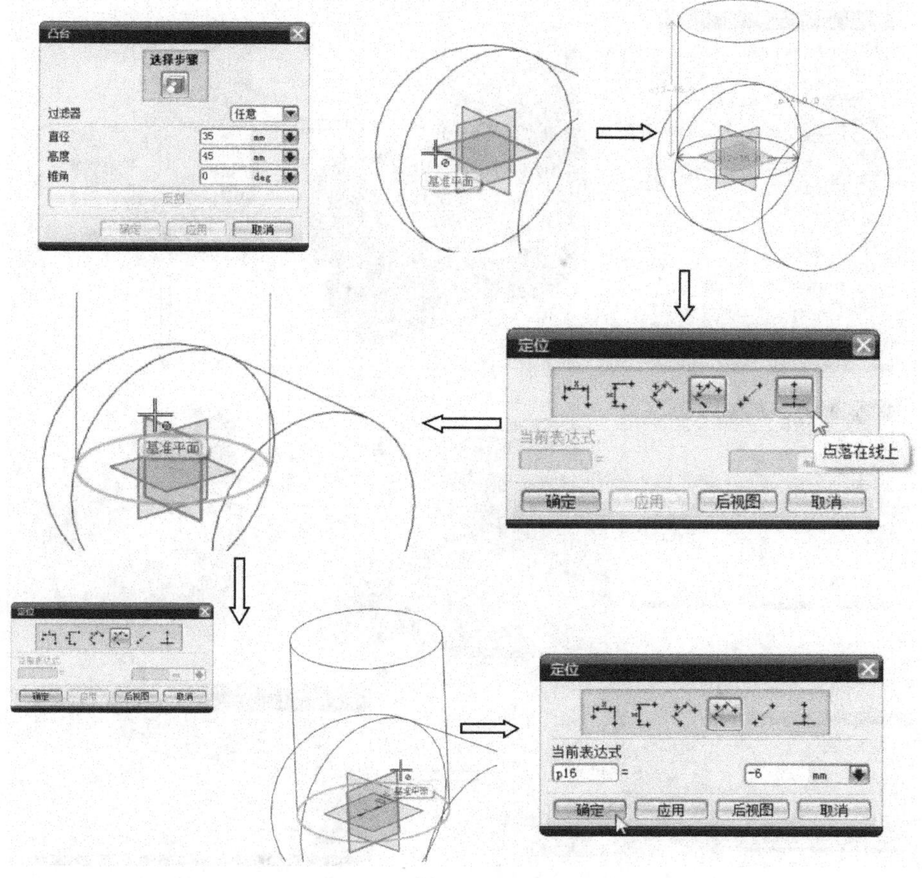

图 5-161

话框后，选择草绘曲线为拉伸截面线，指定 XC 方向为拉伸方向，选择拉伸“极限”的开始值为 0，结束值为 7，布尔运算选择“求和”，选择要联合的体——水平凸台，点击“应用”，完成。整个过程如图 5-163 所示。

第三步　创建连接板上孔特征

1）创建水平凸台连接板上的孔

选择图标或选择“插入”→“设计特征”→“NX 5.0 版本之前的孔”，进入弹出的对话框后，选择简单孔，输入简单孔尺寸参数：直径＝39、深度＝20，选连接板前面为放置面。点击“应用”后，进入“定位”对话框，选择“点落在点上”的方式定位，连接板的大圆弧选为目标边，在弹出的“设置圆弧的位置”对话框中选择“圆弧中心”后，完成。

继续选择图标，进入弹出的对话框后，选择简单孔，输入简单孔尺寸参数：直径＝11、深度＝20，选连接板前面为放置面。操作方法相同，只是目标边选择圆弧；以相同的方法完成另一相同直径孔的创建。整个过程如图 5-164 所示。

2）创建竖直凸台连接板上的孔

选择图标或选择“插入”→“设计特征”→“NX 5.0 版本之前的孔”，进入弹出对话框

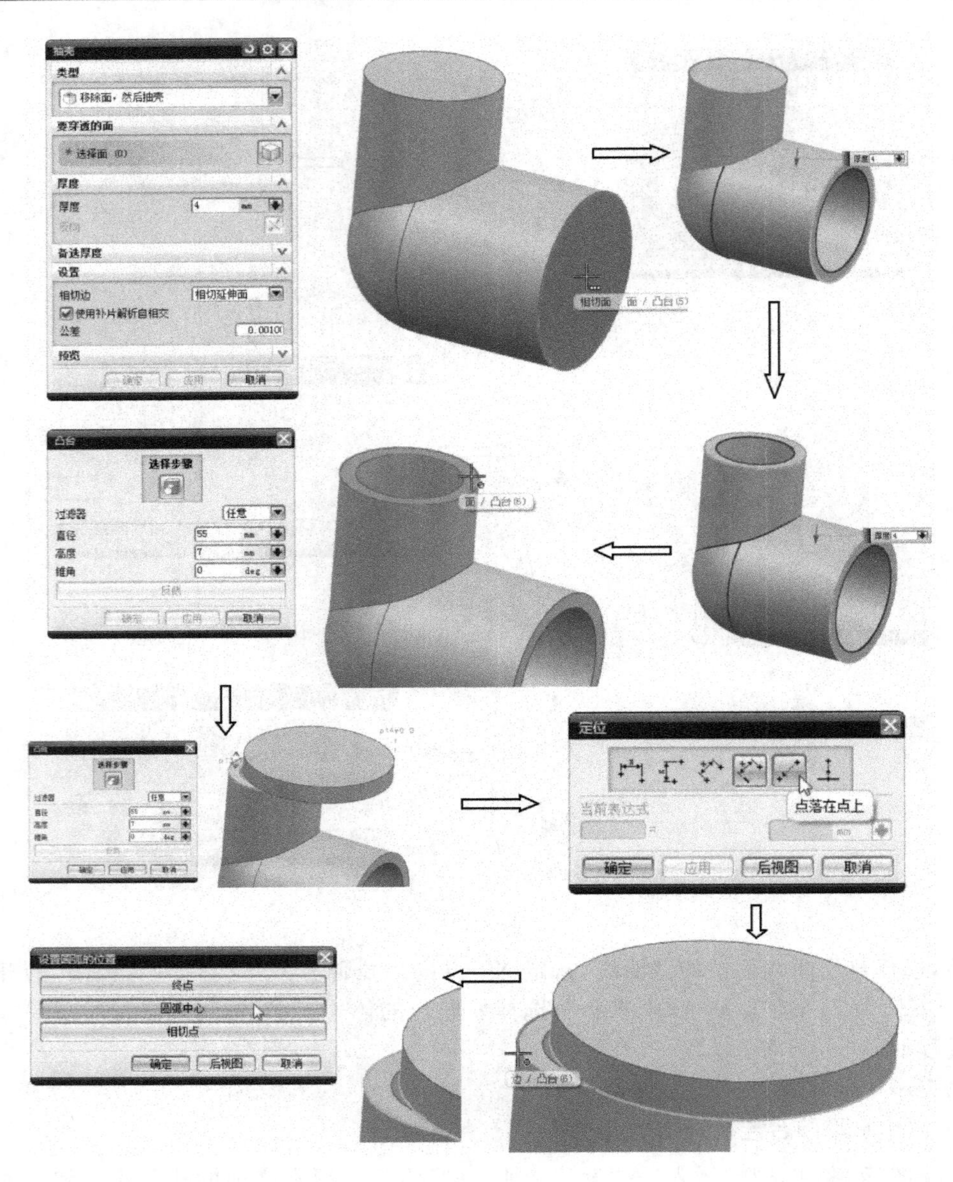

图 5-162

后，选择简单孔，输入简单孔尺寸参数：直径＝27、深度＝20，选圆连接板顶面为放置面。点击“应用”后，进入“定位”对话框，选择“点落在点上”方式定位，选圆连接板的边缘为目标边，同上操作，完成。

继续选择图标，进入弹出对话框后，选择简单孔，输入简单孔尺寸参数：直径＝6、深度＝20，选圆连接板顶面为放置面；点击“应用”后，进入“定位”对话框，选择“点落在线上”方式定位，选择 XC-ZC 平面作为目标边，返回“定位”对话框后，选择“垂直”方式定位，选择 YC-ZC 平面作为目标边，输入“28.5”，完成。整个过程如图 5-165 所示。

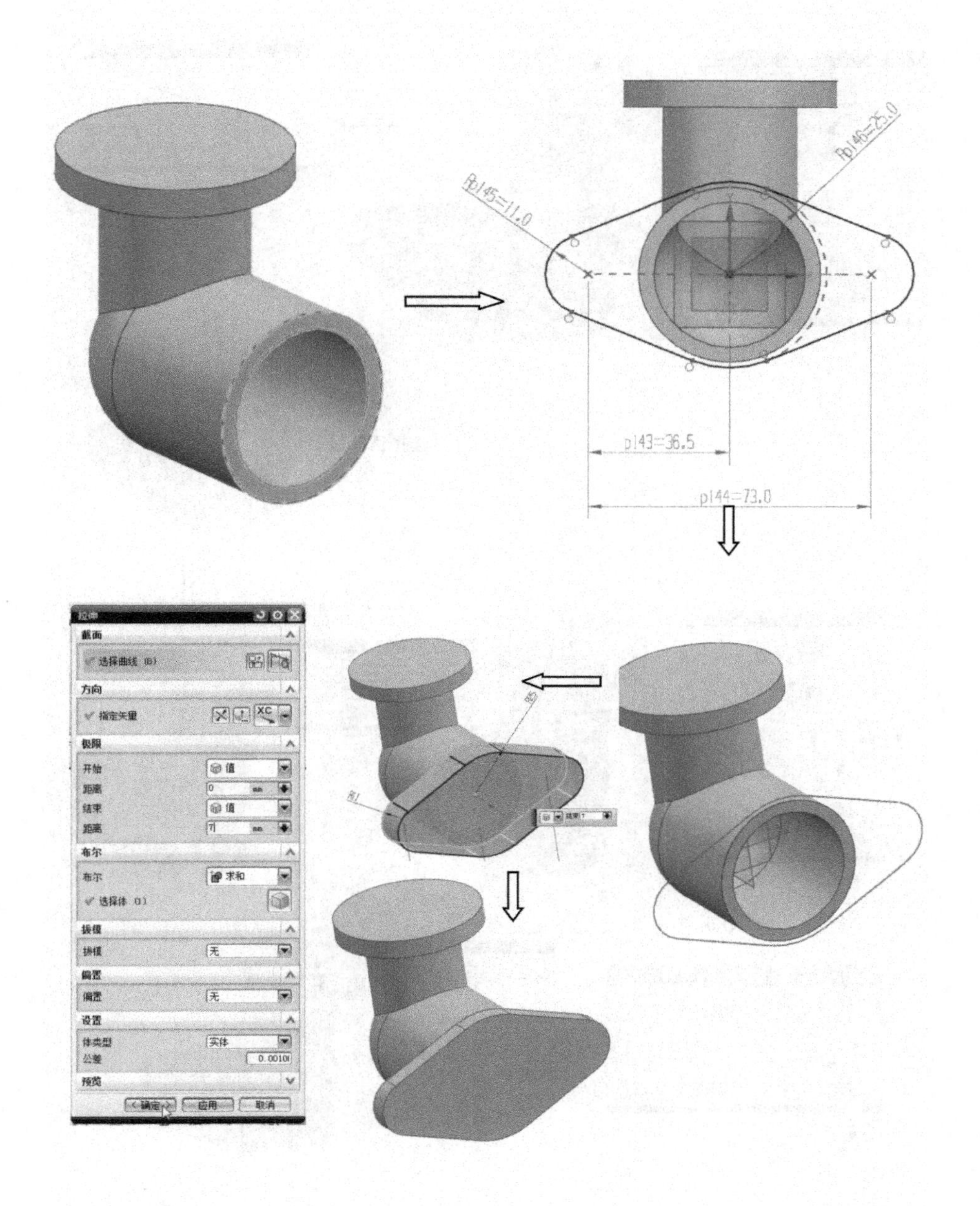
Rp145=11.0
Rp146=25.0
p143=36.5
p144=73.0
拉伸
截面
选择曲线 (8)
方向
指定矢量
极限
开始
值
距离
结束
值
距离
布尔
布尔
求和
选择体 (1)
拔模
拔模
无
偏置
偏置
无
设置
体类型
实体
公差
预览
确定
应用
取消

图 5-163

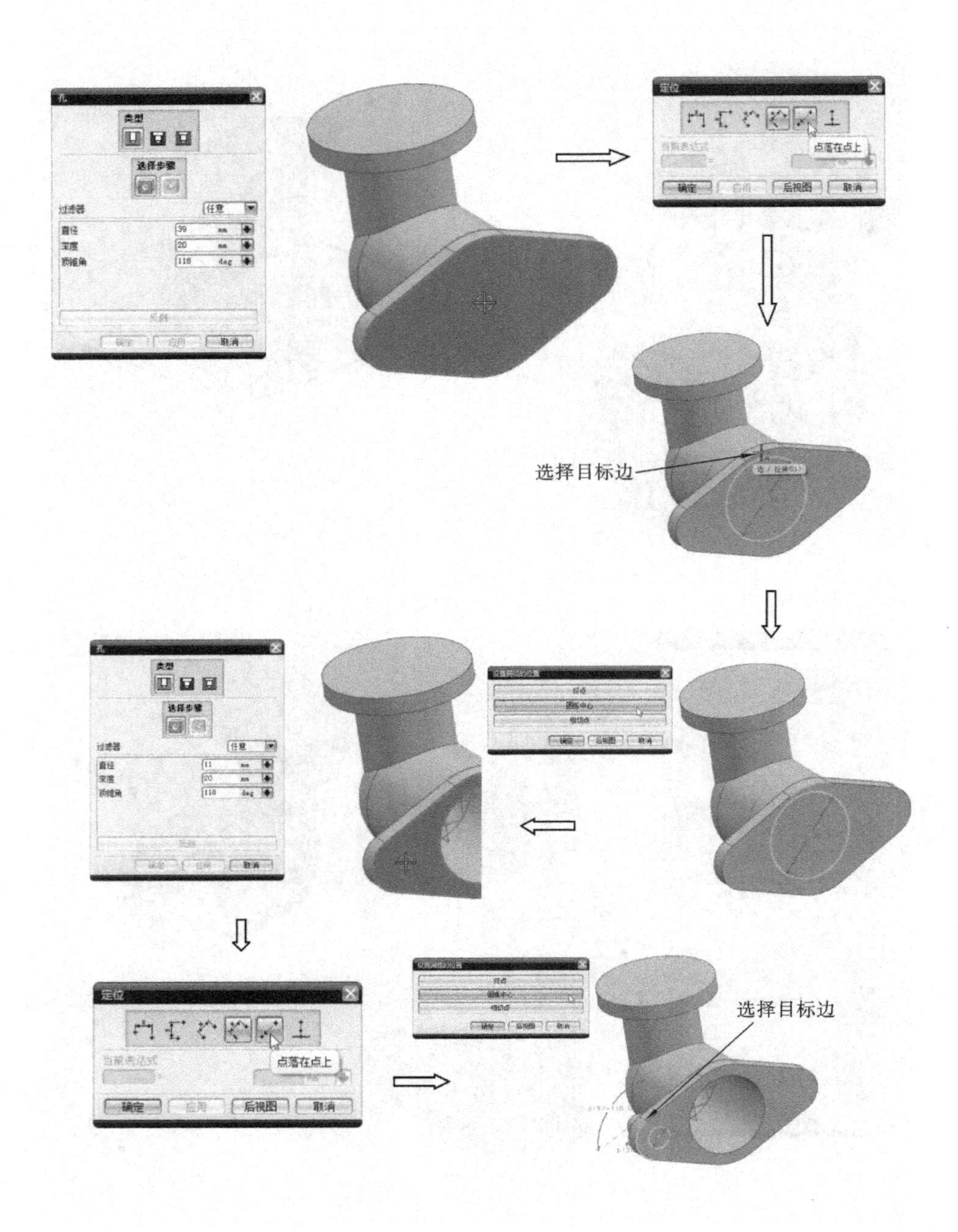

图 5-164

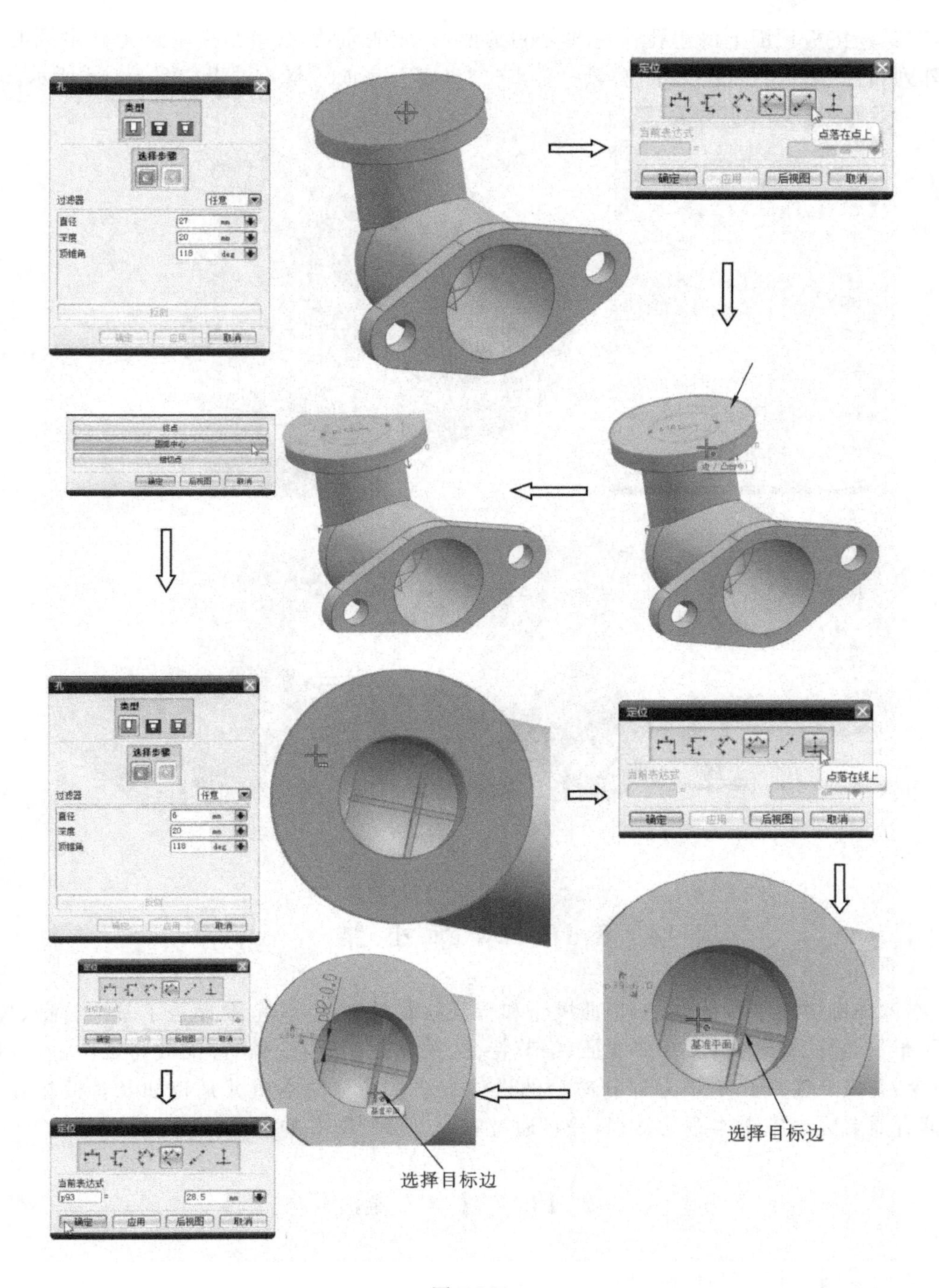

图 5-165

选择图标 或选择“插入”→“关联复制”→“阵列面”，弹出的对话框中选择“圆形阵列”，选圆连接板顶面上的小孔作为要复制的面，指定矢量为 ZC 轴，指定点为凸台圆心，输入“阵列属性”参数：角度＝60°、数量＝6，点击“确定”，完成。整个过程如图 5-166 所示。

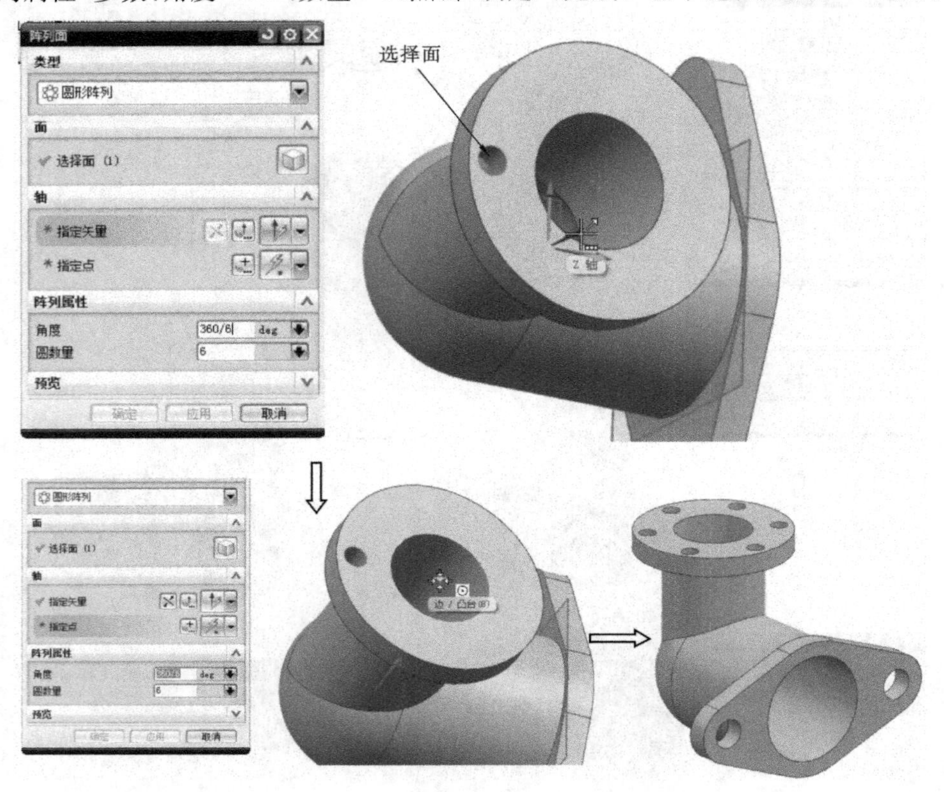

图 5-166

5.10 本章小结

本章详细讲述了特征创建、特征操作和特征编辑的方法，其范围涵盖了基准特征、体素特征、布尔运算、设计特征、修剪特征、细节特征、关联复制特征、偏置/缩放特征中的各种常用命令，并结合实例介绍了大部分命令的操作方法。造型的本质就是特征及特征操作，因此，读者需要完全掌握本章的知识，并且通过实践以达到熟练的程度。

5.11 习题

1. 完成图 5-167 组合体建模。
2. 完成图 5-168 零件建模。
3. 完成图 5-169 零件建模。

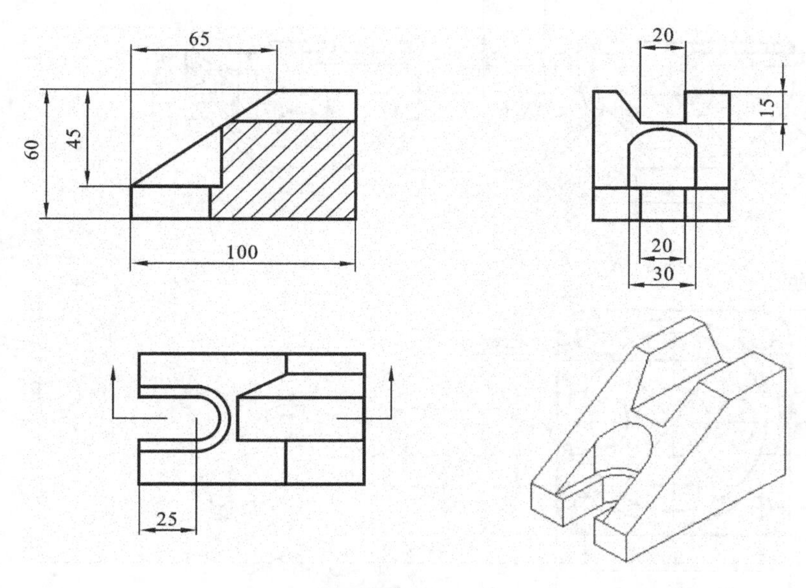
65
60
45
100
20
15
20
30
25

图 5-167

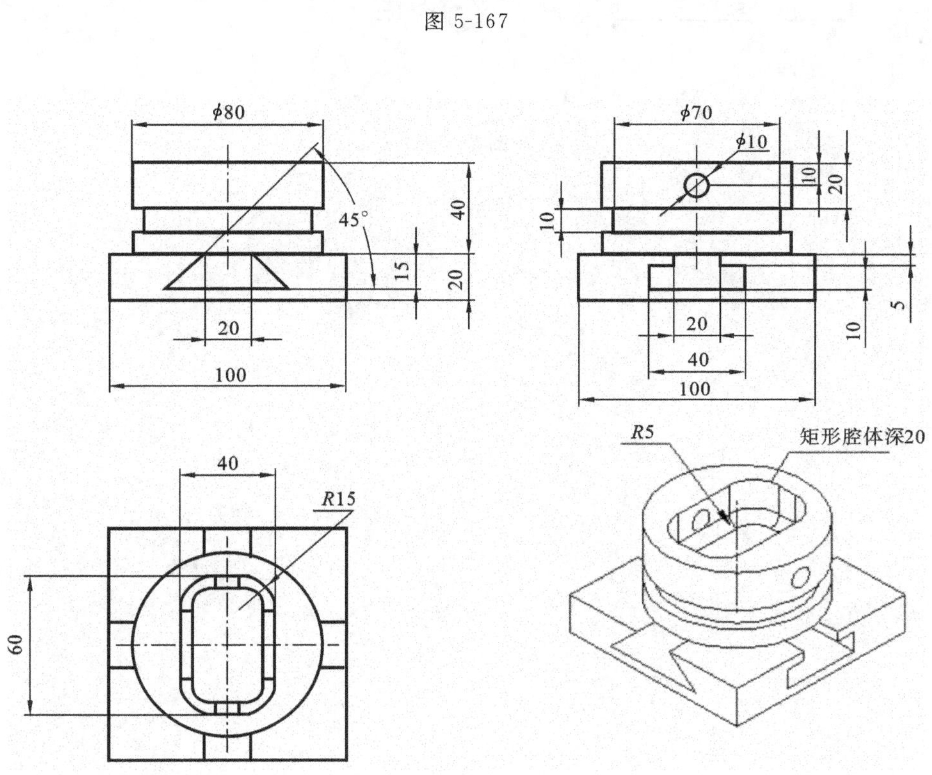
ϕ80
45°
40
15
20
20
100
ϕ70
ϕ10
10
20
10
5
10
20
40
100
40
R15
60
R5
矩形腔体深20

图 5-168

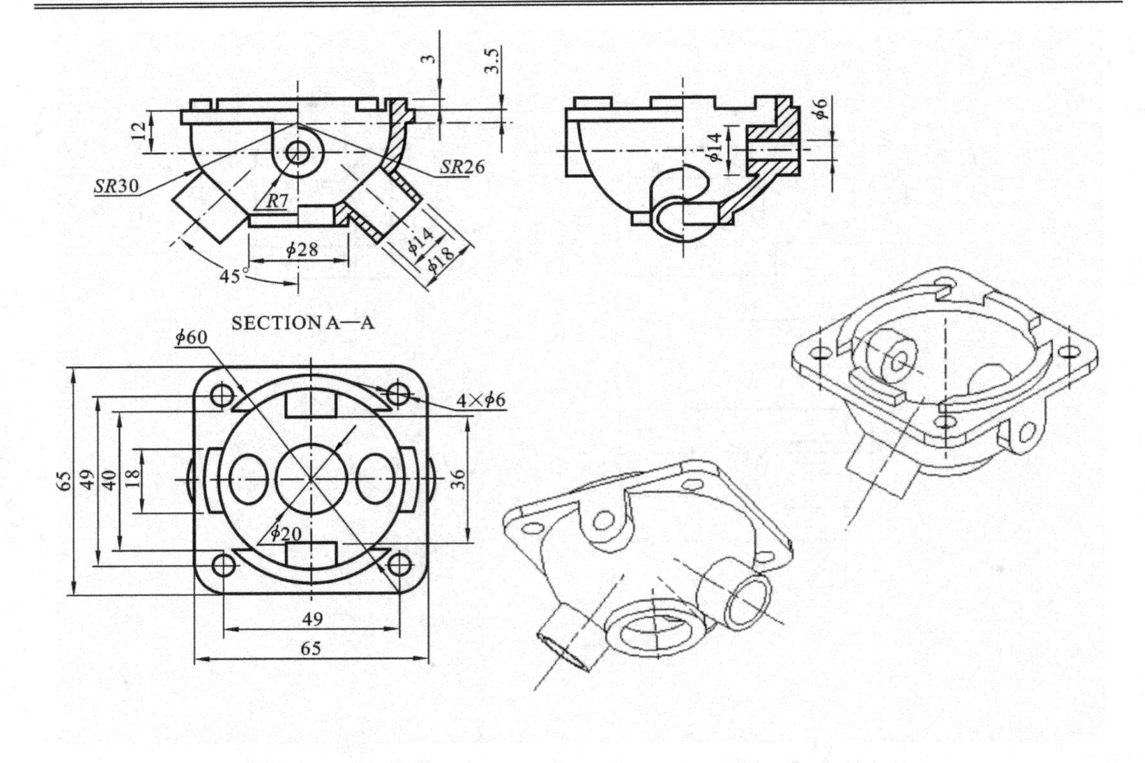
3
3.5
12
SR30
R7
SR26
ϕ28
ϕ14
ϕ18
45°
ϕ6
ϕ14
SECTION A—A
ϕ60
4×ϕ6
65
49
40
18
36
ϕ20
49
65

图 5-169

第6章 曲面建模

曲面建模设计能力可以衡量一个设计师的设计水平。自由曲面设计包括自由曲面特征建模模块和自由曲面特征编辑模块，用户可以使用前者方便地生成曲面或者实体模型，再通过后者对已生成的曲面进行各种修改。利用曲面编辑功能可以重新定义曲面特征的参数，也可以通过变形和再生工具对曲面直接进行编辑操作，从而创建出风格多变的自由曲面造型，以满足不同的产品设计需求。

本章重点介绍曲面建模的知识，具体包括曲面功能概述、由点创建曲面、由线创建曲面以及曲面建模综合实例。

6.1 曲面功能概述

曲面造型是 UG 中的重要组成部分，也是 CAD/CAM 软件建模能力的体现，很多产品都是依靠曲面造型来实现其复杂形状的构建的。自由曲面特征不仅可以实现实体复杂的外形设计，还可以单独建立并应用到实体建模中。UG 的曲面设计构造方法繁多，功能强大，全面准确地使用各种工具完成曲面设计是使用好 UG 的关键之一。很多曲面的创建过程都基于曲线，因此需要用户精确地构造曲线，尽量减少后期修改，避免各种缺陷如交叉、断点等。本章将介绍不同的曲面造型方法。

在深入学习曲面知识之前，先简单介绍一下曲面的一些基本知识，如曲面的基本概念、分类及有关曲面的常用术语。

1. 曲面的基本概念、分类

曲面分为基本曲面和自由曲面。基本曲面通常利用点和曲线构建曲面骨架进而获得基本曲面，UG NX 8.0 提供包括直纹面、通过曲线组、通过曲线网格、扫掠，以及剖切曲面等多种基本曲面构造工具。自由曲面特征常用于构造用标准建模方法无法创建的复杂形状。与一般曲面相比，自由曲面的创建更加灵活，其要求也更高。自由曲面是一种概念性较强的曲面形式，同时也是艺术性和技术性相对完美结合的曲面形式。

在深入学习曲面知识之前，先简单介绍一下曲面的一些基本知识，如曲面的基本概念、分类及有关曲面的常用术语。

2. 曲面常用术语

1）全息片体

在 UG 中，大多数命令所构造的曲面都具有参数化的特征，在自由曲面特征中被称为全息片体。全息片体是指全关联、参数化的曲面。这类曲面的共同特征都由曲线生成，曲面与曲线具有关联性。当构造曲面的曲线被编辑修改后，曲面会自动更新。实体是指具有一定厚度和封闭的体积，而片体的厚度为零，只有空间形状，没有实际厚度。

2）行与列

行定义了片体的 U 方向，而列是大致垂直于片体行的纵向曲线方向（V 方向）。

3）曲面的阶次

阶次是一个数学概念，表示定义曲面的多项式方程的最高次数。UG 程序中使用相同的概念定义片体，每个片体均含有 U、V 两个方向的阶次。UG 中建立片体的阶次必须介于 2～24 之间。阶次过高会导致系统运算速度变慢，同时容易在数据转换时产生错误。

4）公差

某些自由曲面特征在建立时使用近似的方法，因此需要使用公差来限制。曲面的公差一般有两种：距离公差和角度公差。距离公差是指建立的近似片体与理论上精度片体所允许的误差；角度公差是指建立的近似片体的面法向与理论上的精确片体的面法向角度所允许的误差。

5）补片的类型

补片是指构成曲面的片体，在 UG 中主要有两种补片类型：单补片和多补片。一般情况下，均适用单补片的形式，这样生成的曲面有利于控制和编辑。

（1）单补片建立的曲面只含有单一的补片。

（2）多补片建立的曲面是一系列单补片的阵列。

在本章中，有些命令要求选取曲面，则该曲面可以是片体，也可以是实体的表面，而有些命令要求选取曲面，则只能选取没有实际厚度的片体。

6.2 由点创建曲面

由点创建曲面的方法包括通过点构造曲面、从极点创建曲面、从点云创建曲面等。

6.2.1 通过点构造曲面

通过点创建曲面是通过定义曲面的控制点来创建曲面，创建的曲面必定通过所指定的点。控制点对曲面的控制是以组合链的方式来实现的，链的数量决定了曲面的圆滑程度。通过点构造曲面的操作步骤如下。

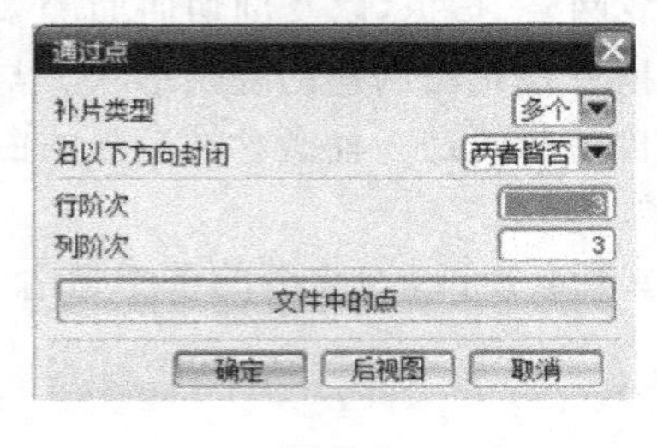

图 6-1

单击“曲面”工具栏中的“通过点”按钮或在菜单栏中执行“插入”→“曲面”→“通过点”命令，系统弹出如图 6-1 所示的对话框。该对话框中各个选项的含义如下。

（1）“补片类型” 该命令用于设置创建片体的类型，可以选择创建单个或多个面的片体。

（2）“沿以下方向封闭” 该命令用于设置曲面的闭合方式，可以选择行和列方向闭合或都不闭合。

（3）“行阶次”和“列阶次” 该命令用于设置曲面上点的次数。

（4）“文件中的点” 单击此按钮，将弹出“点文件”对话框，可以选择文件中已定义的点作为曲面上的点。

在“通过点”对话框中设置各个选项的参数后，单击“确定”按钮，系统弹出如图 6-2 所示的“过点”对话框。该对话框用于设置指定选取点的方法。下面介绍这些方法选项的功能含义。

（1）“全部成链”按钮 单击该按钮，可根据提示在绘图区选择一个点作为起始点，接着选择一个点作为终点，系统自动将起始点和终点之间的点连接成链。

（2）“在矩形内的对象成链”按钮　单击该按钮，系统提示指定成链矩形，指出拐角，将位于成链矩形内的点连接成链。

（3）“在多边形内的对象成链”按钮　单击该按钮，系统提示指定成链多边形，指出顶点，将位于成链多边形内的点连接成链。

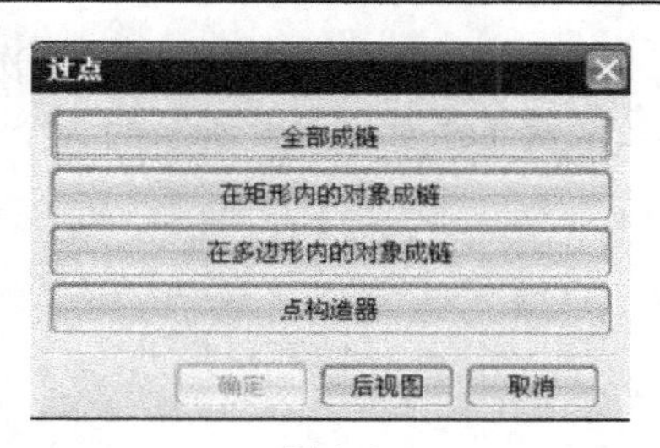

图 6-2

（4）“点构造器”按钮　单击该按钮，弹出如图 6-3 所示的“点”对话框。利用“点”对话框来选择用于构造曲面的点。

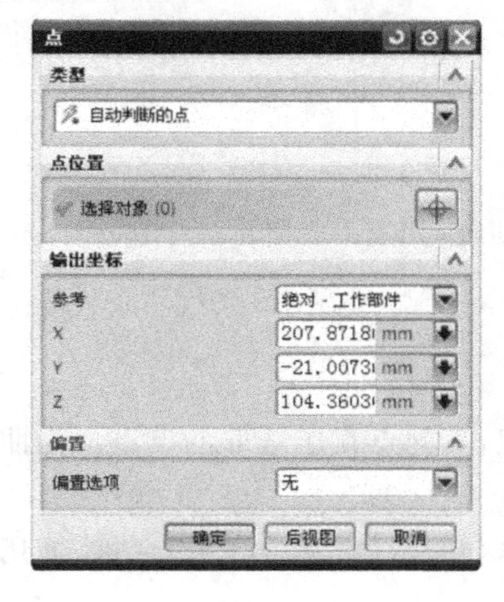

图 6-3

完成选择构造曲面的点后，如果选择的点满足曲面的参数要求，则会弹出如图 6-2 所示的“过点”对话框，从中根据设计实际情况执行“所有指定的点”按钮功能或“指定另一行”按钮功能。

单击“所有指定的点”按钮，则系统根据已经选取的所构造曲面的点来创建曲面。

“指定另一行”按钮用于指定另一行点。单击该按钮，系统弹出“指定点”对话框，如图 6-4 所示，由用户继续指定构建曲面的点，直到指定所有的所需点。

下面通过一个实例介绍通过点创建曲面的操作方法。

（1）选择“插入”→“曲面”→“通过点”，会弹出如图 6-5所示的“通过点”对话框。

（2）按照对话框中系统默认的“行阶次”和“列阶次”，单击“确定”按钮，弹出“过点”对话框，如图 6-2 所示。

（3）单击“全部成链”按钮，弹出“指定点”对话框，如图 6-4 所示。

图 6-4

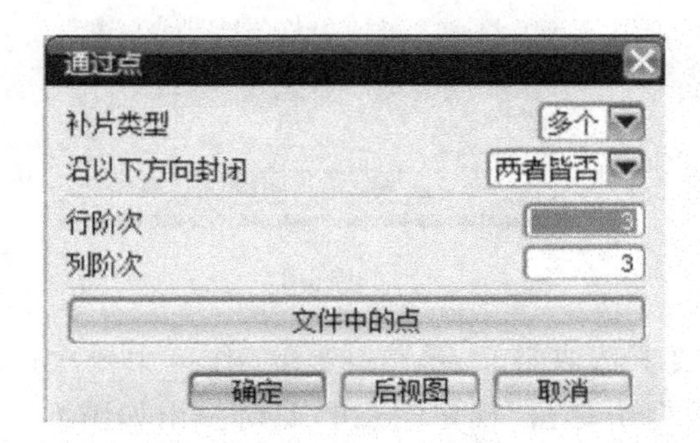

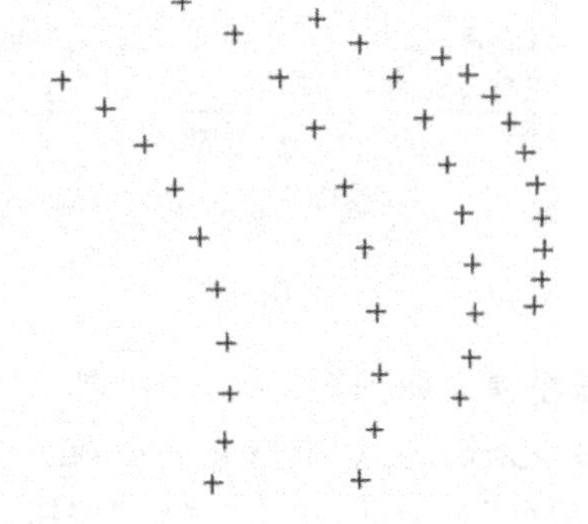

图 6-5

（4）根据提示在绘图区域依次选取链的起点和终点。阶次为 3 的情况下需要定义 3 个链，依次单击如图 6-6 所示的 8 个点，此时将形成 3 行曲线链。

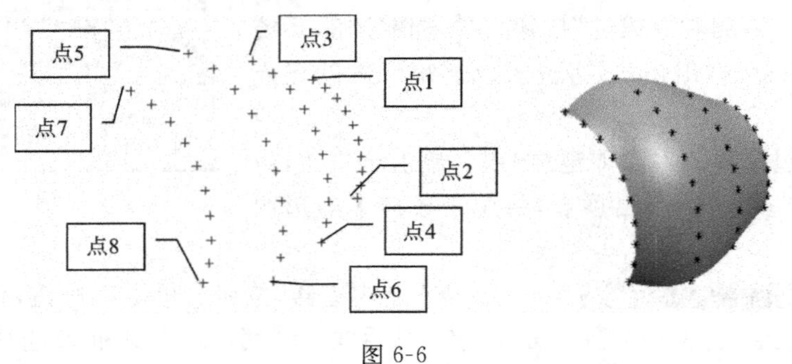

图 6-6

（5）完成 3 行曲线链的指定后，弹出“过点”对话框。

（6）单击“所有指定的点”按钮，系统自动完成曲面的创建，如图 6-6 所示。

（7）单击“取消”退出操作。

6.2.2 从极点创建曲面

从极点创建曲面的方法和通过点创建曲面的方法类似，不同点在于选取的点将成为曲面的控制极点。

单击“曲面”工具栏中的“从极点”按钮，弹出如图 6-7 所示的“从极点”对话框，使用默认设置。单击“确定”按钮，进行点的选取。

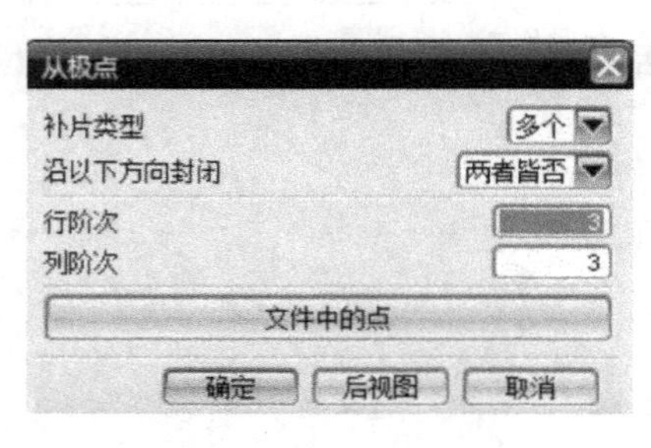

图 6-7

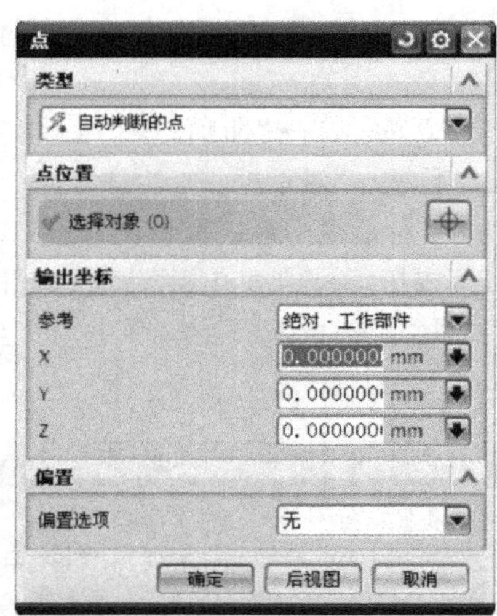

图 6-8

程序弹出如图 6-8 所示的“点”对话框，要求选取定义点。在绘图工作区中依次选取要成为第一条链的点，选取完成后，在“点”对话框中单击“确定”按钮，此时弹出如图 6-9 所示的“指定点”对话框，单击“确定”按钮，接受选取的点，完成第一条链的定义。系统弹出如图 6-9 所示的“指定点”对话框，继续选择组成第二条链的点，选取完成后，单击“确定”按钮，此时弹出如图 6-9 所示的“指定点”对话框，单击“确定”按钮，接受选取的点，完成第二条链的定义。系统弹出如图 6-7 所示的“从极点”对话框，单击“指定另一行”按钮，使用同样的方法，在绘图工作区中创建其他条链。当定义了所有条链后，程序将弹出“从极点”对话框，单击“所有指定的点”按钮，随即生成曲面，该曲面是由极点控制的。

下面通过一个实例介绍通过极点创建曲面的操作方法。

(1) 创建如图 6-10 所示的点集。

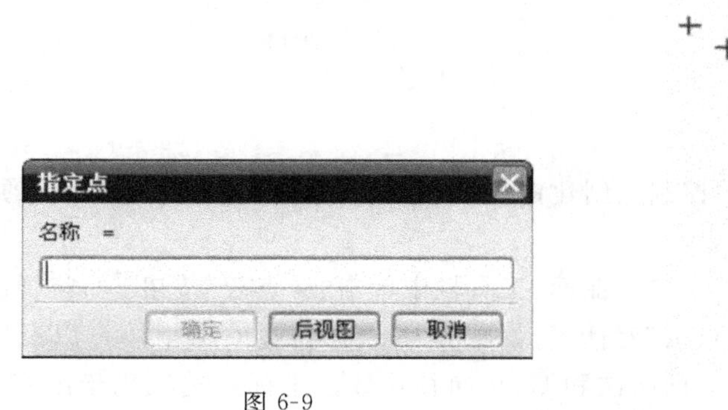

图 6-9

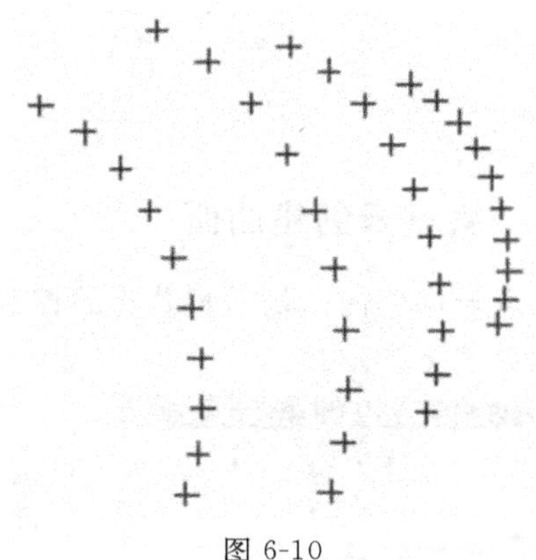

图 6-10

(2) 选择“插入”→“曲面”→“从极点”菜单命令，弹出“从极点”对话框。

(3) 按照对话框中系统默认的“行阶次”和“列阶次”，单击“确定”按钮，弹出“点”对话框。根据提示在绘图区域依次单击选择要成为第一条链上的点，如图 6-11 所示。

(4) 选取完成后单击“点”对话框中的“确定”按钮，如图 6-12 所示，弹出“指定点”对话框，询问是否确定指定点。

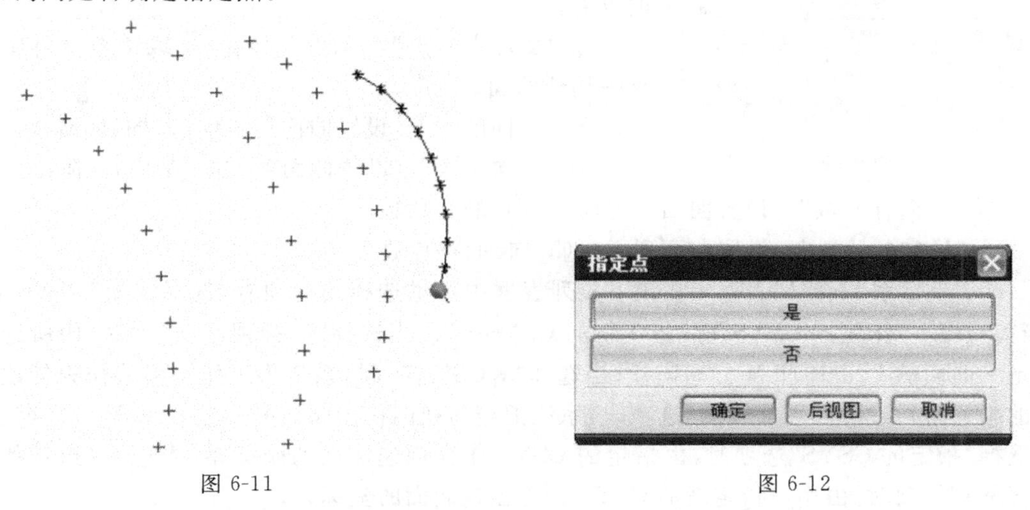

图 6-11　　图 6-12

(5) 单击“是”按钮，弹出“点”对话框。重复上述操作，在绘图区域依次指定链 2、链 3 和链 4 通过的点，如图 6-13 所示。完成 4 行曲线链的指定后，弹出“从极点”对话框。

(6) 单击“所有指定的点”按钮，系统自动完成曲面的创建，如图 6-14 所示。

(7) 单击“取消”退出操作。

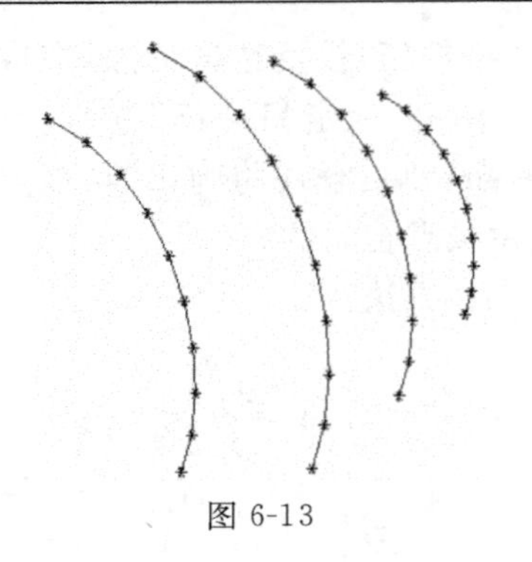

图 6-13

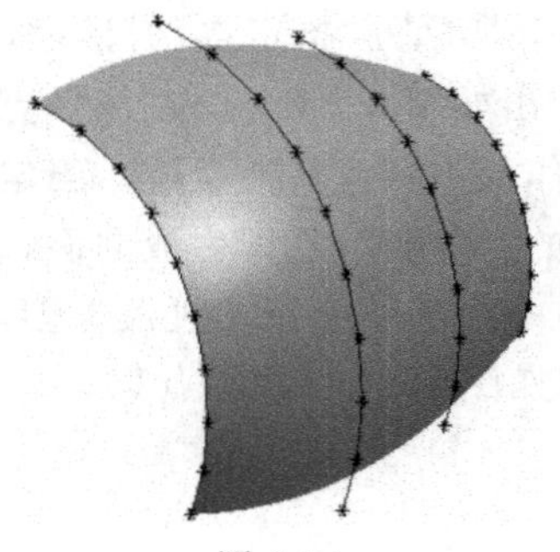

图 6-14

6.2.3　从点云创建曲面

从点云创建曲面是通过若干的控制点创建曲面。一般用于无规律的散乱的点，通常由扫描和数字化产生。

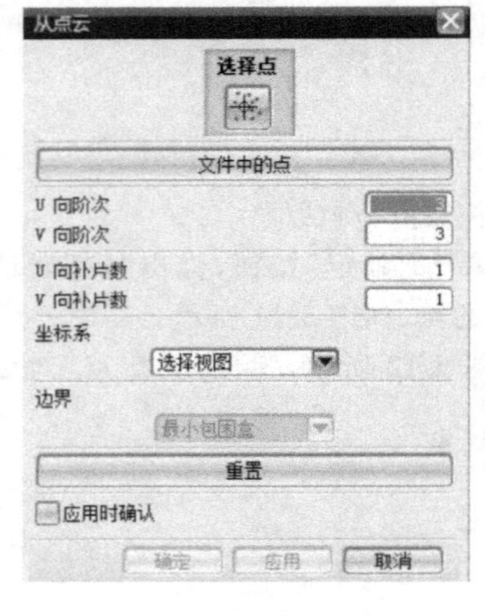

图 6-15

在“曲面”工具栏中单击“从点云”按钮，将弹出“从点云”对话框，如图 6-15 所示。在对话框中可以设置 U、V 向阶次和 U、V 向补片数。坐标系选项用于改变 U、V 方向及片体法线方向的坐标系，当改变坐标系后，其所产生的片体也会随着坐标系的改变而产生相应的变化。

下面介绍一下“从点云”对话框中选项的含义。

①“选择点”　在“选择点”选项组中单击“点云”按钮，此时用户可以在模型窗口（绘图区域）选择构建曲面的点群。

②“文件中的点”　单击此按钮，读取来自文件中的点来构建曲面。

③“U 向阶次”　设置曲面行方向（U 向）的阶次。

④“V 向阶次”　设置曲面列方向（V 向）的阶次。

⑤“U 向补片数”　设置曲面行方向（U 向）的补片数。

⑥“V 向补片数”　设置曲面列方向（V 向）的补片数。

⑦“坐标系”下拉列表框　在该下拉列表框中可供选择的选项有“选择视图”、“WCS”、“当前视图”、“指定的 CSYS”和“指定新的 CSYS…”。当选择“选择视图”选项时，由所选视图定义曲面的 U 方向和 V 方向向量；当选择“WCS”选项时，系统将工作坐标系作为创建曲面的坐标系；当选择“当前视图”选项时，系统把当前视图作为曲面的 U 方向和 V 方向向量；当选择“指定的 CSYS”选项时，由指定的 CSYS 作为创建曲面的坐标系；当选择“指定新的 CSYS…”选项时，由用户指定新的 CSYS 作为创建曲面的坐标系。

⑧“边界”　此按钮用来设置选择点的边界。

⑨“重置”　单击此按钮，将取消当前所有的曲面参数设置，以重新设置曲面参数。

⑩“应用时确认”复选框　该复选框用于设置是否要应用时进行确认。

在“从点云”对话框中设置好曲面的相关参数，并在绘图区域选择一定数量的有效点后，单击“确定”按钮，系统创建点云曲面，同时弹出如图6-16所示的“拟合信息”对话框。从中显示了距离偏差的“平均”值和“最大”值。所述的距离偏差“平均”值是指根据用户指定的点云创建的曲面和理想基准曲面之间的平均误差值；距离偏差“最大”值是指根据用户指定的点云创建的曲面和理想基准曲面之间的最大误差值。

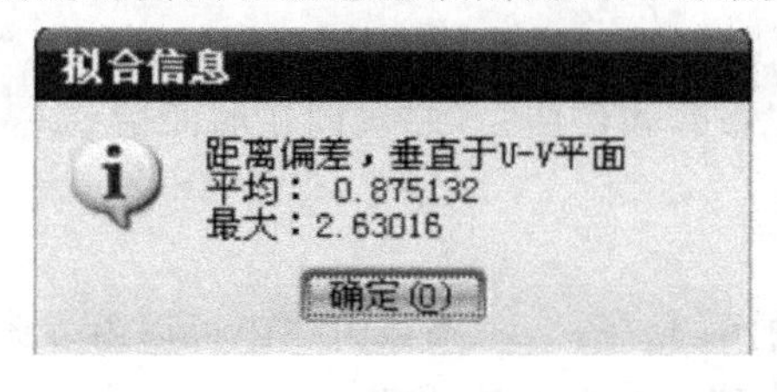

图6-16

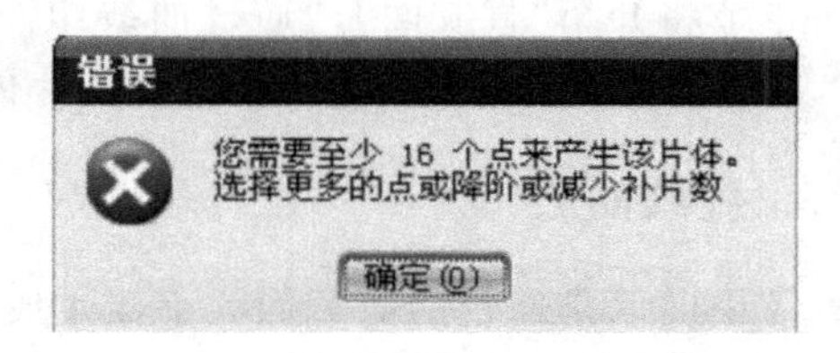

图6-17

在进行某些从点云创建曲面的操作过程中，如果用户选择的点数量不够，系统将会弹出一个“错误”对话框，如图6-17所示。该对话框提示用户需要至少指定16个点来产生该片体，并提示选择更多的点或降阶或减少补片数。计算需要最少点个数的经验关系为：最少点个数＝(U向阶次＋1)×(V向阶次＋1)。

下面结合实例来介绍“从点云”命令的操作方法。

(1) 创建如图6-18所示的点集。

(2) 选择“插入”→“曲面”→“从点云”菜单命令，弹出“从点云”对话框。

(3) 按照对话框中系统默认的参数，在绘图区域单击并拖动光标至终点处，矩形框内的点即为被选中的点，如图6-19所示。

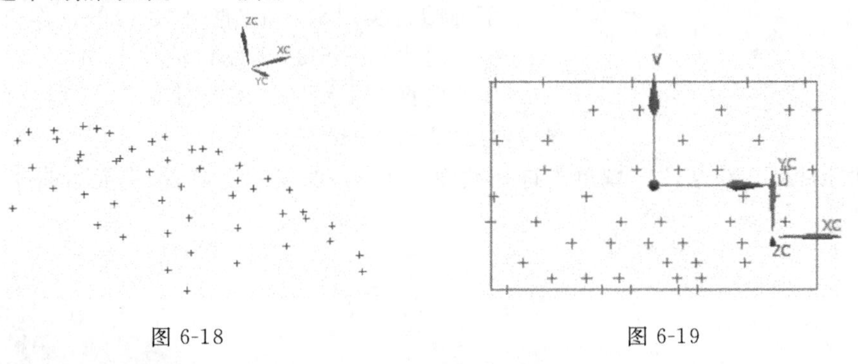

图6-18　　　图6-19

(4) 单击“确定”按钮，弹出“拟合信息”对话框，如图6-20所示。

(5) 单击“确定”按钮，系统自动完成曲面的创建，如图6-21所示。

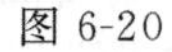

图6-20

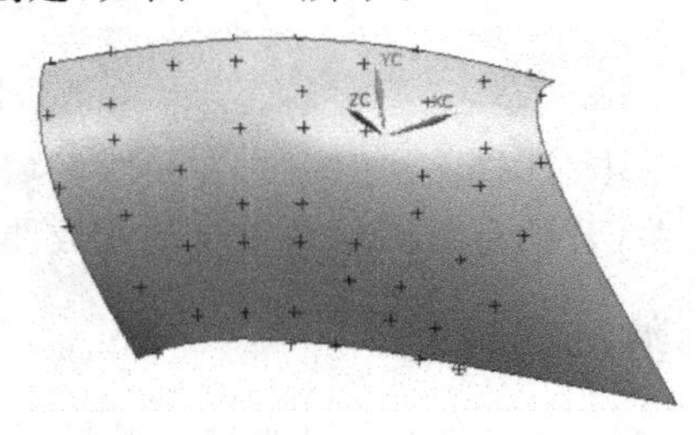

图6-21

6.3 由线创建曲面

NX 8.0 提供了创建全息片体的功能，即创建全参数化曲面，也就是由曲线创建曲面的功能。本节将介绍“直纹面”、“通过曲线组”、“通过曲线网格”、“扫掠”、“剖切曲面”、“N边曲面”、“规律延伸”、“偏置曲面”、“修剪的片体”、“修剪和延伸”等曲线创建曲面指令。

6.3.1 直纹面

直纹面曲面是通过两条截面线串而生成的曲面的方法。每条截面线串可以由多条连续的曲线、体边界或多个体表面组成。

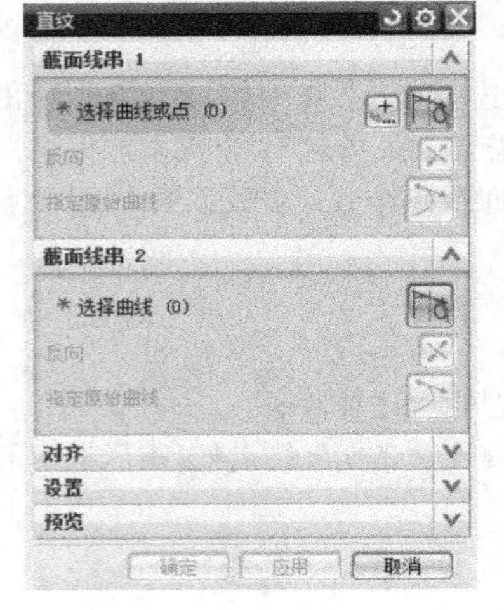

图 6-22

选择“插入”→“网格曲面”→“直纹面”命令或单击直纹面图标，系统弹出如图 6-22 所示的直纹对话框。此时“截面线串 1”选项组处于第一步，要求选择第一条曲线。在绘图工作区中选取第一条曲线，单击曲线的一段即可，曲线被选取后，将显示曲线的方向。单击“直纹”对话框中的“截面线串 2”选项组中的“选择曲线”按钮，在绘图工作区中选取第二条曲线，选取的位置应在第一条曲线的同一侧，否则生成的曲面将被扭曲变形。接着单击“确定”按钮，即可完成操作。

下面结合实例来介绍“直纹”命令的操作方法。

(1) 创建如图 6-23 所示的曲线。

(2) 选择“插入”→“网格曲面”→“直纹面”菜单命令，弹出“直纹”对话框。

(3) 根据提示，在绘图区域单击选择截面线串 1。曲线被选取后，将显示曲线的方向，如图 6-24 所示。

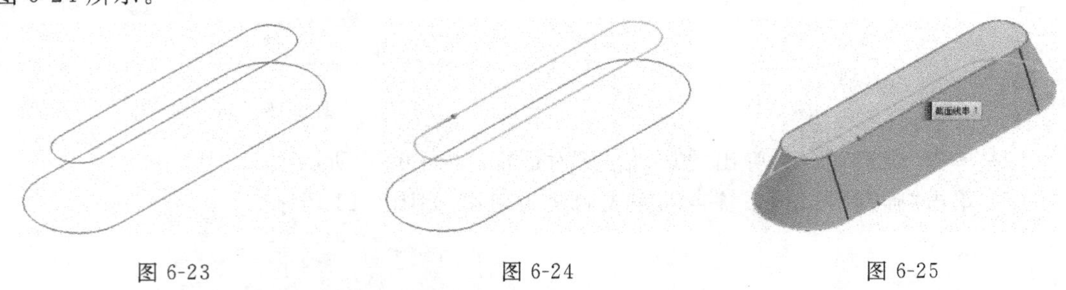

图 6-23　　图 6-24　　图 6-25

(4) 单击“选择曲线”按钮，在绘图区域选择截面线串 2。

(5) 单击“确定”按钮，系统自动完成曲面的创建，如图 6-25 所示。

6.3.2 通过曲线组

“通过曲线组”命令可以通过一组截面曲线创建片体或实体，截面曲线确定了片体或实体的截面形状。创建曲面时，选择截面曲线至少两条以上。在“曲面”工具栏中单击“通过曲线组"按钮，或执行菜单栏中的"插入"→"网格曲面"→"通过曲线组"命令，系统弹出"通过曲线组"对话框，如图 6-27 所示。在对话框的"连续性"选项组中，可以设置第一截面和最后截面的连续性，可以选择用户约束片体使得它和一个或多个选定的面相切或曲率连续。

（1）下拉菜单："插入"→"网格曲面"→"通过曲线组"。

（2）工具条："曲面"→"通过曲线组" 执行上述操作后，弹出"通过曲线组"对话框，如图 6-26 所示。

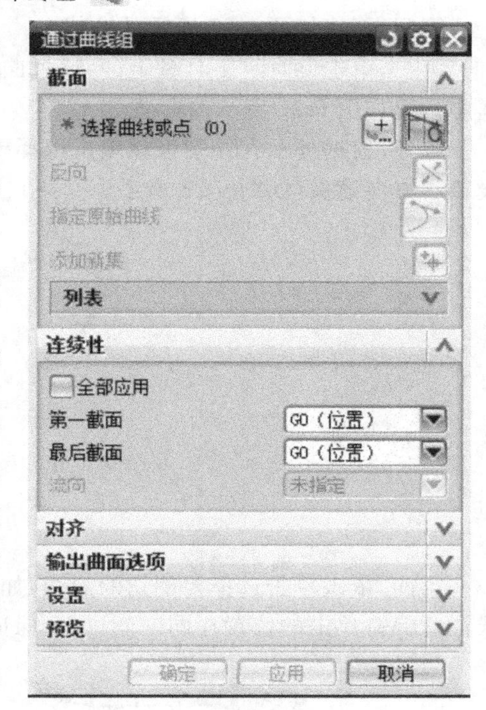

图 6-26

①"截面"区域　该区域主要用来选取截面线串或添加截面创建新集等。其中，选取的截面线串可以由一个对象或多个对象组成，并且每个对象既可以是曲线、实体边，也可以是实体面。选取的截面线串最多 150 个。

②"连续性"区域　选择第一截面和最后截面处的约束面，然后指定连续性。用来设置约束面对哪个截面起到连续性上的约束。如果选择了"全部应用"复选框，约束对于两者均起作用。系统提供了 3 种连续性的选择：G0、G1 和 G2。系统默认的是 G0 型的连续性，即生成的曲面在开始截面处与约束曲面连续。选择 G1（相切）时生成的曲面在开始截面处与约束曲面一阶导连续。选择 G2（曲率）时生成的曲面在开始截面处与约束曲面一阶导连续并具有相同的曲率。

③"对齐"区域　该区域通过定义 NX 如何沿截面线串隔开新曲面的等参数曲线，来控制特征的形状。

④"输出曲面选项"　该命令用于设置产生曲面的类型，其中在"补片类型"下拉列表框中有 3 个选项：单个、多个和匹配线串。选择"单个"和"多个"选项时与通过直纹面建立曲面差不多，选择"匹配线串"选项时，表示不需要选择 V 向阶次，系统将按照所选的截面线串数，自动定义 V 向阶次。

⑤"调整"　在"调整"下拉列表框包含 7 个选项，前面 6 种和"直纹"中的含义一样。其中，样条定义点的含义为：若选取样条定义点，则所产生的片体会以所选取曲线的相等切点为穿越点，但其所选取的样条则限定为 B 曲线。

⑥"构造"　该命令用于设置生成的曲面符合各条曲线的程度，共有 3 个选项。

- "正常"：选择该选项，系统将按照正常的过程创建实体或者曲面，该选项具有最高的精度，因此将生成较多的块，占据最多的存储空间。
- "样条点"：该选项要求选择的曲线必须是具有与选择的点数目相同的单一 B 样条曲线。

这时生成的实体和曲面将通过控制点并在该点处与选择的曲线相切。

- "简单"：该选项可以对曲线的数学方程进行简化，以提高曲线的连续性。运用该选项生成的曲面或者实体具有最好的光滑度，生成的块数也最少，因此占用最少的存储空间。

⑦“V 向封闭” 如果选中该复选框，那么所创建的曲线会在 V 方向上闭合。

⑧“公差” 该选项用于设置所产生的片体与所选取的截面曲线之间的误差值。

下面结合实例来介绍“通过曲线组”命令的操作方法。

第一，创建如图 6-27 所示的曲线。

第二，单击“曲面”工具条上的“通过曲线组”按钮，弹出“通过曲线组”对话框。在该对话框中设置如图 6-26 所示的参数。

第三，根据提示在绘图区域单击选择要剖切的曲线，并按鼠标中键确认。此时选择的曲线显示方向箭头，如图 6-28 所示。

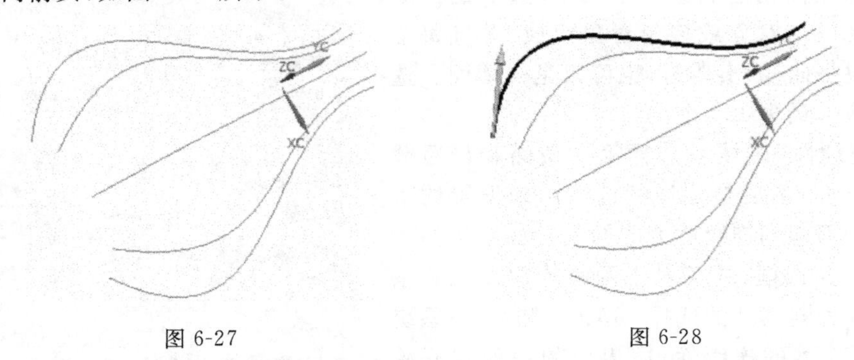

图 6-27　　　　图 6-28

第四，依次单击选择要剖切的曲线，如图 6-29 所示，并按鼠标中键确认。单击曲线的时候注意保持单击的位置在同一侧，以便保证方向箭头能指向同一侧。

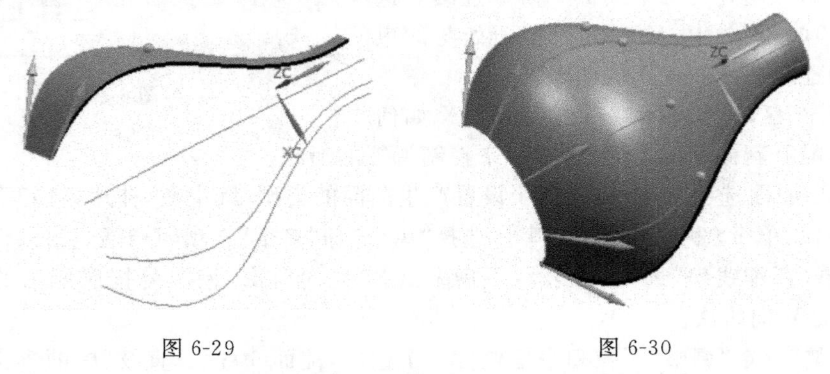

图 6-29　　　　图 6-30

第五，单击“确定”按钮，系统自动完成曲面的创建，如图 6-30 所示。

6.3.3 通过曲线网格

此方法是通过选取网格形状的曲线的方式创建曲面，选取曲线时需要选择主曲线和交叉曲线后才能定义曲面。

通过曲线网格方法使用一系列在两个方向的截面线串建立片体或实体。截面线串可以由多段连续的曲线组成，这些线可以是曲线、体边界或体表面等几何体。构造曲面时应将一组同方向的截面线定义为主曲线，而另一组大致垂直于主曲线的截面线则形成横向曲线。可以通过下述操作激活“通过曲线网格”创建曲面功能。

(1) 下拉菜单:“插入”→“网格曲面”→“通过曲线网格”。

(2) 工具条:“曲面”→“通过曲线网格”。

执行上述操作后,可以弹出“通过曲线网格”对话框,如图 6-31 所示。下面介绍该对话框的使用方法。

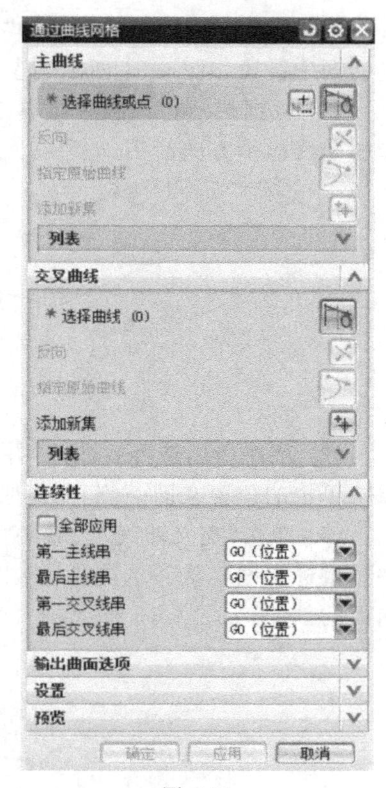

图 6-31

1. “主曲线”选项组

该选项组用于选择主曲线,所选主曲线会显示在列表中。需要时可以单击“反向”按钮切换曲线方向等。如果需要多个主曲线,那么在选择一个主曲线后,单击鼠标中键,或单击“添加新集”按钮,则可继续选择另一个主曲线。在定义主曲线时务必要特别注意设置曲线原点方向。

2. “交叉曲线”选项组

单击“交叉曲线”选项组中的“选择曲线”按钮,选择所需的交叉曲线,并可进行反向设置和设置其原点方向。可根据设计要求选择多条交叉曲线,所选交叉曲线将显示在其列表中。

3. “连续性”选项组

该选项组可以将曲面连续性设置应用于全部应用,即选中“全部应用”复选框。在“第一主线串”、“最后主线串”、“第一交叉线串”和“最后交叉线串”下拉列表框中分别指定曲面与体边界的过渡连续性方式,如设置为“G0(位置)”、“G1(相切)”或“ G2(曲率)”。

4. “输出曲面选项”选项组

输出曲面选项包括两方面的内容,即“构造”和“着重”。“构造”下拉列表框用于指定曲面的构建方法,包括“正常”、“样条点”和“简单”。“着重”下拉列表框用来设置创建的曲面更靠近哪一组截面线串,其提供的可选选项有“两者皆是”、“主要”和“叉号”。

(1)“两者皆是”　用于设置创建的曲面既靠近主线串也靠近交叉线串。

(2)“主要”　用于设置创建的曲面靠近主线串,即创建的曲面尽可能通过主线串。

(3)“叉号”　用于设置创建的曲面靠近交叉线串,即创建的曲面尽可能通过交叉线串。

5. “设置”选项组

“设置”选项组中可以设置“体类型”选项(可供选择的体类型选项有“实体”和“片体”),设置“主要”或“叉号”(十字)线串重新构建的方式,如重新构建的方式为“无”、“手工”或“高级”。例如,当选择“重新构建”方式选项为“手工”时,可设置阶次。另外,在“设置”选项组中可以设置相关公差。

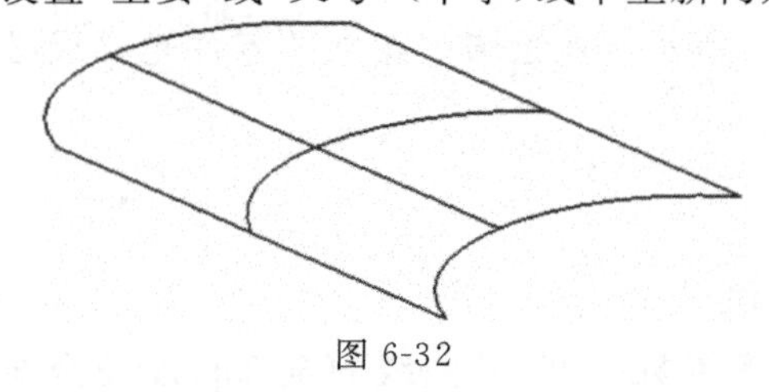

图 6-32

下面结合实例来介绍“通过曲线网格”命令的操作方法。

(1) 创建如图 6-32 所示的曲线。

(2) 单击"曲面"工具条上的"通过曲线网格"按钮，弹出"通过曲线网格"对话框。在该对话框中设置如图 6-31 所示的参数。

(3) 根据提示在绘图区域单击选择主曲线，如图 6-33 所示，按鼠标中键确认。此时选择的曲线显示方向箭头。

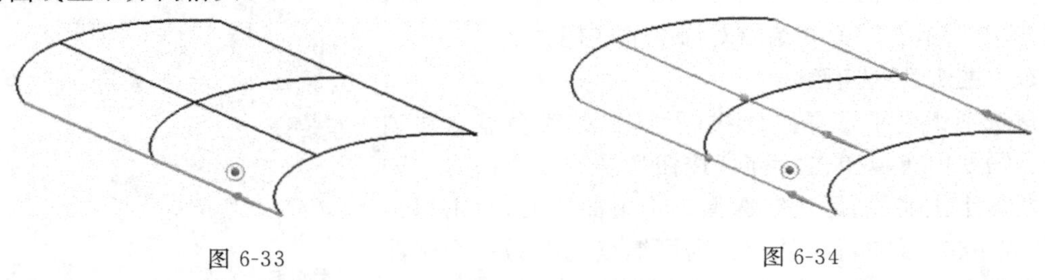

图 6-33　　图 6-34

(4) 依次单击选择主曲线，并按鼠标中键确认，如图 6-34 所示。单击曲线的时候注意保持单击的位置在同一侧，以便保证方向箭头能指向同一侧。

(5) 单击"交叉曲线"区域的"选择曲线"按钮，依次单击选择交叉曲线，如图 6-35 所示，并按鼠标中键确认。单击曲线的时候注意保持单击的位置在同一侧。单击"确定"按钮完成曲面的创建，如图 6-36 所示。

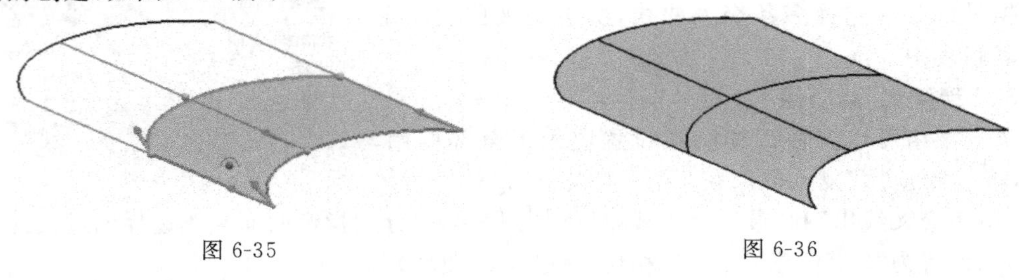

图 6-35　　图 6-36

6.3.4　扫掠

扫掠曲面是通过将曲线轮廓沿一条、两条或三条引导线串且穿过空间中的一条路径进扫掠，来创建曲面。扫掠非常适用于当引导线串由脊线或一个螺旋组成时，通过扫掠来创建一个特征。

选择的截面对象可以是单条曲线或多段曲线，也可以是曲面边界和实体表面。如果选择的是多段曲线，系统会根据所选取的对象的起始曲线位置定义矢量方向，并按所选的曲线创建曲面；如果曲线都是封闭的，则产生实体。可以通过下述操作激活"扫掠"曲面功能。

(1) 下拉菜单："插入"→"扫掠"→"扫掠"。

(2) 工具条："曲面"→"扫掠"。

执行上述操作后，弹出"扫掠"对话框，如图 6-37 所示。在绘图中建立的零件轮廓线必须进行扫掠才能形成真实的实体和特征。

"扫掠"对话框中常用选项的功能含义介绍如下。

1. "截面选项"选项组

(1) 对齐方法。它包括"参数"和"弧长"两个选项。

① "参数"　空间中的点沿着定义曲线通过相等参数区间，其曲线的全部长度完全被

等分。

②“弧长”　空间中的点沿着定义曲线将通过等弧长区间，其曲线部分长度将被完全等分。

(2) 定位方法。它包括6种定位方法。

①“固定”　选择该选项时，不需要重新定义方向，截面线将按照其所在平面的法线方向生成片体，并将沿着导线保持这个方向。

②“面的法向”　选择该选项，系统会要求选取一个曲面，以所选取的曲面向量方向和沿着引导线的方向产生片体。

③“矢量方向”　所创建的曲面会以所定义的向量为方位，并沿着引导线的长度创建。

④“另一条曲线”　定义平面上的曲线或实体边线为平滑曲面方位控制线。

⑤“一个点”　可用“点”对话框定义一点，使断面曲线沿着引导线的长度延伸到该点的方向。

⑥“强制方向”　利用矢量构造器定义一个矢量，强制断面曲线沿轨迹线扫描创建曲面的方向为矢量方向。

(3) 缩放方法。该选项用于在选取单一轨迹时，要求定义所要创建曲面的比例变化。比例变化用于设置截面线在通过轨迹时，截面曲线尺寸的放大与缩小比例。它包括以下几个选项。

图 6-37

①“恒定”　选取该选项时，系统在其下方提示输入比例因子。输入数值后，系统将按照所输入的数值，在坐标系的各个方向上进行比例缩放。

②“倒圆函数”　选择该选项时，系统要求选择另一曲线作为母线，沿轨迹线创建曲面。

③“另一条曲线”　若选取该选项，所产生的片体将以所指定的另一曲线为一条母线沿引导线创建。

④“一个点”　选取该选项时，系统会以断面、轨迹和点这3个对象定义产生的曲面缩放比例。

⑤“面积规律”　该选项可用法则曲线定义曲面的比例变化方式。

⑥“周长规律”　该选项与面积规律选项相同，不同之处在于使用周长规律时，曲线Y轴定义的终点值为所创建片体的周长，而面积规律定义为面积大小。

2. “脊线”选项组

该选项组用于在定义平滑曲面的对齐方法及各项参数后，定义所要创建曲面的脊线，其定义脊线的选项为选择性的。若不定义脊线，则可单击“确定”按钮生成实体或曲面。

下面结合实例来介绍“扫掠”命令的操作方法。

(1) 创建如图 6-38 所示的曲线。

(2) 单击“曲面”工具条上的“扫掠”按钮。弹出“扫掠”对话框，如图 6-37 所示。在“截面选项”区域设置默认参数。

(3) 根据提示在绘图区域依次单击选择如图 6-39 所示的一条截面曲线，并按鼠标中键确认。单击曲线的时候注意保持单击的位置在同一侧，以便保证方向箭头能指向同一侧。

图 6-38　　图 6-39

(4) 单击“引导线”区域的“选择曲线”按钮，单击选择如图 6-40 所示的引导线，并按鼠标中键确认。

(5) 单击“确定”按钮完成曲面的创建，如图 6-41 所示。

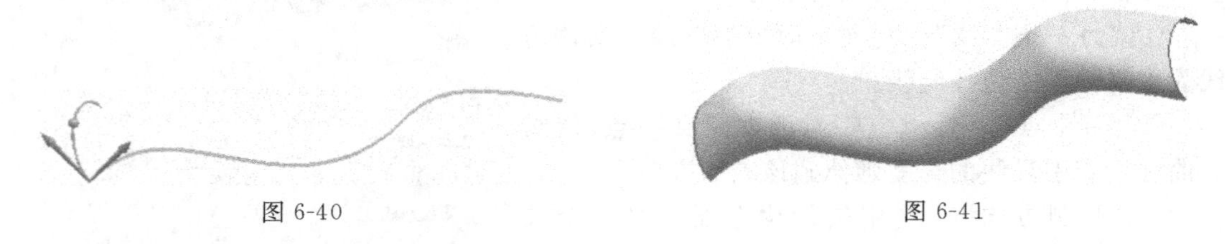

图 6-40　　图 6-41

6.3.5 剖切曲面

“剖切曲面”方式是指从截面的曲线上建立曲面，主要是利用与截面曲线和相关条件来控制一组连续截面曲线的形状，从而生成一个连续的曲面。

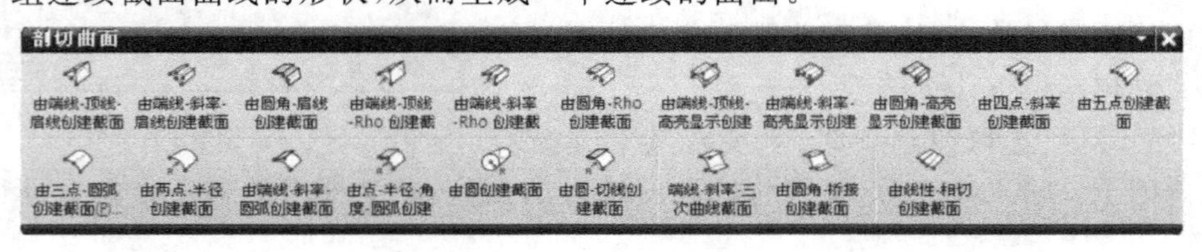

图 6-42

单击“曲面”工具栏中的“剖切曲面”按钮，系统弹出如图 6-42 所示的“剖切曲面”工具栏。该工具栏中列出了 20 种构建截面的方式。选择其中任一种方式，或在菜单栏选择“插入”→“网格曲面”→“截面”，直接选择需要的截面方式，系统弹出如图 6-43 所示的“剖切曲面”对话框。此对话框“类型”下拉列表所列的构建曲面的方式与图 6-42 所示的“剖切曲面”工具栏的方式是一致的。

1. 截面类型

截面类型一共有 20 种，在此对其中的 17 种作简单介绍。

(1) “端点-顶点-肩点”　首先选择起始引导线和终止引导线，再选择顶线控制斜率，然后选择肩曲线定义曲面穿越的曲线。当选取完肩曲线后系统要求选取脊线，定义脊线后，系统自动依定义开始创建曲面。

(2) “端点-斜率-肩点”　首先选择起始边，再选取起始边斜率控制线。选取肩线，再选取结束边，接着选取终止边斜率控制线，定义脊线后系统自动依定义产生片体。

(3)“截面-肩点”　首先选择第一组面，再选择第一组面上的线串，接着选取肩线，选取第二组面，然后选取第二组面上的线串。当选取完成后系统要求选取脊线，定义脊线后系统自动按定义产生片体。

(4)“三点-圆弧”　首先选择起始边，再选取第一内部点，接着选取结束边，当选取完成后系统要求选取脊线，定义脊线后系统自动按定义产生片体(注意：生成的圆弧弧度要小于 180°，否则系统将出现错误提示)。

(5)“圆角-肩点”　首先选择起始引导线和终止引导线，再选择起始面和终止面以定义斜率，接着选择控制截面的肩曲线。当选取完肩曲线后系统要求选取脊线，定义脊线后，系统自动依定义开始创建曲面。

图 6-43

(6)“端点-顶点-Rho”　首先选择起始引导线和终止引导线，然后选择控制斜率的顶线，接着设置 Rho 值以控制截面。选择一条脊线完成定义，创建曲面。

(7)“端点-斜率-Rho”　首先选择起始引导线和终止引导线，然后选择斜率控制线，接着设置 Rho 值以控制截面，再选择一条脊线完成定义。

(8)“圆角-Rho”　首先选择起始引导线和终止引导线，然后选择起始面和终止面定义斜率，接着设置 Rho 值以控制截面，再选择一条脊线完成定义。

(9)“端点-顶点-高亮显示”　首先选择起始引导线和终止引导线，然后选择顶线控制斜率，再选择两条高亮显示曲线控制截面，最后选择脊线创建曲面。

(10)“四点-斜率”　首先选择起始引导线和终止引导线，然后指定两条内部引导线，再指定起始斜率曲线和脊线创建曲面。

(11)“五点”　首先选择起始引导线和终止引导线，然后选择 3 条内部引导线，再指定脊线创建曲面。

(12)“二点-半径”　首先选择起始引导线和终止引导线，然后设置截面半径，截面半径值必须大于起始边与终止边弦长。再指定脊线创建曲面。

(13)“端点-斜率-圆弧”　首先选择起始引导线和终止引导线，然后选择起始斜率曲线，再选择脊线创建曲面。

(14)“点-半径-角度-圆弧”　首先选择一条起始引导线，再选择起始面控制斜率，然后在对话框中设置半径值和角度值以控制截面，再指定脊线创建曲面。

(15)“圆相切”　此方法可生成与面相切的圆弧截面曲面。可以选择起始引导线、起始面和脊线并定义曲面的半径来创建曲面。

(16)“端点-斜率-三次”　此方法可生成带有截面的 S 形曲面。首先选择起始引导线和终止引导线，然后选择起始斜率曲线和终止斜率曲线，再选择脊线创建曲面。

(17)“圆角-桥接”　首先选择起始引导线和终止引导线，然后选择起始面和终止面定义斜率，可以在对话框的“深度和歪斜”选项组中设置深度和歪斜控制曲面的形状。此方法可以不用选择脊线。

2. 截面类型(U向)

该选项用于控制截面体在U向的阶次和形状，即截面体在垂直于脊线的截面内的形状，有以下3种类型。

(1)“二次曲线” 表示一个精确的二次形状，而且曲线不改变曲率方向。

(2)“三次曲线” 采用逼近方法使生成的截面曲线逼近二次曲线的形状。

(3)“五次曲线” 表示曲面的形状是由5次多项式控制的。

3. 拟合类型(V向)

这个选项控制V向的次数和形状，即控制与脊线平行方向的曲线形状。

(1)“三次曲线” 表示V向上曲线的阶次为3。

(2)“五次曲线” 表示V向上曲线的阶次为5。

4. 创建顶线

选择该选项后，系统会在创建圆弧曲面的同时，自动产生圆弧曲面的顶点曲线。

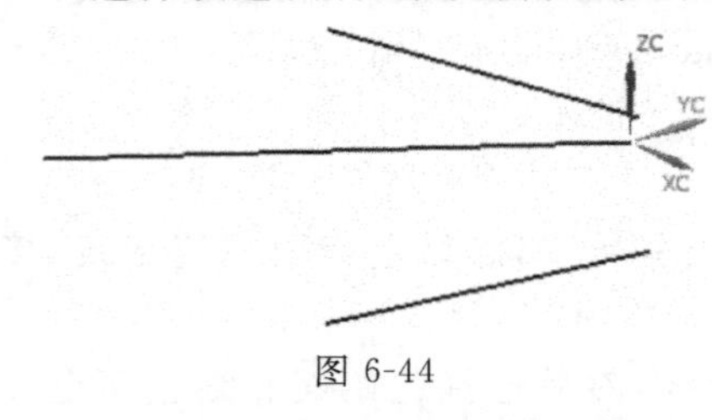

图 6-44

下面结合实例来介绍“剖切曲面”命令的操作方法。

(1) 创建如图6-44所示的曲线。

(2) 单击“曲面”工具条中的“剖切曲面”按钮，弹出“剖切曲面”对话框。在“类型”下拉列表中选择“圆”选项，参数设置如图6-45所示。

(3) 根据提示在绘图区域选择起始引导线，如图6-46所示。

(4) 单击“方位引导线”按钮，选择如图6-47所示的曲线以指定方位引导线。

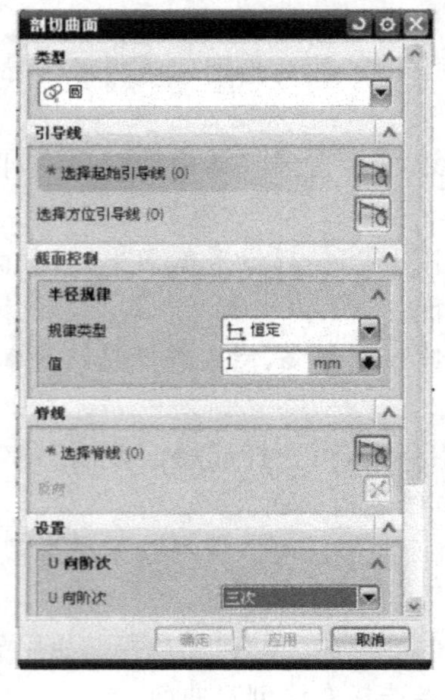

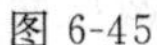
图 6-45

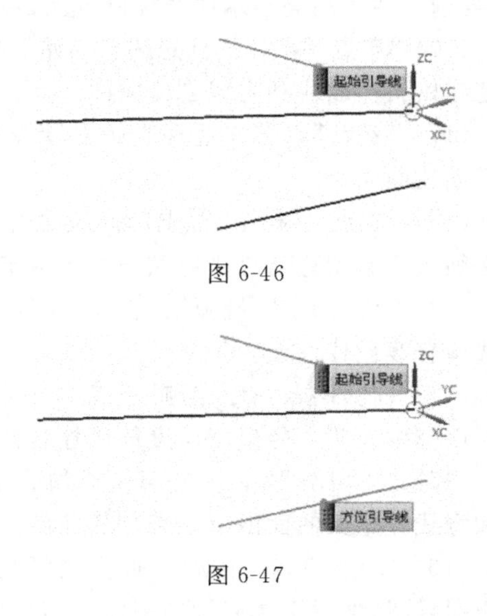

图 6-46

图 6-47

（5）单击“选择脊线”按钮，选择如图 6-48 所示的曲线以指定脊线。

（6）在“规律类型”下拉列表选择“恒定”选项，在“值”文本框中输入“15”。单击“确定”按钮完成如图 6-49 所示曲面的创建。

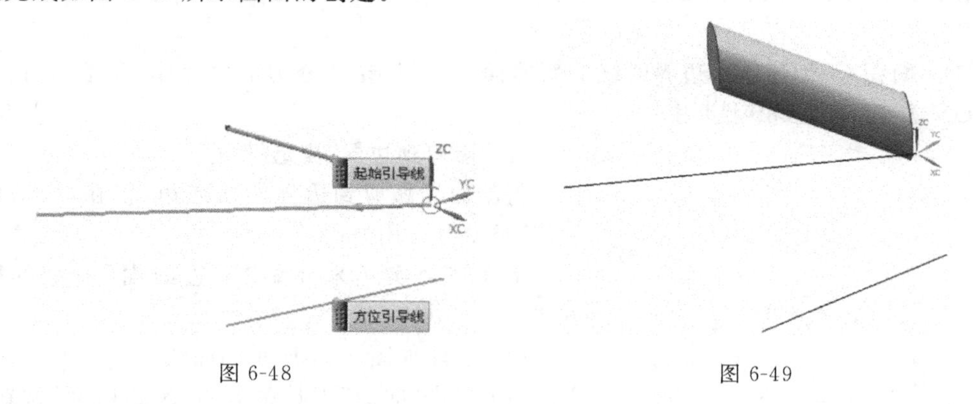

图 6-48　　　　图 6-49

6.3.6　N 边曲面

N 边曲面用于通过使用不限数目的曲线或边建立一个曲面，并指定其与外部面的连续性（所用的曲线或边组成一个简单的开放或封闭的环）。可以通过该命令移除非四边曲面上的洞。可以通过下述操作激活“N 边曲面”功能。

（1）下拉菜单：“插入”→“网格曲面”→“N 边曲面”；

（2）工具条：“曲面”→“N 边曲面”。

执行上述操作后，弹出“N 边曲面”对话框，如图 6-50 所示。

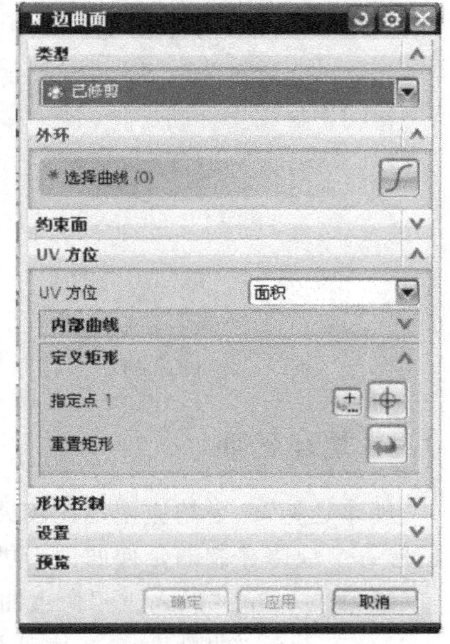

图 6-50

1. “类型”

“类型”下拉列表包括“已修剪”、“三角形”和“显示快捷键”三个选项。

（1）“已修剪”　允许创建单个曲面，覆盖选定曲面的开放或封闭环内的整个区域。

（2）“三角形”　用于在选中曲面的封闭环内创建一个由单独的、三角形补片构成的曲面，每个补片由每个边和公共中心点之间的三角形区域组成。

（3）“显示快捷键”　选择该选项以上两种选项将以快捷按钮的形式显示。

2. “UV 方位”

“UV 方位”下拉列表包括“脊线”、“矢量”和“面积”3 个选项，用于指定生成新曲面时遵循的方向。

（1）“脊线”　用于选择脊线来定义新曲面的 V 方位。新曲面的 U 向等参数线朝向垂直于选定脊线的方向。仅当选择“修剪的单片体”类型，且仅在选择了 UV 方位下的脊线时启用。

（2）“矢量” 用于通过“矢量方法”来定义新曲面的 V 方位。新的 N 边曲面的 UV 方位遵循给定的矢量方向。仅当选择“修剪的单片体”类型，且仅在选择了 UV 方位下的矢量时启用。

（3）“面积” 创建连接边界曲线的新曲面。仅当选择“修剪的单片体”类型，且仅在选择了 UV 方位下的面积时启用。

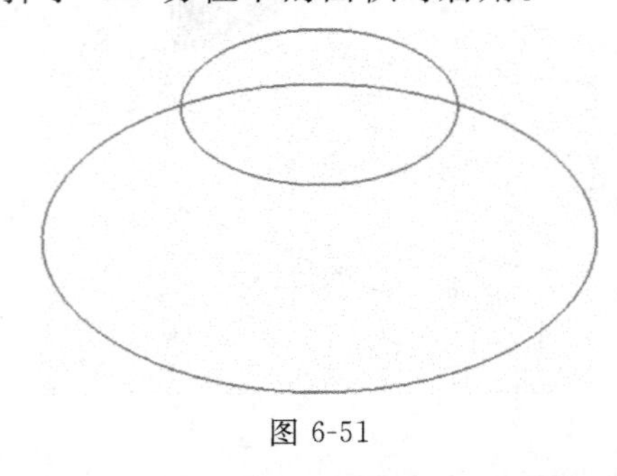

图 6-51

3. “修剪到边界”复选框

将新曲线修剪到边界曲线或边，仅在“修剪的单片体”类型时可用。

下面结合实例来介绍“N 边曲面”命令的操作方法。

（1）创建如图 6-51 所示的曲线。

（2）单击“曲面”工具条上的“N 边曲面”按钮，弹出“N 边曲面”对话框。

（3）根据提示在绘图区域依次单击选择边界曲线，如图 6-52 所示。

（4）在“类型”下拉列表中选择“三角形”选项。单击“确定”按钮完成如图 6-53 所示曲面的创建。

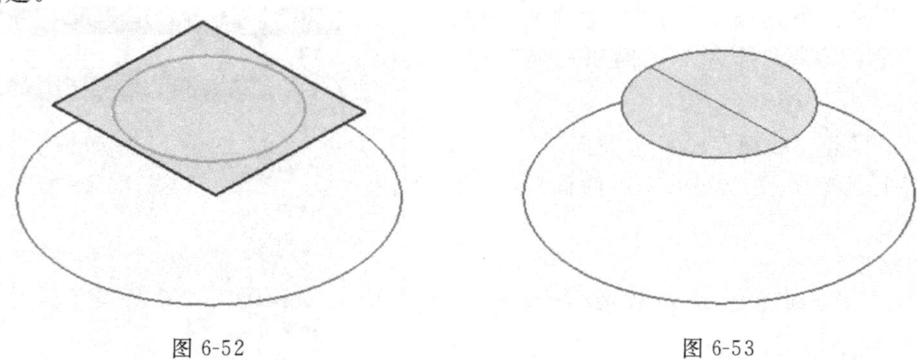

图 6-52　　　　图 6-53

6.3.7 规律延伸

“规律延伸”命令的应用是比较灵活的，它是指动态地或基于距离和角度规律，从基本片体创建一个规律控制的延伸曲面。可以通过下述操作激活“规律延伸”功能。

（1）下拉菜单：“插入”→“弯边曲面”→“规律延伸”。

（2）工具条：“曲面”→“规律延伸”。执行上述操作后，弹出“规律延伸”对话框，如图 6-54所示。

1. “类型”

“类型”下拉列表包括“面”、“矢量”和“显示快捷键”三个选项，可以通过两种方法之一指定需要的参考方向。

（1）“面” 使用一个或多个面形成延伸曲面的参考坐标系。参考坐标系是在基本曲线串的中点形成的（即 90°方向是中点处面的法向，而 0°是包含垂直于该面的法向，并且与中点处的基本曲线串相切的一个矢量)。

(2)“矢量”　指定沿着基本曲线串的每个点处计算并使用一个坐标系来定义延伸曲面。此坐标系的方位可通过以下方式确定:将零度角度与矢量方向对齐,将 90°轴垂直于零度轴和基本曲线串切矢定义的平面。

(3)“显示快捷键”　选择该选项后,其上两种选项将以快捷按钮的形式显示。

2. “基本轮廓”区域

该区域的“选择曲线”按钮允许选择一条基本曲线或边线串,系统将使用它们在其基边上定义曲面轮廓。

3. “参考面”区域

该区域的“选择面”按钮允许选择一个或多个面来定义用于构造延伸曲面的参考方向。

4. “脊线”区域

脊线轮廓用来控制曲线的大致走向。如果需要,可以展开“脊线”选项组,单击“选择曲线”按钮,然后选择脊线轮廓,并指定其方向。

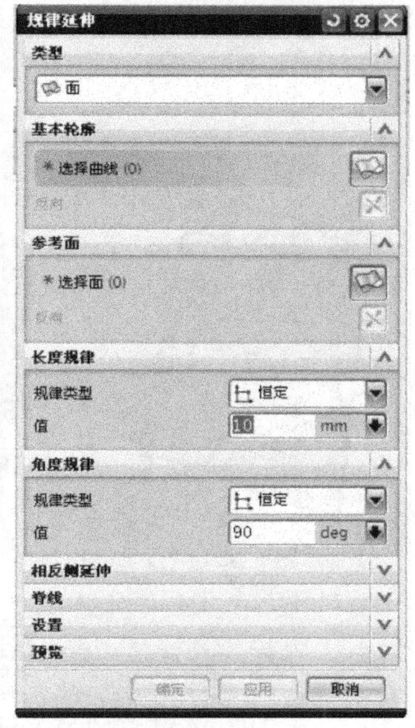

图 6-54

注:定义基本轮廓、参考对象(参考面或参考矢量)和脊线轮廓时,用户要特别注意其方向设置。

5. “长度规律”区域

长度规律选项组的“规律类型”下拉列表中列出了可供选择的 8 种“长度规律”类型选项。根据所选的“长度规律”类型选项,设置相应的参数。

6. “角度规律”区域

“角度规律”类型与“长度规律”类型相同,它们可以在“角度规律”选项组的“规律类型”下拉列表中进行选择。

7. “相反侧延伸”区域

在“相反侧延伸”选项组中,可以从“延伸类型”下拉列表框中选择“无”、“对称”或“非对称”选项,以定义相反侧的延伸情况。

下面结合实例来介绍“规律延伸”命令的操作方法。

(1) 创建如图 6-55 所示的曲线。

(2) 单击“曲面”工具栏中的“规律延伸”按钮,系统弹出如图 6-54 所示的“规律延伸”对话框,在“类型”下拉列表中选择“面”选项。

(3) 根据图 6-56 的提示在绘图区域单击选择基本曲线串,并按鼠标中键确认。

(4) 单击“选择面”按钮,如图 6-57 所示,在绘图区域单击选择参考面,并按鼠标中键确认。

(5) 设置“长度规律”、“角度规律”的相关参数,如图 6-58 所示。单击“确定”按钮,结果如图 6-59 所示。

6.3.8　偏置曲面

偏置曲面是指按指定的距离将实体的表面向内或向外偏置以增加实体的体积,也可以

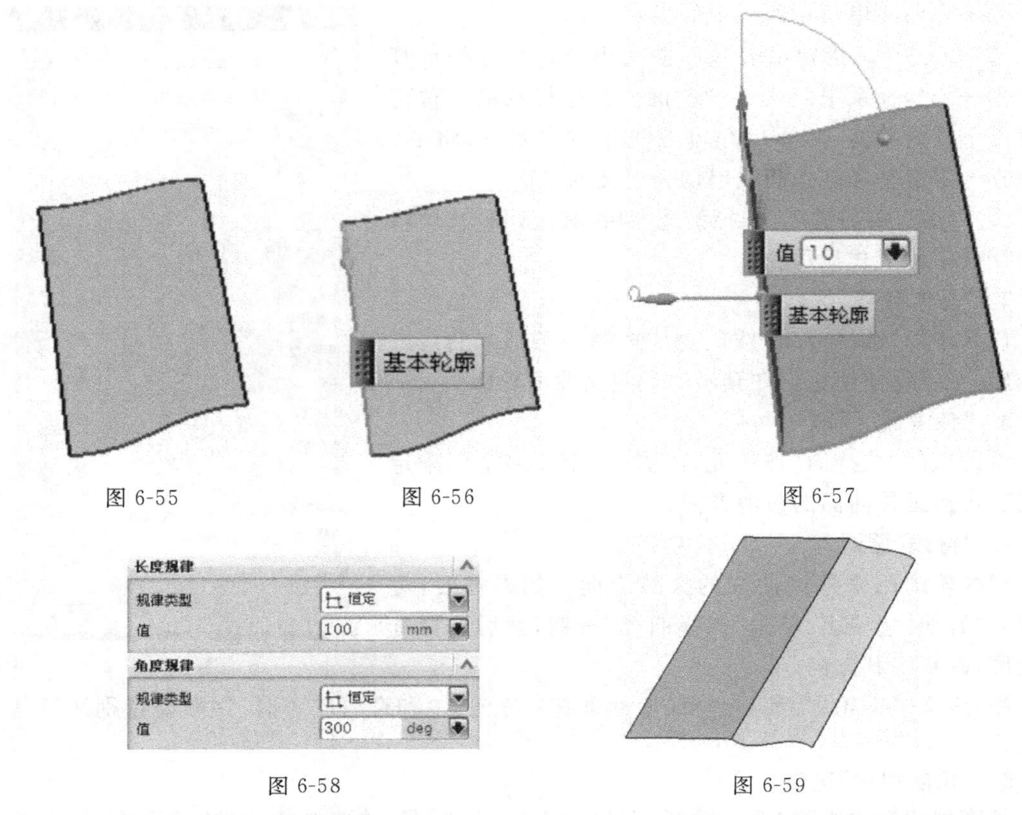

图 6-55 图 6-56 图 6-57

图 6-58 图 6-59

偏置曲面,但只是移动曲面而不是将曲面创建成实体。偏置曲面用于在实体或片体的表面上建立等距离或不等距离的偏置面。可以通过下述操作激活“偏置曲面”功能。

(1) 下拉菜单:“插入”→“偏置/缩放”→“偏置曲面”。

(2) 工具条:“曲面”→“偏置曲面”。执行上述操作后,弹出“偏置曲面”对话框,如图6-60所示。

下面通过一个实例介绍偏置曲面的操作方法。

(1) 创建如图 6-61 所示的曲面。

图 6-60

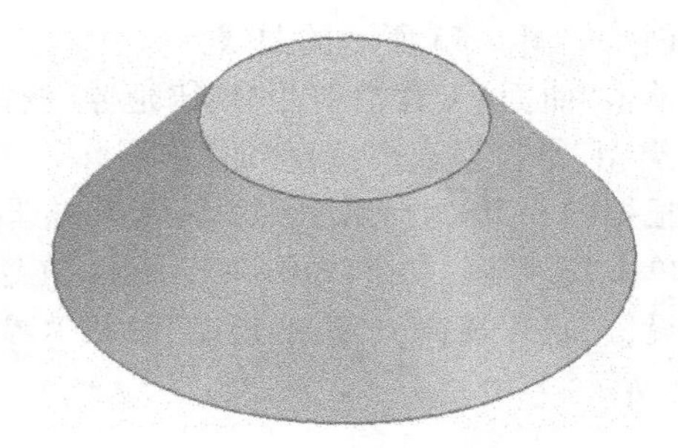

图 6-61

（2）单击“曲面”工具条中的“偏置曲面”按钮，系统弹出“偏置曲面”对话框。

（3）根据图 6-62 的提示在绘图区域单击选择要偏置的面。

（4）在“偏置 1”文本框中输入新的偏置距离“5”，单击“确定”按钮，结果如图 6-63 所示。

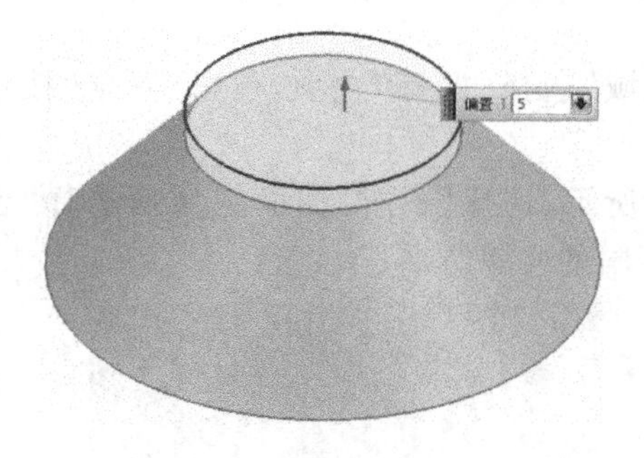

图 6-62

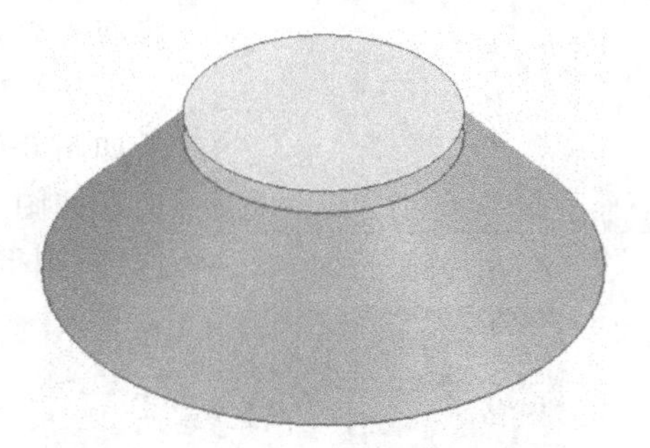

图 6-63

6.3.9　修剪片体

“修剪片体”命令使程序依照指定的曲线、基准平面、曲面和边缘来修剪片体。可以通过下述操作激活“修剪片体”功能。

（1）下拉菜单：“插入”→“修剪”→“修剪片体”。

（2）工具条：“曲面”→“修剪片体”。执行上述操作后，弹出“修剪片体”对话框，如图 6-64 所示。

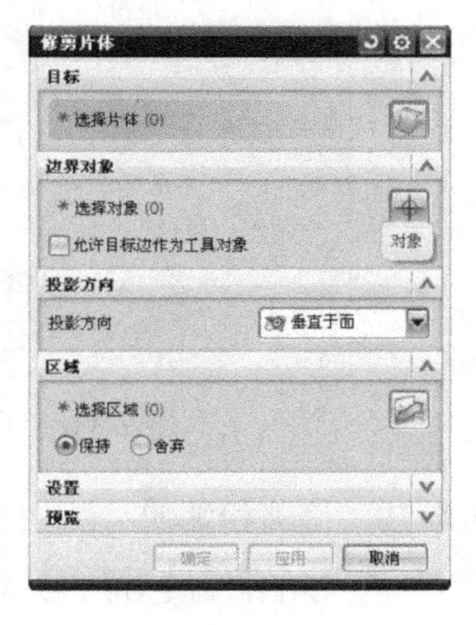

图 6-64

现将该对话框中选项含义介绍如下。

（1）“允许目标边作为工具对象”复选框　选中该复选框，可以将目标片体的边作为修剪对象过滤掉。

（2）“投影方向”下拉列表　该选项用于定义投影的方向。该下拉列表中包括“垂直于面”、“垂直于曲线平面”、“沿矢量”和“显示快捷键”共 4 个选项。

①“垂直于面”　该选项用于定义投影方向沿着面法向压印的曲线或边。

②“垂直于曲线平面”　该选项用于定义投影方向为垂直于曲线平面。

③“沿矢量”　该选项用于定义投影方向的矢量。

④“显示快捷键”　选择该选项后，其上三种选项将以快捷按钮的形式显示。

（3）“保持”单选钮　如果选中该单选钮，则修剪曲面时保持选定的区域。

（4）“舍弃”单选钮　如果选中该单选钮，则修剪曲面时舍弃选定的区域。

下面结合实例来介绍“修剪片体”命令的操作方法。

（1）创建如图 6-65 所示的曲线。

（2）执行菜单栏中的“插入”→“修剪”→“修剪片体”命令，系统弹出如图 6-64 所示的

图 6-65

"修剪片体"对话框。

(3) 选择如图 6-66 所示的曲面要修剪的曲面，单击对话框中的"选择对象"按钮，选择如图 6-67 所示的曲线为修剪边界。

(4) 在"区域"选择"保持"选项，单击"确定"按钮，结果如图 6-68 所示。

如图 6-69 所示，选择同样的曲面区域而选择"舍弃"选项，则得到不同的修剪结果。

图 6-66

图 6-67

图 6-68

图 6-69

6.3.10 修剪和延伸

"修剪与延伸"命令，可以按距离或与另一组面的交点修剪或延伸一组面。使用该功能延伸后的曲面将和原来的曲面形成一个整体，当然也可以设置作为新面延伸，而保留原有的面。可以通过下述操作激活"修剪与延伸"功能。

(1) 下拉菜单："插入"→"修剪"→"修剪与延伸"。

(2) 工具条："曲面"→"修剪与延伸"。执行上述操作后，弹出"修剪和延伸"对话框，如图 6-70 所示。

在"类型"选项组的"类型"下拉列表框中提供了 4 个类型选项，即"按距离"、"已测量百分比"、"直至选定对象"和"制作拐角"。下面介绍这四个类型选项的应用。

(1) "按距离"　选择该选项时，系统将按照指定的距离以设置的延伸方法来延伸边界。

(2)“已测量百分比”　选择该选项时，系统按照测量边长度的百分比来延伸边界，操作时，首先指定要移动的边，并在“延伸”选项组中设置“已测量边的百分比”数值，然后单击“选择边”按钮，再选择要测量的边参照，最后单击“确定”按钮。

(3)“直至选定对象”　选择该选项时，系统将把边界延伸到用户指定的对象处。通常也将要延伸到的对象称为刀具对象。

(4)“制作拐角”　选择该选项，需要指定目标面和刀具(注意刀具方向)等，将目标边延伸到刀具对象处形成拐角，而位于拐角线指定一侧的刀具曲面则被修剪掉。

图 6-70

6.4　曲面建模综合实例

1. 苹果的创建步骤

苹果模型如图 6-71 所示，首先添加苹果主体上的截面线串，随后绘制其侧面轮廓与果柄曲线，最后利用扫描曲面的方式创建该模型。

图 6-71

该模型的创建首先在各个平面上的苹果截面曲线基础上，利用样条曲线的工具连接每个截面圆形，形成苹果的主体骨架，然后创建由一条样条曲线与两端的截面圆形构成的果柄骨架，最后通过扫掠曲面的方式创建该模型。其主要创建流程如图 6-72 所示。

(1) 单击“新建”按钮，或者选择菜单栏中的“文件”→“新建”命令，新建模型 apple. prt 并确定其路径。

(2) 选择菜单栏中的“插入”→“曲线”→“圆弧/圆”命令，选择类型为“从中心点开始的圆弧/圆”，选择原点作为中心点，输入半径值“12”，并确认“限制”栏中的“整圆”复选框被选中，在 XC-YC 平面上创建底面圆，如图6-73所示。

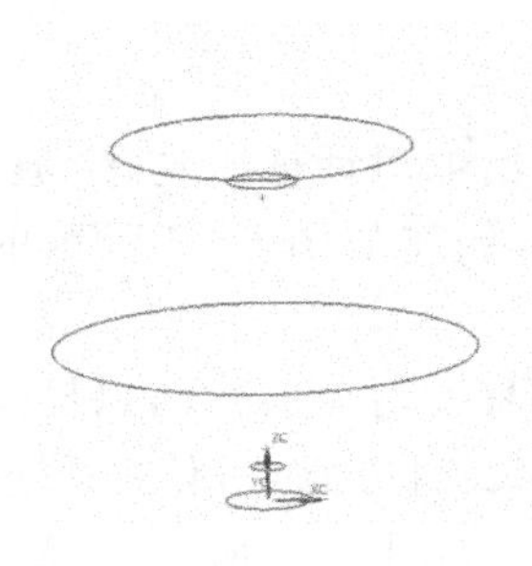
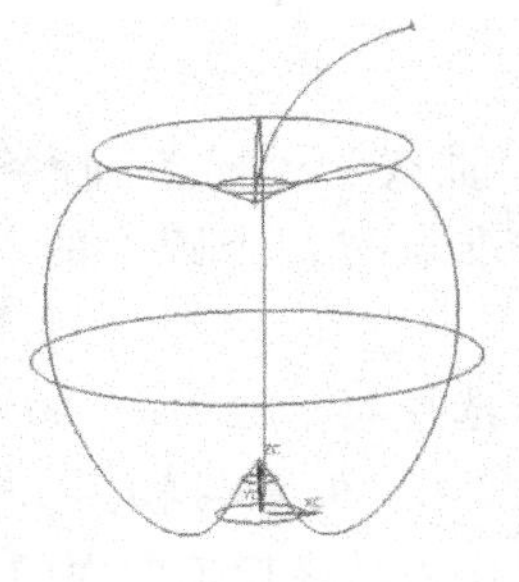

图 6-72

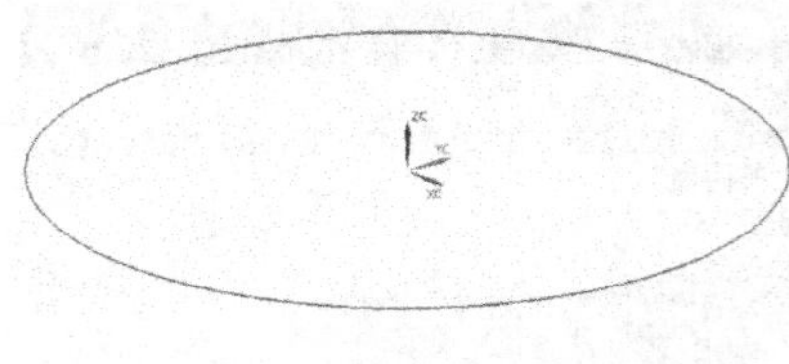

图 6-73

(3) 选择菜单栏中的“编辑”→“移动对象”命令，选取第(2)步创建的圆形作为移动对象，并选择“距离”运动方式，以Z轴三方向为运动方向，依次通过移动10 mm、45 mm、95 mm和105 mm创建另外4个复制圆形，如图6-74所示。

(4) 选择菜单栏中的“编辑”→“曲线”→“参数”命令，在弹出的“圆弧/圆(非关联)”对话框中对各复制圆形的直径进行修改，最终结果如图6-75所示。

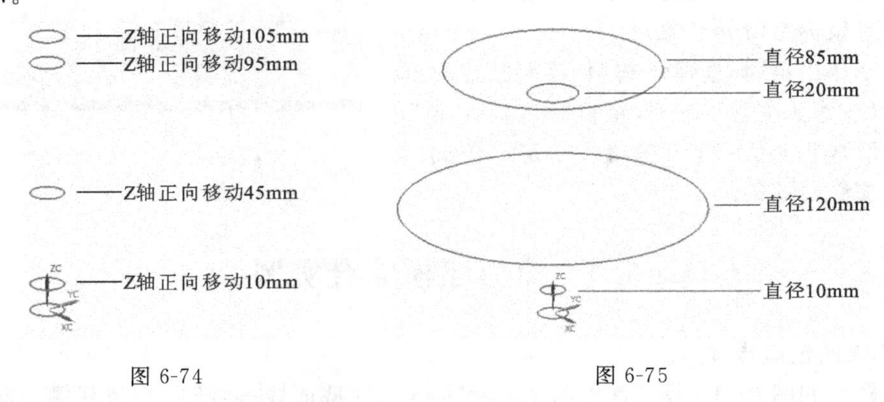

图 6-74　　　　图 6-75

(5) 利用“点”工具插入两个基准点，坐标分别为（0，0，15）与（0，0，90），如图6-76所示。

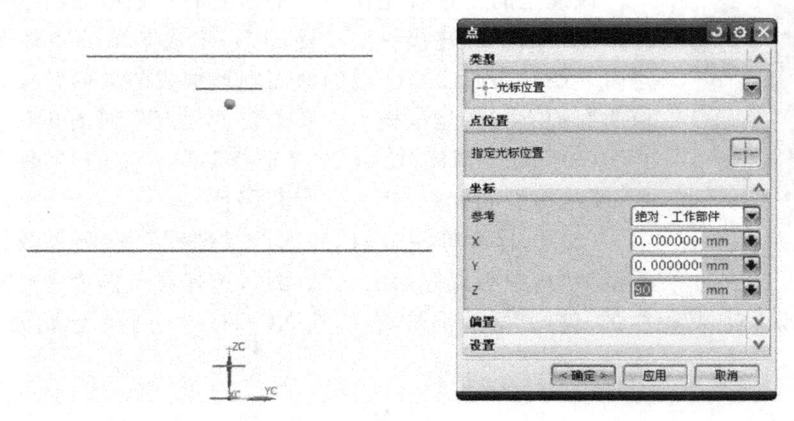

图 6-76

(6) 选择菜单栏中的“插入”→“曲线”→“样条”命令，在弹出的对话框中选择“通过点”方式创建样条，依次选择创建的基准点与每个圆形的象限点，创建如图6-77所示的样条曲线。

(7)再次调用“移动对象”工具，选择菜单栏中的“编辑”→“移动对象”命令，以样条曲线作为移动对象，并选择“角度”运动方式，矢量与轴点分别为ZC轴与原点，依次通过旋转120°与240°创建另外两条样条曲线作为最终扫掠曲面的引导线，如图6-78所示。

(8) 选择“草图”工具，以XC-ZC作为草图平面绘制如图6-79所示的样条曲线。

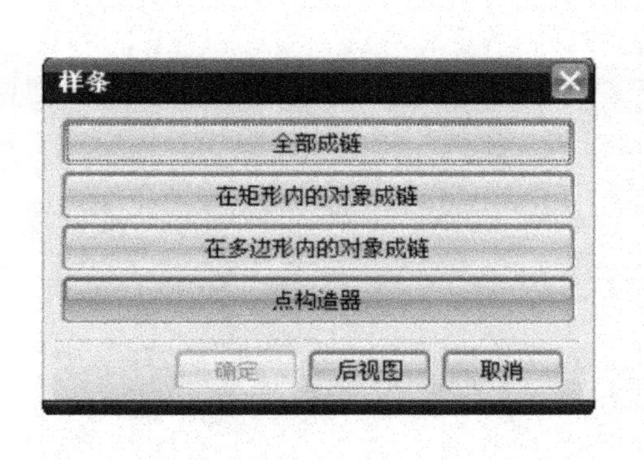

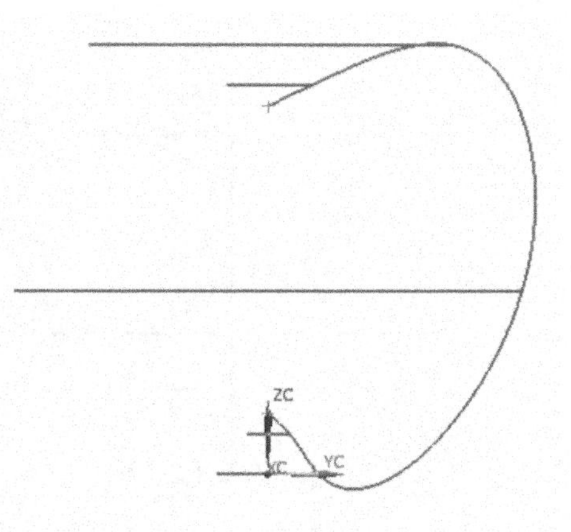

图 6-77

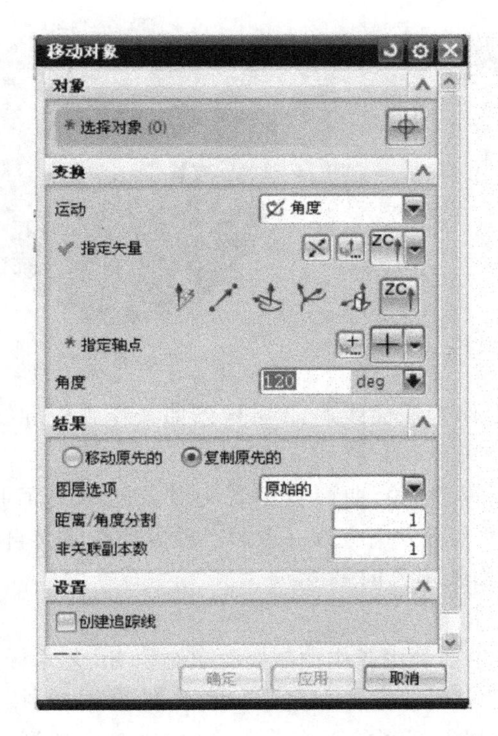

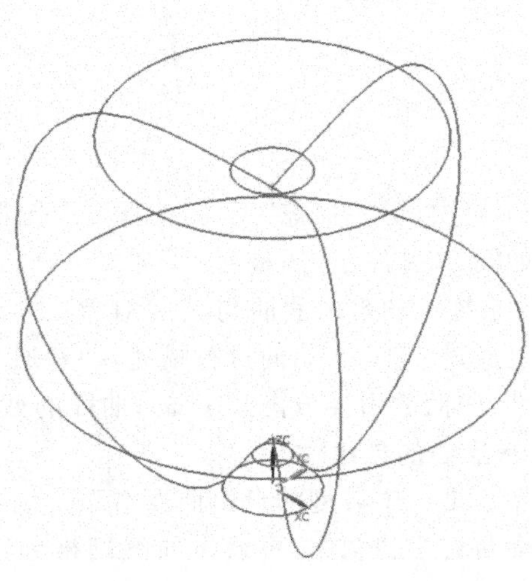

图 6-78

(9) 在草图曲线的端部分别作两个圆形，半径分别为 0.3 mm 和 3 mm。利用“圆弧/圆”工具，并选择“在曲线上”方式确定圆形的支持平面，如图 6-80 所示。

(10) 选择菜单栏中的“插入”→“扫掠”命令，或者单击“建模”工具栏“曲面”下拉工具中的“扫掠”按钮，系统将弹出“扫掠”对话框，选择第(9)步创建的两个圆形作为截面线串，两者之间的样条曲线作为引导线，并选择“首选项”→“建模”→“常规”选项中的“体类型”为实体，生成如图 6-81 所示的对象，具体请参考扫掠曲面一节。

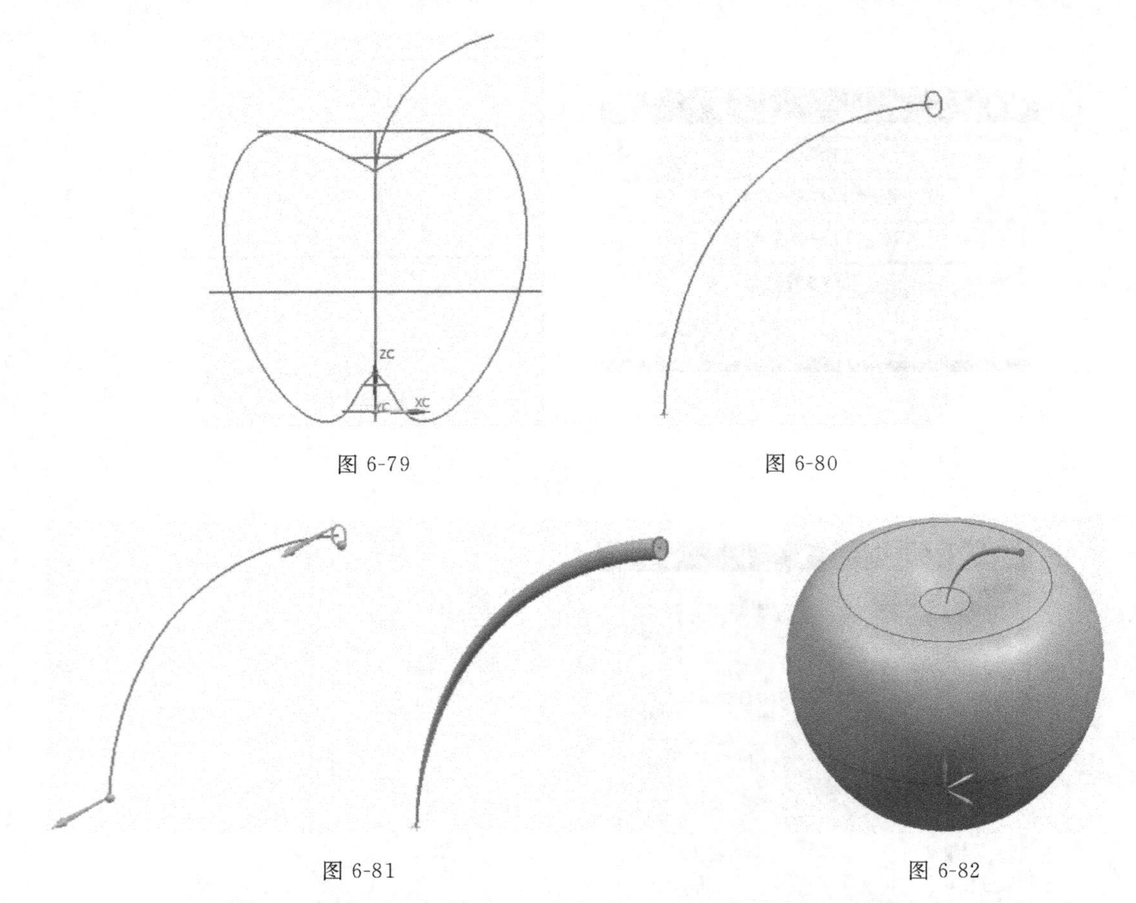

图 6-79　　图 6-80

图 6-81　　图 6-82

(11) 再次调用“扫掠”工具，选择5个圆形作为截面线串，3条样条曲线作为引导线，创建结果如图 6-82 所示，调整显示。

UG 系统中的自由曲面与其父对象(曲线等)相关，曲面会随着父对象的修改而更新。曲面特征通过U向与V向进行描述，一般通过多行方向大致一致的点或者曲线定义自由曲面。通常，曲面的引导方向是U向，曲面的截面线串方向是V向。

2. 水晶心的创建

水晶心是一个典型的自由曲面造型实例，主要利用基本曲线特征创建圆弧、艺术样条曲线和编辑曲线等的制作，再通过曲线网格创建自由曲面，完成实体创建，然后添加材料/纹理，设置光源以及模型的真实着色，完成水晶心造型，其效果如图 6-83 所示。

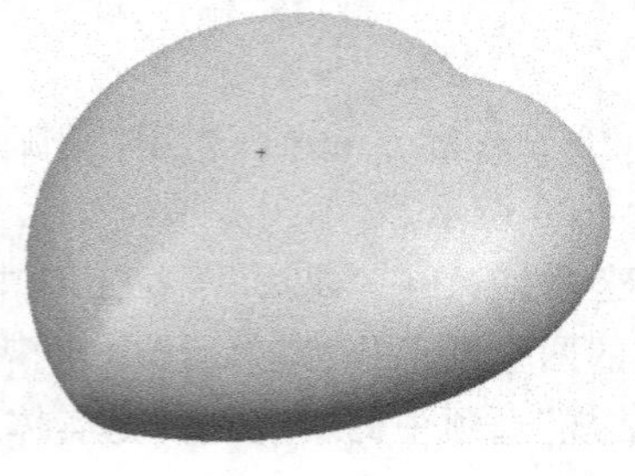

图 6-83

水晶心构建的具体流程如图 6-84 所示。

1) 绘制心形主廓线

(1) 新建实体零件模型　新建文件名称为 Crystal_heart.prt。

(2) 草绘截面线串　选择菜单栏中的“插入”→“草图”命令，弹出“创建草图”对话框，接受系统默认的草图平面

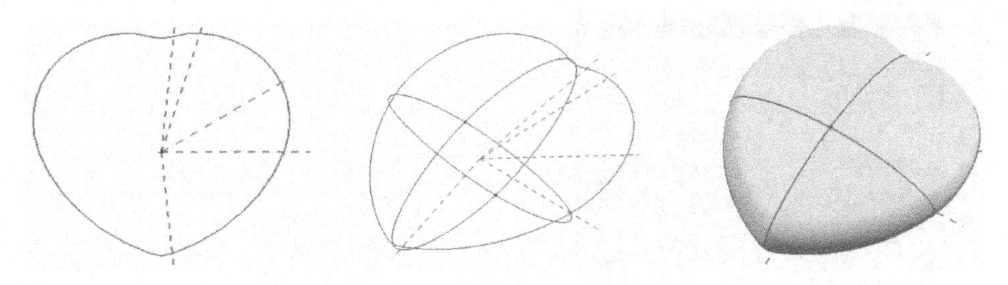

图 6-84

和草图方位设置。绘制草图并添加约束，完成后的图形如图 6-85 所示。在“草图生成器”工具栏中单击“完成草图”按钮，完成截面曲线的绘制。

（注意：心形截面图由多条相切圆弧组成，且关于 Y 轴对称，其各个数值如图 6-85 所示。为便于快速画图，需添加圆弧角度辅助线，即每段圆弧对应确定的角度值）。

（3）创建参考点　在菜单栏中选择“插入”→“基准/点”→“点”命令，或者在“特征操作”工具栏中单击“点”按钮，弹出如图 6-86 所示的“点”对话框。

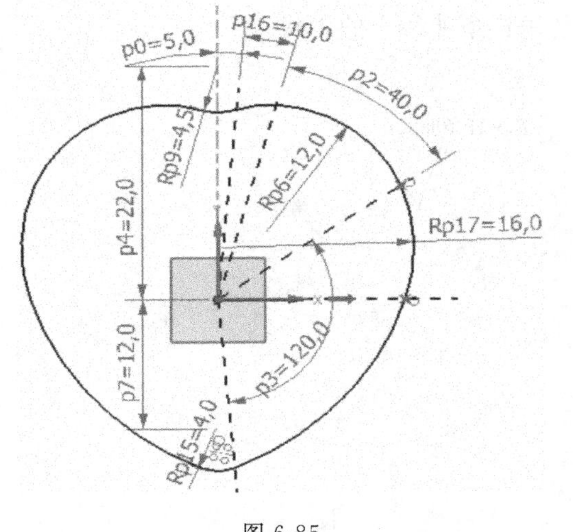

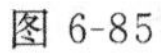

图 6-85

图 6-86

在图 6-86 所示的“点”对话框中，“类型”选项组接受系统默认设置，在“坐标”选项组中选中“绝对”单选按钮，X、Y 和 Z 文本框中分别输入坐标值 0、0 和 8，然后单击“应用”按钮，完成参考点 1 的创建，如图 6-88 所示。

在图 6-86 所示的“点”对话框中，“类型”选项组接受系统默认设置；在“坐标”选项组中选中“绝对”单选按钮，在 X、Y 和 Z 文本框中分别输入坐标值 0、0 和－8，然后单击“应用”按钮，完成参考点 2 的创建，如图 6-88 所示。

（4）绘制艺术样条曲线　在菜单栏中选择“插入”→“曲线”→“艺术样条”命令，或者在“曲线”工具栏中单击“样条”按钮，弹出如图 6-87 所示的“艺术样条”对话框。

在“艺术样条”对话框中接受系统默认的选项，在图形工作区内依次选择参考点 1 和端点 1、参考点 2 和端点 2，绘制如图 6-88 所示的样条曲线（4 个点）。

图 6-87

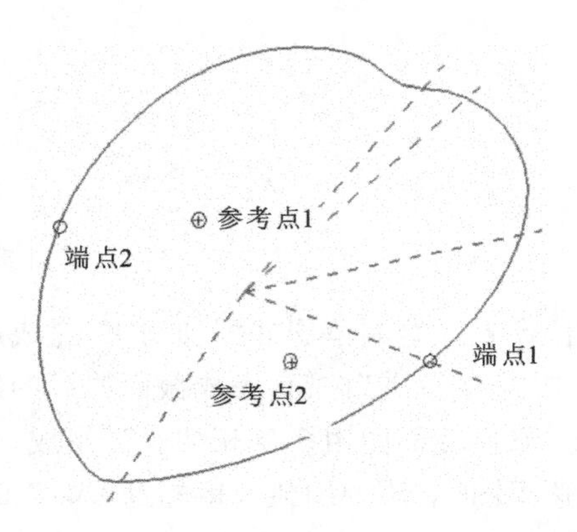

图 6-88

在如图 6-89 所示的“艺术样条”对话框中勾选“封闭的”复选框，得到如图 6-90 所示的艺术样条曲线，然后单击“应用”按钮，完成艺术样条曲线 1 的创建。

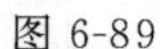

图 6-89

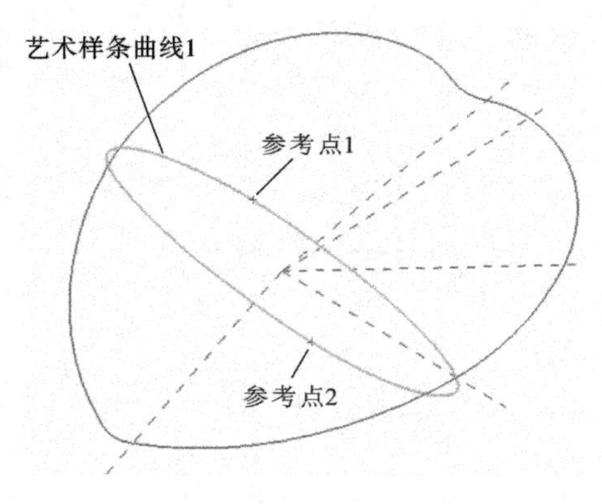

图 6-90

（备注：在选择参考点 1 和参考点 2 时，需要在图 6-91 所示的“选择条”工具栏中激活“现有点”按钮。

没有选择过滤器　整个装配

图 6-91

返回图形工作界面，依次选择图 6-92 中的参考点 1、端点 3、参考点 2 和端点 4，绘制如图 6-92 的样条曲线(4 个点)。

在“艺术样条”对话框中单击“确定”按钮，完成艺术样条曲线 2 的创建。

（备注：图 6-92 中的端点 3 和 4 为心形对称面的点，样条曲线 2 所在的平面与样条曲线 1 所在平面垂直。）

(5) 分割曲线 1　在“编辑曲线”工具栏中单击“分割曲线”按钮，弹出如图 6-93 所示的

"分割曲线"对话框。在"分割曲线"对话框中单击"类型"选项组中的下拉菜单，选择"等分段"选项，"曲线"选项组处于激活状态，选择图 6-94 中的艺术样条曲线 1。

此时弹出如图 6-95 所示的"分割曲线"信息框，单击"是"按钮。

在"分段"选项组中单击"分段长度"右侧的按钮，选择"等弧长"选项，然后在"段数"文本框中输入 2，单击"应用"按钮，完成艺术样条曲线 1 的分割，如图 6-96 所示。

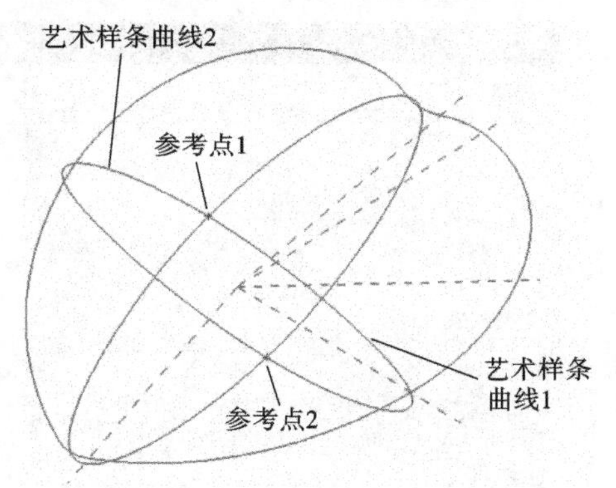

图 6-92

图 6-93

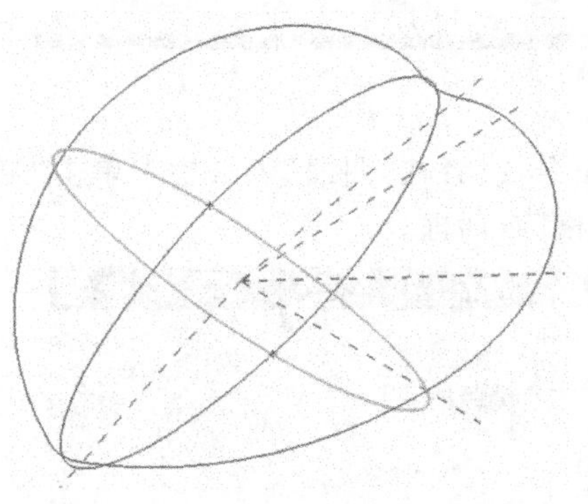

图 6-94

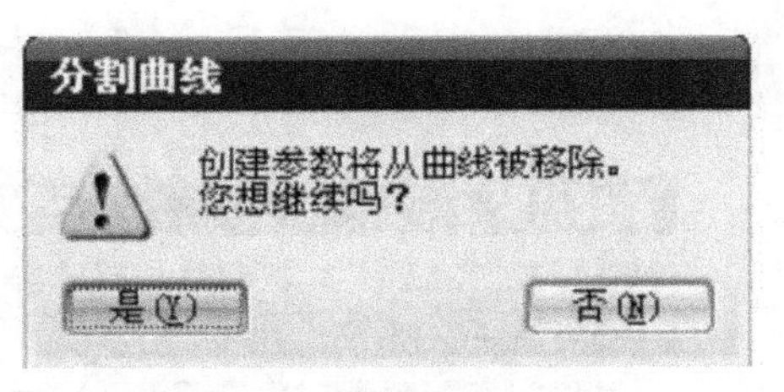

图 6-95

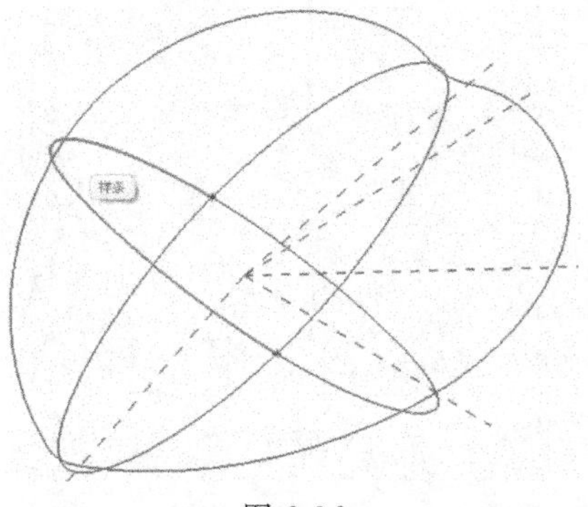

图 6-96

(6) 分割曲线 2　在"分割曲线"对话框中，单击"类型"选项组中的按钮，选择"按边界对象"选项，如图 6-97 所示，"曲线"选项组处于激活状态，选择图 6-98 中的艺术样条曲线 2。

此时弹出"分割曲线"信息框，单击"是"按钮。

"边界对象"选项组中，在"对象"下拉列表框中选择"投影点"选项，"指定点"选项处于激活状态，选择图 6-98 中的参考点 1。

在"分割曲线"对话框中单击"确定"按钮，完成艺术样条曲线 2 的分割。

2) 创建心形实体

(1) 打开"通过曲线网格"对话框　在菜单栏中选择"插入"→"网格曲面" → "通过曲线

图 6-97

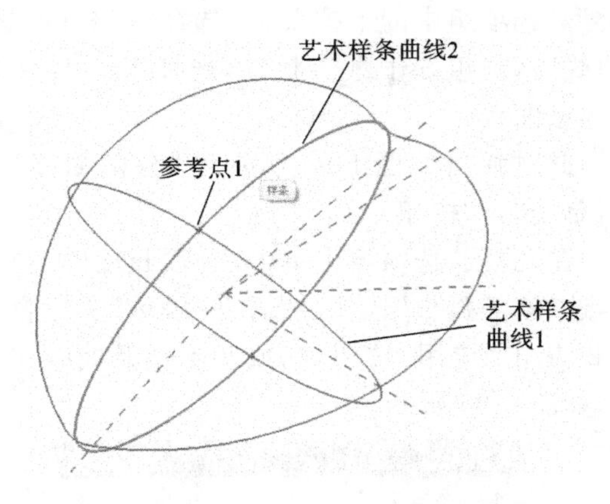

图 6-98

网格"命令，或者在"曲面"工具栏中单击"通过曲线网格"按钮，弹出如图 6-99 所示的"通过曲线网格"对话框。

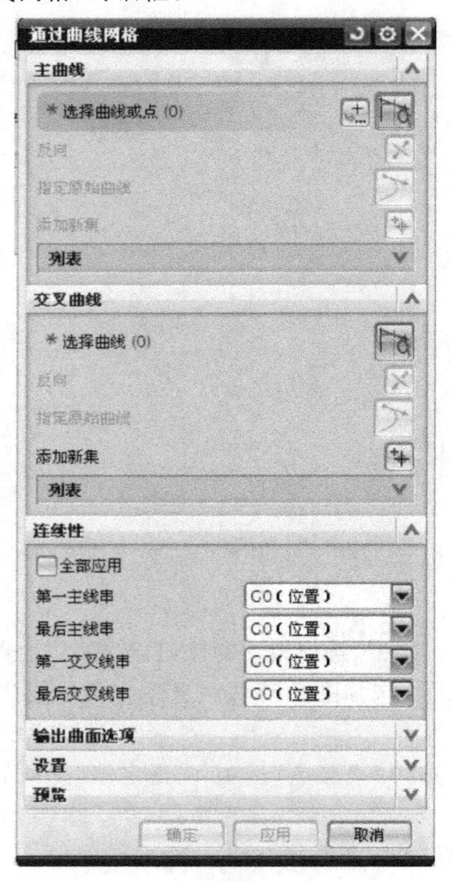

图 6-99

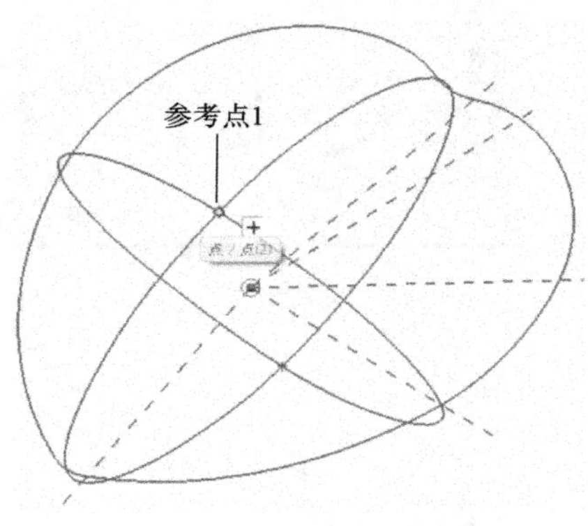

图 6-100

图 6-101

（2）选择主曲线　在“通过曲线网格”对话框中，“主曲线”选项组处于激活状态，选择图 6-100 中的参考点 1，弹出如图 6-101 所示的“快速拾取”面板，选择“现有点”选项，单击鼠标中键确定，图形工作区出现 Primary Curve 1 字样，如图 6-102 所示。

选择图 6-103 中与心形截面相切的曲线（共 12 段），单击鼠标中键确定，在图形工作区出现 Primary Curve 2 字样和方向箭头，如图 6-103 所示。

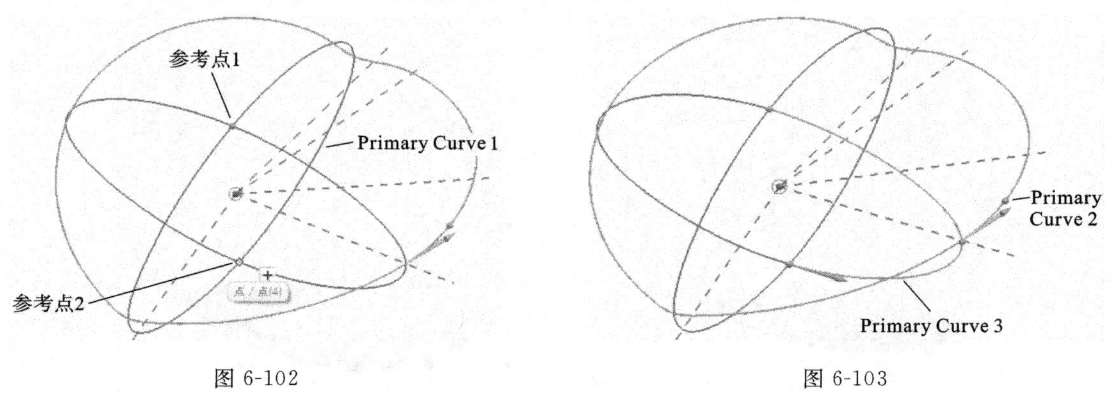

图 6-102　　　　图 6-103

选择图 6-102 中的参考点 2，单击鼠标中键确定，图形工作区出现 Primary Curve 3 字样，单击鼠标中键确定。

备注：在选择主曲线 2 时，心形截面曲线为一组相切的圆弧，“主曲线”选项组中的 Specify Origin Curve 方向选项是由选择第一段曲线决定的。

（3）选择交叉曲线　此时，“交叉曲线”选项组被激活，单击图 6-104 中的样条曲线 1 的右半部分靠近参考点的部分，单击鼠标中键确定，图形工作区出现 Cross Curve 1 字样和方向箭头，如图 6-104 所示。

单击图 6-104 中的样条曲线 2 的上半部分靠近参考点的部分，单击鼠标中键确定，图形工作区出现 Cross Curve 2 字样和方向箭头，如图 6-104 所示。

单击图 6-105 中的样条曲线 1 的左半部分靠近参考点的部分，单击鼠标中键确定，图形工作区出现 Cross Curve 3 字样和方向箭头，如图 6-105 所示。

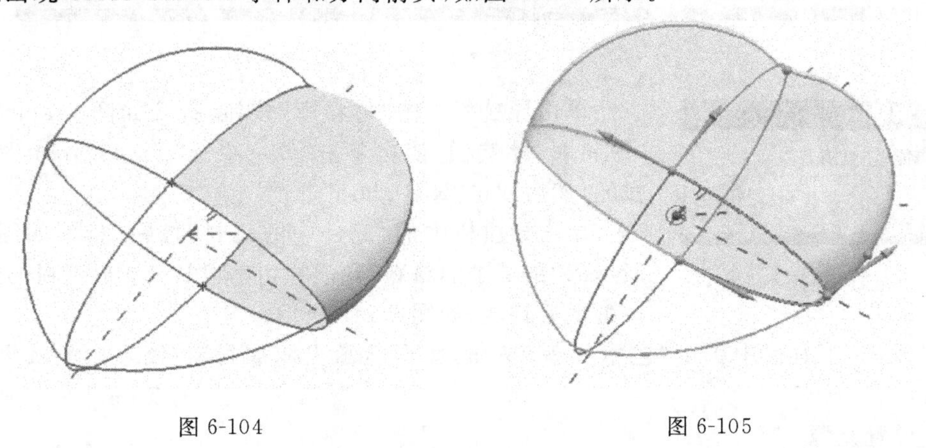

图 6-104　　　　图 6-105

单击图 6-104 中的样条曲线 2 的下半部分靠近参考点的部分，单击鼠标中键确定，图形工作区出现 Cross Curve 4 字样和方向箭头，如图 6-105 所示。

单击图 6-104 中的样条曲线 1 的右半部分靠近参考点的部分，单击鼠标中键确定，图形工作区出现 Cross Curve 5 字样和方向箭头，如图 6-106 所示。

“通过曲线网格”对话框中的其余选项接受系统默认设置，单击“确定”按钮，完成心形实体的创建，如图 6-107 所示。

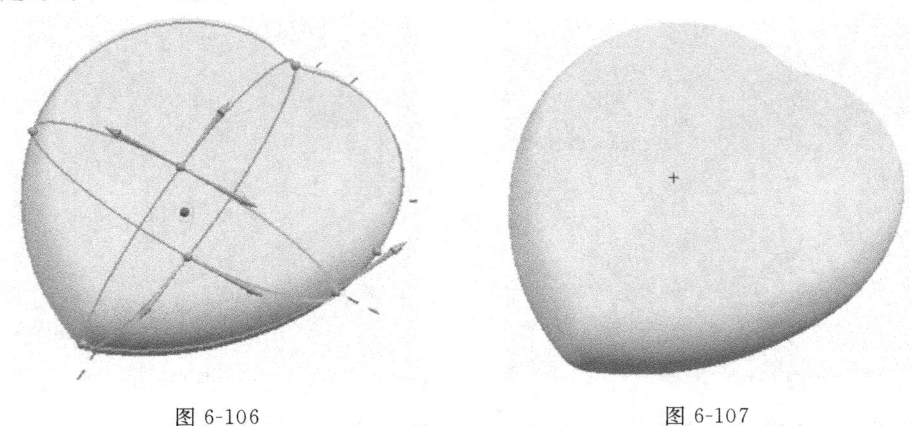

图 6-106　　　　图 6-107

备注：选择交叉曲线时，需要在图 6-108 所示的“选择条”工具栏的“线类型”下拉列表中选择“单条曲线”选项。

图 6-108

3）添加材料/纹理属性

在菜单栏中选择“视图”→“可视化”→“材料/纹理”命令，或者在图 6-109 所示的“可视化形状”工具栏中单击“材料/纹理”按钮，弹出如图 6-110 所示的“材料/纹理”面板。

图 6-109

图 6-110

单击导航栏中的“材料库”按钮，打开如图 6-111 所示的“材料库”导航栏；依次单击“Glass”→“Transparent”前面的按钮，然后双击“Red glass”选项。

单击导航栏中的“部件中的材料”按钮，打开如图 6-112 所示的“部件中的材料”导航栏，拖动“Red glass”到工作区的模型上后释放，如图 6-113 所示。

在“视图”工具栏中单击“艺术外观”按钮，图形显示出添加材料/纹理后的效果，如图 6-114所示。

4）设置光源

（1）添加基本光源　在菜单栏中选择“视图”→“可视化”→“基本光源”命令，或者在图

6-115 所示的“可视化”工具栏中单击“基本光源”按钮，弹出如图 6-116 所示的“基本光源”对话框。

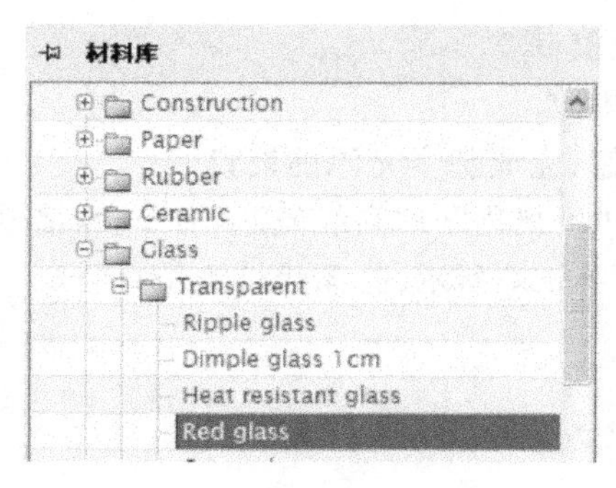

图 6-111

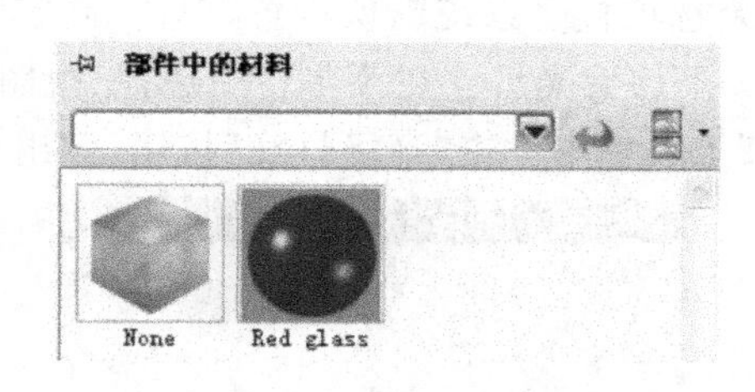

图 6-112

图 6-113

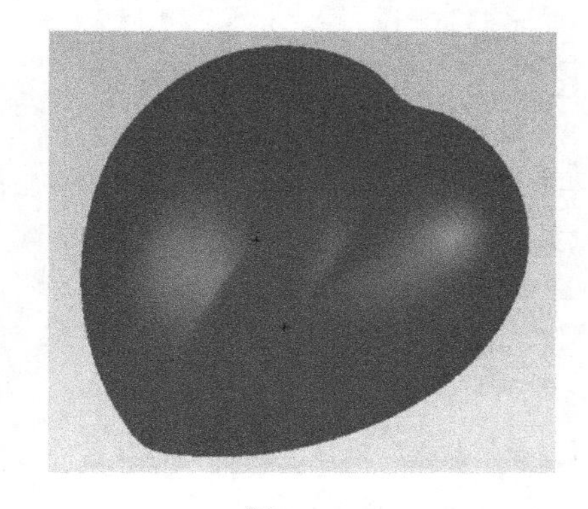

图 6-114

图 6-115

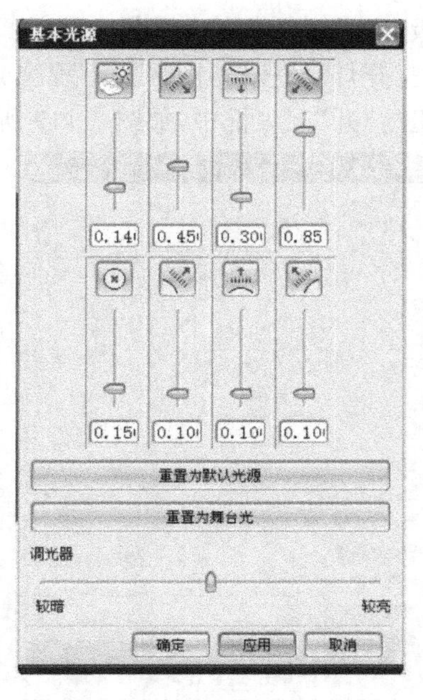

图 6-116

在“基本光源”对话框中，光源方向按钮高亮显示为激活状态，同时在图形工作区会有箭头标识。

在“场景顶部”按钮正下方的文本框中输入数值 0.3。

备注：光照的强弱也可以通过调节滑动条来更改。

其余选项接受系统默认设置，单击“确定”按钮，完成基本光源的设置。

(2) 添加聚光灯　在菜单栏中选择“视图”→“可视化”→“高级光源”命令，或者在“可视化形状”工具栏中单击“高级灯光”按钮，弹出如图 6-117 所示的“高级灯光”对话框。

图 6-117

图 6-118

在“高级灯光”对话框中，单击“灯光列表”选项组的“关”列表框中的“标准 Z 聚光”按钮，再单击“打开灯光”按钮，图形区出现聚光灯，如图 6-118 所示。此时，按钮出现在“灯光列表”选项组的“开”列表框中，如图 6-119 所示。

图 6-119

图 6-120

在“定向灯光”选项组中，通过“拖动源”按钮、“绕目标旋转源”按钮、“拖动目标”按钮、“拖动方向矢量”按钮和“拉伸聚光源”按钮调节聚光灯位置。

其余选项接受系统默认设置，单击“确定”按钮，调整后的聚光灯如图 6-120 所示。

5）真实着色水晶心

（1）设置真实着色　在菜单栏中选择“视图”→“可视化”→“真实着色编辑器”命令，或者在图 6-121 所示的“真实着色”工具栏中单击“真实着色编辑器”按钮，弹出“真实着色编辑器”对话框。

图 6-121

在“真实着色编辑器”对话框中，“特定于对象的材料”选项组中的“选择对象”选项处于激活状态，选择图形区中的心形模型，单击“红色金属涂料”按钮。

在“全局反射”选项组的“图像”下拉列表框中选择“照片”选项。

在“背景”选项组的“背景类型”下拉列表框中选择“光源”选项。

在“光源”选项组的“活动场景光源”下拉列表框中选择“场景灯光 3”选项，如图 6-122 所示。

其余选项接受系统默认设置，单击“确定”按钮，完成水晶心着色，如图 6-123 所示。

图 6-122

图 6-123

备注:在设置真实着色时,单击"真实着色"按钮,如图 6-121 所示,可使"真实着色编辑器"对话框中各个选项处于激活状态,以便于设置。

2. 保存着色效果

在菜单栏中选择"视图"→"可视化"→"高质量图像"命令,或者在"可视化形状"工具栏中单击"高质量图像"按钮,弹出如图 6-124 所示的"高质量图像"对话框。

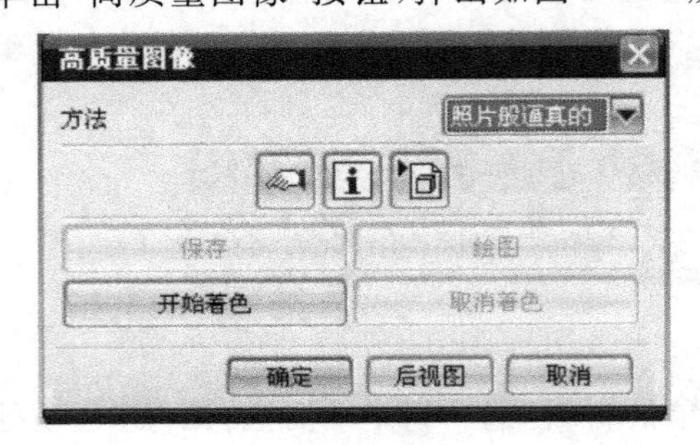

图 6-124

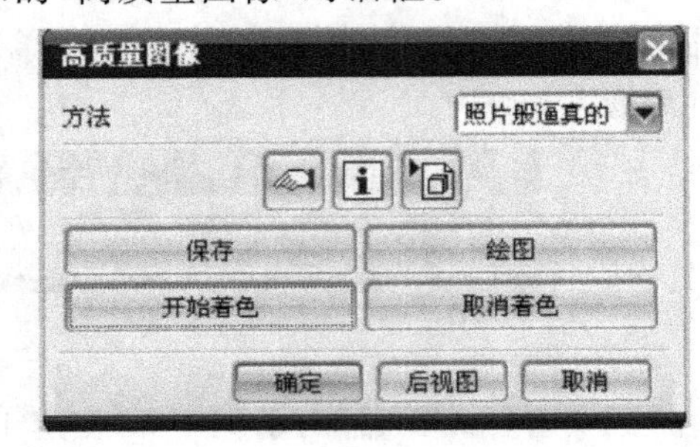

图 6-125

在"高质量图像"对话框中,在"方法"右侧的下拉列表框中选择"照片般逼真的"选项,然后单击"开始着色"按钮,如图 6-125 所示,进行模型着色。

着色后单击"高质量图像"对话框中的"保存"按钮,弹出如图 6-126 所示的"保存图像"对话框。在"保存图像"对话框中,"保存文件"文本框中默认的文件名为"Crystal_heart.tif",单击"确定"按钮。

图 6-126

返回图 6-126 所示的"高质量图像"对话框,单击"确定"按钮,完成图片保存。

3. 保存文件并退出设计环境

在菜单栏中选择"文件"→"保存"命令,或者单击"标准"工具栏中的保存文件,然后在菜单栏中选择"文件"→"关闭"→"所有部件"命令,退出设计环境。

6.5 本章小结

曲面设计模块是 UG 软件重要的组成部分。我们日常生活中接触到的大部分产品都会带有曲面元素,对曲面相关技能和技巧的掌握是衡量一个专业造型与结构设计师能力的重要依据。

本章首先介绍的内容是曲面基础概述,包括曲面的基本概念及分类,初步认识 UG NX 8.0 中的曲面工具。接着重点介绍的曲面知识是依据点创建曲面、由曲线创建曲面、编辑曲面等，最后介绍曲面综合应用范例。

在学习本章知识的同时，要注意认真复习曲线的相关创建与编辑知识，因为曲面的构建通常离不开曲线的搭建。

6.6 习　　题

1. 由曲线构造曲面的典型方法主要有哪些？
2. 依据点创建曲面的方法主要有哪几种？它们分别具有什么应用特点？
3. 如何进行直纹曲面操作？
4. 举例说明曲面修剪的方法步骤。
5. 举例说明曲面规律延伸的方法步骤。

第7章 装 配 体

7.1 装配概述

装配功能是将产品的各个部件进行组织和定位操作的一个过程，通过装配操作，系统可以形成产品的总体结构、绘制装配图和检查部件之间是否发生干涉等。NX 8.0 装配功能模块不仅能快速组合零部件成为产品，而且在装配中，可以参照其他部件进行部件关联设计，并可对装配模型进行间隙分析、重量管理等操作。通过 NX 8.0 系统，用户可以在计算机上进行虚拟装配仿真，以及早发现部件配合之间存在的问题。装配模型生成后，用户还可建立爆炸视图，并将其引入到装配工程图中。

本章将介绍 NX 8.0 装配模块中各种操作功能的使用方法，使用户能够掌握装配操作的主要功能，同时还能够按照工程实践的要求快捷准确地创建一个完整的装配模型，实现实际装配部件的电子化。

7.1.1 装配概念

装配过程是在装配中建立部件之间的配对关系。它是通过配对条件在部件间建立约束关系来确定部件在产品中的位置。在装配中，部件的几何体是被装配引用，而不是被复制到装配中。不管如何编辑部件和在何处编辑部件，整个装配部件必须保持关联性。如果某部件被修改，则引用它的装配部件自动更新，以反映部件的最新变化。在装配中，可以采用自顶向下或自底向上的装配建模方法。NX 8.0 系统中的装配功能具有以下特点。

(1) 组件几何体是被虚拟指向装配文件，而不是拷贝复制到装配文件中。

(2) 用户可以利用自顶向下或自底向上的方法建立装配。

(3) 多部件可以同时被打开和编辑。

(4) 组件几何体可以在装配的上下文范围中建立和编辑。

(5) 组件的相关性是在全装配文件中进行维护的，用户不必关心编辑操作是在何处和怎样进行的。

(6) 一个装配的图形表示可以得到简化，而不必去编辑下属的各个几何体。

(7) 装配件会自动更新，以反映引用部件最后的效果。

(8) 通过装配条件规定在组件间的约束关系，使其在装配件中进行定位。

(9) 装配导航器提供装配结构的图形显示，以利于在其他功能中使用选择和操纵组件。

(10) 可以在其他应用中，特别是在制图和制造应用中利用装配功能(主模型方法)。

在装配操作中经常会用到一些装配术语，像装配部件、子装配、组件对象、组件部件、单个部件、自顶向下装配、自底向上装配、混合装配和主模型等，它们在本章后面的讲解中会多次用到，下面介绍这些装配常用基本术语的意义。

(1) 装配部件　它是指由零件和子装配构成的部件。在NX 8.0中允许向任何一个零件文件中添加部件构成装配,因此任何一个零件文件都可以作为装配部件。在NX 8.0中,零件和部件不必严格区分。需要注意的是,当存储一个装配时,各部件的实际几何数据并不是存储在装配部件文件中,而是存储在相应的零部件(即零件文件)中。

(2) 子装配　它是指在高一级装配中被用做组件的装配,子装配也拥有自己的组件。子装配是一个相对的概念,任何一个装配部件可在更高级装配中用做子装配。

(3) 组件对象　它是指一个从装配部件链接到部件主模型的指针实体。一个组件对象记录的信息有部件名称、层、颜色、线型、线宽、引用集和配对条件等。

(4) 组件部件　它是指装配中由组件对象所指的部件文件。组件部件可以是单个部件(即零件)也可以是一个子装配。组件部件是由装配部件引用,而不是复制到装配部件中。

(5) 单个部件　它是指在装配外存在的零件几何模型,它可以添加到一个装配中去,但它本身不能含有下级组件。

(6) 自顶向下装配　它是指在装配中创建与其他部件相关的部件模型,是在装配部件的顶级向下产生子装配和部件(即零件)的装配方法。

(7) 自底向上装配　它是指先创建部件几何模型,再组合成子装配,最后生成装配部件的装配方法。

(8) 混合装配　它是将自顶向下装配和自底向上装配结合在一起的装配方法。例如,先创建几个主要部件模型,再将其装配在一起,然后在装配中设计其他部件,即为混合装配。在实际设计中,可根据需要在两种模式下切换。

(9) 主模型　它是指供UG模块共同引用的部件模型。同一主模型,可同时被工程图、装配、加工、机构分析和有限元分析等模块引用,当主模型修改时,有限元分析、工程图、装配和加工等应用都应根据部件主模型的改变自动更新。

(10) 引用集　它是指为在高一级装配中简化显示而在组件中定义命名的数据子集。它可以代表相应的组件部件载入更高一级的装配。

(11) 配对条件　它是指可以建立装配中各部件之间的参数化的相对位置和方位的条件。

7.1.2　装配方法

在UG NX 8.0系统中,产品装配结构的常用创建方式有两种:一种是自底向上装配,即先设计好了装配中各部件的几何模型,再将几何模型添加到装配中,该几何模型将自动成为该装配的一个组件;另一种是自顶向下装配,即先创建一个新的装配组件,再在该组件中建立几何对象,或是将原有的几何对象添加到新建的组件中,则该几何模型成为一个组件。

1. 自底向上装配

使用该装配建模方法时,用户可以通过装配组件的添加操作,将已经设计好的部件加入到当前的装配模型中。再通过装配组件之间的配对约束操作来确定这些组件之间的相互位置关系。这种装配建模方法在产品设计中使用得较为普遍,应用较广。

2. 自顶向下装配

自顶向下装配方法有两种方式:第一种是先在装配中建立一个几何模型,然后创建一个新组件，同时将该几何模型链接到新组件中；第二种是先建立一个空的新组件，它不含任何几何对象，然后使其成为工作部件，再在其中建立几何模型。

自顶向下装配方法主要用在上下文设计中，即在装配中参照其他零部件对当前工作部件进行设计的方法。其显示部件为装配部件，而工作部件是装配中的组件，所做的任何工作都发生在工作部件上，而不是在装配部件上。当装配建模在装配的上下文设计中，可以利用间接关系建立从其他部件到工作部件的几何关联。利用这种关联，可引用其他部件中的几何对象到当前工作部件中，再用这些几何对象生成几何体。这样，一方面提高了设计效率，另一方面保证了部件之间的关联性，便于参数化设计。

7.1.3 装配工具栏和菜单

执行装配操作时(新建装配)，先在主菜单条上选择"装配"菜单项，系统将会弹出下拉菜单，如图 7-1 所示，用该菜单中的各菜单项可进行相关装配操作，各菜单项的说明如下。

同时，用户也可以通过选择命令"开始"→"装配"打开各种操作的快捷工具菜单，如图 7-2 所示。

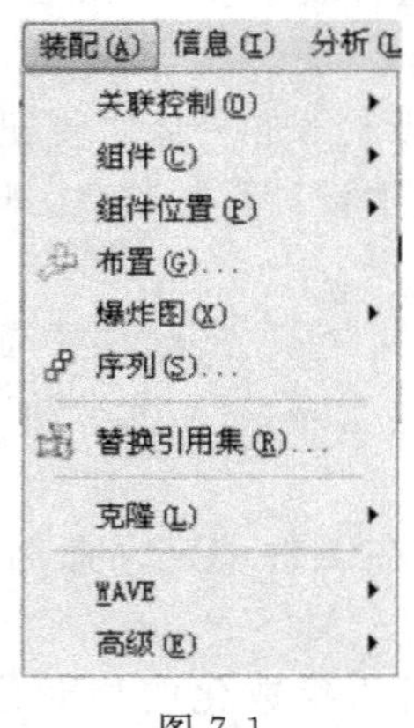

图 7-1

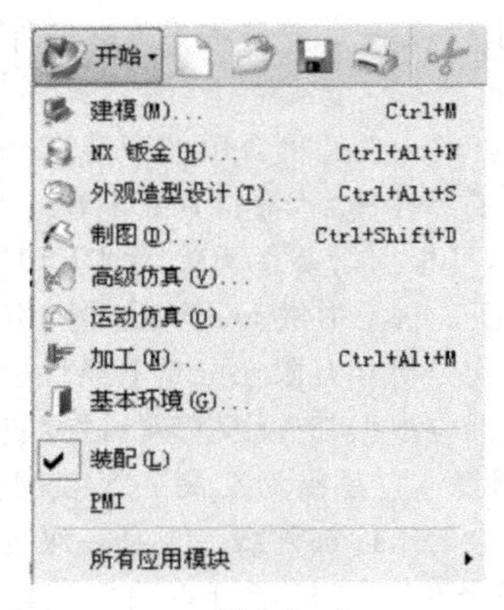

图 7-2

选择"装配"菜单项后，系统将会弹出"装配"工具栏，如图 7-3 所示。

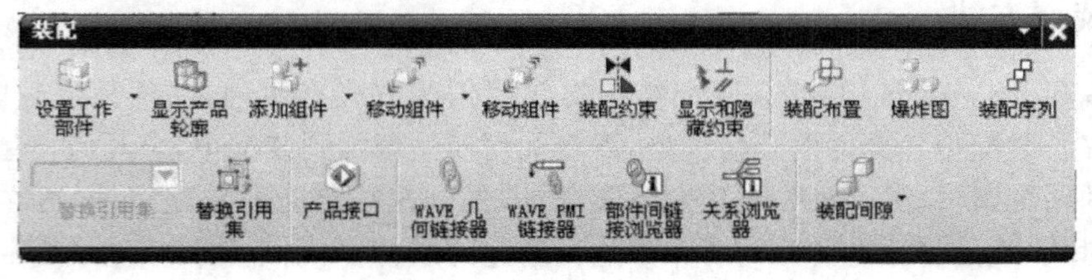

图 7-3

7.2 装配导航器

装配导航器(assemblies navigation)是将部件的装配结构用图形表示，类似于树结构，在装配中每个组件在装配树上显示为一个节点，如图 7-4 所示。使用装配导航器能更清楚地表达装配关系，它提供了一种在装配中选择组件和操作组件的简单方法。例如可以用装配导航器选择组件来改变工作部件、改变显示部件、隐藏与显示组件和替换引用集等。

图 7-4

7.2.1 打开和设置装配导航器

用户在 UG NX 8.0 工作界面左侧的资源导航条中，单击按钮，系统就会展开一个"装配导航器"窗口，如果用户在该按钮上单击鼠标右键，选择"取消停靠"菜单命令，系统会将"装配导航器"变为如图 7-4 所示的显示方式。

打开装配导航器之后，用户可以看到在装配导航器中，系统用图形方式显示出各部件的装配结构，这是一种类似于树形的结构。在这种装配树形结构中，每一个组件显示为一个节点。在不同的装配操作功能中，用户可以通过选取装配导航器中的这些节点来选取对应组件。

在"装配导航器"窗口的标题栏处单击鼠标右键，从中选择"属性"菜单命令，系统就会弹出如图 7-5 所示的"装配导航器属性"对话框，其中"列"选项卡主要用于设置在"装配导航器"窗口中显示那些需要的参数列信息。用户可以通过选取或取消列名前的复选标志，来指定哪些列在"装配导航器"窗口中显示出来，哪些列隐藏起来。

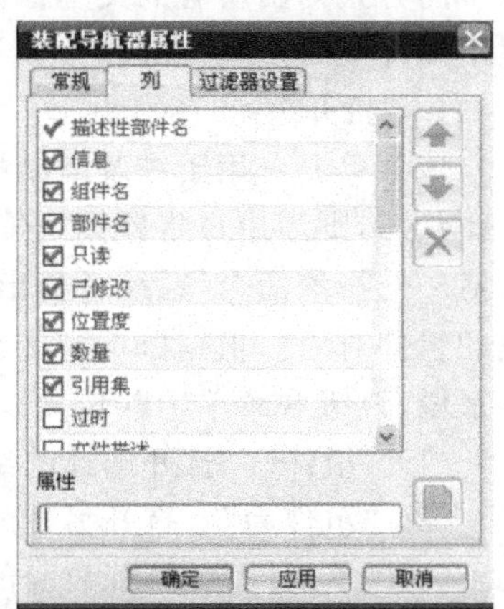

图 7-5

7.2.2 装配导航器的快捷菜单

将光标定位在"装配导航器"中装配树的选择节点处，单击鼠标右键，系统会弹出如图 7-6 所示的快捷菜单。但是图 7-6 所示的快捷菜单形式并不是一成不变的，它的菜单命令会随用户设置的过滤模式和选择组件的多少等系统设置的不同而不同，同时菜单命令还与所

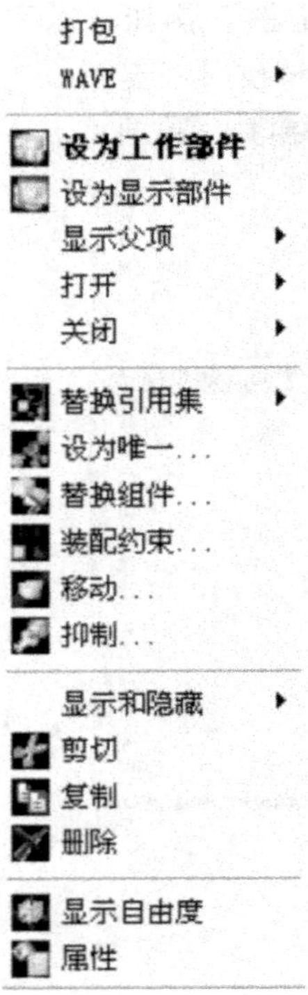

打包
WAVE
设为工作部件
设为显示部件
显示父项
打开
关闭
替换引用集
设为唯一...
替换组件...
装配约束...
移动...
抑制...
显示和隐藏
剪切
复制
删除
显示自由度
属性

图 7-6

选组件当前所处的状态有关。通过快捷菜单的菜单命令，用户可以对选择的组件进行各种操作。如果操作时某菜单命令为灰色，则表示对当前选择的组件不能进行这项操作。下面介绍其中一些常用菜单命令的用法。

1. “设为工作部件”

该菜单命令用于使当前选择的组件成为工作部件。用户将鼠标定位在不是工作部件的节点上，单击鼠标右键，在快捷菜单中选择该命令，则选择的节点将成为工作部件。此时其他组件变暗，高亮度显示的组件就是当前工作部件，而显示部件不变。

2. “设为显示部件”

该菜单命令用于使当前选择的组件成为显示部件。用户将鼠标定位在不是当前显示部件的节点上，单击鼠标右键，在快捷菜单中选择该命令，则选择的节点成为显示部件。

用户通过“预设置”→“装配”菜单命令，在“装配欲设置”对话框中设置“保持”复选框为选中时，工作部件会随显示部件变化；如果设置为不选，当改变显示部件时，只要当前的工作部件是显示部件的一部分，工作部件就会保持不变。

3. “显示父项”

该菜单命令用于显示父装配。用户将鼠标定位在具有上级装配的组件节点上，单击鼠标右键，该菜单命令下，系统会根据该组件所具有的父本数量，以级联菜单的方式列出所有的父本部件名称。用户选择相应的父本名称菜单命令时，系统就会将显示部件变为该父本部件。显示父本装配部件时，当前的工作部件保持不变。

4. “打开”

该菜单命令用于在装配结构树中打开组件。如果一个装配已打开，而其下级组件处于关闭状态，则当用户将鼠标定位在没有打开的组件上时，快捷菜单中的“打开”菜单命令会被激活。选择该命令，系统会弹出相应级联菜单命令，选择其中相应的菜单命令则可以打开相应的组件对象。根据鼠标定位组件对象的不同，其下一级联菜单会有不同的菜单命令。总体来说，该级联菜单中共包含以下 6 个菜单命令。

(1)“组件” 打开选择的组件。

(2)“组件为” 打开另外的组件替换指定的组件。

(3)“子组件” 打开装配的下级组件，而不打开下下级组件。

(4)“装配” 打开该装配件及所有的下级组件。

(5)“装配为” 打开另外的装配件替换选择的装配件。

(6)“完整组件” 完全打开选择的组件。

5. “关闭”

该菜单命令用于关闭组件使组件数据不出现在装配中，以提高系统的操作速度。用户将鼠标定位在已打开的组件节点上，单击鼠标右键，快捷菜单中的“关闭”菜单命令会被激活。选择该命令时，系统会弹出相应级联菜单命令，选择其中相应的菜单命令则可以关闭相应的组件对象。根据鼠标定位组件对象的不同，其下一级联菜单会有不同的菜单命令。总体来说，该级联菜单中共包含以下3个菜单命令。

（1）“部件”　关闭选择的组件。

（2）“部件（已修改）”　关闭已修改的组件。

（3）“装配”　关闭整个装配。

6. “替换引用集”

该菜单命令用于替换当前所选组件的引用集。用户将鼠标定位在选择的节点上，单击鼠标右键，快捷菜单中“替换引用集”命令下将包含所选组件已定义的引用集和系统缺省的引用集级联菜单。用户可根据需要从中选择一个引用集替换所选组件的现有引用集。

7. “替换”

该菜单命令用于选取新的部件替换当前所选的组件。用户将鼠标定位在选择的节点上，单击鼠标右键，从快捷菜单中选择该命令，系统会弹出提示对话框，提示用户确认是重新添加新部件，还是在保持配对关系不变的情况下添加新部件。随后系统会弹出“选择部件”对话框，用户在其中指定新的部件即可完成替换操作。

8. “隐藏”/“不隐藏”

该菜单命令用于隐藏或显示选取组件。在处于显示状态下的组件节点上单击鼠标右键，在快捷菜单中出现“隐藏”菜单命令，该命令将隐藏选取组件，同时节点前检查框中的红钩变成灰色的；反之，如果鼠标定位在某隐藏组件的节点上，单击鼠标右键，在快捷菜单中出现“不隐藏”菜单命令，该命令可使组件重新显示在绘图工作区中，节点前检查框中出现红钩。

9. “打包”/“开包”

该菜单命令用于折叠或展开相同组件节点。当用户将鼠标定位在多个相同组件的某个节点上时，单击鼠标右键，在快捷菜单中选择“打包”菜单命令，则多个相同组件会折叠成一个节点，并在后面出现乘号和相同组件的个数；反之，如果鼠标定位在多个相同组件的折叠节点上，单击鼠标右键，在快捷菜单中选择“开包”菜单命令，系统则展开折叠，还原成节点原来的状态。

10. “属性”

该菜单命令用于列出组件特性。用户将鼠标定位在装配或子装配的节点上，单击鼠标右键，在快捷菜单中选择该命令，系统会列出当前所选组件的相关特性，包括组件名称、所属装配名称、颜色、线型、引用集和所在图层等信息。

7.2.3　装配导航器工具栏

在NX 8.0工作环境工具栏中的任意位置单击鼠标右键，将会弹出工具栏选择菜单，用户在其中选择“装配导航器”菜单命令，系统将打开“装配导航器”工具栏。

“装配导航器”工具栏中各种按钮的功能主要是执行装配相关的操作，其中大多数的操作功能与装配导航器快捷菜单的功能相似，但操作起来更加方便。该工具栏中的多数功能也可以通过“工具”→“装配导航器”级联菜单中的相关菜单命令来实现。下面介绍“装配导航器”工具栏中的各个按钮的用法。

（1）　允许用户选择是否在“装配导航器”窗口中显示已被抑制的组件。

(2) WAVE 模式的开关。单击该按钮时，系统允许产生自顶向下装配和在组件之间建立链接关系，同时右键快捷菜单上会增加 WAVE 功能的相关菜单命令。

(3) 过滤模式开关。单击该按钮时，系统会出现“装配过滤”工具栏，该工具栏的各个选项的说明将在 7.2.4 节中详细介绍。

(4) 用于查找用户选择的组件。

(5) 用于查找当前的工作部件。

(6) 用于折叠各级子装配节点。

(7) 用于将装配树中全部的装配节点展开。

(8) 用于展开所有包含选定组件的节点。

(9) 用于展开所有包含可见组件的节点。

(10) 用于展开所有包含工作组件的节点。

(11) 用于展开所有完全或部分载入组件的节点。

(12) 用于将同级装配中的所有相同组件打包，用一个节点表示，后面的数字表示打包数量。

(13) 用于在装配树中将打包组件的节点展开，用不同节点表示。

(14) 用于将当前“装配导航器”窗口中的所有信息输出到网页浏览器中。

(15) 用于更新整个装配结构。

7.2.4 装配导航过滤器

装配导航器中过滤器的功能主要用于快速查看、选取和操作部件，它在装配导航器中也是用树状结构表示的，某些过滤器的条件可通过装配导航器指定。

1. 过滤器的打开

用户选择菜单命令“工具”→“装配导航器”→“过滤模式”时或在“装配导航器”工具栏单击按钮，系统就会进入过滤模式，弹出“装配过滤”工具栏，同时在“装配导航器”窗口中添加两个过滤器的文件夹：“本作业过滤器”和“部件中的过滤器”。单击过滤器文件夹前的“+”号，系统将展开过滤器结构树，其效果如图 7-7 所示。

2. 过滤器的分类

在装配功能模块中过滤器一般可分为以下两种类型。

1) 功能过滤器

功能过滤器与 UG 装配导航器相关联，包含以下 3 种类型。

(1) “添加邻近过滤器” 选择指定组件规定距离内的所有组件。

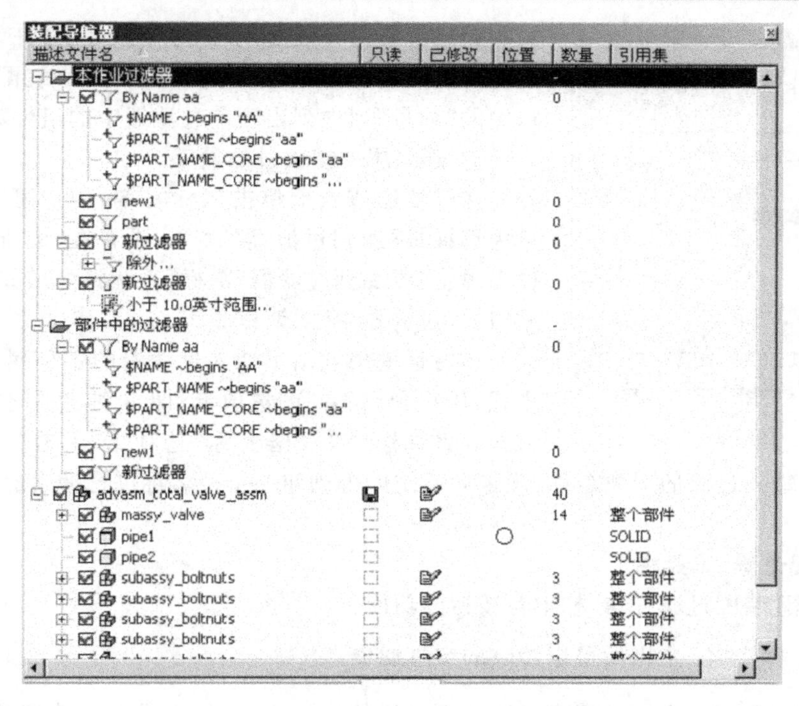

图 7-7

（2）“属性搜索过滤器”　选择具有指定属性的组件。

（3）“区域过滤器”　选择指定区域中的组件。

2）组合过滤器

组合过滤器是功能过滤器的组合，与功能过滤器关联，也有以下 3 种类型。

（1）“除外过滤器”　排除过滤器中选择的组件。

（2）“配对任何的…过滤器”　匹配任意一个满足过滤器条件的过滤器。该过滤器选择只要满足其中一个过滤器条件的组件。

（3）“配对所有的…过滤器”　匹配所有满足过滤器条件的过滤器。该过滤器选择满足所有过滤器条件的组件，但不包括“除外过滤器”。

3. 过滤器的建立

下面详细介绍在用户操作过程中常用的两种过滤器创建的方式。

1）建立邻近过滤器

在过滤器节点上单击鼠标右键，用户可以在快捷菜单中选择“添加邻近过滤器”命令，或者在“装配过滤”工具栏上单击“添加邻近过滤器”按钮，系统就会在装配导航器的过滤器结构树上建立一个新的邻近过滤器，其缺省距离值为 10 mm，它是由距所选组件规定距离内的所有组件组成的过滤器。

如果用户要更改过滤器的距离数值，则将鼠标定位在产生的过滤器上，单击鼠标右键，从快捷菜单中选择“编辑”命令，系统会弹出“邻近过滤器”对话框，在其中的“距离”文本框内输入一个新距离值后，系统即可完成邻近过滤器的距离修改工作。

如果用户要查看过滤器所定义的组件，单击鼠标右键，从快捷菜单中选择“应用”命令或

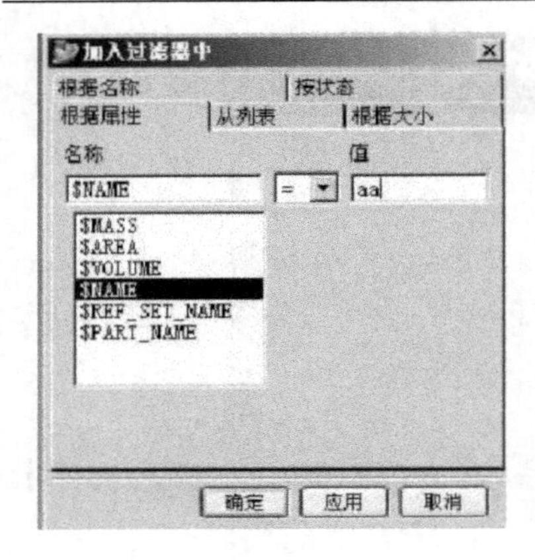

图 7-8

直接在过滤器上双击鼠标左键，则系统会在绘图工作区内将过滤器选择的组件加亮显示，并在“装配导航器”窗口中的“数量”列中列出当前过滤器中的组件数量。

2）建立属性搜索过滤器

在过滤器节点上单击鼠标右键，用户可以在快捷菜单中选择“添加到过滤器”命令，或者在“装配过滤”工具栏上单击“添加到过滤器”图标，系统将弹出如图 7-8 所示的“加入过滤器中”对话框。

该对话框中列出了加入过滤器的各种属性过滤创建方式，用户利用不同的选项卡，即可创建不同的属性过滤方式。例如选中“根据名称”选项卡，并在“组件或部件名”文本框中输入过滤的对象名称，确定后系统即可创建一个按名称进行搜索的属性搜索过滤器。

4. “装配过滤”工具栏

下面介绍“装配过滤”工具栏中各按钮的功能。

（1） 产生一个以后可以修改的空过滤器。

（2） 添加一个属性搜索过滤器到选择的过滤器中，如果没有过滤器被选择，则产生一个新的搜索过滤器。

（3） 在选择的过滤器旁边添加一个邻近过滤器，如果没有选择的过滤器，则插入一个新的邻近过滤器。

（4） 添加一个区域到选择的过滤器。

（5） 将选择的过滤器并入匹配所有条件的过滤器中。

（6） 在选择的过滤器中插入一个匹配任意条件的过滤器。

（7） 允许用户从选择的过滤器中排除选择的组件。

（8） 删除选择的过滤器。

7.3 自底向上装配

自底向上装配是指先设计好了装配中的部件，再将该部件的几何模型添加到装配中。所创建的装配体将按照组件、子装配体和总装配的顺序进行排列，并利用关联约束条件进行逐级装配，最后完成总装配模型。该装配操作方法在实际应用中使用的范围较广，多数产品的装配设计均采用此装配建模方法。其中组件创建的具体步骤如下。

（1）分别根据零部件设计参数，创建装配产品中各个零部件的具体几何模型。

（2）新建一个装配文件或者打开一个已存在的装配文件。

(3) 利用组件操作中的“添加组件”操作功能，选取需要加入装配中的相关零部件。

(4) 设置部件加入到装配中的相关信息，即可完成装配结构中创建组件的操作。

7.3.1　添加组件

在菜单区中选择“装配”→“组件”→“添加组件”或单击“装配”工具栏中的图标，打开如图 7-9 所示的“添加组件”对话框。

(1) “选择部件”　在屏幕中选择要装配的部件文件。

(2) “已加载的部件”列表框　在该列表框中显示已打开的部件文件，若要添加的部件文件已存在于该列表框中，则可以直接选择该部件文件。

(3) “打开”　单击该按钮，打开如图 7-10 所示的“部件名”对话框，在该对话框中选择要添加的部件文件 *.prt。

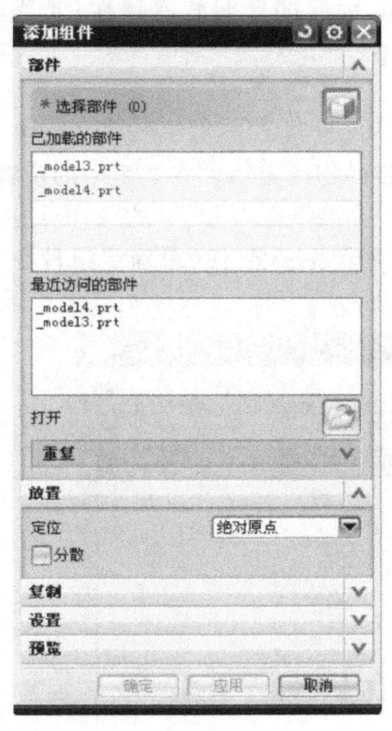

图 7-9

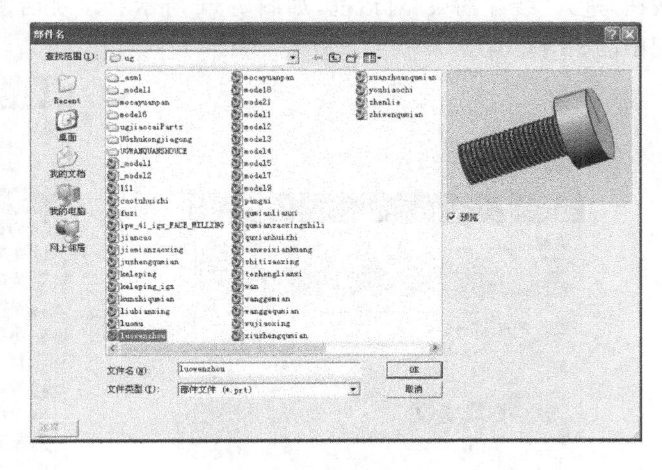

图 7-10

“部件文件”选择完后，单击“OK”按钮，返回到图 7-9 所示的“添加组件”对话框。

用户选择了要载入的对象后，在“添加组件”对话框中的下部将显示与添加组件相关的设置信息，同时系统弹出小的“组件预览”窗口，用于预览要加载的组件。下面介绍相关的设置选项。

(1) “定位”　该选项用于指定部件在装配中的定位方式，在其下拉列表中提供了 4 种方式。“绝对原点”方式是按绝对定位方式确定部件在装配中的位置；“选择原点”方式用于选择一个定位点作为装配原点；“通过约束”方式是按配对关联条件确定部件在装配中的位置(配对关联操作请参考下一小节的详细介绍)；“移动”方式用于在部件加到装配中后重新定位。

(2)“多重添加” 该选项用于添加多个相同的组件。其下拉列表提供了“无”、“添加后重复”和“添加后阵列”。

(3)“名称” 该文本框表示当前添加的组件名称,默认为部件的文件名,该名称可以重新设置。如果一个部件装配在同一个装配中的不同位置时,可用该选项来区别不同位置的同一部件。

(4)“引用集” 该选项用于改变部件的引用集设置,系统默认引用集是“整个部件”,表示加载整个部件的所有信息。

(5)“图层选项” 该选项用于指定部件放置的目标层,在其下拉列表中提供了3种层的类型:“工作”类型是将部件放置到装配部件的工作层;“原先的”类型是仍保持部件原来的层位置;“按指定的”类型是将部件放到指定层中。

用户在“添加组件”对话框中设置完部件加入到装配中的相关信息后,利用前面选择的定位方式指定部件在装配文件中的载入位置,即可完成选取部件的载入操作,完成组件的添加。

7.3.2 装配约束

该选项用于定义或设置两个组件之间的约束条件,其目的是确定组件在装配中的位置。

在菜单中单击“装配”→“组件位置”→“装配约束”或单击“装配工具栏”中的“装配约束”按钮,进入“装配约束”对话框,如图7-11所示。该对话框用于通过配对约束确定组件在装配中的相对位置。

图7-11

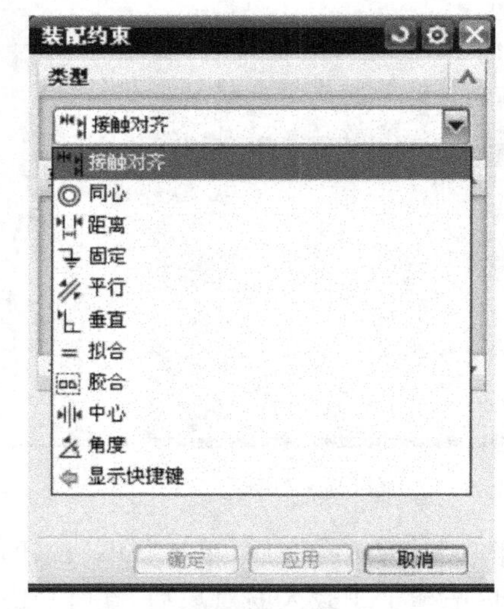

图7-12

1. 类型

“类型”下拉列表如图7-12所示。

(1)“角度” 在两个对象之间定义角度约束。

(2)“中心” 将一个或者两个对象定位在一对对象的中心。

(3)“胶合” 将两个对象焊接在一起,类似刚性连接。

(4)“拟合” 根据用户所选对象,系统自动判读其适合的几何特征,并对齐特征。

(5)“接触对齐” 替换配对、对齐和相切等约束类型,是最常用的装配约束。

(6)“同心” 将约束对象圆形或椭圆形边缘的中心对齐,并且对齐的边缘共面。

(7)“距离” 利用两个对象间的最短3D距离约束定位。

(8)“固定” 在当前位置固定对象。

(9)“平行” 将约束对象沿一定矢量方向平行。

(10)“垂直” 定义两个对象的矢量方向,并约束它们,使其相互垂直。

通过约束的方法装配对象,能够获得比配对方法更高的效率。系统提供了将配对条件转换为装配约束的功能,通过选择菜单命令“装配”→“组件位置”→“转换配对条件”开启该功能,并完成转换。

2. 要约束的几何体

它用于选择需要约束的几何体。

3. 设置

(1) 动态定位 用于设置是否显示动态定位。

(2) 关联 用于设置所选对象是否建立关联。

(3) 移动曲线和管线布置对象 用于设置是否可以通过移动曲线和管线布置对象。

(4) 动态更新管线布置实体 用于设置是否动态更新管线布置实体。

7.3.3 组件的编辑

在完成组件装配或打开现有装配体后,为满足其他类似装配需要,或者现有组件不符合设计需要,需要删除、替换、抑制或移动现有组件,这就需用到该操作环境下所提供的对应编辑组件,利用这些工具可快速实现编辑操作任务。

1. 删除组件

为满足产品装配需要,可将已经装配完成的组件和设置的约束方式同时删除,也可以将其他相似组件替换现有组件,并且可根据需要仍然保持前续组件的约束关系。

在装配过程中,可将指定的组件删除掉。在绘图区中选取要删除的对象,单击右键,选择“删除”选项,即可将指定组件删除。如果组件的删除操作会引起装配中其他关联条件的错误,系统会弹出“更新失败列表”对话框,如图7-13所示,列出当前错误的提示。

2. 替换组件

在装配过程中,可选取指定的组件将其替换为新的组件。要执行替换组件操作,可选取要替换的组件,然后右击选择“替换组件”选项,打开“替换组件”对话框,如图7-14所示。

在该对话框中单击“替换组件”面板下的“选择部件”按钮,在绘图区中选取替换组件;或单击“打开”按钮,指定路径打开该组件;或者在“已加载”和“未加载”列表框中选择组件名称。指定替换组件后,展开“设置”面板,该面板中包含两个复选框,各复选框的含义及设置如下。

1) 维持关系

启用该复选框可在替换组件时保持装配关系。它是先在装配中移去组件,并在原来位

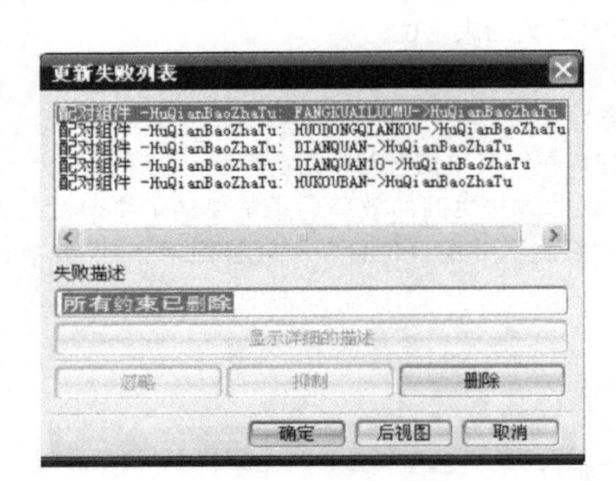

图 7-13

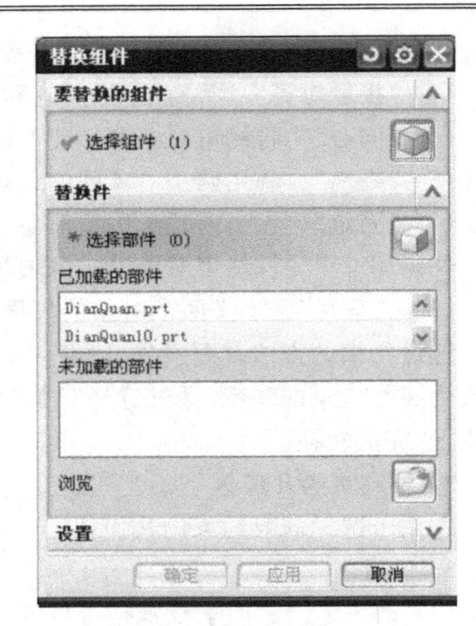

图 7-14

置加入一个新组件。系统将保留原来组件的装配条件，并沿用到替换的组件上，使替换的组件与其他组件构成关联关系。

2）替换装配中的所有事例

启用“替换装配中的所有事例”复选框，则当前装配体中所有重复使用的装配组件都将被替换。

3. 组件的抑制与释放

抑制组件是指在当前显示中移去组件，使其不执行装配操作。抑制组件并不是删除组件，组件的数据仍然在装配中存在，只是不执行一些装配功能，可以用释放组件操作来解除组件的抑制状态。

选择菜单命令“装配”→“组件”→“抑制组件”或在“装配”工具栏中单击“抑制组件”按钮，系统将提示用户选取需要抑制的组件，选取相关组件后，系统就会将它隐藏起来。组件抑制后不在绘图工作区中显示，也不会在装配工程图和爆炸视图中显示，在装配导航器中也看不到它。抑制的组件不能进行干涉检查和间隙分析，不能进行质量或重量计算，也不能在装配报告中查看有关信息。

取消组件的抑制可以将抑制的组件恢复成原来状态。选择菜单命令“装配”→“组件”→“取消抑制组件”或在“装配”工具栏中单击“取消抑制组件”按钮，系统会弹出“选择被抑制的组件”对话框，在其中列出了所有已抑制的组件，用户只要选取要取消抑制的组件名称，系统即可完成组件的释放抑制操作。组件解除抑制后会重新在绘图工作区中显示。

4. 移动组件

在装配过程中或已经执行装配后，如果使用约束条件的方法不能满足设计者的实际装配需要，还可以用手动编辑的方式将该组件移动到指定位置处。

要移动组件，可首先选取待移动的组件，右击选择“移动”选项，或选取移动对象后单击“移动组件”按钮，都可以打开“移动组件”对话框。该对话框中各“变换”按钮的含义以及使用方法如下。

（1）动态　使用动态坐标系移动组件，选择该移动类型后选择待移动的对象，然后单击按钮，将激活坐标系，可通过移动或旋转坐标系从而动态移动组件。

（2）通过约束　使用通过约束移动组件，对话框将增加“约束”面板，可按照上述创建约束方式的方法移动组件。

（3）距离　通过定义矢量方向和距离参数达到移动组件的效果，旋转该移动方式后选取待移动的对象，并选取矢量参照和输入移动距离即可获得移动效果。

（4）点到点　用于将所选的组件从一个点移动到另一个点。单击该按钮，选取起始点和终止点，将指定组件移动到终止点位置。

（5）增量 XYZ　用于平移所选组件。单击该按钮，在打开的“变换”对话框中设置 X、Y、Z 坐标轴方向移动距离。如果输入值为正，则沿坐标轴正向移动，反之沿坐标轴负向移动。

（6）角度　用于绕轴线旋转所选组件。单击该按钮，选取点和该对应的矢量方向，使该组件沿该旋转轴执行旋转操作。

（7）根据三点旋转　用于在选择的两点之间旋转所选的组件。单击该按钮，通过指定 3 个参考点并输入旋转角度，即可将组件在所选择的两点之间旋转指定的角度。

（8）CSYS 到 CSYS　用于移动坐标方式重新定位所选组件。单击该按钮，打开 CSYS 对话框，通过该对话框指定参考坐标系和目标坐标系。

（9）轴到矢量　用于在选择的两轴间旋转所选的组件。单击该按钮，通过指定参考点、参考轴和目标轴的方向，并输入旋转角度，即可将组件在所选择的两轴间指定旋转角。

7.3.4　组件阵列

在装配过程中，除了重复添加相同组件提高装配效率以外，对于按照圆周或线性分布的组件，可使用“组件阵列”工具一次获得多个特征，并且阵列的组件将按照原组件的约束关系进行定位，可极大地提高产品装配的准确性和设计效率。

1. 从实例特征创建阵列

设置从实例特征创建一个阵列，即按照实例的阵列特征类型创建相同的特征，UG NX 能判断实例特征的阵列类型，从而自动创建阵列。

单击“装配”工具栏中的“创建组件阵列”按钮，打开“类选择”对话框，选取要执行阵列的对象，单击“确定”按钮，即可打开“创建组件阵列”对话框，如图 7-15 所示。在该对话框中可创建 3 种阵列方式。

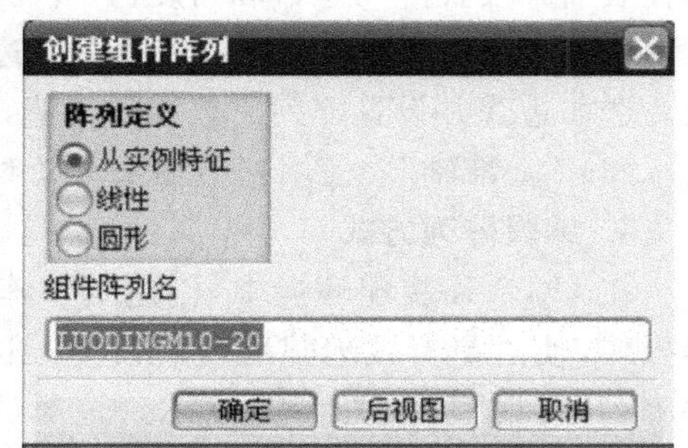

图 7-15

2. 创建线性阵列

设置线性阵列用于创建一个二维组件阵列，即指定参照设置行数和列数创建阵列组件特征，也可以创建正交或非正交的组件阵列。选中“创建组件阵列”对话框中的“线性”单选按钮，单击“确定”按钮，即可打开“创建线性阵列”对话框，如图 7-16 所示。在该对话框中可创建以下 4 种线性阵列方式。

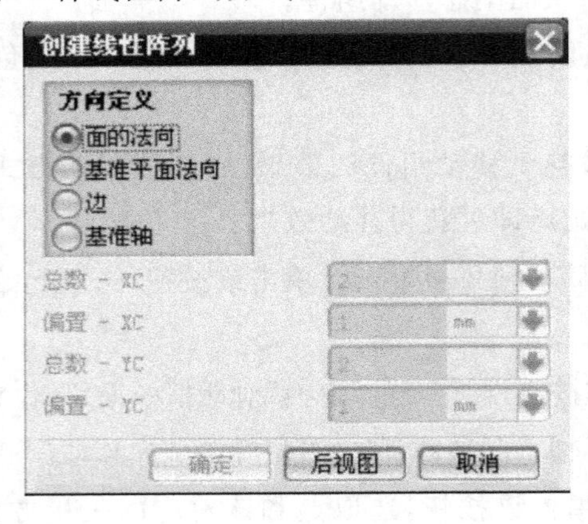

图 7-16

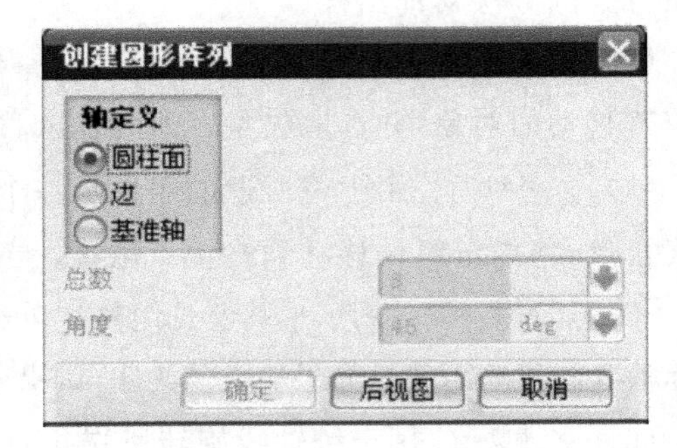

图 7-17

(1)“面的法向” 使用与所需放置面垂直的面来定义 X 和 Y 参考方向。选取两个法向面设置线性阵列。

(2)“基准平面法向” 使用与所需放置面垂直的基准平面来定义 X 和 Y 参考方向。选取两个方向的基准面，并设置偏置参数即可创建线性阵列组件。

(3)“边” 使用与所需放置面共面的边来定义 X 和 Y 参考方向。选取一条边缘线创建线性阵列组件。

(4)“基准轴” 使用与所需放置面共面的基准轴来定义 X 和 Y 参考方向。选取两个方向的基准轴线即可创建线性组件。

3. 创建圆周阵列

设置圆周阵列同样用于创建一个二维组件阵列，也可以创建正交或非正交的主组件阵列，与线性阵列的不同之处在于圆周阵列是将对象沿轴线执行圆周均匀阵列操作。选中“创建组件阵列”对话框中的“圆形”单选按钮，并单击“确定”按钮，打开“创建圆形阵列”对话框，如图 7-17 所示，可创建以下 3 种圆形阵列特征。

(1)“圆柱面” 使用与所需放置面垂直的圆柱面来定义沿该面均匀分布的对象。选取圆柱表面并设置阵列总数和角度值，即可执行圆形阵列操作。

(2)“边” 使用与所需放置面上的边线或与之平行的边线来定义沿该面均匀分布的对象。选取边缘并设置阵列总数和角度值，即可执行阵列操作。

(3)“基准轴” 使用基准轴来定义对象使其沿该轴线形成均匀分布的阵列对象。

4. 编辑阵列方式

在 UG NX 装配环境中，创建组件阵列之后，仍然可以根据需要对其进行编辑和删除等操作，使之更有效地辅助装配设计。选择“装配”→“编辑组件阵列”选项，打开“编辑组件阵列”对话框，如图 7-18 所示。该对话框中包含多个选项，各选项的含义以及设置方法如下。

(1)“抑制” 抑制任何对选定组件阵列所做的更改，禁用该复选框后，阵列将更新。

（2）“编辑名称”　重命名组件阵列。选择该选项，打开“输入名称”对话框，输入新名称即可。

（3）“编辑模板”　重新指定组件模板。选择该选项，打开“选择组件”对话框，可指定新的组件模板进行重新编辑。

（4）“替换组件”　指定一个组件并换为新的组件。选择该选项，打开“替换组件单元”对话框，从列表框选择要替换的组件，并指定新的组件，打开“替换组件”对话框。

（5）“编辑阵列参数”　更改选定组件阵列的创建参数。选择该选项，打开对应阵列的编辑对话框，重新修改参数，即可获取不同的阵列效果。

（6）“删除阵列”　删除选定组件阵列和阵列的组件，但原始模板组件无法删除。选择该选项后，将无法再进行编辑组件阵列操作。

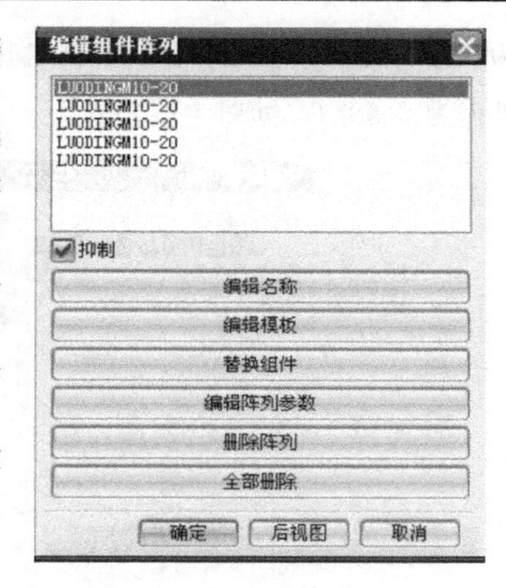

图 7-18

（7）“全部删除”　删除所有的阵列和组件。选择该选项，打开“删除阵列和组件”提示框，单击“是”按钮，即可将所有阵列对象全部删除。

7.3.5　组件镜像

在装配过程中，对于沿一个基准而对称分布的组件，可使用“镜像组件”工具一次获得多个特征，并且镜像的组件将按照原组件的约束关系进行定位，因此特别适合像汽车底盘等这样对称的组件装配，仅仅需要完成一边的装配即可。

1. 创建组件镜像

单击“装配工具栏”中的“镜像装配”按钮，打开“镜像装配向导”对话框，如图 7-19 所示。在该对话框中单击“下一步”按钮，然后在打开对话框后选取待镜像的组件，其中组件可以是单个或多个，如图 7-20 所示。接着单击“下一步”按钮，并在打开对话框后选取基准面

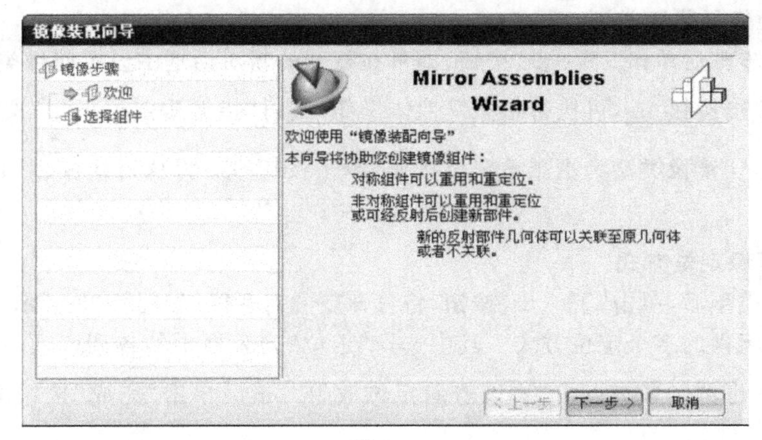

图 7-19

为镜像平面，如果没有，可单击“创建基准面”按钮，然后在打开的对话框中创建一个基准面为镜像平面，如图 7-21 所示。

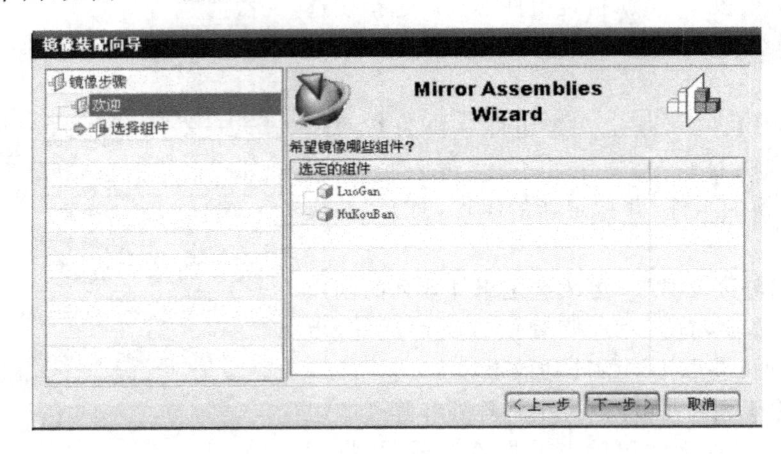

图 7-20

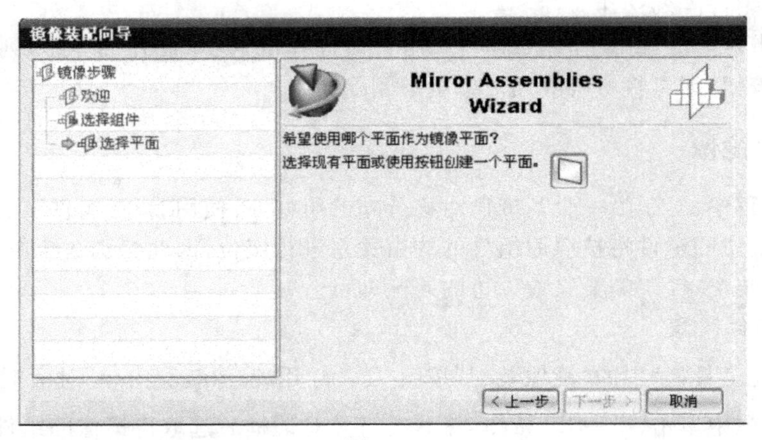

图 7-21

2. 指定镜像平面和类型

完成上述步骤后单击“下一步”按钮，即可在打开的新对话框中设置镜像类型，可选取镜像组件，然后单击按钮，可执行指派镜像体操作，同时“指派重定位操作”按钮将被激活，也就是说默认镜像类型为指派重定位操作，单击按钮，将执行指派删除组件操作，如图 7-22 所示。

3. 设置镜像定位方式

设置镜像类型后，单击“下一步”按钮，将打开新的对话框，如图 7-23 所示。在该对话框中可指定各个组件的多个定位方式。其中选择“定位”列表框中的各列表项，系统将执行对应的定位操作，也可以多次点击以查看定位效果。最后单击“完成”按钮即可获得镜像组件效果。

图 7-22

图 7-23

7.3.6 装配实例——脚轮装配

（1）选择菜单栏中的“文件”→“新建”命令，或单击“标准工具栏”中的按钮，弹出“新建”对话框，选择装配模板，输入文件名“jiaolun.prt”，如图 7-24 所示。

（2）在菜单中选择“装配”→“组件”→“添加组件”或者单击“装配工具栏”中的“添加组件”图标，弹出“添加组件”对话框，如图 7-25 所示。

在没有进行装配前，此对话框的“已加载的部件”列表中是空的，但随着装配的进行，该列表中将显示所有加载进来的零部件文件的名称，以便于管理和使用。单击“打开”按钮，弹出“部件名”对话框，如图 7-26 所示。

在“部件名”对话框中，选择已存在的零部件，单击右侧“预览”复选框，可以预览已存在的零部件。选择“zhijia”文件，右侧预览窗口中显示出该文件中保存的支架实体。弹出“组件预览”窗口，如图 7-27 所示。

在“添加组件”对话框中，“引用集”选项选择“模型”选项，“定位”选项选择“绝对原点”选项，“图层”选项选择“原始的”选项，单击“确定”按钮，完成按绝对坐标定位方法添加支架零

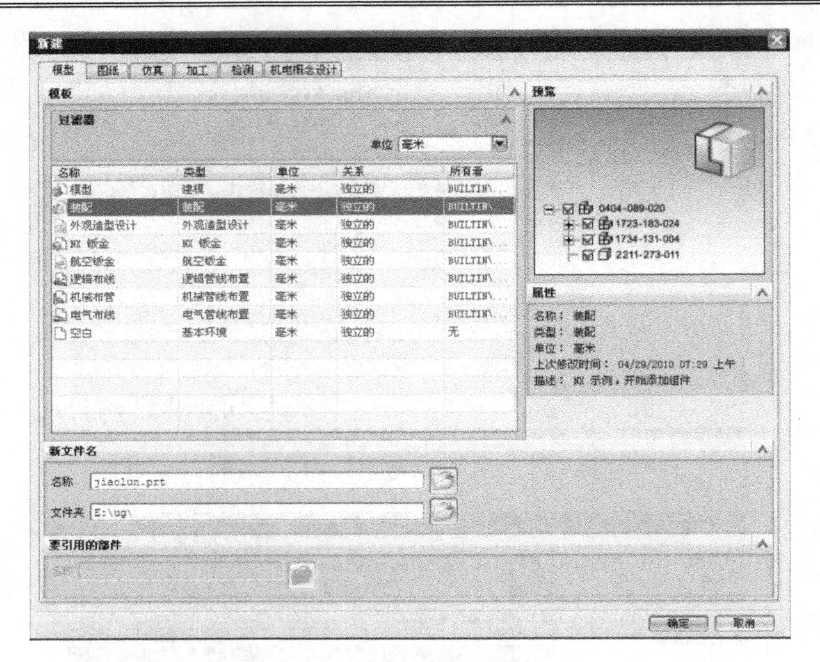

图 7-24

添加组件
部件
* 选择部件 (0)
已加载的部件
DianQuan.prt
最近访问的部件
打开
重复
确定 应用 取消

图 7-25

件，结果如图 7-28 所示。

（3）在菜单中选择“装配”→“组件”→“添加组件”或者单击“装配工具栏”中的“添加组件”图标，如前所述，弹出“添加组件”对话框，单击其中的“打开”按钮，弹出“部件名”对话框，选择“zhou”文件，右侧预览窗口中显示出轴实体的预览图。单击“确定”按钮，弹出“组件预览”窗口，如图 7-29 所示。

在“添加组件”对话框中，“引用集”选项选择“模型”选项，“定位”选项选择“通过约束”选项，“图层”选项选择“原始的”选项，单击“确定”按钮，弹出“装配约束”对话框，如图 7-30 所示。

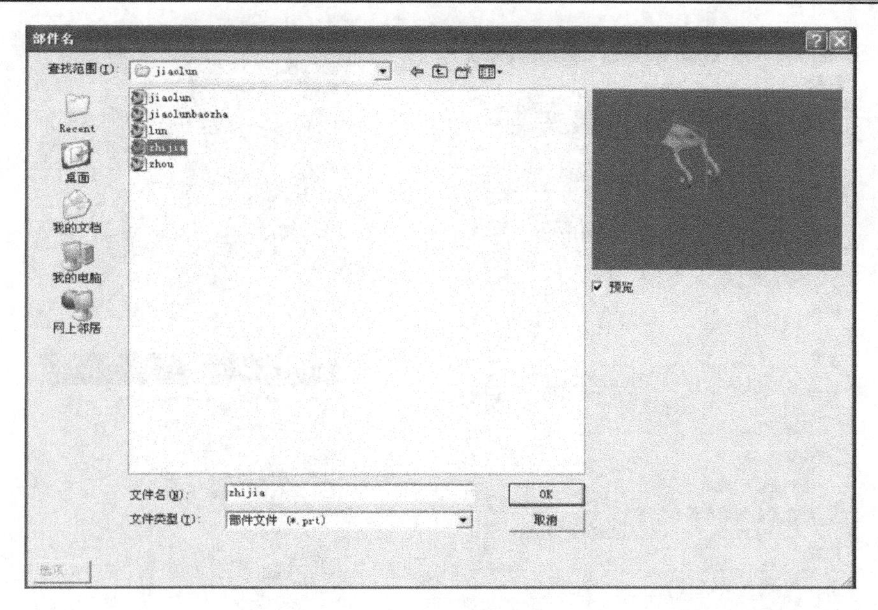

图 7-26

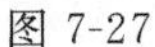
图 7-27

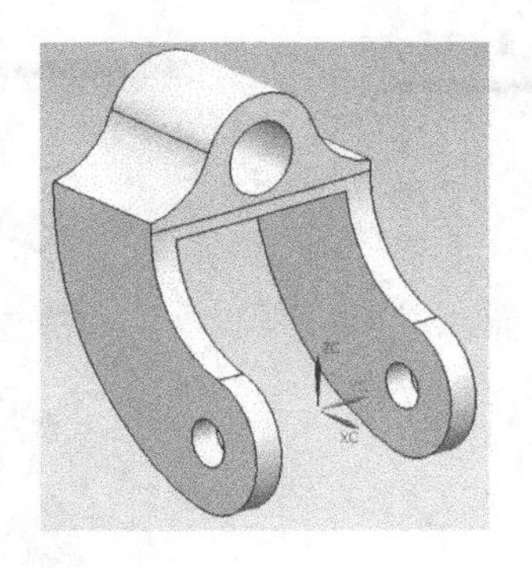

图 7-28

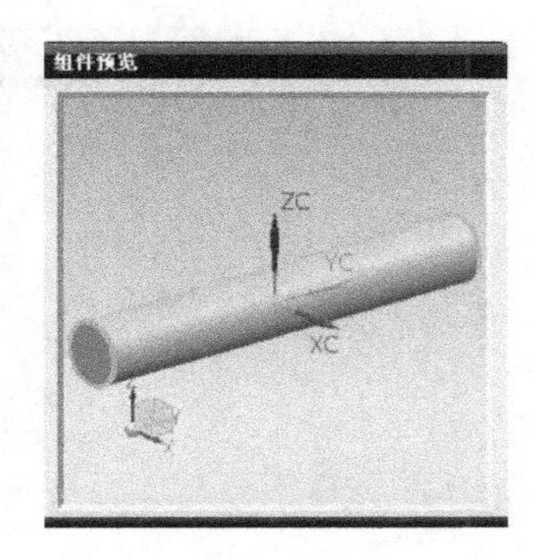

图 7-29

在“装配导航器”中可以看到，未添加约束条件的“zhou”显示为未约束状态。在“装配约束”对话框中的“类型”下拉列表中选择[图标]，在“子类型”下拉列表中选择“1 对 2”，用鼠标首先在“组件预览”窗口中选择轴的圆柱面，接下来在绘图窗口中选择支架的两内孔面，如图 7-31 所示。

添加完某一种约束后，会在“约束导航器”中显示出该约束的具体信息，如图 7-32 所示。在“装配约束”对话框中的“类型”中选择[图标]，用鼠标首先在“组件预览”窗口中选择轴的端面，接下来在绘图窗口中选择支架的侧面，在新出现的“距离”选项中输入 7，如图 7-33 所示。

对于支架和轴的装配，由以上两个装配约束：一个中心约束和一个距离约束可以使其完全约束，单击“装配约束”对话框中的“确定”按钮，完成支架与轴的配对装配，结果如图 7-34 所示。

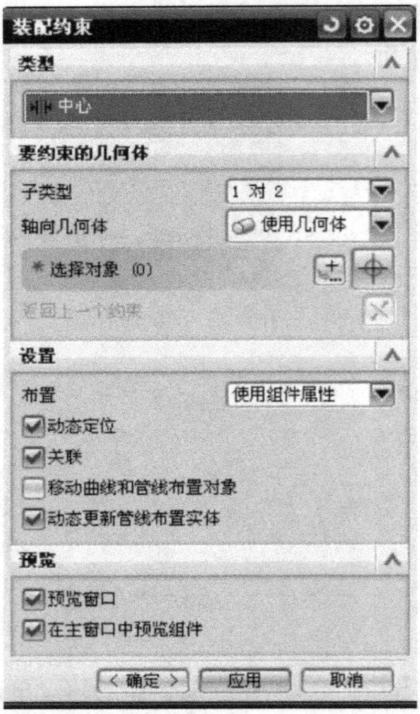

装配约束
类型
中心
要约束的几何体
子类型
1 对 2
轴向几何体
使用几何体
* 选择对象 (0)
返回上一个约束
设置
布置
使用组件属性
动态定位
关联
移动曲线和管线布置对象
动态更新管线布置实体
预览
预览窗口
在主窗口中预览组件
< 确定 >
应用
取消

图 7-30

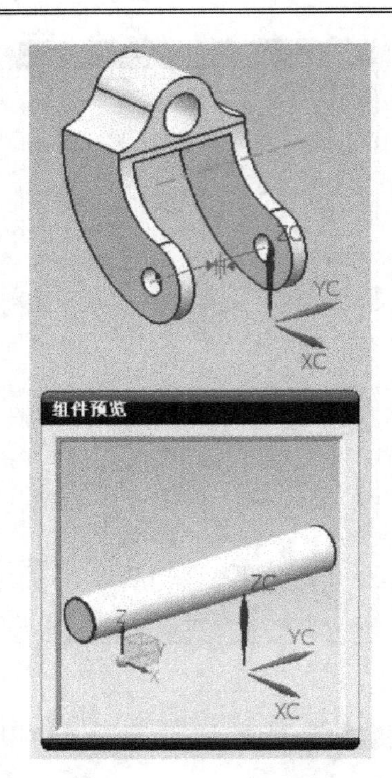

ZC
YC
XC
组件预览
ZC
YC
XC

图 7-31

约束导航器
名称 (按约束分组)
状
已
创建日期
工作部件
中心 (ZHIJIA, ZHOU)
04 十月 2

图 7-32

ZC
YC
XC
组件预览
ZC
YC
XC

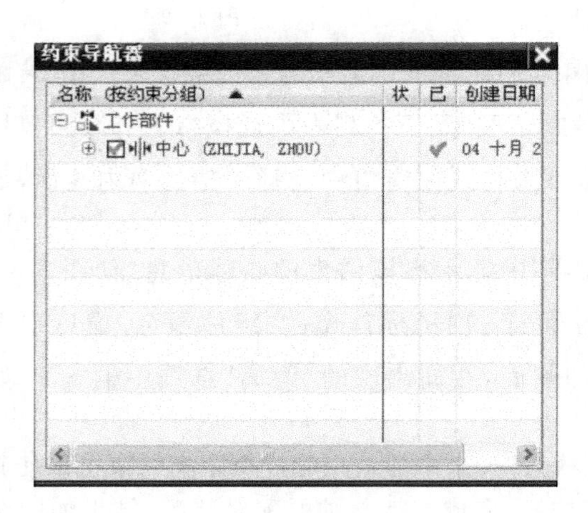

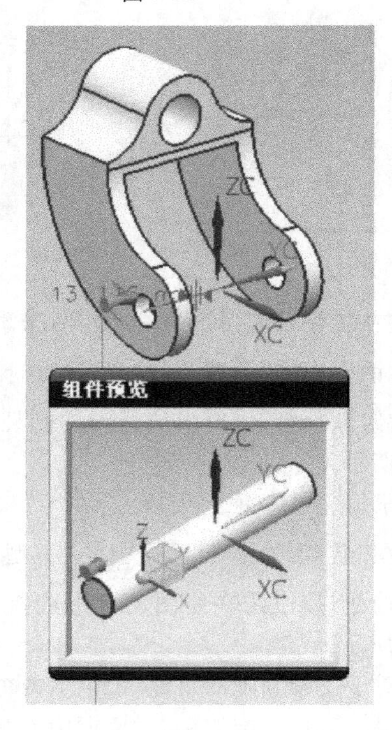

图 7-33

(4) 单击添加组件图标,弹出"添加组件"对话框,单击"打开"按钮,弹出"部件名"对话框，选择“lun”文件，右侧预览窗口中显示出轮实体的预览图。单击“确定”按钮，弹出“组件预览”窗口，如图7-35所示。

在“添加组件”对话框中，使用默认设置值，单击“确定”按钮，弹出“装配约束”对话框，如前述方法，单击距离按钮，使用鼠标首先在“组件预览”窗口中选择轮毂端面，接下来在绘图窗口中选择支架内侧面，在“距离”选项中输入5，如图7-36所示。

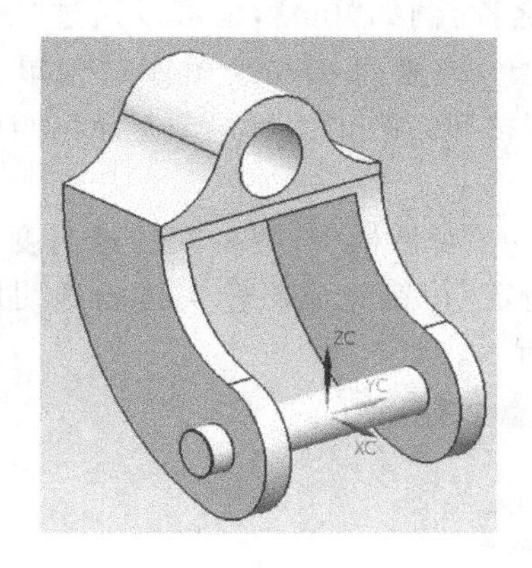

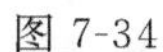
图7-34

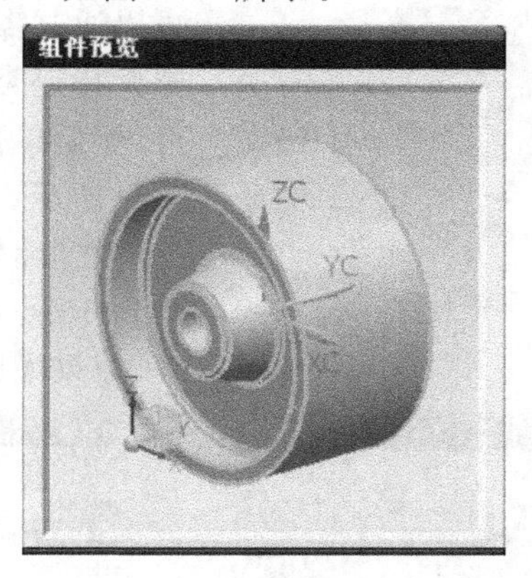

图7-35

继续添加装配约束，在“装配约束”对话框中的“类型”下拉列表中选择，首先用鼠标在“组件预览”窗口中选择轮内侧面，接下来在绘图窗口中选择轴的圆柱面，如图7-37所示。

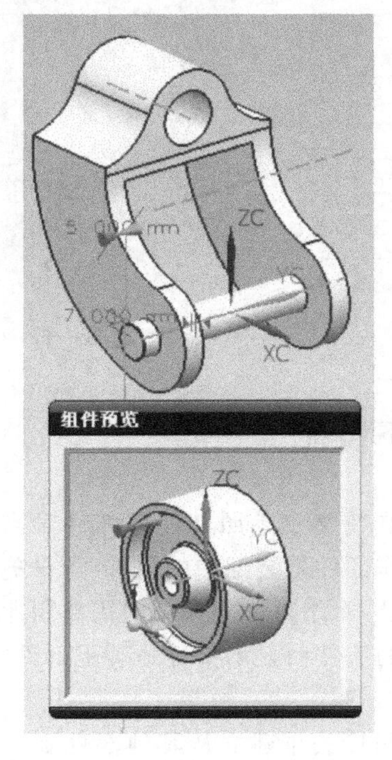

图7-36

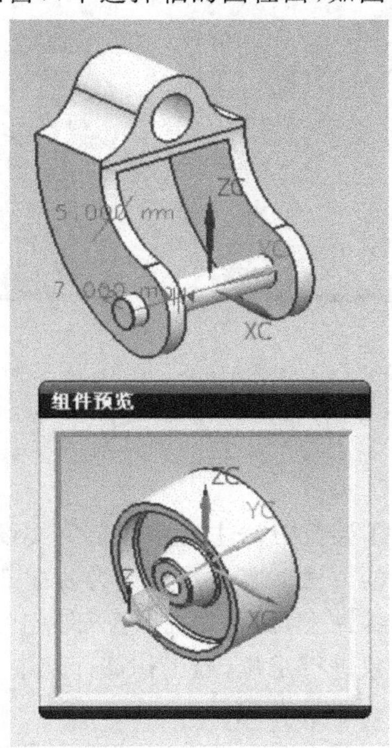

图7-37

对于轮与轴和支架的装配，由一个距离约束和一个中心约束可以使轮形成完全约束，单

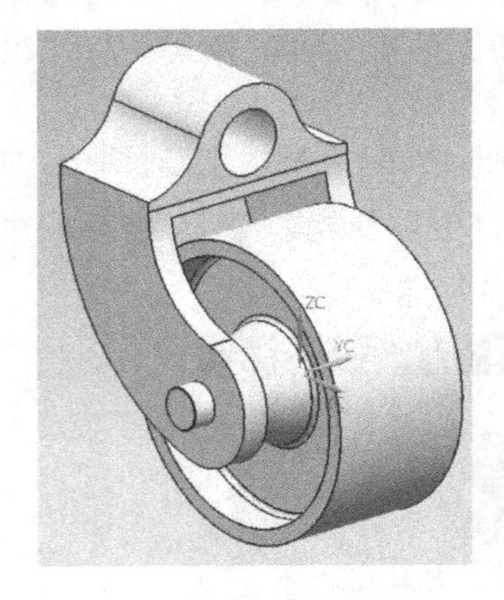

图 7-38

击“装配约束”对话框中的“确定”按钮，完成轮与轴和支架的配对装配，结果如图 7-38 所示。

(5) 在菜单栏中选择“编辑”→“对象显示”或使用快捷组合键“Ctrl＋J”，弹出“类选择”对话框，如图 7-39 所示。在“类选择”对话框中，可以通过多种方法来选择要编辑的零部件，可以通过零部件的名称，例如“lun”，也可以通过“过滤器”来选择特定类型的对象，或是直接在绘图窗口中单击该零部件，然后单击“确定”按钮，弹出“编辑对象显示”对话框，如图 7-40 所示。

在“编辑对象显示”对话框中，将中间的透明度指示条拖动到 60 处，单击“确定”按钮完成对轮实体的透明度显示设置，效果如图 7-41 所示。

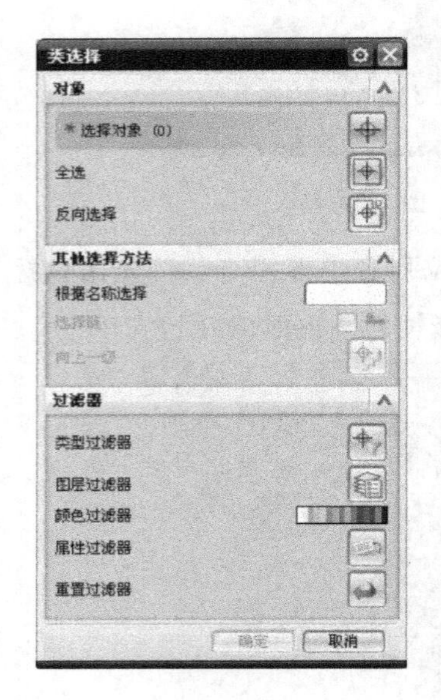

图 7-39

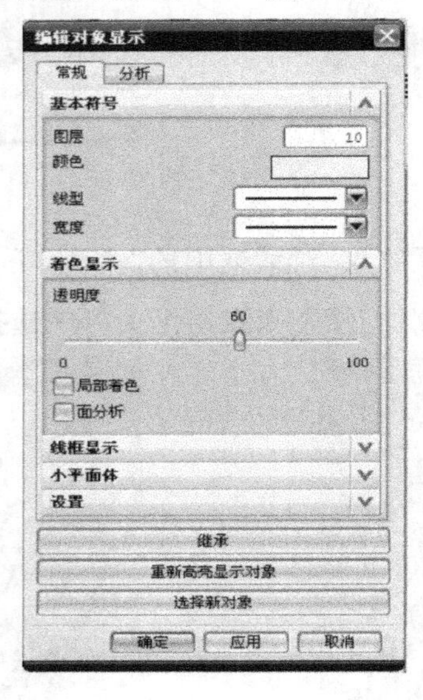

图 7-40

图 7-41

7.4 自顶向下装配

自顶向下装配方法主要用在上下文设计中，即在装配中参照其他零部件对当前工作部件进行设计的方法。其显示部件为装配部件，而工作部件是装配中的组件，所做的任何工作发生在工作部件上，而不是在装配部件上。例如，在一个组件中定义孔时需要引用其他组件中的几何对象进行定位，当工作部件是未设计完成的组件而显示部件是装配部件时，自顶向下的装配方法非常有用。

当装配建模在装配的上下文设计中，可以利用间接关系建立从其他部件到工作部件的几何关联。利用这种关联，可引用其他部件中的几何对象到当前工作部件中，再用这些几何对象生成几何体。这样，一方面提高了设计效率，另一方面保证了部件之间的关联性，便于参数化设计。

7.4.1　装配方法一

自底向上方法添加组件时可以在列表中选择在当前工作环境中现存的组件，但处于该环境中现存的三维实体不会在列表框中显示，不能被当作组件添加，它只是一个几何体，不含有其他的组件信息，若要使其他的组件也加入到当前的装配中，就必须用该自顶向下的装配方法进行创建。

该方法是先建立装配关系，但不建立任何几何模型，然后使其中的组件成为工作部件，并在其中设计几何模型，即在上下文中进行设计，边设计边装配，具体装配建模方法介绍如下。

打开一个文件执行该装配方法，首先打开的是一个含有组件或装配件的文件，或先在该文件中建立一个或多个组件。

单击"装配工具栏"的"新建组件"按钮，将打开"新建组件"对话框，如图7-42所示。此时如果单击"选择对象"按钮，可选取图形对象为添加组件。但由于该装配方法只创建了一个空的组件文件，因此该处不需要选择几何对象。展开该对话框的"设置"面板，该面板中包含多个列表框以及文本框和复选框，其含义和设置方法如下。

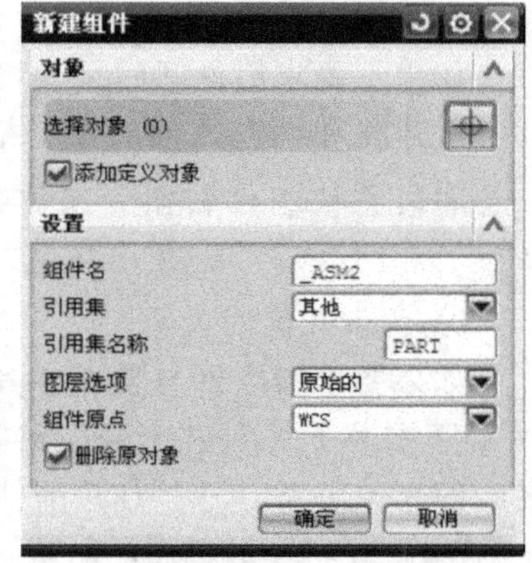

图 7-42

(1)"组件名"　用于指定组件名称，默认为组件的存盘文件名。如果新建多个组件，可修改组件名便于区分其他组件。

(2)"引用集"　在该列表框中可指定当前引用集的类型，如果在此之前已经创建了多个引用集，则该列表框中将包括模型、整个部件和其他。如果选择"其他"列表框，可指定引用集的名称。

(3)"引用集名称"　该选项用于指定引用集名称。

(4)"图层选项"　用于设置产生的组件加到装配部件中的哪一层。选择"工作"项表示新组件加到装配组件的工作层；选择"原先的"项表示新组件保持原来的层位置；选择"按指定的"项表示将新组件加到装配组件的指定层。

(5)"组件原点"　用于指定组件原点采用的坐标系。如果选择WCS选项，设置零件原点为工作坐标；如果选择"绝对坐标系"选项，将设置零件原点为绝对坐标。

(6)"删除原对象"　启用该复选框，则在装配中删除所选的对象。

设置新组件的相关信息后，单击该对话框中的"确定"按钮，即可在装配中产生一个含所选部件的新组件，并把几何模型加入到新建组件中。然后将该组件设置为工作部件，并在组件环境中添加并定位已有部件，这样在修改该组件时，可任意修改组件中添加部件的数量和分布方式。

7.4.2　装配方法二

这种装配方法是指在装配件中建立几何模型，然后再建立组件，即建立装配关系，并将几何模型添加到组件中去。与上一种装配方法的不同之处在于：该装配方法打开一个不包含任何部件和组件的新文件，并且使用链接器将对象链接到当前装配环境中，其设置方法如下。

1. 打开文件并新建组件

打开一个文件，该文件可以是一个不含任何几何体和组件的新文件，也可以是一个含有几何体或装配部件的文件。然后按照上述创建新组件的方法创建一个新的组件。新组件产生后，由于其不含任何几何对象，因此装配图形没有什么变化。完成上述步骤以后，类选择器对话框重新出现，再次提示选择对象到新组件中，此时可选择取消对话框。

2. 建立并编辑新组件几何对象

新组件产生后，可在其中建立几何对象。首先必须改变工作部件到新组件中，然后执行建模操作，最常用的有以下两种建立对象的方法。

1）建立几何对象

如果不要求组件间的尺寸相互关联，则改变工作部件到新组件，直接在新组件中用建模的方法建立和编辑几何对象。指定组件后，单击“装配工具栏”中的“设为工作部件”按钮，即可将该组件转换为工作部件。然后新建组件或添加现有组件，并将其定位到指定位置。

2）约束几何对象

如果要求新组件与装配中其他组件有几何连接性，则应在组件间建立链接关系。UG WAVE 技术是一种基于装配建模的相关性参数化设计技术，允许在不同部件之间建立参数之间的相关关系，即所谓的“部件间关联”关系，实现部件之间的几何对象的相关复制。

图 7-43

在组件间建立链接关系的方法是：保持显示组件不变，按照下述设置组件的方法改变工作组件到新组件，然后单击“装配工具栏”中的“WAVE 几何链接器”按钮，打开如图 7-43 所示的对话框。该对话框用于链接其他组件中的点、线、面和体等对象到当前的工作组中。在“类型”列表框中包含链接几何对象的多个类型，选择不同的类型对应的面板各不相同，以下简要介绍这些类型的含义和操作方法。

（1）复合曲线　用于建立链接曲线。选择该选项，从其他组件上选择线或边缘，单击“应用”按钮，则所选线或边缘链接到工作部件中。

（2）十点　用于建立连接点。选择该选项，在其他组件上选取一点后，单击“应用”按钮，则所选点或由所选点连成的线链接到工作部件中。

（3）基准　用于建立链接基准平面或基准轴。选择该选项，对话框中将显示基准的选择类型，按照一定的基准选取方式从其他组件上选择基准面或基准轴后，单击“应用”按钮，则所选择纂准面或基准轴链接到工作部件中。

（4）草图　该图标用于建立链接草图。选择该选项，对话框中将显示面的选取类型，此时按照一定的面选取方式从其他组件上选取一个获得多个实体表面后，单击“应用”按钮，则将所选择草图链接到工作部件中。

（5）面　用于建立链接面。选择该选项，选取一个或多个实体表面后，单击“应用”按钮，则将所选表面链接到工作部件中，如图 7-44 所示。

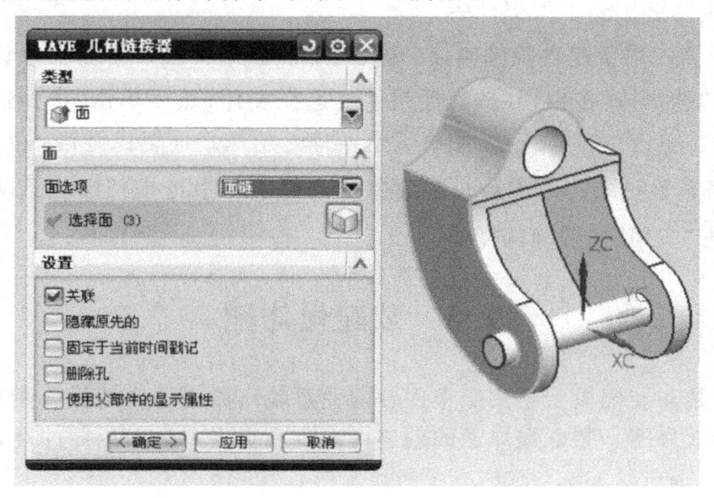

图 7-44

为检验 WAVE 的几何链接效果，可查看链接信息，并根据需要编辑链接信息。执行面链接操作后，单击“部件间链接浏览器”按钮，将打开如图 7-45 所示的对话框，在该对话框中可浏览、编辑、断开所有已链接信息。

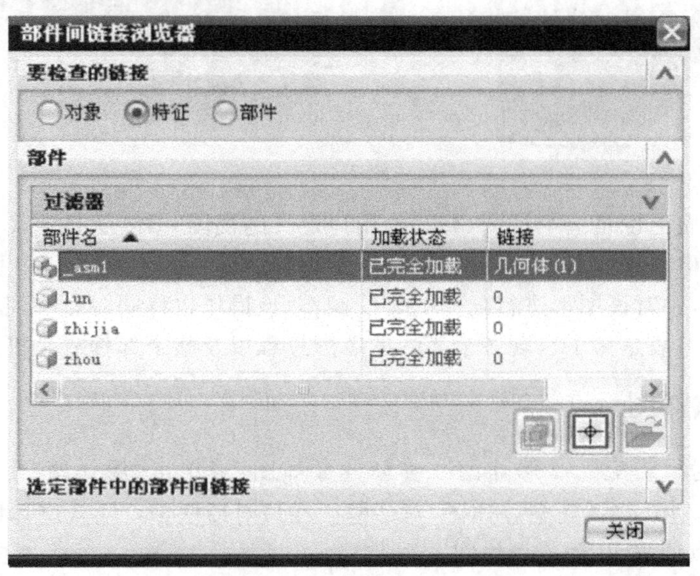

图 7-45

(6) 面区域 用于建立链接区域。单击该按钮，并单击“选择种子面”按钮，从其他组件上选取种子面，然后单击“选择边界面”按钮，指定各边界面。最后单击“应用”按钮，则由指定边界包围的区域链接到工作部件中。

(7) 体 用于建立链接实体。单击该按钮，从其他组件上选取实体后，单击“应用”按钮，则将所选实体链接到工作部件中。

(8) 镜像体 用于建立镜像实体。选择该类型，对话框中部将显示镜像实体的选择方式。首先单击“选择体”按钮，并从其他组件上选择实体；然后单击“选择镜像平面”按钮，并指定镜像平面。单击“应用”按钮，则将所选实体至所选平面镜像链接到工作组件。

(9) 管路布置对象 用于对布线对象建立链接。单击该按钮，从其他组件上选取布线对象，单击“应用”按钮确认操作。

7.5 装配爆炸图

装配爆炸图是在装配模型中按照组件装配关系偏离原来位置的拆分图形，图 7-46 所示为装配爆炸图的效果图。装配爆炸图的创建可以方便查看装配中的零件及其相互之间的装配关系。

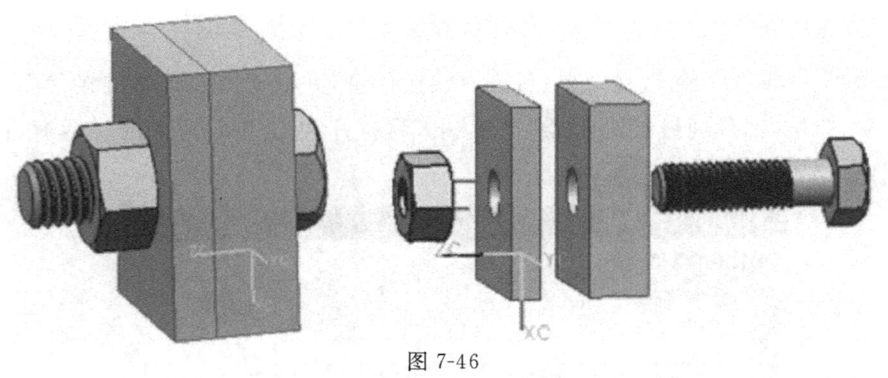

图 7-46

爆炸图在本质上也是一个视图，与其他用户定义的视图一样，一旦定义和命名就可以被添加到其他图形中。爆炸图与显示部件关联，并存储在显示部件中。用户可以在任何视图中显示爆炸图形，并对该图形进行任何的 UG 操作，该操作也将同时影响到非爆炸图中的组件。装配爆炸图一般是为了表现各个零件的装配过程以及整个部件或是机器的工作原理。

7.5.1 创建爆炸图

在菜单区选择“装配”→“爆炸图”→“新建爆炸图”或单击“爆炸图”工具栏中的图标，打开如图 4-47 所示的“新建爆炸图”对话框。在该对话框中可输入爆炸图名称或接受默认名称，单击“确定”按钮，创建爆炸图。

在新创建了一个爆炸图后，视图并没有发生什么变化，接下来就必须使装配中的组件炸开。在 UG NX 8.0 中组件爆炸的方式为自动爆炸，即基于组件关联条件，沿表面的正交方向自动爆炸组件。

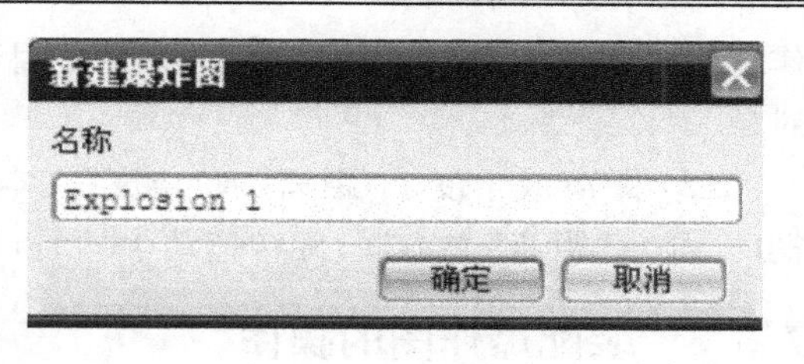

图 7-47

选择菜单命令“装配”→“爆炸图”→“自动爆炸组件”或在“爆炸图”工具栏中单击按钮时，系统会提示用户选取要爆炸的组件，随后会弹出如图 7-48 所示的“自动爆炸组件”对话框，它用于设置产生自动爆炸时组件之间的距离参数。自动爆炸时组件的移动方向由用户输入距离数值的正负来控制。

“添加间隙”复选框用于控制自动爆炸的方式。如果不选该选项，则指定的距离为绝对距离，即组件从当前位置移动到指定的距离；如果选取该选项，则指定的距离为组件相对于关联组件移动的相对距离，图 7-49 所示为对间隙设置进行说明的图例。

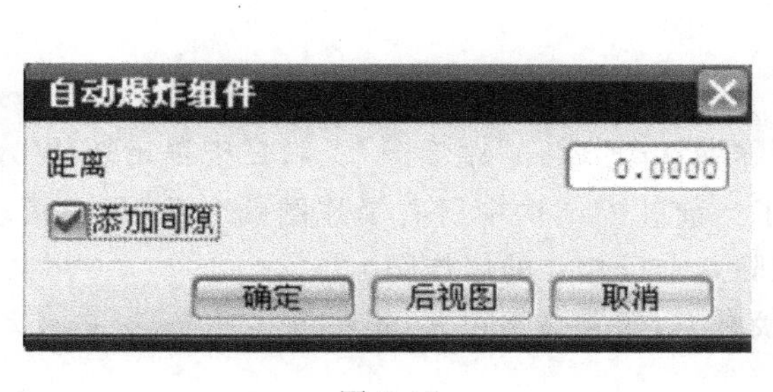

图 7-48

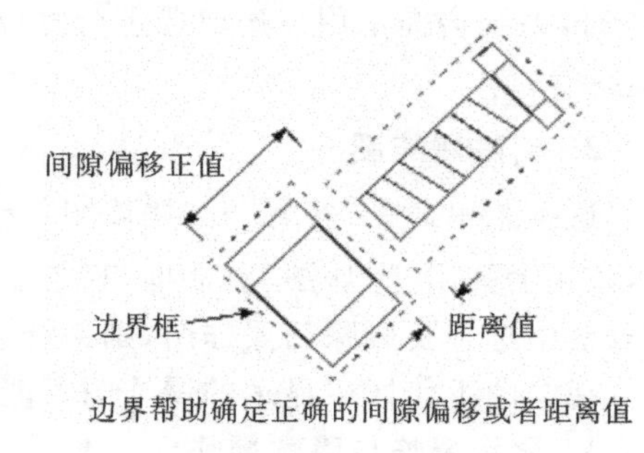

图 7-49

自动爆炸只能爆炸具有关联条件的组件，对于没有关联条件的组件不能用该爆炸方式。

7.5.2 编辑爆炸图

采用自动爆炸，一般不能得到理想的爆炸效果，通常还需要对爆炸图进行调整。编辑爆炸图是对所选取的部件输入分离参数，或对已存在的爆炸视图中的部件修改分离参数。如果选取的部件是子装配，则系统默认设置它的所有子节点均被选中，如果想取消某个子节点，用户需要自己进行设置。

选择菜单命令“装配”→“爆炸图”→“编辑爆炸图”或在“爆炸图”工具栏中单击按钮时，系统会弹出如图 7-50 所示的“编辑爆炸图”对话框。该对话框可以实现单个或多个组件位置的调整，在其中输入所选组件的偏置距离和设置偏置方向后，系统即可完成该组件位置的调整。下面介绍该对话框中常用选项的用法。

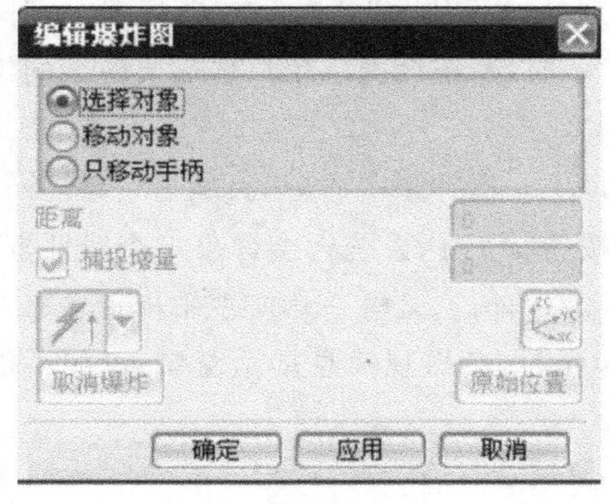

图 7-50

(1) 功能方式选项　该选项用于确定编辑爆炸视图的操作方式，系统提供了 3 种方式，分别是“选择对象”、“移动对象”和“只移动手柄”。“选择对象”方式用于让用户选取进行编辑操作的组件；“移动对象”方式用于允许用户利用鼠标在绘图工作区中拖动选取对象;“只移动手柄”方式用于在操作时只移动选取对象的手柄,而不移动该对象。

(2) 距离或角度　“距离”或“角度”文本框的显示取决于用户的操作方式。平移拖动手柄时,显示“距离”文本框;旋转拖动手柄时,显示“角度”文本框。

7.5.3　装配爆炸图的操作

在用户创建了装配结构的爆炸图后,还可以利用系统提供的爆炸图操作功能,对其进行一些常规的修改操作。

1. 复位组件

选择菜单命令“装配”→“爆炸图”→“取消组件爆炸”或在“爆炸图”工具栏中单击按钮时,系统会提示用户选取要进行复位操作的组件,随后系统即可使已爆炸的组件回到其原来的位置。

2. 删除爆炸图

选择菜单命令“装配”→“爆炸图”→“删除爆炸图”或在“爆炸图”工具栏中单击按钮时,系统会弹出“爆炸图”对话框,其中显示了当前装配结构中所有爆炸图的名称,用户可在列表框中选择要删除的爆炸图,则系统会删除这个已建立的爆炸图。

在绘图工作区中显示的爆炸图不能直接删除,如果要删除它,先要将其复位。

3. 显示爆炸与隐藏爆炸

显示爆炸图是将已建立的爆炸图显示在图形区中。选择菜单命令“装配”→“爆炸图”→“显示爆炸图”,如果此时装配中只存在一个爆炸图,则系统会直接将其打开,并显示在绘图工作区中;如果已经建立了多个爆炸图,则系统会打开一个对话框,让用户在列表框中选择要显示的爆炸图。

隐藏爆炸图是将当前的爆炸图隐藏,使绘图工作区中的组件回到爆炸前的状态。选择菜单命令“装配”→“爆炸图”→“隐藏爆炸图”,如果此时绘图工作区中存在爆炸图,则该爆炸图隐藏,并恢复到原来位置;如果此时绘图工作区中没有爆炸图,则会出现错误信息提示,说明没有爆炸图存在,不能进行此项操作。

4. 隐藏组件与显示组件

隐藏组件是将当前绘图工作区中的组件隐藏。选择菜单命令“装配”→“爆炸图”→“隐藏视图中的组件”或在“爆炸图”工具栏中单击按钮时,系统会提示用户选取要隐藏的组件,最后系统会将所选组件在绘图工作区中隐藏。

显示组件是将已隐藏的组件重新显示在图形窗口中。选择菜单命令“装配”→“爆炸图”→“显示视图中的组件”或在“爆炸图”工具栏中单击按钮时,系统将会弹出一个对话框,其中列出了当前隐藏的所有组件,用户选择了要显示的组件后,系统会将所选组件重新显示在绘图工作区中。如果没有组件被隐藏,执行此项操作时,会出现信息提示窗口,说明不能进行本项操作。

5. 切换爆炸图

在装配过程中,尤其是已创建了多个爆炸视图,而且需要在多个爆炸视图间进行切换时，可以利用“爆炸图”工具栏中的列表框按钮，进行爆炸图的切换。只需单击该按钮，打开下拉列表框，如图 7-51 所示，在其中选择爆炸图名称，进行爆炸图的切换操作。

图 7-51

7.6　装配序列

装配序列化的功能主要有两个：一个是规定一个装配的每个组件的时间与成本特性；另一个是用于表演装配序列，指定一线的装配工人进行现场装配。

完成组件装配后，可建立序列化来表达装配各组件间的装配顺序。

在菜单栏选择“装配”→“序列”或单击“装配”工具栏中的图标，系统会自动进入Sequencing环境并打开如图 7-52 所示的“装配次序和运动”工具栏。

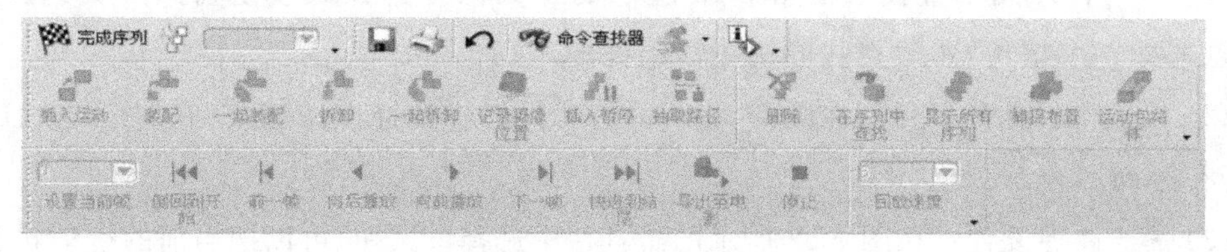

图 7-52

下面介绍该工具栏中主要选项的用法。

(1) 完成序列　在图 7-52 所示的工具栏中选择完成序列，退出序列化环境。

(2) 新建序列　在图 7-52 中选择该图标，用于创建一个新的序列。系统将会自动为这个序列命名为“序列 1”，以后新建的序列为“序列 2”、“序列 3”等依次增加。用户也可以自己修改名称。

(3) 插入运动　在图 7-52 所示的工具栏中选择该按钮，打开如图 7-53 所示的“记录组件运动”工具栏。该工具栏用于建立一段装配动画模拟。

图 7-53

(4) 装配　在图 7-52 所示的工具栏中选择该按钮，打开“类选择”对话框，按照装配步骤选择需要添加的组件，该组件会自动出现在视图区右侧。用户可以依次选择要装配的组件，生成装配序列。

(5) 一起装配　在图7-52所示的工具栏中选择该按钮，用于在视图区选择多个组件，一次全部进行装配。“装配”功能只能一次装配一个组件，该功能在“装配”功能选中之后可选。

(6) 拆卸　在图7-52所示的工具栏中选择该按钮，在视图区选择要拆卸的组件，该组件会自动恢复到绘图区左侧。该功能主要是模拟反装配的拆卸序列。

(7) 一起拆卸　在图7-52所示的工具栏中选择该按钮，可实现“一起装配”的反过程。

(8) 记录录像位置　在图7-52所示的工具栏中选择该按钮，用于为每一步序列生成一个独特的视角。当序列演变到该步时，自动转换到定义的视角。

(9) 插入暂停　在图7-52所示的工具栏中选择该按钮，则系统会自动插入暂停并分配固定的帧数，当回放的时候，系统看上去像暂停一样，直到走完这些帧数。

(10) 删除　在图7-52所示的工具栏中选择该按钮，用于删除一个序列步。

(11) 在序列中查找　在图7-52所示的工具栏中选择该按钮，打开“类选择”对话框，可以选择一个组件，然后查找应用了该组件的序列。

(12) 显示所有序列　在图7-52所示的工具栏中选择该按钮，将在“序列导航器”中显示所有序列。

(13) 捕捉设置　在图7-52所示的工具栏中选择该按钮，可以把当前的运动状态捕捉下来，作为一个装配序列。用户可以为这个序列取一个名字，系统会自动记录这个排列。

定义完成序列以后，用户就可以通过图7-52中“动画控制”工具栏来播放装配序列。播放帧数和速度可分别通过工具栏中的数值调节。

7.7 综合实例

本节将以柱塞泵的装配为例介绍装配的具体方法和过程，将柱塞泵的7个零部件：泵体，填料压盖，柱塞，阀体以及上、下阀瓣等装配成完整的柱塞泵。具体操作步骤：首先创建一个新文件，用于绘制装配图，然后将泵体以绝对坐标定位方法添加到装配图中，最后，将余下的6个柱塞泵零部件以配对定位方法添加到装配图中。

7.7.1 柱塞泵装配图

1. 新建文件

在菜单中选择“文件”→“新建”命令，或者单击“标准”工具栏中的 按钮，弹出“新建”对话框，选择装配模板，输入文件名为“beng.prt”，如图7-54所示。

2. 按绝对坐标定位方法添加泵体零件

(1) 在菜单栏中选择“装配”→“组件”→“添加组件”或单击“装配工具栏”中添加组件图

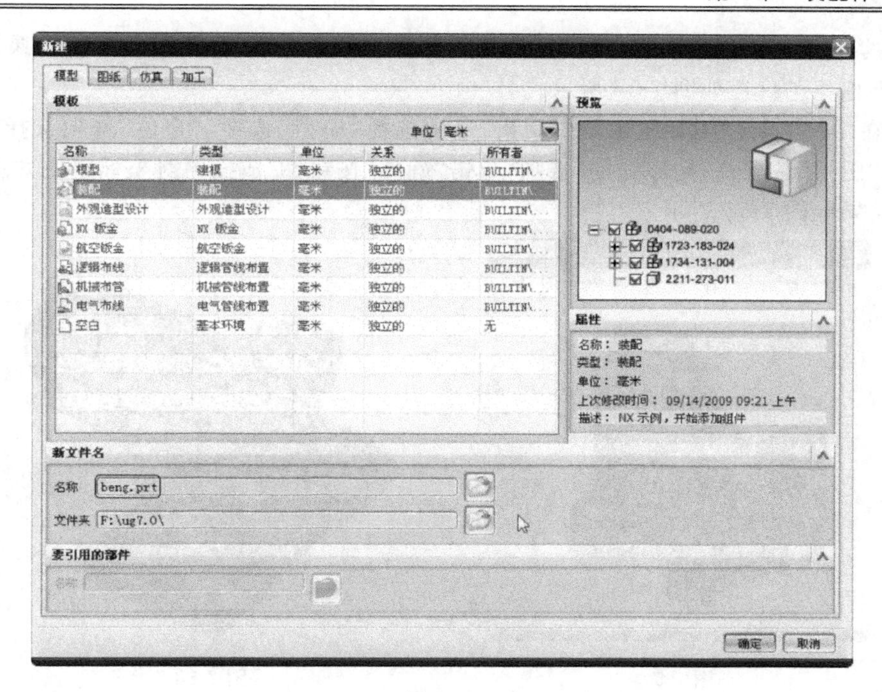

图 7-54

标 ，弹出“部件”对话框，如图 7-55 所示。

（2）单击 按钮，弹出“部件名”对话框，如图 7-56 所示。

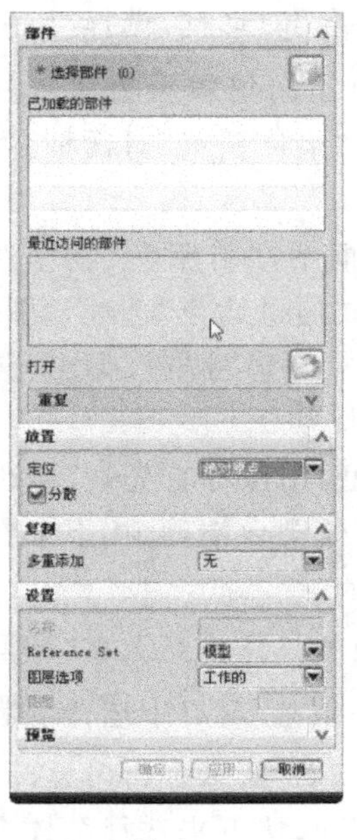

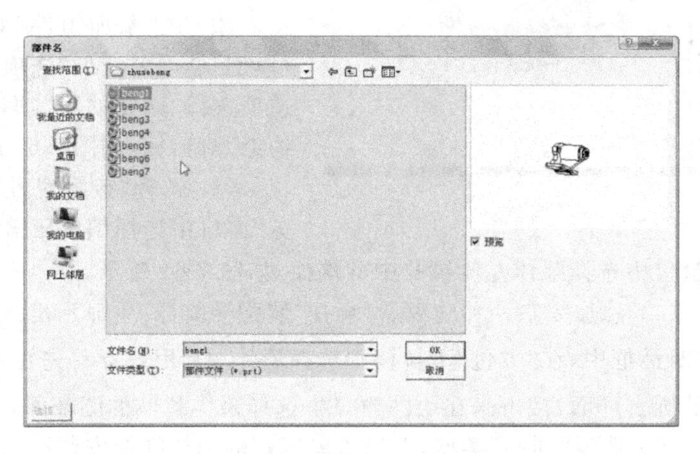

图 7-55　　　图 7-56

（3）在“部件名”对话框中选择已存在的零部件文件，单击右侧“预览”复选框，可以预览已存在的零部件。选择“beng1”文件，右侧预览窗口中显示出该文件中保存的泵体实体。弹出“组件预览”窗口，如图 7-57 所示。

(4) 在“添加组件”对话框中，“引用集”选项选择“模型”选项，“定位”选项选择“绝对原点”选项，“图层”选项选择“原先的”选项，单击“确定”按钮，完成按绝对坐标定位方法添加泵体零件，结果如图 7-58 所示。

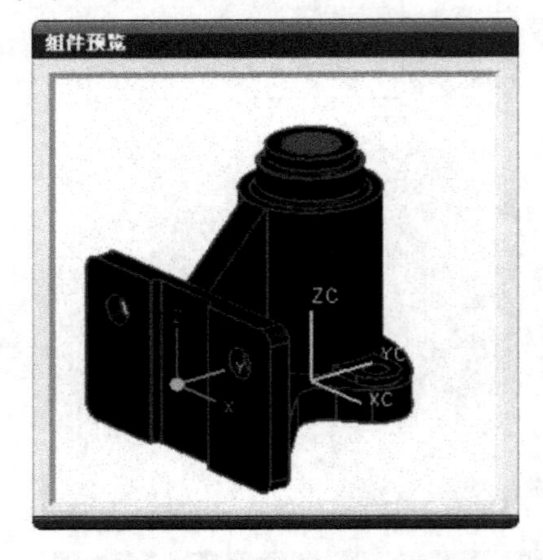

图 7-57

图 7-58

3. 按配对定位方法添加填料压盖零件

(1) 在菜单中选择“装配”→“组件”→“添加组件”命令，或者单击“装配工具栏”中“添加组件”按钮，如前所述，弹出“添加组件”对话框，单击其中的按钮，弹出“部件名”对话框，选择“beng2.prt”文件，右侧预览窗口中显示出填料压盖实体的预览图。单击“确定”按钮，弹出“组件预览”对话框，如图 7-59 所示。

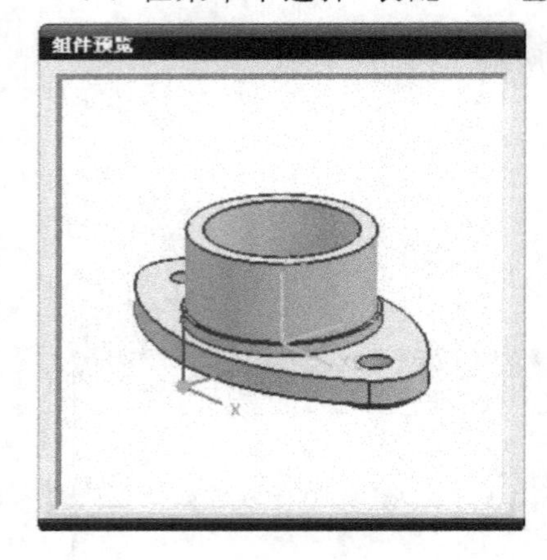

图 7-59

(2) 在“添加组件”对话框中，“引用集”选项选择“模型”选项，“定位”选项选择“通过约束”选项，“图层”选项选择“原先的”选项，单击“确定”按钮，弹出“装配约束”对话框，如图 7-60 所示。

(3) 选择“接触对齐”类型，用鼠标首先在“组件预览”窗口中选择填料压盖的右侧圆台端面，接下来在绘图窗口中选择泵体左侧镗孔中的端面，如图 7-61 所示。

(4) 添加完某一种约束后，会在“装配导航器”中显示出该约束的具体信息。在“装配约束”对话框中，在“方位”下拉框中选择按钮，用鼠标首先在“组件预览”窗口中选择填料压盖的圆台环面，接下来在绘图窗口中选择泵体膛体的圆环面，如图 7-62 所示。

(5) 选择“同心”类型，选择填料压盖的前侧螺栓安装孔的内环面，接下来选择泵体安装板上螺栓孔的内环面，如图 7-63 所示。

(6) 对于填料压盖与泵体的装配，由以上 3 个配对约束：一个配对约束和两个中心约束

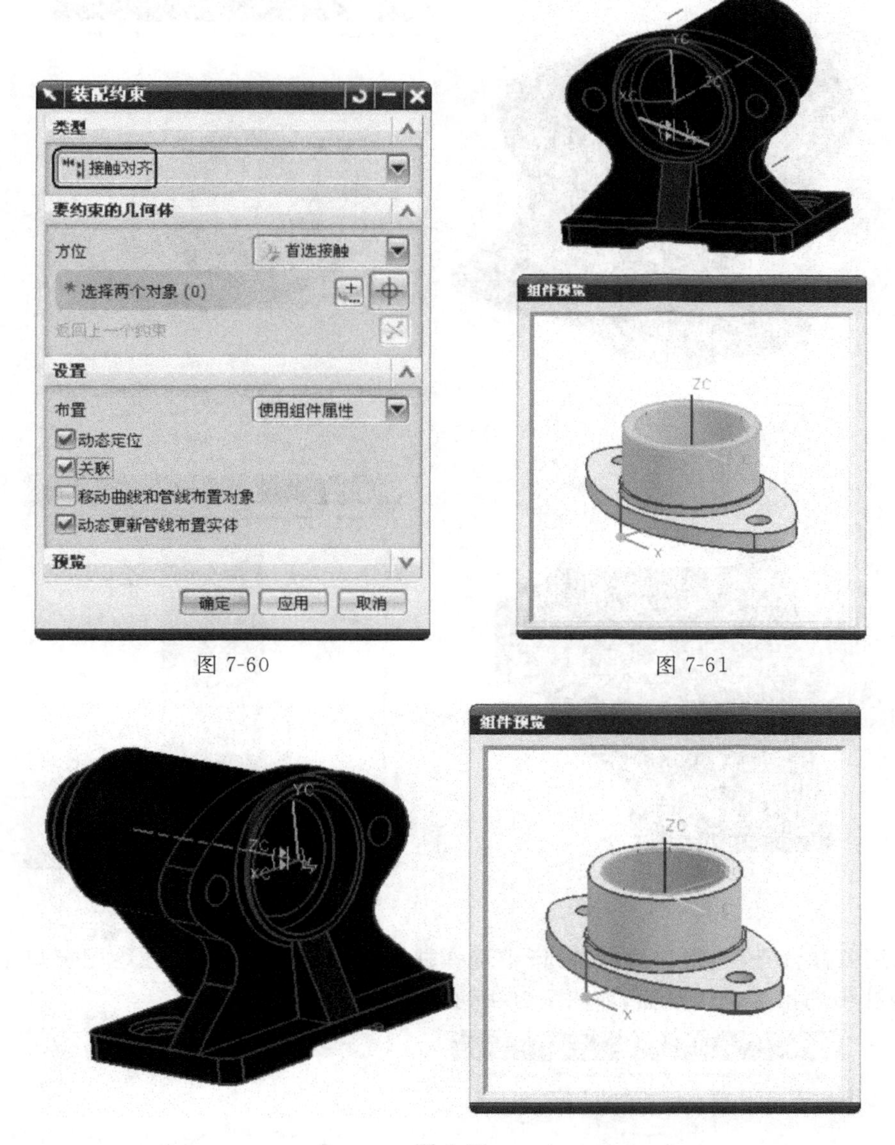

图 7-60

图 7-61

图 7-62

可以使填料压盖形成完全约束，单击“装配约束”对话框中的“确定”按钮，完成填料压盖与泵体的配对装配，结果如图 7-64 所示。

4. 按配对定位方法添加柱塞零件

(1) 调用“添加组件”命令。弹出“添加组件”对话框，单击按钮，弹出“部件名”对话框，选择“beng3.prt”文件，右侧预览窗口中显示柱塞实体的预览图。单击“确定”按钮，弹出“组件预览”窗口，如图 7-65 所示。

(2)“添加组件”对话框中，使用默认设置值，单击“确定”按钮，弹出“装配约束”对话框，如前述方法，选择“接触对齐”类型。

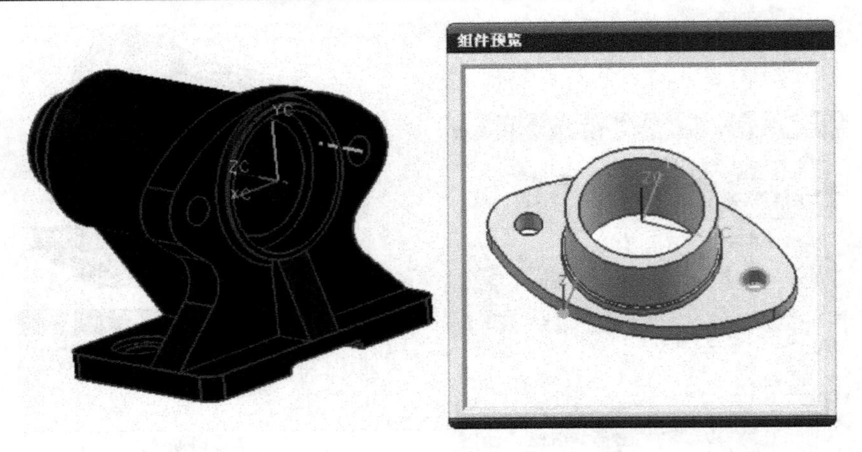

图 7-63

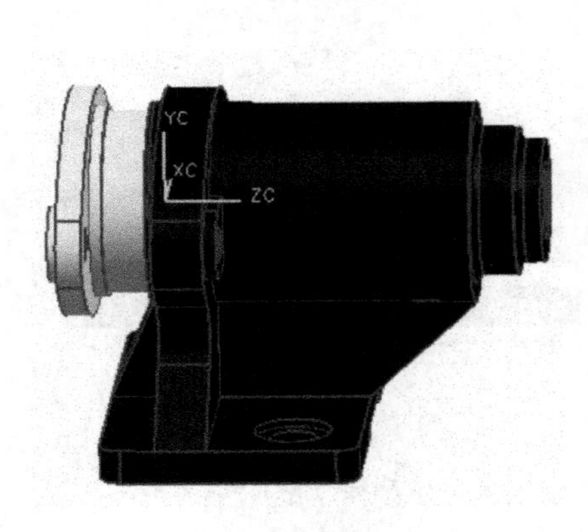

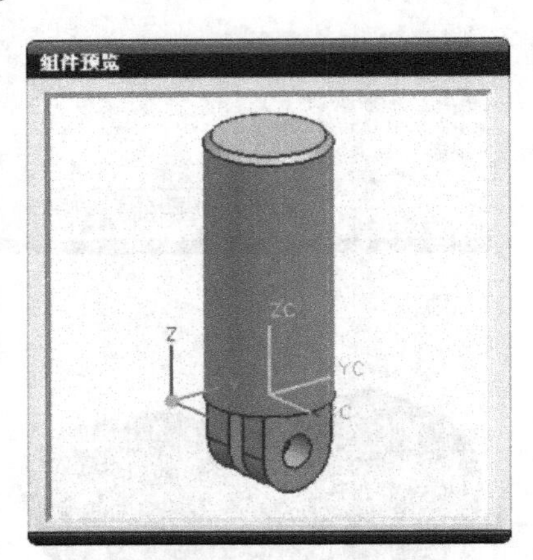

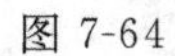

图 7-64　　　　图 7-65

(3) 用鼠标首先在“组件预览”窗口中选择柱塞底面端面，接下来在绘图窗口中选择泵体左侧镗孔中的第二个内端面，如图 7-66 所示。

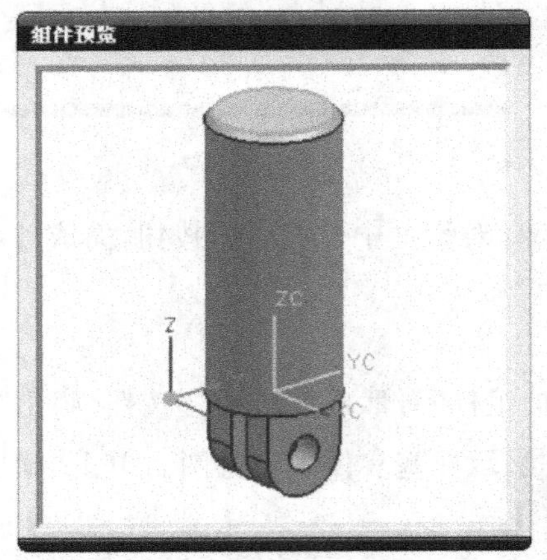

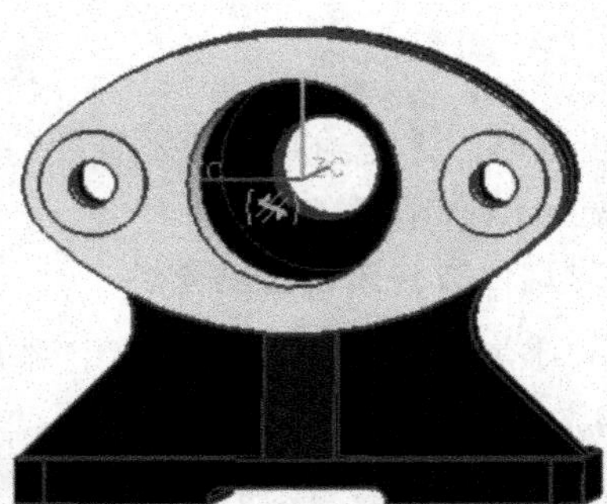

图 7-66

（4）添加配对约束，在“装配约束”对话框中，选择“同心”类型，用鼠标首先在组件预览窗口选择外环面，接下来在绘图窗口中选择泵体腔体的圆环面，如图 7-67 所示。

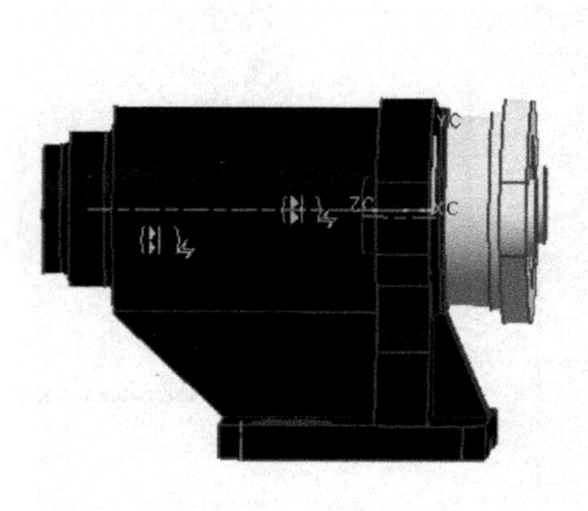

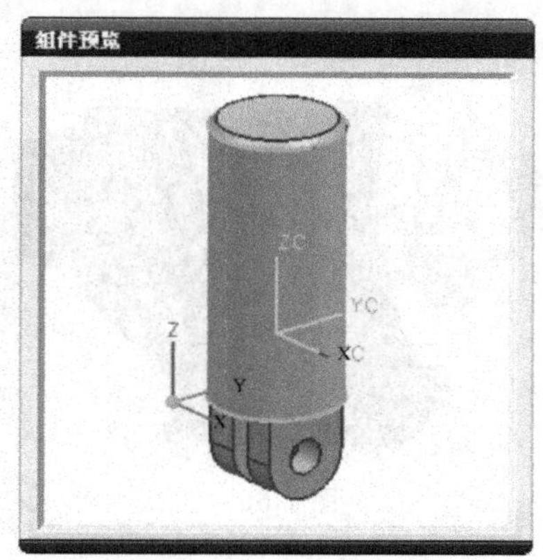

图 7-67

（5）在“装配约束”对话框中，选择“平行”类型，首先在组件预览窗口中选择柱塞右侧凸垫的侧平面，接下来在绘图窗口中选择泵体肋板的侧平面，如图 7-68 所示。

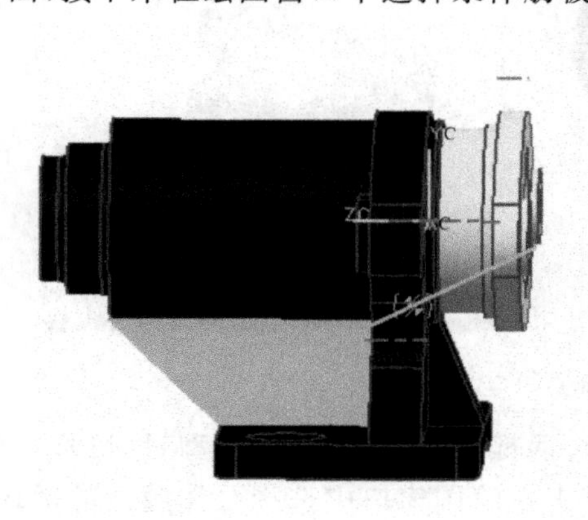

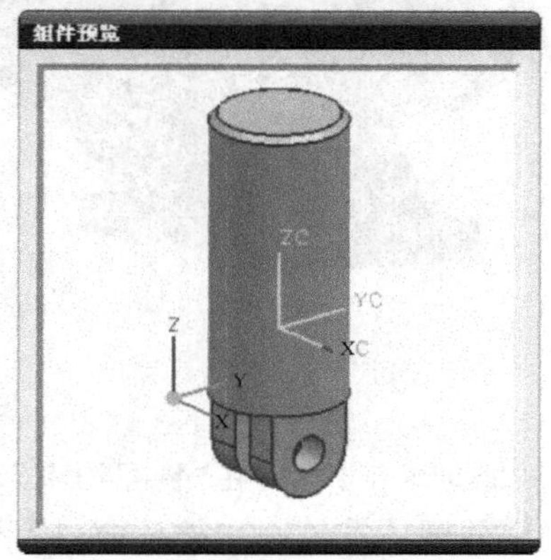

图 7-68

（6）单击“装配约束”对话框中的“应用”和“确定”按钮，完成柱塞和泵体的配对装配，结果如图 7-69 所示。

5. 按配对定位的方法添加阀体零件

（1）调用“添加组件”命令，弹出“添加组件”对话框，单击按钮，弹出“部件名”对话框，选择“beng4. prt”文件，右侧预览窗口中显示出阀体实体的预览图。单击“确定”按钮，弹出“组件预览”窗口，如图 7-70 所示。

（2）在“添加组件”对话框中，“引用集”选项选择“模型”选项，“定位”选项选择“通过约束”选项，“图层”选项选择“原先的”选项，单击“确定”按钮，弹出“装配约束”对话框，如前方法，首先选择“接触对齐”类型，用鼠标首先在“组件预览”窗口中选择阀体左侧圆台端面，在绘图窗口中选择泵体腔体的右侧端面，单击“应用”按钮，如图 7-71 所示。

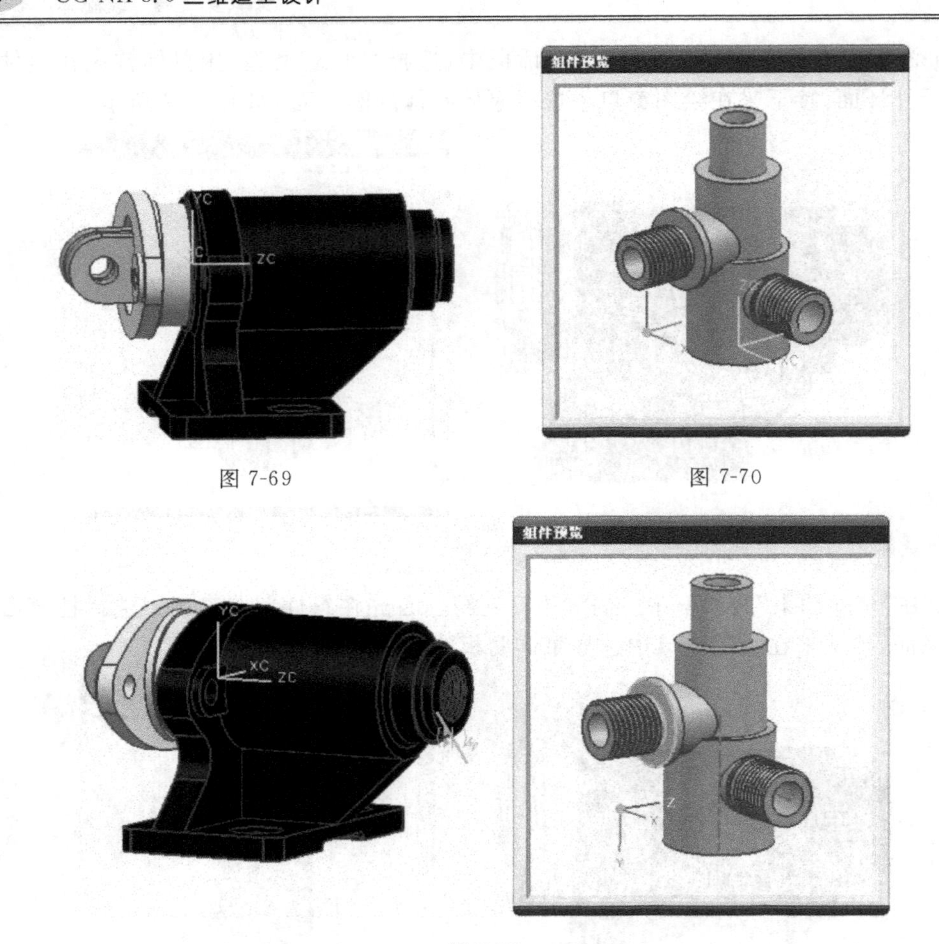

图 7-69　　　　图 7-70

图 7-71

(3) 继续添加配对约束，在“装配约束”对话框中，选择“同心”类型，用鼠标首先选择组件预览窗口中的阀体左侧圆台外环面，接下来在绘图窗口中选择泵体膛体的圆环面，如图 7-72 所示。

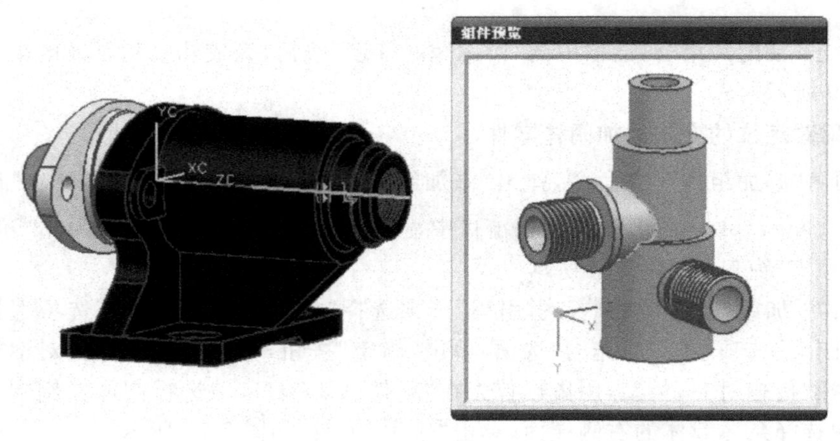

图 7-72

（4）在“装配约束”对话框中，选择“平行”类型，继续添加约束，用鼠标首先在组件预览窗口中选择阀体圆台的端面，接下来在绘图窗口中选择泵体底板的上平面，如图7-73所示。

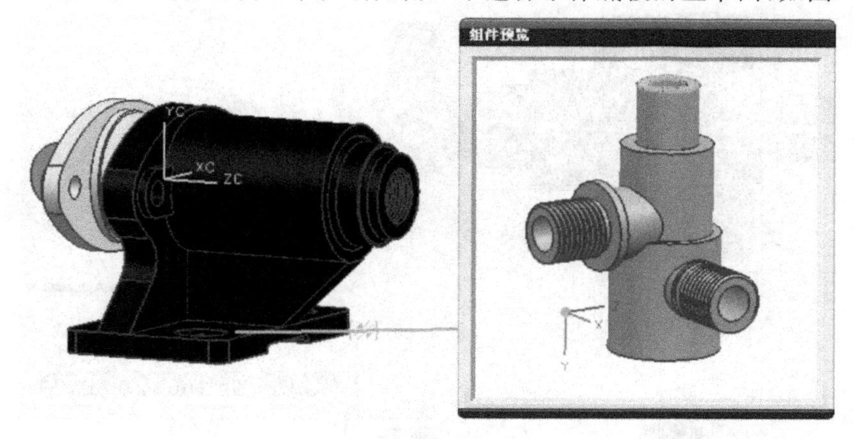

图7-73

（5）单击“装配约束”对话框中的“应用”和“确定”按钮，完成阀体与泵体的配对装配，结果如图7-74所示。

6．按配对定位方法添加下阀瓣零件

（1）调用“添加组件”命令，弹出“添加组件”对话框，单击其中的按钮，弹出“部件名”对话框，选择“beng7.prt”文件，右侧预览窗口中显示出下阀瓣实体的预览图。单击“确定”按钮，弹出“组件预览”窗口，如图7-75所示。

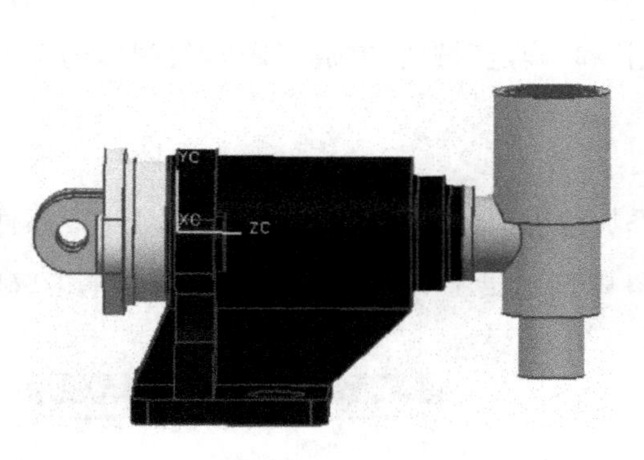

图7-74

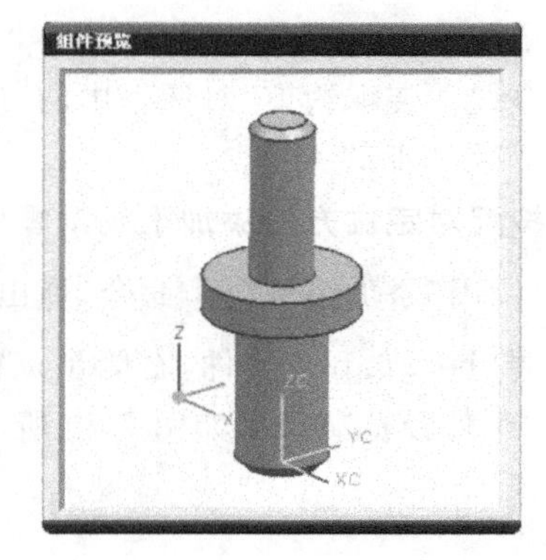

图7-75

（2）在“添加组件”对话框中，“引用集”选项选择“模型”选项，“定位”选项选择“通过约束”选项，“图层”选项选择“原先的”选项，单击“确定”按钮，弹出“装配约束”对话框，如前述方法，首先选择“接触对齐”类型，用鼠标首先在“组件预览”窗口中选择阀体内孔端面，再在绘图窗口中选择阀体内孔端面，如图7-76所示。

（3）继续添加配对约束，在“装配约束”对话框中，选择“同心”类型，用鼠标首先在“组件预览”窗口中选择下阀瓣圆台外环面，接下来在绘图窗口中选择阀体的外圆环面，如图7-77所示。

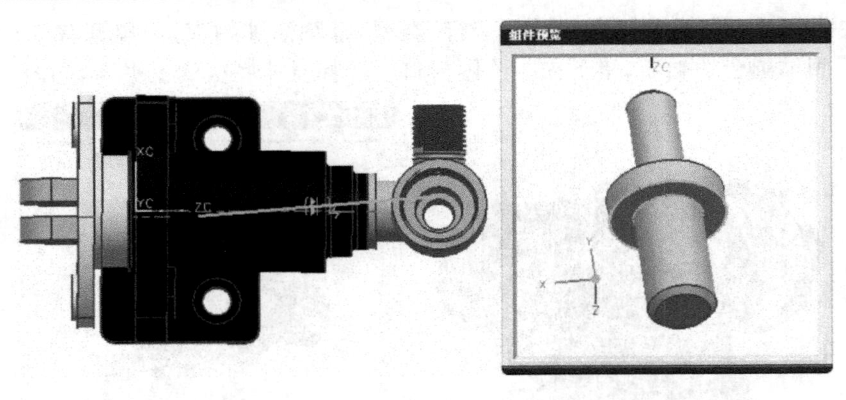

图 7-76

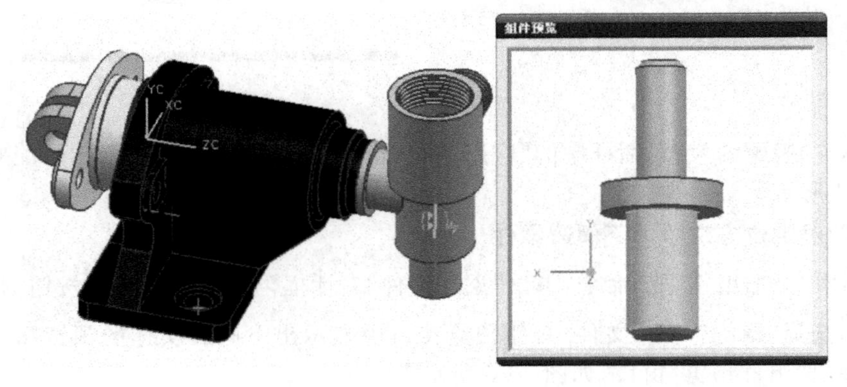

图 7-77

（4）单击“装配约束”对话框中的“应用”和“确定”按钮，完成下阀瓣与阀体的配对装配，结果如图 7-78 所示。

7. 按配对定位方法添加上阀瓣零件

（1）调用“添加组件”命令，弹出“添加组件”对话框，单击按钮，弹出“部件名”对话框，选择“beng6. prt”文件，右侧预览窗口中显示出上阀瓣实体的预览图。单击“确定”按钮，弹出“组件预览”窗口，如图 7-79 所示。

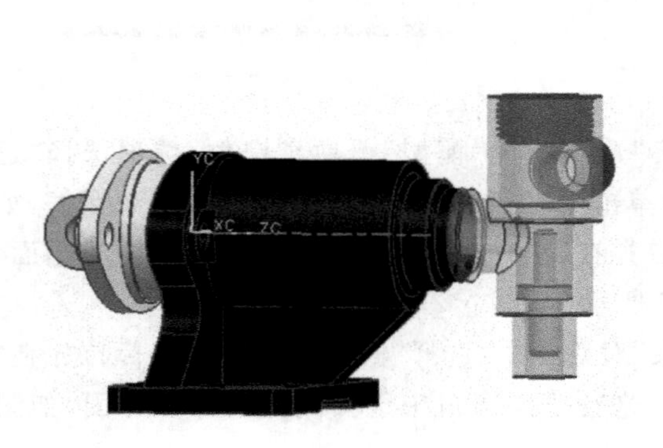

图 7-78

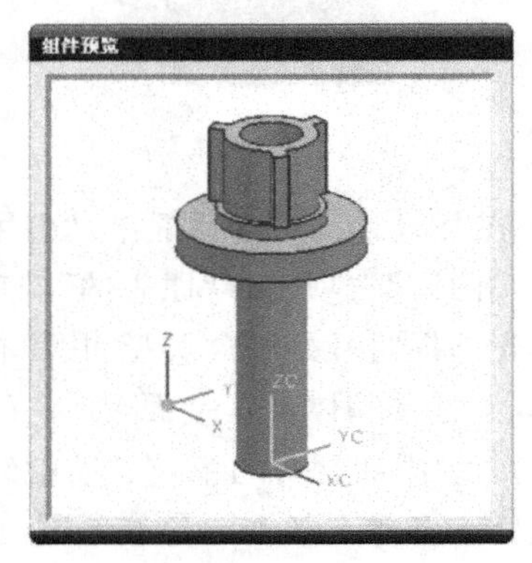

图 7-79

（2）在“添加组件”对话框中，采用默认设置，单击“确定”按钮，弹出“装配约束”对话框，首先选择“接触对齐”类型，用鼠标首先在“组件预览”窗口中选择上阀瓣中间圆台端面，再在绘图窗口中选择阀体内孔端面，如图 7-80 所示。

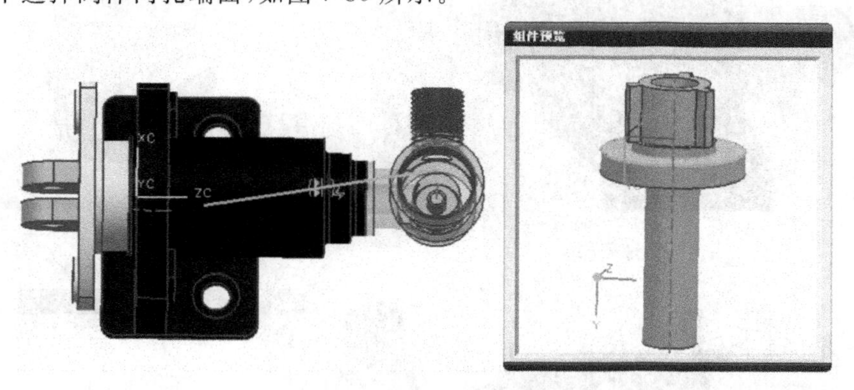

图 7-80

（3）添加配对约束，在“装配约束”对话框中，选择“同心”类型，用鼠标首先在“组件预览”窗口中选择上阀瓣圆台外环面，接下来在绘图窗口中选择阀体的外圆环面，如图 7-81 所示。

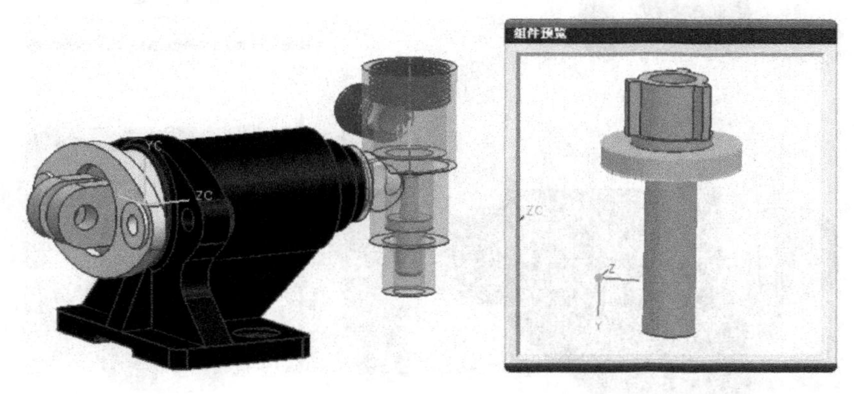

图 7-81

（4）单击“装配约束”对话框中的“应用”和“确定”按钮，完成上阀瓣和阀体的配对装配，结果如图 7-82 所示。

8. 按配对定位方法添加阀盖零件

（1）调用“添加组件”命令，弹出“添加组件”对话框，将“beng5. prt”文件加载进来。单击“确定”按钮，弹出“组件预览”窗口，如图 7-83 所示。

（2）在“添加组件”对话框中，采用默认设置，单击“确定”按钮，弹出“装配约束”对话框，首先选择“接触对齐”类型，用鼠标首先在“组件预览”窗口中选择阀盖中间圆台端面，再在绘图窗口中选择阀体上端面，如图 7-84 所示。

（3）添加配对约束，在“装配约束”选项区中，单击“同心”类型，用鼠标首先在“组件预览”窗口中选择阀盖圆台外环面，接下来在绘图窗口中选择阀体的外圆环面，如图 7-85 所示。

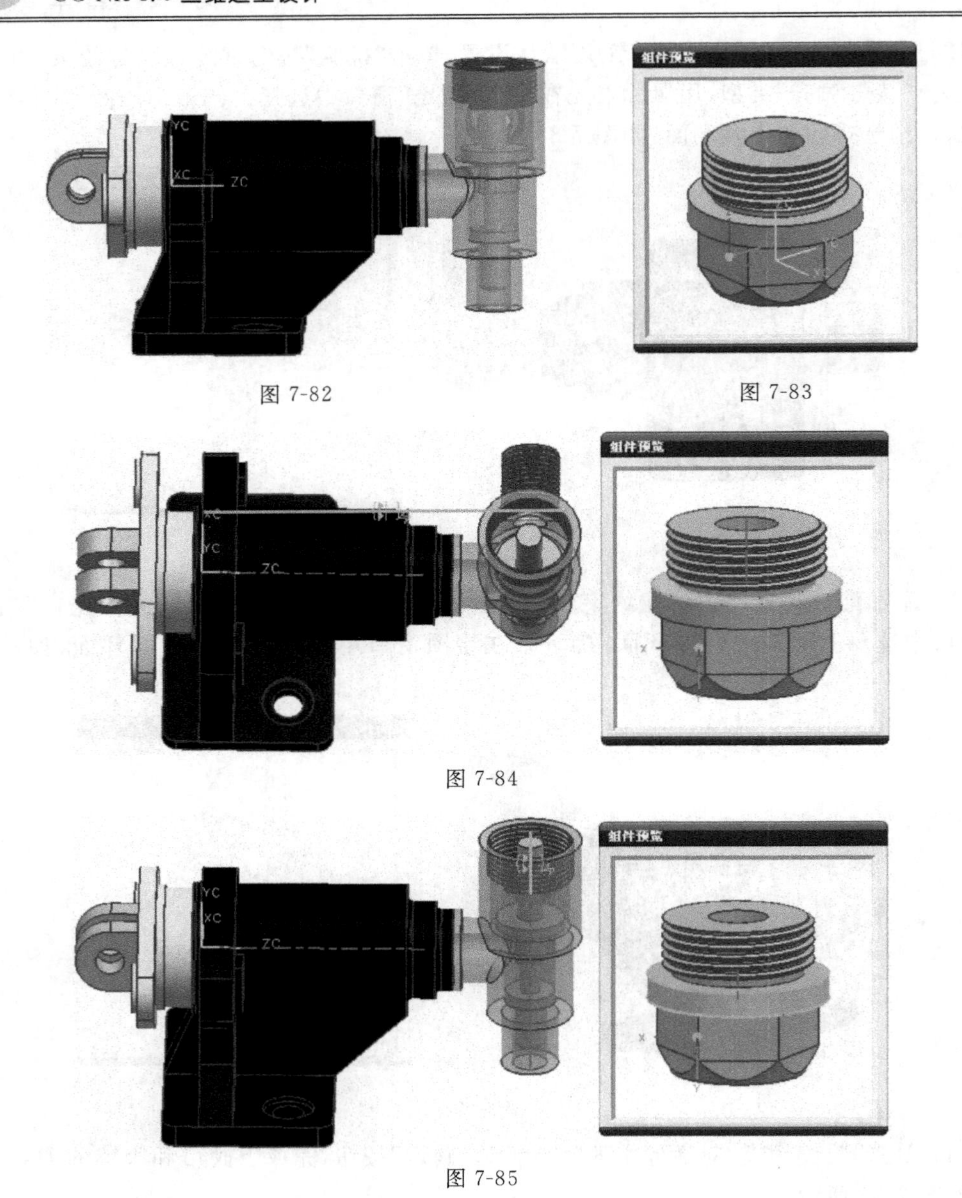

图 7-82

图 7-83

图 7-84

图 7-85

(4) 单击“装配约束”对话框中的“应用”和“确定”按钮，完成阀盖与阀体的配对装配，结果如图 7-86 所示。

7.7.2 柱塞泵爆炸图

1. 打开装配文件

在菜单栏中选择“文件”→“打开”或单击“标准”工具栏中的图标，弹出“部件文件”对话框，弹出柱塞泵的装配文件“beng. prt”，单击“确定”按钮进入装配环境。

2. 建立爆炸视图

(1) 在菜单栏中选择“装配”→“爆炸图”→“新建爆炸图”或单击“爆炸图”工具栏中的图

标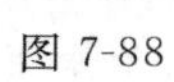，弹出“新建爆炸图”对话框，如图 7-87 所示。

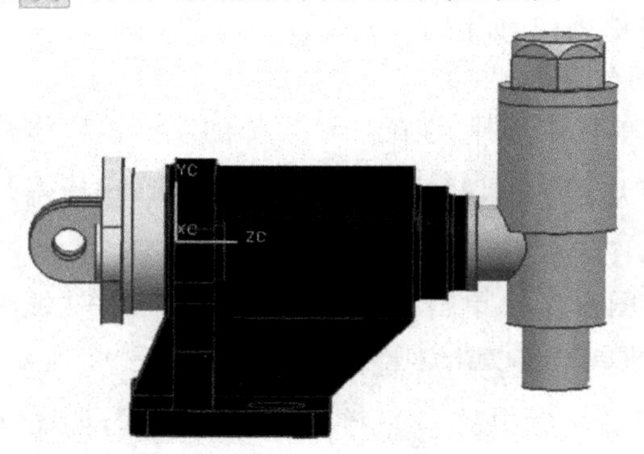

图 7-86

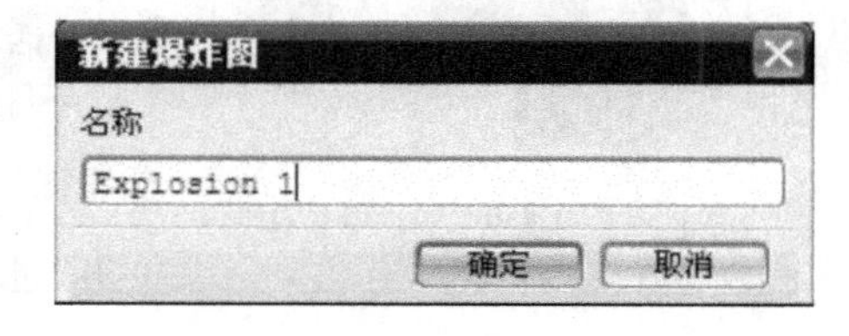

图 7-87

(2) 在“名称”文本框中可以输入爆炸视图的名称，或是接受默认名称。单击“确定”按钮，建立“Explosion 1”爆炸视图。

3. 自动爆炸组件

(1) 单击“爆炸图”工具栏中的图标，弹出“类选择”对话框，如图 7-88 所示。单击“全选”按钮，选择绘图窗口中所有组件，单击“确定”按钮。

(2) 弹出“自动爆炸组件”对话框，如图 7-89 所示，设置“距离”为 20。

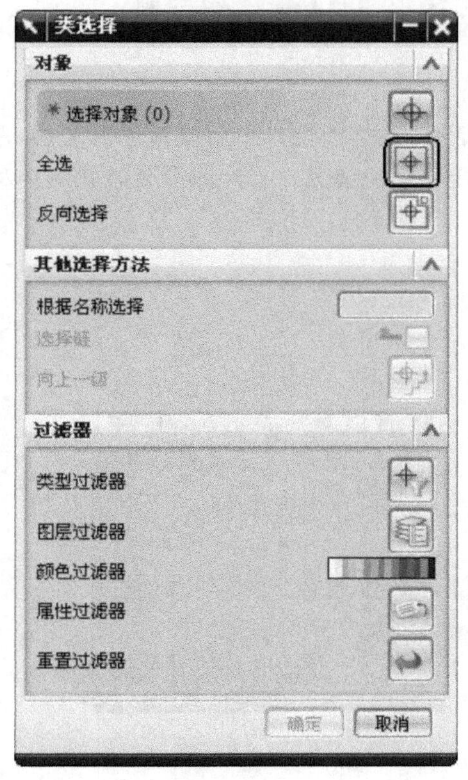

图 7-88

图 7-89

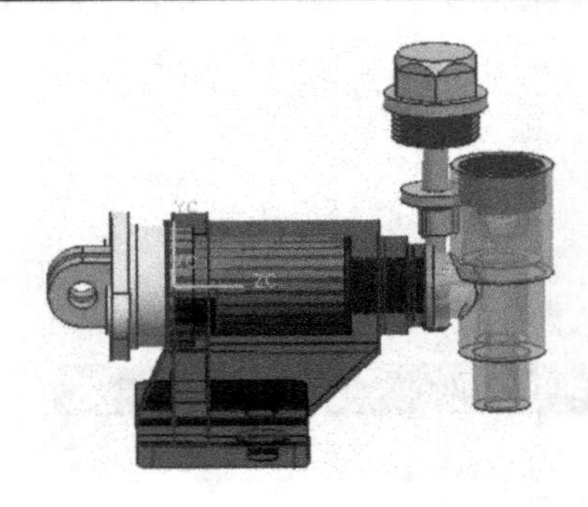

图 7-90

(3) 单击“自动爆炸组件”对话框中的“确定”按钮，完成自动爆炸组件操作，如图 7-90 所示。

4. 编辑爆炸图

(1) 在菜单栏中选择“装配”→“爆炸图”→“编辑爆炸图”或单击“爆炸图”工具栏中的图标，弹出“编辑爆炸图”对话框，如图 7-91 所示。

(2) 在绘图窗口中单击左侧柱塞组件，然后在“编辑爆炸图”对话框单击 移动对象 单选框，如图 7-92 所示。单击“过滤器”工具栏中的，弹出“点”对话框，如图 7-93 所示，设置基点坐标为(0,0,−11)。

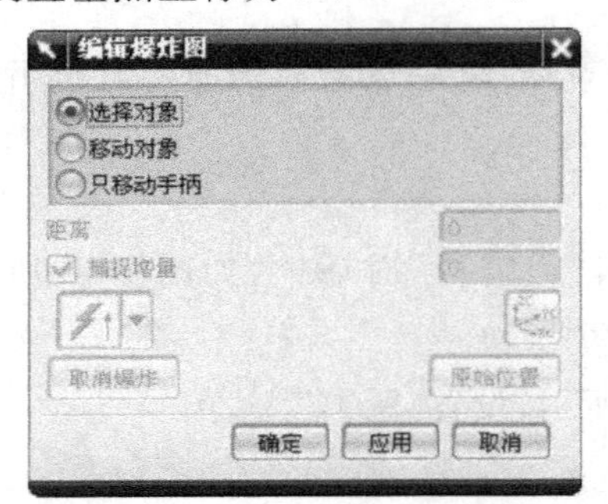

图 7-91

图 7-92

(3) 单击“确定”按钮，回到“编辑爆炸图”对话框，在绘图窗口中用鼠标单击 Z 轴，激活“编辑爆炸图”对话框中的“距离”设定文本框，设定移动距离为−120，即沿 Z 轴负方向移动 120，如图 7-94 所示。

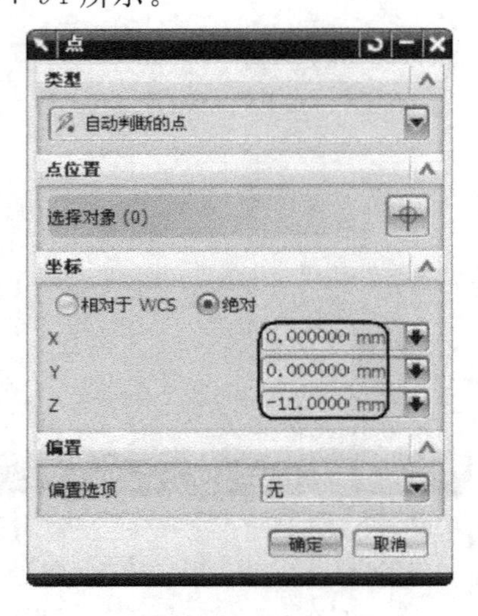

图 7-93

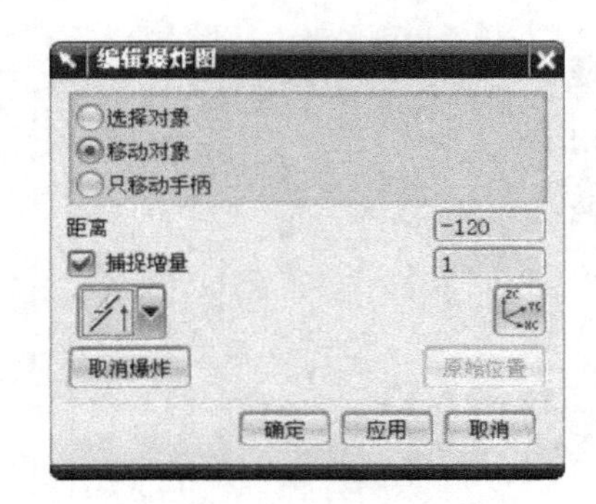

图 7-94

(4) 单击“确定”按钮后，完成对柱塞组件爆炸位置的重定位，结果如图 7-95 所示。

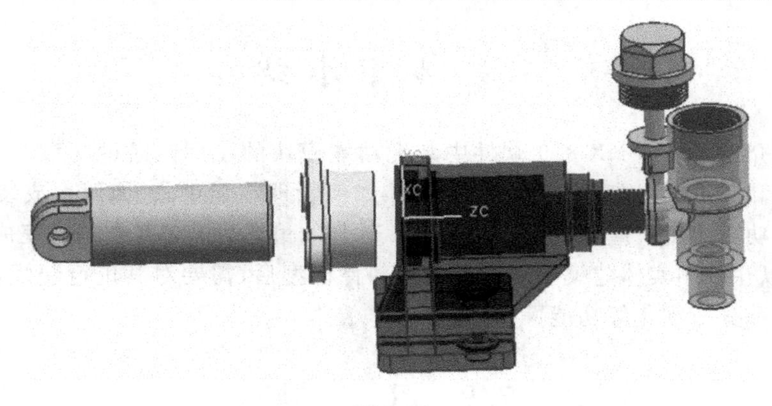

图 7-95

5. 编辑阀体组件

重复调用“编辑爆炸图”命令，将阀体沿 Z 轴正向移动 10，如图 7-96 所示，结果如图 7-97 所示。

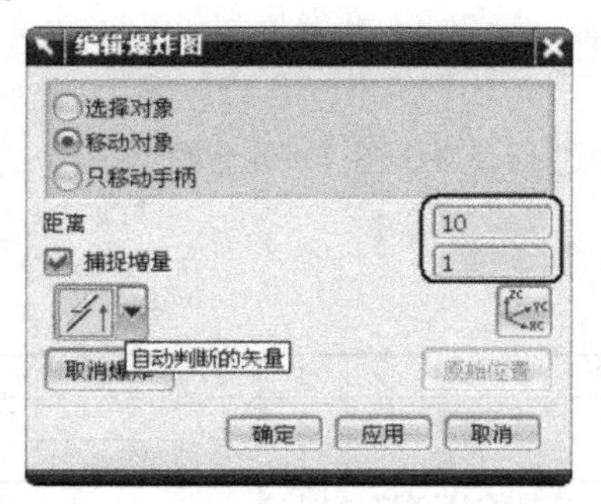

图 7-96

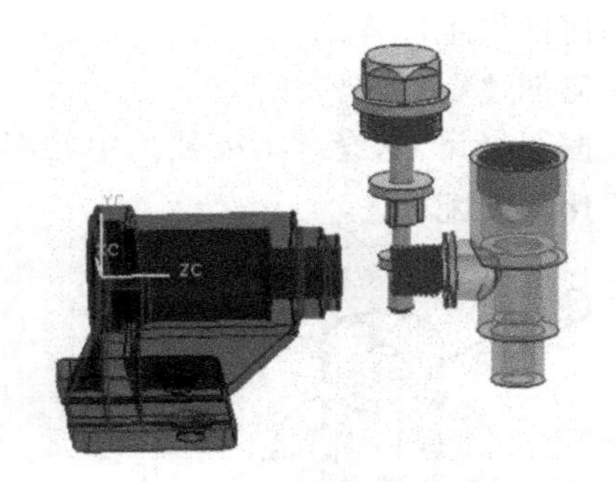

图 7-97

6. 编辑上下阀瓣和阀盖 3 个组件

重复调用“编辑爆炸图”命令，将上下阀瓣以及阀盖 3 个组件分别移动到适当位置，最终完成柱塞泵爆炸图的绘制，结果如图 7-98 所示。

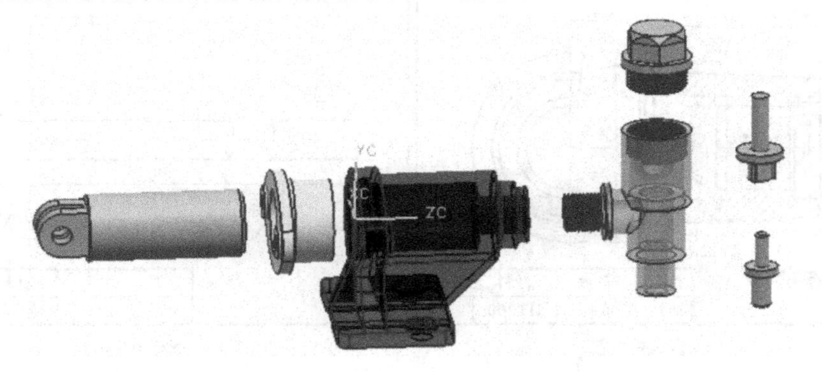

图 7-98

7.8 本章小结

本章详细介绍了 UG NX 8.0 软件中装配功能模块的使用。通过本章的学习，应该了解装配的概念和分类、如何实现零部件的装配、如何管理装配对象、如何生成装配爆炸图和编辑爆炸图等功能应用。应该说用户使用 UG 软件的最终目的都是利用它完成一个复杂机构的设计，所以在应用实体建模功能建立了零部件模型后，需要对其进行装配，这样才能进行后续的仿真和分析优化等功能操作。

7.9 习　　题

1. "自底向上装配"和"自顶向下装配"均应用在什么具体情况下？
2. 什么是引用集？为什么要使用引用集？如何创建和编辑引用集？
3. 组件定位有几种方式？如何操作？
4. 如何操作组件阵列？
5. 如何创建爆炸图？
6. 根据图纸尺寸，设计下列装配中的部件，并进行装配(图 7-99 至图 7-102)。

1) 千斤顶装配体

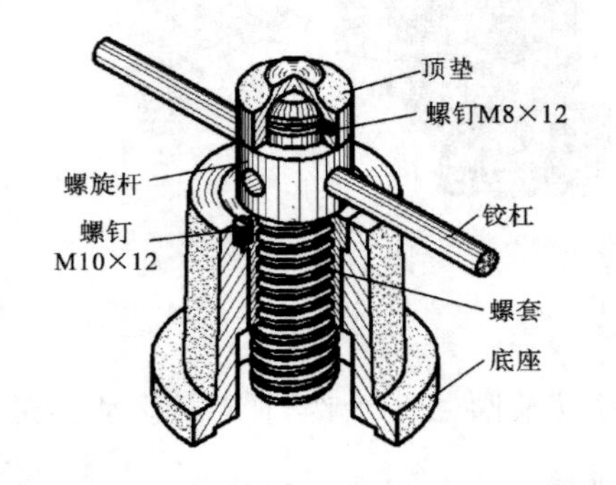

7	顶垫	1	35	
6	螺钉M8×12	1		GB/T75
5	铰杠	1	Q235A	
4	螺钉M12×12	1		GB/T73
3	螺套	1	ZCuA110Fe3	
2	螺旋杆	1	45	
1	底座	1	HT200	
序号	名　　称	件数	材料	备　注

(a) 装配图

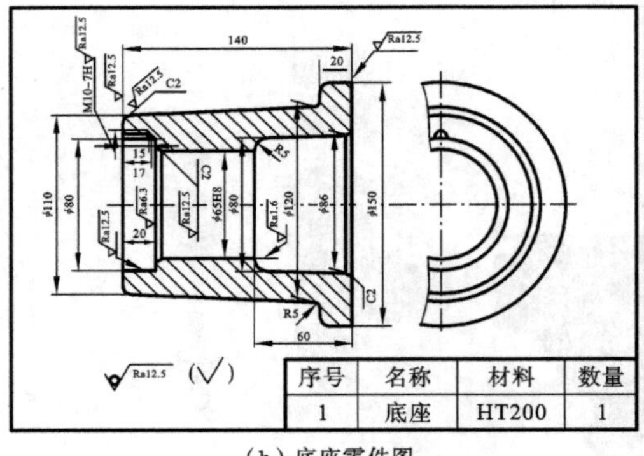

(b) 底座零件图

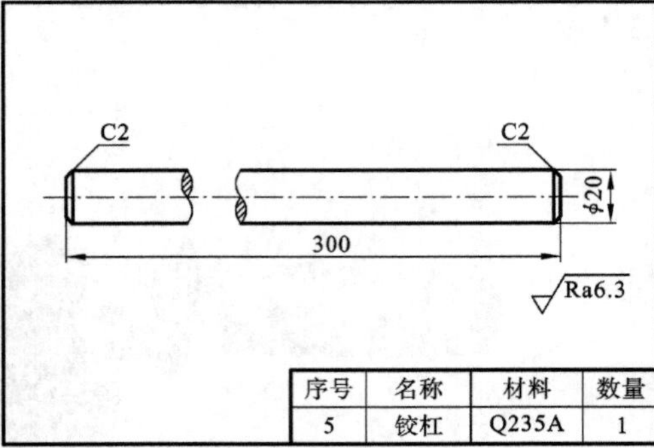

(c) 铰杠零件图

图 7-99　千斤顶装配图及零件图

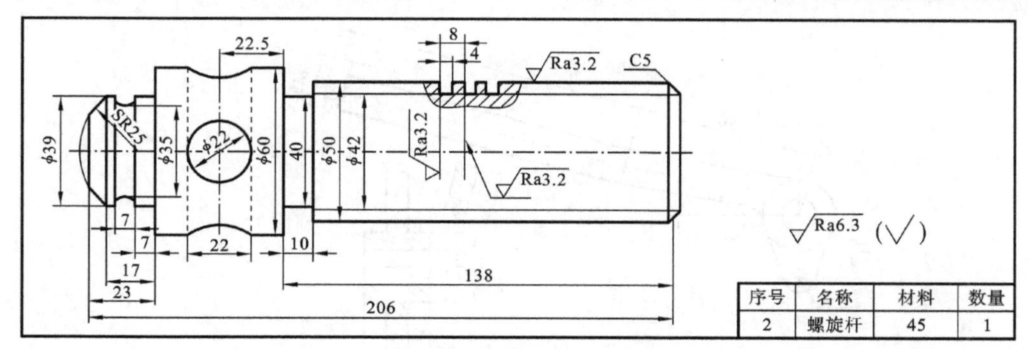

序号	名称	材料	数量
2	螺旋杆	45	1

（d）螺旋杆零件图

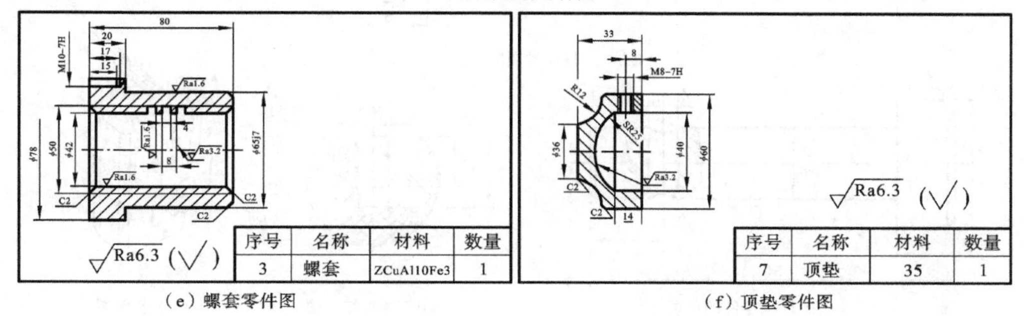

序号	名称	材料	数量
3	螺套	ZCuAl10Fe3	1

序号	名称	材料	数量
7	顶垫	35	1

（e）螺套零件图　　（f）顶垫零件图

续图 7-99

2）某一型号的手压阀装配体

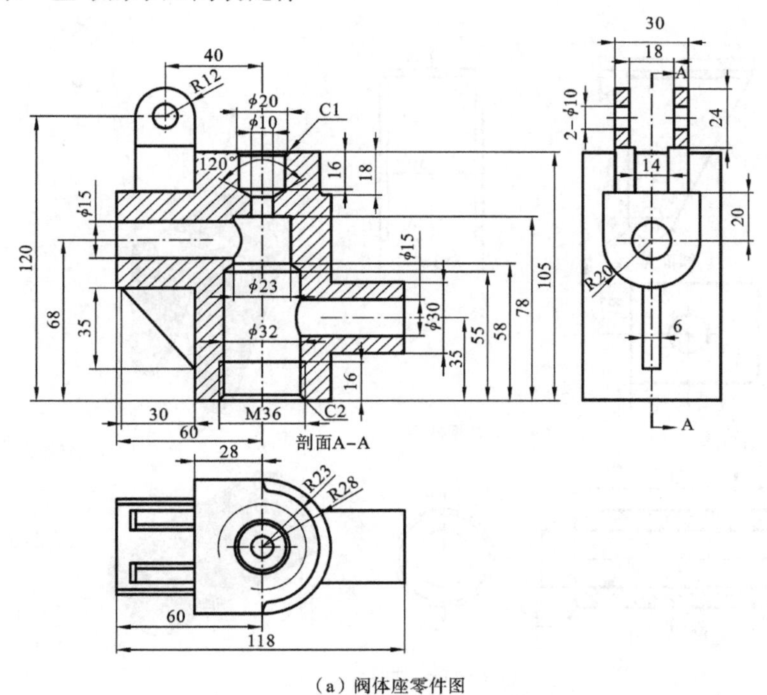

（a）阀体座零件图

图 7-100　手压阀零件图及装配图

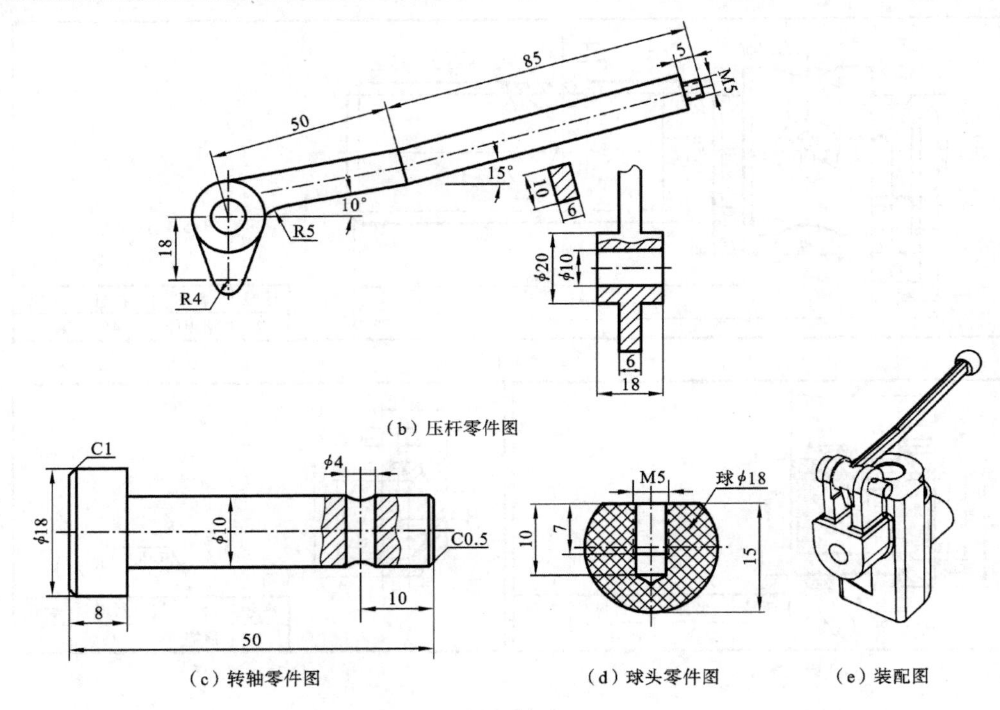

（b）压杆零件图

（c）转轴零件图

（d）球头零件图

（e）装配图

续图 7-100

3）小轮装配体

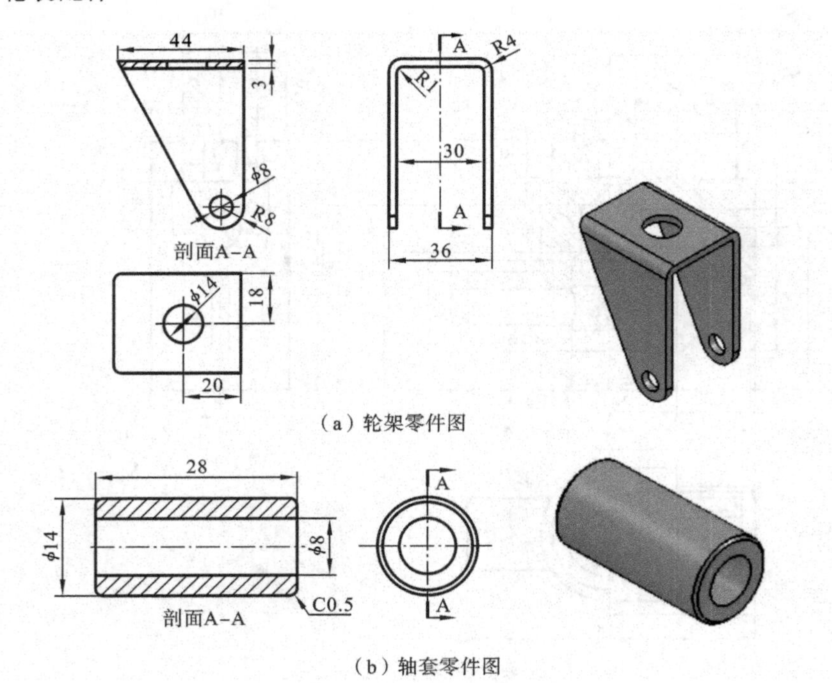

（a）轮架零件图

（b）轴套零件图

图 7-101　小轮零件图及装配图

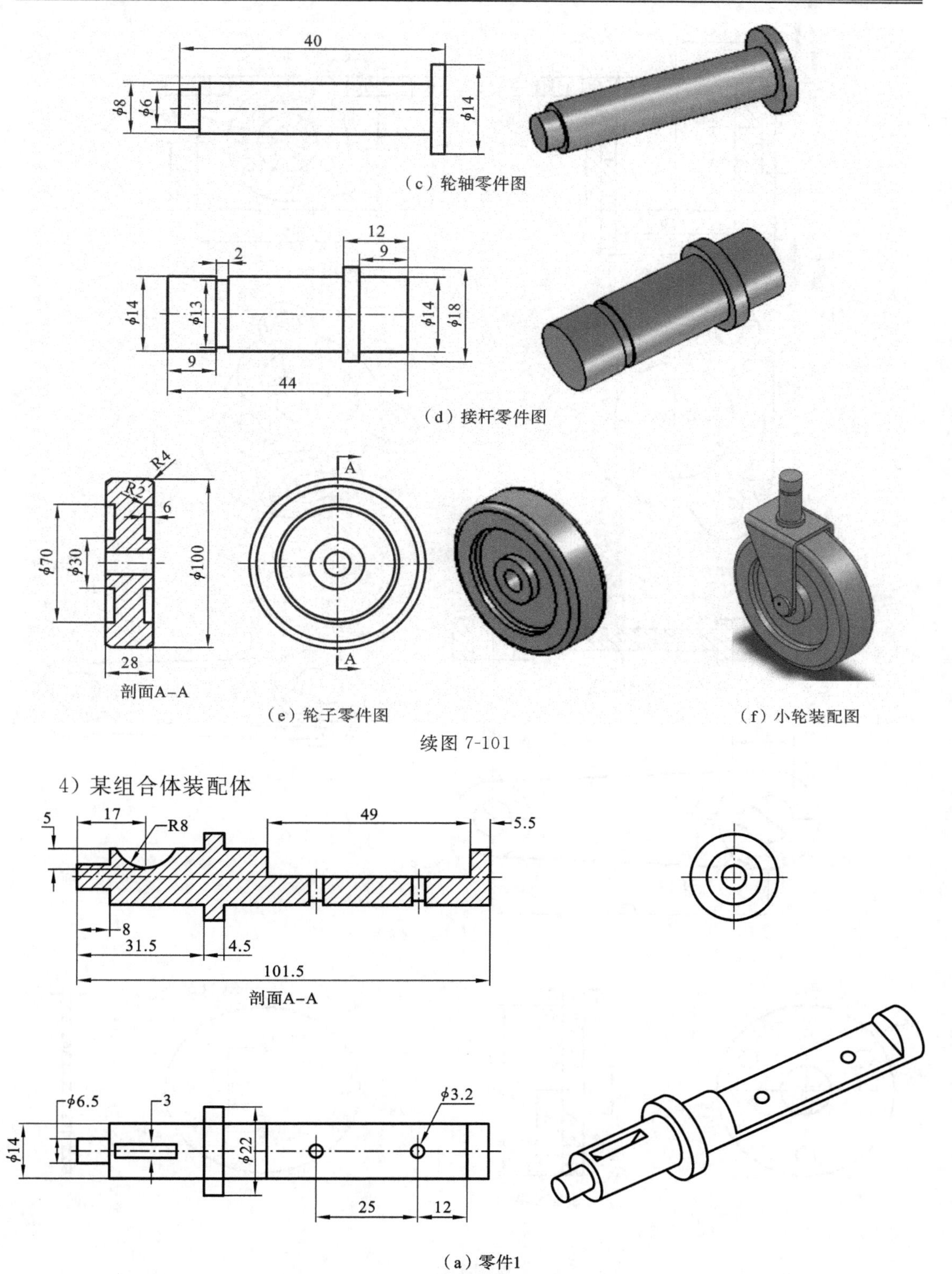

（c）轮轴零件图

（d）接杆零件图

（e）轮子零件图

（f）小轮装配图

续图 7-101

4）某组合体装配体

（a）零件1

图 7-102　某组合体零件图及装配图

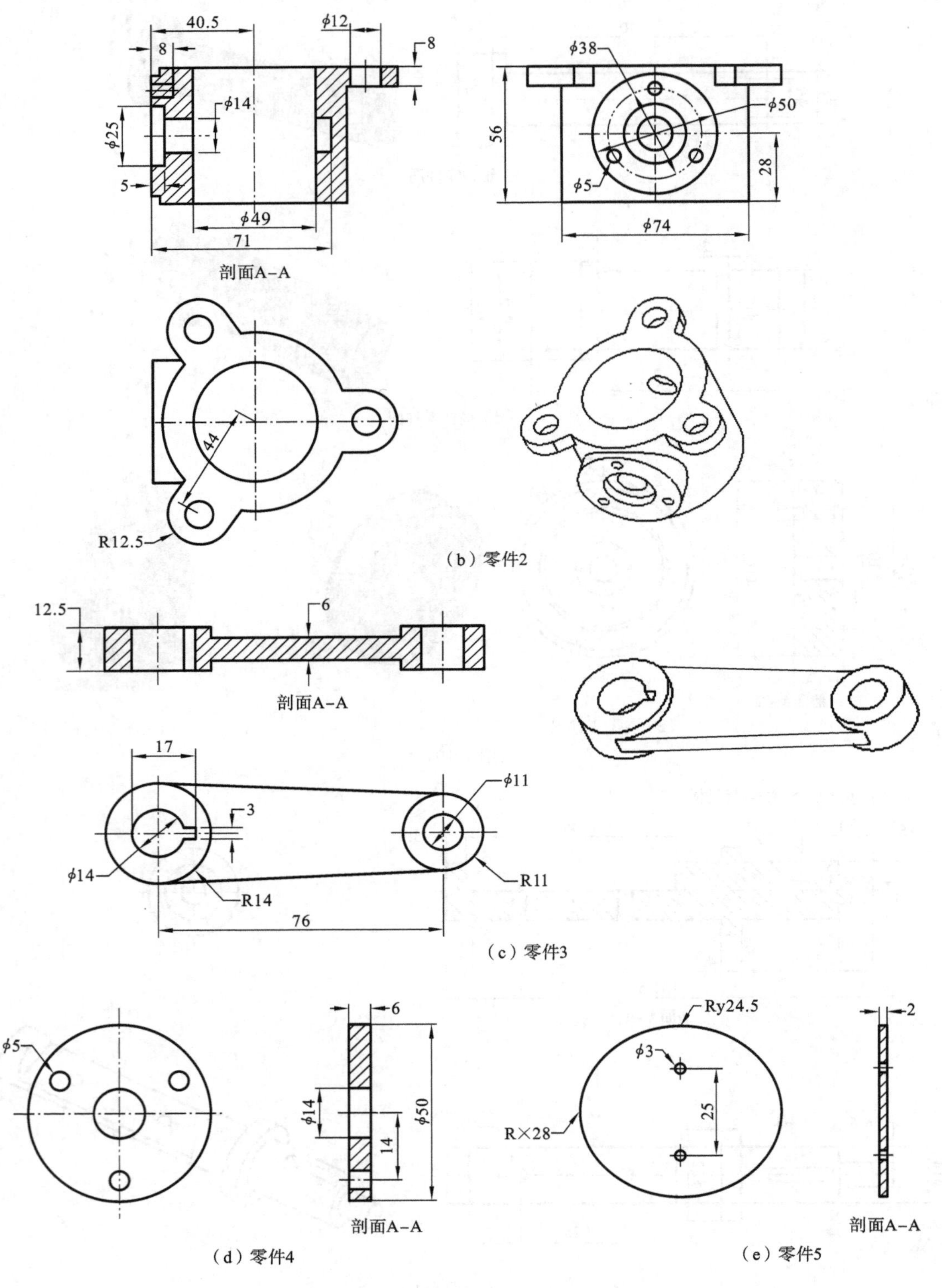

(b) 零件2

(c) 零件3

(d) 零件4

(e) 零件5

续图 7-102

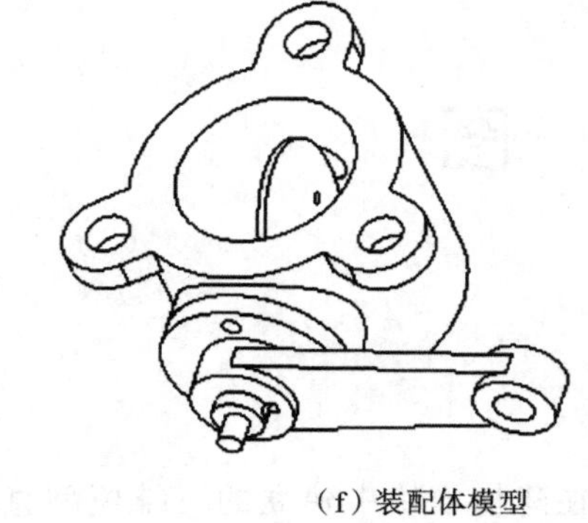

（f）装配体模型

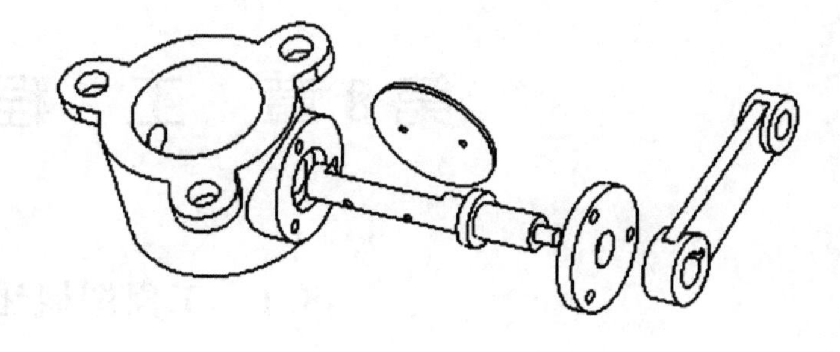

（g）装配体的爆炸图

续图 7-102

第8章 工 程 图

8.1 工程图概述

工程图是 NX 8.0 应用模块中的一个，它可通过用户在建模模块中建立的三维模型直接生成各种所需视图，并经过标注尺寸等得到最终的二维工程图。由此产生的二维图与三维模型之间紧密相连，当三维模型发生改变，工程图也可随之更改。

在工程图模块中，用户可方便地创建各种视图，对图纸进行各种标注。其主要功能有：图纸管理、制图首选项、视图创建、视图编辑、尺寸标注等。而 NX 8.0 相对于其他版本来说改善和增加了许多新的功能，本章仅详细介绍常用的部分。

本章内容在讲解软件使用的同时考虑到了与机械制图课程内容以及制图标准相融合的问题，同时也简单讲解了 NX 8.0 软件工程图与 AutoCAD 数据转换的问题。

8.2 图 纸 管 理

8.2.1 新建工程图

若此时 NX 8.0 窗口中需要创建二维工程图的零件（或部件）已经打开，则单击“开始”→“制图”，进入工程图模块。进入工程图模块后，图形区域仍然显示的是零件三维图形。这时，再单击“图纸”工具条的“新建图纸页”按钮，出现如图 8-1 所示“图纸页”对话框。

“使用模板” 勾选此选项时，列表中出现系统自带的制图模板可控选择。“设置”选项卡中的“单位”选项和“投影”选项均为不可编辑状态，如图 8-2 所示。

“标准尺寸” 勾选此选项时，“大小”选项的下拉列表中出现一系列标准大小的制图模板。而“比例”选项中的下拉列表则用于选择绘图比例，如图 8-3 所示。

“定制尺寸” 勾选此选项时，对话框中出现“高度”“长度”“图纸页名称”“页号”“版本”等由用户自己对图纸页进行设置，如图 8-4 所示。

勾选“自动启动视图创建”，选择“视图创建向导”选项，用于系统引导用户一步步完成工程图的设置和绘制；选择“基本视图命令”选项，则下一步直接出现“基本视图”对话框，以创建基本视图。

8.2.2 编辑工程图

单击“制图编辑”工具条的按钮“编辑图纸页”，系统弹出如图 8-5 所示对话框，可对图纸进行相关编辑。

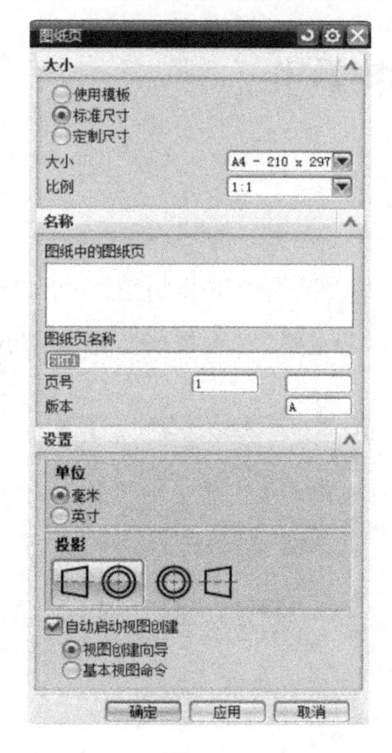

图 8-1

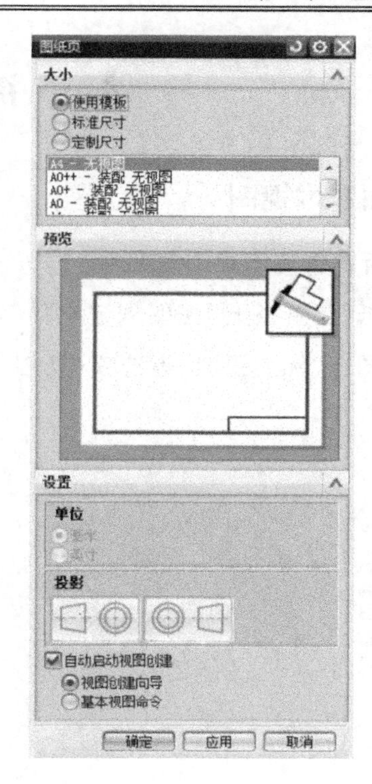

图 8-2

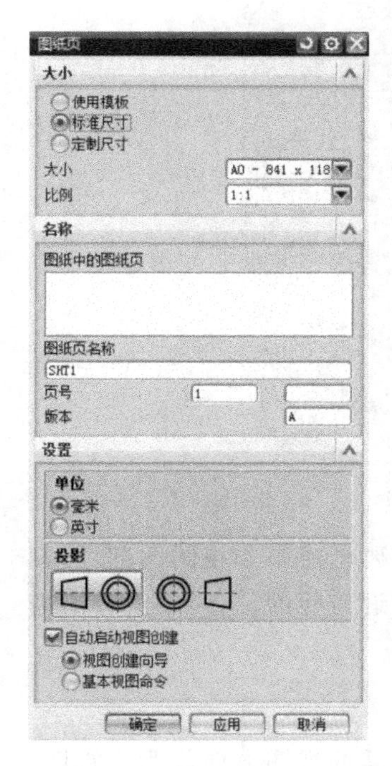

图 8-3

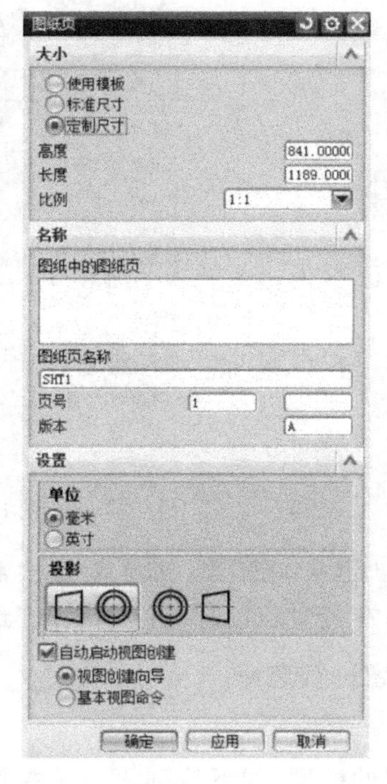

图 8-4

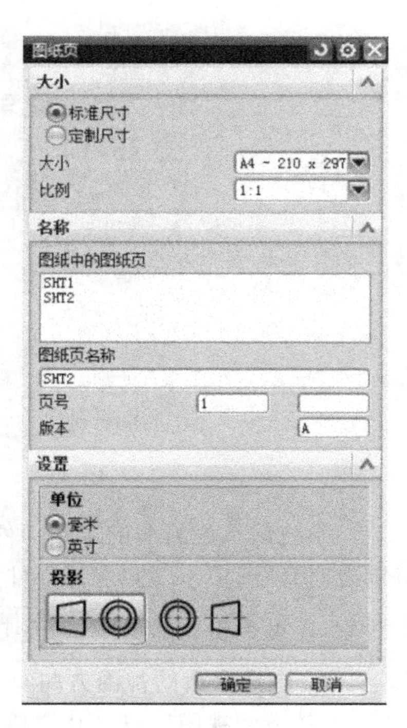

图 8-5

8.3 视图操作

8.3.1 添加基本视图

1. 选择所需创建工程图的部件

单击“图纸”工具条上“视图创建向导”按钮，展开下拉列表，会出现“视图创建向导”、“基本视图”、“标准视图”等选项(见图 8-6)，若选择“基本视图”，系统弹出“基本视图”对话框(见图 8-7)。

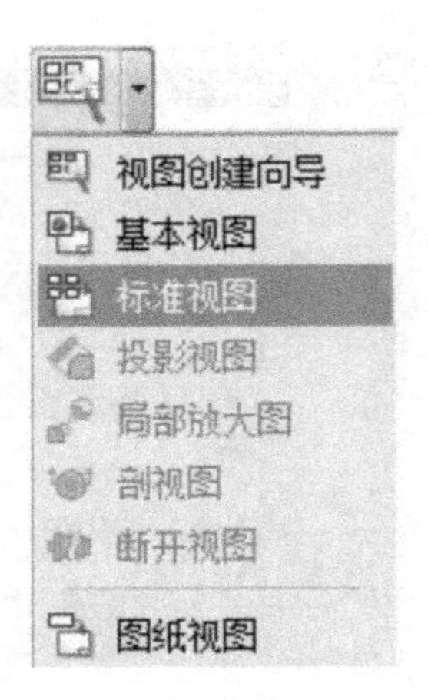

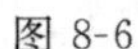

图 8-6

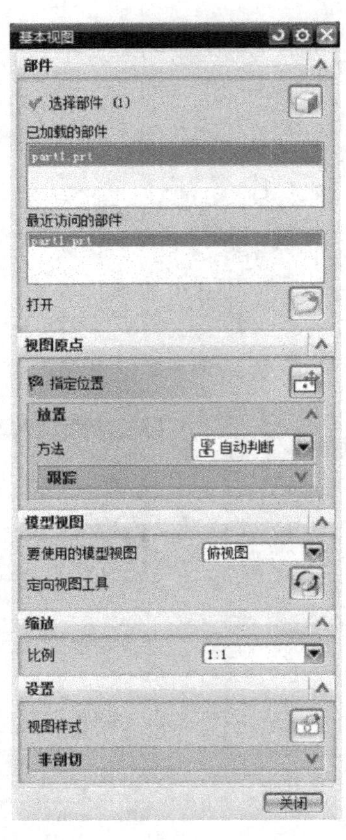

图 8-7

系统默认为当前的工作部件创建基本视图。如果要更换需要创建基本视图的部件，则单击“部件选项卡”的“选择部件”，在“已加载的部件”列表或“最近访问的部件”中选择所需对象，还可单击对话框中的按钮进行选择。

2. 选择合适的视图方向

在“模型视图”一栏中“要使用的模型”的下拉列表里选择所需的视图方向作为主视图。若列表中没有所需的视图方向，则单击“定向视图工具”的按钮，将主视图调整成所需的视图方向。

3. 为视图创建比例

在“缩放”一栏比例的下拉列表中设置合适的比例。

4. 设置视图样式

单击“设置”一栏的“视图样式”按钮，对图纸进行相关设置。

5. 放置视图

单击“视图原点”的“指定位置”按钮，然后在图纸中选择合适的位置单击放置视图。放置完毕后，系统自动弹出“投影视图”的对话框，如图 8-8 所示。

8.3.2 添加投影视图

1. 选择父视图

单击“图纸”工具条上“视图创建向导”按钮，展开下拉列表，选择“投影视图”(在创建基本视图以后，原下拉列表中灰色不可选的几项已经变亮成可选状态)，系统弹出“投影视图”对话框，如图 8-8 所示。此时，系统默认放置的第一个视图为父视图，并依次创建其投影视图。也可单击“父视图”选项的“选择视图”按钮，选择其他视图作为父视图。

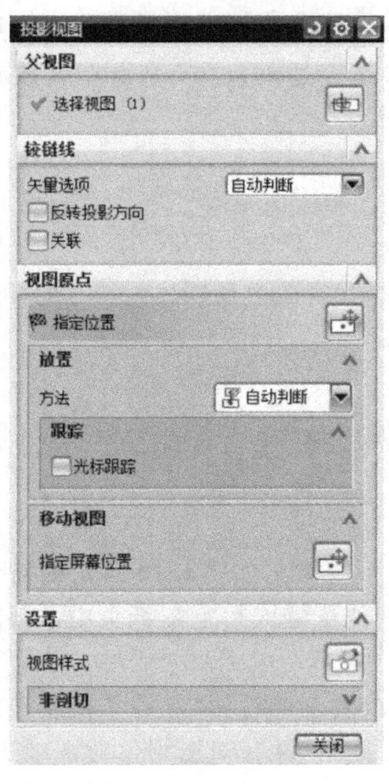

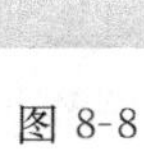

图 8-8

图 8-9

2. 铰链线

“铰链线”一项的“矢量选项”下拉列表中，“自动判断”是用于设置使系统基于父视图自动判断投影方向。而选中“已定义”则需用户手动定义一个矢量作为投影方向。“反转投影方向”用于设置是否采用反转投影。

3. 指定投影视图位置

铰链线设置好后，便可在图形区域中的合适位置单击以放置视图。

4. 其他

单击“移动视图”中的“指定屏幕位置”可将视图放在图纸的任意地方，并可通过视图样式对投影视图进行相关设置。

8.3.3 添加局部放大视图

单击“图纸”工具条上的“局部放大图”按钮，系统弹出“局部放大图”对话框，如图8-9所示。

1. 指定局部放大图边界类型

在“类型”下拉列表中有三种类型的局部放大图边界可供选择：通过指定圆心和半径绘制圆形局部放大图边界；通过指定两对角点绘制矩形局部放大图边界；通过指定中心和一拐角点绘制矩形局部放大图边界。

2. 选择父视图

单击“父视图”的“选择视图”按钮，然后将鼠标移至所需创建局部放大图的视图边界，待视图边界显亮时单击选择视图。再将鼠标移至合适的地方，单击左键放置局部放大图。

3. 定义缩放比例

在“缩放”一栏的“比例”下拉列表中选择合适的比例值。

4. 定义父项上的标签

在“父项上的标签”一栏的“标签”下拉列表中选择父视图上局部放大符号的样式。主要有“无”、“圆”、“注释”、“标签”、“内嵌”、“边界”六种。

5. 设置局部放大视图的样式

单击“设置”一栏的“视图样式”按钮，对局部放大视图的样式进行设置。

8.3.4 移动/复制视图

单击“图纸”工具条中的“移动/复制视图”按钮，系统弹出如图8-10所示的对话框以及跟踪条，用户可将视图移动或复制到当前图纸页的其他位置或另一图纸页中。跟踪条则可以在将要移动/复制的位置输入具体坐标值。

首先在当前图纸页或选择列表中选择需要移动或复制的视图，然后单击相应的操作按钮进行移动或复制。勾选“复制视图”可对视图进行复制，没有勾选则仅对图纸进行移动。“视图名”一栏用于给复制的新视图命名。勾选“距离”并输入具体数值，可使视图按所输入的距离进行移动/复制。

至一点：将视图移动/复制到当前图纸页的某一点。

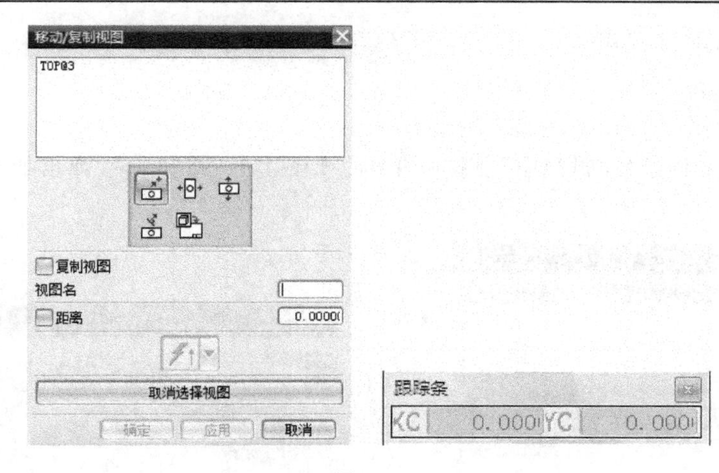

图 8-10

水平:将视图水平移动/复制到当前图纸页的某一点。

竖直:将视图竖直水平移动/复制到当前图纸页的某一点。

垂直于直线:将视图垂直于某直线移动/复制到当前图纸页的某一点。

至另一图纸:将视图移动/复制到另一图纸页。

8.3.5　对齐视图

单击“图纸”工具条“编辑视图”下拉菜单的“对齐视图”按钮，弹出如图 8-11 所示对话框。

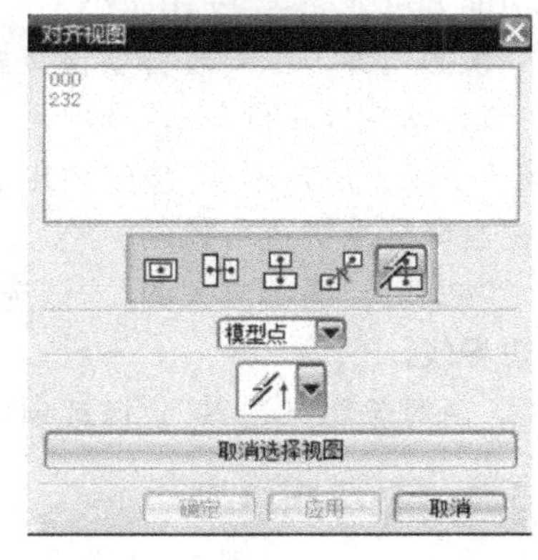

图 8-11

选择在列表中列出当前图纸页中的所有视图以供用户进行选择。系统提供了五种对齐方式。

(1) 叠加　两视图中心对齐。

(2) 水平　两视图水平对齐。

(3) 竖直　两视图竖直对齐。

(4) 垂直　两视图中心连线垂直于所选直线。

(5) 自动判断　自动判断对齐方式。

视图对齐下拉菜单中有三个选项。

模型点:用于选择模型中的一个点为基准点进行对齐。

视图中心:用于指定所选视图的中心为基准点进行对齐。

点到点:用于使两视图按所选视图中分别指定的点进行对齐。

“取消选择视图”用于取消先前所选视图,并可重新进行选择。

使用“对齐视图”命令时,应先指定对齐选项(“模型点”、“视图中心”或“点到点”),再选择视图，最后设置对齐方式。

8.3.6 视图边界

单击“图纸”工具条“编辑视图”下拉菜单的“视图边界”按钮，弹出如图 8-12 所示对话框。

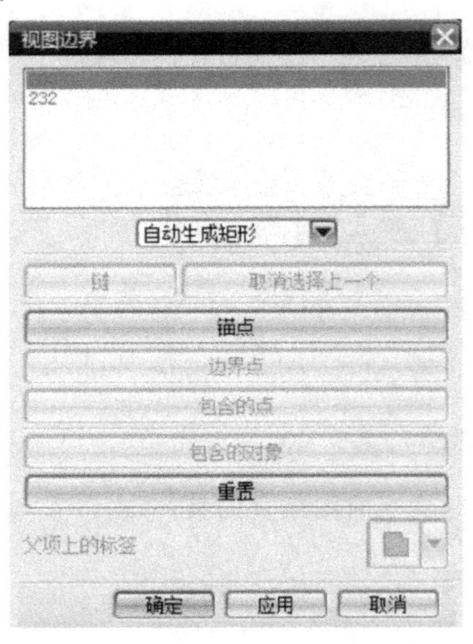

图 8-12

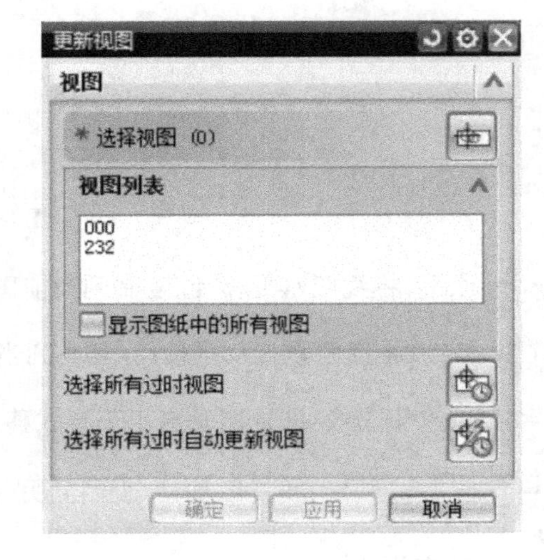

图 8-13

在选择列表中列出当前图纸页的所有视图以供用户进行选择。选择好所需视图后，其他功能方可显亮，呈使用状态。

视图边界下拉列表各项含义如下。

“自动生成矩形” 该选项用于将所选视图边界自动定义成矩形。

“手工生成矩形” 该选项用于使用手动方式为所选视图自动定义矩形边界，其大小可按住由鼠标左键进行拖动。

“断裂线/局部放大图” 该选项用于定义将所选截断线或局部放大视图边界作为该视图边界线。

“由对象定义边界” 该选项用于通过选择所要包围的对象来定义视图的范围。

8.3.7 显示图纸页

单击“图纸”工具条的“显示图纸页”按钮，用于使用户根据需要在图形窗口内进行模型和图纸页之间的显示切换。

8.3.8 视图更新

单击“图纸”工具条的“更新视图”按钮，系统弹出如图 8-13 所示对话框，用户可对相应视图进行更新。

视图列表中列出了当前图纸页可供选择的视图。用户也可勾选“显示图纸中的所有视图”来显示当前图纸页的所有视图。还可选择所有过时视图手动更新，也可设置所有过时视图自动更新。

8.4 剖 视 图

8.4.1 简单剖视图

单击“图纸”工具条上的“视图创建向导”按钮，展开下拉列表，选择“剖视图”，系统弹出“剖视图”对话框，如图8-14所示。

1. 选择父视图

单击移至视图边界，选择所需创建剖视图的父视图。剖视图对话框切换成如图8-15所示的样子。

图8-14

图8-15

2. 铰链线

选择俯视图后系统自动提示定义铰链线(即剖切线)的位置。选择铰链线所在直线所经过的一点来放置铰链线，然后将鼠标移至合适的位置放置剖视图。当鼠标选择铰链线通过点后，移动鼠标，铰链线会以选择点为中心旋转，并自动生成对应的剖视图。

3. 截面线

当要创建阶梯剖视图时，单击截面线“添加段”按钮，然后选择剖切线经过的另一个点。所有剖切线段创建完毕后，单击“放置视图”按钮，将鼠标移至合适的区域放置剖视图。

8.4.2 半剖视图

单击“图纸”工具条上的“视图创建向导”按钮，展开下拉列表，选择“剖视图”，系统弹出“半剖视图”对话框，如图8-16所示。

图8-16

图8-17

1. 选择父视图

单击移至视图边界，选择所需创建剖视图的父视图。剖视图对话框切换成如图8-17所示的样子。

2. 铰链线

选择俯视图后系统自动提示定义铰链线(即剖切线)的位置。选择剖切线所经过的一点来放置剖切线,见图 8-18。然后选择一点定义折弯线位置,见图 8-19。当定义铰链线通过点后,移动鼠标,铰链线始终以选定的两点为定点旋转,并自动生成对应的剖视图,如图8-20所示。

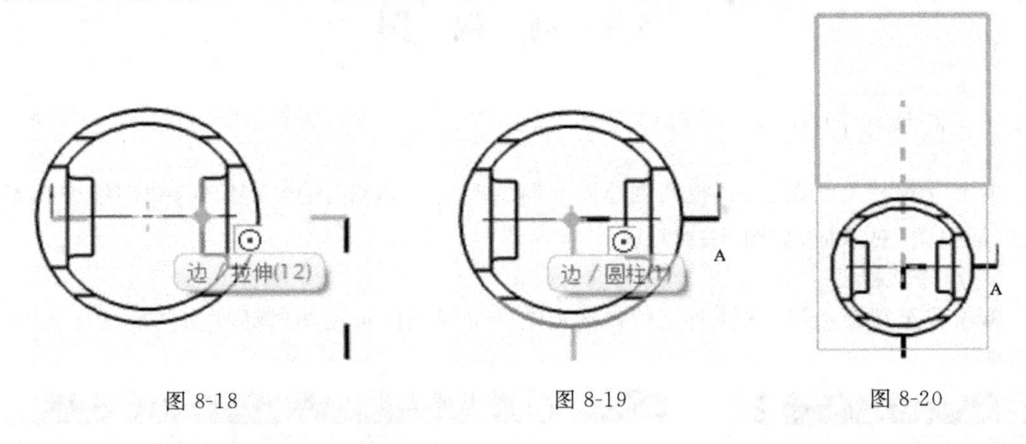

图 8-18　　图 8-19　　图 8-20

8.4.3 旋转剖视图

单击"图纸"工具条上"视图创建向导"按钮,展开下拉列表,选择"旋转剖视图",系统弹出"旋转剖视图"对话框,如图 8-21 所示。

图 8-21　　图 8-22

1. 选择父视图

单击移至视图边界,选择需要创建旋转剖视图的父视图。"旋转剖视图"对话框切换成如图 8-22 所示的样子。

2. 铰链线

选择俯视图后系统自动提示定义铰链线(即剖切线)的位置。先选择铰链线的旋转点来放置剖切线(见图 8-23),然后选择一点定义第一段剖切线位置(见图 8-24),再选择一点定义第二段剖切线位置(见图 8-25)。当定义铰链线通过点后,移动鼠标,在合适的位置放置系统自动生成的旋转剖视图。

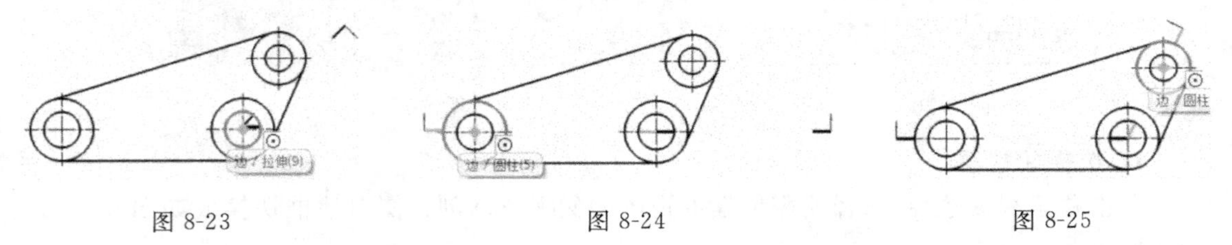

图 8-23　　图 8-24　　图 8-25

8.4.4　局部剖视图

1. 绘制局部剖视图边界

（1）在需要进行局部剖切的视图内单击鼠标右键，勾选“扩展”，视图进入可编辑状态。

（2）单击“曲线”工具条的艺术样条按钮，弹出如图 8-26 所示的对话框。将“参数化”一栏的“度”设置为“2”，并勾选上“封闭的”选项，在局部剖位置绘制局部剖的边界线，如图8-27 所示。

图 8-26

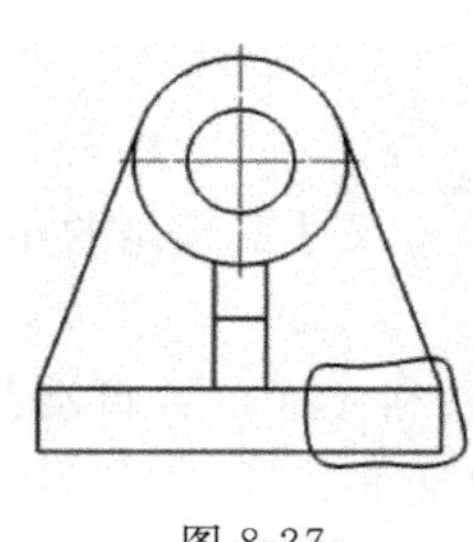

图 8-27

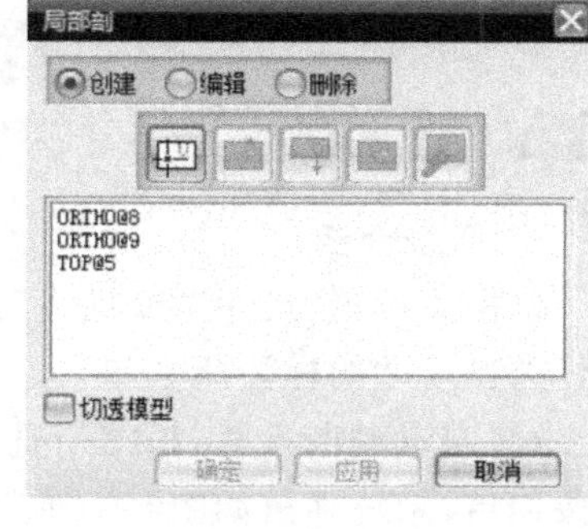

图 8-28

2. 创建局部剖视图

（1）单击“图纸”工具条上的“局部剖视图”按钮，系统弹出如图 8-28 所示的“局部剖”对话框。

（2）“局部剖”对话框显亮按钮提示选择需要创建局部剖视图的父视图。选择视图后，对话框切换成如图 8-29 所示样子。父视图可在对话框下方的列表中选择，也可在图形区域进行选择。

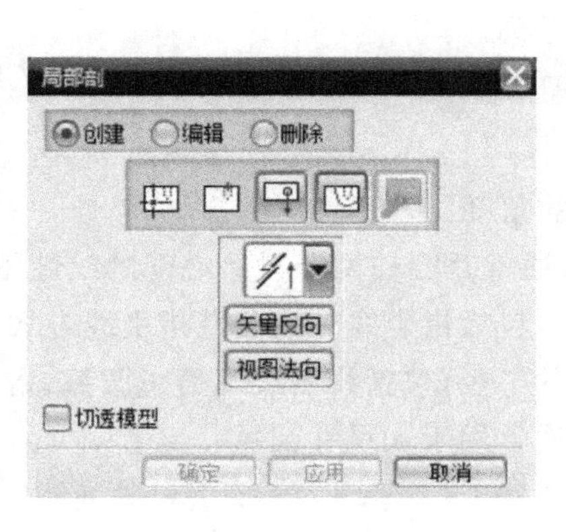

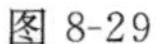

图 8-29

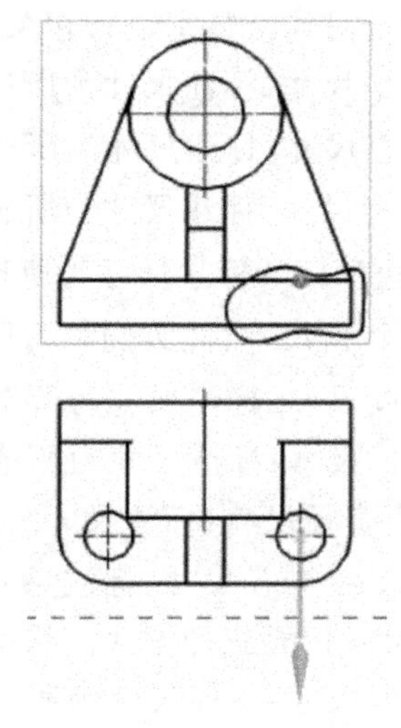

图 8-30

（3）选好父视图（本例中选择主视图为父视图）以后，系统提示指出基点（图 8-30 箭头起点)，即剖切起始位置。

(4) 接下来系统提示指出拉伸矢量，即需局部剖切的一边，如图 8-30 所示箭头所指方向。

(5) 拉伸矢量选择好以后，单击对话框中的"选择曲线"按钮，选择第 1 步中绘制的样条曲线。当用户对样条边界位置不满意时，可勾选"捕捉作图线"，并选择样条曲线的一边界点重新移动到合适位置。单击应用，局部剖视图便创建完成。

8.5 工程图标注

8.5.1 尺寸标注

1. 命令介绍

单击菜单栏"尺寸"→"插入"或单击尺寸工具条的相应按钮，可对工程图进行尺寸标注。各种类型尺寸的标注命令如下。

自动判断尺寸：根据所选对象和光标位置自动判断尺寸的类型并进行标注。单击该按钮后，系统弹出如图 8-31 所示对话框。

图 8-31

"值"一栏的两个下拉菜单用于设置尺寸数字的显示类型和小数点后显示的位数。"文本"一栏用于对尺寸数字进行相关编辑。"设置"一栏用于对尺寸标注样式进行设置。

水平尺寸：标注尺寸为所选对象的水平距离。

竖直尺寸：标注尺寸为所选对象的竖直距离。

平行尺寸：标注尺寸为所选对象的最短距离。

垂直尺寸：标注尺寸为所选对象的垂直距离。

倒斜角尺寸：此为倒斜角标注尺寸。

角度尺寸：标注尺寸为所选对象间所夹的角度。

圆柱尺寸：标注尺寸为所选对象的直径，通常是圆柱两个对象之间的线性距离。

， 直径尺寸：标注尺寸为所选圆的直径，包括指引线方式和双指引线方式。

，， 半径尺寸：标注尺寸为所选圆弧的半径，包括指引线不通过圆弧、指引线通过圆弧和指引线折叠三种方式。指引线折叠方式通常用于大尺寸圆弧。

厚度尺寸：标注尺寸为所选曲线间的厚度。

弧长尺寸：标注尺寸为所选圆弧的长度。

周长尺寸：标注尺寸为所选直线和圆弧的集体长度。

特征参数：将孔和螺纹参数(以标注的形式)或草图尺寸继承到图纸页。

水平链尺寸：创建一组水平尺寸，其中每个尺寸与其相邻尺寸共享端点。

竖直链尺寸：创建一组竖直尺寸，其中每个尺寸与其相邻尺寸共享端点。

水平基线尺寸：创建一组水平尺寸，所有尺寸共享一条公共基线。

竖直基线尺寸：创建一组竖直尺寸，所有尺寸共享一条公共基线。

坐标尺寸：用于标注从公共点沿一条坐标基线到某一位置的距离。

2. 操作方法

(1) 单击尺寸工具条的“自动判断尺寸”按钮(或根据需要选择相应的尺寸类型)。系统弹出如图 8-31 所示的自动判断尺寸对话框。

(2) 设置尺寸样式。单击“自动判断尺寸”对话框中设置一栏的“尺寸标注样式”按钮，系统弹出如图 8-32 所示的“尺寸标注样式”对话框，它包含“尺寸”、“直线/箭头”、“文字”、“单位”、“层叠”共五个选项卡，分别用于定义尺寸样式中的各个方面。

①“尺寸”选项卡　主要用于设置尺寸线的样式、尺寸标注的方式、尺寸的放置类型等，如图 8-32 所示。

②“直线/箭头”选项卡　主要用于设置尺寸线箭头样式、尺寸线的线形和颜色等，如图 8-33 所示。

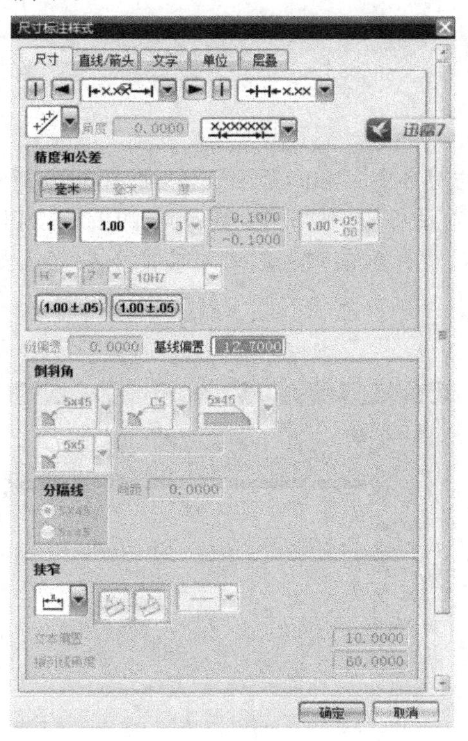

图 8-32

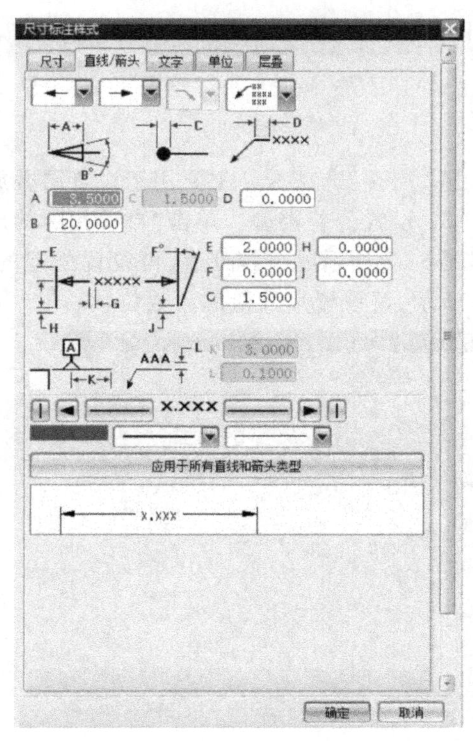

图 8-33

③“文字”选项卡　主要用于设置文本对齐方式、尺寸和附加文本等的文字格式等，如图 8-34 所示。

④“单位”选项卡 主要用于设置尺寸的单位和尺寸的表现形式等，如图 8-35 所示。

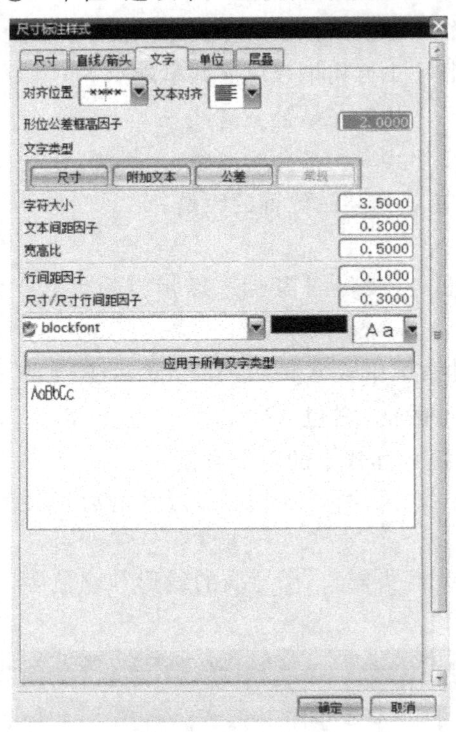

图 8-34

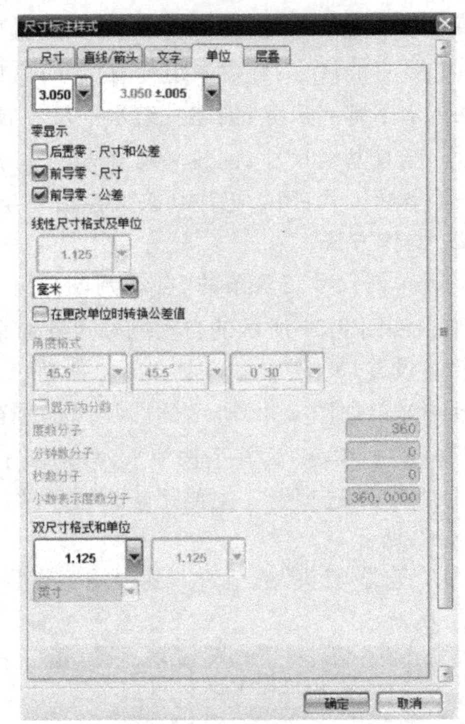

图 8-35

⑤“层叠”选项卡 主要用于设置层叠放置的对齐方式和间距因子等，如图 8-36 所示。

(3) 设置公差类型。单击“自动判断的尺寸”对话框中“值”一栏中 1.00 ▾ 的下拉按钮，弹出如图 8-37 所示的下拉列表，可设置公差的类型。“标称值”按钮 1▾ 对应的下拉列表如图 8-38 所示，可设置尺寸值的小数位数。

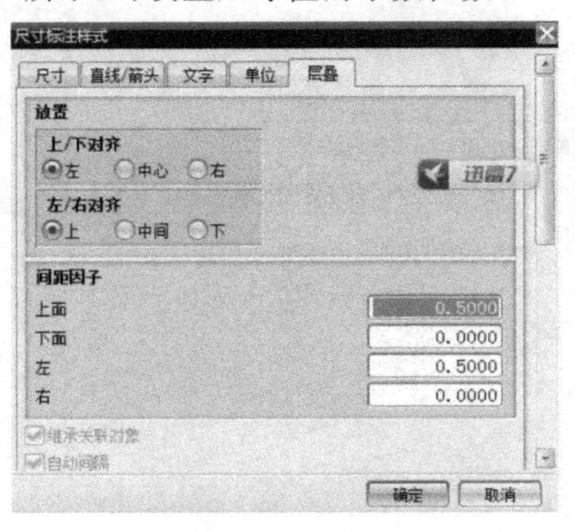

图 8-36

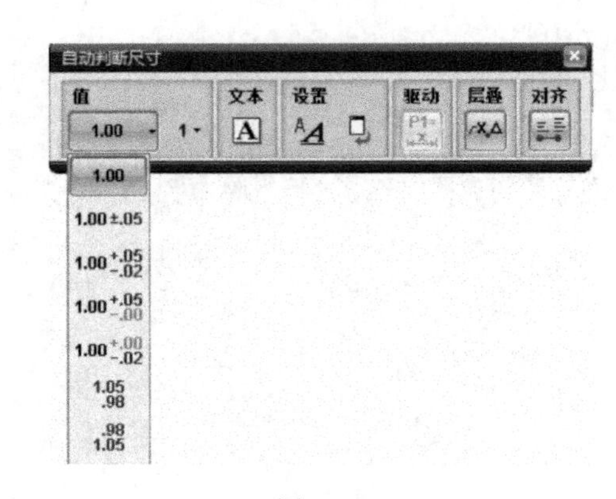

图 8-37

(4) 编辑文本。单击“自动判断的尺寸”对话框中“文本”一栏的按钮 A，弹出如图 8-39 所示的“文本编辑器”对话框，可对所标尺寸进行修改和进一步的编辑。

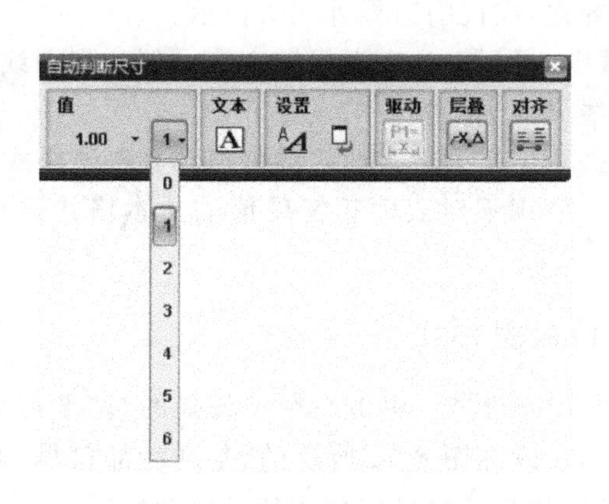

图 8-38

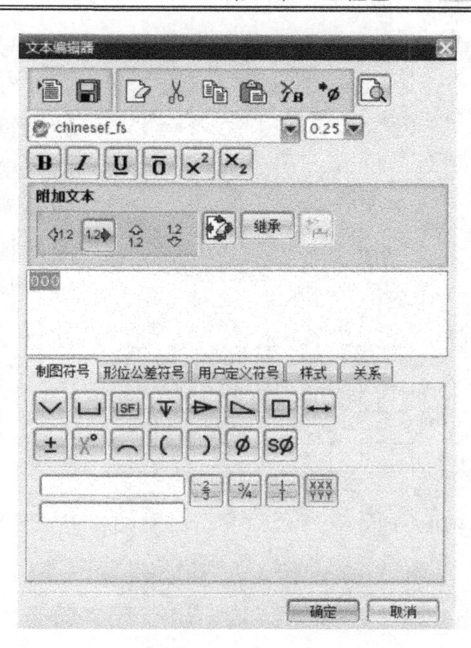

图 8-39

8.5.2　注释对话框

单击注释工具条中的“注释”按钮A，弹出如图 8-40 所示的注释对话框，为工程图添加文本说明，比如技术要求等。

“原点”一栏中的“指定位置”按钮，用于指定注释文本原点在工程图中的位置。“对齐”列表用于选择注释文本原点的对齐方式。“注释视图”用于单个视图的注释文本标注，其标注区域仅限于在相应工程图视图边界内，在视图边界外无法显示。

“指引线”一栏用于为注释文本创建指引线，并可对指引线样式进行相应设置。

“文本输入”一栏用于编辑注释文本，并可从系统外部直接调用文本，或将文本以记事本格式另存于系统外。

“继承”一栏用于复制已有注释文本。

“设置”一栏用于对文本格式进行设置。

图 8-40

8.5.3　粗糙度符号标注

单击注释工具条的“表面粗糙度符号”按钮√，弹出如图 8-41 所示的注释对话框，为工程图添加表面粗糙

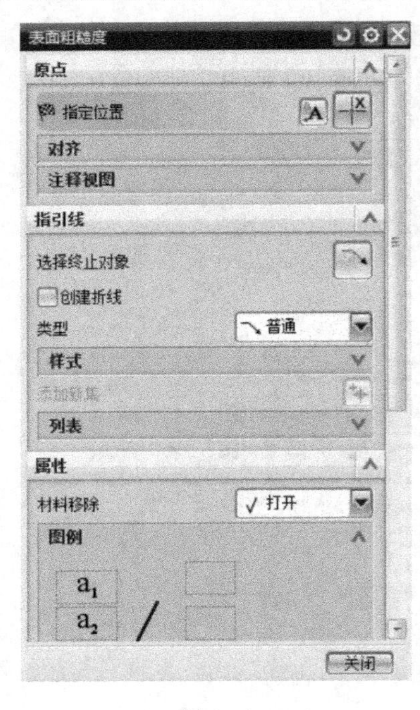

图 8-41

度符号。

“原点”一栏中的“指定位置”按钮，用于指定表面粗糙度符号在工程图中的位置。“对齐”列表用于选择表面粗糙度符号的对齐方式。“注释视图”用于单个视图的表面粗糙度符号标注，其标注区域仅限于在相应工程图的视图边界内，在视图边界外无法显示。

“指引线”一栏用于为表面粗糙度符号创建指引线，并可对指引线样式进行相应的设置。

“属性”一栏用于编辑表面粗糙度值及其符号样式。

“设置”一栏用于对表面粗糙度值的文本格式进行设置。

8.5.4 形位公差标注

(1) 基准特征符号。单击注释工具条的“基准特征符号”按钮，出现如图 8-42 所示的“基准特征符号”对话框，可对基准特征符号进行样式的设置和标注。

(2) 单击注释工具条的“特征控制框”按钮，出现如图 8-43 所示的“特征控制框”对话框，可对特征控制框进行样式的设置、编辑和标注。

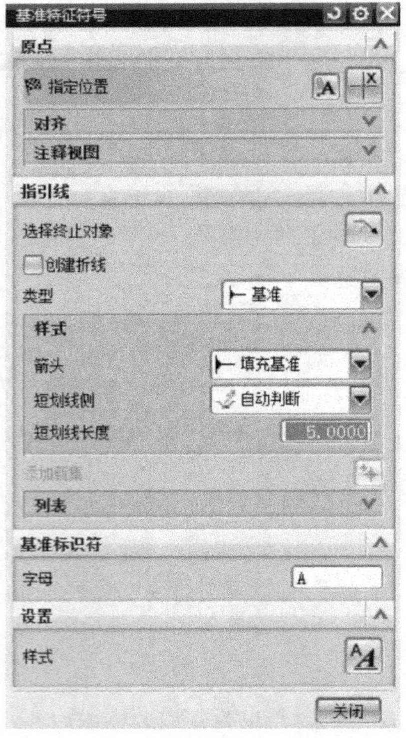

图 8-42

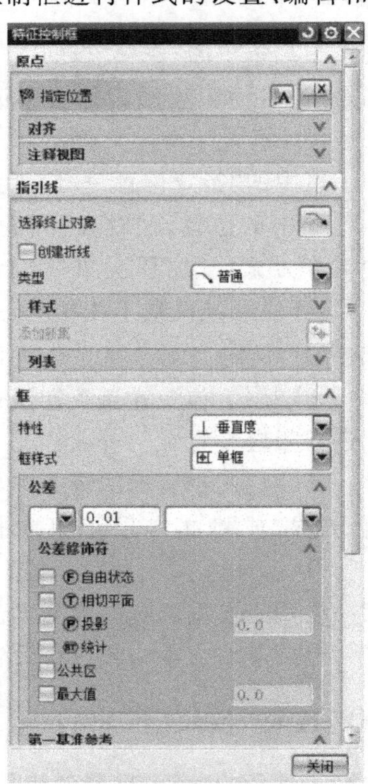

图 8-43

8.6 综合实例

为下面的零件创建工程图，效果如图 8-44 所示。

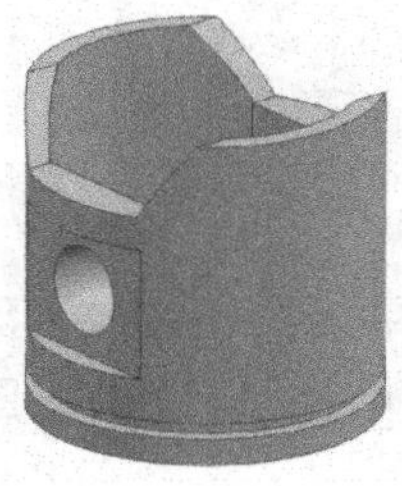

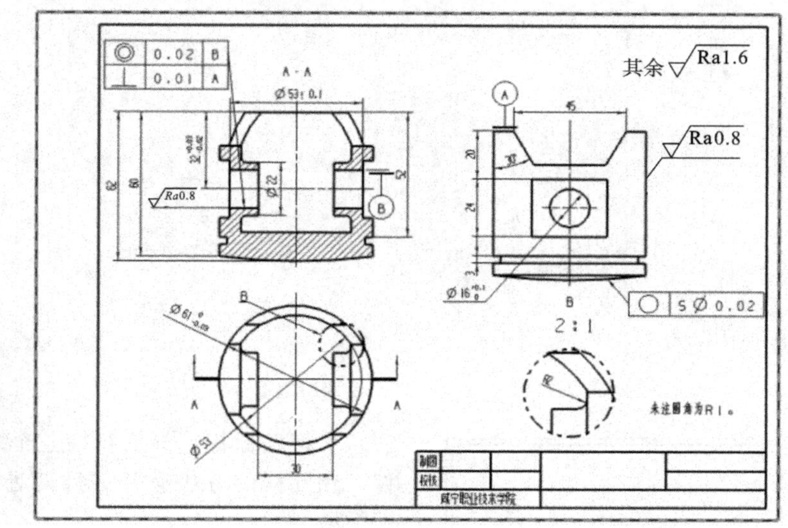

图 8-44

1. 新建图纸页

(1) 新建一模型文件，单击开始·按钮，选择“制图”，系统进入“制图”模块。然后单击新建图纸页按钮，系统弹出如图 8-45 所示“图纸页”对话框。

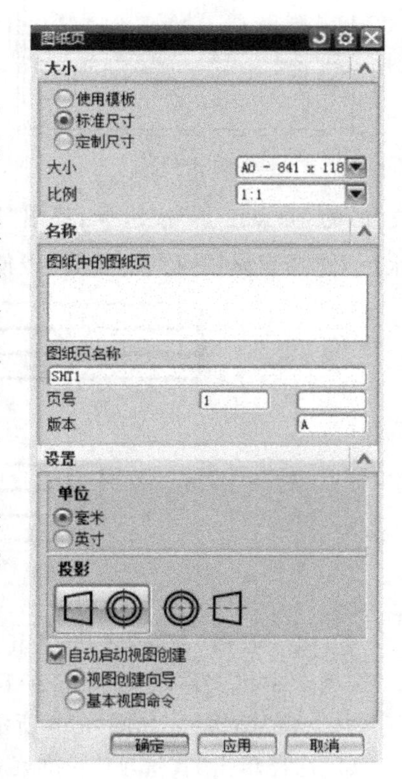

图 8-45

(2) 在“大小”一栏中选择“标准尺寸”，在“大小”下拉列表中选择“A4-297×420”，比例设为 1∶1，图纸页名称默认为“SHT1”(用户可根据自己的需要进行更改)，页号默认为“1”，版本默认为“A”。在“设置”一栏中选择单位尺寸为“毫米”，投影方式为“第一角投影”。将“启动视图创建”前的钩去掉后单击“确定”，系统自动进入图纸页，如图 8-46 所示。

(3) 绘制图框。单击曲线工具条的“矩形”按钮进行图框的绘制。输入顶点 1 的坐标为(0,0)，输入顶点 2 的坐标为(210,297)，单击“确定”。用同样的方法绘制另外一个矩形，两个顶点的坐标分别为(25,5)，(205,292)。

(4) 绘制标题栏。

① 单击表工具条中的“表格注释”按钮，然后在图框区域内的任意一点放置表格，创建 3 行 5 列的表格，如图 8-47 所示。

图 8-46

图 8-47

② 拖动鼠标选择底行前三个单元格，右键选择“合并”。用同样的方法合并另外两处单元格，效果如图 8-48 所示。

③ 将表格行高调整为“8”，按回车键确定。用同样的方法将第一列列宽设为 10。第二列到第五列的列宽分别为 20、20、50、40，如图 8-49 所示。

④ 双击表格锚点，弹出“表格注释区域”对话框，如图 8-50 所示。选择锚点位置为“右下”，并单击“指定位置”的“原点工具”按钮，弹出“原点工具”对话框，如图 8-51 所示。选择“点构造器”即图标，选择表格锚点所需位置，以使表格被正确定位到图框右下角，如图 8-52 所示。

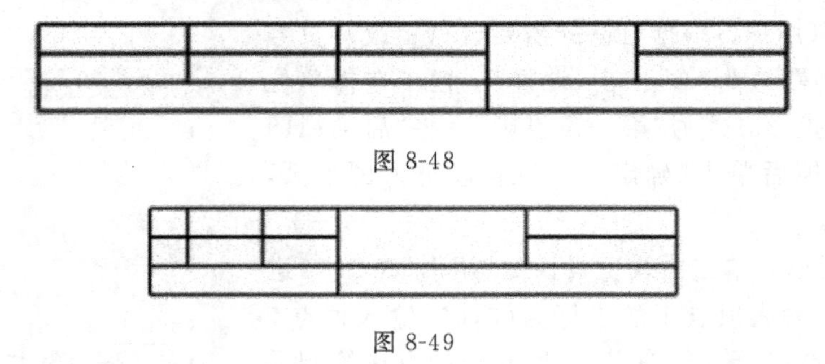

图 8-48

图 8-49

⑤ 填写表格。选中表格，单击右键选择“单元格样式”，弹出“注释样式”对话框，在“文字”选项卡中将文本改为“chinesef”类型，在“单元格”选项卡中将“文本对齐”方式改为“中心”，并点击“确定”。如图 8-53 所示双击要填写的单元格，然后输入文字，如图 8-54 所示。

⑥ 选择单击“首选项”下拉菜单中的“制图”，弹出制图首选项对话框，进行相关设置。选择单击“首选项”下拉菜单中的“视图”，弹出视图首选项对话框，进行相关设置。将“隐藏

线”的线形选为细的虚线，且将“自隐藏”前的钩去掉。设置好后“确定”并关闭对话框。

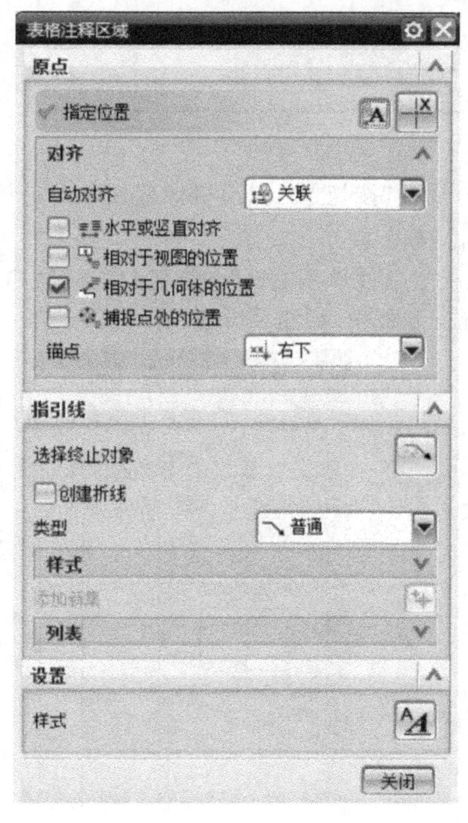

图 8-50

图 8-51

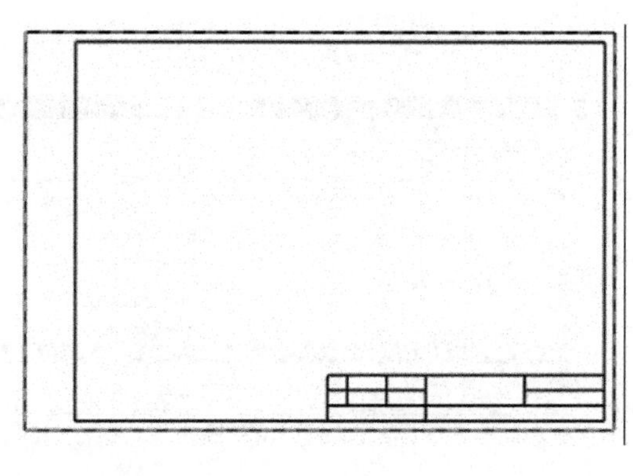

图 8-52

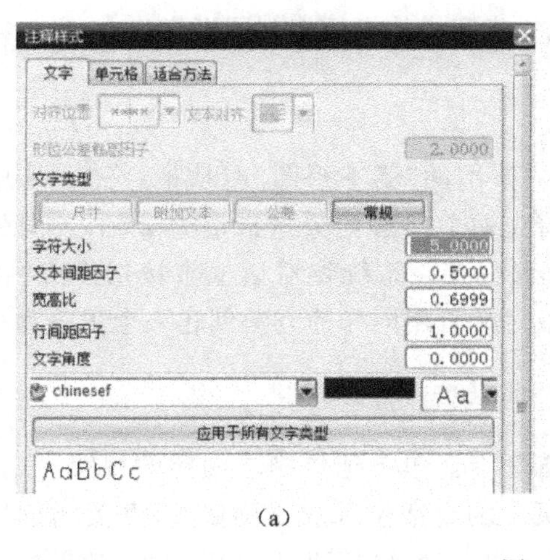

(a)

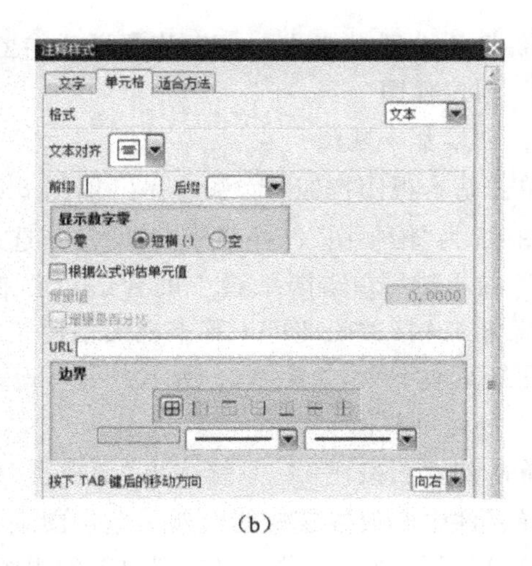

(b)

图 8-53

⑦ 保存工程图模板文件。先将文件另存为“A4”保存。选择菜单栏“首选项”下拉菜单中的“资源条”，出现如图 8-55 所示的对话框，单击“新建资源板”按钮，新建的模板出现

制图				
校核				
咸宁职业技术学院				

图 8-54

在左边资源条中。选中刚才新建的图纸模板，单击“属性”按钮，弹出资源板属性对话框，将其名称改为“GB_drawing”，单击“确定”并关闭对话框。

此时 UG 面板左侧出现新建的资源板，在资源板空白处单击右键“新建条目”选择“非主模型图纸模板”。选择刚才保存的文件“A4”添加到资源板中，如图 8-56 所示。

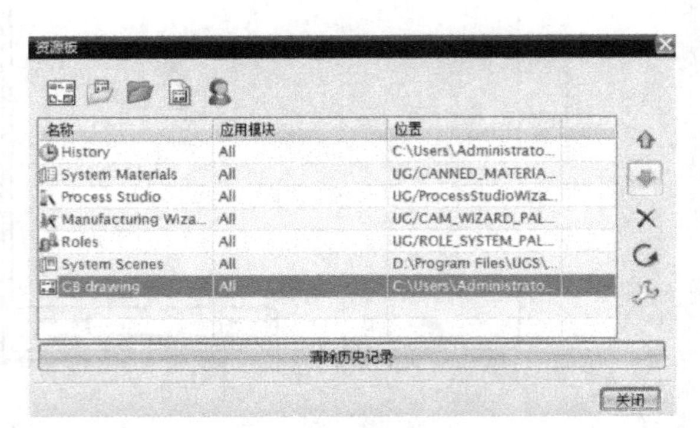

图 8-55

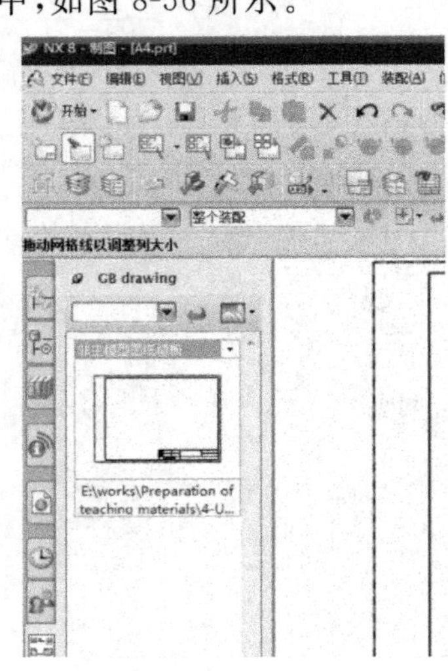

图 8-56

⑧ 打开模型文件“huosai”，将资源条中上一步完成的模板拖到图形窗口中。

2. 创建视图

1）创建基本视图

单击基本视图按钮，系统弹出如图 8-57 所示的“基本视图”对话框，将“要选用的模型视图”选为“俯视图”。并使用“视图定向选择工具”，将法向矢量指定为 Z 轴，X 向矢量指定为 Y 轴。然后单击图纸页中的合适位置放置视图。系统将对话框直接切换成“投影视图”对话框，直接关闭即可。基本视图创建完成。接着用同样的方法创建一个正等测视图放置在图纸页右下角，如图 8-58 所示。

2）创建剖视图

单击剖视图按钮，系统弹出“剖视图”选项卡。单击选择刚才创建的视图为俯视图，并选择零件中心放置铰链线。然后单击图纸页中的合适位置放置剖视图，并关闭剖视图对话框，剖视图即创建完成。双击剖视图的视图名称，将前缀“SECTION”去掉，效果如图 8-59 所示。

3）创建投影视图

选择刚才创建的剖视图，然后单击“投影视图”按钮，系统弹出“投影视图”对话框，单

图 8-57

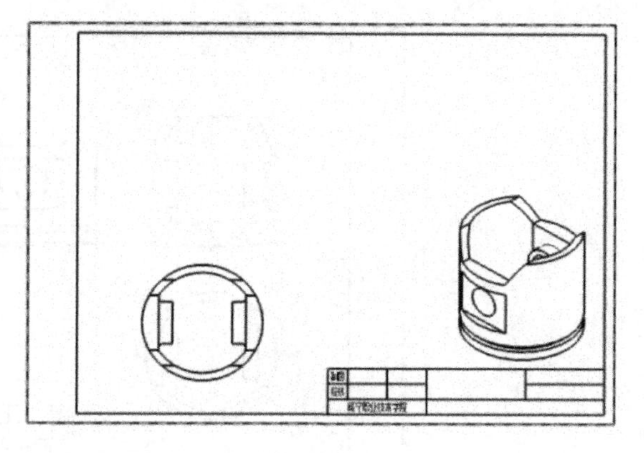

图 8-58

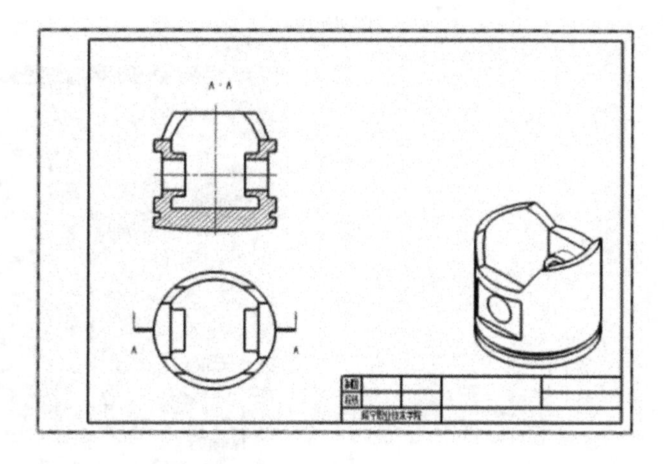

图 8-59

击图纸页中的合适位置放置投影视图，并关闭投影视图对话框，投影视图即创建完成，效果如图 8-60 所示。

4）创建局部放大图

单击“局部放大图”按钮，系统弹出“局部放大图”对话框。先单击一点作为将要放大部位的中心点，再单击一点作为要放大部位的边界点，以创建所需放大的区域，如图 8-61 所示。将缩放比例设置为 2∶1，并单击图纸中的合适位置放置局部放大图。关闭对话框，局部放大图即创建完成。双击局部放大图的视图名称，系统弹出如图 8-62 所示视图标签样式对话框。将视图标签中的前缀“DETAIL”和“SCALE”去掉，并将“父项上的标签”选为带引线的“标签”，如图 8-63 所示。

3. 标注尺寸和注释

（1）为第一个创建的视图添加中心线。单击注释工具条的“中心标记”按钮，系统弹出“中心标记”对话框。单击图形最外圈的圆弧，中心线标注成功，单击“确定”以关闭对话框，效果如图 8-64 所示。

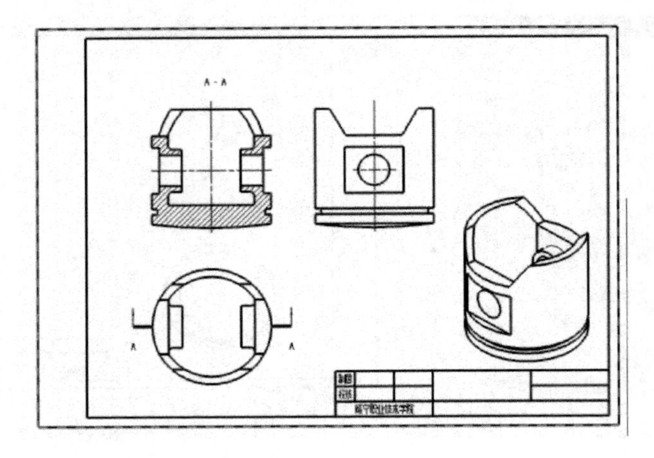

图 8-60

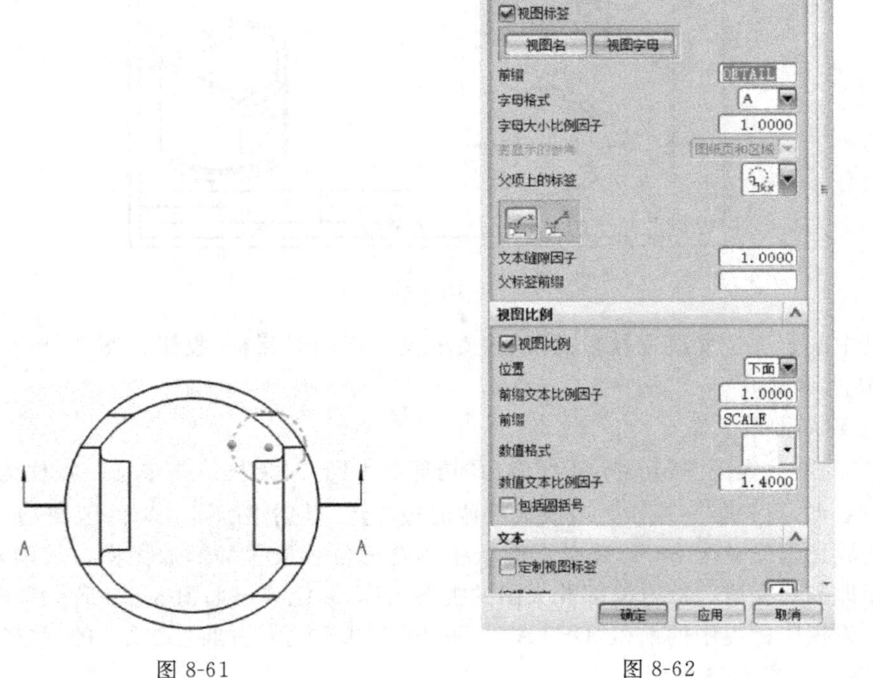

图 8-61　　　　图 8-62

(2) 尺寸标注。先逐步将工程图中的所有竖直尺寸、水平尺寸、直径尺寸、半径尺寸和角度尺寸标出，如图 8-65 所示。

(3) 尺寸编辑。双击尺寸“32”，系统弹出“编辑尺寸”对话框。在“值”一栏中将数字显示选择为“双向公差”，并设置小数点后的位数为“0”。再单击“公差”一栏的“公差值”按钮，输入上限为 0.03，下限为－0.02，并设置小数点后的位数为“2”。以同样的方法修改尺寸

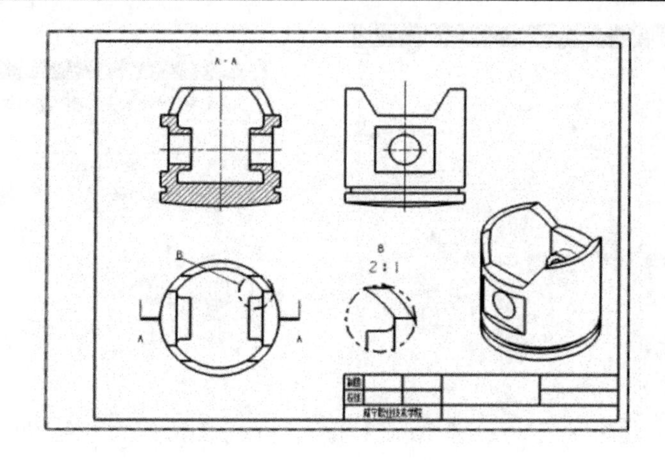

图 8-63

“ϕ61”和“ϕ53”。在修改尺寸“ϕ53”时还应对“设置”一栏的“尺寸标注样式”中的文字选项卡进行相关设置，使“公差”和“尺寸”具有相同的字符大小、文本间距因子、宽高比、行间距因子和尺寸/尺寸行间距因子，如图 8-66 所示。最后双击尺寸“ϕ16”，系统弹出如图 8-67 所示的“尺寸标注样式”对话框。在“尺寸”选项卡一栏中将尺寸选择为水平放置，在“径向”选项卡中将文本设置为放在短划线之上，如图 8-68 所示再进行相应修改。修改结果见图 8-69 所示。

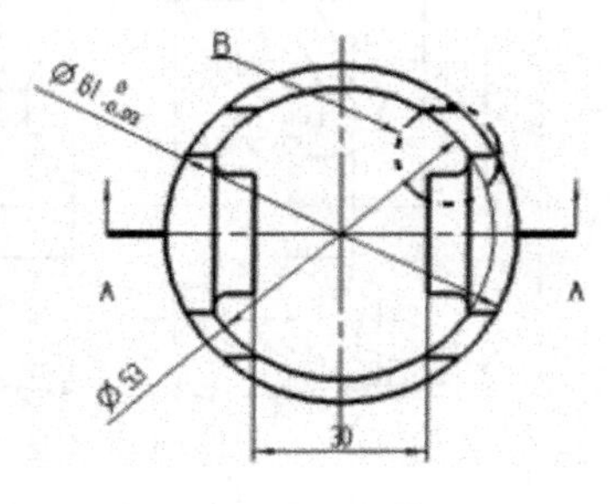

图 8-64

(4) 标注形位公差之基准特征符号。单击注释工具条的“基准特征符号”按钮，出现如图 8-70 所示的“基准特征符号”对话框。单击“设置”一栏的“样式”按钮，出现如图8-71 所示的“样式”对话框。将“直线/箭头”选项卡的“H”一值设置为“1.5”，以使基准特征符号的短划线与所标注的直线隔开一定距离，单击“确定”关闭此对话框。接下来单击“指引线”

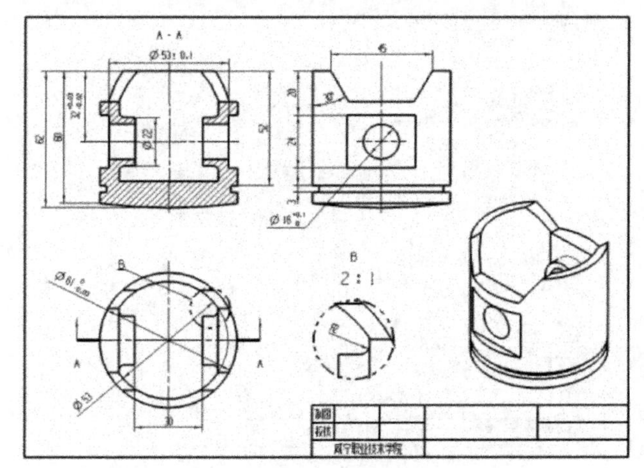

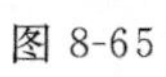

图 8-65

图 8-66

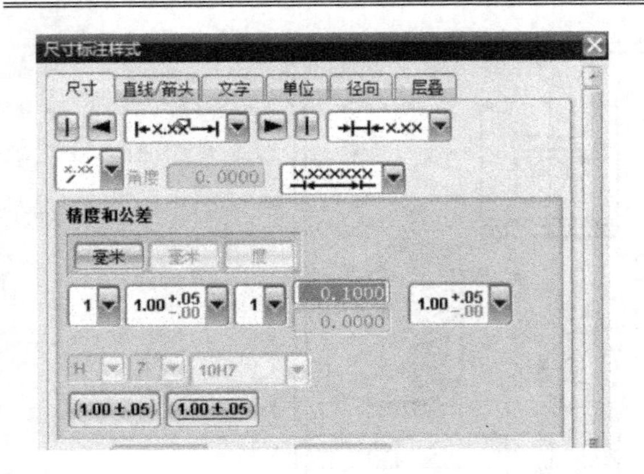

图 8-67

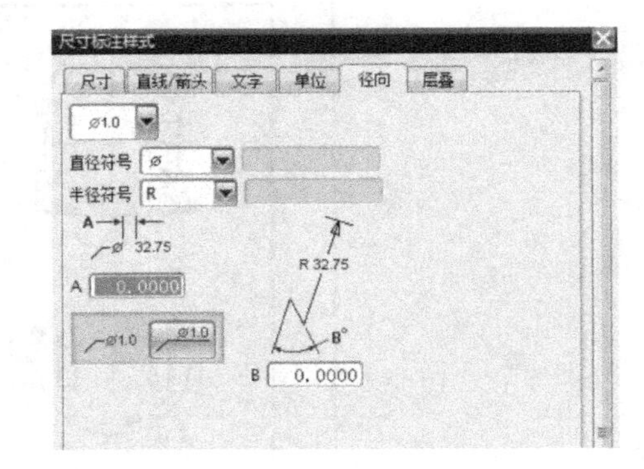

图 8-68

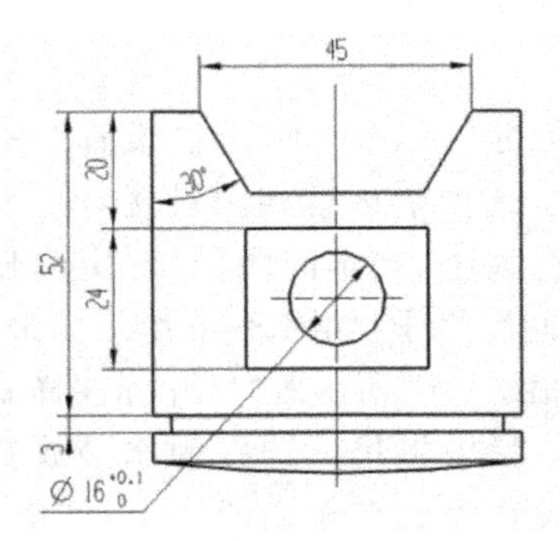

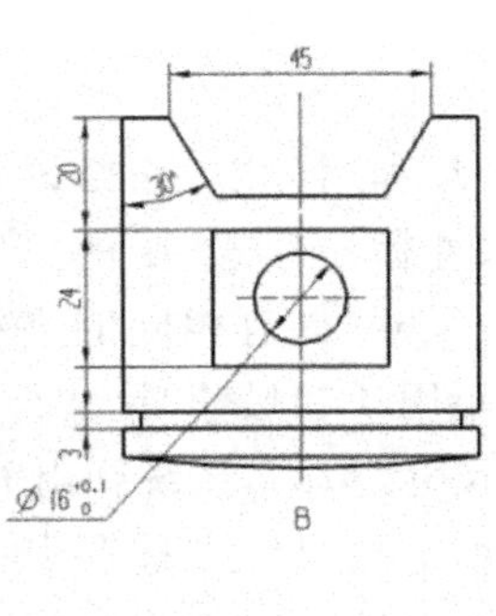

图 8-69

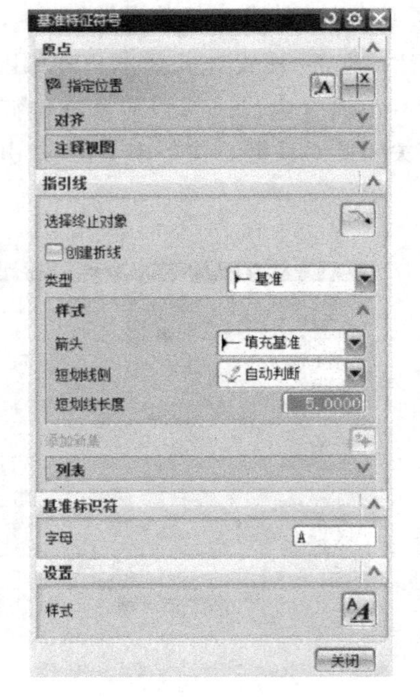

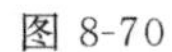
图 8-70

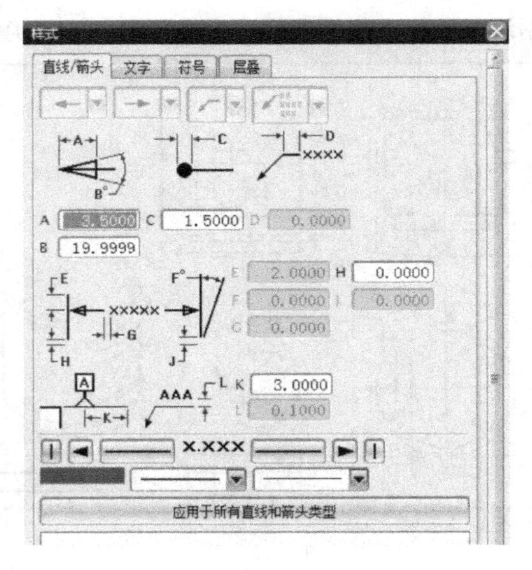

图 8-71

一栏的“选择终止对象”按钮，选择所需标注的直线，然后单击视图中的合适位置放置符号。若需要标注在直线的延长线上，则在放置的同时按下“shift”放置基准特征符号即可。标注效果如图 8-72 所示。

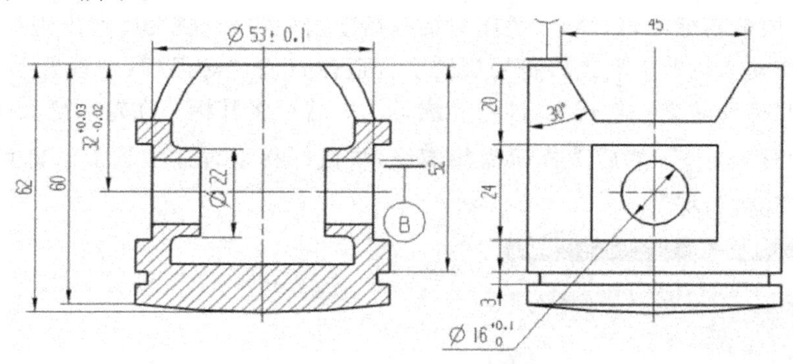

图 8-72

（5）标注形位公差之特征控制框。单击注释工具条的“特征控制框”按钮，出现如图 8-73 所示的“特征控制框”对话框。在“框”一栏中，将“特性”选为“圆度”，将“框样式”选择为“单框”，并将公差类型选为“球径”，并输入值“0.02”。将第一基准参考设为“B”。接下来单击“指引线”一栏的“选择终止对象”按钮，选择所需标注的直线，然后单击视图中的合适位置放置符号。按同样的方法标注另两个一起的特征控制框，标注时，将“特性”选为“同轴度”，将“框样式”选择为“单框”，并将公差类型选为“无”，并输入值“0.02”。将第一基准参考设为“A”。然后单击“指引线”一栏的“选择终止对象”按钮，选择所需标注的直线，然后单击视图中的合适位置放置符号。接着在特征控制框中对下层的特征控制框进行相应设置。设置完毕后将鼠标移至上层特征控制框所在位置，待出现如图 8-74 所示的虚线框时单击鼠标放置下层特征控制框。标注完毕后关闭对话框。

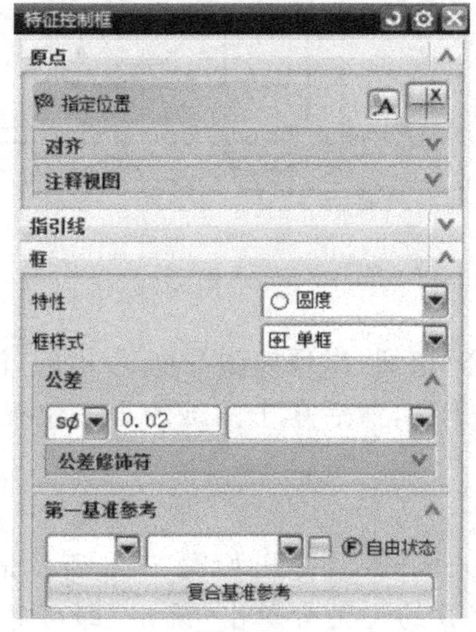

图 8-73

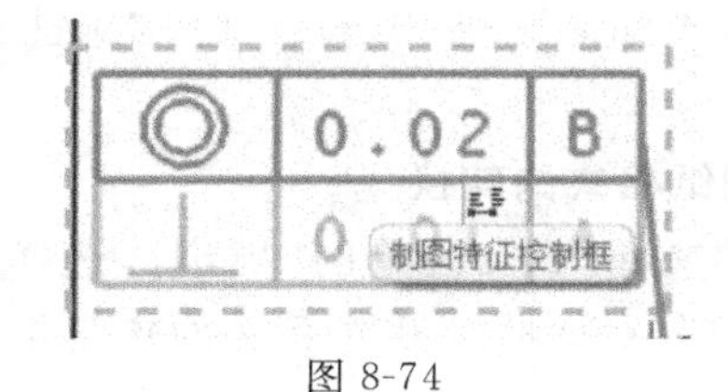

图 8-74

(6) 标注表面粗糙度。单击注释工具条的“表面粗糙度符号”按钮√，出现如图 8-75 所示的“表面粗糙度”对话框。在“属性”一栏的“下部文本(a2)”一栏输入值“0.8”，然后选择在合适位置放置表面粗糙度符号，如图 8-76 所示(图中的表面粗糙度符号因软件中未改动，故其标注方法未按最新标准，后同)。关闭对话框后双击此符号进行编辑，出现如图 8-77 所示的旋转符号，拖动蓝色的控制点将符号旋转至合适位置或在对话框的“设置”一栏输入相应的旋转角度，并将反转文本勾选上，即可完成标注。若要将其标注在轮廓延长线上则将指引线类型选择为“标志”，然后选择所需轮廓线，将鼠标移至合适位置放置即可。其他粗糙度参照上述步骤进行标注。

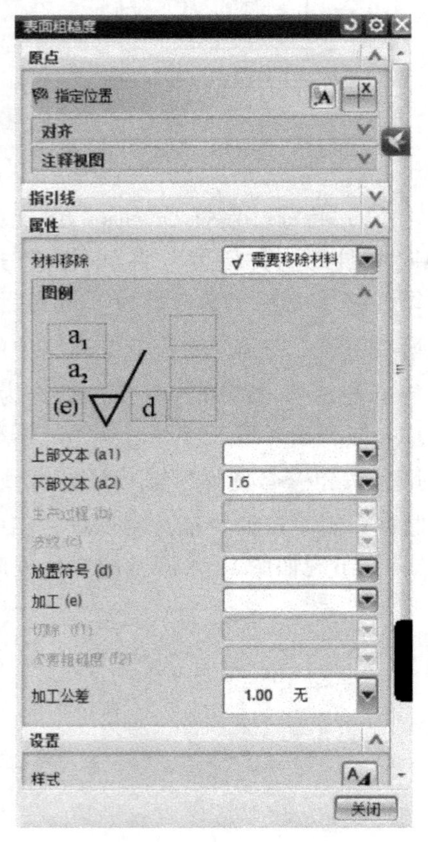

图 8-75

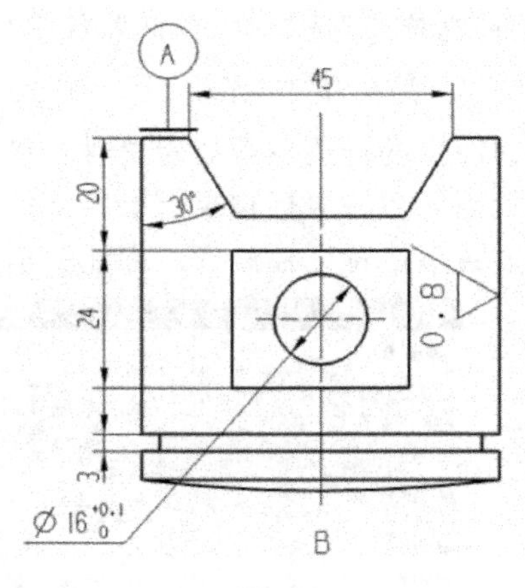

图 8-76

(7) 标注注释文本。单击注释工具条的“注释”按钮，出现如图 8-40 所示的“注释”对话框。在“文本输入”一栏中输入文字“未注圆角为 R1”，然后单击图纸的合适位置进行放置即可。

4. 图纸格式的转换

单击“文件”下拉菜单的“导出”，选择“2D Exchange”，弹出如图 8-78 所示的“2D Exchange 选项”对话框。设置好文件转换格式和存放的位置等单击“确定”即可进行相应的转换。

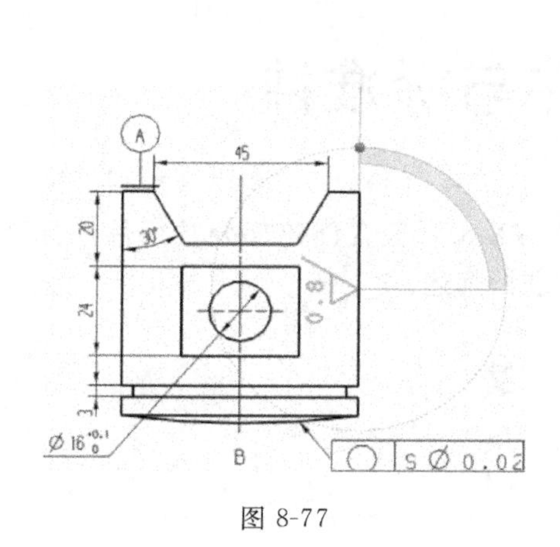

图 8-77

图 8-78

8.7　本章小结

本章讲解了工程图的制作，重点介绍了工程图操作的技巧，并讲解了少量的特殊处理方法。虽然实例不多，但覆盖的制图命令范围广，所用到的制图方法全，因此，读者在学习过程中要注意掌握每一个实例中的所运用到的技巧与方法。

8.8　习　　题

请完成如图 8-79 所示工程图。

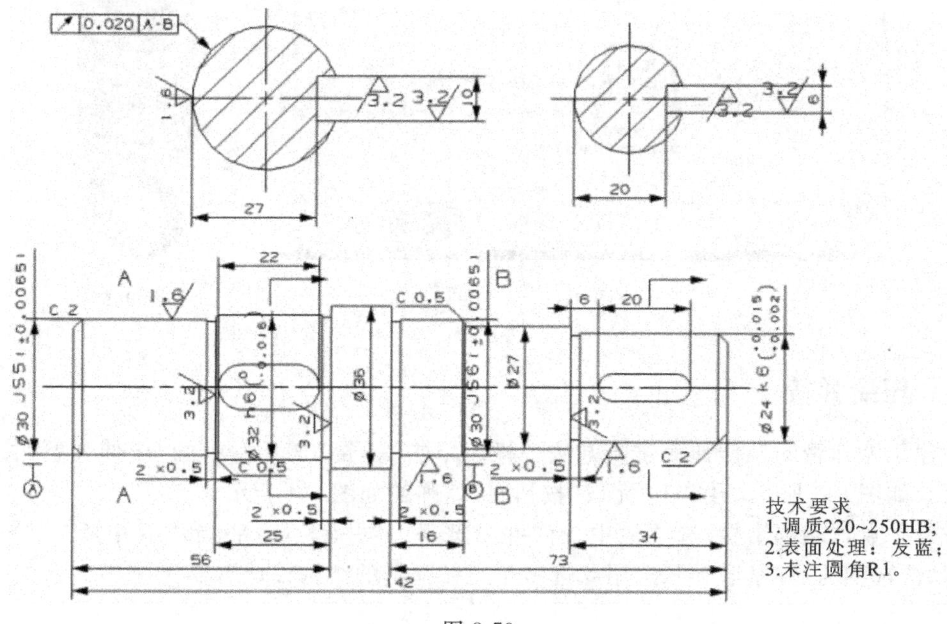

图 8-79

第 9 章　常用件与标准件

本章将重点介绍常用件与标准件的建模过程。NX 8.0 虽有创建部分常用件与标准件的快捷功能指令,但本章还是尽量采用传统的方法进行阐述。

9.1　弹　　簧

9.1.1　拉伸弹簧

进入建模界面,单击“弹簧”工具栏中的“拉伸弹簧”按钮,弹出“圆柱拉伸弹簧”对话框,设置输入参数如图 9-1 所示,对话框显示出演算结果。

再单击“完成”按钮,绘图区显示拉伸弹簧模型如图 9-2 所示。

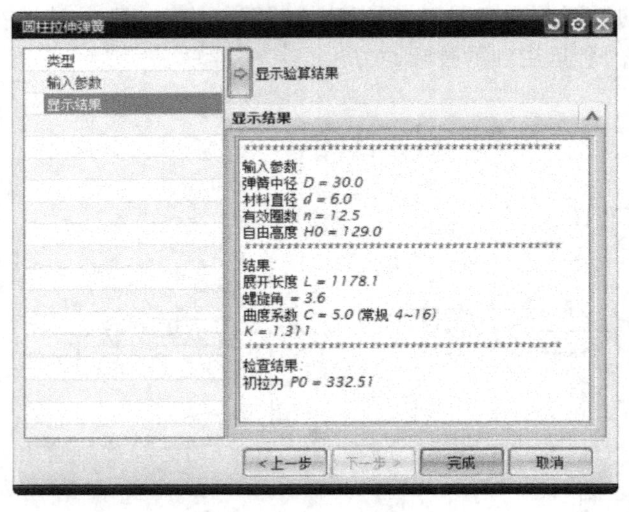

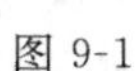
图 9-1

图 9-2

9.1.2　压缩弹簧

创建压缩弹簧同拉伸弹簧建模方法一样。单击“弹簧”工具栏中的“压伸弹簧”按钮,输入参数如图 9-3 所示,再单击“完成”按钮,压缩弹簧如图 9-4 所示。

注意一点,“端部结构”选项栏中,有“并紧磨平”、“并紧不磨平”和“不并紧”三个选项。其中,默认选项为“并紧磨平”,选用此选项是压缩弹簧的结构设计需要。

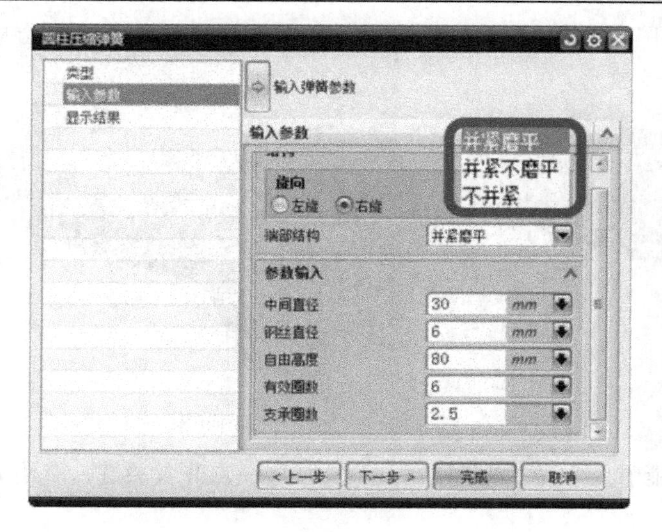

图 9-3

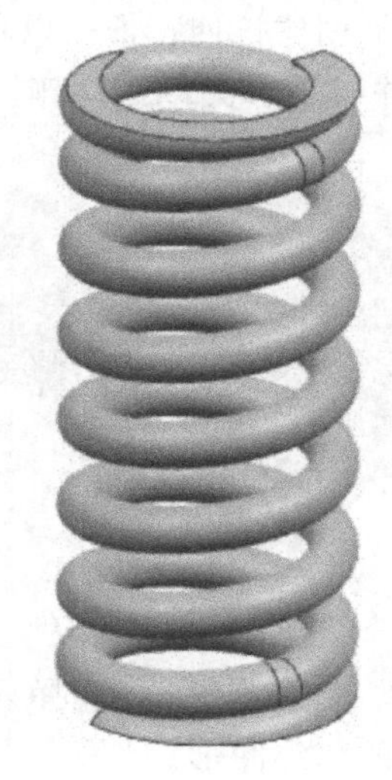

图 9-4

9.2 螺栓与螺母

下面创建的螺栓和螺母是一对配合件,公称标注皆为 M20×2,本节将重点介绍其建模过程。

9.2.1 螺栓

螺栓建模的流程如下。

1. 创建螺栓的基体

(1) 创建旋转草绘图形 选择 XZ 面,创建如图 9-5 所示的草绘图形。

(2) 创建旋转特征 选择草图 1 为截面图形,以 Y 轴为矢量轴,创建旋转特征,如图 9-6 所示。

(3) 创建倒角 在螺栓端部创建 2×2 的倒角。

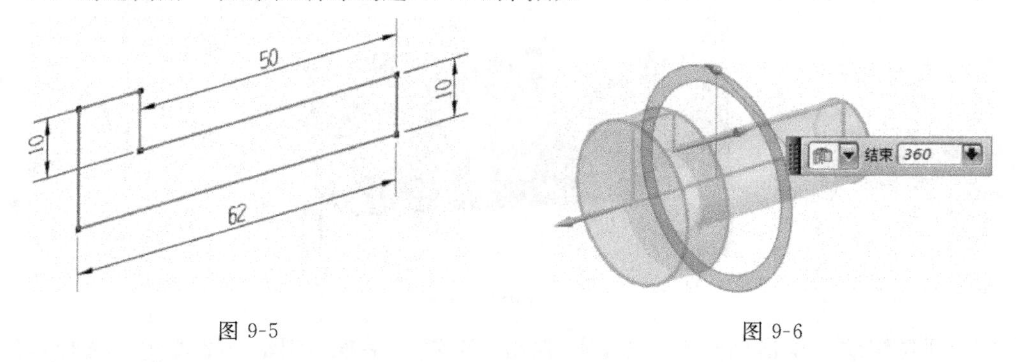

图 9-5 图 9-6

2. 创建六角头部特征

(1) 创建草图 选择螺栓的头部端面为草绘平面,绘制如图 9-7 所示的草绘图形。

(2) 创建拉伸特征　以草图 2 为截面，创建拉伸特征。注意拉伸程度大于螺栓基体的长度，并与之求交，结果如图 9-8 所示。

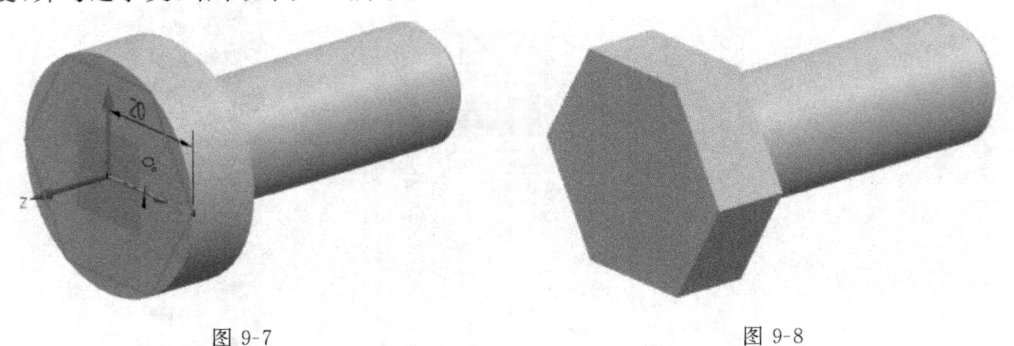

图 9-7　　　　图 9-8

(3) 创建草图 3　选择只能看见六角头两面的所在平面(这一点非常关键)，草绘如图 9-9 所示的草绘图形。

(4) 创建旋转特征　选择草图 3 为截面，Y 轴为矢量轴，创建旋转切割特征如图 9-10 所示。

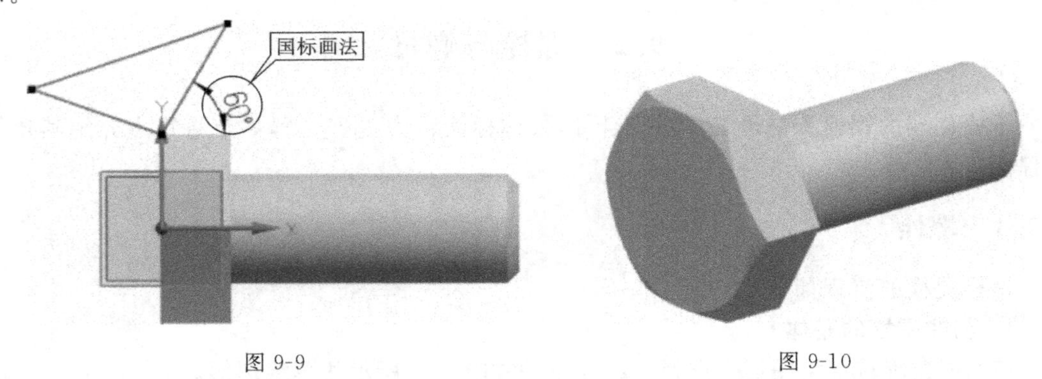

图 9-9　　　　图 9-10

3. 创建螺纹特征

(1) 创建螺纹起始平面　以拉伸杆身端面为基准，创建偏距为 2 mm(最好是螺距的倍数)的基准平面作为螺纹的起始平面，如图 9-11 所示。

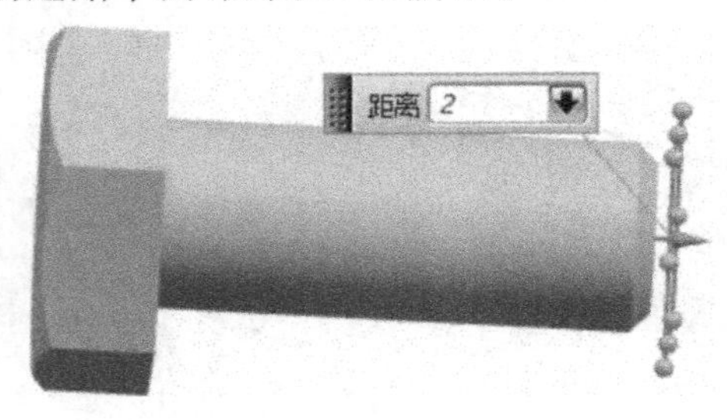

图 9-11

(2) 创建螺纹　单击创建螺纹按钮，弹出“螺纹”对话框，如图 9-12 所示。选择螺纹类型为详细，并设置参数，单击“确定”，创建螺纹特征如图 9-13 所示。

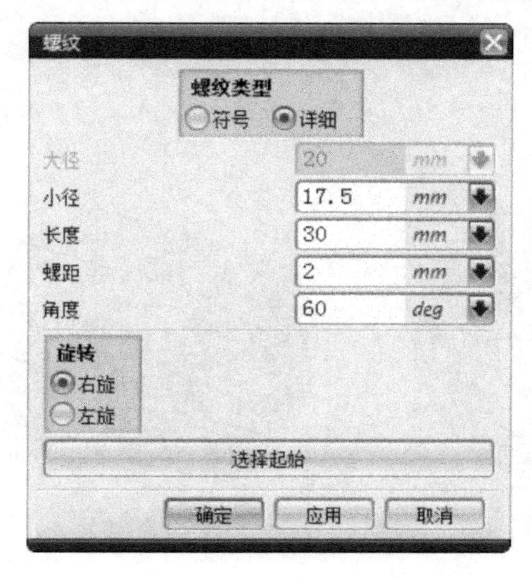

图 9-12

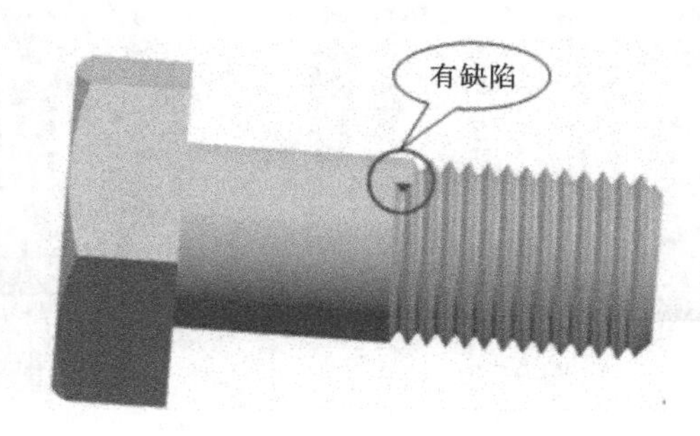

图 9-13

(3) 创建螺纹尾部特征　在图 9-13 中，明显看出螺纹的尾部有缺陷，解决的办法就是选择尾部的端面(见图 9-14)，用拉伸命令将其沿着螺旋形的切线方向切除掉。最后创建的螺栓特征如图 9-15 所示。

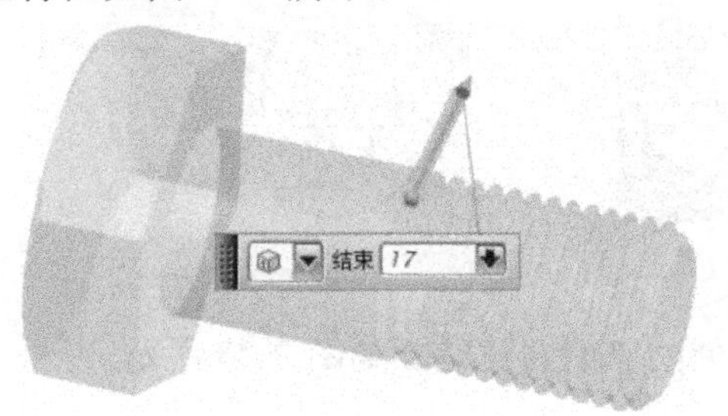

图 9-14

图 9-15

9.2.2 螺母

1. 创建拉伸基体特征

(1) 创建圆柱体　创建直径为 ϕ40 mm，高度为 16 mm(以 Y 轴为轴矢量)。

(2) 钻孔特征　创建一个直径等于图 9-15 中螺栓螺纹小径的小孔，设置参数如图 9-16 所示。

2. 创建双面六角头特征

(1) 创建草图 1　参照螺栓建模过程，创建如图 9-17 所示的草绘图形。

(2) 创建拉伸特征　以图 9-17 所示的草图 1 为截面，创建拉伸特征，如图 9-18 所示，并螺母基体求交，结果如图 9-19 所示。

(3) 创建草图 2　参照螺栓建模，创建草图 2 如图 9-20 所示。

(4) 创建旋转切除特征　以 Y 轴为旋转矢量轴，以草图 2 为截面，创建旋转切除特征，如图 9-21 所示。创建了一个如图 9-22 所示的单面圆角特征。

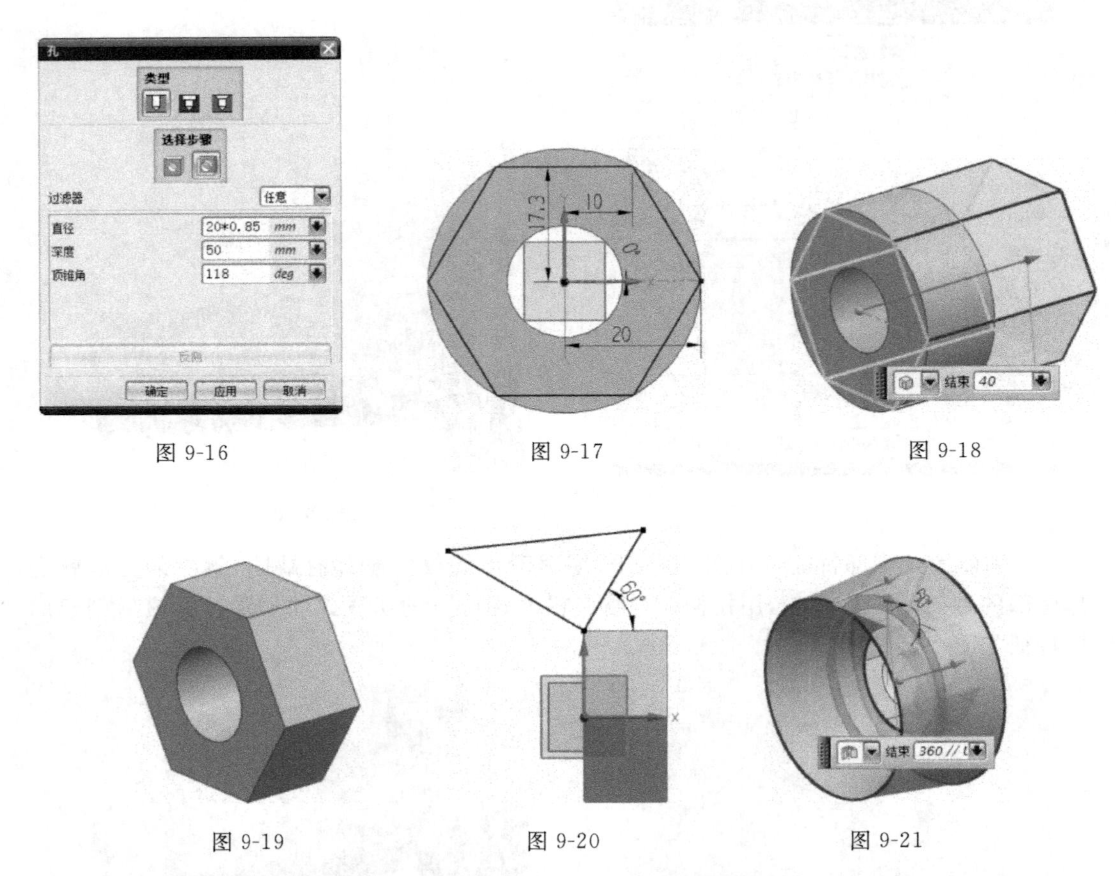

图 9-16　　图 9-17　　图 9-18

图 9-19　　图 9-20　　图 9-21

(5) 创建镜像特征　单击“镜像特征”命令，创建双面圆角特征如图 9-23 所示。

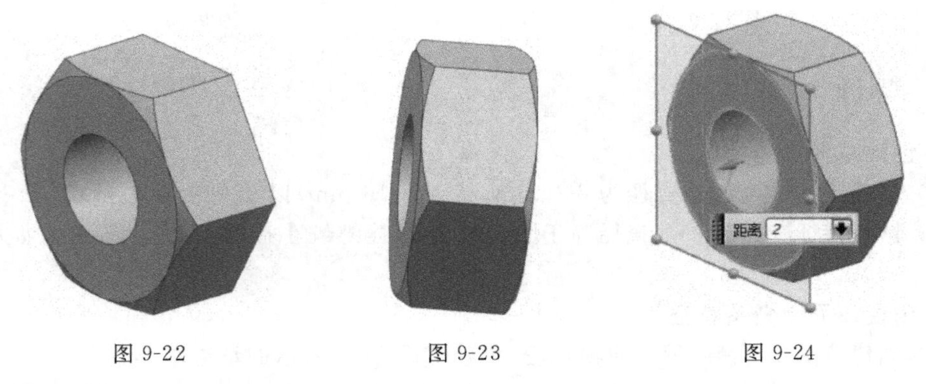

图 9-22　　图 9-23　　图 9-24

3. 创建螺纹特征

(1) 创建螺纹起始平面　任意选一端面为基准，创建偏距为 2 mm 的基准平面为螺纹的起始平面，如图 9-24 所示。

(2) 创建螺纹特征　单击创建螺纹按钮，弹出“螺纹”对话框，如图 9-25 所示。选择螺纹类型为详细，并设置参数，单击“确定”，创建螺母特征如图 9-26 所示。

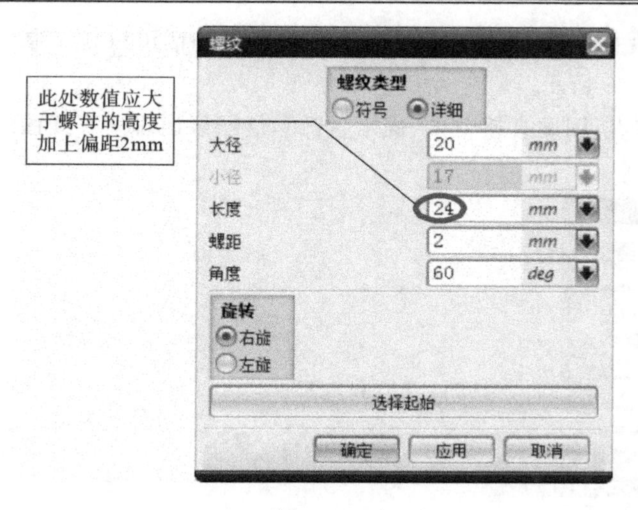

图 9-25

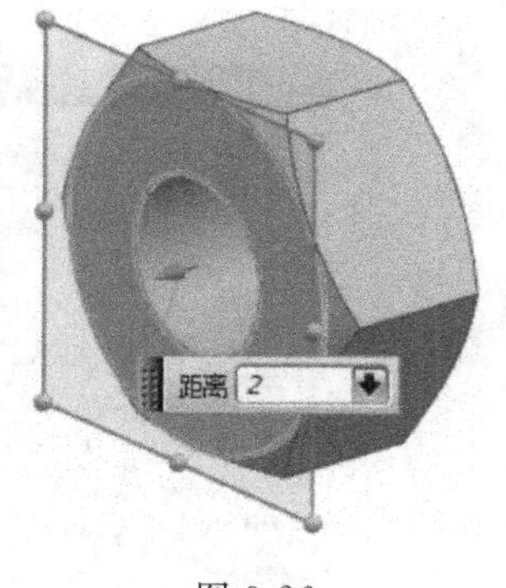

图 9-26

9.3　齿　　轮

9.3.1　圆柱直齿轮

圆柱直齿轮(以下简称“直齿轮”)建模工程如下。

1. 创建渐开线曲线

(1) 单击菜单下“工具”→“表达式”命令,弹出“表达式”对话框,如图 9-27 所示。参数的输入需要一个正确顺序,可以参照图 9-27 右边的注释进行操作。

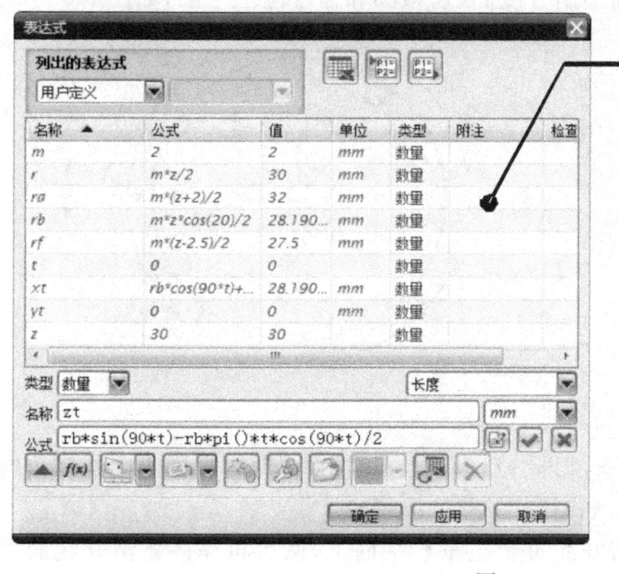

m=2：模数
r=m*z/2：分度圆半径
ra=m*(z+2)/2：齿顶圆半径
rb=m*z*cos(20)/2：基圆半径
rf=m*(z−2.5)/2
t=0：变量
xt=rb*cos(90*t)+rb*pi()*t*sin(90*t)/2
yt=0
z=30：齿数
zt=rb*sin(90*t)-rb*pi()*t*cos(90*t)/2

图 9-27

（2）单击“曲线”工具栏下的“规律曲线”图标按钮 XYZ=（没有该按钮的话可以在定制中加载），弹出“规律曲线”对话框如图 9-28 所示。

系统默认放置位置为坐标系原点，因此直接单击“确定”按钮，绘图区出现渐开线曲线如图 9-29 所示。

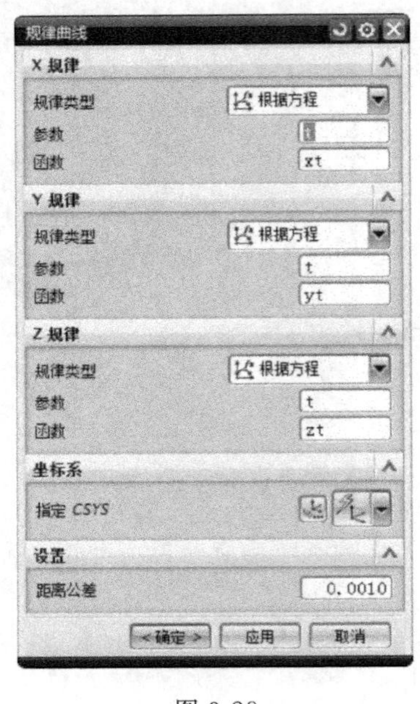

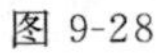

图 9-28

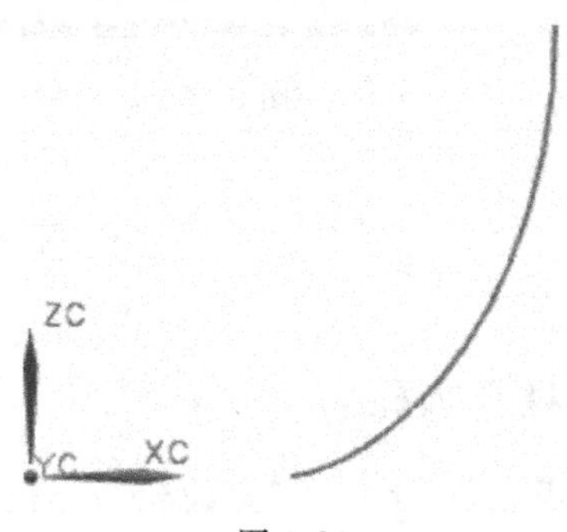

图 9-29

2. 创建齿形轮廓线

（1）以 XZ 平面为草绘平面，分别绘制分度圆、齿顶圆和齿根圆三个圆，如图 9-30 所示。

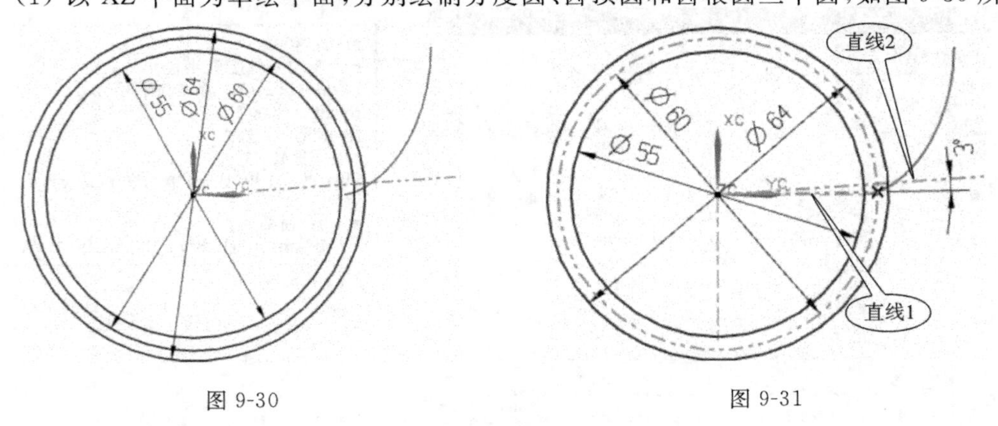

图 9-30　　图 9-31

（2）作两条辅助线　自圆心至渐开线与分度圆交点作“直线 1”，再自圆心向渐开线内侧作夹角为 $\theta=360/z/4=3°$ 的“直线 2”，如图 9-31 所示。

（3）作渐开线的切线　首先将渐开线投影至草绘平面上，然后再作一条渐开线的内侧切线，如图 9-32 所示。由于基圆内侧没有渐开线，只能是用直线逼近，最后再修剪齿轮齿形如图 9-33 所示（也可以在根部倒圆角，此处略）。

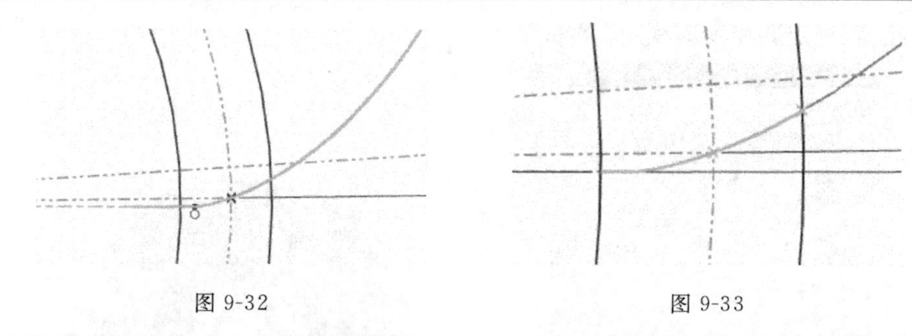

图 9-32　　图 9-33

（4）镜像齿形轮廓　以齿轮齿形为对象，以图所示的对象为中心线，创建镜像轮廓线如图 9-34 所示，再修剪成形，如图 9-35 所示。

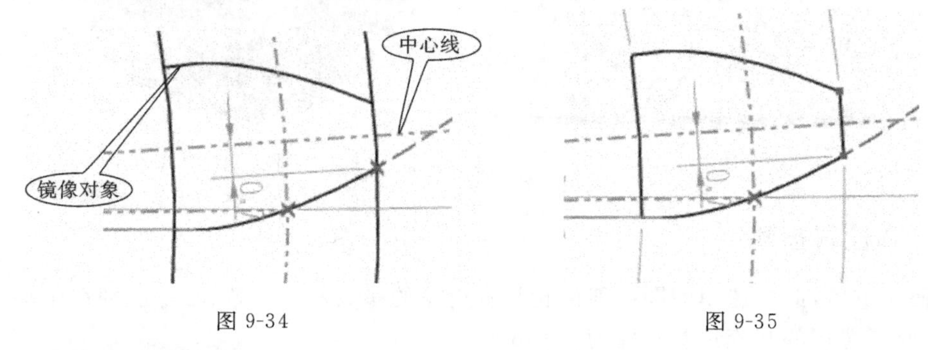

图 9-34　　图 9-35

3. 创建齿轮实体造型

（1）拉伸齿形　以图 9-35 所示的齿廓线为截面，拉伸齿形如图 9-36 所示。

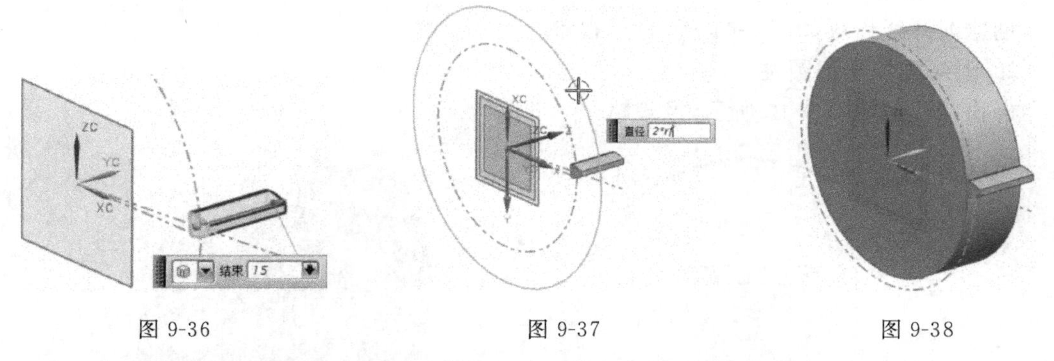

图 9-36　　图 9-37　　图 9-38

（2）草绘齿根圆　在图 9-37 所示草绘面内，草绘齿根圆，输入直径为“2 * rf”，按回车键即可。

（3）创建拉伸特征　以齿根圆为截面，创建拉伸特征并与齿形特征求和，如图 9-38 所示。

4. 阵列齿形

单击工具栏中“对特征形成图样”按钮，弹出对话框如图 9-39 所示。

在“布局”选项选择“圆形”；在“旋转轴”选项中，“指定矢量”为 Y 轴，“指定点”为坐标系原点；“数量”输入 30；“节距角”输入 12。

单击“确定”按钮，创建的圆柱直齿齿轮如图 9-40 所示。

注意：最后一定要将所有实体“求和”！

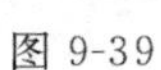

图 9-39

图 9-40

9.3.2 圆柱斜齿轮

为便于讲解，此处选用的圆柱斜齿轮与直齿轮的参数基本一致，唯一区别在于斜齿轮有螺旋角，此节选用的螺旋角参数值为 $\beta=15°$。

建模中，斜齿轮与直齿轮有很多相同之处，故略去部分过程，可以参照直齿轮的建模。

1. 创建齿形

创建渐开线齿形如图 9-41 所示，过程略。

2. 创建拉伸齿根圆柱

齿根圆柱体如图 9-42 所示，过程略。

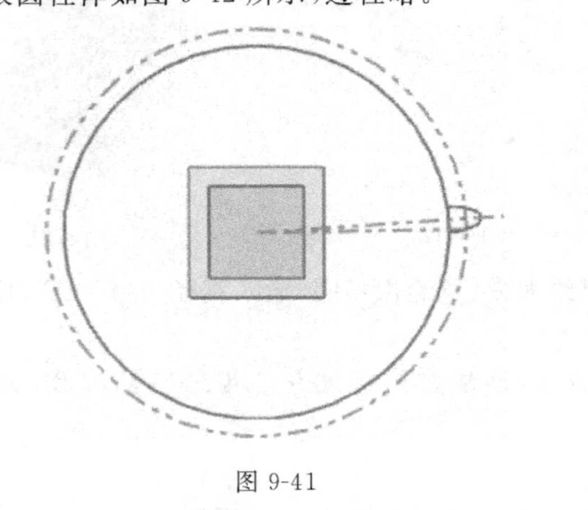

图 9-41

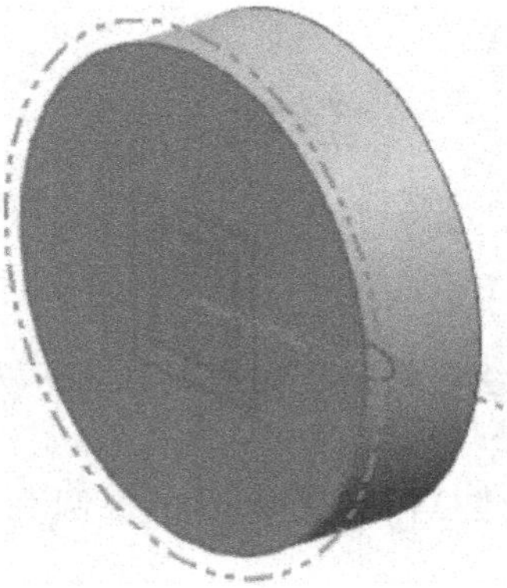

图 9-42

3. 创建平移/旋转曲线

(1) 创建平移曲线　单击工具栏中的“实例几何体”命令，弹出对话框如图 9-43 所示。选择“类型”为“平移”模式，沿着 Y 轴方向，平移距离为 15 mm，如图 9-44 所示。

图 9-43

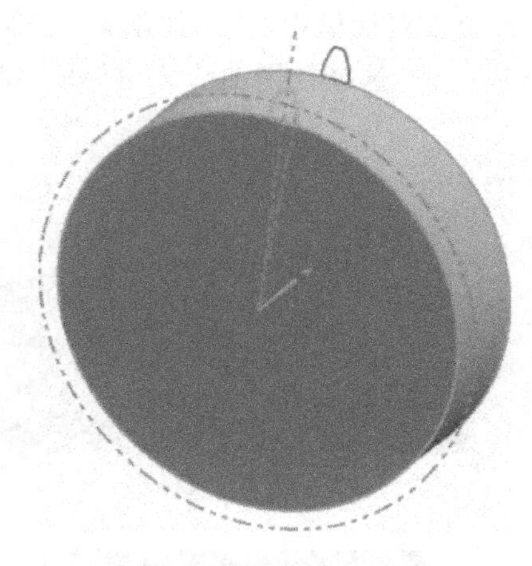

图 9-44

（2）旋转曲线　单击工具栏中“实例几何体”命令，弹出对话框如图 9-45 所示。选择“类型”为“旋转”模式，沿着 Y 轴方向，坐标系原点，旋转角度为 15°，如图 9-46 所示。

注意：要勾选“隐藏原先的”这一选项！

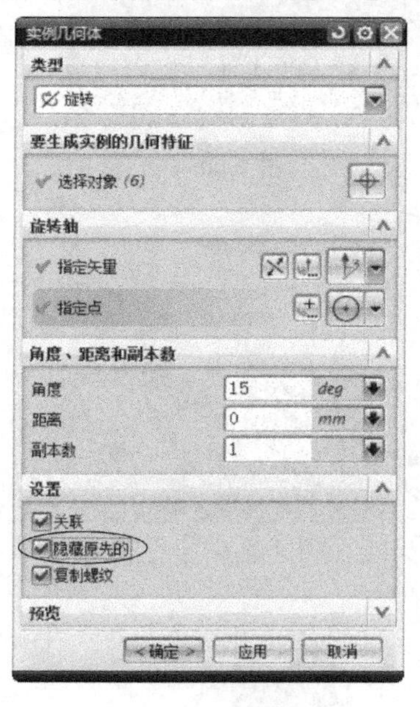

图 9-45

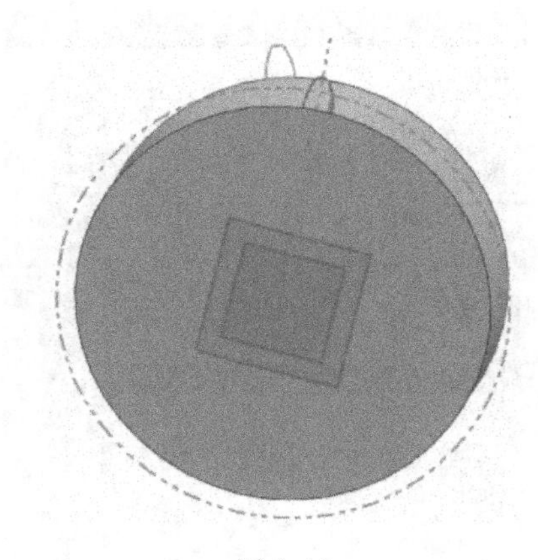

图 9-46

（3）创建直线　单击工具栏中的直线命令，创建一条空间直线，连接两相邻齿形轮廓根部的两个点，如图 9-47 所示。

（4）投影曲线　单击“曲线”工具栏中的“投影曲线”按钮，弹出“投影曲线”对话框，如图 9-49所示。选择投影目标曲线和投影对象如图 9-48 所示。单击“确定”，结果如图9-50所示。

4. 创建斜齿轮

（1）创建斜齿轮　单击“曲面”工具栏中的“扫掠”按钮，弹出“扫掠”对话框。框选“截面 1”后，再单击对话框中的“添加新集”命令，然后框选“截面 2”，注意保持两截面间的起点位置和方向一致，选择投影曲线为引导线，结果如图 9-51 所示。

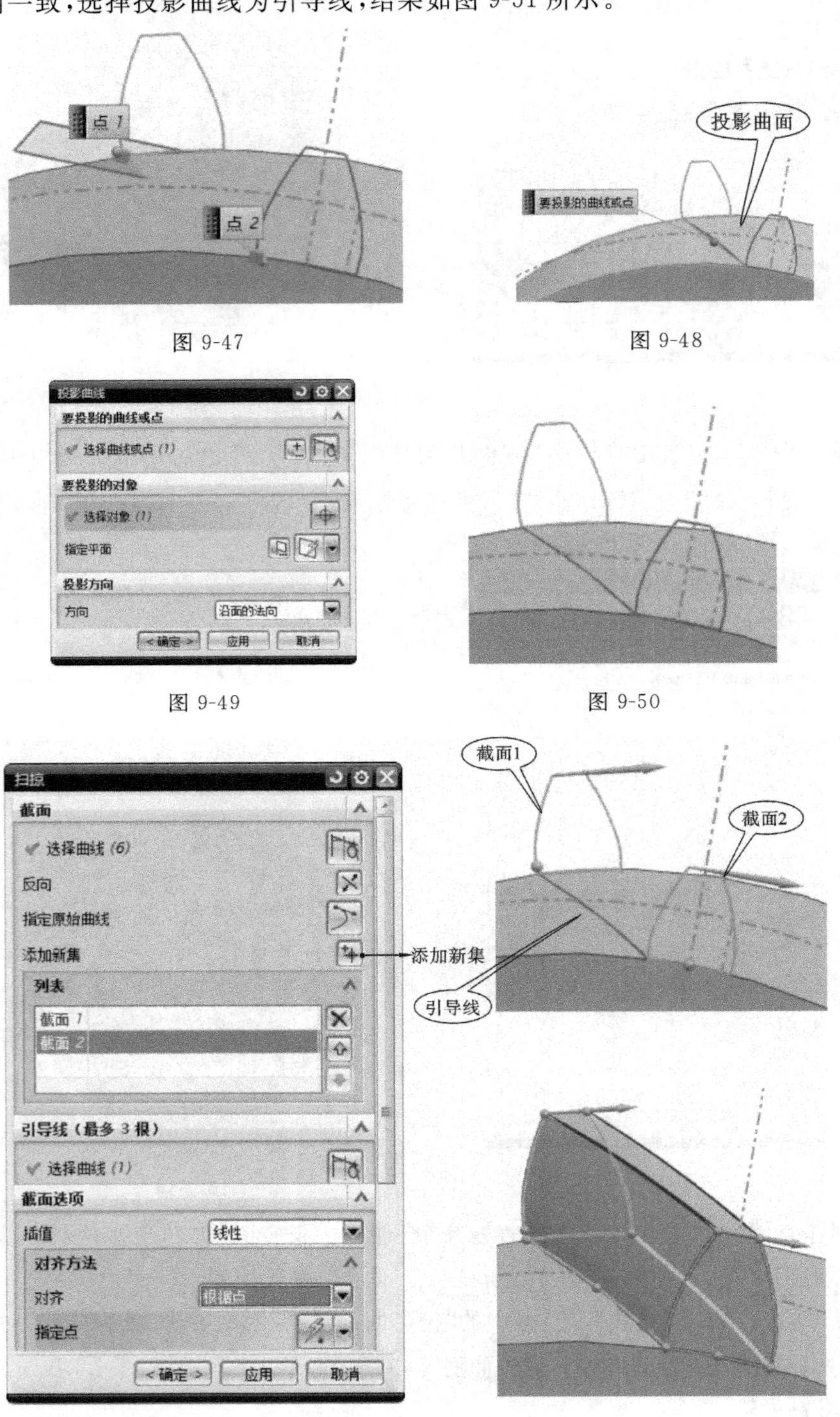

图 9-47

图 9-48

图 9-49

图 9-50

图 9-51

（2）创建偏置面　由于此时的斜齿轮与齿根圆之间间隙大，所以要对底部进行面的偏置，同时为了保证操作正常进行下去，在步骤(1)的“对齐方式”中，选择“根据点”，如图 9-51 所示。

单击“设计特征”对话框中的“偏置面”按钮，弹出“偏置面”对话框，如图 9-52 所示。选择齿形底部为偏置面。输入偏置值为 1 mm，单击“确定”按钮，如图 9-53 所示。

5. 阵列斜齿轮

（1）单击工具栏中“对特征形成图样”命令，弹出对话框。在“选择特征”中按住“Ctrl”键的同时选中“部件导航器”中的“扫掠”和“偏置面”两特征，在“布局”选项中选择“圆形”；在“旋转轴”选项中“指定矢量”为 Y 轴，“指定点”为坐标系原点；“数量”输入 30；“节距角”输入 12。单击“确定”按钮，创建的圆柱斜齿轮如图 9-54 所示。

（2）布尔运算　由于此时的斜齿轮和齿根部分是游离状态，因此必须进行布尔运算，单击“求和”命令，弹出“求和”对话框，如图 9-55 所示。选择目标为齿根圆柱，然后框选所有对象，去掉“设置”中的任一选项，单击“确定”按钮，创建的斜齿轮特征如图 9-56 所示。

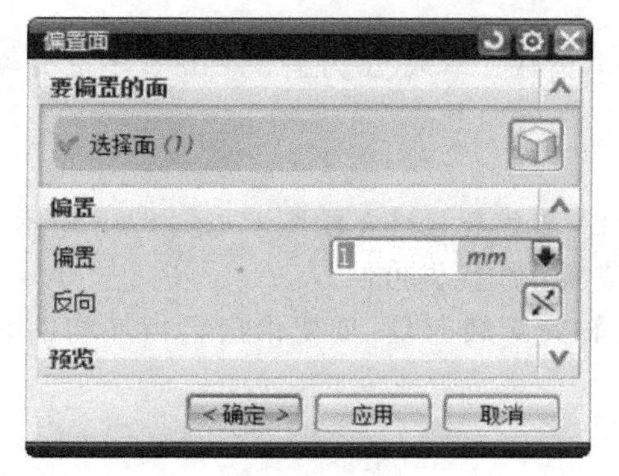

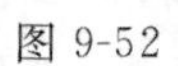
图 9-52

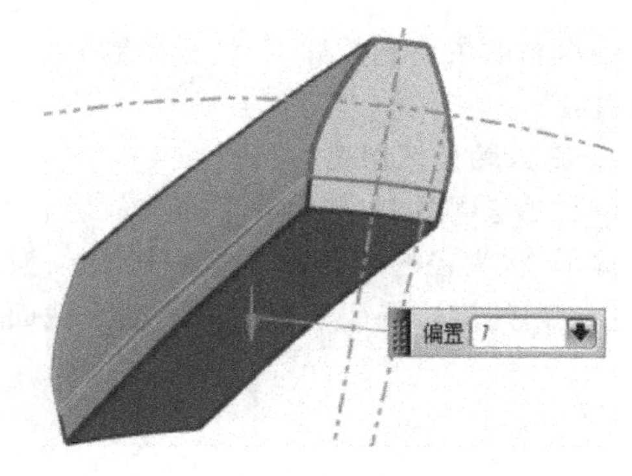

图 9-53

图 9-54

图 9-55

图 9-56

9.3.3 锥齿轮

锥齿轮的主要参数如下：大端模数 $m=5$ mm，齿数 $z=30$，压力角 $\alpha=20°$。下面介绍其建模过程。

1. 锥齿轮齿坯创建

(1) 创建草图 1　以 YZ 平面为草绘平面，绘制锥齿轮齿坯草绘图形如图 9-57 所示。

提示：将大径的端点置于坐标轴之上，为创建渐开线提供方便。

(2) 创建旋转特征　以"草图 1"为截面，X 轴为旋转矢量，创建锥齿轮齿坯如图 9-58 所示。

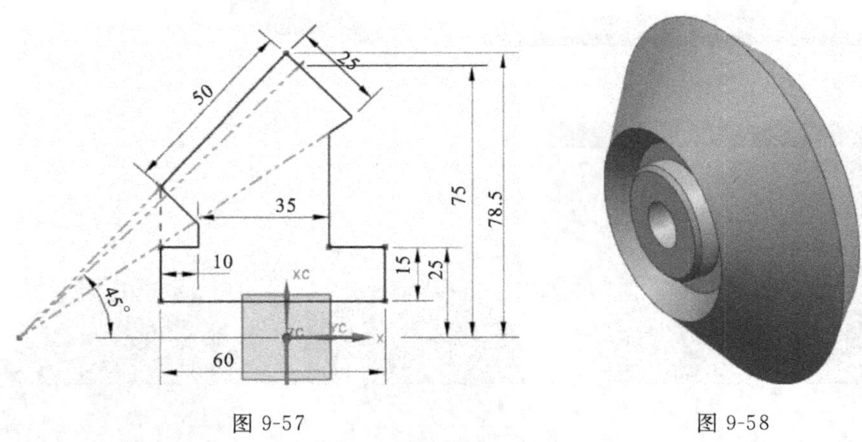

图 9-57　　图 9-58

2. 创建渐开线齿廓

(1) 创建表达式　操作方法和注意事项同直齿轮建模，参照图 9-59 所示输入参数。渐开线位于 YZ 平面上。

(2) 创建渐开线齿廓　参照直齿轮操作方法，创建的渐开线齿廓如图 9-60 所示。此次绘制的是齿槽部分而不是齿廓部分，因为我们要在齿坯上切出锥齿轮来。

提示：让渐开线尽量长一点，以便后期特征操作需要。

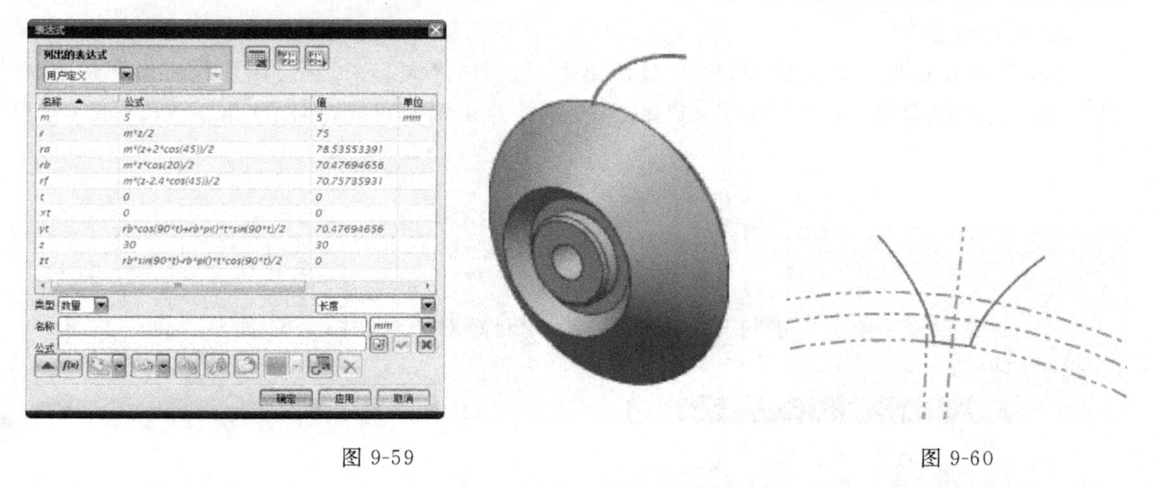

图 9-59　　　　图 9-60

(3) 旋转渐开线齿廓　此时的齿廓不在大端面之上，所以必须将目前状态的齿廓旋转到大端面之上，才能进行后期的建模工作。

首先，连接图 9-61 所示的两点创建一条直线，作为旋转轴。

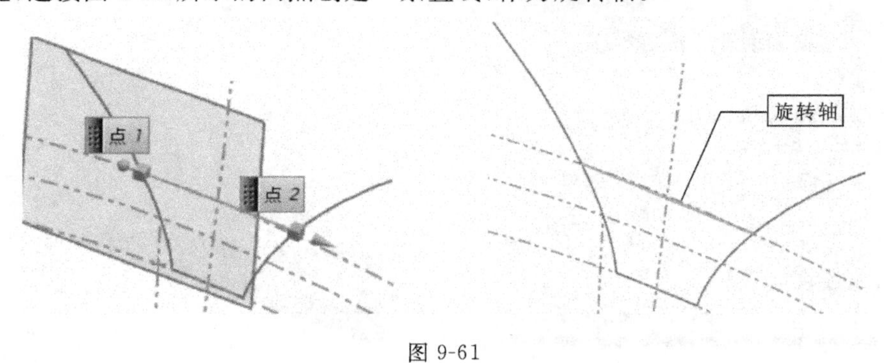

图 9-61

其次，利用“实例几何体”命令，将渐开线齿廓旋转到背锥之上，如图 9-62 所示。

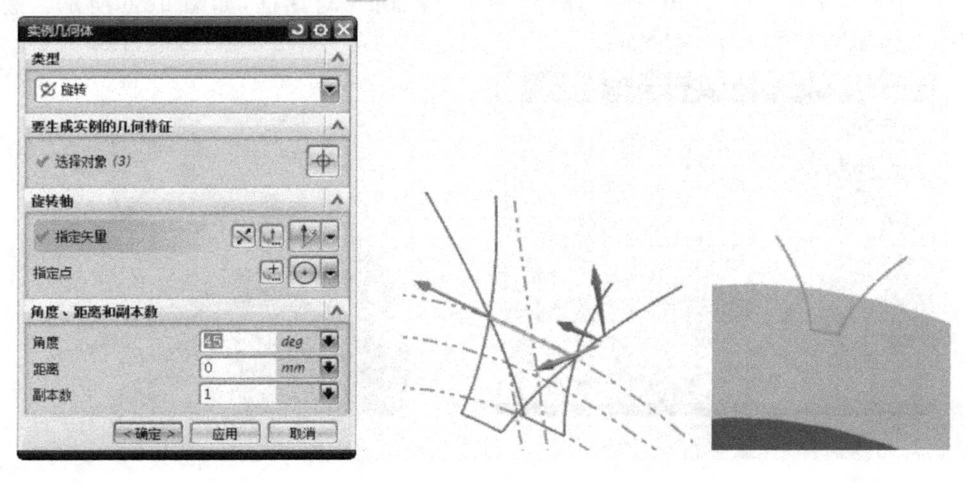

图 9-62

3. 创建锥齿轮

(1) 作构架曲线　首先将“草绘 1”显示出来，把实体隐藏起来，然后用直线将齿廓封闭，然后再将渐开线齿廓的底部两端点与“锥心”分别构建出两条直线，如图 9-63 所示。

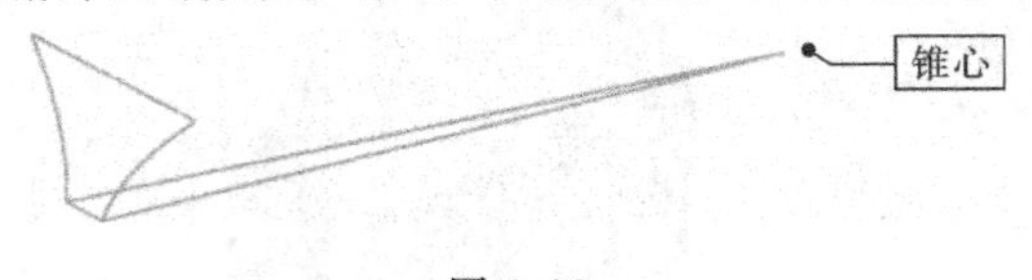

图 9-63

(2) 创建扫掠实体　单击“扫掠”命令，弹出 “扫掠”对话框如图 9-64 所示。创建如图 9-65 所示的扫掠实体。

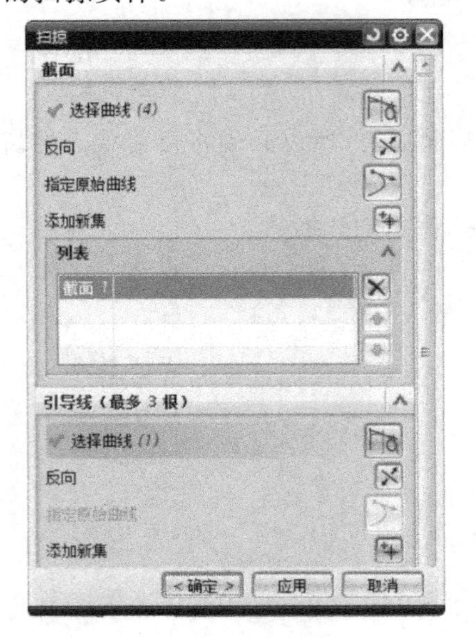

图 9-64

图 9-65

(3) 创建偏置面　单击“偏置面”命令，弹出“偏置面”对话框，如图 9-66 所示。选择曲面端面，创建如图 9-67 所示偏置面特征。

图 9-66

图 9-67

(4) 创建布尔运算　将齿坯与齿槽部分作“求差”布尔操作(过程略)，结果如图 9-68

所示。

（5）圆形阵列　单击“对特征形成图样”命令，弹出“对特征形成图样”对话框，如图 9-69 所示。最后创建的锥齿轮如图 9-70 所示。

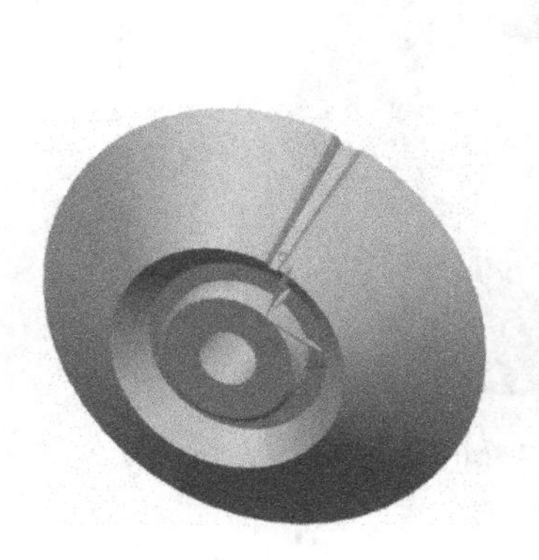

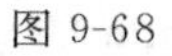

图 9-68

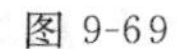

图 9-69

图 9-70

9.4　轴　　承

轴承设计是一个装配体设计，有别于单个零部件。装配体的设计方法有两种，其一是“自下而上”的方法，其二是“自上而下”的方法，即先画好每个零部件，然后再进行装配。本节主要采用第一种“自下而上”的方法。

下面详细介绍轴承的建模与装配过程。

1. 零部件创建

1）轴承内圈

首先，选择 XZ 平面为草绘平面，草绘内圈截面图形如图 9-71 所示。

然后，以内圈截面图形为草绘图形，以 X 轴为旋转矢量，以坐标系原点为指定的旋转点，单击“确定”按钮，创建的内圈实体如图 9-72 所示。

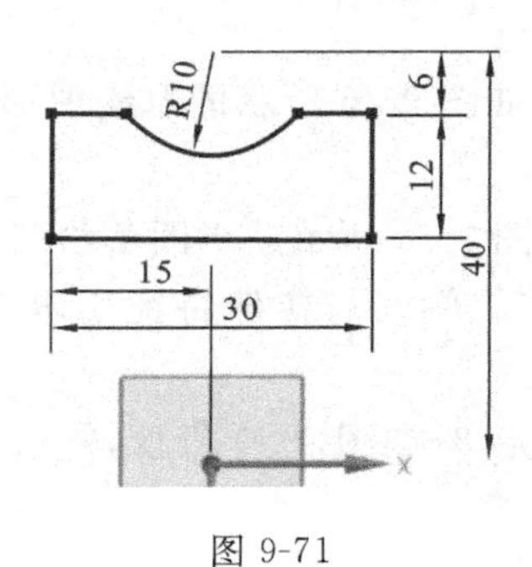

图 9-71

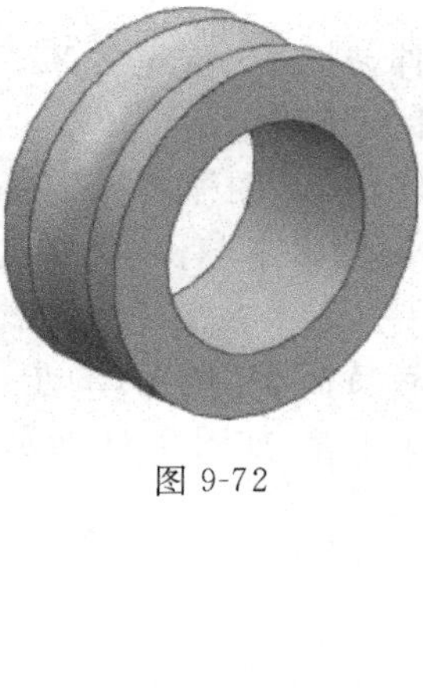

图 9-72

2）轴承外圈

轴承的外圈与轴承内圈的建模方法基本一致。

创建的草绘图形尺寸完全一致，不同的是开槽的方向向下，如图 9-73 所示。

轴承内圈也是通过旋转体进行创建的，之后外圈两边有 1 mm 的倒圆角，如图 9-74 所示。

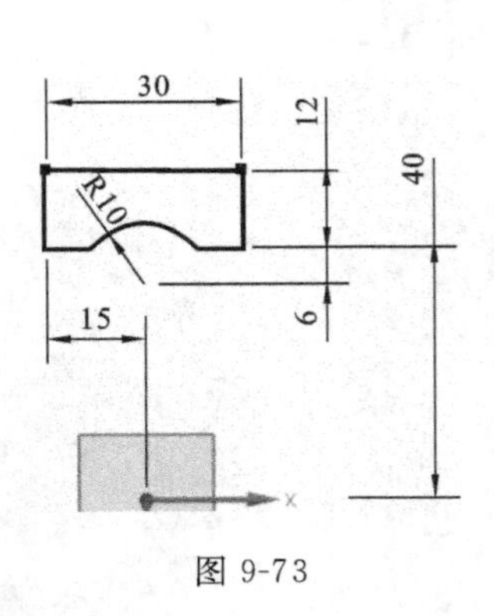

图 9-73

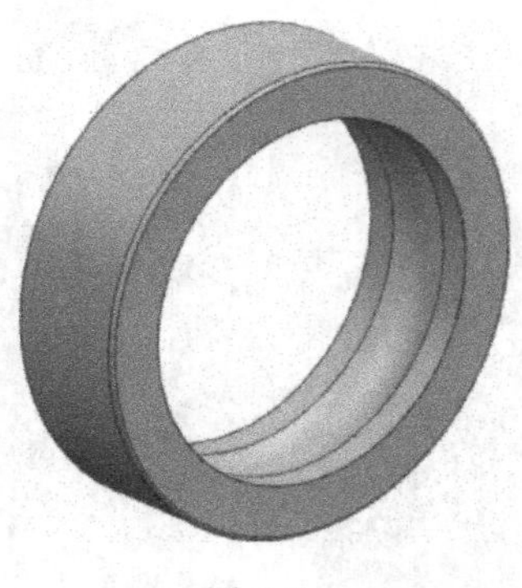
图 9-74

3 ）滚动体

滚动体实际上就是一个球体，利用基本体素特征创建一个直径为 20 mm 的球体（见图 9-75），并将其颜色设置为绿色（按住组合键 CTRL＋J 设置即可）。

图 9-75

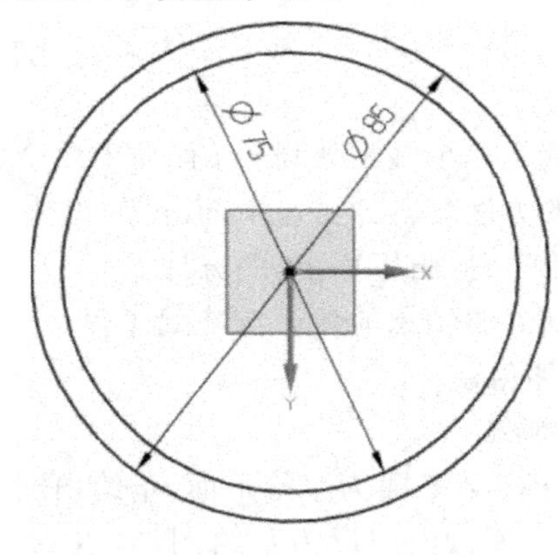

图 9-76

4）保持架

（1）创建拉伸特征 1　首先在 XZ 平面内，草绘如图 9-76 所示的草绘图形 1。然后拉伸长度 1 mm，如图 9-77 所示。

（2）创建旋转体 1　图样在 XZ 平面内，草绘如图 9-78 所示的半圆草绘截面。然后以半圆直线为旋转轴旋转出半球体（保持与拉伸方向在同侧并与拉伸特征 1 求和），如图 9-79 所示。

（3）创建旋转特征 2　同第（2）步，创建草绘图形 3，如图 9-80 所示，然后创建旋转特征 2 并与旋转特征 1 求差，如图 9-81 所示。

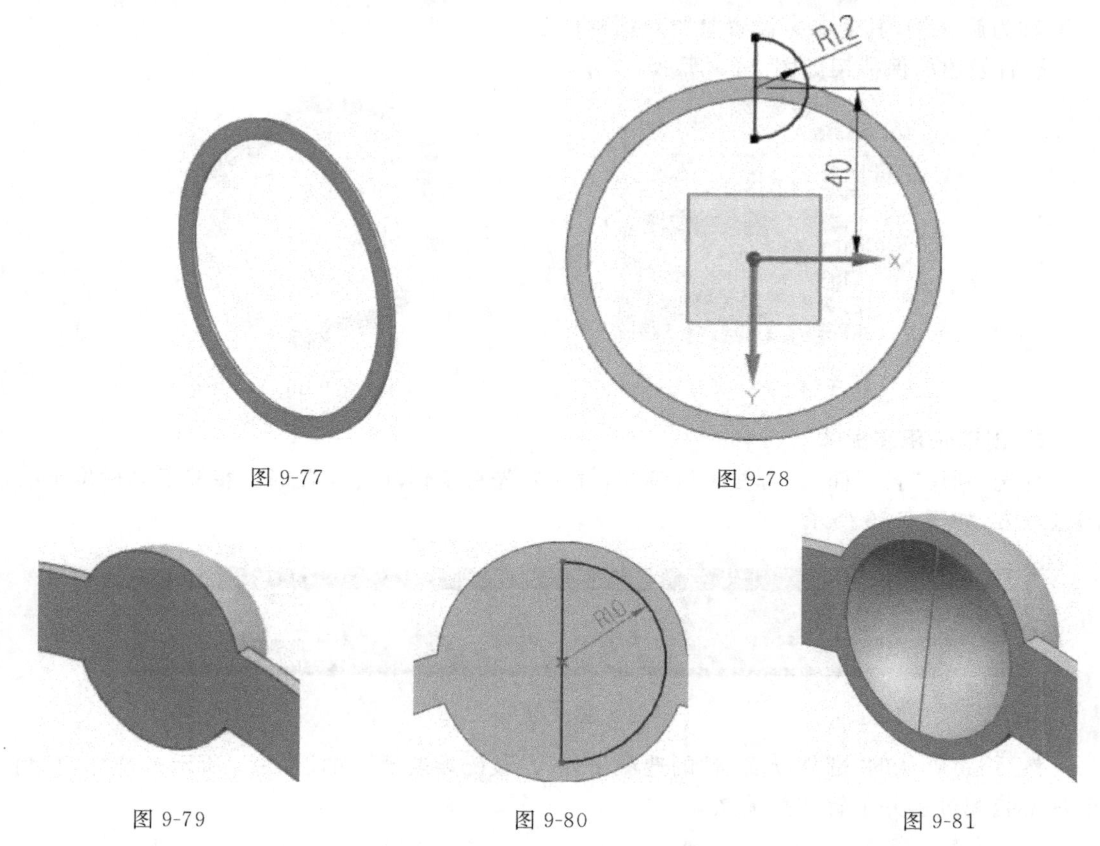

图 9-77　　图 9-78

图 9-79　　图 9-80　　图 9-81

（4）创建拉伸特征 2　单击“拉伸”命令，以“草绘图形 1”为截面，拉伸长度为 20 mm，“布尔运算”选项设为“求交”，单击“确定”按钮，结果如图 9-82 所示。

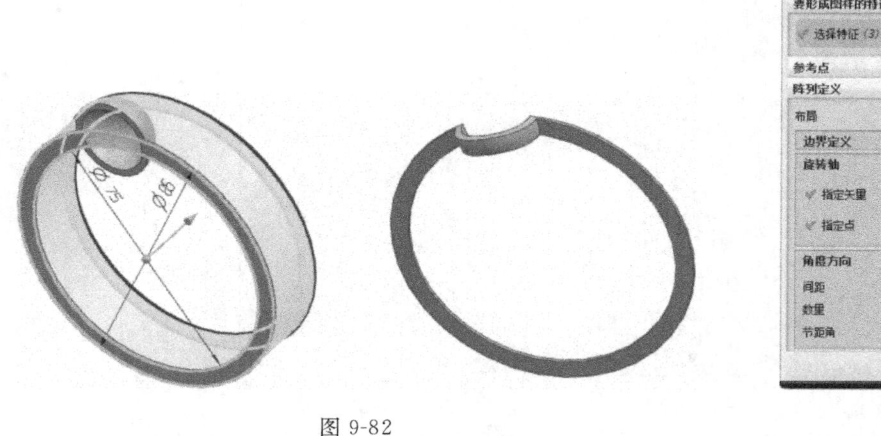

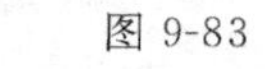

图 9-82　　图 9-83

（5）创建阵列特征　单击“对特征形成图样”命令，弹出“对特征形成图样”对话框，如图 9-83 所示。

在“选择特征”的“部件导航器”中，按住“Ctrl”键，同时选中如图 9-84 所示的三个特征，以 Y 轴为旋转轴，其他参数设置参照对话框所示。

最后创建的保持架如图 9-85 所示。

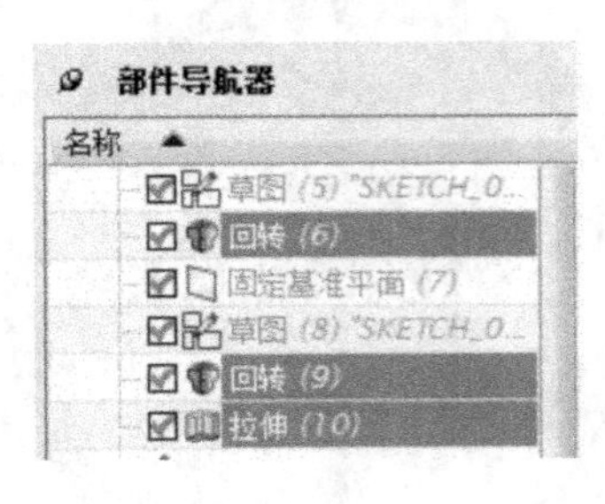

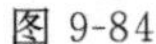
图 9-84

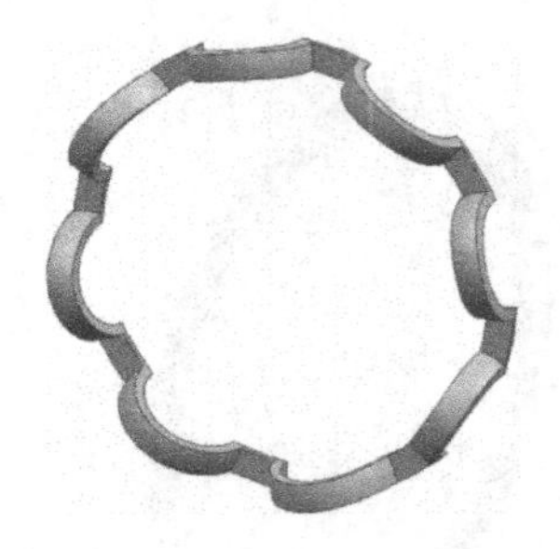

图 9-85

2. 创建轴承装配体

首先，利用“自下而上”方法进行装配，就得要先将工作环境设置好。装配工具栏位于绘图区下方，如图 9-86 所示。

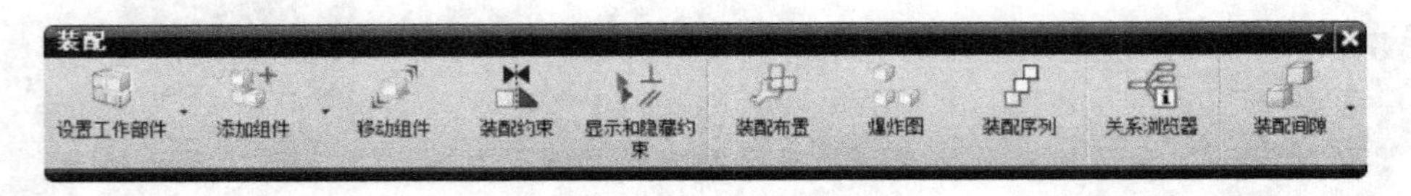

图 9-86

然后，将默认的“部件导航器”的选项设置为“装配导航器”，如图 9-87 所示。这样，有利于观察装配过程并了解装配关系。

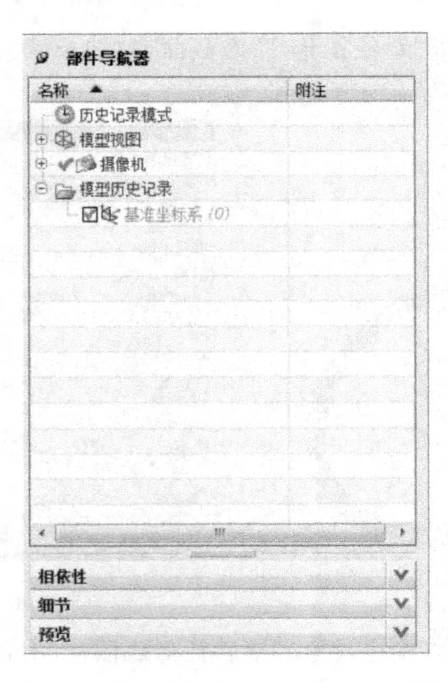

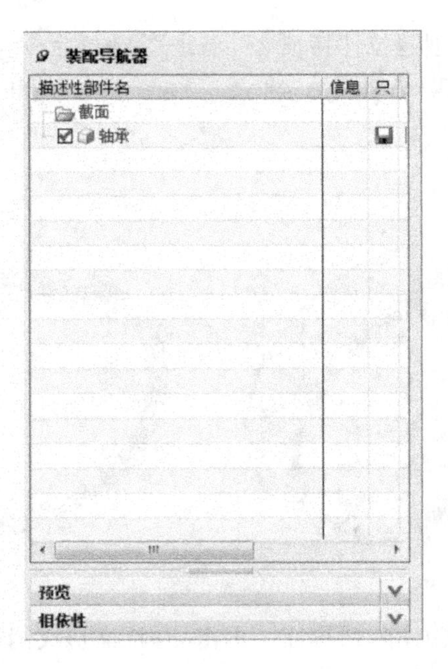

图 9-87

下面将详细介绍轴承的装配过程。

1）添加组件——内圈

单击装配工具栏中的“添加组件”按钮，弹出“添加组件”对话框如图 9-88(a)所示。

单击“打开”按钮，弹出图 9-88(b)所示的“部件名”对话框。选择目标盘下的“内圈.prt”，单击“OK”按钮。

这时，绘图区中会出现如图 9-89 所示的“组件预览”对话框。再回到图 9-88(a)的对话框中，选择“定位”为“绝对原点”(第一组件加载时，多数采用“绝对原点”定位方法)。

单击“应用”按钮，轴承内圈就加载到绘图区中，如图 9-90 所示。

2）添加组件——外圈

在“添加组件”对话框中，在“已加载的部件”中，选择“外圈”，定位选择“通过约束”，如图 9-91 所示。

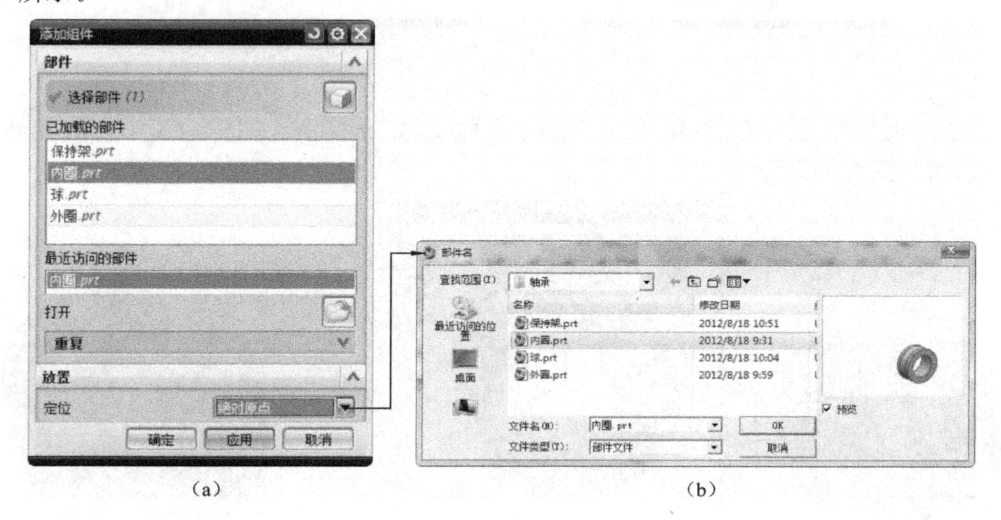

(a)　　(b)

图 9-88

图 9-89

图 9-90

单击“应用”按钮，弹出“装配约束”对话框，如图 9-92 所示。

在“装配约束”对话框中，在“类型”中选择“接触对齐”，在“方位”中选择“对齐”。

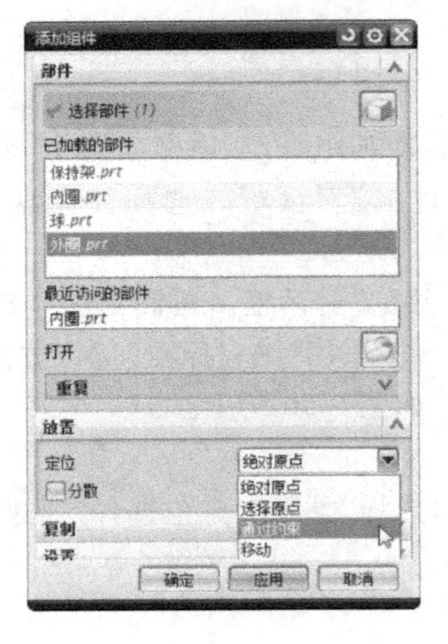

图 9-91

图 9-92

然后分别在“预览窗口”和绘图区，选择“平面1”和“平面2”(见图9-93)，再单击“确定”按钮，结果如图9-94所示。

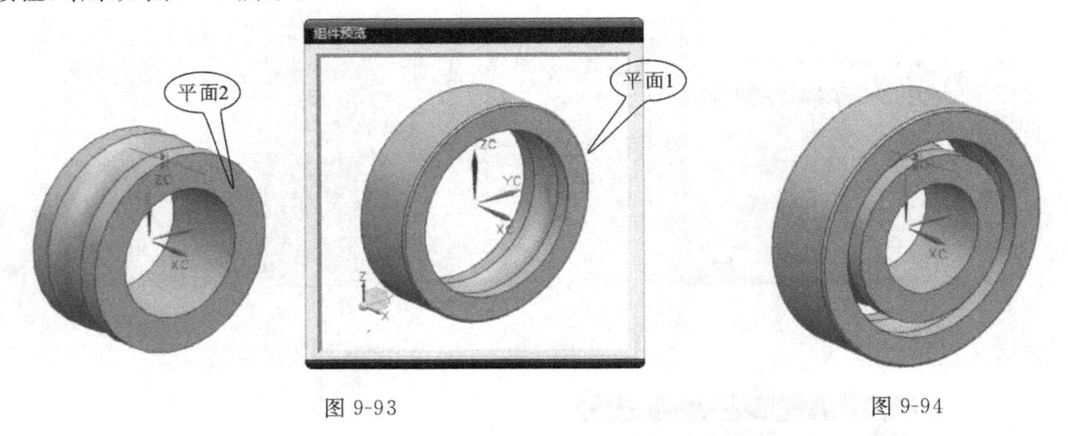

图 9-93

图 9-94

3）添加组件——球

在图9-95所示的“添加组件”对话框中，首先选择对象为“球”，在“定位”中选择“选择原点”模式。

其次，单击“应用”按钮，弹出“点”对话框，如图9-96所示。

然后，在“点”对话框中，输入球心放置坐标(0,0,40)，单击“确定”按钮。就可立即在绘图区将球体加载到装配体内圈之上，球的位置状态如图9-97所示。

最后，单击“装配”工具栏中的“移动组件”按钮，弹出如图9-98所示的“移动组件”对话框。按照对话框中的参数设置，以X轴为旋转轴，单击“确定”按钮，阵列球体如图9-99所示。

4）添加组件——保持架

在图9-100所示的“添加组件”对话框中，选择“部件”为“保持架”，“定位”方式选择为“移动”，单击“应用”按钮。

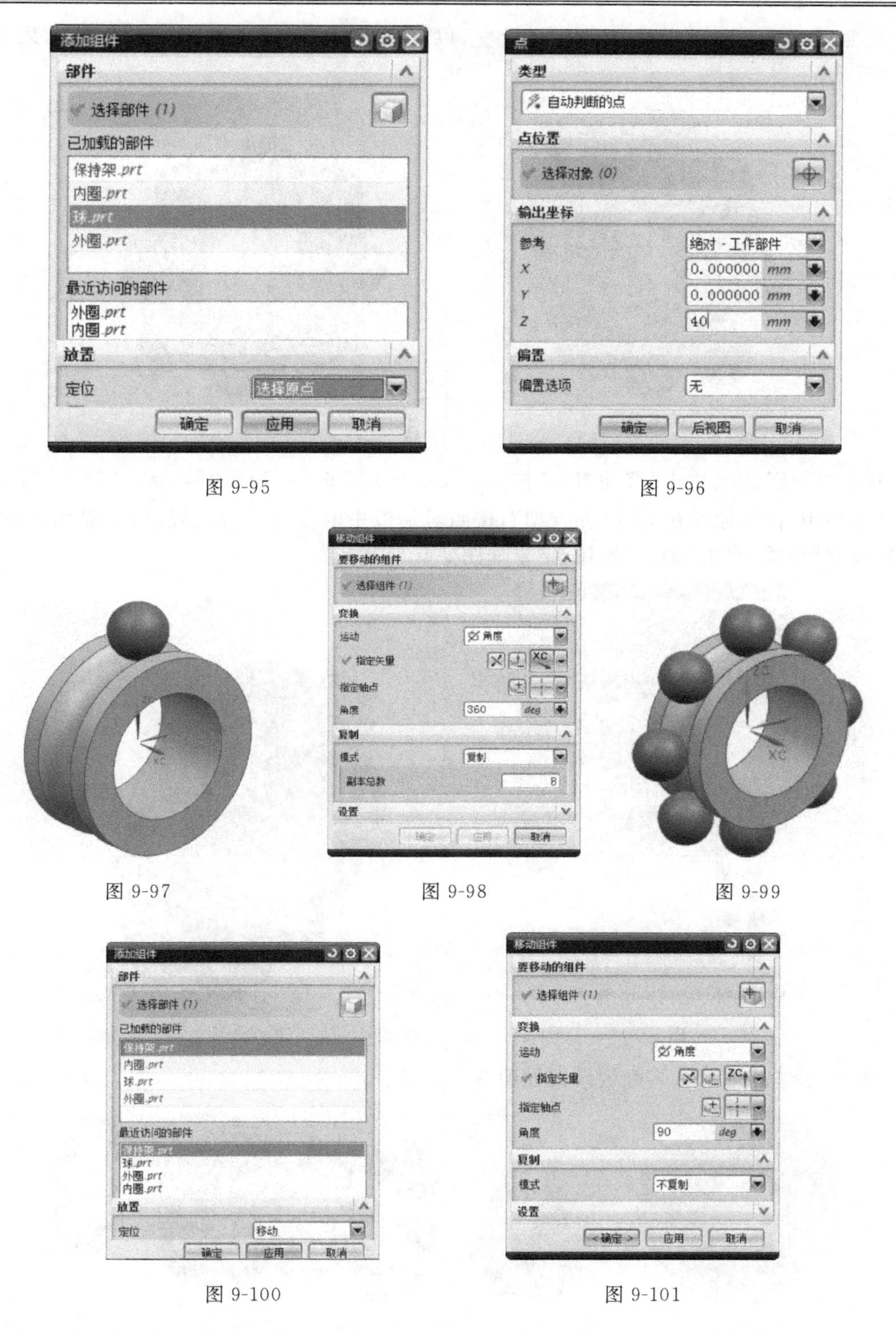

图 9-95　　图 9-96

图 9-97　　图 9-98　　图 9-99

图 9-100　　图 9-101

随后弹出“移动组件”对话框如图 9-101 所示，此时的绘图区呈现出保持架目前的位置状态，如图 9-102 所示。

按照图 9-101 所示中的参数进行设置，以 Z 轴为旋转轴，单击“确定”后的结果如图 9-103所示。

图 9-102

图 9-103

单击“装配”工具栏中“移动组件”按钮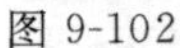，弹出如图 9-104 所示“移动组件”对话框。

“选择组件”为刚装配好的“保持架”，按照对话框中的参数进行设置，以 Z 轴为旋转轴，选择“复制”模式，单击“确定”按钮，结果如图 9-105 所示。

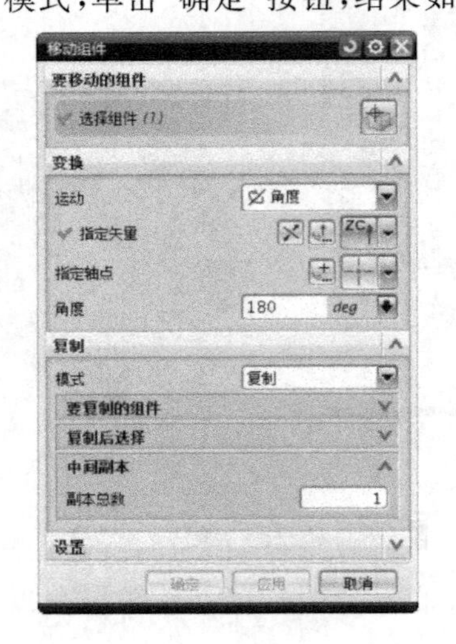

图 9-104

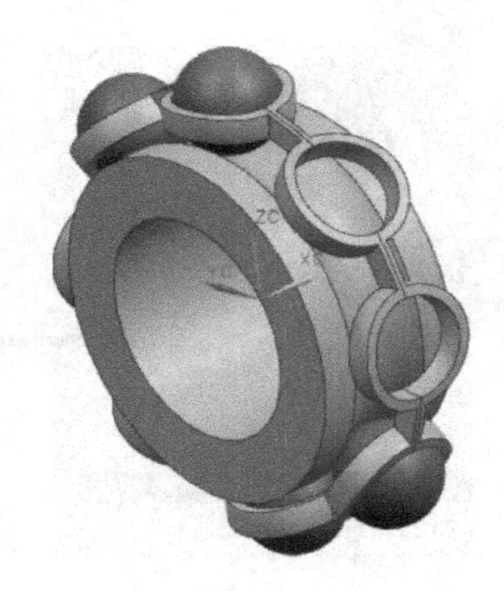

图 9-105

最后，创建的轴承总装配效果图如图 9-106 所示。

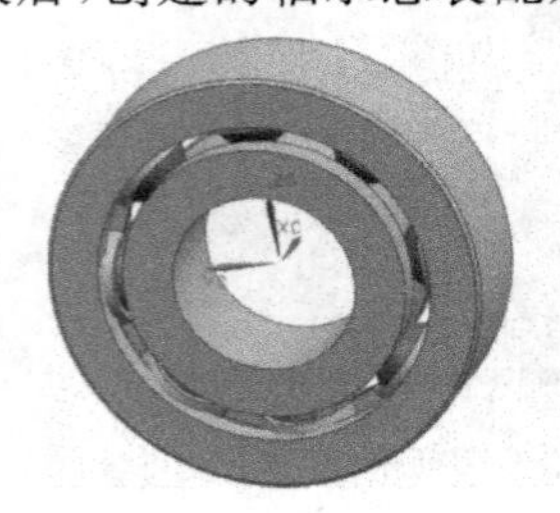

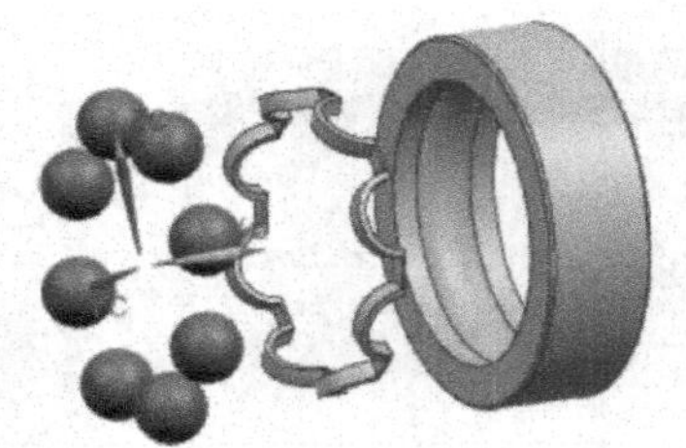
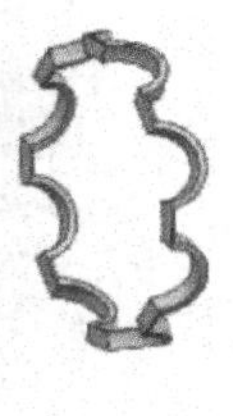

图 9-106

9.5 本章小结

本章主要围绕标准件与常用件这一主题，详细阐述了它们的建模或装配过程。从传统的建模方法入手，结合了编者多年的建模心得，为读者提供了较好的建模流程。

另外，NX 8.0 中也有直接建模的快捷功能指令，如弹簧、齿轮等，操作上非常简单，读者可自行练习。

9.6 习　　题

1. 利用 NX 8.0 中齿轮创建的快捷功能键，自行练习创建圆柱直齿轮、斜齿轮与圆锥齿轮。参数可以参照书稿，也可以自行确定。

2. 利用本章所学知识，自行设计一个装配体。装配体中要求含有标准件或常用件。

参考文献

[1] 赵波，龚勉，屠建中. UG CAD 实用教程(NX2 版)[M]. 北京：清华大学出版社，2004.

[2] 单岩，吴立军，蔡娥. 三维造型技术基础(UG NX 版)[M]. 北京：清华大学出版社，2008.

[3] 李开林，丁炜. UG NX 4.0 三维造型[M]. 北京：电子工业出版社，2007.

[4] 夏德伟，张俊生，陈树勇，等. UG NX 4.0 机械设计典型范例教程[M]. 北京：电子工业出版社，2006.

[5] 袁锋. UG 机械设计工程范例教程：基础篇[M]. 北京：机械工业出版社，2009.

[6] 袁锋. UG 机械设计工程范例教程：高级篇[M]. 北京：机械工业出版社，2009.

[7] 何华妹，杜智敏，杜志伦. UG NX 4.0 产品模具设计入门一点通[M]. 北京：清华大学出版社，2006.

[8] 谢龙汉. UG NX 5.0 模具设计快速入门[M]. 北京：清华大学出版社，2007.

[9] 钟奇. UG NX 4.0 实例教程[M]. 北京：人民邮电出版社，2007.

[10] 赵自豪. UG NX 5.0 中文版应用与实例教程[M]. 北京：人民邮电出版社，2008.

[11] 吕小波. UG NX 5.0 数控编程经典学习手册[M]. 北京：希望电子出版社，2008.

[12] 赵生超. UG NX 5.0 经典学习手册[M]. 北京：希望电子出版社，2008.

[13] 周华京. UG NX 5.0 数控编程基础与进阶[M]. 北京：机械工业出版社，2008.

[14] 李丽华. UG NX 5.0 模具设计基础与进阶[M]. 北京：机械工业出版社，2008.

[15] 沈春根，江洪，朱长顺. UG NX5.0CAM 实例解析[M]. 北京：机械工业出版社，2007.